Tutorium Analysis 1 und Lineare Algebra 1

Florian Modler · Martin Kreh

Tutorium Analysis 1 und Lineare Algebra 1

Mathematik von Studenten für Studenten erklärt und kommentiert

4. Auflage

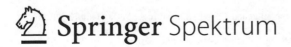

Florian Modler
Hannover, Deutschland

Martin Kreh
University of Hildesheim
Hildesheim, Deutschland

ISBN 978-3-662-56751-7   ISBN 978-3-662-56752-4 (eBook)
https://doi.org/10.1007/978-3-662-56752-4

Die Deutsche Nationalbibliothek verzeichnet diese Publikation in der Deutschen Nationalbibliografie; detaillierte bibliografische Daten sind im Internet über http://dnb.d-nb.de abrufbar.

Springer Spektrum

Verantwortlich im Verlag: Andreas Rüdinger
Zeichnungen: Thomas Epp, Marco Daniel
Einbandabbildung: Carolyn Hall

Gedruckt auf säurefreiem und chlorfrei gebleichtem Papier

Springer Spektrum ist ein Imprint der eingetragenen Gesellschaft Springer-Verlag GmbH, DE und ist ein Teil von Springer Nature.
Die Anschrift der Gesellschaft ist: Heidelberger Platz 3, 14197 Berlin, Germany

Vorwort zur 4. Auflage

Nun ist die letzte Auflage doch tatsächlich schon fünf Jahre her... höchste Zeit für ein paar Neuerungen! Für diese 4. Auflage haben wir wieder ein paar Fehler ausgebessert (die wollen einfach nicht alle auf einmal verschwinden). Vielen Dank auch hier wieder unseren fleißigen Lesern, die uns auf Fehler aufmerksam gemacht haben. Natürlich sind Fehlerbehebungen aber nicht das einzige neue. Wir haben einige neue Beispiele eingebaut, vor allem zur Integration, aber auch in einigen anderen Kapiteln. Außerdem stellen wir euch jeweils eine Probeklausur zur Analysis und zur Linearen Algebra zur Verfügung, damit ihr euer erworbenes Wissen testen könnt.

Wir hoffen euch damit noch besser vorbereiten zu können und wünschen nun viel Spaß beim Lesen – und vor allem viel Erfolg bei der Klausur!

Hannover und Hildesheim
März 2018

Florian Modler
Martin Kreh

Vorwort zur 3. Auflage

Das ist nun schon die dritte Auflage von „Tutorium Analysis 1 und Lineare Algebra 1". Wir freuen uns, dass wir bisher so vielen Studenten helfen konnten.

Ein paar Dinge haben wir für diese 3. Auflage geändert. Und zwar ist uns aufgefallen, dass wir noch nichts über Abzählbarkeit und Überabzählbarkeit erzählt haben. Dies holen wir schleunigst nach! Außerdem haben wir einige Tatsachen über die Exponentialfunktion, die Stirlingsche Formel sowie etwas zur Cramerschen Regel ergänzt. Das alte Kapitel über Homomorphismen haben wir in das Kapitel über Gruppen, Ringe und Körper integriert, also nicht wundern ;-) Außerdem sind noch einige weitere Sätze in verschiedenen Kapiteln ergänzt worden.

Ansonsten wurden noch einige kleinere Fehler verbessert. An dieser Stelle nochmal ein großes Dankeschön an alle, die uns Fehler gemeldet haben!

Nun aber genug der großen Rede. Wir wünschen euch viel Spaß mit der 3. Auflage des Buches!

Hannover und Göttingen
Januar 2013

Florian Modler
Martin Kreh

Vorwort zur 2. Auflage

Wir hätten niemals gedacht, dass „Tutorium Analysis 1 und Lineare Algebra 1"
so erfolgreich werden würde. Umso mehr freut es uns, dass wir vielen Anfängern
unter die Arme greifen und helfen konnten. Damit dies auch so bleibt, erscheint
nun die 2. Auflage zum Buch. Korrigierte Nachdrucke gab es schon; nun ist eine
neue Auflage an der Reihe. Wir haben einiges verändert. So sind beispielsweise
FAQs, also häufig gestellte Fragen zum Mathematikstudium mit Antworten von uns
hinzugekommen. Wir behandeln Themen wie: wie man die ersten Tage im Studium
übersteht oder wie man die Übungsblätter am besten bearbeitet.

Des Weiteren haben wir ein wenig im Buch selbst hinzugefügt, Teile ergänzt
und noch ein paar Kleinigkeiten verbessert. Wir möchten uns deshalb an dieser
Stelle bei allen bedanken, die uns Verbesserungsvorschläge geschickt und uns aber
auch mit Lob und Kritik beglückt haben. Besonders sei dabei Herr Dr. Dr. h. c.
Norbert Herrmann genannt, der uns bei vielen kleinen Verbesserungen geholfen
und gute Hinweise gegeben hat. Ein weiterer besonderer Dank geht an Dominik
Bilitewski und Martin Zubler, die uns ebenfalls mit sehr guten Anmerkungen und
einer sehr ausführlichen Fehlersuche geholfen haben. Leider können wir aber nicht
alle namentlich erwähnen. Aber wir sagen allen, die sich jetzt angesprochen fühlen:
Danke!

Nun aber genug der großen Rede. Wir wünschen euch viel Spaß mit der 2. Auflage des Buches!

Hannover und Göttingen   Florian Modler
Mai 2011   Martin Kreh

Vorwort zur 1. Auflage

Wieso dieses Buch?

Wenn ihr dieses Buch in den Händen haltet, werdet ihr euch vielleicht fragen, wieso wir den Markt mit einem weiteren Buch zur Analysis 1 und zur Linearen Algebra 1 erweitern. Die Frage ist berechtigt. Gerade in Anbetracht der Tatsache, dass es wirklich schon eine Menge guter Lehrbücher zu diesen Anfängervorlesungen gibt. Wir wollen daher versuchen, unser Konzept, unsere Idee und letztendlich das Buch zu beschreiben. Denn dieses Buch ist anders als alle anderen Bücher, die ihr zu den Anfängervorlesungen kennt. Es geht schon bei den Autoren los. Wir sind (noch) keine ausgebildeten Mathematiker, sondern noch „mathematische Babys". Also können wir, so jedenfalls unsere Meinung, die Schwierigkeiten von Anfängern noch besser einschätzen als so mancher Professor, der sich schon sehr weit von den Studenten und deren Anfängerschwierigkeiten entfernt hat.

Gebrauchsanleitung

Der zweite Unterschied zu anderen klassischen Lehrbüchern besteht im Aufbau. Das Buch ist kapitelweise zweigeteilt. Im ersten Teil, gekennzeichnet durch die Kapitelüberschriften „Definitionen" und „Sätze und Beweise" stellen wir euch alle wichtigen Definitionen und Sätze zur Verfügung, die ihr zum Beispiel für eine Prüfung einfach draufhaben müsst. Des Weiteren findet ihr dort auch die Beweise zu wichtigen Sätzen, damit ihr die Denkweise von Beweisen versteht, was sehr wichtig ist. Überspringt diese beim Lesen des Buches auf keinen Fall, auch wenn ihr denkt, dass ihr diese nicht braucht. Das ist Quatsch. Ihr studiert Mathematik, und was ist denn das Schöne an der Mathematik? Doch wohl die Beweise ;-). In diesem ersten Teil ist also alles sehr streng mathematisch.

Im zweiten Teil, gekennzeichnet durch die Kapitelüberschriften „Erklärungen zu den Definitionen" und „Erklärungen zu den Sätzen und Beweisen", erklären und kommentieren wir die Definitionen, Sätze und Beweise aus dem ersten Teil mit vielen Abbildungen und Beispielen. Dieser Teil ist eher als eine Art Tutorium zu verstehen, in dem wir die Begriffe motivieren und vor allem, so hoffen wir jedenfalls, verständlich erklären und die schwierige mathematische Strenge etwas mit Leben füllen. Solltet ihr also irgendeine Definition in der Vorlesung nicht auf Anhieb verstehen, schlagt ihr einfach im zweiten Teil nach und lest die Erklärungen.

Solch einen Aufbau gibt es noch in keinem Lehrbuch, und wir hoffen, dass wir damit vielen Studenten, die am Anfang Schwierigkeiten haben, bestens helfen können. Wichtig ist uns aber auch, dass ihr neben diesem Buch noch andere Bücher zur Mathematik lest, gerade weil unser Aufbau nicht klassisch ist (An einigen Stellen benötigen wir Begriffe, die erst in späteren Kapiteln kommen. Wir verweisen aber immer auf die entsprechenden Stellen, sodass man bequem nachlesen kann), und ihr euch dennoch an den „herkömmlichen" Lehrbuch-Stil gewöhnen sollt. Es soll eher begleitend zur Vorlesung eingesetzt werden.

Inhalt

Der Inhalt ist dagegen klassisch. Wir haben versucht, alle wichtigen Definitionen und Sätze in das Buch mit aufzunehmen, die in einer Analysis-1- und Linearen-Algebra-1-Vorlesung vorkommen und behandelt werden. Zunächst geben wir im ersten Teil „Grundlagen" wichtige Begriffe an, die ihr sowohl in der Analysis als auch in der Linearen Algebra immer wieder braucht.

Im Analysis-Teil geht es danach mit Folgen und Reihen los. Weiter schreiten wir zur Stetigkeit und Differenzierbarkeit und beenden den Teil mit Integralen und Funktionenfolgen.

Im Abschnitt über Lineare Algebra starten wir erst harmlos mit dem Lösen von linearen Gleichungssystemen und gehen danach sofort zu den wichtigen linearen Abbildungen und den Modellen der Linearen Algebra über. Dieser Teil wird durch ein Kapitel über das Diagonalisieren von Matrizen und wichtigen Anwendungen abgeschlossen.

Natürlich wollen wir betonen, dass wir beim Schreiben des Buches Mut zur Lücke gezeigt haben, denn wir wollten das Buch nicht überladen und wirklich nur wichtige Dinge aufnehmen. Wir hoffen, dass uns dies gelungen ist.

Das Buch enthält keinen Extraabschnitt mit Übungsaufgaben, aber wir haben einige Aufgaben im laufenden Text eingestreut. Als wir noch im ersten Semester waren, haben wir uns darüber immer geärgert, wenn in einem Buch plötzlich stand: „Dies überlassen wir dem Leser als leichte Übungsaufgabe". Aber glaubt uns: Blicken wir nun als Viertsemestler zurück, so sind wir froh, dass dies in diesen Büchern stand. Denn ihr solltet diesen Satz keinesfalls als Schikane ansehen, sondern nehmt die Herausforderung an und löst alle Übungsaufgaben, die im Buch verteilt sind, denn nur dadurch kann man sich selbst überprüfen, ob man den Stoff verstanden hat. Vielfach ist es nämlich so, dass man denkt, man hätte alles verstanden, aber blickt man dann auf eine Aufgabe, so steht man plötzlich auf dem Schlauch. Also ran an die Aufgaben!

Die Website zum Buch

Wir haben auch eine Website zum Buch eingerichtet. Diese ist unter der folgenden URL zu erreichen:

http://www.mathestudium-tutor.de[1]

Diese Homepage soll dazu dienen, dass ihr Fragen zum Buch stellen könnt, wenn ihr irgendeine Stelle im Buch nicht verstanden habt oder ähnliches. Wir wollen aber darauf hinweisen, dass die Website bzw. das Forum nicht als Hausaufgabenhilfe genutzt werden kann. Es werden dort nur Fragen zum Buch beantwortet. Hausaufgabenhilfe bekommt ihr in anderen Foren, aber nicht bei uns. Weiterhin sollen auf dieser Homepage Hinweise auf Fehler gesammelt werden, die sich mit Sicherheit ins Buch eingeschlichen haben, denn der Fehlerteufel schläft bekanntlich nie. Auch Bonusmaterial, das keinen Platz mehr im Buch gefunden hat, wird dort zu finden sein, ebenso wie Hilfestellungen zu den Übungen, die wir im Buch verstreut haben (falls ihr die Hilfe benötigt). Außerdem würden wir uns freuen, wenn sich so eine Community zu unserem Buch entwickeln würde und wir euch sicher durch das erste Semester bringen können. Über konstruktive Kritik jeglicher Art freuen wir uns dann natürlich auch :-).

Danksagung

Ein Buch ist immer nur so gut, wie die Helfer, die zum Entstehen des Buches beigetragen haben, und das sind bei Weitem nicht nur die Autoren. Wir hatten von diesen Helfern zum Glück sehr viele, und daher wird auch die Danksagung etwas länger ausfallen, denn ohne diese fleißigen Freunde, Bekannten und Mitarbeiter der Leibniz Universität Hannover wäre das Buch nicht so, wie ihr es gerade in euren Händen haltet. Wir haben eine Menge Leuten zu danken und hoffen, dass wir im Folgenden niemanden vergessen. Wenn dies trotzdem der Fall sein sollte, dann bitten wir dies zu entschuldigen und danken ihm/ihr trotzdem.

Da hätten wir einerseits unsere Korrekturleser Dr. Florian Leydecker, Stefan Keil, Stefan Hasselmann, Christoph Fuest, Dr. Dr. h. c. Norbert Herrmann, Prof. Dr. Stefan Wewers und Arne Böttger, die uns auf viele kleinere und größere Ungereimtheiten und Fehler aufmerksam gemacht haben und die auch unter Zeitdruck alles andere verschoben haben, um erst einmal unser Manuskript zu lesen. Dafür sei allen herzlich gedankt.

Ein ganz großer Dank geht auch an Marco Daniel, der uns mit seinem unbegrenzten Wissen über LaTeX beim Erstellen des Textsatzes sehr unterstützt hat und auch nachts um vier Uhr noch bereit war, auf Fragen zu antworten und zu helfen. An dieser Stelle muss aber auch seiner Frau gedankt werden, die so oft auf ihn verzichten musste.

---

[1] Diese Webseite existiert inzwischen nicht mehr, hier könnt ihr also leider keine Fragen stellen. Ihr dürft uns aber gerne weiterhin eine Mail schreiben.

Weiterhin sei Carolyn Hall gedankt, die nach unseren Vorschlägen, die noch sehr schwammig und nicht gerade aussagekräftig waren, dieses wundervolle Coverbild erstellt hat, das ihr nun bewundern könnt.

Ein weiterer Dank geht an folgende Studenten, die das Buch vor dem Erscheinen daraufhin getestet haben, ob der Text für Erstsemestler auch geeignet ist: Katharina-Sophie Isleif, Simon Golchin-Nik, Susanne Begerow, Fabian Grünig, Mareike Antrick, Wiebke Telle, Helge Reddig, Nadine Geldermann und Esmere Krasniqi. Dank gebührt auch Georg Lauenstein, mit dem ich vor einigen Jahren etwas zu den Beweisverfahren geschrieben hatte. Hierauf basiert das Kap. 5 zu den Beweistechniken.

Ebenso danken wir Thomas Epp, der diese sehr gelungenen Grafiken im Buch erstellt hat und Susanne Hensel, Heidemarie Wolter und Bernhard Gerl für die umfangreichen Korrekturen!

Außerdem danken wir allen Studenten, die uns Hinweise dazu gegeben haben, was in dem Buch auf jeden Fall enthalten sein soll und was wir unbedingt ausführlich erklären sollen. Ein besonderer Dank geht an dieser Stelle an die Studenten, die am Tutorium Analysis 1 und Lineare Algebra 1 im Wintersemester 08/09 beim Autor Florian Modler teilgenommen haben und damit uns Autoren mit den gut gestellten Fragen viele Hinweise für die Konzeption einzelner Kapitel gegeben haben.

Jetzt bleiben noch zwei Personenkreise übrig, denen wir danken möchten. Zum einen unseren Freunden, Bekannten und Familien, die des Öfteren auf uns, besonders in der letzten heißen Phase des Schreibens, verzichten mussten, da wir doch eher am Buch schreiben wollten als irgendetwas anderes zu machen, und zum anderen geht ein sehr großer Dank an den Spektrum-Verlag, vor allem an unsere Lektoren Dr. Andreas Rüdinger und Anja Groth, die das Projekt während der gesamten Zeit und der Entstehungsphase begleitet und vorbildlich betreut haben. Jede E-Mail wurde sofort beantwortet, und glaubt uns, das waren einige. Vielen Dank für die sehr schöne, fast familiäre Zusammenarbeit, die uns sehr viel Spaß gebracht hat.

Und nun genug der Danksagung, viel Spaß mit unserem Buch!

Hannover   Florian Modler
Juli 2009   Martin Kreh

Häufig gestellte Fragen zum Mathematikstudium

Bevor wir richtig mit dem Stoff zur Analysis 1 und Linearen Algebra 1 starten wollen, solltet ihr euch klar sein, worauf ihr euch einlasst. Daher hier ein paar typische Fragen, die im ersten Semester aufkommen und die wir so gut wie möglich zu beantworten versuchen.

Die ersten Tage

Fängt man an, Mathematik zu studieren, so ist am Anfang alles neu und sehr ungewohnt. Es stellt sich die Frage, wie ihr die ersten Tage und Wochen geschickt überstehen könnt. Denn eins ist klar: Studium ist anders als Schule. Es ist natürlich anspruchsvoller und erfordert viel Selbststudium, Eigenverantwortung und Disziplin. Aber unserer Meinung nach ist Studium wesentlich schöner, und man ist freier in seiner Gestaltungsvielfalt. Dennoch müsst ihr euch zunächst einmal hineindenken und mit der ungewöhnlich neuen Situation zurechtkommen. Dies dauert seine Zeit, aber wenn es erst einmal geschafft ist, könnt ihr das Mathestudium genießen :-). Wir wollen hier einige typische Erstsemesterfragen beantworten und euch die Angst ein wenig nehmen.

Wie überstehe ich ganz alleine die ersten Tage?

Alleine kann man nicht studieren. Sowohl aus fachlichen als auch aus sozialen Gründen ist es sehr wichtig, schnell neue Leute zu finden und sich eine gute Übungsgruppe aufzubauen. Geht einfach auf die Leute zu, denn bedenkt, dass alle Erstsemester Anfänger sind und genauso Kontakte und neue Freunde suchen wie ihr selbst. Und es gibt doch diesen Spruch: „Geteiltes Leid ist halbes Leid". Bei der Wahl eurer Übungsgruppe solltet ihr allerdings beachten, dass ihr miteinander harmoniert und dass die Übungsgruppe nicht zu anspruchsvoll, aber auch nicht zu leicht für euch ist. Es ist ganz gut, wenn die Gruppe auf einem relativ gleichen Niveau arbeiten kann, ohne dass ihr euch über- oder unterfordert fühlt.

Sicherlich ist aber auch ein Messen mit den anderen als Motivationsschub nicht gerade schlecht.

Soll ich die Übungsblätter bearbeiten?

Eine etwas provokante Frage: Jede Woche werdet ihr pro Vorlesung ein Übungsblatt bekommen, das ihr innerhalb einer Woche lösen müsst und das sehr viel Zeit
in Anspruch nehmen wird. Es ist von großer Bedeutung, über die Aufgaben des
wöchentlichen Übungsblattes zu sprechen. Versucht die Aufgaben vielleicht erst
einmal alleine zu lösen. Aber sprecht auf jeden Fall die Übungsaufgaben in eurer
Gruppe durch. Diskutiert über die Aufgaben und über die Mathematik! Vor allem
durch das intensive Sprechen kommt einem die ein oder andere Idee, die man vorher nicht hatte. Oder man lässt sich durch die Ideen der anderen motivieren und
inspirieren.

Das Wichtigste überhaupt ist aber das regelmäßige Bearbeiten der Übungszettel! Denkt nicht: „Ach, schreibe ich die Lösungen einfach bei irgendwem ab, um
meine Punkte zu bekommen". Unter uns: Wenn es knapp wird mit den Punkten,
dann könnt ihr das zur Not am Ende immer noch machen. Aber zunächst **müsst** ihr
die Aufgaben selbst lösen. Auch wenn ihr denkt, ihr hättet in der Vorlesung alles
verstanden, werdet ihr sehen, dass ihr doch bei der einen oder anderen Übungsaufgabe stocken werdet. Vielleicht schaut ihr auf euren Zettel und denkt: „War ich die
Woche über gar nicht in der Vorlesung?" Ich kenne viele Studenten, die es jetzt
bereuen, dass sie im ersten Semester die Lösungen von anderen abgeschrieben und
nicht selber gegrübelt haben. Die Grundlagen fehlen einfach, und dies rächt sich im
Laufe des Studiums, auch wenn ihr die ersten Klausuren gut überstehen solltet.

Was ihr bei den Übungszetteln braucht, ist vor allem Durchhaltevermögen. Die
meisten Studenten werden an den Aufgaben zu knabbern haben, und teilweise auch
verzweifeln. Das ist nicht schlimm. Man kann nicht alles sofort lösen, aber wichtig ist, es zu versuchen, und wenn ihr es dann nach vier Stunden schafft, ist das
Erfolgserlebnis gleich viermal so groß.

Es ist nicht nur das logische Denken, was im Mathematikstudium antrainiert
wird, sondern vor allem das An-seine-Grenzen-stoßen und noch einen Schritt darüber hinaus zu gehen.

Darf ich in einer Vorlesung oder Übung eine Frage stellen?

Viele Studenten fragen leider viel zu selten. Das liegt unseres Erachtens wohl daran,
dass sie sich nicht trauen, Fragen zu stellen. Habt keine Angst vor dem Professor
oder den Übungsleitern. Fragt, was das Zeug hält. Bombadiert sie mit E-Mails oder
geht in die Sprechstunde. Es darf nicht sein, dass die Professoren in der Sprechstunde nichts zu tun haben. Ein Professor hat uns mal erzählt, dass er in der Zeit, in
der er Sprechstunde hat, am besten arbeiten kann, weil er weiß, dass sowieso keiner
kommt. Erst wenn ihr Fragen formulieren könnt, dann zeigt ihr, dass ihr auf dem
richtigen Weg seid, die Materie zu verstehen und zu durchdringen. Traut euch. Habt
keine Scheu :-)!

Sollte ich nebenbei Fachliteratur lesen?

Na ja, wenn ihr diese Zeilen lest, dann zeigt das ja schon mal, dass ihr neben der
Vorlesung noch weitere Fachbücher lest. Aber Spaß beiseite: Es ist schon wichtig, neben der Vorlesung, gerade wenn ihr im Studium fortschreitet, Fachliteratur

ergänzend zur Vorlesung zu lesen. Vielleicht auch einfach nur deshalb, um noch einmal eine andere Erklärung zu erhalten oder um über den Vorlesungsstoff hinauszuschauen, denn leider kann ein Professor in einer Vorlesung nicht alles Interessante angeben. Studium ist nämlich nicht nur Sammeln von Punkten und Prüfungsleistungen, sondern auch den Interessen nachgehen; nicht nur Vorlesungen zu hören, weil ihr den Schein braucht, sondern weil es euch interessiert ;-).

Habe ich neben einem Mathematikstudium überhaupt noch Freizeit?
Ja, die solltet ihr euch nehmen! Ein guter Ausgleich neben dem Mathestudium ist auch sehr wichtig. Dieser Ausgleich kann sportlicher Natur sein - nutzt beispielsweise das Unisportprogramm, sollte es so etwas an eurer Universität geben - oder darin bestehen, ein gutes Buch zu lesen, oder was auch immer. Man sollte aber versuchen, nicht die ganze Woche nur in Mathematik zu investieren. Klar, das Studium erfordert sehr viel Zeit, aber nehmt euch auch freie Zeit für euch. Für eure Hobbies, für eure anderen Interessen, für Freunde und all das, was ihr sonst noch so gerne macht.

Wie merke ich, ob das Mathematikstudium das Richtige für mich ist?
Ihr werdet im Laufe des ersten Semesters merken, dass sich die Reihen in dem erst vielleicht überfüllten Hörsaal schnell lichten werden. Das liegt einfach daran, dass das Mathematikstudium nicht jedem liegt. Nicht jeder kann Mathematiker werden. Das ist auch gut und richtig so. Die Frage ist natürlich, wie ich persönlich merke, ob ich ein Mathematiker werden kann oder nicht. Dies ist eine sehr schwere Frage, die nicht so leicht zu beantworten ist. Es kommt drauf an. Es gibt einige, die Schwierigkeiten haben, aber eigentlich sehr gute Mathematiker sind. Bei anderen wiederum bleiben diese Startschwierigkeiten die ganze Zeit. Eins sollte aber für alle gelten: Man sollte ein wenig Spaß am Studium finden. Wenn sich dies nicht irgendwann einstellt, sollte man über einen Abbruch nachdenken... Eine zu frühe Entscheidung kann aber auch fatal sein, denn irgendwann vertieft man sich in einem Bereich, beispielsweise Analysis, Stochastik, Algebra, Differentialgeometrie oder ähnliche, und merkt vielleicht erst dann, dass Mathe doch nicht so schlimm ist und auch Spaß machen kann.

Wie und wie lange bereite ich mich auf eine Klausur vor?
Grundsätzlich gilt erst einmal, dass man während des Semesters immer kontinuierlich mitarbeiten sollte, das bedeutet: Vorlesungsstoff gründlich nacharbeiten und vor allem verstehen und die Übungsaufgaben auch nicht nur abschreiben, sondern selbst lösen und bei jeder Unklarheit seinen Professor, den Übungsleiter oder seine Kommilitonen um Rat fragen. Dann hat man für die Vorbereitung der Klausur erst einmal weniger zu tun, als wenn man das gesamte Semester über nichts macht. Grundsätzlich gilt aber auch, dass es nicht ausreicht, sich einen Tag vor der Klausur hinzusetzen und den Stoff einmal anzuschauen, so wie dies vielleicht einige von euch in der Schule für Klausuren gemacht haben. Denn ihr werdet schnell merken, dass der Stoff aufwendiger ist.

Zusammenfassend gilt also: Arbeitet ständig und fleißig während des Semesters mit, versteht unbedingt den Stoff, lernt nicht nur Schema F. Dies wird euch in der Klausur nicht allzu viel nützen (nur bei einigen Standardaufgaben), aber beim Beweisen müsst ihr die Materie durchdrungen und verinnerlicht haben. Rechnet die Übungsaufgaben noch einmal und fangt rechtzeitig mit der Vorbereitung an.

Zusammenfassend: Das Studium wird neu und ungewohnt sein, aber ihr werdet euch bestimmt schnell daran gewöhnen, und dann wird man das Studentenleben lieben.

Inhaltsverzeichnis

Analysis

Lineare Algebra

Grundlagen

Logik und mathematische Grundbegriffe

In diesem ersten Kapitel beschäftigen wir uns kurz mit einigen Grundbegriffen aus der Logik und wichtigen Symbolen, die euch im Verlauf eures Studiums immer wieder begegnen werden.

1.1 Definitionen

Definition 1.1 (Aussage, Wahrheitsgehalt)
Unter einer **Aussage** verstehen wir einen Satz, dem man einen **Wahrheitsgehalt** zuweisen kann, das heißt, der entweder **wahr** oder **falsch** ist. Dementsprechend definieren wir den Wahrheitsgehalt als w (wahr) oder f (falsch).

Definition 1.2 (Negation)
Ist A eine Aussage, so bezeichnet $\neg A$ (gesprochen: nicht A) ihre **Negation**, das heißt, wenn A den Wahrheitsgehalt w hat, so hat $\neg A$ den Wahrheitsgehalt f und umgekehrt.

Definition 1.3 (Konjunktion, Disjunktion, Junktoren)

1. Sind A und B Aussagen, so bezeichnen wir als **Konjunktion** von A und B die Aussage $A \wedge B$ (gesprochen: A und B). $A \wedge B$ ist genau dann wahr, wenn A und B wahr sind.

2. Sind A und B Aussagen, so bezeichnen wir als **Disjunktion** von A und B die Aussage $A \vee B$ (gesprochen: A oder B). $A \vee B$ ist wahr, wenn A, B oder beide Aussagen A und B wahr sind.

Wir nennen $\wedge$ das „logische Und" und $\vee$ das „logische Oder". Die Verknüpfungen $\wedge$ und $\vee$ nennt man auch **Junktoren**.

Definition 1.4 (Quantoren)

1. Man schreibt $\exists$ für „Es gibt (mindestens) ein". Dieser Quantor heißt **Existenzquantor**.
2. Man schreibt $\exists!$ für „Es gibt genau ein".
3. Man schreibt $\forall$ für „Für alle". Dieser Quantor heißt **Allquantor**.

Definition 1.5 (Implikation, Äquivalenz)
Sind A und B Aussagen, so schreiben wir $A \Rightarrow B$ für „aus A folgt B" und nennen dies **Implikation**. $A \Rightarrow B$ ist dabei nur dann falsch, wenn A wahr und B falsch ist. Gilt $A \Rightarrow B$ und $B \Rightarrow A$, so schreiben wir auch $A \Leftrightarrow B$ und nennen dies **Äquivalenz**.

Definition 1.6 (weitere Notation)

1. Wir schreiben $x := y$ für „x *ist per Definition gleich* y".
2. Wir schreiben „$:$" für „*so, dass gilt*".
3. Wir schreiben „o. B. d. A." für „ohne Beschränkung der Allgemeinheit" beziehungsweise „OE" für „ohne Einschränkung".
4. Wir schreiben $a|b$ für a teilt b.

1.2　Erklärungen zu den Definitionen

Erklärung

Zur Definition 1.1 der Aussage und dem Wahrheitsgehalt: Diese Definition grenzt die Aussage von anderen (grammatikalischen) Sätzen ab. Sie ist nämlich der einzige Satz, dem man einen Wahrheitsgehalt zuordnen kann. Ein Beispiel für eine Aussage wäre: „*Es regnet*", denn man kann eindeutig sagen, ob dies wahr oder falsch ist. Keine Aussage dagegen wäre: „*Regnet es?*"(logisch, denn das ist ja eine Frage) oder auch: „*Spinat schmeckt nicht*", denn das empfindet jeder anders, man kann also nicht allgemein sagen, ob das wahr oder falsch ist (obwohl Spinat nunmal wirklich nicht schmeckt. . . und wehe es behauptet schon wieder jemand was anderes). Auch „Stefan ist schlau" wäre zum Beispiel keine Aussage.

Erklärung

Zur Definition 1.2 der Negation: Die Negation einer Aussage ist salopp gesagt einfach das Gegenteil, das heißt: Ist A die Aussage „*Es regnet*", so ist $\neg A$ die Aussage „*Es regnet nicht*". Kompliziertere Aussagen sind natürlich auch komplizierter zu verneinen. Ist zum Beispiel B die Aussage „*Alle Franzosen essen Baguette*", so ist $\neg B$ die Aussage „*Es gibt mindestens einen Franzosen, der kein Baguette isst*", und nicht etwa „*Kein Franzose isst Baguette*". Negiert man eine Aussage zweimal, so erhält man natürlich wieder die ursprüngliche Aussage: $\neg\neg A = A$.

Erklärung

Zur Definition 1.3 der Konjunktion, Disjunktion und Junktoren: Diese sogenannten Junktoren sind dazu da, zwei (oder mehrere) Aussagen zu verknüpfen. Es gibt noch mehr als die hier betrachteten, aber wir wollen uns einmal auf diese beiden beschränken, da diese am häufigsten auftreten.

Ist zum Beispiel A die Aussage „*Es brennt*" und B die Aussage „*Die Feuerwehr ist da*", so ist $A \wedge B$ die Aussage „*Es brennt und die Feuerwehr ist da*" und $A \vee B$ die Aussage „*Es brennt oder die Feuerwehr ist da*". (Wir ziehen ersteres vor.)

Haben wir es mit komplizierteren Aussagen zu tun, zum Beispiel sei

C: „*Es gibt einen Matrosen, der Angst vor Wasser hat*",
D: „*Es gibt einen Elefanten, der nicht betrunken ist*" und
E: „*Bei der Feuerwehr arbeitet ein Elefant*", so ist

$C \vee D$ „*Es gibt einen Matrosen, der Angst vor Wasser hat oder es gibt einen Elefanten, der nicht betrunken ist*" und $A \wedge B \wedge E \wedge \neg D$ wäre die Aussage „*Es brennt, die Feuerwehr ist da, bei der Feuerwehr arbeitet ein Elefant und alle Elefanten sind betrunken*".

Sieht schlecht aus. Na ja, wenigstens hat kein Matrose Angst vor Wasser. Zu bemerken ist noch, dass es bei der Verknüpfung von Aussagen nicht auf die Reihenfolge ankommt, so könnten wir oben zum Beispiel auch $B \wedge \neg D \wedge E \wedge A$ schreiben.

Am einfachsten lassen sich kompliziertere Sachverhalte in *Wahrheitstafeln*, wie sie in Tab. 1.1 zu sehen ist, darstellen. Dabei sind die beiden linken Einträge die Voraussetzungen und die restlichen die Konsequenzen aus den Voraussetzungen.

Ist zum Beispiel A wahr und B falsch (2. Zeile in Tab. 1.1), so ist $\neg B$ wahr und damit auch $(A \vee \neg B)$. Außerdem ist $\neg A$ falsch, aber dennoch (da $\neg B$ wahr ist) $(\neg A \vee \neg B)$ wahr, und damit auch $(A \vee \neg B) \wedge (\neg A \vee \neg B)$. Ausführliche Beispiele hierzu findet ihr auch noch im Kap. 5 „Beweistechniken" in den Beispielen 30 und 31. Wichtig ist anzumerken, dass bei $A \vee B$ A oder B oder beide Aussagen wahr

Tab. 1.1 Schematische Darstellung einer Wahrheitstafel

A	B	$\neg A$	$A \vee B$	$A \wedge B$	$(A \vee \neg B) \wedge (\neg A \vee \neg B)$
w	w	f	w	w	f
w	f	f	w	f	w
f	w	w	w	f	f
f	f	w	f	f	w

sind. Das „Oder" wird also in der Mathematik anders verwendet als im deutschen Sprachgebrauch, denn bei uns ist es kein ausschließendes „Oder".

Erklärung

Zur Definition 1.4 der Quantoren: Wie wir oben bereits gesehen haben, können Aussagen teilweise recht lang sein. Da Mathematiker aber von Grund auf faul sind, wollen sie sich ein wenig die Arbeit erleichtern. Aus diesem Grund führt man die Quantoren ein. Mit ihrer Hilfe können wir Aussagen kürzer aufschreiben, zum Beispiel schreiben wir statt „*Es gibt einen Affen, der Christian heißt*" einfach „∃: *Affe, der Christian heißt*".

Achtung: „*Es gibt einen...*" heißt dabei nicht, dass es genau einen gibt, sondern dass es mindestens einen gibt. Wollen wir sagen, dass es genau einen gibt, also zum Beispiel „*Es gibt genau einen Planeten, der Jupiter heißt*", so benutzen wir dafür das Zeichen ∃!: „∃! *Planet, der Jupiter heißt*".

Wollen wir sagen, dass etwas nicht existiert, so benutzen wir ∄: „∄ *Bier auf Hawaii*". Genauso schreiben wir ab sofort statt „*Für alle männlichen Katzen gilt, dass sie Kater sind*" nur noch „∀ *männlichen Katzen gilt, dass sie Kater sind*".

In solch einfachen Sätzen scheint der Einsatz der Quantoren noch recht sinnlos, deshalb betrachten wir einmal ein Beispiel, das etwas komplexer und mathematischer ist. Sei F die Aussage: „*Für alle x existiert ein y so, dass kein n existiert mit $x = ny$*"; oder einfacher: „∀ x ∃ y, so dass ∄ n mit $x = ny$".

Quantoren erleichtern uns außerdem das Leben, weil man mit ihnen leichter Negationen bilden kann, denn negiert man den Allquantor ∀, so erhält man den Existenzquantor ∃ und umgekehrt. Ein Beispiel hierzu: Wir betrachten die Aussage: „*Alle Menschen sind grün*", oder mit Quantoren: „∀ *Menschen gilt, sie sind grün*".

Negiert man die Aussage, so erhält man: „*Es existiert ein Mensch, der nicht grün ist*", also: „∃ *Mensch, der nicht grün ist*".

Erklärung

Zur Definition 1.5 der Implikation und Äquivalenz: Wir haben bereits oben gesehen, dass wir mit Junktoren Aussagen verknüpfen können. Wir betrachten nun Aussagen, die zueinander in Beziehung stehen.

▶ **Beispiel 1** Ist zum Beispiel G die Aussage: „*Es ist dunkel*" und H die Aussage „*Das Licht ist aus*", so folgt aus der ersten Aussage die zweite, denn wenn es dunkel ist, so kann kein Licht an sein. Wir schreiben $G \Rightarrow H$.

Es gilt allerdings nicht $H \Rightarrow G$, denn es könnte ja die Sonne scheinen. Würde auch noch $H \Rightarrow G$ gelten, so könnten wir $G \Leftrightarrow H$ schreiben.

Es wird euch mit Sicherheit oft passieren, dass ihr im Verlauf eures Studiums eine Äquivalenz zwischen zwei Aussagen zeigen müsst. Der (meist) einfachste Weg dies zu tun, ist beide Implikationen getrennt nachzuweisen.

Betrachten wir noch einmal obige Aussagen und bilden ihre Negationen, so erhalten wir $\neg G$: *„Es ist hell"* und $\neg H$: *„Das Licht ist an"*. Es gilt also $\neg H \Rightarrow \neg G$ genau dann, wenn $G \Rightarrow H$; oder in mathematischer Schreibweise:

$$(G \Rightarrow H) \Leftrightarrow (\neg H \Rightarrow \neg G). \qquad \blacksquare$$

Gilt $A \Rightarrow B$, so sagt man auch, dass die Aussage A *hinreichend* für die Aussage B ist, das heißt, A allein reicht aus, so dass auch B gilt.

Gilt umgekehrt $A \Leftarrow B$, so nennt man die Aussage A für B *notwendig*, denn wenn B gilt, so muss zwangsweise auch A gelten. Beispiele zu notwendigen und hinreichenden Bedingungen finden wir beispielsweise auch in Kap. 11, wenn wir Extrema berechnen.

Erklärung

Zur Definition 1.6 weiterer mathematischer Notation: In der Mathematik kommt es sehr häufig vor, dass wir Ausdrücken, Formeln oder ähnlichem einfach einen Namen geben. Dies geschieht durch „$:=$". Im Prinzip hat dieses dieselbe Bedeutung wie ein normales Gleichheitszeichen, denn es zeigt auch an, dass zwei Ausdrücke gleich sind, aber man benutzt „$:=$", wenn man einen der Ausdrücke durch den anderen definiert. Zum Beispiel haben wir die Aussage *„Es scheint die Sonne"* und wollen diese Aussage jetzt A nennen, so schreiben wir $A :=$ *„Es scheint die Sonne"*. Oder wir wollen die Variable x definieren als das Doppelte von y, dann schreiben wir $x := 2y$.

Das Zeichen „$:$" ist wieder eine Abkürzung für die bequemen Mathematiker. Wir wollen dieses Zeichen einfach durch ein Beispiel erklären und vereinfachen unser mathematisches Beispiel aus der Erklärung zu Definition 1.4: „$\forall x \exists y : \nexists n : x = ny$". Schön kurz, oder? :-)

Die Abkürzungen o. B. d. A. oder OE benutzt man oft in Beweisen, wenn man einen bestimmten Fall annimmt, weil der andere Fall entweder sowieso ersichtlich ist oder analog zu beweisen ist. Diese Abkürzungen werden euch im Verlauf des Buches noch häufiger begegnen.

Auch das Zeichen $|$ wollen wir kurz an einem Beispiel erläutern. Es gilt zum Beispiel $2|6$ aber nicht $2|5$ (dafür schreibt man dann auch $2 \nmid 5$).

Beispiele

Im Bereich der Logik kann man viele schöne Aufgaben stellen. Wir schauen uns nun eine davon an.

► **Beispiel 2** Stell dir Folgendes vor: Du strandest an einer Insel und wirst von Kannibalen gefangen genommen. Zunächst wirst du eingesperrt, und die Kannibalen beraten, was mit dir geschehen soll. Nach kurzer Zeit kommt einer zu dir und erklärt dir: „*Wir werden dich töten, aber du kannst indirekt bestimmen, wie wir dich töten. Du darfst eine Aussage treffen: Ist diese wahr, so wirst du gekocht. Ist die Aussage falsch, dann grillen wir dich.*" Was musst du sagen, um freizukommen?

Zunächst sollten wir bemerken, dass ganz klar eine Aussage gefordert ist. Dennoch müssen wir anscheinend eine Aussage treffen, die weder wahr noch falsch sein kann, denn andernfalls geht es uns schlecht. Wie trifft man aber eine Aussage, die weder wahr noch falsch ist? Dazu betrachten wir die von Kannibalen vorgeschlagenen Tötungsmethoden und sagen: „*Ich werde gegrillt*". Angenommen, die Aussage ist wahr, dann müsstest du gekocht werden, die Aussage ist also falsch. Angenommen die Aussage ist falsch, dann müsstest du gegrillt werden, dann wäre sie aber wahr. Also bleibt den Kannibalen nichts anderes übrig, als dich freizulassen.

Dies ist ein nettes Beispiel für einen Satz, der zunächst wie eine Aussage aussieht, aber keine ist, da ihm kein Wahrheitsgehalt zugeordnet werden kann. ∎

▶ **Beispiel 3** Das folgende Rätsel ist ein schönes Beispiel für eine Logelei und wurde angeblich von Albert Einstein erdacht. Angeblich behauptete er auch, dass 98 % der Bevölkerung nicht in der Lage wären, dieses Rätsel zu lösen. Beweist ihm also das Gegenteil :-). Hier die Aufgabe:

1. Es gibt fünf Häuser in je einer anderen Farbe.
2. In jedem Haus wohnt eine Person einer anderen Nationalität.
3. Jeder Hausbewohner bevorzugt ein bestimmtes Getränk, raucht etwas Bestimmtes und hält ein bestimmtes Haustier.
4. Keine der fünf Personen trinkt das gleiche Getränk, raucht das Gleiche oder hält das gleiche Tier wie einer seiner Nachbarn.

Weiterhin ist bekannt:

1.   Der Brite lebt im roten Haus.
2.   Der Schwede hält einen Hund.
3.   Der Däne trinkt gerne Tee.
4.   Das grüne Haus steht links neben dem weißen Haus.
5.   Der Besitzer des grünen Hauses trinkt Kaffee.
6.   Die Person, die Zigaretten raucht, hält einen Vogel.
7.   Der Mann, der im mittleren Haus wohnt, trinkt Milch.
8.   Der Besitzer des gelben Hauses raucht Zigarillos.
9.   Der Norweger wohnt im ersten Haus.
10. Der Wasserpfeife-Raucher wohnt neben dem, der eine Katze hält.
11. Der Mann, der ein Pferd hält, wohnt neben dem, der Zigarillos raucht.
12. Der Zigarren-Raucher trinkt gerne Bier.
13. Der Norweger wohnt neben dem blauen Haus.
14. Der Deutsche raucht Pfeife.
15. Der Wasserpfeife-Raucher hat einen Nachbarn, der Wasser trinkt.

Tab. 1.2 Zusammenstellung der gegebenen Informationen in einer Übersichtstabelle

Nationalität	Haustier	Getränk	Raucherartikel	Farbe	Nummer
Schwede	Hund				
Däne		Tee			
Brite				rot	
		Kaffee		grün	
	Vogel		Zigarette		
			Zigarillos	gelb	
Norweger					1
		Bier	Zigarre		
Deutscher			Pfeife		
		Milch			3
				blau	2

Wem gehört der Fisch?
Als erstes wollen wir in Tab. 1.2 aufschreiben, was wir alles wissen. Dabei stehen mehrere Dinge in einer Zeile, wenn sie zusammen gehören. Wenn Dinge nicht in einer Zeile stehen, können sie dennoch zusammen gehören, nur wissen wir das dann noch nicht. Beginnen wir:

Wobei wir die letzte Zeile aus der Tatsache erhalten, dass der Norweger in Haus 1 wohnt und das einzige Haus neben Haus 1 die Nummer 2 ist. Außerdem wissen wir noch, dass das grüne Haus links neben dem weißen steht, und folgende Paare jeweils benachbart sind:

- Wasserpfeife – Katze
- Pferd – Zigarillos
- Wasserpfeife – Wasser

Durch Ausschlussverfahren erkennt man nun, dass der Norweger entweder im grünen oder im gelben Haus wohnt. Angenommen er wohnt im grünen Haus, dann folgt (da das grüne Haus links neben dem weißen steht), dass das Haus mit der Nummer 2 weiß ist. Dies ist aber schon blau, also kann unsere Annahme nicht stimmen. Deshalb wohnt der Norweger im gelben Haus und raucht damit Zigarillos. Ebenso wissen wir deswegen, dass der Besitzer von Haus 2 ein Pferd hat. Unsere neue Tabelle seht ihr im Folgenden (Tab. 1.3).

Wiederum durch Ausschlussverfahren ergibt sich, dass nur Folgendes möglich ist:

- Das blaue Haus mit der Nummer 2 mit dem Pferd gehört dem Deutschen oder dem Dänen.
- Der Kaffeetrinker im grünen Haus ist Schwede oder Deutscher.
- Der zigaretten-rauchende Vogelbesitzer ist Däne oder Brite.
- Der biertrinkende Zigarren-Raucher ist Schwede oder Brite.
- Der Milchtrinker aus Haus 3 ist Schwede, Brite oder Deutscher.

Tab. 1.3 Ergebnisse der ersten Logikkombinationen

Nationalität	Haustier	Getränk	Raucherartikel	Farbe	Nummer
Schwede	Hund				
Däne		Tee			
Brite				rot	
		Kaffee		grün	
	Vogel		Zigarette		
Norweger			Zigarillos	gelb	1
		Bier	Zigarre		
Deutscher			Pfeife		
		Milch			3
	Pferd			blau	2

Tab. 1.4 Ergebnisse der zweiten Logikkombinationen

Nationalität	Haustier	Getränk	Raucherartikel	Farbe	Nummer
Schwede	Hund	Bier	Zigarre		
Däne	Pferd	Tee		blau	2
Brite	Vogel	Milch	Zigarette	rot	3
Norweger			Zigarillo	gelb	1
Deutscher		Kaffee	Pfeife	grün	

Im Folgenden konstruieren wir nun Widersprüche durch Ausschlusskriterien.

Angenommen, der Deutsche wohnt in Haus 2. Dann muss der Deutsche der Wassertrinker sein, und im Haus 3 wohnt der Wasserpfeifen-Raucher. Dann gilt also, dass in Haus 3 entweder der Schwede oder der Brite wohnt. Angenommen dort wohnt der Schwede. Dann muss dieses Haus weiß sein. Dann wäre aber Haus Nummer 2 grün, was ein Widerspruch ist. Angenommen, der Brite wohnt in Haus 3. Dann trinkt der Schwede Bier und raucht Zigarre. Dann kann aber keiner der Kaffeetrinker im grünen Haus sein. Also war unsere Annahme falsch, und der Däne wohnt in Haus 2. Dann ist der Brite damit Zigaretten-Raucher und hat einen Vogel (nein, nicht das, was ihr jetzt denkt!), der Schwede trinkt Bier und raucht Zigarre, der Deutsche wohnt im grünen Haus und trinkt Kaffee, und der Brite ist der Milchtrinker aus Haus 3. Damit können wir unsere Tabelle nun schon gut füllen (siehe Tab. 1.4).

Der Schwede muss also im weißen Haus wohnen, das überdies die Nummer 5 hat. Also wohnt der Deutsche im Haus 4. Der Wasserpfeifen-Raucher wohnt in Haus 2, und der Norweger trinkt Wasser und hat eine Katze. Und damit ist das Rätsel gelöst: Der Fisch gehört dem Deutschen. Endgültig erhalten wir die Tab. 1.5. ∎

Tab. 1.5 Endergebnisse der Logikkombinationen

Nationalität	Haustier	Getränk	Raucherartikel	Farbe	Nummer
Schwede	Hund	Bier	Zigarre	weiß	5
Däne	Pferd	Tee	Wasserpfeife	blau	2
Brite	Vogel	Milch	Zigarette	rot	3
Norweger	Katze	Wasser	Zigarillo	gelb	1
Deutscher	**Fisch**	Kaffee	Pfeife	grün	4

Mengen

2

In diesem Kapitel führen wir Mengen ein und betrachten in diesem Zusammenhang einige Eigenschaften und vor allem viele Beispiele. Auch wichtige Begriffe, die man kennen sollte, kommen nicht zur kurz.

2.1 Definitionen

Definition 2.1 (Menge)

Unter einer **Menge** verstehen wir die Zusammenfassung von wohlunterschiedenen Objekten unserer Anschauung oder unseres Denkens zu einem Ganzen.

Besitzt eine Menge keine Elemente, so nennen wir sie die **leere Menge** und schreiben $\{\}$ oder $\emptyset$.

Ist x Element der Menge A, so schreiben wir $x \in A$, falls x nicht Element von A ist, so schreiben wir $x \notin A$.

Definition 2.2 (Teilmenge)

A heißt **Teilmenge** von B, geschrieben

$$A \subset B$$

genau dann, wenn aus $x \in A$ auch $x \in B$ folgt. Mathematisch schreiben wir kürzer $x \in A \Rightarrow x \in B$. Entsprechend ist $A \not\subset B$ definiert. Dies gilt demnach dann, wenn ein $x \in A$ existiert, sodass $x \notin B$.

© Springer-Verlag GmbH Deutschland, ein Teil von Springer Nature 2018
F. Modler, M. Kreh, *Tutorium Analysis 1 und Lineare Algebra 1*,
https://doi.org/10.1007/978-3-662-56752-4_2

Definition 2.3 (Durchschnitt zweier Mengen und disjunkt)
Der **Durchschnitt** zweier Mengen A und B ist definiert als

$$A \cap B := \{x : x \in A \wedge x \in B\}.$$

Zwei Mengen A und B heißen **disjunkt**, wenn $A \cap B = \emptyset$ gilt.

Definition 2.4 (Vereinigung zweier Mengen)
Die **Vereinigung** zweier Mengen A und B ist definiert als

$$A \cup B := \{x : x \in A \vee x \in B\}.$$

Unter der **disjunkten Vereinigung** einer Menge A verstehen wir ein System $(A_i)_{i \in I}$ von Teilmengen $A_i \subset A$ mit den Eigenschaften:

- $A_i \cap A_j = \emptyset$, falls $i \neq j$, das heißt, die A_i sind also paarweise disjunkt.
- $A = \bigcup_{i \in I} A_i$, das heißt, A ist die Vereinigung aller Mengen A_i.

Wir schreiben dann $A = \dot{\bigcup}_{i \in I} A_i$.

Anmerkung: Hierbei ist I eine beliebige Menge, die man als Indexmenge bezeichnet. Wer sich darunter nichts vorstellen kann, dem sei ans Herz gelegt, sich erst einmal $I = \mathbb{N}$ zu merken. Aber es sollte klar sein, dass dies nicht zwingend immer so ist.

Definition 2.5 (Differenz zweier Mengen)
Die **Differenz** zweier Mengen A und B ist definiert als

$$A \setminus B := \{x : x \in A \wedge x \notin B\}.$$

Definition 2.6 (Symmetrische Differenz zweier Mengen)
Die **symmetrische Differenz** zweier Mengen A und B ist definiert als

$$A \triangle B := (A \setminus B) \cup (B \setminus A).$$

Definition 2.7 (Potenzmenge)
Die Menge $\mathfrak{P}(M) := \{A : A \subset M\}$ einer Menge M nennt man die **Potenzmenge**, und sie ist die Menge aller Teilmengen von M.

Definition 2.8 (Kartesisches Produkt)
Das **kartesische Produkt** der Mengen $A_1, \ldots, A_n$ ist definiert als

$$A_1 \times A_2 \times \ldots \times A_n := \{(a_1, \ldots, a_n) : a_i \in A_i \; \forall i = 1, 2, \ldots, n\}.$$

Sind $A_1 = A_2 = \ldots = A_n$, so schreiben wir $A^n := \underbrace{A \times A \times \ldots \times A}_{n\text{-mal}}$.

Definition 2.9 (Obere und untere Schranke)
Sei K ein angeordneter Körper, also zum Beispiel $\mathbb{Q}$ oder $\mathbb{R}$. (Näheres in Kap. 6 und 7) Eine nichtleere Teilmenge $A \subset K$ heißt nach **oben beschränkt**, wenn es ein Element $M \in K$ gibt mit $x \leq M$ für alle $x \in A$. Ein solches Element M heißt **obere Schranke**.

Eine nichtleere Teilmenge $A \subset K$ heißt nach **unten beschränkt**, wenn es ein Element $m \in K$ gibt mit $x \geq m$ für alle $x \in A$. Ein solches Element m heißt **untere Schranke**.

Eine nichtleere Teilmenge $A \subset K$ heißt **beschränkt**, wenn sie sowohl nach oben als auch nach unten beschränkt ist.

Definition 2.10 (Supremum und Infimum)
Eine Zahl $M \in K$ bzw. $m \in K$ heißt **kleinste obere** bzw. **größte untere Schranke** einer nichtleeren Teilmenge $A \subset K$, wenn sie

1. eine obere bzw. eine untere Schranke ist und
2. es keine kleinere bzw. größere Schranke von A gibt.

Die kleinste obere Schranke einer Teilmenge $A \subset K$ nennen wir das **Supremum** von A, geschrieben sup A. Die größte untere Schranke einer Teilmenge $A \subset K$ nennen wir das **Infimum** von A, geschrieben inf A.

Ist die Menge A nicht beschränkt, so setzen wir sup $A = \infty$ und inf $A = -\infty$.

Definition 2.11 (Maximum und Minimum)
Sei $A \subset K$ nichtleer.

a) M heißt **Maximum** von A; wir schreiben max $A = M$, wenn $M = \sup A$ und $M \in A$.

b) m heißt **Minimum** von A; wir schreiben min $A = m$, wenn $m = \inf A$ und $m \in A$.

Wir sagen das Supremum und Infimum werden angenommen.

Definition 2.12 (Intervalle)
Für reelle Zahlen (siehe auch Kap. 7) $a < b$ definieren wir die Intervalle

- $[a,b] := \{x \in \mathbb{R} : a \le x \le b\}$
- $(a,b] := \{x \in \mathbb{R} : a < x \le b\}$
- $[a,b) := \{x \in \mathbb{R} : a \le x < b\}$
- $(a,b) := \{x \in \mathbb{R} : a < x < b\}$

Das Intervall $[a,b]$ heißt **abgeschlossen**, das Intervall (a,b) **offen** und die Intervalle $[a,b)$, $(a,b]$ **halboffen**. Weiterhin definieren wir für ein Intervall I, das eine der obigen Formen hat, $|I| := b - a$. Ein abgeschlossenes Intervall der Form $[a,b]$ mit reellen Zahlen a, b nennen wir auch kompakt.

Definition 2.13 (Mächtigkeit, Gleichmächtigkeit)
Sei A eine Menge. Hat A endlich viele Elemente, so bezeichnen wir mit $|A|$ die Anzahl der Elemente von A. Sonst setzen wir $|A| = \infty$.

Ist B eine weitere Menge, so heißt A **gleichmächtig** zu B, falls eine bijektive Abbildung $f : A \to B$ existiert (siehe dazu Definition 3.3).

Definition 2.14 (Abzählbarkeit, Überabzählbarkeit)
Eine Menge M heißt **abzählbar**, wenn M endlich ist oder wenn M dieselbe Mächtigkeit wie die Menge der natürlichen Zahlen $\mathbb{N}$ besitzt. Genauer, wenn eine Bijektion $f : M \to \mathbb{N}$ existiert. Andernfalls heißt die Menge **überabzählbar**.

Anmerkung: In einigen Lehrbüchern sagt man, dass eine Menge A *abzählbar* sei, wenn $|A| = |\mathbb{N}|$, *höchstens abzählbar* sei, wenn $|A| \le |\mathbb{N}|$ gilt, also wenn sie endlich oder abzählbar ist und *überabzählbar* sei, wenn sie weder endlich noch abzählbar ist. Bei uns ist „abzählbar" aber so zu verstehen, dass dieser Begriff auch eine endliche Menge mit einschließt. In der Sprechweise von eben würde dies „höchstens abzählbar" bedeuten.

Des Weiteren kann auch eine Bijektion $f : \mathbb{N} \to M$ gefunden werden, um die Abzählbarkeit einer Menge M zu zeigen. Dies ist ab und an einfacher als die andere Richtung.

2.2 Sätze und Beweise

Satz 2.1 (Mächtigkeit der Potenzmenge)
Eine endliche Menge M mit n Elementen besitzt genau 2^n Teilmengen.

Beweis:
1. Variante: Für die erste Variante braucht ihr Kenntnisse aus Kap. 3 über Abbildungen. Vor allem der Begriff der Bijektion (siehe Definition 3.3) sollte euch bekannt sein, um den Beweis zu verstehen: Sei $A := \{1, 2, \ldots, n\}$ eine Menge mit n Elementen. Jeder Teilmenge A_j von A ordnen wir eindeutig das n-Tupel $(a_1, a_2, \ldots, a_n)$ zu mit der Eigenschaft

$$a_i = 1 \Leftrightarrow i \in A, \; a_i = 0 \Leftrightarrow i \notin A$$

   Dies ist eine eineindeutige Darstellung und folglich eine Bijektion. Da es in jedem der n Schritte 2 Möglichkeiten gibt, gibt es davon genau 2^n solcher n-Tupel.
2. Variante: Für die zweite Variante des Beweises sind Mittel aus Kap. 5 über die Beweistechniken nötig. Der Begriff der vollständigen Induktion (siehe Definition 5.3) muss bekannt sein.
   Induktionsanfang: Der Fall $n = 0$: Die Potenzmenge der leeren Menge enthält ein Element, nämlich die leere Menge selbst, also stimmt, dass die Mächtigkeit (Anzahl der Elemente der Menge) der Potenzmenge gerade $2^0 = 1$ ist.
   Induktionsschritt: Nun gehen wir von n auf $n + 1$. Es habe $P(\{1, 2, \ldots, n\})$ 2^n Elemente. Wir betrachten jetzt $P(\{1, 2, \ldots, n, n + 1\})$. Wir führen eine Fallunterscheidung durch. Sei U eine Teilmenge von $\{1, 2, \ldots, n, n + 1\}$. Dann ist entweder $n + 1 \in U$ oder $n + 1 \notin U$.
   1. Fall $n + 1 \notin U$: Wie viele solcher Teilmengen U gibt es überhaupt? Das sind alle Teilmengen von $\{1, 2, \ldots, n\}$, also nach Induktionsvoraussetzung gerade 2^n.
   2. Fall $n + 1 \in U$: Übung: Überlegt euch, wie viele solcher Teilmengen U es gibt. Es sind natürlich auch wieder 2^n. q.e.d.

Satz 2.2

Seien A_1 eine endliche Menge mit n_1 Elementen und A_2 eine endliche Menge mit n_2 Elementen gegeben. Dann besitzt das kartesische Produkt genau $n_1 \cdot n_2$ Elemente.

Beweis: Folgt so wie in Kap. 5, Beispiel 51. Es ist eine einfache Überlegung, die wir euch als Übung überlassen. Und nun los, probiert euch dran!   q.e.d.

Satz 2.3

Es gelten die folgenden Aussagen:

  i) *Jede Teilmenge $N \subset M$ einer abzählbaren Menge M ist wieder abzählbar.*
  ii) *Jede abzählbare Vereinigung abzählbarer Mengen ist wieder abzählbar.*

Beweis: Wir beweisen jede Aussage getrennt. Dabei nehmen wir jeweils an, dass die betrachteten Mengen unendlich sind. Für endliche Mengen sind die Beweise leichter (diese lassen wir dann euch als Übung).

  i) Da M nach Voraussetzung abzählbar ist, existiert eine bijektive Abbildung $f : M \to \mathbb{N}$. Sei nun also $N \subset M$. Wir müssen nun argumentieren, dass eine weitere bijektive Abbildung $g : N \to \mathbb{N}$ existiert. Solch eine Abbildung existiert aber, da f bijektiv ist, was bedeutet, dass jedem $m \in M$ genau ein $f(m)$ zugeordnet wird. Da aber $N \subset M$, gilt für alle $n \in N$ auch $n \in M$. Wir finden daher eine Abbildung g, die durch $f|_N$ jedem $n \in N$ genau ein $g(n)$ zuordnet. Also finden wir tatsächlich eine bijektive Abbildung.

  ii) Sei I eine abzählbare Indexmenge und M_i für alle $i \in I$ abzählbare Mengen. Wir wollen zeigen, dass dann die Vereinigung $\bigcup_{i \in I} M_i$ abzählbar ist. Da nach Voraussetzungen alle M_i abzählbar sind, finden wir bijektive (und damit insbesondere surjektive) Abbildungen

$$\varphi_i : \mathbb{N} \to M_i.$$

Es muss nun eine Abbildung φ nach $\bigcup_{i \in I} M_i$ gefunden werden, die bijektiv ist. Die Abbildung

$$\varphi : I \times \mathbb{N} \to \bigcup_{i \in I} M_i, \ (i, n) \mapsto \varphi_i(n)$$

ist surjektiv; dabei benutzen wir die gleiche Idee wie bei dem zweiten Cantor'schen Diagonalargument, welches wir in Abb. 2.7 dargestellt haben. Weiter nutzen wir hier aus, dass $I \times \mathbb{N}$ abzählbar ist, was wieder recht einfach mit einem Diagonalargument gefolgert werden kann.

Die Abbildung ist auf jeden Fall surjektiv, aber so, wie sie dort steht, nicht unbedingt injektiv. Dies erreichen wir aber durch Auswählen gewisser Elemente. Oder anders: Wegen der Surjektivität von φ gilt auf jeden Fall $\left|\bigcup_{i \in I} M_i\right| \leq \mathbb{N}$, was ausreicht.   q.e.d.

Satz 2.4 (Cantor)
Es existiert keine surjektive Abbildung $f : M \to \mathfrak{P}(M)$ einer Menge M in ihre Potenzmenge $\mathfrak{P}(M)$.

Anmerkung: Eine injektive Abbildung existiert aber! Versucht euch mal an dieser kleinen Übung!

Beweis: Sei dazu $f : M \to \mathfrak{P}(M)$ eine surjektive Abbildung. Wir wollen dies nun zu einem Widerspruch führen. Dazu betrachten wir die Menge

$$N := \{x \in M : x \notin f(x)\} \subset M.$$

Da $N \subset M$ (nach Konstruktion von N), gilt vor allem $N \in \mathfrak{P}(M)$. Da f nach Voraussetzung surjektiv ist, finden wir zu jedem Element von $\mathfrak{P}(M)$ ein Urbild aus M; also existiert ein $m \in M$, so dass $f(m) = N$.
    Wir haben nun zwei Fälle zu unterscheiden:

1. Fall: Es gelte $m \in f(m)$. Dann ist $m \in N$ und damit aber auch $m \notin f(m)$ (wegen der Definition von N). Das kann nicht sein, da wir zeitgleich $m \in f(m)$ und $m \notin f(m)$ haben.
2. Fall: Es gelte $m \notin f(m)$. Dann ist $m \in N$, was aber auch nicht beides sein kann.

Insgesamt erhalten wir, dass keine surjektive Abbildung obiger Art existieren kann.
                                                                                q.e.d.

Satz 2.5
Sind A_1 und A_2 abzählbar, so ist auch $A_1 \times A_2$ abzählbar.

Beweis: Dies folgt im Wesentlichen aus der Tatsache, dass die abzählbare Vereinigung abzählbarer Mengen wieder abzählbar ist (Satz 2.3). Wir können nämlich schreiben

$$A_1 \times A_2 = \bigcup_{a \in A_1} a \times A_2. \qquad \text{q.e.d.}$$

2.3   Erklärungen zu den Definitionen

Erklärung

Zur Definition 2.1 einer Menge: Natürlich ist diese Definition sehr schwammig und nicht im mathematischen Sinne, denn was verstehen wir unter „unserer Anschauung" oder unter dem „Ganzen". Dennoch können wir uns unter dieser Definition etwas vorstellen, und dabei wollen wir es auch belassen.

Die Objekte, die zu einer Menge gehören, heißen *Elemente*. So können wir ganz verschiedene Objekte zu einer Menge zusammenfassen, zum Beispiel Zahlen, aber auch Buchstaben, Wörter oder Mengen selbst. Eine Menge wird mit einem großen Buchstaben bezeichnet. Die Objekte selbst gehören in geschweifte Klammern. So sind beispielsweise $A := \{a, b, c\}$, $B := \{1, 2, 3\}$ oder $C := \{$Hund, Katze, Maus$\}$ drei Mengen. Es ist dabei egal, in welcher Reihenfolge wir die Elemente in die Menge schreiben. Die Menge B könnten wir daher auch als $B = \{3, 2, 1\}$ schreiben. Die Reihenfolge spielt hier also keine Rolle. Anders beim kartesischen Produkt, wie wir in der Erklärung zur Definition 2.8 sehen werden.

Die Elemente einer Menge dagegen werden meist mit kleinen Buchstaben bezeichnet. Ist ein Element x in einer Menge A enthalten, so schreiben wir $x \in A$, oder auch $A \ni x$. Wenn es nicht enthalten ist, dann $x \notin A$.

Es gibt nun im Wesentlichen zwei Möglichkeiten, Mengen aufzuschreiben. Entweder zählt man die einzelnen Elemente auf. Das bietet sich vor allem bei endlichen Mengen an, das heißt bei Mengen, die nur eine endliche Anzahl von Elementen besitzen (zum Beispiel $M := \{1, 2, 3\}$), oder man setzt bei nicht endlichen Mengen Pünktchen. Dazu muss aber klar sein, wie die weiteren Elemente der Menge heißen. So wäre zum Beispiel $\mathbb{N} := \{1, 2, 3, \ldots\}$ die Menge der natürlichen Zahlen oder $M_1 := \{1, 4, 9, 16, 25, \ldots\}$ die Menge der Quadratzahlen. Aber so etwas wie $M_2 := \{8283, 72, 829, \ldots\}$ wäre nicht okay, denn keiner weiß, wie es weitergehen soll, oder?

Eine zweite Möglichkeit, Mengen zu notieren, ist $M = \{x : E(x)\}$ zu schreiben, wobei dies das Folgende bedeutet: M ist die Menge aller x, welche die Eigenschaft $E(x)$ besitzt.

▶ **Beispiel 4**

- $M_3 := \{3, 4, 5, 6\} = \{x : x$ ist eine natürliche Zahl, die größer als 2 und kleiner als 7 ist $\} = \{x \in \mathbb{N} : 2 < x < 7\}$
- $M_4 := \{x \in \mathbb{N} : x < 7\} = \{1, 2, 3, 4, 5, 6\}$
- $M_5 := \{n^3 : n \in \mathbb{N}\} = \{1, 8, 27, \ldots\}$ ■

Erklärung

Zur Definition 2.2 der Teilmenge: Dies ist anschaulich klar und bedarf nicht vieler Worte, siehe Abb. 2.1.

Zwei Anmerkungen seien uns noch gegönnt: Wenn ihr die Gleichheit zweier Mengen A und B zeigen wollt, dann zeigt man zunächst, dass $A \subset B$ und dann $B \subset A$. Siehe hierzu zum Beispiel den Beweis zu Satz 3.4.

Außerdem ist bei $A \subset B$ die Gleichheit $A = B$ der beiden Mengen durchaus erlaubt. Einige Autoren anderer Lehrbücher verwenden daher auch das Symbol „$\subseteq$" und verwenden $\subset$, wenn die Gleichheit explizit ausgeschlossen ist, also eine sogenannte *echte Teilmenge* gemeint ist.

Erklärung

Zur Definition 2.3 des Durchschnitts zweier Mengen: Soll ein Element im Durchschnitt zweier Mengen liegen, so muss es sowohl in der einen als auch in der anderen Menge enthalten sein (siehe Abb. 2.2).

Haben zwei Mengen kein Element gemeinsam, so nennt man sie disjunkt. Grafisch sieht das aus wie in Abb. 2.3 zu sehen.

Erklärung

Zur Definition 2.4 der Vereinigung zweier Mengen: Das „Oder" in der Definition ist nicht so wie das gewöhnliche „Oder" im deutschen Sprachgebrauch zu verstehen. Denn x kann entweder in A liegen, oder in B oder in beiden Mengen. Zeichnet man ein sogenanntes *Venn-Diagramm* (auch die Abb. 2.2 und 2.3 zeigten schon Venn-Diagramme), so wird der Sachverhalt deutlicher (siehe Abb. 2.4).

Erklärung

Zur Definition 2.5 der Differenz zweier Mengen: Die Definition kann man sich veranschaulichen wie in Abb. 2.5 gezeigt.

Frage an unsere Leser: Wie sieht das Venn-Diagramm zur Differenz $B \setminus A$ aus?

Abb. 2.1 Teilmenge A einer Menge B

Abb. 2.2 Der Durchschnitt $A \cap B$ zweier Mengen

Abb. 2.3 Disjunkte Mengen

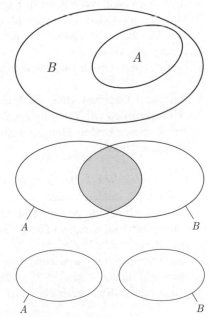

Abb. 2.4 Die Vereinigung
$A \cup B$ zweier Mengen

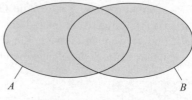

Abb. 2.5 Die Differenz $A \setminus B$
zweier Mengen

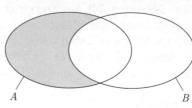

Abb. 2.6 Die symmetrische Differenz $A \triangle B$ zweier
Mengen

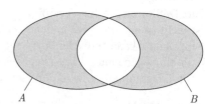

Erklärung

Zur Definition 2.6 der symmetrischen Differenz zweier Mengen: Die Definition 2.6 der symmetrischen Differenz ist äquivalent zu $(A \cup B) \setminus (A \cap B)$. Wie wir
so etwas beweisen, werden wir in Kap. 5 lernen.

Man vereinigt also die beiden Mengen und nimmt den Schnitt beider Mengen
heraus. Das Element x liegt also entweder in A oder in B, aber nicht in beiden
Mengen (siehe Abb. 2.6).

Betrachten wir noch ein Beispiel, um die Mengenoperationen einzuüben.

▶ **Beispiel 5** Gegeben seien die Mengen $A := \{2, 5, 6, 8\}$ und $B := \{7, 5, 6\}$.
Zur Übung wollen wir Vereinigung, Durchschnitt, Differenz und die symmetrische
Differenz dieser beiden Mengen bestimmen und ein Beispiel für den Begriff der
Teilmenge anführen.

● *Vereinigung:* Wir wollen $A \cup B$ ermitteln. Das sind all die Elemente, die in A,
  in B oder in beiden Mengen liegen. Wir schreiben also die jeweiligen Elemente
  der Mengen in eine gemeinsame Menge (und doppelt auftretende Elemente nur
  einmal) hin und haben so die Vereinigung der beiden gebildet. Es gilt demnach
  $A \cup B = \{2, 5, 6, 7, 8\}$.
● *Durchschnitt:* Im Durchschnitt der beiden Mengen sind all die Elemente auf-
  zuzählen, die in A *und* in B vorkommen. Wir suchen die Mengen also nach
  gemeinsamen Elementen ab. Es ist $A \cap B = \{5, 6\}$.

- *Differenz:* Bestimmen wir zunächst $A \setminus B$. Hier sind all die Elemente von A anzugeben, die nur in A, aber nicht in B vorkommen. Es ist dann $A \setminus B = \{2, 8\}$. Was wäre nun $B \setminus A$?

- *Symmetrische Differenz:* Die symmetrische Differenz ist noch etwas stärker als die „normale" Differenz. Wir müssen dort alle Elemente zu einer neuen Menge zusammenfassen, die nicht im Schnitt der beiden Mengen liegen. Entsprechend ist also $A \triangle B = \{2, 7, 8\}$.

- Noch ein Beispiel zur Teilmenge. Beispielsweise ist $\mathbb{N} \subset \mathbb{N}_0$ (zur genauen Definition siehe Kap. 4, Definition 4.1) oder $\{2, 3, 5\} \subset \{2, 3, 4, 5, 7, 8\}$. Aber es ist $\{2, 3\} \not\subset \{7, 2\}$. ∎

Erklärung

Zur Definition 2.7 der Potenzmenge einer Menge:

▶ **Beispiel 6** Wir betrachten die Menge $M := \{1, 2\}$. Die Potenzmenge $\mathfrak{P}(M)$ ist dann gegeben durch $\mathfrak{P}(M) = \{\emptyset, \{1\}, \{2\}, \{1, 2\}\}$. Die leere Menge führt man auf, da diese stets Teilmenge jeder beliebigen Menge ist.

Wir sehen hier: Mengen selbst können Elemente von Mengen sein.

Wie sieht die Potenzmenge der Menge $N := \{\{1\}, 2, 3\}$ aus? Es gilt:

$$\mathfrak{P}(N) = \{\emptyset, \{\{1\}\}, \{2\}, \{3\}, \{\{1\}, 2\}, \{\{1\}, 3\}, \{2, 3\}, \{\{1\}, 2, 3\}\}. \quad \blacksquare$$

Wie bestimmt man also die Potenzmenge einer Menge? Indem man einfach alle Teilmengen der Menge selbst zusammenfasst. Dabei sollte man natürlich systematisch vorgehen, um keine Teilmenge zu vergessen. Also erst die Teilmengen mit gar keinem Element aufführen (die leere Menge), dann die Teilmengen mit genau einem Element, danach die mit genau zwei Elementen usw.

Erklärung

Zur Definition 2.8 des kartesischen Produkts: Während es bei Mengen nicht auf die Reihenfolge der Elemente ankommt, kommt es beim kartesischen Produkt auf die Reihenfolge ganz erheblich an. Man spricht auch von *geordneten Paaren*.

Es gilt $(a', b') = (a, b)$ genau dann, wenn $a' = a$ und $b' = b$. Klingt erstmal kompliziert, daher schauen wir uns am besten ein Beispiel an.

▶ **Beispiel 7** Gegeben seien die beiden Mengen $A_1 := \{1, 3\}$ und $A_2 := \{1, 2, 3\}$. Von diesen beiden Mengen wollen wir das kartesische Produkt bilden. Dabei halten wir uns, wie soll es auch anders sein, an die Definition 2.8 des kartesischen Produkts und erhalten:

$$A_1 \times A_2 = \{(1, 1), (1, 2), (1, 3), (3, 1), (3, 2), (3, 3)\}.$$

Es kommt also auf die Reihenfolge an! Um das zu sehen berechnen wir:

$$A_2 \times A_1 = \{(1, 1), (1, 3), (2, 1), (2, 3), (3, 1), (3, 3)\}.$$

Demnach ist also $A_1 \times A_2 \neq A_2 \times A_1$. Das Beispiel zeigt auch, dass der Satz 2.2 durchaus Sinn macht, denn es gilt gerade $|A_1 \times A_2| = 2 \cdot 3 = 6$. Ein wei-

teres Beispiel eines kartesisches Produkts ist das kartesische Koordinatensystem.
Wir wollen dies noch etwas näher erläutern: Das kartesische Koordinatensystem ist
$(\{0\} \times \mathbb{R}) \cup (\mathbb{R} \times \{0\})$. Die gesamte Ebene $\mathbb{R} \times \mathbb{R}$ ist ein Beispiel für ein kartesisches
Produkt.   ∎

Erklärung

Zur Definition 2.9 der oberen und unteren Schranke: Die Definition 2.9 klingt
vielleicht zunächst einmal etwas kompliziert, und man weiß gar nicht so genau, was
überhaupt gemeint ist. Am besten verdeutlicht man sich diese Definition ebenfalls
an einem Beispiel.

▶ **Beispiel 8** Wir betrachten die Teilmenge

$$A := \{x \in \mathbb{Q} : x^2 \leq 2\} \subset \mathbb{Q}.$$

Diese Menge enthält also alle rationalen Zahlen, deren Quadrat kleiner oder gleich
2 ist. Beispielsweise liegt 1 in dieser Menge, denn 1 ist rational und $1^2 = 1 \leq 2$.
Die Frage, die sich nun stellt, ist, ob diese Menge A nach oben beschränkt ist. In
der Definition 2.9 einer oberen Schranke steht, dass man eine Menge A nach oben
beschränkt nennt, wenn eine Zahl $M \in K = \mathbb{Q}$ existiert mit $x \leq M$ für alle $x \in A$.
Wir müssen also solch eine Zahl M angeben. $M = 2$ beispielsweise erfüllt diese
Bedingung, denn es gilt $x^2 \leq 2 < 4$ für alle $x \in A$ und somit ist also $x < 2$. Eine
untere Schranke wäre zum Beispiel -2.

   Aber $\sqrt{2}$ wäre keine obere Schranke. Sicherlich ist die Menge auch nach oben
durch $\sqrt{2}$ beschränkt, aber wir müssen die Definition ganz genau lesen! Dort steht,
dass die Schranke M ein Element von K sein soll. In unserem Beispiel ist $K = \mathbb{Q}$,
und man lernt schon am Anfang seines Studiums, dass $\sqrt{2}$ keine rationale Zahl ist.
Wir werden dies im Kap. 5 über die Beweistechniken sogar selbst zeigen, siehe
dazu Beispiel 35.   ∎

Erklärung

Zur Definition 2.10 des Supremums und Infimums: Nach Beispiel 8 sind wir
also schon so weit, dass wir die Definition 2.9 der oberen und unteren Schranke
verstanden haben. Wunderbar! Aber der Mathematiker ist natürlich an „besonderen" oberen und unteren Schranken interessiert. Denn natürlich wäre in Beispiel 8
auch 1000 eine obere Schranke. Es gibt unendlich viele! Nach oben ist uns keine
Grenze gesetzt, genauso wenig nach unten. Daher die Definition 2.10 des sogenannten Supremums und Infimums.

   Diese klingt doch interessant, oder? Ist sie auch! Wenn ihr also *die* kleinste obere Schranke bzw. *die* größte untere Schranke angeben wollt, dann müsst ihr zwei
Dinge überprüfen:

1.) Überprüft, ob eure gefundene Zahl wirklich eine obere (untere) Schranke ist.
2.) Zeigt, dass es keine kleinere bzw. größere Schranke als die von euch gefundene
    gibt.

Das Supremum und das Infimum müssen aber nicht immer zur Menge selbst gehören, wie das folgende Beispiel zeigt.

Anzumerken bleibt, dass eine Menge kein Supremum (und auch kein Infimum) besitzen braucht. Dies haben wir in Beispiel 8 gesehen.

► **Beispiel 9** Betrachten wir beispielsweise die Menge

$$B := \{x \in \mathbb{R} : 0 < x \leq 1\}.$$

Es sind alle Elemente aus $\mathbb{R}$, die zwischen 0 und 1 liegen. Man sieht sofort, dass diese Menge nach unten durch Null beschränkt ist. Es ist sogar die größte untere Schranke, also das Infimum. Das müsste man natürlich noch genauer zeigen, was wir an dieser Stelle aber nicht tun wollen. Die Null gehört nicht zur Menge, andernfalls müsste dort in der Menge $0 \leq x \leq 1$ stehen. Merken kann man sich also, dass das Infimum und das Supremum nicht zur Menge gehören müssen. Wenn sie zur Menge gehören, dann haben sie einen besonderen Namen, wie wir jetzt sehen werden. ∎

Erklärung

Zur Definition 2.11 des Maximums und Minimums: Kommen wir nun zur Frage, was Definition 2.11 des Maximums und Minimums auf deutsch heißt. M heißt also Maximum einer Menge, wenn es das Supremum ist, aber gleichzeitig noch zur Menge gehört. Analog für das Minimum. In unserem letzten Beispiel 9 ist die Null also nur Infimum, aber kein Minimum, da sie nicht zur Menge gehört. Aber 1 ist von der Menge B sowohl das Supremum als auch das Maximum, denn es gehört zur Menge B. Wenn eine Menge kein Supremum oder Infimum besitzt, dann kann sie nach Definition 2.11 auch kein Maximum oder Minimum besitzen. Klar!

Da diese obigen Begriffe so wichtig sind, wollen wir uns nun an einem ganz konkreten Beispiel ausführlich anschauen, wie man bei einer gegebenen Menge das Supremum, Infimum, Maximum und Minimum findet. Denn wir können euch garantieren, dass so was irgendwann einmal eine Übungsaufgabe auf euren Übungszetteln sein wird. Oder vielleicht müsst ihr solch eine Aufgabe gerade bearbeiten, während ihr diese Zeilen lest?;-)

► **Beispiel 10** Betrachten wir die Menge

$$C := \left\{ \frac{\sqrt{x+y}}{xy} : x, y \in \mathbb{R}, \, x, y \geq 1 \right\} \subset \mathbb{R}.$$

Wow, sieht das kompliziert aus! Also genau das richtige Beispiel für uns, um die Begriffe einzuüben. Legen wir also los und bestimmen Supremum, Infimum und ggf. Minimum und Maximum, wenn diese denn existieren.

- *Bestimmung des Supremums:* Wie geht man an so eine Aufgabe heran? Zunächst könnte man ein paar Werte einsetzen. Setzen wir doch einfach mal die kleinstmöglichen x- bzw. y-Werte ein, also $x = y = 1$. Wir erhalten $\frac{\sqrt{1+1}}{1 \cdot 1} = \sqrt{2}$.

Sei als nächstes $x = y = 2$. Es ergibt sich $\frac{\sqrt{2+2}}{2\cdot 2} = \frac{1}{2}$. Die Werte werden anscheinend bei größeren Werten für x und y immer kleiner. Wir vermuten also, dass $\sqrt{2}$ eine obere Schranke sein könnte. Dies müssen wir nun aber natürlich mathematisch korrekt und sauber zeigen.
Es gilt

$$\frac{\sqrt{x+y}}{xy} = \frac{\sqrt{x+y}}{\sqrt{x^2 y^2}} = \sqrt{\frac{x}{x^2 y^2} + \frac{y}{x^2 y^2}} = \sqrt{\frac{1}{xy^2} + \frac{1}{x^2 y}} \leq \sqrt{2}.$$

Im letzten Schritt ging ein, dass $x, y \geq 1$, und dass jeder Summand unter der Wurzel höchstens 1 ist. Die Summe unter der Wurzel ist damit also höchstens 2. Aus der Monotonie der Wurzelfunktion folgt demnach, dass der Gesamtausdruck höchstens $\sqrt{2}$ ist. Demnach ist $\sqrt{2}$ wirklich eine obere Schranke. Wir müssen jetzt aber noch zeigen, dass es keine kleinere obere Schranke gibt, dass also $\sqrt{2}$ wirklich die kleinste obere Schranke, also das Supremum ist. Wie macht man denn so was?
Hierzu nehmen wir an, dass es eine kleinere obere Schranke gäbe. Sei dazu $d > 0$ (die Differenz zwischen $\sqrt{2}$ und eines eventuell anderen Supremums) und $\sqrt{2} - d$ unsere kleinere obere Schranke; wir ziehen ja von $\sqrt{2}$ noch etwas Positives ab. Es gelte dann also:

$$\sqrt{2} - d \geq \frac{\sqrt{x+y}}{xy}. \tag{2.1}$$

Dies müssen wir nun irgendwie zum Widerspruch führen. Da (2.1) für alle $x, y \geq 1$ gelten muss, reicht es, ein Gegenbeispiel anzugeben, in dem die Ungleichung (2.1) nicht stimmt. Wir wählen also einfach $x = y = 1$. Dann ergibt sich:

$$\sqrt{2} - d \geq \sqrt{2} \Leftrightarrow -d \geq 0 \Leftrightarrow d \leq 0.$$

Dies ist ein Widerspruch zu unserer Annahme $d > 0$. Wir haben also gezeigt, dass es keine kleinere obere Schranke als $\sqrt{2}$ geben kann. Demnach ist $\sup C = \sqrt{2}$.

- *Bestimmung des Maximums:* Die Frage ist: Wird das Supremum sogar angenommen, das heißt, liegt es in der Menge C?
  Ja, das tut es. Das haben wir oben schon gesehen, denn für $x = y = 1$ ergibt sich gerade $\sqrt{2}$. Also ist $\sup C = \max C = \sqrt{2}$.
  Anmerkung: Da wir am Anfang schon gesehen haben, dass $\sqrt{2}$ angenommen ist und es eine obere Schranke ist, ist es automatisch Supremum und Maximum. Da dies aber im Allgemeinen nicht bekannt ist, haben wir hier einen anderen Weg gewählt.

- *Bestimmung des Infimums:* Durch weiteres Einsetzen von Werten für x und y kommt man zum Schluss, dass 0 eine untere Schranke der Menge C sein könnte. Es gilt natürlich:

$$\frac{\sqrt{x+y}}{xy} \geq 0,$$

denn nach Voraussetzung sind $x, y \geq 1$. Wir zeigen nun analog, wie beim Supremum auch, dass es keine größere untere Schranke als 0 geben kann. Oder mit anderen Worten, dass 0 das Infimum der Menge C ist. Sei dazu $0 < d < 1$. Wir müssen $0 + d \leq \frac{\sqrt{x+y}}{xy}$ zum Widerspruch führen. Dazu sei $x = y = \frac{2}{d^2} > 1$. Woher kommt jetzt aber urplötzlich dieses $\frac{2}{d^2}$? Dieses erhält man erst, wenn man zuvor eine „Schmierblatt-Rechnung" durchgeführt hat und bedenkt, dass wir ja einen Widerspruch konstruieren wollen. Probiert dies einmal! Einsetzen von x und y liefert nun:

$$d \leq \frac{\sqrt{\frac{2}{d^2} + \frac{2}{d^2}}}{\frac{2}{d^2} \cdot \frac{2}{d^2}} = \frac{\sqrt{\frac{4}{d^2}}}{\frac{4}{d^4}} = \frac{\frac{2}{d}}{\frac{4}{d^4}} = \frac{2}{d} \cdot \frac{d^4}{4} = \frac{d^3}{2}$$

Da wir nun $0 < d < 1$ vorausgesetzt hatten, ergibt sich:

$$d \leq \frac{d^3}{2} < d^3 < d.$$

Also insgesamt ein Widerspruch. Wunderbar! Demnach ist 0 tatsächlich das Infimum. Wir dürfen $\inf C = 0$ schreiben.

- *Bestimmung des Minimums:* Die Frage ist nun, ob das Infimum auch angenommen wird. Dann wäre es sogar das Minimum der Menge. Angenommen, 0 würde angenommen werden, dann müsste

$$0 = \frac{\sqrt{x+y}}{xy}$$

gelten. Dies führt aber zu $\sqrt{x+y} = 0 \Leftrightarrow x = -y$, was nicht erfüllbar ist unter unserer Voraussetzung $x, y \geq 1$. Also besitzt die Menge C kein Minimum. ∎

Erklärung

Zur Definition 2.12 der Intervalle: Diese Bezeichnungen sollten geläufig und verständlich sein. Einzig über die Tatsache, dass man Intervalle der Form $[a, b]$ abgeschlossen und kompakt nennt, erscheint komisch. Das liegt daran, dass wir später statt reellen Zahlen auch mal das Symbol ∞ oder $-\infty$ in Intervallen finden können. Dann sind Intervalle der Form $[a, \infty]$ oder $[-\infty, b]$ immer noch abgeschlossen, aber nicht mehr kompakt. Kompakte Intervalle sind also einfach die abgeschlossenen und beschränkten Intervalle.

Der Begriff kompakt wird außerdem in weiteren Vorlesungen, zumeist im zweiten Semester, noch allgemeiner definiert. Diese allgemeine Definition stimmt aber im Falle der reellen Zahlen mit der Definition 2.12 überein.

Erklärung

Zur Definition 2.14 der Abzählbar- und Überabzählbarkeit: Es wird euch sicherlich überraschen, wenn wir euch jetzt sagen, dass es verschiedene Unendlichkeiten gibt... Ja, das muss man sich erst einmal auf der Zunge zergehen lassen.

Wenn ihr euch mit Unendlichkeiten beschäftigt, werdet ihr eine Menge an Parado-
xen kennen lernen. Ein schönes Paradoxon ist das so genannte Hilbert-Hotel. Bevor
wir uns dies aber anschauen, wollen wir kurz festhalten, dass Abzählbarkeit so viel
bedeutet, wie dass man die Elemente der Menge, wie der Name schon sagt, abzählen
kann. Es wird erstaunen, dass dies beispielsweise bei den ganzen Zahlen möglich,
bei den reellen Zahlen nicht möglich ist. Das heißt konkret, dass $\mathbb{Z}$ abzählbar, aber
$\mathbb{R}$ überabzählbar ist. Aber der Reihe nach. . .

► **Beispiel 11 (Das Hilbert-Hotel)** Stellt euch Folgendes vor (Zum ersten Mal haben
wir in [Spe05] etwas über das Hilbert-Hotel gelesen. Es ist ein sehr gutes Heftchen
zur Unendlichkeit und sei den Interessierten wärmstens ans Herz gelegt): Ihr wollt
mit eurem Freund oder eurer Freundin Urlaub machen und müsst dazu ein Hotel-
zimmer buchen. Jetzt nehmen wir mal an, dass dieses Hotel eigentlich komplett
ausgebucht ist, aber unendlich viele Zimmer besitze. Ja, wir wissen, dass dies prak-
tisch nicht möglich ist, aber es soll nur ein Gedankenspiel sein! Gut, dann werdet
ihr sagen: „Auch hier haben wir ein Problem. Wenn unendlich viele Gäste im Hotel
sind, so kann kein weiterer Gast ein Zimmer bekommen." Seid ihr euch da wirklich
so sicher?

Es gibt einen Weg, dass auch dieser Gast (zum Beispiel ihr mit eurem Freund
oder eurer Freundin) ein Zimmer bekommt, obwohl eigentlich alle Zimmer belegt
sind. Dazu macht man einfach Folgendes: Der Gast aus Zimmer 1 wechselt in das
Zimmer 2, der Gast von Zimmer 2 geht in Zimmer 3 und so weiter. . . Damit wird
also das Zimmer 1 frei und ihr könnt dort einziehen. Da die Anzahl der Zimmer
unendlich ist, gibt es sozusagen keinen „letzten" Gast, der kein weiteres Zimmer
bekommt. Dies kann man nun beliebig wiederholen und erhält so Platz für beliebige, aber endlich viele weitere Gäste. . . Gut, wir wissen natürlich auch, dass die
Gäste irgendwann die Schnauze voll haben und keine Lust mehr, die Zimmer zu
wechseln, aber dies sei mal dahin gestellt. . .

Man überlegt sich ebenso, dass Platz für abzählbar unendlich viele Gäste ist.
Dazu machen wir Folgendes: Der Gast aus Zimmer 1 zieht in Zimmer 2, der Gast
aus Zimmer 2 geht in Zimmer 4, der Gast aus Zimmer 3 in Zimmer 6 usw. Damit
werden also alle Zimmer mit ungerader Zimmernummer frei und somit können
abzählbar unendlich (weil die ungeraden Zahlen abzählbar unendlich sind) viele
neue Gäste aufgenommen werden.

Gut. . . treiben wir das Spielchen weiter. Was passiert, wenn abzählbar unendlich
viele Busse mit je abzählbar unendlich vielen Gästen das Hotel aufsuchen? Na ja. . .
wir machen das so: Die Gäste aus dem ersten Bus gehen in Zimmer $3^1 = 3, 3^2 =$
$9, 3^3 = 27, \ldots$ Die Gäste aus Bus 2 gehen dann in die Zimmer $5^1 = 5, 5^2 =$
$25, 5^3 = 125, \ldots$ Allgemein gehen die Gäste aus Bus i in die Zimmer $p, p^2, p^3, \ldots$,
wobei p die $i + 1$-te Primzahl ist. So finden alle Gäste ein Zimmer und es sind dann
noch unendlich viele Zimmer frei. Natürlich könnte man dies auch anders machen.
Überlegt euch wie!

Wie kann man sich jetzt vorstellen, dass es verschiedene Unendlichkeiten gibt. . .
Nun ja. . . Ihr werdet uns zustimmen, dass es sowohl unendlich viele gerade natürliche Zahlen, als auch unendlich viele ungerade natürliche Zahlen gibt. Aber die

Menge der natürlichen Zahlen muss dann wohl irgendwie „größer" sein, denn diese beinhaltet ja sowohl die geraden als auch die ungeraden Zahlen.

Dieses Konzept wird durch die Mächtigkeit bzw. durch den Begriff der Abzählbarkeit erfasst. ∎

Wir geben nun bekannte Beispiele von abzählbaren und überabzählbaren Mengen.

► **Beispiel 12**

- Die Menge der natürlichen Zahlen $\mathbb{N}$ ist natürlich abzählbar, denn sie besitzt dieselbe Mächtigkeit wie sie selbst bzw. die Identität Id : $\mathbb{N} \to \mathbb{N}$ ist eine einfache Bijektion.
- Die Menge der ganzen Zahlen $\mathbb{Z}$ ist abzählbar (unendlich). Um dies zu beweisen, müssen wir eine bijektive Abbildung von den natürlichen Zahlen in die ganzen Zahlen finden. Wir definieren dazu die Abbildung $f : \mathbb{N} \to \mathbb{Z}$ durch

$$f(n) := \begin{cases} \dfrac{n-1}{2}, & n \text{ ist ungerade} \\ -\dfrac{n}{2}, & n \text{ ist gerade.} \end{cases}$$

Die 1 wird also auf die 0, die 2 auf die -1, die 3 auf die 1, die 4 auf die 2 usw. geschickt. Man verdeutlicht sich dies so:

$$\begin{array}{ccccccc} 1 & 2 & 3 & 4 & 5 & 6 & \dots \\ 0 & -1 & 1 & -2 & 2 & -3 & \dots \end{array}$$

Man überzeugt sich, dass dies eine Bijektion ist und wir durch die erste Vorschrift alle positiven natürlichen Zahlen und durch die untere Vorschrift alle negativen natürlichen Zahlen erhalten.

- Weitere abzählbaren Mengen sind die Menge der Primzahlen und der rationalen Zahlen $\mathbb{Q}$. Überlegt euch, wie ihr eine Bijektion erhaltet! Bei den rationalen Zahlen macht man dies mit dem so genannten ersten Cantor'schen Diagonalargument. Es genügt zu zeigen, dass die Menge $\{q \in \mathbb{Q} : q > 0\}$ abzählbar ist.

  Das erste Diagonalargument funktioniert wie folgt: Man bildet die natürlichen Zahlen anhand einer Pfeilfolge auf die rationalen Zahlen ab und zwar die 0 auf die 0, die 1 auf die 1, die 2 auf die $\frac{1}{2}$, die 3 auf die 2 usw. Zeichnet euch dies am besten einmal auf, dann wird auch der Begriff von „Diagonale" deutlich. Wir haben dies in Abb. 2.7 getan. ∎

► **Beispiel 13** Es wird euch vielleicht überraschen, dass die Menge der reellen Zahlen $\mathbb{R}$ überabzählbar ist, das heißt wir finden keine Bijektion $\mathbb{N} \to \mathbb{R}$! Komisch, oder? Denn die rationalen Zahlen $\mathbb{Q}$ beispielsweise sind doch abzählbar wie wir in Beispiel 12 bemerkt haben.

Der Beweis dieser Tatsache ist in der Literatur also so genanntes zweites Cantor'schen Diagonalargument bekannt. Es ist ein Widerspruchsbeweis, mit dem er

Abb. 2.7 Abzählbarkeit
der rationalen Zahlen $\mathbb{Q}$ mit
dem ersten Cantor'schen
Diagonalargument

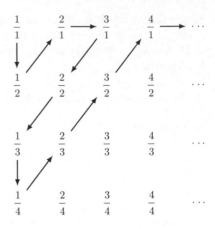

1877 die Überabzählbarkeit der reellen Zahlen bewies. Ja, richtig. Das erste Diagonalargument begegnete uns schon in Beispiel 12. Wir führen das zweite nun im nächsten Beispiel aus. ■

► **Beispiel 14** Wir wollen beweisen, dass die Menge der reellen Zahlen $\mathbb{R}$ überabzählbar sind. Und zwar beschränken wir uns auf das Intervall $[0, 1]$. Wenn wir zeigen könnten, dass alle reelle Zahlen in diesem abgeschlossenen Intervall schon überabzählbar sind, so hätten wir gezeigt, dass ganz $\mathbb{R}$ überabzählbar ist. Wir nehmen an, dass die reellen Zahlen in $[0, 1]$ abzählbar sind. Dann müsste folgende Aufzählung alle enthalten:

$$A_1 = 0.a_{11}a_{12}a_{13}a_{14}a_{15}\ldots$$
$$A_2 = 0.a_{21}a_{22}a_{23}a_{24}a_{25}\ldots$$
$$A_3 = 0.a_{31}a_{32}a_{33}a_{34}a_{35}\ldots$$
$$A_4 = 0.a_{41}a_{32}a_{43}a_{44}a_{45}\ldots$$

$$\vdots = \vdots$$

Wir konstruieren nun eine Zahl $0.b_1b_2b_3\ldots$, die in der Liste nicht vorkommt! Dieser Widerspruch beweist dann die Behauptung, dass die Menge der reellen Zahlen $\mathbb{R}$ überabzählbar.

Und zwar sei b_1 so, dass es ungleich a_{11} ist. b_2 wählen wir so, dass es nicht a_{22} entspricht. Allgemein soll also b_n nicht a_{nn} sein. Diese neue Zahl, die auf jeden Fall in $[0, 1]$ enthalten sein muss, stimmt in der ersten Nachkommastelle nicht mit A_1, in der zweiten nicht mit A_2 und in der n-ten Nachkommastelle nicht mit A_n überein. ■

2.4 Erklärungen zu den Sätzen und Beweisen

Erklärung

Zum Satz 2.3: Dieser Satz ist recht nützlich, um zu zeigen, dass gewisse Mengen abzählbar sind. Insbesondere sind also die Vereinigung von endlich vielen abzählbaren Mengen wieder abzählbar. Aus dem Satz kann man weiter sofort Folgendes schließen:

► **Beispiel 15** Mit Hilfe dieses Satzes kann gezeigt werden, dass die Menge aller algebraischen Zahlen abzählbar und die Menge der transzendenten Zahlen aber überabzählbar ist. Für alle, die das interessiert, sei eine Vorlesung zur Algebra ans Herz gelegt oder das Buch [MK13], in dem wir den Beweis im Satz 13.2 finden.

Des Weiteren folgt zum Beispiel mit diesem Satz, dass die Menge der ganzen Zahlen $\mathbb{Z}$ abzählbar ist, denn diese lassen sich als Vereinigung

$$\mathbb{Z} = \mathbb{N}_0 \cup -\mathbb{N}$$

der abzählbaren Mengen $\mathbb{N}_0$ und $-\mathbb{N}$ darstellen. ■

Erklärung

Zum Satz von Cantor (Satz 2.4): Aus dem Satz von Cantor folgt insbesondere, dass die Potenzmenge von $\mathbb{N}$ überabzählbar ist, denn wäre sie abzählbar, so gäbe es eine bijektive Abbildung $f : \mathbb{N} \rightarrow \mathfrak{P}(\mathbb{N})$. Dies ist aber ein Widerspruch zu Satz 2.4, denn wir haben ja gezeigt, dass es keine surjektive Abbildung gibt (wenn auch cine injektive).

Abbildungen und Relationen

3

Wir werden nun die wichtigen Begriffe einer Abbildung und Funktion einführen, uns mit deren Eigenschaften beschäftigen und die sogenannten Äquivalenzrelationen betrachten. Die für einige Studienanfänger schwierigen Begriffe der Injektivität, Surjektivität und Bijektivität werden ebenfalls nicht fehlen.

3.1 Definitionen

Definition 3.1 (Abbildung)
Sind A und B Mengen, so ist eine **Abbildung** (oder auch **Funktion** genannt) f von A nach B eine Vorschrift, die jedem $a \in A$ genau ein $b \in B$ zuordnet. Wir schreiben für eine Abbildung f von A nach B auch $f : A \to B, a \mapsto f(a)$.

Definition 3.2 (Bild, Urbild)

1. Ist $f : A \to B$ eine Abbildung, so bezeichnen wir mit
   $\mathrm{im}(f) := \{b \in B : \exists\, a \in A : f(a) = b\}$ das **Bild** von f.
2. Ist $f : A \to B$ eine Abbildung, $b \in B$, so bezeichnen wir mit
   $f^{-1}(b) := \{a \in A : f(a) = b\}$ das **Urbild** von b unter der Funktion f.

Definition 3.3 (Injektivität, Surjektivität und Bijektivität)
Sei $f : A \to B$ eine Abbildung.

1. f heißt **injektiv**, falls gilt: $f(a) = f(b) \Rightarrow a = b$.

© Springer-Verlag GmbH Deutschland, ein Teil von Springer Nature 2018
F. Modler, M. Kreh, *Tutorium Analysis 1 und Lineare Algebra 1*,
https://doi.org/10.1007/978-3-662-56752-4_3

2. f heißt **surjektiv**, falls gilt: $\forall\, b \in B \,\exists\, a \in A : f(a) = b$.
3. f heißt **bijektiv**, falls f injektiv und surjektiv ist.

Anmerkung: Bei der Injektivität kann man alternativ auch die Negation zeigen, das heißt: $a \neq b \Rightarrow f(a) \neq f(b)$.

Definition 3.4 (besondere Abbildungen)
Seien A und B Mengen.

1. Die Abbildung $\text{Id}_A : A \to A, a \mapsto a$ (oder einfach Id, falls klar ist, welche Menge A man betrachtet) heißt die **Identität** auf A.
2. Ist $f : A \to B, A \ni a \mapsto f(a)$ eine Abbildung und $C \subset A$, so nennt man $f_{|C} : C \to B, C \ni a \mapsto f(a)$ die **Einschränkung** von f auf C.
3. Seien A eine Menge und $B \subset A$. Dann nennen wir

$$1_B : A \to \{0, 1\}, \ a \mapsto \begin{cases} 1, & a \in B \\ 0, & a \notin B \end{cases}$$

    die **charakteristische Funktion** von B. 1_B wird manchmal auch χ_B genannt.
4. Ist $A \subset B$, so nennen wir die Abbildung $i : A \to B, a \mapsto a$ **Inklusion**.

Definition 3.5 (Komposition von Abbildungen)
Sind $f : A \to B, a \mapsto f(a)$ und $g : B \to C, b \mapsto g(b)$ zwei Abbildungen, so nennen wir die Abbildung $g \circ f : A \to C, a \mapsto g(f(a))$ die **Komposition** von f und g.

Definition 3.6 (Umkehrabbildung)
Ist $f : A \to B$ bijektiv, so bezeichnen wir mit $f^{-1} : B \to A$ die eindeutige Abbildung, für die gilt: $f \circ f^{-1} = \text{Id}_B, f^{-1} \circ f = \text{Id}_A$. Wir nennen f^{-1} die **Umkehrabbildung** von f.

Definition 3.7 (Relation)
Ist A eine Menge, so nennen wir $R \subset A \times A$ **Relation** auf A. Ist $(a, b) \in R$, so schreiben wir auch $a \sim_R b$ oder einfach $a \sim b$. Eine Relation wird oft auch direkt mit $\sim$ bezeichnet.

Definition 3.8 (reflexiv, symmetrisch, transitiv)
Sei R (bzw. $\sim$) eine Relation.

1. R heißt **reflexiv**, falls $a \sim a \ \forall \ a \in A$.
2. R heißt **symmetrisch**, falls aus $a \sim b$ auch $b \sim a$ folgt.
3. R heißt **transitiv**, falls aus $a \sim b$ und $b \sim c$ auch $a \sim c$ folgt.

Definition 3.9 (Äquivalenzrelation)

1. Eine Relation $\sim$, die reflexiv, symmetrisch und transitiv ist, nennt man **Äquivalenzrelation**.
2. Ist $\sim$ eine Äquivalenzrelation auf einer Menge A und $a \in A$, so nennen wir die Menge

$$[a] := \{b \in A : a \sim b\}$$

Äquivalenzklasse von a.
3. Ist $\sim$ eine Äquivalenzrelation, so nennen wir

$$A/\sim := \{[a] : a \in A\}$$

die Menge der Äquivalenzklassen und nennen dies auch den **Quotienten-raum**.

3.2 Sätze und Beweise

Satz 3.1 (Eigenschaften der Komposition)
Seien $f : A \to B, g : B \to C, h : C \to D$ Abbildungen. Dann gilt:

1. *Die Komposition ist assoziativ: $h \circ (g \circ f) = (h \circ g) \circ f$.*
2. *Sind f und g bijektiv, so ist auch $(g \circ f)$ bijektiv, und es gilt: $(g \circ f)^{-1} = f^{-1} \circ g^{-1}$.*

Beweis:
1. Dies folgt direkt aus der Definition 3.5. (Einen ausführlichen Beweis findet ihr in Kap. 6 in Beispiel 54.)

2.

$$(g \circ f)^{-1} \circ (g \circ f) = \mathrm{Id} \overset{1.}{\iff} (g \circ f)^{-1} \circ g \circ f \quad = \mathrm{Id}$$

$$\overset{f \text{ bijektiv}}{\iff} (g \circ f)^{-1} \circ g \qquad = f^{-1}$$

$$\overset{g \text{ bijektiv}}{\iff} (g \circ f)^{-1} \qquad\quad = f^{-1} \circ g^{-1} \quad \text{q.e.d.}$$

Satz 3.2 (Bijektivität)
Ist $f : A \to B$ eine Abbildung, so ist f genau dann bijektiv, wenn es eine Abbildung $g : B \to A$ gibt, mit $g \circ f = \mathrm{Id}_A$ und $f \circ g = \mathrm{Id}_B$. Diese Abbildung g ist eindeutig. Wir schreiben nach Definition 3.6 $g := f^{-1}$ und nennen sie die Umkehrabbildung.

Beweis: Für die Richtung „$\Rightarrow$" sei zunächst f bijektiv. Dann existiert für jedes $b \in B$ genau ein $a \in A$ mit $b = f(a)$ (Surjektivität). Definieren wir nun $g(b) = a$, so liefert g das Gewünschte.

Für die Richtung „$\Leftarrow$" existiere eine solche Funktion g. Aus $f \circ g = \mathrm{Id}_B$ folgt sofort die Surjektivität von f. Sind nun $a, \tilde{a} \in A$ mit $f(a) = f(\tilde{a})$, so gilt

$$a = g(f(a)) = g(f(\tilde{a})) = \tilde{a}.$$

Also ist f auch injektiv, insgesamt also bijektiv. Sind g und h zwei solche Funktionen, so gilt

$$g = g \circ \mathrm{Id}_B = g \circ (f \circ h) = (g \circ f) \circ h = \mathrm{Id}_A \circ h = h.$$

Dies zeigt die Eindeutigkeit.   q.e.d.

Satz 3.3 (Injektivität, Surjektivität und Bijektivität auf endlichen Mengen)
Ist $f : A \to B$ eine Abbildung und gilt $|A| = |B| < \infty$, so gilt

$$f \text{ ist injektiv} \Leftrightarrow f \text{ ist surjektiv} \Leftrightarrow f \text{ ist bijektiv}.$$

Beweis: Wir setzen $n := |A| = |B|$. Es genügt zu zeigen, dass gilt:
f ist injektiv $\Leftrightarrow$ f ist surjektiv.

„$\Rightarrow$": Sei f injektiv, das heißt, $f(a) \neq f(b)$ falls $a \neq b$, das heißt, verschiedene Elemente aus A werden auf verschiedene Elemente aus B abgebildet. Da A n Elemente hat, werden diese aber auf n verschiedene Elemente aus B abgebildet. Da es dort genau n Elemente gibt, ist f surjektiv.

„⇐": Sei f surjektiv, das heißt, $\forall b \in B \; \exists a \in A$ mit $f(a) = b$, das heißt, jedes Element aus B hat ein Urbild in A. Da es in A n Elemente gibt und jedes dieser Elemente auf genau ein Element in B abgebildet wird, muss f injektiv sein.   q.e.d.

Satz 3.4 (Disjunkte Zerlegung einer Menge durch Äquivalenzklassen)
Seien A eine Menge und $\sim$ eine Äquivalenzrelation auf A. Dann gilt:

$$A = \overset{\cdot}{\bigcup_{a \in A/\sim}} [a]. \tag{3.1}$$

Beweis: Wir zeigen zunächst $A = \bigcup_{a \in A/\sim}[a]$.

„⊂": Sei $b \in A$. Dann ist $b \in [b]$ und $[b] \in A/\sim$, also ist $A \subseteq \bigcup_{a \in A/\sim}[a]$.
„⊃": Sei $b \in \bigcup_{a \in A/\sim}[a]$, das heißt $b \in [a]$ für ein $a \in A$, also $b \in A$, da $[a] \subset A$. Damit folgt $A = \bigcup_{a \in A/\sim}[a]$.

Um (3.1) zu zeigen, müssen wir zeigen, dass für $a, b \in A$ entweder $[a] = [b]$ oder $[a] \cap [b] = \emptyset$ gilt. Dazu zeigen wir: Haben zwei Äquivalenzklassen ein gemeinsames Element, so sind sie gleich. Sei dazu $c \in [a], c \in [b]$. Dann gilt $c \sim a$ und $c \sim b$, also wegen der Symmetrie auch $a \sim c$ und wegen der Transitivität dann auch $a \sim b$, also $[a] = [b]$.   q.e.d.

3.3 Erklärungen zu den Definitionen

Erklärung

Zur Definition 3.1 einer Abbildung: Diese Definition sollte aus der Schule noch bekannt sein, dort ist nur meist von Funktionen die Rede. Diese werden wir im Folgenden auch Abbildungen nennen. Der einzige Unterschied zu der gewohnten Definition einer Funktion bzw. Abbildung ist, dass die Mengen A und B nicht mehr zwingend die rellen Zahlen $\mathbb{R}$ sein müssen. Ist zum Beispiel $A := \{1, 2, 3\}$ und $B := \{4, 5, 6\}$, so wäre $f : A \to B$, $f(1) := 6, f(2) := 5, f(3) := 4$ eine Abbildung, $g : A \to B$, $g(1) := 6, g(2) := 5, g(2) := 4$ allerdings keine, denn einem Element aus A können nicht zwei Elemente aus B zugeordnet werden.

Erklärung

Zur Definition 3.2 von Bild und Urbild: Diese Definitionen veranschaulicht man am besten mit einem Bild (siehe Abb. 3.1, wobei die Mengen A und B jeweils die umrandeten Teilmengen der Ebene sind).

Abb. 3.1 Bild und Urbild
einer Abbildung

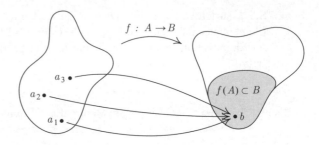

Das Bild einer Abbildung ist also einfach die Menge aller Werte, die angenommen werden (grau), das Urbild eines Punktes im Bild sind alle Punkte, die auf diesen abgebildet werden. In Abb. 3.1 ist also das Urbild von b die Menge $\{a_1, a_2, a_3\}$.

▶ **Beispiel 16** Seien $A := \{1, 2, 3, 4, 5\}$ und $B := \{2, 4, 6\}$, und sei f die Abbildung $f : A \to B$,

$$f(1) := 2, \ f(2) := 2, \ f(3) := 6, \ f(4) := 2, \ f(5) := 2,$$

so ist $\operatorname{im}(f) = \{2, 6\}$,

$$f^{-1}(2) = \{1, 2, 4, 5\}, \ f^{-1}(4) = \emptyset, \ f^{-1}(6) = \{3\}. \qquad ■$$

▶ **Beispiel 17** Sei $g : \mathbb{R} \to \mathbb{R}$, $g(x) := x^4$. Da wir in diesem Fall mit reellen Zahlen rechnen, haben alle negativen Zahlen kein Urbild, alle positiven jedoch haben eines, es gilt also $\operatorname{im}(g) = \{x \in \mathbb{R} : x \geq 0\}$. Das Urbild eines Punktes $y \in \mathbb{R}$, $y \geq 0$, ist jede seiner reellen vierten Wurzeln (auf Wurzeln werden wir im Bereich Analysis (Kap. 7) noch einmal ausführlicher eingehen). Zum Beispiel gilt also $f^{-1}(16) = \{-2, 2\}$, da $(-2)^4 = 2^4 = 16$. $\qquad ■$

▶ **Beispiel 18** Sei $h : \mathbb{R}^2 \to \mathbb{C}, h(x, y) := (x^2 + y^2) + i(x^2 + y^2)$. (Auf die komplexen Zahlen werden wir in Kap. 4 nochmals explizit eingehen und diese näher untersuchen.) Da für $x, y \in \mathbb{R}$ immer $x^2 + y^2 \geq 0$ gilt, haben alle Punkte $z \in \mathbb{C}$, $z = (z_1, z_2)$ mit $z_1 < 0$ oder $z_2 < 0$ kein Urbild. Da außerdem $\operatorname{Re}(z) = \operatorname{Im}(z)$ für alle Bildpunkte von h gilt, ist $\operatorname{im}(h) = \{z = (z_1, z_2) \in \mathbb{C} : z_1 = z_2 \geq 0\}$, und das Urbild eines Punktes $z = (c, c)$ sind alle Punkte $(x, y) \in \mathbb{R}^2$ mit $x^2 + y^2 = c$, also die leere Menge, falls $c < 0$, $\{0, 0\}$ falls $c = 0$ und der Kreis mit Radius $\sqrt{c}$ um den Ursprung, falls $c > 0$. $\qquad ■$

Erklärung

Zur Definition 3.3 von Injektivität, Surjektivität und Bijektivität: Auch diese Definitionen wollen wir uns zunächst einmal bildlich vorstellen und nehmen dabei zunächst an, dass A und B endliche Mengen sind, und übertragen unser Verständnis dann auf beliebige Mengen. In den nachstehenden Abb. 3.2–3.5 seien die Mengen A und B nicht die eingeschlossenen Flächen, sondern nur die markierten Punkte.

Abb. 3.2 Eine injektive
Abbildung

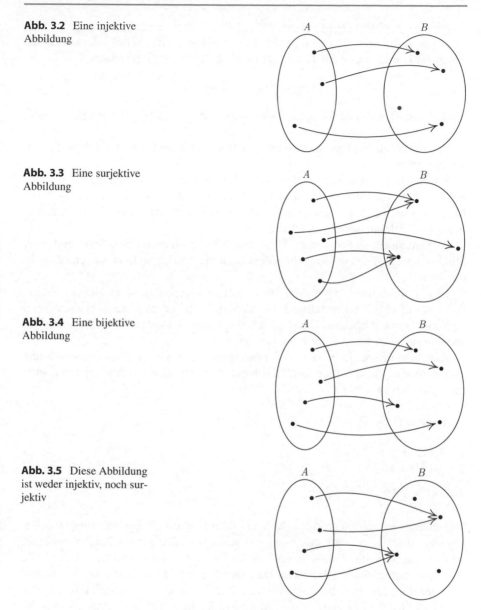

Abb. 3.3 Eine surjektive
Abbildung

Abb. 3.4 Eine bijektive
Abbildung

Abb. 3.5 Diese Abbildung
ist weder injektiv, noch surjektiv

   Bei einer injektiven Funktion gibt es also für jedes $b \in B$ *höchstens* ein $a \in A$,
sodass $f(a) = b$. Mit anderen Worten: Für jedes $b \in B$ hat also $f^{-1}(b)$ entweder
ein oder kein Element, es gilt also: $\left| f^{-1}(b) \right| \in \{0, 1\} \; \forall \; b \in B$.
   Bei einer surjektiven Funktion wird jedes Element $b \in B$ von der Abbildung
mindestens einmal „getroffen", jedes Element hat also mindestens ein Urbild, es
gilt also: $\left| f^{-1}(b) \right| \geq 1 \; \forall \; b \in B$, und das Bild von f ist ganz B, $\mathrm{im}(f) = B$.

Bei einer bijektiven Funktion muss dies beides erfüllt sein, das heißt, dass wieder $\text{im}(f) = B$ gilt und außerdem $\left| f^{-1}(b) \right| = 1 \; \forall \; b \in B$, das heißt, jedes $b \in B$ hat genau ein Urbild, was wiederum bedeutet, dass für $a, \tilde{a} \in A$ gilt, dass

$$f(a) \neq f(\tilde{a}), \quad \text{falls } a \neq \tilde{a}.$$

Sind A und B endliche Mengen, so kann deshalb $f : A \to B$ nur bijektiv sein, falls $|A| = |B|$.

Bei endlichen Mengen kann man sich Injektivität und Surjektivität noch sehr schön merken:

Wir stellen uns vor, wir befinden uns in einem Raum, in dem Stühle stehen, sagen wir n Stühle. Außerdem stehen dort Menschen, m an der Zahl. Jetzt wollen sich alle Menschen setzen, zuerst einmal jeder auf einen eigenen Stuhl, falls das nicht reicht, so müssen sich mehrere einen teilen.

Angenommen, es ist $n = m$. Dann findet jeder Mensch einen Stuhl und jeder Stuhl ist besetzt. Die Funktion, die jedem Menschen einen Stuhl zuordnet, ist bijektiv.

Ist $n < m$, so findet nicht jeder Mensch einen eigenen Stuhl, es gibt Menschen, die sich einen Stuhl teilen müssen. Die Funktion, die jedem Menschen einen Stuhl zuordnet, ist nicht injektiv, da es Menschen gibt, die sich einen Stuhl teilen müssen, aber sie ist surjektiv, da jeder Stuhl besetzt ist.

Angenommen, es ist $n > m$. Jetzt bekommt jeder wieder einen eigenen Stuhl, und es bleiben sogar Stühle frei. Hier handelt es sich also um eine injektive, aber nicht surjektive Funktion.

▶ **Beispiel 19** Seien $f_i : \mathbb{R} \to \mathbb{R}, i = 1, 2, 3$ mit

1. $f_1(x) := x^2$
2. $f_2(x) := x + 3$
3. $f_3 : \mathbb{R} \setminus \{0\} \to \mathbb{R}, \; f_3(x) := \dfrac{1}{x}$

Wie können wir nun überprüfen, welche dieser Funktionen injektiv, surjektiv oder bijektiv sind? Fangen wir mit f_1 an. Da wir uns in den reellen Zahlen bewegen, ist zum Beispiel die Wurzel aus -1 nicht definiert, -1 hat also kein Urbild, die Funktion kann nicht surjektiv sein. Da außerdem $f_1(-1) = f_1(1) = 1$ ist f_1 also auch nicht injektiv und damit natürlich auch nicht bijektiv. f_2 ist surjektiv, denn ist $y \in \mathbb{R}$, so hat y das Urbild $y - 3$, zum Beispiel gilt $f_2(2) = 5$. Außerdem ist f_2 auch injektiv, denn sei $f_2(x) = f_2(\tilde{x})$ so gilt:

$$f_2(x) = f_2(\tilde{x}) \Leftrightarrow x + 3 = \tilde{x} + 3 \Leftrightarrow x = \tilde{x}.$$

Also ist f_2 bijektiv. f_3 ist wegen eines ähnlichen Arguments injektiv, denn aus $\frac{1}{x} = \frac{1}{\tilde{x}}$ folgt $x = \tilde{x}$. Allerdings ist f_3 nicht surjektiv, denn es existiert kein $x \in \mathbb{R}$ mit $\frac{1}{x} = 0$. Also ist f_3 auch nicht bijektiv.   ■

Abb. 3.6 Charakteristische
Funktion von $\mathbb{Z}$ in $\mathbb{R}$

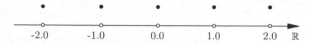

Zur Definition 3.4 besonderer Abbildungen: Die Identität ist die einfachste Abbildung, die es gibt. Sie bildet jeden Punkt wieder auf sich selbst ab. Wir kennen diese Funktion für $A = \mathbb{R}$ auch als $f(x) = x$. *Achtung:* Diese Funktion ist nur dann definiert, wenn die Ausgangsmenge und die Zielmenge identisch sind.

Ist f eine Abbildung, so ist die Wirkung der Einschränkung dieser Abbildung dieselbe, nur dass die Einschränkung auf einer kleineren Menge, nämlich auf einer Teilmenge der ursprünglichen Menge, definiert ist. Auch wenn die Funktion selbst und ihre Einschränkung dieselbe Wirkung haben, so sind diese Funktionen doch nicht identisch, da sie verschiedene Definitionsbereiche haben.

Die charakteristische Funktion einer Menge zeigt einfach an, welche Werte in dieser Menge liegen und welche nicht, am besten hierzu ein Beispiel für die charakteristische Funktion von $\mathbb{Z} \subset \mathbb{R}$.

Die dargestellte Funktion aus Abb. 3.6 ist 0 für nichtganzzahlige Werte und 1 bei ganzzahligen Werten. Die Inklusion schließlich ist so etwas ähnliches wie die Identität: Sie bildet jeden Punkt wieder auf sich selbst ab, nur dass in diesem Fall Definitionsbereich und Zielmenge nicht identisch sind, sondern der Definitionsbereich eine Teilmenge der Zielmenge ist.

Zur Definition 3.5 der Komposition: In dieser Definition wird die Verknüpfung von zwei Abbildungen als Hintereinanderausführung der beiden Abbildungen erklärt. Es ist wichtig zu bemerken, dass selbst wenn $g \circ f$ existiert, $f \circ g$ nicht existieren muss, da der Wertebereich von der zuerst ausgeführten Funktion mit dem Definitionsbereich der zweiten übereinstimmen muss. Diese Hintereinanderausführung kann man sich an Abb. 3.7 sehr gut verdeutlichen.

Abb. 3.7 Komposition zweier Funktionen f und g

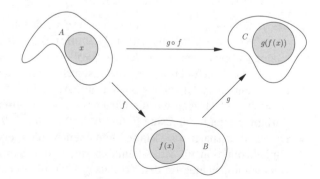

▶ **Beispiel 20**

- Seien zum Beispiel $A = \{1, 2, 3\}$, $B = \{2, 3, 4\}$, $C = \{3, 4, 5\}$ und

$$f : A \to B, \ f(a) = a + 1, \ g : B \to C, \ g(b) = b + 1,$$

so ist $(g \circ f) : A \to C, (g \circ f)(a) = a + 2$, aber $f \circ g$ ist nicht definiert. Selbst wenn $f \circ g$ und $g \circ f$ definiert sind, so stimmen sie im Allgemeinen nicht überein, wie das folgende Beispiel zeigt.
- Sei

$$f : \mathbb{R} \to \mathbb{R}, f(x) = x^2 \quad \text{und} \quad g : \mathbb{R} \to \mathbb{R}, g(x) = x + 1,$$

so ist

$$(g \circ f) : \mathbb{R} \to \mathbb{R}, \quad (g \circ f)(x) = g(x^2) = x^2 + 1$$

und

$$(f \circ g) : \mathbb{R} \to \mathbb{R}, \quad (f \circ g)(x) = f(x + 1) = (x + 1)^2 = x^2 + 2x + 1.$$

Dies soll an Beispielen in diesem Zusammenhang erst einmal genügen.   ∎

Erklärung

Zur Definition 3.6 der Umkehrabbildung: Satz 3.2 erlaubt uns nun, für bijektive Funktionen eine Umkehrfunktion zu definieren. Diese ist die in dem Satz 3.2 definierte Funktion g, die wegen Satz 3.2 eindeutig ist und nur für bijektive Funktionen existiert. Dies kann man zum Beispiel an unseren Pfeildiagrammen (Abb. 3.2, 3.3, 3.4 und 3.5) oben sehen: Ist die Funktion nicht injektiv, so würden bei der Umkehrabbildung einem Punkt zwei verschiedene Werte zugeordnet werden, was nicht möglich ist. Ist die Abbildung nicht surjektiv, so wäre der Definitionsbereich der Umkehrabbildung nicht die gesamte Menge B, die Funktion wäre also nicht überall erklärt.

▶ **Beispiel 21**

- Sei $f : \mathbb{R} \to \mathbb{R}$, $f(x) = x^3 + 9$. Diese Funktion ist bijektiv (dies kann man wie oben in den Erklärungen zur Definition 3.3 zeigen und sollte von euch als Übungsaufgabe genutzt werden ;-)). Wollen wir nun von dieser bijektiven Funktion die Umkehrfunktion berechnen, so schreiben wir zunächst $y = x^3 + 9$ und lösen dann diese Gleichung nach x auf. Also: $y = x^3 + 9 \Leftrightarrow y - 9 = x^3 \Leftrightarrow x = \sqrt[3]{y - 9}$. Haben wir die Gleichung nach x aufgelöst, vertauschen wir die Variablen x und y und sind fertig: $f^{-1}(x) = \sqrt[3]{x - 9}$.
- Da wir dies später noch einmal brauchen werden, erwähnen wir, dass man die Umkehrfunktion zur Sinus-Funktion $\sin(x)$ mit dem Arcus-Sinus $\arcsin(x)$ bezeichnet und analog für den Kosinus $\cos(x)$ mit $\arccos(x)$.   ∎

Hierbei sollte noch bemerkt werden, dass wir das Symbol f^{-1} jetzt auf zwei verschiedene Arten benutzen, einmal als Urbild eines Wertes, und einmal für die Umkehrfunktion. Ist f jedoch bijektiv, und ist das Urbild von y der Punkt x, also $f^{-1}(y) = \{x\}$, so gilt, dass die Umkehrfunktion von f am Punkt y den Wert x annimmt, $f^{-1}(y) = x$. Wir werden daher bei bijektiven Funktionen, ohne Probleme befürchten zu müssen, f^{-1} sowohl für das Urbild als auch für die Umkehrfunktion benutzen.

Erklärung

Zur Definition 3.7 der Relation: Der Begriff der Relation ist am Anfang des Studiums noch recht abstrakt, wir wollen daher zunächst ein paar anschauliche Beispiele geben. Seien A die Menge aller Menschen und R_1 definiert als

$$R_1 := \{(a, b) \in A \times A : a \text{ und } b \text{ haben ein gemeinsames Kind}\}.$$

Da $R_1 \subset A \times A$, ist R_1 also eine Relation und es gilt $a \sim b \Leftrightarrow a$ und b haben ein gemeinsames Kind. Weitere Beispiele für Relationen sind:

- $R_2 := \{(a, b) \in A \times A : a \text{ und } b \text{ haben dieselbe Mutter}\}$.
- Wählen wir B als die Menge aller Städte mit mehr als 1000 Einwohnern, so können wir die Relation R_3 definieren mit:

$$R_3 := \{(c, d) \in B \times B : \text{Es gibt eine Straße von } c \text{ nach } d\}.$$

- Natürlich können wir auch auf den natürlichen Zahlen Relationen definieren, zum Beispiel:
  - $R_4 := \{(m, n) \in \mathbb{N} \times \mathbb{N} : m < n\}$,
  - $R_5 := \{(m, n) \in \mathbb{N} \times \mathbb{N} : m > n\}$,
  - $R_6 := \{(m, n) \in \mathbb{N} \times \mathbb{N} : m = n\}$ oder auch
  - $R_7 := \{(1, 2), (2, 3), (3, 4), (4, 5)\}$.

Beispielsweise gilt also $(m, n) \in R_4 \Leftrightarrow m \sim_{R_4} n \Leftrightarrow m < n$. R_4 nennt man auch *Kleiner-Relation*, R_5 *Größer-Relation* und R_6 die *Gleichheits-Relation*.

Wir wollen noch einige Worte über die Relation R_7 schreiben: Und zwar meinen wir damit: Wenn ein Element in R_7 lebt, so stehen die beiden Zahlen in Relation. Da also beispielsweise $(1, 2) \in R_7$, stehen 1 und 2 in Relation, ohne, dass konkret angegeben ist, wie diese Relation genau aussieht. Weiter wissen wir, dass $(2, 3) \in R_7$. Daher stehen 2 und 3 in Relation. Folglich müsste, wenn die Relation zum Beispiel transitiv sein soll, auch 1 und 3 in Relation stehen, also $(1, 3) \in R_7$ gelten, was aber offenbar nicht der Fall ist. Daher ist die Relation nicht transitiv. Reflexivität und Symmetrie prüft man ähnlich.

Zur Definition 3.8 von reflexiv, transitiv und symmetrisch: Na gut, jetzt haben wir schon einmal Beispiele für Relationen gesehen. In der Definition 3.8 werden einige Eigenschaften von Relationen definiert, und wir wollen einmal unsere oben beschriebenen Relationen auf diese Eigenschaften überprüfen. Zum Beispiel ist R_1 nicht reflexiv, denn wer hat schon mit sich selbst ein Kind? R_1 ist allerdings symmetrisch, denn wenn a mit b ein Kind hat, dann auch b mit a. R_1 ist nicht transitiv, denn haben a und b ein gemeinsames Kind und b und c auch, so haben a und c dasselbe Geschlecht, können also (auf natürliche Weise) kein gemeinsames Kind haben. Betrachten wir nun R_2: Natürlich hat jeder Mensch dieselbe Mutter wie er selbst, also ist R_2 reflexiv. Wenn a und b dieselbe Mutter haben, dann auch b und a, R_2 ist also symmetrisch. R_2 ist außerdem transitiv, denn wenn a und b dieselbe Mutter haben und b und c, dann auch a und c. Auch R_3 ist sowohl reflexiv, symmetrisch und transitiv, die Aufgabe überlassen wir euch. Das kann man sich ähnlich wie oben überlegen. Kommen wir nun zu R_4: Ist $n \in \mathbb{N}$, so gilt natürlich nicht $n < n$, also ist R_4 nicht reflexiv. R_4 ist auch nicht symmetrisch, denn ist $m < n$, so kann ja nicht mehr $n < m$ gelten. Die Relation ist allerdings transitiv, denn ist $m < n$ und $n < p$, so ist auch $m < p$. Analog folgt dasselbe für R_5, auch hier dürft und sollt ihr gerne üben. Bei R_6 dagegen gilt Reflexivität, Transitivität und Symmetrie, bei R_7 nichts von alledem, was beides leicht nachzuprüfen ist.

Zur Definition 3.9 der Äquivalenzrelation: Ganz besonders interessieren uns nun die Äquivalenzrelationen, das heißt die Relationen, die reflexiv, symmetrisch und transitiv sind, also zum Beispiel die Relationen R_2, R_3 und R_6 von oben. In diesem Fall teilen wir die Menge A in sogenannte Äquivalenzklassen auf, Teilmengen von A, in dem jeweils „äquivalente", das heißt in Relation stehende Elemente sind. In unseren Beispielen von oben wären bei R_2 die Äquivalenzklassen alle Geschwister, also

$$[a] = \{b \in A : b \text{ ist Bruder oder Schwester von } a\},$$

da diese dieselbe Mutter haben. Bei der Relation R_3 sind die Äquivalenzklassen die Städte, die durch Straßen miteinander verbunden sind, also

$$[c] = \{d \in B : \text{Es führt eine Straße nach } c\}$$

und bei R_6 enthält jede Äquivalenzklasse nur ein Element, nämlich eine natürliche Zahl n, $[n] = \{n\}$. Die Menge $A/\sim$ enthält nun alle Äquivalenzklassen, das heißt $A/\sim_{R_2} = \{\text{Geschwister}\}$ und $A/\sim_{R_6} = \mathbb{N}$. In einer Äquivalenzklasse $[a]$ sind also alle Elemente, die in Relation zu a stehen. Die Menge aller Äquivalenzklassen nennen wir einfach den Quotientenraum.

Man könnte nun denken, dass für Äquivalenzrelationen die Reflexivität nicht gebraucht wird, denn hat man a und b mit $a \sim b$, so gilt wegen der Symmetrie auch $b \sim a$ und dann wegen der Transitivität auch $a \sim a$. Dies gilt aber nur für solche a, die zu irgendeinem b in Relation stehen, und deswegen nicht unbedingt für alle a.

3.4 Erklärungen zu den Sätzen und Beweisen

Erklärung

Zum Satz 3.1 über die Eigenschaften der Komposition: Der erste Teil des Satzes besagt: Wenn man drei Funktionen in einer feststehenden Reihenfolge verknüpfen will, dann ist es egal, welche beiden man zuerst miteinander verknüpft, natürlich vorausgesetzt, dass man diese drei Funktionen verknüpfen kann. Hierzu ein Beispiel.

▶ **Beispiel 22** Seien

$$f : \mathbb{R} \to \mathbb{R}, \ f(x) = x^2, \quad g : \mathbb{R} \to \mathbb{R}, \ g(x) = x - 7,$$

$$h : \mathbb{R} \to \mathbb{R}, \ h(x) = \frac{2}{x^2 + 1}.$$

Dann ist $(f \circ g) : x \mapsto (x - 7)^2$ und $(f \circ g) \circ h : x \mapsto \left(\frac{2}{x^2+1} - 7 \right)^2$ und außerdem $(g \circ h) : x \mapsto \frac{2}{x^2+1} - 7$ und damit auch $f \circ (g \circ h) : x \mapsto \left(\frac{2}{x^2+1} - 7 \right)^2$. ■

Da die Komposition als die Hintereinanderausführung der betreffenden Funktionen definiert ist, folgt diese Aussage sofort.

Die Aussage des ersten Teils von Satz 3.1 kann man sich auch noch einmal an einem Diagramm veranschaulichen. Dafür wollen wir zunächst den Begriff des *kommutativen Diagramms* erklären.

Die Abb. 3.8 zeigt die einfachste Darstellung eines kommutativen Diagramms, welches wie folgt zu verstehen ist: Wenn wir in der Menge A starten und mit der Funktion f abbilden, so kommen wir in die Menge B und von dort mit der Funktion g nach C. Starten wir bei dem gleichen Element von A, so landen wir auch wieder bei dem gleichen Element von C, egal welchen Weg wir nehmen. Die Komposition $g \circ f$ ist identisch mit der Funktion h, mit der man direkt von A nach C kommt. Es gilt also für ein allgemeines kommutatives Diagramm: Wenn man in einer Menge X startet und in einer Menge Y ankommt, so ist es egal, welchen Weg man nimmt. Die Funktion, die man durch Verknüpfung der Wege erhält, ist immer dieselbe, oben also $h = g \circ f$.

Abb. 3.8 Einfaches Beispiel für ein kommutatives Diagramm

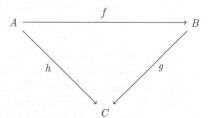

Abb. 3.9 Beispiel für ein
kommutatives Diagramm

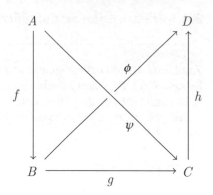

Die Aussage des Satzes ist nun, dass das Diagramm in Abb. 3.9 kommutiert. Das heißt, $(h \circ g) \circ f = \phi \circ f = h \circ g \circ f = h \circ \psi = h \circ (g \circ f)$, also genau die erste Aussage des Satzes 3.1.

Der zweite Teil des Satzes besagt, dass man die Umkehrfunktion einer Komposition auch einfach durch die Umkehrfunktion der beiden Ausgangsfunktionen berechnen kann. Achtet darauf, dass sich die Reihenfolge der Komposition umdreht! Im Beweis benutzen wir den ersten Teil des Satzes und bringen dann systematisch die Funktionen auf die andere Seite der Gleichung. Als kleine Übungsaufgabe sollt ihr euch überlegen, dass $(f \circ g)^{-1} = f^{-1} \circ g^{-1}$ im Allgemeinen *falsch* ist!

Erklärung

Zum Satz 3.2 über die Bijektivität: Dieser Satz gibt eine konkrete Methode an, wie man überprüfen kann, ob eine Funktion bijektiv ist oder nicht. Da die Aussage hier eine Äquivalenz ist, sind zwei Richtungen zu zeigen. Einmal konstruieren wir die Funktion g aus der Annahme, dass f bijektiv ist, in der anderen Richtung weisen wir getrennt zuerst die Surjektivität und dann die Injektivität nach. Als Letztes bringen wir noch die Annahme, dass zwei verschiedene Funktionen mit dieser Eigenschaft existieren, zum Widerspruch und zeigen somit die Eindeutigkeit.

Dieser Satz erlaubt uns nun, wie in Definition 3.6 eine Umkehrabbildung zu jeder bijektiven Funktion zu bestimmen. Dieser Satz findet außerdem Anwendung im Beweis von Satz 4.2 im kommenden Kap. 4.

Erklärung

Zum Satz 3.3 über Injektivität, Surjektivität und Bijektivität auf endlichen Mengen: Dieser Satz ist ein sehr schöner und wichtiger Satz, denn nach ihm müssen wir unter gewissen Umständen, wenn wir Bijektivität nachweisen wollen, nur Injektivität oder Surjektivität und nicht beides zeigen. Wir müssen hier nur zeigen, dass aus Surjektivität Injektivität folgt und umgekehrt, da die Funktion dann auch bijektiv ist. Wenn die Funktion bijektiv ist, dann ist sie sowieso schon injektiv und surjektiv. Diese Äquivalenz folgt aber unmittelbar aus der Tatsache, dass die beiden Mengen gleich viele Elemente besitzen, denn wenn alle Elemente aus B ein Urbild haben, so können nicht zwei Elemente aus A auf dasselbe Element abgebildet werden und umgekehrt.

Erklärung

Zum Satz 3.4 der disjunkten Zerlegung einer Menge in Äquivalenzklassen:
Dieser Satz besagt anders formuliert, dass jedes Element $a \in A$ sich in genau einer Äquivalenzklasse befindet. Beim Beweis zeigen wir zunächst, dass die Menge sich (nicht notwendigerweise disjunkt) durch Äquivalenzklassen zerlegen lässt. Dies zeigen wir wie gewohnt dadurch, indem wir Inklusionen einzeln zeigen. Danach zeigen wir noch, dass diese Zerlegung tatsächlich disjunkt ist. Dies liegt einfach an der Tatsache, dass schon die Äquivalenzklassen selbst disjunkt sind.

▶ **Beispiel 23** Sei M die Menge aller Schüler einer Schule. Wir nennen zwei Schüler äquivalent, wenn sie in dieselbe Klasse gehen. Die Äquivalenzklasse eines Schülers ist also die Menge seiner Mitschüler, die auch in seine Schulklasse gehen. Die Menge der Äquivalenzklassen (also der Quotientenraum) ist die Menge der Schulklassen. Man sieht sofort, dass die Äquivalenzklassen disjunkt sind, denn ein Schüler wird wohl nicht in zwei Klassen gleichzeitig gehen. Also bildet sie eine disjunkte Zerlegung der Menge M in Äquivalenzklassen.   ∎

Zahlen

4

In diesem Kapitel werden wir uns mit bereits bekannten, aber auch noch (zumindest den Meisten) unbekannten Zahlenbereichen beschäftigen und dabei das Hauptaugenmerk auf die komplexen Zahlen legen. Aber auch weitere wichtige Symbole wie das Summenzeichen oder das Produktzeichen werden eingeführt und erklärt.

4.1 Definitionen

Definition 4.1 (Natürliche Zahlen)
Wir nennen $\mathbb{N} := \{1, 2, 3, 4, \ldots\}$ die **natürlichen Zahlen**,

$$\mathbb{N}_0 := \{0, 1, 2, 3, 4, \ldots\}$$

die natürlichen Zahlen mit 0 und setzen

$$-\mathbb{N} := \{-1, -2, -3, -4, \ldots\}.$$

Definition 4.2 (Ganze Zahlen)
Wir definieren die **ganzen Zahlen** $\mathbb{Z}$ als $\mathbb{Z} := \mathbb{N} \cup -\mathbb{N} \cup \{0\}$.

Definition 4.3 (Rationale Zahlen)
Die **rationalen Zahlen** $\mathbb{Q}$ sind definiert als $\mathbb{Q} := \left\{ \frac{a}{b} : a \in \mathbb{Z}, b \in \mathbb{N} \right\}$.

© Springer-Verlag GmbH Deutschland, ein Teil von Springer Nature 2018
F. Modler, M. Kreh, *Tutorium Analysis 1 und Lineare Algebra 1*,
https://doi.org/10.1007/978-3-662-56752-4_4

Definition 4.4 (Reelle Zahlen)
Die **reellen Zahlen** $\mathbb{R}$ sind $\mathbb{R} = \{$alle Dezimalzahlen$\}$. Damit sind also Dezimalzahlen gemeint, sowohl abbrechende, periodische als auch nicht periodische.

Anmerkung: Natürlich ist dies keine richtige Definition der reellen Zahlen. Wir werden aber im Kap. 7 eine genaue Definition der reellen Zahlen geben.

Definition 4.5 (imaginäre Einheit)
Wir setzen $i^2 = -1$ und nennen i die **imaginäre Einheit**.

Anmerkung: Wir führen also eine neue Zahl i ein, deren Quadrat −1 ist. Wie im Reellen ist auch hier $(-i)^2 = -1$. Es gibt also zwei komplexe Zahlen, deren Quadrat −1 ist. Dies stellt kein Problem dar, da die Zahl i, wenn sie erst einmal eingeführt ist, eindeutig definiert ist. Wir werden in Kap. 6 sehen, dass durch den Übergang von i zu −i (also durch komplexe Konjugation) ein Automorphismus des Körpers der komplexen Zahlen gegeben ist, siehe dazu die Erklärung zu Definition 6.8.

Definition 4.6 (Komplexe Zahlen)
Wir definieren die **komplexen Zahlen** $\mathbb{C}$ als $\mathbb{C} = \{a + b \cdot i : a, b \in \mathbb{R}\}$ mit i gemäß Definition 4.5. Die Form $z = a + b \cdot i$ nennt man auch **Normalform**, **algebraische Form** oder **kartesische Form**.

Definition 4.7 (Realteil, Imaginärteil)
Sei $z = a + b \cdot i \in \mathbb{C}$. Dann heißt $\mathbb{R} \ni \mathrm{Re}(z) := a$ der **Realteil** von z und $\mathbb{R} \ni \mathrm{Im}(z) := b$ der **Imaginärteil** von z.

Definition 4.8 (komplex Konjugierte)
Sei $z = a + b \cdot i \in \mathbb{C}$. Dann heißt $\overline{z} = a - b \cdot i \in \mathbb{C}$ die **komplex Konjugierte** zu z.

Definition 4.9 (Absolutbetrag)
Wir setzen $|z| := \sqrt{z\overline{z}}$ und nennen $|z|$ den **Absolutbetrag** von z.

Definition 4.10 (Argument)
Für $z = a + b \cdot i$ setzen wir

$$\varphi = \arg(z) = \begin{cases} \arctan \frac{b}{a} & \text{für } a > 0, b \text{ beliebig} \\[2mm] \arctan \frac{b}{a} + \pi & \text{für } a < 0, b \geq 0 \\[2mm] \arctan \frac{b}{a} - \pi & \text{für } a < 0, b < 0 \\[2mm] \pi/2 & \text{für } a = 0, b > 0 \\[2mm] -\pi/2 & \text{für } a = 0, b < 0 \\[2mm] \text{undefiniert} & \text{für } a = 0, b = 0 \end{cases}$$

und nennen $\arg(z)$ das **Argument** von z.

Definition 4.11 (Polarkoordinaten)
Die (ebenen) Polarkoordinaten sind definiert als

$$\varphi : (0, \infty) \times (-\pi, \pi] \to \mathbb{R}^2 \setminus \{(0,0)\}, \ (r, \alpha) \mapsto (r \cos(\alpha), r \sin(\alpha)).$$

Definition 4.12 (Summenzeichen)
Sei I eine endliche Menge. Dann definieren wir $\sum_{k \in I} x_k$ als die Summe aller x_k, für die $k \in I$ gilt.

Definition 4.13 (Produktzeichen)
Sei I eine endliche Menge. Dann definieren wir $\prod_{k \in I} x_k$ als das Produkt aller x_k, für die $k \in I$ gilt.

Definition 4.14 (Fakultät)
Für $n \in \mathbb{N}$ definieren wir $n! := \prod_{k=1}^{n} k$ und nennen dies **Fakultät** n. Außerdem setzen wir $0! = 1$.

Definition 4.15 (Binomialkoeffizient)
Seien $n, k \in \mathbb{N}_0$. Dann setzen wir

$$\binom{n}{k} := \begin{cases} \dfrac{n!}{k! \cdot (n-k)!}, & \text{für } n \geq k \\ 0, & \text{für } n < k \end{cases}$$

und nennen dies den **Binomialkoeffizienten**.

Definition 4.16 (Potenz)
Sei $a \in \mathbb{R}$ eine beliebige reelle Zahl. Dann definieren wir die **Potenz** a^n, wobei $n \in \mathbb{N}$ ist, induktiv durch

$$a^0 := 1 \quad \text{und} \quad a^{n+1} := a^n \cdot a.$$

4.2 Sätze und Beweise

Satz 4.1 (Eigenschaften von komplexen Zahlen)
Für $z, z_1, z_2 \in \mathbb{C}$ gelten:

1. $\operatorname{Re}(z) = \frac{z + \bar{z}}{2}$.
2. $\operatorname{Im}(z) = \frac{z - \bar{z}}{2i}$.
3. $z \in \mathbb{R} \Leftrightarrow z = \bar{z}$.
4. $\bar{\bar{z}} = z$.
5. $\overline{z_1 + z_2} = \overline{z_1} + \overline{z_2}$.
6. $\overline{z_1 \cdot z_2} = \overline{z_1} \cdot \overline{z_2}$.
7. $|z| = \sqrt{\operatorname{Re}(z)^2 + \operatorname{Im}(z)^2}$.

Beweis:
1. $\frac{z + \bar{z}}{2} = \frac{(\operatorname{Re}(z) + i \operatorname{Im}(z)) + (\operatorname{Re}(z) - i \operatorname{Im}(z))}{2} = \frac{2 \operatorname{Re}(z)}{2} = \operatorname{Re}(z)$.

2. $\frac{z - \bar{z}}{2i} = \frac{(\operatorname{Re}(z) + i \operatorname{Im}(z)) - (\operatorname{Re}(z) - i \operatorname{Im}(z))}{2i} = \frac{2i \operatorname{Im}(z)}{2i} = \operatorname{Im}(z)$.

3. $z \in \mathbb{R} \Leftrightarrow z = \operatorname{Re}(z) \Leftrightarrow \operatorname{Im}(z) = 0 \Leftrightarrow \operatorname{Re}(z) + \operatorname{Im}(z) = \operatorname{Re}(z) - \operatorname{Im}(z) \Leftrightarrow z = \bar{z}$.

4. $\bar{\bar{z}} = \overline{\overline{\operatorname{Re}(z) + i \operatorname{Im}(z)}} = \overline{\operatorname{Re}(z) - i \operatorname{Im}(z)} = \operatorname{Re}(z) + i \operatorname{Im}(z) = z$.

5.

$$\overline{z_1 + z_2} = \overline{\mathrm{Re}(z_1) + i\,\mathrm{Im}(z_1) + \mathrm{Re}(z_2) + i\,\mathrm{Im}(z_2)}$$
$$= \overline{(\mathrm{Re}(z_1) + \mathrm{Re}(z_2)) + i\,(\mathrm{Im}(z_1) + \mathrm{Im}(z_2))}$$
$$= (\mathrm{Re}(z_1) + \mathrm{Re}(z_2)) - i\,(\mathrm{Im}(z_1) + \mathrm{Im}(z_2))$$
$$= (\mathrm{Re}(z_1) - i\,\mathrm{Im}(z_1)) + (\mathrm{Re}(z_2) - i\,\mathrm{Im}(z_2))$$
$$= \overline{z_1} + \overline{z_2}.$$

6.

$$\overline{z_1 \cdot z_2} = \overline{(\mathrm{Re}(z_1) + i\,\mathrm{Im}(z_1)) \cdot (\mathrm{Re}(z_2) + i\,\mathrm{Im}(z_2))}$$
$$= \overline{\mathrm{Re}(z_1) \cdot \mathrm{Re}(z_2) + \mathrm{Im}(z_1) \cdot \mathrm{Re}(z_2) \cdot i}$$
$$\overline{+\,\mathrm{Re}(z_1) \cdot \mathrm{Im}(z_2) \cdot i - \mathrm{Im}(z_1) \cdot \mathrm{Im}(z_2)}$$
$$= \mathrm{Re}(z_1) \cdot \mathrm{Re}(z_2) - \mathrm{Im}(z_1) \cdot \mathrm{Re}(z_2) \cdot i$$
$$- \mathrm{Re}(z_1) \cdot \mathrm{Im}(z_2) \cdot i - \mathrm{Im}(z_1) \cdot \mathrm{Im}(z_2)$$
$$= (\mathrm{Re}(z_1) - i\,\mathrm{Im}(z_1)) \cdot (\mathrm{Re}(z_2) - i\,\mathrm{Im}(z_2))$$
$$= \overline{z_1} \cdot \overline{z_2}.$$

7.

$$|z| = \sqrt{z\overline{z}}$$
$$= \sqrt{(\mathrm{Re}(z) + i\,\mathrm{Im}(z))(\mathrm{Re}(z) - i\,\mathrm{Im}(z))}$$
$$= \sqrt{\mathrm{Re}(z)^2 + i\,\mathrm{Im}(z)\,\mathrm{Re}(z) - i\,\mathrm{Re}(z)\,\mathrm{Im}(z) - i^2\,\mathrm{Im}(z)^2}$$
$$= \sqrt{\mathrm{Re}(z)^2 + \mathrm{Im}(z)^2}. \hspace{3cm} \text{q.e.d.}$$

Satz 4.2 (Umkehrabbildung der Polarkoordinatenabbildung)
Die Polarkoordinatenabbildung φ ist bijektiv mit Umkehrabbildung

$$\varphi^{-1} : \mathbb{R}^2 \setminus \{(0,0)\} \to (0,\infty) \times (-\pi, \pi], \ (x,y) \mapsto \left(\sqrt{x^2 + y^2}, \arg(x + iy) \right).$$

Beweis: Wir benutzen Satz 3.2 und beweisen den Satz nur für $\arg(x + iy) = \arctan\left(\frac{y}{x}\right)$. Es gilt erstens für $x > 0$:

$$\varphi \circ \varphi^{-1}(x, y) = \varphi\left(\sqrt{x^2 + y^2}, \arctan\left(\frac{y}{x}\right) \right)$$
$$= \left(\sqrt{x^2 + y^2} \cos\left(\arctan\left(\frac{y}{x}\right) \right), \sqrt{x^2 + y^2} \sin\left(\arctan\left(\frac{y}{x}\right) \right) \right)$$
$$= \left(\sqrt{x^2 + y^2} \frac{1}{\sqrt{1 + \frac{y^2}{x^2}}}, \sqrt{x^2 + y^2} \frac{\frac{y}{x}}{\sqrt{1 + \frac{y^2}{x^2}}} \right)$$

$$
\begin{aligned}
&= \left(\sqrt{x^2 + y^2} \frac{1}{\frac{1}{\sqrt{x^2}}\sqrt{x^2 + y^2}}, \sqrt{x^2 + y^2} \frac{\frac{y}{x}}{\frac{1}{\sqrt{x^2}}\sqrt{x^2 + y^2}} \right) \\
&= \left(\sqrt{x^2}, \frac{y}{x}\sqrt{x^2} \right) \\
&= (x, y)
\end{aligned}
$$

und zweitens:

$$
\begin{aligned}
\varphi^{-1} \circ \varphi(r, \varphi) &= \varphi^{-1}(r\cos(\varphi), r\sin(\varphi)) \\
&= \left(\sqrt{r^2\cos^2(\varphi) + r^2\sin^2(\varphi)}, \arctan\left(\frac{r\sin(\varphi)}{r\cos(\varphi)} \right) \right) \\
&= \left(\sqrt{r^2(\cos^2(\varphi) + \sin^2(\varphi))}, \arctan\left(\frac{r\sin(\varphi)}{r\cos(\varphi)} \right) \right) \\
&= \left(\sqrt{r^2}, \arctan(\tan(\varphi)) \right) \\
&= (r, \varphi),
\end{aligned}
$$

und damit folgt die Behauptung.   q.e.d.

Satz 4.3 (Eulersche Identität)
Für $\varphi \in \mathbb{R}$ gilt:
$$
e^{i\varphi} = \cos\varphi + i \cdot \sin\varphi,
$$
wobei e *die Eulersche Zahl und* i *die imaginäre Einheit bezeichnen.*

Beweis: Es gilt:

$$
e^{i\varphi} = \sum_{k=0}^{\infty} \frac{i^k \varphi^k}{k!} = \sum_{\substack{k=2n \\ n=0}}^{\infty} \frac{i^k \varphi^k}{k!} + \sum_{\substack{k=2n+1 \\ n=0}}^{\infty} \frac{i^k \varphi^k}{k!} = \sum_{n=0}^{\infty} \frac{i^{2n}\varphi^{2n}}{(2n)!} + \sum_{n=0}^{\infty} \frac{i^{2n+1}\varphi^{2n+1}}{(2n+1)!}
$$

$$
= \sum_{n=0}^{\infty} \frac{(-1)^n \varphi^{2n}}{(2n)!} + \sum_{n=0}^{\infty} \frac{(-1)^n \varphi^{2n+1}}{(2n+1)!} i = \cos(\varphi) + i \cdot \sin(\varphi)
$$

und damit folgt die Behauptung.   q.e.d.

Anmerkung: Wir haben hier schon Reihen verwendet. Wem dies noch nichts sagt, der schaue in Kap. 9 nach, beispielsweise in Definition 9.5.

Satz 4.4 (Multiplikation komplexer Zahlen)
Für $z = r \cdot (\cos(\varphi) + i \cdot \sin(\varphi))$, $w = s \cdot (\cos(\psi) + i \cdot \sin(\psi))$ gilt:

$$
z \cdot w = r \cdot s(\cos(\varphi + \psi) + i \cdot \sin(\varphi + \psi)).
$$

Beweis:

$$z \cdot w = r \cdot (\cos(\varphi) + i \cdot \sin(\varphi)) \cdot s \cdot (\cos(\psi) + i \cdot \sin(\psi))$$
$$= r \cdot s(\cos(\varphi) \cdot \cos(\psi) + i \cdot \sin(\varphi) \cdot \cos(\psi)$$
$$+ i \cdot \sin(\psi) \cdot \cos(\varphi) - \sin(\varphi) \cdot \sin(\psi))$$
$$= r \cdot s \cdot (\cos(\varphi + \psi) + i \cdot \sin(\varphi + \psi)),$$

wobei wir im letzten Schritt die Additionstheoreme (siehe Kap. 9, Satz 9.17) verwendet haben.   q.e.d.

Satz 4.5 (Satz von de Moivre)
Für jedes $z \in \mathbb{C}$ und $n \in \mathbb{N}$ gilt:

$$(\cos(z) + i \cdot \sin(z))^n = \cos(n \cdot z) + i \cdot \sin(n \cdot z). \qquad (4.1)$$

Beweis: Wir beweisen dies mit vollständiger Induktion (siehe ggf. Kap. 5 über die Beweistechniken). Der Induktionsanfang ist bereits durch Satz 4.4 gegeben.

Induktionsschritt: Gelte (4.1) für ein $n \in \mathbb{N}$. Dann ist:

$$(\cos(z) + i \cdot \sin(z))^{n+1} = (\cos(z) + i \cdot \sin(z))^n \cdot (\cos(z) + i \cdot \sin(z))$$
$$= (\cos(nz) + i \cdot \sin(nz)) \cdot (\cos(z) + i \cdot \sin(z))$$
$$= \cos(nz)\cos(z) + i \sin(z)\cos(nz)$$
$$+ i \sin(nz)\cos(z) - \sin(nz)\sin(z)$$
$$= \cos((n+1) \cdot z) + i \cdot \sin((n+1) \cdot z). \qquad \text{q.e.d.}$$

Satz 4.6 (Eigenschaften der Binomialkoeffizienten)
Für die Binomialkoeffizienten gilt:

1. $\sum_{k=0}^{n} \binom{n}{k} = 2^n$

2. $\sum_{k=0}^{n} (-1)^k \binom{n}{k} = 0,$ *falls $n > 0$*

3. $\binom{n}{k} \in \mathbb{N} \; \forall \, n, k \in \mathbb{N}$

4. $\binom{n}{k} = \binom{n}{n-k}$

Beweis: Die ersten beiden Aussagen folgen direkt aus dem binomischen Lehrsatz (siehe Kap. 5, Beispiel 44), wenn man $x = y = 1$ bzw. $x = 1, y = -1$ setzt. Die dritte Aussage folgt aus Beispiel 34 in Kap. 5 und die vierte direkt aus der Definition des Binomialkoeffizienten.   q.e.d.

Satz 4.7 (Potenzgesetze)

Sei $a, b \in \mathbb{R}$ und $n, m \in \mathbb{N}$. Dann gelten die folgenden Potenzgesetze

i) $\quad a^n a^m = a^{n+m}$

ii) $\quad (a^n)^m = a^{nm}$

iii) $\quad a^n b^n = (ab)^n$

iv) $\quad \frac{a^n}{b^n} = \left(\frac{a}{b}\right)^n$

Beweis: Wir wollen nicht den gesamten Beweis geben, sondern nur ein paar Hinweise! i) folgt mit vollständiger Induktion, ii) beispielsweise sofort aus i). Versucht euch einmal dran!   q.e.d.

4.3 Erklärungen zu den Definitionen

Erklärung

Zu den Definitionen 4.1 bis 4.4: Die Zahlenbereiche aus den Definitionen 4.1 bis 4.4 sind bereits aus der Schule bekannt, dennoch wollen wir noch einmal kurz darauf eingehen. Die natürlichen Zahlen sind einfach die Zahlen, die man beim Zählen benutzt. Wir verwenden hier die Konvention $0 \notin \mathbb{N}$, dies ist in manchen Fachbüchern anders. In der DIN-Norm zählt die Null zu den natürlichen Zahlen. Diese ist vor allem für die Ingenieure wichtig, daher erwähnen wir dies an dieser Stelle. Gebrauchen wir die natürlichen Zahlen einschließlich der 0, so nennen wir die Menge $\mathbb{N}_0$. Die Menge $-\mathbb{N}$ bezeichnet einfach alle negativen ganzen Zahlen, oder, in mehr mathematischer Sprechweise, die additiven Inversen der natürlichen Zahlen, das heißt alle Zahlen, deren Summe mit einer bestimmten natürlichen Zahl 0 ist.

Wie bereits bekannt, sind nun die ganzen Zahlen die Vereinigung der natürlichen Zahlen, der negativen natürlichen Zahlen und der 0, also die Menge $\{\ldots, -4, -3, -2, -1, 0, 1, 2, 3, 4, \ldots\}$.

Die rationalen Zahlen sind die Menge aller (Dezimal-)Brüche, wobei man sich ab sofort angewöhnen sollte, statt Dezimalzahlen oder gemischten Brüchen, Brüche zu schreiben. Das ist sowohl übersichtlicher, als auch später einfacher. Konkret heißt das, dass wir statt 0,75 lieber $\frac{3}{4}$ und statt $1\frac{1}{2}$ lieber $\frac{3}{2}$ schreiben. Alle rationalen Zahlen lassen sich als Bruch darstellen, also in der unter Definition 4.3 angegebenen Form, wobei wir hier bemerken, dass es nützlich ist, dass wir $0 \notin \mathbb{N}$ angenommen haben, denn sonst würde man in dieser Definition durch 0 teilen, was bekanntlich nicht erlaubt ist.

Kommen wir nun zu den reellen Zahlen, den sowohl in der Schule als auch an der Universität gebräuchlichsten Zahlen. Zunächst sollte man bemerken, dass wir für die reellen Zahlen, anders als für die natürlichen, ganzen und rationalen Zahlen, keine mathematisch präzise Definition, sondern nur einige Beispiele angegeben haben. Dies liegt an der Schwierigkeit, reelle Zahlen zu definieren. Aus diesem Grund ist diesem Thema ein ganzes Kapitel im Bereich Analysis gewidmet (siehe Kap. 7, dort wird eine mathematische Definition nachgeliefert).

Erklärung

Zu den Definitionen 4.5 bis 4.6: Diese Definitionen werden für die meisten von euch noch unbekannt und eher ungewohnt sein. Die Wurzel aus -1? Das geht doch gar nicht. Hier muss man sich einfach damit abfinden, dass i so definiert ist, dass $i^2 = -1$. Wir erzeugen also künstlich die Wurzel aus -1. Dies ist vergleichbar mit der Einführung der rationalen Zahlen: Zuerst wird einem immer gesagt, dass zum Beispiel die Zahl 11 nicht durch 3 teilbar ist, die Division ergibt einen Rest: $11 : 3 = 3$ Rest 2. Später lernt man, dass $11 : 3 = \frac{11}{3}$. (Und bitte nicht $2\frac{2}{3}$ schreiben ;-). Ach ja, wo wir gerade dabei sind: Ihr solltet euch auch abgewöhnen $11 : 3$ zu schreiben, das sorgt in Gleichungen nur für Verwirrung. Stattdessen schreiben wir ab sofort, und ihr solltet das auch tun, $\frac{11}{3}$). Man sollte also den gleichen Transfer im Hinterkopf haben wie zu der Zeit, als die rationalen Zahlen eingeführt wurden und immer daran denken: i ist so definiert, wie wir es nun haben, man hätte genauso gut einen anderen Buchstaben nehmen können. Das i passt jedoch sehr gut, es steht für *imaginär*, i existiert also nicht wirklich, es ist nur „eingebildet". Genauer müssten wir natürlich noch zeigen, dass die Definition der imaginären Einheit konsistent ist und für die definierten komplexen Zahlen die üblichen Grundrechenregeln gelten.

Die komplexen Zahlen sind nun einfach definiert als eine reelle Zahl a plus das reelle Vielfache b der imaginären Einheit i. Dadurch ist jede komplexe Zahl durch a und b eindeutig bestimmt, man kann also eine komplexe Zahl $z = a + b \cdot i$ auch als reelles Zahlenpaar $z = (a, b)$ auffassen, was uns eine geometrische Interpretation der komplexen Zahlen erlaubt. Dazu erinnern wir uns zunächst an die geometrische Darstellung der reellen Zahlen, den *Zahlenstrahl* (Abb. 4.1).

Eine reelle Zahl lässt sich also durch einen Punkt auf dem Zahlenstrahl darstellen. Na gut, dann nehmen wir für das Paar (a, b) einfach zwei „Zahlenstrahle", die senkrecht aufeinander stehen, und erhalten die sogenannte *Gaußsche Zahlenebene*, deren Punkte sich mittels eines 2-dimensionalen Koordinatensystems beschreiben lassen. Wir nennen die x-Achse die reelle Achse und die y-Achse die Imaginärachse. In dieser Zahlenebene können wir nun die komplexe Zahl $z = a + b \cdot i = (a, b)$ einfach einzeichnen, denn wir kennen ja den Realteil ($\hat{=}$ x-Koordinate) und den Imaginärteil ($\hat{=}$ y-Koordinate). Die imaginäre Einheit ist also per Definition $i := (0, 1)$.

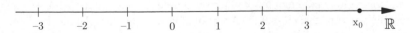

Abb. 4.1 Der reelle Zahlenstrahl

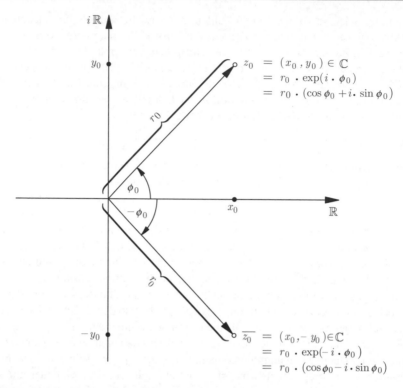

Abb. 4.2 Die Gaußsche Zahlenebene und die komplex Konjugierte

---

Zu den Definitionen 4.7 bis 4.11: Mit unserem neuen Verständnis der komplexen Zahlen als Zahlenpaar (a, b) bekommen auch die darauffolgenden Definitionen einen geometrischen Sinn, siehe auch Abb. 4.2.

Der Realteil ist einfach der x-Anteil der Zahl und der Imaginärteil der y-Anteil. Achtung! Obwohl es Imaginärteil heißt, ist $\mathrm{Im}(z)$ eine reelle Zahl! Die komplex Konjugierte zu einer Zahl ist einfach die an der x-Achse, also der reellen Achse, gespiegelte Zahl, der Absolutbetrag ist der Abstand der Zahl vom Ursprung, und das Argument von z ist der Winkel, den z mit der x-Achse einschließt.

Dies veranlasst uns auch zu der Definition der Polarkoordinaten: Statt eine Zahl durch die x- und y-Koordinate darzustellen, können wir auch einfach sagen, welchen Abstand diese Zahl vom Ursprung hat und wie groß ihr Winkel mit der x-Achse ist, das heißt, in welche Richtung die Zahl „zeigt". Und nichts anderes machen wir mit den Polarkoordinaten. Wir stellen einen Punkt durch Abstand und Winkel dar.

Und wie rechnet man nun mit komplexen Zahlen? Dies soll die Abb. 4.3 zeigen. Betrachten wir zunächst einmal die Addition. Da wir eine komplexe Zahl als reelles Zahlenpaar (a, b) aufgefasst haben, erklärt sich die Addition fast von selbst: Man addiert einfach die entsprechenden Komponenten, es entspricht also einfach der

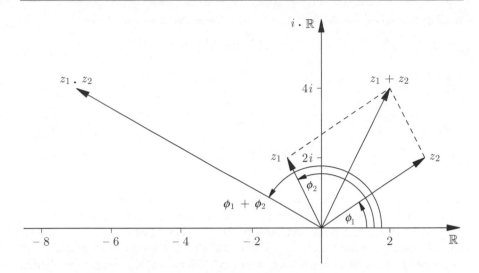

Abb. 4.3 Multiplikation und Addition von komplexen Zahlen

gewöhnlichen Vektoraddition im $\mathbb{R}^2$. Ist zum Beispiel $z = 3 + 3 \cdot i$ und $w = 1 - 2 \cdot i$, so ist $z + w = 3 + 3 \cdot i + 1 - 2 \cdot i = 4 + i$ und $z - w = 3 + 3 \cdot i - 1 + 2 \cdot i = 2 + 5 \cdot i$. Für die Multiplikation müssen wir ausnutzen, dass $i^2 = -1$. Dann ist $z \cdot w = (3 + 3 \cdot i) \cdot (1 - 2 \cdot i) = 3 + 3 \cdot i - 6 \cdot i - 6 \cdot i^2 = 3 - 3 \cdot i + 6 = 9 - 3 \cdot i$. Komplizierter ist es, $\frac{z}{w}$ zu berechnen. Schreiben wir zunächst einmal $\frac{z}{w}$ auf: $\frac{(3+3\cdot i)}{(1-2\cdot i)}$. Jetzt wollen wir dies aber in die Normalform bringen, also in die Form $a + b \cdot i$. Und dabei wenden wir folgenden Trick an: Wir erweitern geschickt (das heißt mit dem konjugiert Komplexen), wenden die dritte binomische Formel an und rechnen danach weiter:

$$\frac{z}{w} = \frac{3 + 3 \cdot i}{1 - 2 \cdot i} = \frac{(3 + 3 \cdot i) \cdot (1 + 2 \cdot i)}{(1 - 2 \cdot i) \cdot (1 + 2 \cdot i)} = \frac{3 + 3 \cdot i + 6 \cdot i - 6}{1 - 2 \cdot i + 2 \cdot i + 4}$$

$$= -\frac{3}{5} + i \cdot \frac{9}{5}.$$

Durch dieses geschickte Erweitern bekommen wir also eine reelle Zahl im Nenner, wir wenden denselben Trick an wie beim Rationalmachen eines Nenners. *Also merken: Wann immer ihr zwei komplexe Zahlen durch einander teilt, müsst ihr, um die Normalform zu bekommen, die dritte binomische Formel anwenden und zuvor mit dem konjugiert Komplexen erweitern.*

Wir wollen nun einmal von unseren sechs Zahlen oben Realteil, Imaginärteil, komplex Konjugierte, Betrag und Argument berechnen. Fangen wir mit $3 + 3 \cdot i$ an. Hier ist $\mathrm{Im}(z) = 3, \mathrm{Re}(z) = 3, \overline{z} = 3 - 3i$. Der Betrag ist

$$|z| = \sqrt{(3 + 3 \cdot i) \cdot (3 - 3 \cdot i)} = \sqrt{9 + 9 \cdot i - 9 \cdot i + 9} = \sqrt{18} = 3 \cdot \sqrt{2}.$$

Tab. 4.1 Bestimmung von $\mathrm{Re}(z), \mathrm{Im}(z), \bar{z}, |z|, \varphi$ ausgewählter komplexer Zahlen

Zahl	Realteil	Imaginärteil	Komplex konjugiert	Betrag	Argument
$3 + 3 \cdot i$	3	3	$3 - 3 \cdot i$	$3 \cdot \sqrt{2}$	$\arctan(1)$
$1 - 2 \cdot i$	1	-2	$1 + 2 \cdot i$	$\sqrt{5}$	$\arctan(-2)$
$4 + 1 \cdot i$	4	1	$4 - 1 \cdot i$	$\sqrt{17}$	$\arctan\left(\frac{1}{4}\right)$
$2 + 5 \cdot i$	2	5	$2 - 5 \cdot i$	$\sqrt{29}$	$\arctan\left(\frac{5}{2}\right)$
$9 - 3 \cdot i$	9	-3	$9 + 3 \cdot i$	$3 \cdot \sqrt{10}$	$\arctan\left(-\frac{1}{3}\right)$
$-\frac{3}{5} + \frac{9}{5} \cdot i$	$-\frac{3}{5}$	$\frac{9}{5}$	$-\frac{3}{5} - \frac{9}{5} \cdot i$	$3 \cdot \frac{\sqrt{2}}{\sqrt{5}}$	$\arctan(-3)$

Das Argument ist $\arctan\left(\frac{3}{3}\right) = \arctan(1) = 45°$ bzw. $\frac{\pi}{4}$. Übt das Ganze noch einmal mit den restlichen fünf Zahlen. Man erhält dann die Ergebnisse in Tab. 4.1.

Vielleicht ist ja dem einen oder anderen von euch bei diesen Werten etwas aufgefallen? Wenn wir zwei Zahlen addieren, so addieren sich auch einzeln Realteil und Imaginärteil (klar, so ist das ja auch definiert!). Wenn wir allerdings zwei Zahlen multiplizieren, multiplizieren sich die Beträge, und die Argumente addieren sich. Es gilt also zum Beispiel $\arctan(1) + \arctan(-2) = \arctan\left(-\frac{1}{3}\right)$. Auf diese Weise können wir schöne Gleichheiten für den Arcustangens gewinnen. Aber warum gilt das jetzt? Um das zu zeigen, benutzen wir die Polarkoordinatendarstellung.

Beginnen wir zuerst einmal damit, eine komplexe Zahl in Polarkoordinatendarstellung zu bringen. Dabei bleiben wir einfach bei $z = 3 + 3 \cdot i$, $w = 1 - 2 \cdot i$. Um die Polarkoordinatendarstellung zu bestimmen, müssen wir nur den Betrag und das Argument berechnen. Aber das haben wir ja oben schon getan! Also gilt:

$$z = 3 \cdot \sqrt{2}\left(\cos\left(\frac{\pi}{4}\right) + i \cdot \sin\left(\frac{\pi}{4}\right)\right),$$

$$w = \sqrt{5} \cdot \left(\cos(\arctan(-2)) + i \cdot \sin(\arctan(-2))\right).$$

Und jetzt sagt doch Satz 4.4 schon das, was wir oben behauptet haben. Was haben wir also Wichtiges daraus gelernt? Wollen wir zwei Zahlen addieren, so benutzen wir die kartesische Schreibweise, zum Multiplizieren benutzen wir die Polarkoordinaten. Aber wie berechnen wir die kartesische Form einer komplexen Zahl, wenn wir die Polarkoordinatenform haben? Betrachten wir $z = 2 \cdot (\cos(3) + i \cdot \sin(3))$. Wir wollen $z = x + i \cdot y$ berechnen. Dann gilt:

$$2^2 = x^2 + y^2 \qquad \text{und} \qquad \tan(3) = \frac{y}{x}.$$

Auflösen der zweiten Gleichung nach y und Einsetzen in die erste Gleichung ergibt dann

$$x = \frac{2}{\sqrt{1 + \tan^2(3)}} \qquad \text{und} \qquad y = \frac{2 \cdot \tan(3)}{\sqrt{1 + \tan^2(3)}}. \tag{4.2}$$

(Wenn ihr solche Aufgaben als Übungsaufgaben bearbeiten müsst, werden natürlich meistens nicht so krumme Zahlen rauskommen, da dies aber durchaus vorkommen kann, haben wir hier bewusst auch so ein Beispiel gewählt.)

Zum Abschluss des Rechnens mit komplexen Zahlen wollen wir hier noch zwei verschiedene Arten von Gleichungen lösen. Und hier kommen sie schon:

Gleichung 1: $z^2 = 5 + 5i$

Wollen wir diese Gleichung lösen, so teilen wir zunächst mal z in Realteil und Imaginärteil auf: $z = x + i \cdot y$. Dann gilt $z^2 = (x + i \cdot y)^2 = x^2 - y^2 + 2 \cdot i \cdot x \cdot y$, also:

$$x^2 - y^2 = 5 \qquad \text{und} \qquad 2xy = 5$$

$$\Rightarrow \frac{25}{4y^2} - y^2 = 5 \quad \xrightarrow{t = y^2} \quad t^2 + 5t - \frac{25}{4} = 0$$

$$\Rightarrow t_{1,2} = -\frac{5}{2} \pm \frac{5}{2}\sqrt{2}.$$

Da y der Imaginärteil von z ist, muss $y \in \mathbb{R}$ gelten, also auch $t = y^2 \geq 0$. Also gilt

$$y = \sqrt{t} = \pm\sqrt{\frac{5}{2}\left(\sqrt{2} - 1\right)} \qquad \text{und} \qquad x = \pm\sqrt{\frac{5}{2}\left(\sqrt{2} + 1\right)}.$$

Die beiden Lösungen der obigen Gleichung lauten also:

$$\sqrt{\frac{5}{2}\left(\sqrt{2} + 1\right)} + i \cdot \sqrt{\frac{5}{2}\left(\sqrt{2} - 1\right)}, \quad -\sqrt{\frac{5}{2}\left(\sqrt{2} + 1\right)} - i \cdot \sqrt{\frac{5}{2}\left(\sqrt{2} - 1\right)}.$$

Gleichung 2: $z^3 - z^2 + 2 \cdot i \cdot z^2 + 3 \cdot z - 2 \cdot i \cdot z - 3 = 0$

So eine Art von Gleichung sollte euch aus der Schule bekannt vorkommen, zumindest, wenn ihr das z durch x ersetzt und alle Terme, die ein i beinhalten, weglasst. Wir haben es hier also mit einer Gleichung vom Grad 3 zu tun, versuchen wir es also mit Polynomdivision. Wir suchen zunächst einmal eine Nullstelle. Einsetzen von 1 in die Gleichung ergibt:

$$1 - 1 + 2i + 3 - 2i - 3 = 0.$$

Also ist 1 eine Lösung der Gleichung. Teilen wir die Gleichung durch $z - 1$, so ergibt sich:

$$\frac{z^3 - z^2 + 2 \cdot i \cdot z^2 + 3 \cdot z - 2 \cdot i \cdot z - 3 = 0}{z - 1} = z^2 + 2i \cdot z + 3$$

und mit der p, q-Formel oder der a, b, c-Formel erhalten wir die anderen beiden Lösungen $3 \cdot i$ und $-i$.

Zu den Definitionen 4.12 bis 4.13 von Summenzeichen und Produktzeichen:
Diese beiden Definitionen dienen wieder zur Vereinfachung, man muss einfach
weniger schreiben. Da das mit dieser Menge I allerdings wohl den meisten zu abstrakt sein kann, wollen wir hier die beiden wichtigsten Fälle erklären, und zwar
$I = \{1, \ldots, n\}$ und $I = \mathbb{N}$. Im ersten der beiden Fälle läuft die Summe (oder das
Produkt) über alle natürlichen Zahlen von 1 bis n, also

$$\sum_{k \in \{1, \ldots, n\}} x_k = x_1 + \cdots + x_n$$

Wir schreiben statt $\sum_{k \in \{1, \ldots, n\}} x_k$ einfach $\sum_{k=1}^{n} x_k$. Ähnlich ist es im zweiten Fall.
Hier ist beispielsweise

$$\prod_{k \in \mathbb{N}} x_k = x_1 \cdot \ldots \cdot x_n \cdot \ldots.$$

Es handelt sich also um ein unendliches Produkt. Deshalb schreiben wir hierfür
auch $\prod_{k=1}^{\infty} x_k$.

Ab und zu benutzt man eine **Indexverschiebung**. Gerade bei Summen kann dies
nützlich sein. Da wir dies in späteren Kapiteln noch benötigen werden, geben wir
ein Beispiel an. Der Sinn einer solchen Indexverschiebung ist zumeist, die weitere
Rechnung zu vereinfachen, wie wir sehen werden.

▶ **Beispiel 24** Sei $\sum_{k=1}^{3} (k + 3) = (1 + 3) + (2 + 3) + (3 + 3) = 15$, und setzen
wir nun $t := k + 3$, erhält man für die Summanden $t = (k + 3)$, für den ersten
Index der Summe

$$k = 1 \Leftrightarrow t - 3 = 1 \Leftrightarrow t = 4$$

und für den letzten Index der Summe

$$k = 3 \Leftrightarrow t - 3 = 3 \Leftrightarrow t = 6.$$

Damit erhält man die neue Summendarstellung $\sum_{t=4}^{6} t = 4 + 5 + 6 = 15$. ■

Allgemein gilt:

$$\sum_{k=m}^{n} a_k = \sum_{k=m+z}^{n+z} a_{k-z}$$

und für das Produkt:

$$\prod_{k=m}^{n} a_k = \prod_{k=m+z}^{n+z} a_{k-z}.$$

Zu den Definitionen 4.14 bis 4.15 von Fakultät und Binomialkoeffizient: Auch
diese Definitionen sollten aus der Schule bekannt sein, deswegen werden wir hier

nicht weiter darauf eingehen als zu sagen, dass $n!$ einfach das Produkt der ersten n natürlichen Zahlen ist, und eine der wichtigsten Eigenschaften für den Binomialkoeffizienten $\binom{n}{k}$ die Tatsache ist, dass er angibt, wie viele Möglichkeiten es gibt aus einer n-elementigen Menge eine k-elementige Teilmenge auszuwählen. Wie man konkret mit der Fakultät und dem Binomialkoeffizienten rechnet, werden wir in Kap. 5, genauer in den Beispielen 33 und 34, sehen.

Erklärung

Zur Definition 4.16 der Potenz: Diese Definition sollte euch keine großen Schwierigkeiten bereiten. Potenzen lernt man schon sehr früh in der Schule! Wir wollen noch anmerken, dass nach der Definition natürlich auch $0^0 = 1$ gilt. Ist weiter $a \neq 0$, so definieren wir

$$a^{-n} := (a^{-1})^n.$$

Auch klar, oder? ;-)

▶ **Beispiel 25** Euch sollte auch klar sein, dass $e^{\ln(x)} = x$ ist. Wir kommen darauf nochmals zurück, wenn wir die e-Funktion und die Logarithmus-Funktion definiert haben. ∎

4.4 Erklärungen zu den Sätzen und Beweisen

Erklärung

Zum Satz 4.1 über die Eigenschaften von komplexen Zahlen: Dieser Satz zählt eine der wichtigsten Eigenschaften von komplexen Zahlen auf. Die meisten sind selbsterklärend. Merken sollte man sich, dass es egal ist, ob man zuerst zwei komplexe Zahlen verknüpft (addiert oder multipliziert) und dann das Ergebnis konjugiert oder andersherum. Man sagt dazu auch, die *Konjugation* ist verträglich mit den Körperoperationen. Außerdem wichtig ist noch, dass man, wenn man ein Element zweimal konjugiert, wieder die ursprüngliche Zahl erhält. Man sagt die Konjugation ist *involutiv*.

In den Beweisen zerlegt man die komplexen Zahlen in ihren Realteil und Imaginärteil, ein sehr nützlicher Trick, den man sich merken sollte ;-).

Erklärung

Zum Satz 4.2 über die Umkehrabbildung zu den Polarkoordinaten: Dieser Satz ist wichtig um, wie wir bereits oben (in den Erklärungen zu den Definitionen 4.7–4.11) gesehen haben, kartesische Koordinaten in Polarkoordinaten umzurechnen. Der Beweis benutzt zunächst einmal einen Satz aus dem vorherigen Kapitel, der besagt, dass eine Funktion f die Inverse einer anderen Funktion g ist, wenn $f \circ g = g \circ f = \mathrm{Id}$ gilt. Außerdem benutzt er Additionstheoreme, die erst im Kap. 9 über Reihen bewiesen werden, und zwar in Satz 9.17. Das liegt daran, dass Kosinus und Sinus als Reihen definiert sind, und man so auch ihre Eigenschaften nachweist.

Zum Satz 4.3 über die Eulersche Identität: Dies ist ein sehr wichtiger Satz. Er zeigt, dass es im Komplexen einen Zusammenhang zwischen der Exponentialfunktion und den trigonometrischen Funktionen gibt. Dabei ist die Exponentialfunktion für komplexe Zahlen analog zum reellen Fall als Reihe (siehe auch Definition 9.5 in Kap. 9) definiert. Sehr wichtig zu bemerken ist hier (da Sinus und Kosinus, wie wir noch aus der Schule wissen, periodisch sind), dass die Exponentialfunktion auf den komplexen Zahlen periodisch ist, ganz anders als im reellen Fall, wo diese streng monoton wachsend ist. Dies ist auch der Grund, warum wir hier keinen komplexen Logarithmus definieren (Wer hat es gemerkt? ;-)). Aufgrund der Periodizität ist die Exponentialfunktion einfach nicht bijektiv, man kann also keine Umkehrfunktion definieren (In der Funktionentheorie wird man diese Schwierigkeit überwinden, das würde hier allerdings zu weit führen).

Für den Beweis müssen wir natürlich auf die Reihendarstellung der drei Funktionen zurückgreifen. Man betrachtet die Exponentialfunktion und teilt die Reihe auf nach geradem und ungeradem n. Dann sieht man, dass der gerade Teil der Kosinus und der ungerade Teil genau der Sinus ist.

Zum Satz 4.4 über die Multiplikation von komplexen Zahlen: Dieser Satz besagt, was wir vorne schon beim Rechnen mit komplexen Zahlen gesehen haben: Multipliziert man zwei komplexe Zahlen (siehe die Erklärungen zu den Definitionen 4.7–4.11), so multiplizieren sich die Beträge und die Argumente addieren sich. Auch für diesen Beweis brauchen wir wieder die Additionstheoreme aus Kap. 9, Satz 9.17.

Zum Satz 4.5 von de Moivre: Dieser Satz ist so etwas wie ein „verallgemeinerter Spezialfall"des vorherigen Satzes: Wir betrachten diesmal nicht zwei Zahlen, sondern n, aber dafür immer dieselben. Die Aussage des Satzes bleibt natürlich die gleiche.

Für den Beweis benutzen wir vollständige Induktion über n (Definition und noch mehr Beispiele zur vollständigen Induktion findet ihr gleich im nächsten Kap. 5) und die Additionstheoreme (Satz 9.17).

Hat man die Eulersche Identität (Satz 4.3) zur Verfügung, so kann man den Satz von de Moivre sehr einfach herleiten. Dies solltet ihr euch einmal überlegen.

Zum Satz 4.6 über die Eigenschaften des Binomialkoeffizienten: Hier wollen wir nun noch einmal kurz auf den Binomialkoeffizienten und seine Eigenschaften eingehen. Die Beweise dieser Aussagen sind sehr leicht. Das meiste folgt aus bereits bewiesenen Tatsachen, auch wenn diese erst in späteren Kapiteln stehen.

Die erste Aussage kann man sich auch anschaulich leicht klar machen. Wir haben in der Erklärung zur Definition 4.15 des Binomialkoeffizienten gesagt, dass $\binom{n}{k}$ die

Anzahl der k-elementigen Teilmengen einer n-elementigen Menge ist. Summieren wir nun über alle k, so erhalten wir auch alle Teilmengen. Und wir wissen bereits aus Satz 2.1 aus Kap. 2, dass dies 2^n sind.

Besonders bemerkenswert ist Aussage 3. Obwohl die Binomialkoeffizienten als Bruch definiert sind, sind sie allesamt natürliche Zahlen. Dies gilt, da $\binom{n}{0}$ eine natürlich Zahl ist und aus der Rekursionsvorschrift aus Beispiel 33 aus Kap. 5 über die Beweistechniken.

Die Symmetrie, also Aussage 4, folgt direkt aus der Definition, einfach mal genau hinschauen ;-).

Erklärung

Zu den Potenzgesetzen (Satz 4.7): Wer erinnert sich aus der Schule nicht mehr an Sätze wie „Potenzen mit gleicher Basis werden multipliziert, indem man die Basis bei behält und die Exponenten addiert"? Genau das sagt Satz 4.7 aus.

Beweistechniken

5

Dieses Kapitel ist den drei wichtigsten Beweistechniken, dem direkten, dem indirekten Beweis und der vollständigen Induktion, gewidmet. Wir werden diese zuerst erklären und danach an sehr vielen Beispielen einüben.

5.1 Drei wichtige Beweistechniken

Definition 5.1 (Direkter Beweis)
Man geht von der (gegebenen, wahren) Voraussetzung (Aussage) A aus und zeigt durch Umformen oder Folgern, dass aus A die Aussage B folgt.
  Mathematisch ausgedrückt untersucht man:

$$A \Rightarrow B$$

Definition 5.2 (Indirekter Beweis)
Der indirekte Beweis ist einer der elegantesten und auch einfachsten Beweise. Man geht dabei so vor:

1. Man geht vom Gegenteil der Behauptung aus (dies ist die Annahme).
2. Man versucht diese Annahme zu einem Widerspruch zu führen.
3. Wenn der Beweisgang legitim und logisch war, muss die Annahme falsch gewesen sein und damit die Behauptung wahr.

© Springer-Verlag GmbH Deutschland, ein Teil von Springer Nature 2018
F. Modler, M. Kreh, *Tutorium Analysis 1 und Lineare Algebra 1*,
https://doi.org/10.1007/978-3-662-56752-4_5

Definition 5.3 (Vollständige Induktion)

Wir möchten uns der vollständigen Induktion nun mithilfe der sogenannten Peano-Axiome annähern, die Folgendes besagen:

Die natürlichen Zahlen können durch die folgenden Axiome charakterisiert werden:

1. Jede natürliche Zahl n hat genau einen Nachfolger. Zu jedem n existiert also ein $n + 1$.
2. 1 ist die kleinste natürliche Zahl.
3. Jede nichtleere Teilmenge der natürlichen Zahlen besitzt ein kleinstes Element.
4. Zwischen zwei natürlichen Zahlen liegen nur endlich viele weitere natürliche Zahlen.
5. Durch Abzählung, beginnend bei 1, durchläuft man in Einerschritten alle natürlichen Zahlen.

Diese Peano-Axiome macht man sich bei der vollständigen Induktion zunutze. $A(n)$ sei eine Aussage, die für alle natürlichen Zahlen $n \geq n_0$ getroffen wird.

1. Man zeigt zuerst, dass die Aussage für ein bestimmtes n_0 gilt (zum Beispiel für $n_0 = 1$) (**Induktionsanfang**).
2. Man zeige, dass wenn $A(n)$ gilt, auch $A(n + 1)$ gültig ist (**Induktionsschritt**).

Und das ist der ganze Trick bei der vollständigen Induktion. Denn wenn man zeigt, dass die Aussage auch für den entsprechenden Nachfolger gilt, hat man die Aussage für alle $n \geq n_0$ bewiesen.

5.2 Erklärungen zu den Beweistechniken

Erklärung

Zum direkten Beweis: Das Prinzip des direkten Beweises sollte durch Definition 5.1 klar geworden sein. Bevor wir zu einigen Beispielen kommen, möchten wir noch eine wichtige Anmerkung machen: Und zwar beweist man Äquivalenzen, also Behauptungen der Form $A \Leftrightarrow B$, indem man zuerst die Richtung $\Rightarrow$ beweist. Also die Aussagen von A als gegeben voraussetzt und die Aussage B zeigt. Danach zeigt man die Richtung $\Leftarrow$, indem man die Aussagen aus B voraussetzt und die Aussagen aus A zeigt.

Mehrere Äquivalenzen beweist man meist mit einem sogenannten *Ringschluss*. Gegeben seien also zum Beispiel drei Aussagen A, B und C, die alle äquivalent sind. Zunächst beweist man die Richtung $A \Rightarrow B$, danach $B \Rightarrow C$ und dann $C \Rightarrow A$. Damit hat man alles gezeigt.

Wir betrachten nun ein paar Beispiele zum direkten Beweis.

▶ **Beispiel 26** Bekanntlich gilt: *Die Summe zweier gerader ganzer Zahlen ist gerade.*

Wie wird solch ein Beweis genau geführt? Wir nehmen uns einfach zwei gerade ganze Zahlen, aber machen das allgemein. Genauer: Für beliebige gerade ganze Zahlen. ∎

Beweis: Seien x und y gerade ganze Zahlen (unsere Voraussetzung). Weil x gerade sein soll, wissen wir, dass x durch 2 teilbar ist, d. h. 2 teilt x oder anders geschrieben $2|x$. Dasselbe machen wir mit y. Weil y gerade ist, wissen wir, dass y durch 2 teilbar ist, d. h. 2 teilt y oder $2|y$. Weil $2|x$ gilt, gibt es eine ganze Zahl a, so dass $x = 2a$ ist. Weiterhin gibt es wegen $2|y$ eine ganze Zahl b, so dass $y = 2b$ ist.

Um uns das zu verdeutlichen, nehmen wir uns zwei ganz bestimmte gerade Zahlen x und y:

- Seien $x = 4$ und $y = 6$ gerade ganze Zahlen (unsere Voraussetzung).
- Weil $x = 4$ ist, wissen wir, dass 4 durch 2 teilbar ist, das heißt, 2 teilt 4 oder $2|4$.
- Weil $y = 6$ ist, wissen wir, dass 6 durch 2 teilbar ist, das heißt, 2 teilt 6 oder $2|6$.
- Weil $2|4$ gilt, gibt es eine weitere ganze Zahl a, sodass $4 = 2a$ ist. (Hier ist $a = 2$.)
- Weil $2|6$ gilt, gibt es eine weitere ganze Zahl b sodass $6 = 2b$ ist. (Hier ist $b = 3$.)

Nun führen wir unseren Beweis fort: Durch Einsetzen und Ausklammern erhalten wir:

$$x + y = 2a + 2b = 2(a + b)$$

Es gibt also eine ganze Zahl c, nämlich $c := a + b$, sodass $x + y = 2c$. Daher gilt $2|(x + y)$ und $x + y$ ist damit gerade. Damit haben wir unseren Satz bewiesen.

Für unser spezielles Beispiel heißt das: Durch Einsetzen und Ausklammern erhalten wir:

$$4 + 6 = 2 \cdot 2 + 2 \cdot 3 = 2 \cdot (2 + 3)$$

Es gibt also eine ganze Zahl c, nämlich $c := 2 + 3$, so dass $4 + 6 = 2 \cdot 5$. Daher gilt $2|4 + 6$ und $4 + 6$ ist gerade. q.e.d.

▶ **Beispiel 27 (Dritte binomische Formel)** Wir beweisen die Gültigkeit der dritten binomischen Formel.

$$(a - b) \cdot (a + b) = a \cdot a + a \cdot b - b \cdot a - b \cdot b$$
$$= a^2 + a \cdot b - b \cdot a - b^2$$
$$= a^2 - b^2$$

Es gilt also:

$$(a - b) \cdot (a + b) = a^2 - b^2.$$

∎

▶ **Beispiel 28 (Quadrate ungerader Zahlen sind ungerade.)** Man beweise die Behauptung: *Das Quadrat einer ungeraden natürlichen Zahl n ist ungerade.* ■

Beweis: n sei eine ungerade Zahl. Somit lässt sich n eindeutig als $n = 2k + 1$ darstellen (k ist eine natürliche Zahl. Daraus folgert man:

$$n^2 = (2k + 1)^2 = 4k^2 + 4k + 1 = 2 \cdot (2k^2 + 2k) + 1$$

$\Rightarrow n^2$ ist ungerade, weil aus $k \in \mathbb{N}_0$ leicht $(2k^2 + 2k) \in \mathbb{N}_0$ folgt.   q.e.d.

▶ **Beispiel 29 (Quadrate gerader Zahlen sind gerade.)** Man beweise: *Das Quadrat einer geraden natürlichen Zahl n ist gerade.* ■

Beweis: n sei eine gerade natürliche Zahl. Somit lässt sich n eindeutig als $n = 2k$ darstellen (k ist eine natürliche Zahl aus $\mathbb{N}$ ohne die Null). Daraus folgert man:

$$n^2 = (2k)^2 = 4k^2 = 2 \cdot 2k^2.$$

Da aus $k \in \mathbb{N}$ leicht $2k^2 \in \mathbb{N}$ folgt, ist n^2 das Doppelte einer natürlichen Zahl und damit gerade.   q.e.d.

Jetzt wollen wir noch einige Beispiele für direkte Beweise aus der Mengenlehre und der Aussagenlogik geben, um die Vielfalt des direkten Beweises deutlich zu machen.

▶ **Beispiel 30 (Aussagenlogik)** Beweise: *Seien A und B Aussagen, dann gilt: $A \vee (A \wedge \neg B) \Leftrightarrow A$.*
  Das hört sich erst einmal sehr schwierig an, aber mit einer Wahrheitstafel kann dies sehr leicht gelöst werden: Schritt für Schritt müssen die Wahrheitswerte eingetragen und jeder Fall betrachtet werden. Wir machen es vor. ■

Beweis:
1. Schritt: Wir tragen bekannte Wahrheitswerte ein:

A	B	A	$\vee$	$(A$	$\wedge$	$\neg B)$	$\Leftrightarrow$	A
w	w	w		w			$\Leftrightarrow$	**w**
w	f	w		w			$\Leftrightarrow$	**w**
f	w	f		f			$\Leftrightarrow$	**f**
f	f	f		f			$\Leftrightarrow$	**f**

2. Schritt: Auch die Wahrheitswerte der Negation können ohne Probleme eingetragen werden:

A	B	A	$\vee$	$(A$	$\wedge$	$\neg B)$	$\Leftrightarrow$	A
w	w	w		w		f	$\Leftrightarrow$	**w**
w	f	w		w		w	$\Leftrightarrow$	**w**
f	w	f		f		f	$\Leftrightarrow$	**f**
f	f	f		f		w	$\Leftrightarrow$	**f**

3. Schritt: Wir überlegen uns, was die Konjunktion bedeutet.

A	B	A	$\vee$	$(A$	$\wedge$	$\neg B)$	A	
w	w	w		w	f	f	$\Leftrightarrow$	w
w	f	w		w	w	w	$\Leftrightarrow$	w
f	w	f		f	f	f	$\Leftrightarrow$	f
f	f	f		f	f	w	$\Leftrightarrow$	f

4. Schritt: Was bedeutet die Disjunktion, also das „Oder"?

A	B	A	$\vee$	$(A$	$\wedge$	$\neg B)$	$\Leftrightarrow$	A
w	w	w	**w**	w	f	f	$\Leftrightarrow$	w
w	f	w	**w**	w	w	w	$\Leftrightarrow$	w
f	w	f	**f**	f	f	f	$\Leftrightarrow$	f
f	f	f	**f**	f	f	w	$\Leftrightarrow$	f

5. Schritt: Nun bleibt noch die Äquivalenz zu untersuchen. Das bedeutet, wir müssen schauen, ob die in der vorigen Tabelle fett markierten Wahrheitswerte übereinstimmen:

A	B	A	$\vee$	$(A$	$\wedge$	$\neg B)$	$\overset{w}{\Leftrightarrow}$	A
w	w	w	**w**	w	f	f	$\overset{w}{\Leftrightarrow}$	w
w	f	w	**w**	w	w	w	$\overset{w}{\Leftrightarrow}$	w
f	w	f	**f**	f	f	f	$\overset{w}{\Leftrightarrow}$	f
f	f	f	**f**	f	f	w	$\overset{w}{\Leftrightarrow}$	f

Die w's über den Äquivalenzpfeilen sollen andeuten, dass die Äquivalenzen wirklich wahr sind. Es stimmt also alles überein. Und damit ist die Aussage bewiesen.

q.e.d.

Dieses schrittweise Verfahren müssen wir nun aber üben.

▶ **Beispiel 31 (Gesetze der Aussagenlogik)** Beweise mithilfe von Wahrheitstafeln die folgenden Aussagen:

a) $\neg(A \wedge B) \Leftrightarrow \neg A \vee \neg B$
b) $\neg(A \vee B) \Leftrightarrow \neg A \wedge \neg B$
c) $A \wedge (A \Rightarrow B) \Rightarrow B$
d) $(A \Rightarrow B) \Leftrightarrow (\neg A \vee B)$
e) $(A \Leftrightarrow B) \Leftrightarrow (A \Rightarrow B) \wedge (B \Rightarrow A)$

a) und b) stellen die sogenannten *De Morganschen Gesetze* dar.   ∎

Beweis: Da man ganz einfach, so wie oben beschrieben, vorgehen kann, zeigen wir hier nur die fertigen Wahrheitstafeln auf, aber auch das, was wir zuletzt vergleichen müssen. Überprüft bitte jeden Schritt einzeln und vollzieht diesen vor allem nach.

a)

A	B	¬	(A	∧	B)	⇔	(¬	A	∨	¬	B)
w	w	**f**	w	w	w	**w**	f	w	**f**	f	w
w	f	**w**	w	f	f	**w**	f	w	**w**	w	f
f	w	**w**	f	f	w	**w**	w	f	**w**	f	w
f	f	**w**	f	f	f	**w**	w	f	**w**	w	f

b)

A	B	¬	(A	∨	B)	⇔	(¬	A	∧	¬	B)
w	w	**f**	w	w	w	**w**	f	w	**f**	f	w
w	f	**f**	w	w	f	**w**	f	w	**f**	w	f
f	w	**f**	f	w	w	**w**	w	f	**f**	f	w
f	f	**w**	f	f	f	**w**	w	f	**w**	w	f

c)

A	B	A	∧	(A	⇒	B)	⇒	B
w	w	w	**w**	w	w	w	**w**	**w**
w	f	w	**f**	w	f	f	**w**	**f**
f	w	f	**f**	f	w	w	**w**	**w**
f	f	f	**f**	f	w	f	**w**	**f**

d)

A	B	(A	⇒	B)	⇔	(¬	A	∨	B)
w	w	w	**w**	w	**w**	f	w	**w**	w
w	f	w	**f**	f	**w**	f	w	**f**	f
f	w	f	**w**	w	**w**	w	f	**w**	w
f	f	f	**w**	f	**w**	w	f	**w**	f

e)

A	B	(A	⇔	B)	⇔	(A	⇒	B)	∧	(B	⇒	A)
w	w	w	**w**	w	**w**	w	w	w	**w**	w	w	w
w	f	w	**f**	f	**w**	w	f	f	**f**	f	w	w
f	w	f	**f**	w	**w**	f	w	w	**f**	w	f	f
f	f	f	**w**	f	**w**	f	w	f	**w**	f	w	f

q.e.d.

So, nun haben wir also Beweise mit Wahrheitstafeln geführt. Die Aussagen wurden durch logische Schlussfolgerungen bewiesen. Wir fassen zusammen: *Beim direkten Beweis beweist man die Aussage durch logische Schlussfolgerungen.*

Genau dies wollen wir anhand der Mengenlehre nochmal einüben.

▶ **Beispiel 32 (Mengenlehre)** Zeige Folgendes:

a) $A \cap (B \cup C) = (A \cap B) \cup (A \cap C)$.
b) $A \cup (B \cap C) = (A \cup B) \cap (A \cup C)$.

Seien $A \subseteq \Omega$ und $B \subseteq \Omega$, dann gilt:

c) $A \cap B = \emptyset \Rightarrow A \subseteq \Omega \setminus B$.
d) $A \subseteq \Omega \setminus B \Leftrightarrow B \subseteq \Omega \setminus A$. ■

Beweis:
a) Zu zeigen ist aufgrund der Definition der Verknüpfungen:

$$x \in A \cap (B \cup C) \Leftrightarrow x \in (A \cap B) \cup (A \cap C):$$

$$\begin{aligned} x \in A \cap (B \cup C) &\Leftrightarrow x \in A \wedge x \in (B \cup C) \\ &\Leftrightarrow x \in A \wedge (x \in B \vee x \in C) \\ &\Leftrightarrow (x \in A \wedge x \in B) \vee (x \in A \wedge x \in C) \\ &\Leftrightarrow x \in (A \cap B) \vee x \in (A \cap C) \\ &\Leftrightarrow x \in (A \cap B) \cup (A \cap C). \end{aligned}$$

b) Zu zeigen ist aufgrund der Definition der Verknüpfungen:

$$x \in A \cup (B \cap C) \Leftrightarrow x \in (A \cup B) \cap (A \cup C):$$

$$\begin{aligned} x \in A \cup (B \cap C) &\Leftrightarrow x \in A \vee x \in (B \cap C) \\ &\Leftrightarrow x \in A \vee (x \in B \wedge x \in C) \\ &\Leftrightarrow (x \in A \vee x \in B) \wedge (x \in A \vee x \in C) \\ &\Leftrightarrow x \in (A \cup B) \wedge x \in (A \cup C) \\ &\Leftrightarrow x \in (A \cup B) \cap (A \cup C). \end{aligned}$$

c) Zu zeigen ist: $x \in A \Rightarrow x \in \Omega \setminus B$. $x \in A \Rightarrow x \in \Omega$, da $A \subseteq \Omega$ und $x \notin B$, da $A \cap B = \emptyset$. Aus diesen beiden Erkenntnissen folgt nun $x \in \Omega \setminus B$.

d) Zu zeigen ist einmal: $x \in B \Rightarrow x \in \Omega \setminus A$. $x \in B \Rightarrow x \in \Omega$, da $B \subseteq \Omega$ und $x \notin A$, da $A \subseteq \Omega \setminus B$. Aus diesen beiden Erkenntnissen folgt nun $x \in \Omega \setminus A$. Für die andere Richtung müssen wir zeigen, dass $x \in A \Rightarrow x \in \Omega \setminus B$. $x \in A \Rightarrow x \in \Omega$, da $A \subseteq \Omega$ und $x \notin B$, da $B \subseteq \Omega \setminus A$. Aus diesen beiden Erkenntnisse folgt nun $x \in \Omega \setminus B$. q.e.d.

▶ **Beispiel 33 (Fakultät und Binomialkoeffizient)** Zu beweisen: *Es seien $k, n \in \mathbb{N}$ mit $1 \leq k \leq n$. Dann ist $\binom{n}{k} = \binom{n-1}{k-1} + \binom{n-1}{k}$.* ■

Beweis: Dies kann man durch direktes Nachrechnen leicht zeigen, wir rechnen die rechte Seite einfach aus.

$$\begin{aligned} \binom{n-1}{k-1} + \binom{n-1}{k} &= \frac{(n-1)!}{(n-1-k+1)! \cdot (k-1)!} + \frac{(n-1)!}{(n-1-k)! \cdot k!} \\ &= \frac{(n-1)!}{(n-k)! \cdot (k-1)!} + \frac{(n-1)!}{(n-1-k)! \cdot k!} \end{aligned}$$

Jetzt bedenken wir, dass wir ja am Ende irgendetwas stehen haben wollen wie $\binom{n}{k} = \frac{n!}{(n-k)!\cdot k!}$. Wir bringen die beiden Brüche also auf den Hauptnenner.

$$\overset{(*)}{=} \frac{k(n-1)!}{(n-k)!\cdot k!} + \frac{(n-k)\cdot(n-1)!}{(n-k)!\cdot k!}$$

$$= \frac{k(n-1)! + (n-k)\cdot(n-1)!}{(n-k)!\cdot k!}$$

$$= \frac{(n-1)!\cdot(k+n-k)}{(n-k)!\cdot k!}$$

$$= \frac{n(n-1)!}{(n-k)!\cdot k!}$$

$$= \frac{n!}{(n-k)!\cdot k!} = \binom{n}{k}.$$

Wir hoffen, dass jeder von euch den Schritt $(*)$ versteht? Eigentlich ganz einfach, man muss nur Folgendes bedenken:

$$\frac{k}{k!} = \frac{k}{k(k-1)!} = \frac{1}{(k-1)!}$$

bzw. $\qquad \dfrac{n-k}{(n-k)!} = \dfrac{n-k}{(n-k)\cdot(n-k-1)!} = \dfrac{1}{(n-k-1)!}$

Alles klar?   q.e.d.

▶ **Beispiel 34 (Bildungsgesetz des Pascalschen Dreiecks)** Mit derselben Idee zeigen wir nun noch:

$$\binom{n}{k} + \binom{n}{k+1} = \binom{n+1}{k+1}.$$

Wir wollen aber anmerken, dass wir diese Aussage sofort aus Beispiel 33 erhalten, wenn wir die Variablen umbenennen (substituieren).   ■

Beweis: Wir rechnen auch hier die linke Seite einfach aus.

$$\binom{n}{k} + \binom{n}{k+1} = \frac{n!}{(n-k)!\cdot k!} + \frac{n!}{(n-k-1)!\cdot(k+1)!}$$

$$= \frac{(k+1)\cdot n!}{(n-k)!\cdot(k+1)!} + \frac{(n-k)\cdot n!}{(n-k)!\cdot(k+1)!}$$

$$= \frac{(k+1)\cdot n! + (n-k)\cdot n!}{(n-k)!\cdot(k+1)!}$$

$$= \frac{n!(k+1+n-k)}{(n-k)!\cdot(k+1)!}$$

$$= \frac{(n+1) \cdot n!}{(n-k)! \cdot (k+1)!}$$

$$= \frac{(n+1)!}{(n-k)! \cdot (k+1)!} = \binom{n+1}{k+1}.$$

Damit ist alles gezeigt. q.e.d.

Das war der direkte Beweis. Was wir eben gerade bewiesen haben, ist das Bildungsgesetz im Pascalschen Dreieck, das so aussieht:

$$
\begin{array}{ccccccccc}
 & & & & 1 & & & & \\
 & & & 1 & & 1 & & & \\
 & & 1 & & 2 & & 1 & & \\
 & 1 & & 3 & & 3 & & 1 & \\
1 & & 4 & & 6 & & 4 & & 1 \\
 & & & & \vdots & & & &
\end{array}
$$

Das Pascalsche Dreieck ist ein Zahlenschema, in dem jede neue Zahl die Summe der diagonal darüber stehenden ist. Auf dem obersten Platz steht eine 1.

So ist der Zusammenhang zu den Binomialkoeffizienten:

$$
\begin{array}{ccccccccc}
 & & & & \binom{0}{0} & & & & \\
 & & & \binom{1}{0} & & \binom{1}{1} & & & \\
 & & \binom{2}{0} & & \binom{2}{1} & & \binom{2}{2} & & \\
 & \binom{3}{0} & & \binom{3}{1} & & \binom{3}{2} & & \binom{3}{3} & \\
\binom{4}{0} & & \binom{4}{1} & & \binom{4}{2} & & \binom{4}{3} & & \binom{4}{4} \\
 & & & & \vdots & & & &
\end{array}
$$

Erklärung

Zum indirekten Beweis: Das Prinzip des indirekten Beweises, siehe Definition 5.2, ist ein sehr wichtiges. Wir gehen vom Gegenteil der Behauptung aus und führen dies dann zum Widerspruch. Somit muss unsere Annahme falsch und damit die Behauptung richtig sein. Schauen wir uns Beispiele an, die das Prinzip verdeutlichen.

▶ **Beispiel 35 (Wurzel aus 2 ist nicht rational)** Behauptung: $\sqrt{2}$ *ist nicht rational.* ■

Beweis: Wir führen den Beweis indirekt, nehmen also das Gegenteil an und führen dies zu einem Widerspruch.

Annahme: $\sqrt{2}$ *ist rational.*

Wenn $\sqrt{2}$ rational ist, dann lässt sie sich als Bruch zweier ganzer Zahlen p und q darstellen. Also $\sqrt{2} = p/q$. Dabei seien p, q schon gekürzt, insbesondere also teilerfremd. Nun können wir $\sqrt{2} = p/q$ umschreiben zu

$$2 = \frac{p^2}{q^2} \Leftrightarrow p^2 = 2 \cdot q^2 \tag{5.1}$$

Daraus ergibt sich, dass p gerade ist. Damit lässt sich p also auch als $2 \cdot n$ (wobei $n \in \mathbb{Z}$) schreiben. Einsetzen in (5.1) liefert:

$$(2n)^2 = 2 \cdot q^2 \Leftrightarrow 4 \cdot n^2 = 2 \cdot q^2 \Leftrightarrow 2 \cdot n^2 = q^2$$

Hieraus ergibt sich, dass auch q gerade ist. Insbesondere haben p und q damit den gemeinsamen Teiler 2. Wir hatten aber angenommen, dass p und q teilerfremd sind. Das ist ein Widerspruch zu unserer Annahme. Und da eine Behauptung (also die Aussage, die dahintersteckt, siehe auch Kap. 1, Definition 1.1) entweder richtig oder falsch ist, folgt die Richtigkeit der Behauptung.   q.e.d.

Raffiniert oder? ;-)

▶ **Beispiel 36 (Es gibt unendlich viele Primzahlen)** Jetzt zu einem Beweis, den Euklid schon vor ca. 2300 Jahren angab. Es gibt durchaus viele Möglichkeiten die folgende Behauptung zu beweisen (so stehen in [AZ03] (ein sehr lesenswertes Buch!) insgesamt sechs verschiedene Beweise für die folgende Behauptung), aber dennoch wollen wir den Widerspruchsbeweis von Euklid angeben:
   Behauptung: *Es gibt unendlich viele Primzahlen.*   ∎

Beweis: Wir führen den Beweis indirekt. Nehmen also das Gegenteil an und führen dies zu einem Widerspruch. Annahme: *Es gibt nur endlich viele Primzahlen.* Wenn es nur endlich viele Primzahlen geben würde, dann könnten wir diese in einer endlichen Menge $\{p_1, p_2, \ldots, p_r\}$ von Primzahlen zusammenfassen. Nun können wir eine neue Zahl konstruieren, indem wir die Primzahlen multiplizieren und 1 addieren. Diese neue Zahl sei $n := p_1 \cdot p_2 \cdot \ldots \cdot p_r + 1$ und p sei ein Primteiler von n. Man sieht aber, dass p von allen p_i verschieden ist, da sonst p sowohl die Zahl n als auch das Produkt $p_1 \cdot p_2 \cdot \ldots \cdot p_r$ teilen würde, was nicht sein kann (da sich immer Rest 1 ergibt). Und hier haben wir unseren Widerspruch! Es kann also nicht endlich viele Primzahlen geben.
   Damit muss es unendlich viele Primzahlen geben.   q.e.d.

Vielleicht war das etwas zu viel des Guten: Hier nochmal etwas langsamer für diejenigen, die mit den obigen Ausführungen nicht so recht etwas anfangen konnten: Wenn der Satz nicht gilt, dann gibt es nur endlich viele Primzahlen:

$$p_1 = 2, \ p_2 = 3, \ p_3 = 5, \ p_4 = 7, \ p_5 = 11, \ \ldots, \ p_r,$$

wobei p_r die größte Primzahl sei. Man bildet das Produkt aller Primzahlen und addiert 1:

$$n := p_1 \cdot p_2 \cdot p_3 \cdot p_4 \cdot p_5 \cdot \ldots \cdot p_r + 1.$$

Die entstehende Zahl n ist keine Primzahl, weil sie größer ist als die größte Primzahl p_r. Sie muss sich daher aus den Primzahlen p_1, p_2, ..., p_r multiplikativ zusammensetzen. n muss daher durch mindestens eine der Primzahlen p_1, p_2, ..., p_r teilbar sein. Anderseits erkennt man bei Division von n durch eine Primzahl, dass n wegen der Addition von 1 durch keine Primzahl teilbar ist. $\frac{\ell}{\ell}$

(Anmerkung: Wenn man einen Widerspruch andeuten will, dann setzt man diesen Pfeil $\frac{\ell}{\ell}$.)

Wir wollen noch einmal anmerken, dass die Zahl

$$n := p_1 \cdot p_2 \cdot p_3 \cdots \cdot p_r + 1$$

nicht unbedingt eine neue Primzahl ist. Zum Beispiel ist

$$2 \cdot 3 \cdot 5 \cdot 7 \cdot 11 \cdot 13 + 1 = 30.031 = 59 \cdot 509$$

keine Primzahl, aber ihre Teiler sind größer als die vorher aufkommenden Primzahlen. Weiterhin nutzen wir in diesem Beweis die (trivial erscheinende) Tatsache, dass jede Zahl einen Primteiler hat. Tatsächlich müsste man dies vorher erst mal beweisen, was wir hier aber nicht tun wollen.

Erklärung

Zur vollständigen Induktion: Jeder von euch hat sicherlich schon einmal Domino-Day gesehen. Wenn ihr aber zufällig wieder mal reinschaut, dann werdet ihr eventuell eine Art vollständige Induktion sehen. Das Prinzip der vollständigen Induktion kann man mit dem Umfallen von Dominosteinen vergleichen. Wenn der Anfangsstein fällt, und mit jedem Dominostein auch der nächste, dann fallen auch alle anderen! (So jedenfalls in der Theorie.)

Mathematisch betrachtet bedeutet das gerade: Wenn die Aussage $A(n)$ für ein n_0 und ein beliebiges n gilt, dann gilt sie auch für den Nachfolger, also für $A(n + 1)$. Die nachfolgenden Dominosteine $(n + 1)$ fallen aber nur dann, wenn die Reihe der Dominosteine richtig aufgebaut wurde. Wenn zum Beispiel der Abstand von einem zum anderen Stein zu groß ist, dann kann der andere Stein auch nicht fallen, und damit wäre die Induktion zu Ende.

Dem Prinzip der vollständigen Induktion werdet ihr noch sehr oft im Studium und dem ersten Semester begegnen. Es ist daher sehr wichtig, sich die Idee klarzumachen.

Wir müssen nun einige Beispiele behandeln, damit das klar wird, und werden uns zunächst dabei auf die klassischen Beispiele beschränken. Darüber hinaus werdet ihr sehen, dass die Induktion als Hilfsmittel eine breite Anwendung in der Mathematik findet.

▶ **Beispiel 37 (Der kleine Gauß)** Beweise: Für alle $n \in \mathbb{N}$ gilt:

$$\sum_{i=1}^{n} i = \frac{n(n + 1)}{2}$$

Dazu gibt es auch eine nette kleine Geschichte: Der Lehrer von Gauß soll einmal (da er keine Lust auf Unterricht hatte) seinen Schülern die Aufgabe gegeben haben, die ersten 100 natürlichen Zahlen aufzusummieren. Nach ein paar Minuten meldete sich dann der kleine Gauß und nannte dem Lehrer das richtige Ergebnis, 5050.

Anmerkung: Gauß führte damals noch keine vollständige Induktion durch, sondern sortierte die Zahlen zu Zweierpaaren, deren Summe 101 ergibt, und stellte fest, dass es hiervon genau 50 gibt, also $101 \cdot 50 = 5050$. ∎

Beweis: *Induktionsanfang für $n = 1$:*

$$\sum_{i=1}^{1} i = 1 \text{ (linke Seite)} \quad \text{und} \quad \frac{1(1+1)}{2} = 1 \text{ (rechte Seite)}$$

Beide Seiten stimmen überein. Der Induktionsanfang ist erfüllt.

Induktionsschritt: Von n auf $n + 1$:

Dabei sei $\sum_{i=1}^{n} i = \frac{n(n+1)}{2}$ wahr (*Induktionsvoraussetzung*). Im Folgenden steht (IV) für die Induktionsvoraussetzung.

Zu zeigen ist also, dass gilt:

$$\sum_{i=1}^{n+1} i = \frac{(n+1)(n+1+1)}{2} = \frac{(n+1)(n+2)}{2}.$$

Es gilt

$$\begin{aligned}
\sum_{i=1}^{n+1} i &= \sum_{i=1}^{n} i + (n+1) && |\text{Anwendung der IV} \\
&= \frac{n(n+1)}{2} + (n+1) \\
&= \frac{n(n+1) + 2 \cdot (n+1)}{2} \\
&= \frac{(n+1)(n+2)}{2}.
\end{aligned}$$

Und genau dies hatten wir zu zeigen.   q.e.d.

▶ **Beispiel 38** Zeige: Die Summe der ersten n ungeraden natürlichen Zahlen ist n^2. Also:

$$\sum_{k=1}^{n} (2k - 1) = n^2.$$

(Alternativ kann auch $\sum_{k=0}^{n-1} (2k + 1) = n^2$ gezeigt werden.) ∎

Beweis: *Induktionsanfang für $n = 1$:*

$$\sum_{k=1}^{1} (2k - 1) = 2 \cdot 1 - 1 = 1 \text{ (linke Seite)} \quad \text{und} \quad 1^2 = 1 \text{ (rechte Seite).}$$

Beide Seiten stimmen überein. Der Induktionsanfang ist erfüllt.

Induktionsschritt: Von n auf $n + 1$: Dabei sei $\sum_{k=1}^{n} (2k - 1) = n^2$ für ein $n \in \mathbb{N}$ wahr (*Induktionsvoraussetzung*). Zu zeigen ist also, dass gilt: $\sum_{k=1}^{n+1} (2k - 1) = (n + 1)^2$. Wir haben:

$$\sum_{k=1}^{n+1} (2k - 1) = \sum_{k=1}^{n} (2k - 1) + 2(n + 1) - 1 \qquad |\text{Anwendung der IV}$$
$$= n^2 + 2(n + 1) - 1$$
$$= n^2 + 2n + 2 - 1$$
$$= n^2 + 2n + 1 = (n + 1)^2.$$

Und genau dies war zu zeigen. $\hfill$ q.e.d.

▶ **Beispiel 39 (Bernoullische Ungleichung)** Beweise: Für $n \in \mathbb{N}, a \in \mathbb{R}, a \geq -1$ gilt: $(1 + a)^n \geq 1 + na$. $\hfill$ ■

Beweis: *Induktionsanfang für $n = 1$:*

$$(1 + a)^1 \geq 1 + 1 \cdot a \Leftrightarrow 1 + a \geq 1 + a.$$

Beide Seiten stimmen überein, bzw. wir erhalten eine wahre Aussage, da ja auch die Gleichheit zugelassen wird. Der Induktionsanfang ist damit erfüllt.

Induktionsschritt: Von n auf $n + 1$: Dabei sei $(1 + a)^n \geq 1 + na$ wahr (*Induktionsvoraussetzung*). Zu zeigen ist also, dass gilt $(1 + a)^{n+1} \geq 1 + (n + 1)a$. Es ist wegen $1 + a \geq 0$:

$$(1 + a)^{n+1} = (1 + a)^n \cdot (1 + a) \qquad |\text{Anwendung der IV}$$
$$\geq (1 + na) \cdot (1 + a)$$
$$= 1 + na + a + na^2$$
$$= 1 + (n + 1)a + na^2.$$

Da nun $na^2 \geq 0$ gilt, folgt:

$$1 + (n + 1)a + na^2 \geq 1 + (n + 1)a.$$

Tja, und das hatten wir zu zeigen! Also haben wir die Bernoullische Ungleichung bewiesen. $\hfill$ q.e.d.

▶ **Beispiel 40** Zeige: Für $n \in \mathbb{N}, n \geq 5$ gilt: $2^n > n^2$.   ■

Beweis: Dieses Beispiel zeigt, dass der Induktionsanfang nicht immer mit 0 oder 1 beginnen muss. *Induktionsanfang für $n = 5$:*

$$2^5 = 32 > 25 = 5^2$$

Wahre Aussage. Der Induktionsanfang ist also erfüllt.

Induktionsschritt: Dabei sei $2^n > n^2$ wahr (IV). Zu zeigen ist also, dass gilt $2^{n+1} > (n + 1)^2$. Es gilt:

$$2^{n+1} = 2 \cdot 2^n \overset{(IV)}{>} 2n^2 = n^2 + n^2 \overset{(*)}{\geq} n^2 + 2n + 1 = (n + 1)^2.$$

(*) Hier nutzen wir aus, dass für $n \geq 3$ gilt: $n^2 \geq 2n + 1$. Dies kann ebenfalls mit vollständiger Induktion bewiesen werden (Übung für euch). Also sind wir fertig.

q.e.d.

▶ **Beispiel 41** Für alle $n \geq 4$ gilt: $n! > 2^n$.   ■

Beweis: *Induktionsanfang für $n = 4$:*

$$4! = 4 \cdot 3 \cdot 2 \cdot 1 = 24 > 16 = 2^4.$$

Der Induktionsanfang ist damit erfüllt.

Induktionsschritt: Von n auf $n + 1$:

Zu zeigen ist, dass unter der Induktionsvoraussetzung (IV) $n! > 2^n$ für ein n gilt, die Ungleichung $(n + 1)! > 2^{n+1}$ gültig ist. Wir starten:

$$(n + 1)! = (n + 1) \cdot n! \overset{(IV)}{>} (n + 1) \cdot 2^n > 2^{n+1} = 2 \cdot 2^n.$$

Den letzten Schritt verifizieren wir noch:

$$(n + 1) \cdot 2^n > 2 \cdot 2^n \quad \Leftrightarrow \quad n + 1 > 2 \quad \Leftrightarrow \quad n > 1.$$

was offenbar wahr ist.   q.e.d.

▶ **Beispiel 42** Wir wollen zeigen, dass für alle $n \in \mathbb{N}$ mit $n \geq 2$ gilt:

$$\sum_{k=2}^{n} \frac{2 \cdot k - 3}{3^k} = \frac{1}{3} - \frac{n}{3^n}.$$ ■

Beweis: *Induktionsanfang für $n = 2$:* Für die linke Seite erhalten wir

$$\sum_{k=2}^{2} \frac{2 \cdot k - 3}{3^k} = \frac{2 \cdot 2 - 3}{3^2} = \frac{1}{9}$$

und für die rechte Seite

$$\frac{1}{3} - \frac{2}{3^2} = \frac{3}{9} - \frac{2}{9} = \frac{1}{9}.$$

Der Induktionsanfang ist damit also erfüllt.

Induktionsschritt: Von n auf n + 1:

Wir müssen nun zeigen, dass $\sum_{k=2}^{n+1} \frac{2k-3}{3^k} = \frac{1}{3} - \frac{n+1}{3^{n+1}}$ und zwar unter der Induktionsvoraussetzung (IV), dass $\sum_{k=2}^{n} \frac{2 \cdot k - 3}{3^k} = \frac{1}{3} - \frac{n}{3^n}$ wahr ist.

$$\sum_{k=2}^{n+1} \frac{2k-3}{3^k} = \sum_{k=2}^{n} \frac{2 \cdot k - 3}{3^k} + \frac{2(n+1)-3}{3^{n+1}}$$

Nun folgt mit (IV):

$$\cdots = \frac{1}{3} - \frac{n}{3^n} + \frac{2(n+1)-3}{3^{n+1}} = \frac{1}{3} - \frac{n}{3^n} + \frac{2n-1}{3^{n+1}}$$

$$= \frac{1}{3} - \frac{3n}{3^{n+1}} + \frac{2n-1}{3^{n+1}} = \frac{1}{3} - \frac{n+1}{3^{n+1}}. \qquad \text{q.e.d.}$$

▶ **Beispiel 43** Wir behaupten, dass

$$\forall n \in \mathbb{N} : \sum_{k=0}^{n} k \cdot k! = (n+1)! - 1. \qquad ∎$$

Beweis: *Induktionsanfang für n = 0 bzw. n = 1:*

$$n = 0 : \sum_{k=0}^{0} k \cdot k! = 0 \cdot 0! = 0 = 1 - 1 = (0+1)! - 1.$$

$$n = 1 : \sum_{k=0}^{1} k \cdot k! = 0 \cdot 0! + 1 \cdot 1! = 1 = 2 - 1 = (1+1)! - 1.$$

Der Induktionsanfang ist damit erfüllt.

Induktionsschritt von n auf n + 1:

Wir müssen zeigen, dass $\sum_{k=0}^{n+1} k \cdot k! = (n+2)! - 1$ unter der Induktionsvoraussetzung (IV), dass $\sum_{k=0}^{n} k \cdot k! = (n+1)! - 1$ wahr ist. Es ergibt sich:

$$\sum_{k=0}^{n+1} k \cdot k! = \sum_{k=0}^{n} k \cdot k! + (n+1) \cdot (n+1)! \qquad |\text{Anwendung der IV}$$

$$= 1 \cdot (n+1)! - 1 + (n+1)!(n+1)$$

$$= (n+1)!(1 + n + 1) - 1 = (n+2)(n+1)! - 1 = (n+2)! - 1.$$

Damit ist auch diese Aufgabe gelöst. \qquad q.e.d.

▶ **Beispiel 44 (Binomischer Lehrsatz)** Als weiteres Beispiel wollen wir den *binomischen Lehrsatz* beweisen. Dieser lautet:

$$(x + y)^n = \sum_{k=0}^{n} \binom{n}{k} x^{n-k} y^k, \ x, y \in \mathbb{R}.$$

Wir wenden die Induktion an: ■

Beweis: *Induktionsanfang:* Für $n = 0$ ergibt sich:

$$(x + y)^0 = 1 = \binom{0}{0} \cdot 1 \cdot 1 = \binom{0}{0} \cdot x^{0-0} \cdot y^0 = \sum_{k=0}^{0} \binom{0}{k} \cdot x^{0-k} y^k.$$

Wir führen den Induktionsanfang nochmals für $n = 1$ durch:

$$(x + 1)^1 = x + y = \binom{1}{0} \cdot x \cdot y^0 + \binom{1}{1} \cdot x^0 \cdot y^1 = \sum_{k=0}^{1} \binom{1}{k} \cdot x^{1-k} \cdot y^k.$$

Induktionsschritt: Von n auf n + 1: Wir müssen zeigen, dass

$$(x + y)^{n+1} = \sum_{k=0}^{n+1} \binom{n+1}{k} x^{n+1-k} y^k$$

und zwar unter der Induktionsvoraussetzung, dass

$$(x + y)^n = \sum_{k=0}^{n} \binom{n}{k} x^{n-k} y^k$$

wahr ist. Es gilt:
$$(x + y)^{n+1} = (x + y)^n \cdot (x + y)^1.$$

Mit der Induktionsvoraussetzung ergibt sich nun:

$$\ldots = (x + y)^1 \cdot \sum_{k=0}^{n} \binom{n}{k} x^{n-k} y^k$$

$$= x \cdot \sum_{k=0}^{n} \binom{n}{k} x^{n-k} y^k + y \cdot \sum_{k=0}^{n} \binom{n}{k} x^{n-k} y^k$$

$$= \sum_{k=0}^{n} \binom{n}{k} \cdot x \cdot x^{n-k} y^k + \sum_{k=0}^{n} \binom{n}{k} x^{n-k} \cdot y \cdot y^k$$

$$= \sum_{k=0}^{n} \binom{n}{k} x^{n-k+1} y^k + \sum_{k=0}^{n} \binom{n}{k} x^{n-k} y^{k+1}$$

Wir substituieren im zweiten Summanden $k' = k + 1$

$$= \sum_{k=0}^{n} \binom{n}{k} x^{n-k+1} y^k + \sum_{k'=1}^{n+1} \binom{n}{k'-1} x^{n-k'+1} y^{k'}$$

$$= \binom{n}{0} \cdot x^{n+1} \cdot y^0 + \sum_{k=1}^{n} \left(\binom{n}{k} + \binom{n}{k-1} \right) x^{n-k+1} y^k + y^{n+1}.$$

Mit $\binom{n}{k} + \binom{n}{k-1} = \binom{n+1}{k}$ (siehe Beispiel 33 bzw. 34) folgt die Behauptung. Als Übungsaufgabe vervollständigt bitte den Beweis. q.e.d.

Ein Spezialfall des binomischen Lehrsatzes ist zum Beispiel die erste binomische Formel für $n = 2$. Wir erhalten demnach:

$$(x + y)^2 = \sum_{k=0}^{2} \binom{2}{k} \cdot x^{2-k} \cdot y^k$$

$$= \binom{2}{0} \cdot x^2 \cdot y^0 + \binom{2}{1} \cdot x^1 \cdot y^1 + \binom{2}{2} \cdot x^0 \cdot y^2$$

$$= x^2 + 2xy + y^2.$$

Weiter erhält man:

$$(x + y)^0 = 1,$$
$$(x + y)^1 = x + y,$$
$$(x + y)^2 = x^2 + 2 \cdot x \cdot y + y^2,$$
$$(x + y)^3 = x^3 + 3 \cdot x^2 \cdot y + 3 \cdot x \cdot y^2 + y^3,$$
$$(x + y)^4 = x^4 + 4 \cdot x^3 \cdot y + 6 \cdot x^2 \cdot y^2 + 4 \cdot x \cdot y^3 + y^4 \text{ usw.}$$

Das Schöne ist, dass wir uns das gar nicht alles merken brauchen, denn wenn wir den binomischen Lehrsatz kennen, dann können wir uns alles ohne Probleme in ein paar Minuten herleiten.

Und die Koeffizienten werdet ihr alle im Pascalschen Dreieck wiederfinden (siehe Beispiel 33). :-) Für die, denen der Beweis des binomischen Lehrsatzes zu schnell ging, hier nochmal eine ausführlichere Version des Induktionsschrittes:

$$(x + y)^{n+1}$$
$$= (x + y) \cdot (x + y)^n$$
$$= (x + y) \cdot \sum_{k=0}^{n} \binom{n}{k} \cdot x^{n-k} \cdot y^k$$
$$= (x + y) \cdot \left[\binom{n}{0} \cdot x^n + \binom{n}{1} \cdot x^{n-1} \cdot y + \binom{n}{2} \cdot x^{n-2} \cdot y^2 + \ldots + \binom{n}{n} \cdot y^n \right]$$

$$= \binom{n}{0} \cdot x^{n+1} + \binom{n}{0} \cdot x^n \cdot y + \binom{n}{1} \cdot x^n \cdot y + \binom{n}{1} \cdot x^{n-1} \cdot y^2$$

$$+ \ldots + \binom{n}{n} \cdot x \cdot y^n + \binom{n}{n} \cdot y^{n+1}$$

$$= x^{n+1} + \left[\binom{n}{0} + \binom{n}{1} \right] \cdot x^n \cdot y + \left[\binom{n}{1} + \binom{n}{2} \right] \cdot x^{n-1} \cdot y^2$$

$$+ \ldots + \left[\binom{n}{n-1} + \binom{n}{n} \right] \cdot x \cdot y^n + y^{n+1}$$

$$= \binom{n+1}{0} \cdot x^{n+1} + \binom{n+1}{1} \cdot x^n \cdot y + \binom{n+1}{2} \cdot x^{n-1} \cdot y^2$$

$$+ \ldots + \binom{n+1}{n} \cdot x \cdot y^n + \binom{n+1}{n+1} \cdot y^{n+1}$$

$$= \sum_{k=0}^{n+1} \binom{n+1}{k} \cdot x^{n+1-k} \cdot y^k.$$

▶ **Beispiel 45 (Verallgemeinerte Bernoullische Ungleichung)** Wir wollen die verallgemeinerte Bernoullische Ungleichung beweisen:

$$\prod_{k=1}^{n} (1 + x_k) \geq 1 + \sum_{k=1}^{n} x_k,$$

wobei $x_1, \ldots, x_n \geq 0$, $n \in \mathbb{N}$ fest.   ■

Beweis: *Induktionsanfang für $n = 1$:*

$$\prod_{k=1}^{1} (1 + x_k) = 1 + x_1 \geq 1 + \sum_{k=1}^{1} x_k = 1 + x_1.$$

Da bei der Ungleichung auch die Gleichheit zugelassen ist, ist der Induktionsanfang erfüllt.

Induktionsschritt von n auf $n + 1$: Zu zeigen ist

$$\prod_{k=1}^{n+1} (1 + x_k) \geq 1 + \sum_{k=1}^{n+1} x_k$$

unter der Induktionsvoraussetzung, dass

$$\prod_{k=1}^{n} (1 + x_k) \geq 1 + \sum_{k=1}^{n} x_k$$

wahr ist.

$$\prod_{k=1}^{n+1}(1+x_k) = \prod_{k=1}^{n}(1+x_k)\cdot(1+x_{n+1}) \qquad\qquad |\text{Anwendung der IV}$$

$$\geq \left(1+\sum_{k=1}^{n}x_k\right)\cdot(1+x_{n+1})$$

$$\geq 1 + x_{n+1} + \sum_{k=1}^{n}x_k + x_{n+1}\cdot\sum_{k=1}^{n}x_k$$

$$= 1 + \sum_{k=1}^{n+1}x_k + x_{n+1}\cdot\sum_{k=1}^{n}x_k$$

$$\geq 1 + \sum_{k=1}^{n+1}x_k,$$

da $x_{n+1}\cdot\sum_{k=1}^{n}x_k \geq 0$. Damit ist alles gezeigt. \hfill q.e.d.

▶ **Beispiel 46 (Geometrische Summenformel)** Beweise die geometrische Summenformel

$$a^{n+1} - b^{n+1} = (a-b)\cdot\sum_{k=0}^{n}a^k\cdot b^{n-k}$$

für $a,b \in \mathbb{R}, n \in \mathbb{N}_0$. \hfill ∎

Beweis: Diese kann mittels vollständiger Induktion bewiesen werden.

Induktionsanfang für $n = 0$

$$a^{0+1} - b^{0+1} = (a-b)\cdot\sum_{k=0}^{0}a^k\cdot b^{0-k} \quad\Leftrightarrow$$

$$a^1 - b^1 = (a-b)\cdot(a^0\cdot b^{0-0}) \quad\Leftrightarrow$$

$$a - b = (a-b)\cdot 1 = a - b$$

Der Induktionsanfang ist damit erfüllt.

Induktionsschritt von n auf $n+1$: Wir müssen zeigen, dass $a^{n+2} - b^{n+2} = (a-b)\cdot\sum_{k=0}^{n+1}a^k\cdot b^{n+1-k}$ gilt und zwar unter der Induktionsvoraussetzung (IV), dass $a^{n+1} - b^{n+1} = (a-b)\cdot\sum_{k=0}^{n}a^k\cdot b^{n-k}$ wahr ist:

$$(a-b)\cdot\sum_{k=0}^{n+1}a^k\cdot b^{n+1-k} = (a-b)\cdot\left[\sum_{k=0}^{n}(a^k\cdot b^{n+1-k}) + \underbrace{a^{n+1}\cdot b^{n+1-(n+1)}}_{(n+1)\text{-te Summenglied}}\right]$$

$$= (a-b)\cdot\left[\sum_{k=0}^{n}(a^k\cdot b\cdot b^{n-k}) + a^{n+1}\cdot b^{n+1-n-1}\right]$$

$$= (a-b) \cdot \left[b \cdot \sum_{k=0}^{n} (a^k \cdot b^{n-k}) + a^{n+1} \cdot b^0 \right]$$

$$= (a-b) \cdot \left[b \cdot \sum_{k=0}^{n} (a^k \cdot b^{n-k}) + a^{n+1} \cdot 1 \right]$$

$$= b \cdot \left((a-b) \cdot \sum_{k=0}^{n} a^k \cdot b^{n-k} \right) + (a-b)a^{n+1}.$$

Nach der Induktionsvoraussetzung folgt:

$$\ldots = b \cdot \left(a^{n+1} - b^{n+1} \right) + (a-b) \cdot a^{n+1}$$
$$= b \cdot a^{n+1} - b^{n+2} + a^{n+2} - b \cdot a^{n+1}$$
$$= a^{n+2} - b^{n+2}.$$

Damit ist alles gezeigt.   q.e.d.

▶ **Beispiel 47 (Verallgemeinerte Dreiecksungleichung)** Für ein beliebiges $n \in \mathbb{N}$ und reelle Zahlen $a_1, a_2, \ldots, a_n \in \mathbb{R}$ gilt:

$$\left| \sum_{k=1}^{n} a_k \right| \leq \sum_{k=1}^{n} |a_k|. \qquad \blacksquare$$

Beweis: *Induktionsanfang für $n = 1$:*

$$\left| \sum_{k=1}^{1} a_k \right| = |a_1| \leq |a_1| = \sum_{k=1}^{1} |a_k| \quad \checkmark.$$

Induktionsvoraussetzung: Es gelte die Induktionsvoraussetzung: $\left| \sum_{k=1}^{n} a_k \right| \leq \sum_{k=1}^{n} |a_k|$.

Zu zeigen: Die Behauptung gilt auch für $(n+1)$, also $\left| \sum_{k=1}^{n+1} a_k \right| \leq \sum_{k=1}^{n+1} |a_k|$.

Induktionsschluss: Nach Induktionsvoraussetzung gilt:

$$\left| \sum_{k=1}^{n+1} a_k \right| \leq \left| \sum_{k=1}^{n} a_k \right| + |a_{n+1}|$$

$$\leq \sum_{k=1}^{n} |a_k| + |a_{n+1}| = \sum_{k=1}^{n+1} |a_k|. \qquad \text{q.e.d.}$$

▶ **Beispiel 48** Beweise durch vollständige Induktion:

$$4^1 \cdot 4^2 \cdot 4^3 \cdot \ldots \cdot 4^n = \prod_{k=1}^{n} 4^k = 2^{n \cdot (n+1)} \quad \forall n \in \mathbb{N} \qquad \blacksquare$$

Beweis: *Induktionsanfang für $n = 1$:*

$$\text{linke Seite:} \qquad 4^1 = 4$$
$$\text{rechte Seite:} \qquad 2^{1 \cdot (1+1)} = 4 \quad \checkmark.$$

Induktionsvoraussetzung: Es gelte die Induktionsvoraussetzung:

$$4^1 \cdot 4^2 \cdot 4^3 \cdot \ldots \cdot 4^n = \prod_{k=1}^{n} 4^k = 2^{n \cdot (n+1)}.$$

Induktionsschluss: Nach Induktionsvoraussetzung gilt:

$$\prod_{k=1}^{n+1} 4^k = \left(\prod_{k=1}^{n} 4^k \right) \cdot 4^{n+1}$$
$$= 2^{n \cdot (n+1)} \cdot 2^{2(n+1)}$$
$$= 2^{n^2+n} \cdot 2^{2n+2}$$
$$= 2^{n^2+3n+2}$$
$$= 2^{(n+1) \cdot (n+2)}. \qquad \text{q.e.d.}$$

▶ **Beispiel 49** Man zeige: Für jedes $n \in \mathbb{N}$ ist $n^2 + n$ eine gerade (das heißt durch 2 teilbare) Zahl. ■

Beweis: *Induktionsanfang für $n = 1$:* $1^2 + 1 = 2$ ist eine gerade Zahl.
Induktionsvoraussetzung: Es gelte die Induktionsvoraussetzung: $n^2 + n$ ist eine gerade Zahl.
Zu zeigen: Die Behauptung gilt auch für $(n + 1)$, also: $(n + 1)^2 + (n + 1)$ ist eine gerade Zahl.
Induktionsschluss:

$$(n+1)^2 + (n+1) = n^2 + 2n + 1 + n + 1 = n^2 + 3n + 2 = (n^2 + n) + 2 \cdot (n + 1).$$

Dies ist eine gerade Zahl, weil der erste Summand nach Induktionsvoraussetzung gerade ist und der zweite Summand ein ganzzahliges Vielfaches von 2 ist. q.e.d.

Dass die Induktion sehr vielfältig eingesetzt werden kann, zeigen die folgenden Beispiele.

▶ **Beispiel 50** Man zeige: Für jedes $n \geq 0$ ist $n^3 - 6n^2 + 14n$ durch 3 teilbar. ■

Beweis: *Induktionsanfang für $n = 0$:* $0^3 - 6 \cdot 0^2 + 14 \cdot 0 = 0$ ist trivialerweise durch 3 ohne Rest teilbar.
Induktionsvoraussetzung: Es gelte die Induktionsvoraussetzung: $n^3 - 6n^2 + 14n$ ist durch 3 teilbar.

Zu zeigen: Die Behauptung gilt auch für $(n + 1)$, also: $(n + 1)^3 - 6 \cdot (n + 1)^2 + 14 \cdot (n + 1)$ ist durch 3 teilbar.

Induktionsschluss:

$$(n + 1)^3 - 6 \cdot (n + 1)^2 + 14 \cdot (n + 1)$$
$$= (n^3 + 3n^2 + 3n + 1) - 6(n^2 + 2n + 1) + 14 \cdot (n + 1)$$
$$= n^3 + 3n^2 + 3n + 1 - 6n^2 - 12n - 6 + 14n + 14$$
$$= n^3 - 3n^2 + 5n + 9 = n^3 - 6n^2 + 14n + 3n^2 - 9n + 9$$
$$= (n^3 - 6n^2 + 14n) + 3 \cdot (n^2 - 3n + 3)$$

und wie wir sehen können, ist das durch 3 teilbar, da der erste Summand nach IV durch 3 teilbar ist und der zweite Summand ein ganzzahliges Vielfaches von 3 ist.

q.e.d.

▶ **Beispiel 51** Zeige: n Elemente kann man auf $n!$ verschiedene Arten anordnen. Das kann man wieder mit der vollständigen Induktion beweisen.   ∎

Beweis: *Induktionsanfang für $n = 1$* (also ein Element): Ein Element lässt sich auf eine Art anordnen: $1 = 1$. Supi das haben wir! ✓

Induktionsschluss: Nun müssen wir ein wenig allgemeiner werden. Geben wir uns einfach Elemente vor: Gegeben seien die Elemente M_1 bis M_n. Diese lassen sich nach Induktionsvoraussetzung auf $n!$ Arten anordnen.

Nun kommt ein neues Element M_{n+1} hinzu. Für die $(n + 1)$ Elemente stehen also $(n + 1)$ Plätze zur Verfügung. Das Element M_{n+1} kann auf irgend einen dieser $(n + 1)$ Plätze gesetzt werden. Für die restlichen Elemente M_1 bis M_n stehen nun noch jeweils n Plätze zur Verfügung. Dafür gibt es nach Induktionsvoraussetzung $n!$ Möglichkeiten.

Insgesamt gibt es also für alle Elemente M_1 bis M_{n+1} $(n + 1) \cdot n! = (n + 1)!$ Möglichkeiten. Der Beweis ist vollzogen und die Aufgabe damit erledigt.   q.e.d.

▶ **Beispiel 52 (Induktion mit falschem Induktionsschritt)** Wir wollen noch zeigen, dass es wichtig ist, dass sowohl Induktionsanfang als auch Induktionsschritt überprüft werden und es nicht ausreicht, nur eines von beiden zu zeigen. Daher stellt euch Folgendes vor.

Wir behaupten: *Alle Menschen sind gleich groß.* Wir wollen dies mit Induktion „beweisen" und betrachten dazu einen Raum mit n Personen.

Induktionsanfang: Für eine Person klar erfüllt. Sie ist gleich groß wie sie selbst.

Induktionsschritt: Die Induktionsvoraussetzung ist, dass n Personen in einem Raum dieselbe Größe haben. Wenn nun $n + 1$ Personen in einem Raum sind, so geht eine Person raus, die restlichen n sind nach Voraussetzung gleich groß. Um sicher zu gehen, dass die hinausgegangene Person gleich groß ist wie die anderen, lassen wir sie wieder herein und schicken eine andere Person hinaus, sodass wieder n Personen im Raum sind, die nach Voraussetzung wieder gleich groß sind.

Also sind, wie wir schon immer gedacht haben, alle Menschen gleich groß. Wo ist der Fehler? Der Fehler liegt darin, dass der Schluss von n auf $n + 1$ hier erst für $n > 2$ möglich ist, da sonst die Argumentation mit den im Raum zurückbleibenden Personen nicht klappt. Zwar sind auch unter 0 Personen alle gleich groß, aber der verwendete Schluss setzt voraus, dass die beiden Personen, die nacheinander den Raum verlassen, gleich groß mit den zurückbleibenden Personen sind, und das funktioniert hier nicht. ∎

▶ **Beispiel 53 (Induktion mit fehlendem Induktionsanfang)** Das folgende Beispiel zeigt, dass auch nicht auf den Induktionsanfang verzichtet werden kann, auch wenn der Induktionsschritt gelingt. Dazu betrachten wir die Ungleichung $n + 1 < n$ und führen den Induktionsschritt durch, indem wir annehmen, dass $n + 1 < n$ wahr ist, dann gilt $n + 2 = n + 1 + 1 < n + 1$. Der Induktionsschritt gelingt also, der Induktionsanfang ist aber für kein n erfüllt, und die Behauptung ja auch offensichtlich falsch. ∎

Gruppen, Ringe, Körper

6

Begriffe wie Gruppen, Ringe und Körper werden euch im Studium immer wieder begegnen. Ein sicherer Umgang mit diesen Objekten ist daher sehr wichtig. Wir werden diese also definieren und an einigen Beispielen erklären.

6.1 Definitionen

Definition 6.1 (Gruppe)
Eine **Gruppe** $(G, \circ)$ ist eine Menge G mit einer Verknüpfung $\circ : G \times G \to G$, die folgende Bedingungen erfüllt:

(G1) $\circ : G \times G \to G$ ist assoziativ, das heißt $(a \circ b) \circ c = a \circ (b \circ c)\ \forall a, b, c \in G$.
(G2) Es gibt ein neutrales Element $e \in G$ mit $e \circ a = a \circ e = a\ \forall a \in G$.
(G3) Jedes Element $a \in G$ besitzt ein inverses Element. Wir bezeichnen es mit a^{-1}, und es gilt dann $a \circ a^{-1} = a^{-1} \circ a = e\ \forall a \in G$.

Ist die Verknüpfung noch kommutativ (abelsch), das heißt gilt $a \circ b = b \circ a\ \forall a, b \in G$, so nennt man die Gruppe $(G, \circ)$ **kommutativ** oder **abelsch**.

Anmerkung: Die Axiome (G1) bis (G3) sind nicht minimal. Es genügt zum Beispiel nur ein linksneutrales bzw. linksinverses Element zu fordern. Die Begriffe „linksneutral" und „linksinvers" bedeuten dabei einfach nur, dass $e \circ a = a$ bzw. $a^{-1} \circ a = e$. So wird eine Gruppe zum Beispiel in [Bos08] definiert.

© Springer-Verlag GmbH Deutschland, ein Teil von Springer Nature 2018
F. Modler, M. Kreh, *Tutorium Analysis 1 und Lineare Algebra 1*,
https://doi.org/10.1007/978-3-662-56752-4_6

Definition 6.2 (Untergruppe)
Sei $(G, \circ)$ eine Gruppe mit neutralem Element e. Eine nichtleere Teilmenge $U \subset G$ heißt **Untergruppe** der Gruppe G, wenn Folgendes gilt:

(U1) Es existiert ein neutrales Element $e \in U$
     (es ist dasselbe wie in der Gruppe G).
(U2) Ist $a \in U$, so existiert auch das Inverse in U, das heißt $a^{-1} \in U$.
(U3) $a, b \in U \Rightarrow a \circ b \in U$ (Abgeschlossenheit).

Definition 6.3 (Gruppenhomomorphismus)
Seien $(G, *)$ und $(H, \cdot)$ zwei Gruppen. Eine Abbildung $f : G \to H$ heißt
Gruppenhomomorphismus genau dann, wenn für alle $a, b \in G$ gilt

$$f(a * b) = f(a) \cdot f(b).$$

Definition 6.4 (Kern und Bild eines Gruppenhomomorphismus)
Seien $f : G \to H$ ein Gruppenhomomorphismus und e_G, e_H die neutralen Elemente von G bzw. H.

1. Der Kern von f ist definiert als

$$\ker(f) := \{g \in G : f(g) = e_H\}.$$

2. Das Bild von f ist definiert als

$$\operatorname{im}(f) := f(G) = \{f(g) \in H : g \in G\}.$$

Definition 6.5 (Ring)
Sei R eine Menge mit zwei Verknüpfungen $+, \cdot$. Das Tripel $(R, +, \cdot)$ heißt
Ring genau dann, wenn die folgenden Axiome erfüllt sind:

(R1) $(R, +)$ bildet eine abelsche Gruppe.
(R2) Für alle $a, b, c \in R$ gilt die Assoziativität der Multiplikation: $(a \cdot b) \cdot c = a \cdot (b \cdot c)$.
(R3) Es gibt ein Einselement, das wir mit 1 bezeichnen, das heißt

$$a \cdot 1 = 1 \cdot a = a \ \forall a \in R.$$

(R4) Es gelten die Distributivgesetze, das heißt für alle $a, b, c \in R$ gilt:

$$(a + b) \cdot c = a \cdot c + b \cdot c, \; a \cdot (b + c) = a \cdot b + a \cdot c.$$

Der Ring heißt **kommutativ** oder **abelsch**, wenn $a \cdot b = b \cdot a \; \forall a, b \in R$.

Anmerkung: Hier wird die Abgeschlossenheit bzgl. der Multiplikation noch gefordert.

Definition 6.6 (Ringhomomorphismus)
Seien R und R' zwei Ringe. Eine Abbildung $f : R \to R'$ heißt ein **Ringho-momorphismus**, falls für alle $a, b \in R$ gilt:

$$f(a + b) = f(a) + f(b), f(a \cdot b) = f(a) \cdot f(b), f(1_R) = 1_{R'}.$$

Anmerkung: Wir haben hier für R und R' dieselben Verknüpfungssymbole gewählt, was im Allgemeinen nicht so sein muss.

Definition 6.7 (Körper)
Ein **Körper** ist ein kommutativer Ring $(K, +, \cdot)$ mit Einselement, für den zusätzlich gilt: Für jedes $a \in K, a \neq 0$, wobei 0 das neutrale Element der Addition in $(K, +)$ ist, gibt es ein $a^{-1} \in K$ mit $a \cdot a^{-1} = a^{-1} \cdot a = 1$, wobei $1 \neq 0$ das Einselement von K ist. Man sagt: Jedes Element außer der Null besitzt ein **Inverses**.

Anders formuliert: Ein Körper ist ein Tripel $(K, +, \cdot)$, für das gilt:

(K1) $(K, +)$ ist eine abelsche Gruppe.
(K2) Ist 0 das neutrale Element von $(K, +)$, so bildet $(K \setminus \{0\}, \cdot) =: K^*$ eine abelsche Gruppe.
(K3) Es gilt das Distributivgesetz: Für alle $a, b, c \in K$ gilt:

$$a \cdot (b + c) = a \cdot b + a \cdot c.$$

Anmerkung: Das andere Distributivgesetz $(a + b) \cdot c = a \cdot c + b \cdot c$ folgt sofort aus der Kommutativität.

Definition 6.8 (Körperhomomorphismus)
Seien K und K' zwei Körper. Eine Abbildung $f : K \to K'$ heißt ein **Körperhomomorphismus**, falls für alle $a, b \in K$ gilt:

$$f(a + b) = f(a) + f(b), \ f(a \cdot b) = f(a) \cdot f(b), f(1_K) = 1_{K'}.$$

Anmerkung: Wie beim Ringhomomorphismus sind hier bei den Körpern K und K' dieselben Verknüpfungen (oder zumindestens so notiert) gewählt wurden.

Definition 6.9 (spezielle Homomorphismen)
Im Folgenden bezeichnet ein Homomorphismus immer einen Gruppen-, Ring- oder Körperhomomorphismus und A und B seien dieselbe algebraische Struktur (Gruppe, Ring oder Körper).

- Ein **Epimorphismus** ist ein surjektiver Homomorphismus.
- Ein **Monomorphismus** ist ein injektiver Homomorphismus.
- Ein **Isomorphismus** ist ein bijektiver Homomorphismus. Gibt es einen Isomorphismus zwischen A und B, so heißen A und B **isomorph** und wir schreiben $A \cong B$.
- Einen Homomorphismus nennt man im Fall $A = B$ einen **Endomorphismus**.
- Einen Isomorphismus nennt man im Fall $A = B$ einen **Automorphismus**.

6.2   Sätze und Beweise

Satz 6.1 (Eindeutigkeit des neutralen Elements einer Gruppe)
Das neutrale Element einer Gruppe G ist eindeutig bestimmt.

Anmerkung: Der Satz kann auch auf Ringe und Körper übertragen werden. Weiterhin bemerken wir, dass das Wort „eindeutig" sich sehr mächtig anhört. Wir meinen aber nur, dass es ein einziges neutrales Element gibt.

Beweis: Seien e und e' zwei neutrale Elemente der Gruppe G. Dann gilt:

$$e = e \circ e' = e' \circ e = e'. \qquad\qquad \text{q.e.d.}$$

> **Satz 6.2 (Eindeutigkeit inverser Elemente)**
> *Das inverse Element a^{-1} zu einem Element $a \in G$ der Gruppe G ist eindeutig bestimmt.*

Beweis: Seien a^{-1} und a'^{-1} zwei inverse Elemente zum Element $a \in G$. Dann gilt:

$$a^{-1} = a^{-1} \circ e = a^{-1} \circ \left(a \circ a'^{-1} \right) = (a^{-1} \circ a) \circ a'^{-1} = e \circ a'^{-1} = a'^{-1}. \quad \text{q.e.d.}$$

> **Satz 6.3 (Untergruppenkriterium)**
> *Eine nichtleere Teilmenge U einer Gruppe G ist eine Untergruppe genau dann, wenn $\forall a, b \in U \Rightarrow a \circ b^{-1} \in U$.*

Beweis: Die Richtung „$\Rightarrow$" ist trivial und folgt sofort aus den Axiomen (U1)–(U3) aus der Definition 6.2 einer Untergruppe.

Für die Richtung „$\Leftarrow$" müssen wir nachweisen, dass die Axiome (U1) bis (U3) erfüllt sind.

Zu (U1): Sei $a := b$, dann gilt $a \circ b^{-1} = b \circ b^{-1} = e \in U$.
Zu (U2): Sei $a := e$, dann gilt $a \circ b^{-1} = e \circ b^{-1} = b^{-1} \in U$.
Zu (U3): Übungsaufgabe. (Das wollten wir immer schon einmal schreiben. :-)) q.e.d.

> **Satz 6.4 (Eigenschaften von Homomorphismen)**
>
> 1. *Es sei $f : G \to H$ ein Gruppenhomomorphismus, dann gilt:*
>   *i) $f(e_G) = e_H$, wobei e_G das neutrale Element der Gruppe G und e_H das der Gruppe H ist.*
>   *ii) $f(a^{-1}) = f(a)^{-1} \; \forall a \in G$.*
> 2. *Sei $f : R \to S$ ein Ringhomomorphismus und $r \in R$ invertierbar. Dann gilt $f(r) \in S$ ist invertierbar und es ist $(f(r))^{-1} = f(r^{-1})$.*
> 3. *Sei $f : K \to L$ ein Körperhomomorphismus. Dann ist f injektiv.*

Beweis:
1. Wir zeigen jede Aussage getrennt.
   i) Da f nach Voraussetzung ein Gruppenhomomorphismus ist, gilt

$$f(e_G) = f(e_G e_G) = f(e_G) f(e_G) \Rightarrow e_H = f(e_G).$$

ii) Dies folgt aus i) mit

$$f(a)f(a^{-1}) = f(aa^{-1}) = f(e_G) \overset{i)}{=} e_H \Rightarrow f(a)^{-1} = f(a^{-1}).$$

2. Es gilt

$$f(r)f(r^{-1}) = f(rr^{-1}) = f(1_R) = 1_S,$$

also ist $f(r)$ invertierbar mit Inverser $f(r^{-1})$.

3. Sei $k \in K\backslash\{0\}$. Da k invertierbar ist, ist $f(k) \in L$ nach Teil 2 invertierbar, also ungleich 0. Das heißt, aus $f(k) = 0$ folgt $k = 0$. Seien nun $k_1, k_2 \in K$ mit $f(k_1) = f(k_2)$. Dann gilt $f(k_1 - k_2) = 0$, also muss $k_1 = k_2$ gelten und damit ist f injektiv.   q.e.d.

6.3   Erklärungen zu den Definitionen

Erklärung

Zur Definition 6.1 einer Gruppe: Um zu zeigen, dass eine Menge mit einer Verknüpfung eine Gruppe bildet, müssen wir nur die Axiome (G1) bis (G3) aus Definition 6.1 nachweisen. Dabei ist auch wichtig zu beweisen, dass die Menge abgeschlossen ist, das heißt, dass die Verknüpfung nicht aus der „Menge herausführt". Dies sagt gerade $\circ : G \times G \to G$ aus. Schauen wir uns Beispiele an.

▶   **Beispiel 54**

- Sei K ein Körper (siehe Definition 6.7) mit der additiven Verknüpfung $+$ und der multiplikativen Verknüpfung „$\cdot$". Dann sind $(K, +)$ und $(K\backslash\{0\}, \cdot)$ Gruppen. Dies folgt sofort aus den Definitionen. Vergleicht dazu die Definition 6.7 eines Körpers mit der Definition 6.1 einer Gruppe. Bei $(K\backslash\{0\}, \cdot)$ müssen wir die Null ausschließen, da zur Null bzgl. der Multiplikation $\cdot$ kein Inverses existiert.
- Sei R ein Ring (siehe Definition 6.5) mit der Addition $+$ und der Multiplikation „$\cdot$". Dann ist $(R, +)$ ebenfalls eine Gruppe. Auch dies folgt sofort aus den Definitionen. $(R, \cdot)$ dagegen ist keine Gruppe, da nicht jedes Element ein Inverses besitzen muss.
- Die Menge der ganzen Zahlen mit der Addition $+$ als Verknüpfung bildet eine abelsche Gruppe. Wir geben eine „Beweisskizze" (diese Beweisskizze müsste natürlich noch mathematisch viel strenger ausgeführt werden, wir belassen es an dieser Stelle aber dabei): Zunächst ist die Verknüpfung $+ : G \times G \to G$ abgeschlossen. Wenn wir zwei ganze Zahlen addieren, erhalten wir wieder eine ganze Zahl. Ebenfalls überzeugt man sich leicht, dass (G1)–(G3) aus Definition 6.1 erfüllt sind, denn es gilt:

$$
\begin{aligned}
\text{(G1)} \quad & (a+b)+c = a+(b+c) \ \forall a,b,c \in \mathbb{Z}, \\
\text{(G2)} \quad & a+0 = 0+a = a \ \forall a \in \mathbb{Z}, \\
\text{(G3)} \quad & a+(-a) = -a+a = 0 \ \forall a \in \mathbb{Z}.
\end{aligned}
$$

- $(\mathbb{Z}, \cdot)$ ist keine Gruppe, da nicht jedes Element ein inverses Element besitzt. Beispielsweise besitzt die 2 kein Inverses, da $\frac{1}{2} \notin \mathbb{Z}$.
- Weitere Gruppen sind $(\mathbb{Q}, +), (\mathbb{Q} \setminus \{0\}, \cdot), (\mathbb{R}, +), (\mathbb{R} \setminus \{0\}, \cdot), (\mathbb{C}, +), (\mathbb{C} \setminus \{0\}, \cdot)$. Die Details möge unser interessierter Leser sich selbst überlegen.
- $(\mathbb{N}, +)$ und $(\mathbb{N}, \cdot)$ bilden keine Gruppen (wieder wegen der Geschichte des Nichtvorhandenseins eines Inversen für jedes Element).
- Sei X eine Menge. Mit Abb(X, X) bezeichnen wir die Menge aller Abbildungen der Form $f : X \to X$. Sind $f, g \in$ Abb(X, X), so bezeichnet $f \circ g$ die Komposition von f und g, also die Abbildung

$$f \circ g : X \to X, \ x \mapsto f(g(x)).$$

Die Frage, die sich nun stellt, ist, ob Abb(X, X) mit der Komposition $\circ$ als Verknüpfung eine Gruppe bildet? Na, versuchen wir mal die Axiome nachzuweisen:

(G1) Die Assoziativität ist erfüllt, wie man so einsieht:

$$(f \circ (g \circ h))(a) = (f \circ (g(h(a)))) = f(g(h(a))) = (f \circ g)(h(a))$$
$$= ((f \circ g) \circ h)(a).$$

(G2) ist ebenfalls erfüllt. Die Identität $x \mapsto x$ ist das neutrale Element.

(G3) ist nicht immer erfüllt. Es muss ja eine Umkehrabbildung geben. Aber diese existiert nicht immer, sondern nur genau dann, wenn f bijektiv ist.

Im Allgemeinen ist (Abb$(X, X), \circ$) also keine Gruppe. Schränkt man sie jedoch auf

$$S(X) := \{f \in \text{Abb}(X, X) : f \text{ bijektiv}\}$$

ein, so bildet $(S(X), \circ)$ eine Gruppe. Sie heißt die *symmetrische Gruppe* (siehe dazu auch Definition 20.1). In den nächsten Beispielen greifen wir schon einmal voraus und nehmen an, dass ihr schon wisst, was man unter einer Matrix versteht. Sollte das nicht der Fall sein, so schlagt einfach im Kap. 16 nach oder überspringt die Beispiele.

- Die Menge aller invertierbaren $(n \times n)$-Matrizen über einem Körper K mit Matrizenmultiplikation bildet eine Gruppe. Wir schreiben $(GL_n(K), \cdot)$ und nennen diese die *allgemeine lineare Gruppe (general linear group)*. Wir werden im Kap. 16 über die Matrizen sehen, dass die Matrizenmultiplikation assoziativ ist. Das neutrale Element ist die n-dimensionale Einheitsmatrix und das Inverse zu einer Matrix $A \in (GL_n(K), \cdot)$ ist die inverse Matrix A^{-1}, denn es gilt dann $A \cdot A^{-1} = A^{-1} \cdot A = E_n$, wobei E_n die Einheitsmatrix bezeichnen soll. Dazu aber später im Kap. 16 über Matrizen mehr.
- Für die Leser, die schon wissen, was man unter einer Determinante versteht (siehe auch Kap. 21), haben wir noch ein Beispiel, und zwar die *spezielle lineare Gruppe (special linear group)* (SL$_n(K), \cdot$). Das ist die Menge aller Matrizen, die die Determinante 1 besitzen. Die Abgeschlossenheit folgt aus dem Multiplikationssatz (Kap. 21, Satz 21.2, Eigenschaft 6) für Matrizen,

$$\det(A \cdot B) = \det(A) \cdot \det(B) = 1 \cdot 1 = 1.$$

Spätestens nach dem Kap. 16 über Matrizen versteht ihr diese Ausführungen :-).
- Sei $G = \mathbb{R}$ mit folgender Verknüpfung gegeben:

$$* : \begin{cases} G \times G \to G \\ (a, b) \mapsto a * b := \dfrac{a + b}{2} \end{cases}$$

$(G, *)$ bildet keine Gruppe, da die Verknüpfung nicht assoziativ ist, wie folgende Rechnungen zeigen:

$$(a * b) * c = \left(\frac{a + b}{2}\right) * c = \left(\frac{a}{2} + \frac{b}{2}\right) * c = \frac{1}{2}\left(\frac{a}{2} + \frac{b}{2}\right) + \frac{c}{2}$$
$$= \frac{a}{4} + \frac{b}{4} + \frac{c}{2}.$$
$$a * (b * c) = a * \left(\frac{b + c}{2}\right) = \frac{a}{2} + \frac{1}{2}\left(\frac{b}{2} + \frac{c}{2}\right) = \frac{a}{2} + \frac{b}{4} + \frac{c}{4}.$$

Schon für $a = 1, b = c = 0$ ist die Assoziativität nicht erfüllt.
- $(M := \{1, -1\}, +)$ ist keine Gruppe, denn sie ist nicht abgeschlossen, weil $-1 + 1 = 0 \notin M$. ∎

Erklärung

Zur Definition 6.2 einer Untergruppe: Um zu zeigen, dass eine nichtleere Teilmenge einer Gruppe eine Untergruppe ist, können wir entweder die Axiome (U1)–(U3) aus Definition 6.1 nachweisen oder das Untergruppenkriterium (Satz 6.3) anwenden. Man sollte von Fall zu Fall unterscheiden, was am einfachsten ist.

▶ **Beispiel 55**

- Sei $(G, \circ)$ eine Gruppe und seien $H_1, H_2 \subset G$ zwei Untergruppen. Wir zeigen, dass dann $H_1 \cap H_2$ eine Untergruppe ist. Wir verwenden das Untergruppenkriterium (Satz 6.3). Zunächst zeigen wir aber, dass $H_1 \cap H_2$ nichtleer ist. Es ist $e \in H_1 \cap H_2$, da $e \in H_1$ und $e \in H_2$, also liegt es auch im Schnitt.
  Nun wenden wir das Untergruppenkriterium an. Seien $a, b \in H_1 \cap H_2$. Da H_1 und H_2 nach Voraussetzung Untergruppen sind, ist $a \circ b^{-1} \in H_1$ und $a \circ b^{-1} \in H_2$. Es gilt nun $a \circ b^{-1} \in H_1 \cap H_2$. Wir sind fertig.
- Sei G eine Gruppe und seien $H_1, H_2 \subset G$ zwei Untergruppen von $(G, \circ)$. Ist $H_1 \cup H_2$ wieder eine Untergruppe? Dies ist im Allgemeinen nicht der Fall. Um zu zeigen, dass dies im Allgemeinen nicht sein kann, führen wir ein Gegenbeispiel an:
  $(G, \circ) = (\mathbb{Z}, +)$ ist eine Gruppe, und seien $H_1 = 2\mathbb{Z} = \{\ldots, -4, -2, 0, 2, 4, \ldots\}$ und $H_2 = 3\mathbb{Z} = \{\ldots, -6, -3, 0, 3, 6, \ldots\}$ zwei Untergruppen von G. Dann ist $H_1 \cup H_2 = \{\ldots, -6, -4, -3, -2, 0, 2, 3, 4, 6, \ldots\}$. Diese Menge ist nicht abgeschlossen, denn $2 + 3 = 5 \notin H_1 \cup H_2$, und damit noch nicht einmal eine Gruppe, geschweige denn eine Untergruppe.

- Sei T die Menge der invertierbaren oberen (2×2)-Dreiecksmatrizen der Form

$$\begin{pmatrix} a & b \\ 0 & d \end{pmatrix}, \ (a, d \neq 0).$$

$(T, \cdot)$, wobei $\cdot$ die Matrizenmultiplikation darstellen soll, bildet eine Untergruppe der allgemeinen linearen Gruppe $GL_2(\mathbb{R})$. Um dies zu zeigen, verwenden wir das Untergruppenkriterium. Seien

$$A = \begin{pmatrix} a & b \\ 0 & d \end{pmatrix}, \ B = \begin{pmatrix} e & f \\ 0 & h \end{pmatrix}.$$

Dann sind zunächst $e, h \neq 0$, da sonst die Matrix nicht invertierbar ist (dies werdet ihr spätestens im Kap. 16 lernen). Dann ist

$$B^{-1} = \frac{1}{eh} \begin{pmatrix} h & -f \\ 0 & e \end{pmatrix} = \begin{pmatrix} 1/e & -f/eh \\ 0 & 1/h \end{pmatrix}.$$

Gilt jetzt $A \cdot B^{-1} \in T$? Es muss also wieder von der Form

$$\begin{pmatrix} x & y \\ 0 & z \end{pmatrix}, \ (x, z \neq 0)$$

sein. Rechnen wir es aus:

$$A \cdot B^{-1} = \begin{pmatrix} a & b \\ 0 & d \end{pmatrix} \begin{pmatrix} 1/e & -f/eh \\ 0 & 1/h \end{pmatrix} = \begin{pmatrix} a/e & -fa/eh + b/h \\ 0 & d/h \end{pmatrix} \in T.$$

Es hat also wieder die gewünschte Form und liegt damit in T. ∎

Erklärung

Zur Definition 6.3 eines Gruppenhomomorphismus: Die Definition 6.3 eines Gruppenhomomorphismus sagt also aus, dass es egal ist, ob wir erst die Elemente $a, b \in G$ verknüpfen und dann abbilden oder ob wir erst jedes Element $a, b \in G$ einzeln abbilden und dann verknüpfen. Schauen wir uns ein Beispiel an.

▶ **Beispiel 56** Die Abbildung $f : \mathbb{Z} \to \mathbb{Z}$ mit $a \mapsto 4a$ ist ein Gruppenhomomorphismus, denn es gilt:

$$f(a + b) = 4(a + b) = 4a + 4b = f(a) + f(b).$$ ∎

▶ **Beispiel 57** Sei $A = (\mathbb{R}, +), B = (\mathbb{R}^*, \cdot)$, dann ist die Exponentialfunktion (siehe auch Definition 9.5 aus Kap. 9) $f(x) = e^x$ ein Gruppenhomomorphismus, dies folgt direkt aus der Funktionalgleichung der Exponentialfunktion $f(x + y) = e^{x+y} = e^x \cdot e^y = f(x) \cdot f(y)$. ∎

Erklärung

Zur Definition 6.4 des Kerns und Bildes eines Gruppenhomomorphismus: Betrachten wir ein Beispiel.

▶ **Beispiel 58** Wem Matrizen und Drehmatrizen noch nichts sagen, den verweisen wir auf Kap. 16 und das Beispiel 183 der linearen Abbildung in Kap. 18.
   Wir betrachten die Abbildung $\phi : \mathbb{R} \to GL_2(\mathbb{R})$ mit

$$\alpha \mapsto A_\alpha := \begin{pmatrix} \cos(\alpha) & -\sin(\alpha) \\ \sin(\alpha) & \cos(\alpha) \end{pmatrix},$$

die einer reellen Zahl α die Matrix der Drehung der Ebene um den Winkel α zu ordnet. Es gilt

$$\phi(\alpha + \beta) = A_{\alpha+\beta} = A_\alpha \cdot A_\beta = \phi(\alpha) \cdot \phi(\beta).$$

Also ist ϕ ein Gruppenhomomorphismus von $(\mathbb{R}, +)$ nach $GL_2(\mathbb{R})$. Weiterhin bestimmen wir Kern und Bild von ϕ:

- Das Bild von ϕ ist die Gruppe der orthogonalen Matrizen mit Determinante 1 (siehe auch Beispiel 54).
- Es ist $\ker(\phi) = 2\pi\mathbb{Z} := \{2\pi k : k \in \mathbb{Z}\}$, da der Sinus genau für alle Vielfachen von π gleich 0 ist und der Kosinus genau für alle Vielfachen von 2π gleich 1 ist. Diese werden durch ϕ also auf die 1 geschickt. ∎

Erklärung

Zur Definition 6.5 eines Rings: Beim Ring gibt es nun also zwei Verknüpfungen und nicht nur eine, wie das bei der Gruppe (siehe Definition 6.1) der Fall ist.

▶ **Beispiel 59**

- $(\mathbb{Z}, +, \cdot), (\mathbb{Q}, +, \cdot), (\mathbb{C}, +, \cdot)$ sind kommutative Ringe.
- Die Menge aller Matrizen mit Matrixaddition und Matrixmultiplikation bildet einen Ring, der jedoch bzgl. der Multiplikation nicht kommutativ ist. Das Einselement ist die Einheitsmatrix. ∎

Wir wollen hier noch anmerken, dass wir für Ringe immer fordern, dass es ein Einselement gibt. Es kommt auch vor, dass man Ringe ohne Eins betrachten will (die Bezeichnung ist dann in der Literatur jedoch nicht einheitlich), dies werden wir aber nicht tun. In anderen Büchern solltet ihr also immer schauen, wie dort die Notation ist.

Erklärung

Zur Definition 6.6 eines Ringhomomorphismus: Zu dieser Definition einmal ein Beispiel:

▶ **Beispiel 60** Wir betrachten den Ring $(\mathbb{Z}, +, \cdot)$. Wir wollen hier nicht nur einen, sondern gleich alle Ringhomomorphismen von $(\mathbb{Z}, +, \cdot)$ in sich selbst angeben ;). Sei f ein solcher Ringhomomorphismus. Dann gilt für $n \geq 1$

$$f(n) = f(1 + \cdots + 1) = f(1) + \cdots + f(1) = 1 + \cdots + 1 = n.$$

Damit können wir nun auch $f(0)$ bestimmen:

$$f(0) = f(0 \cdot 2) = f(0) \cdot f(2) = 2 \cdot f(0),$$

also $f(0) = 0$. Damit gilt für $n \geq 1$

$$f(n) + f(-n) = f(0) = 0,$$

also auch $f(-n) = -n$. Insgesamt gilt folglich $f(n) = n$ für alle $n \in \mathbb{Z}$. Der einzige Ringhomomorphismus von $(\mathbb{Z}, +, \cdot)$ in sich selbst ist also die Identität. ■

Hier muss das Einselement von R auf das Einselement von R' abgebildet werden, weil wir nur Ringe mit Eins betrachten. Würden wir Ringe ohne Einselement definieren, bräuchte man diese Bedingung natürlich nicht.

Erklärung

Zur Definition 6.7 eines Körpers: Der Unterschied eines Körpers zu der Definition eines Ringes (siehe Definition 6.5) besteht darin, dass es im Körper auch zu jedem Element (außer der Null) ein multiplikatives Inverses gibt und dass die multiplikative Verknüpfung kommutativ sein muss. Damit ist natürlich jeder Körper ein Ring, aber nicht jeder Ring ein Körper.

▶ **Beispiel 61**

- $(\mathbb{Q}, +, \cdot)$ und $(\mathbb{R}, +, \cdot)$ sind Körper.
- $(\mathbb{Z}, +, \cdot)$ ist kein Körper.
- Es gibt einen Körper mit zwei Elementen 0 und 1. Man bezeichnet ihn mit $(\mathbb{F}_2, +, \cdot)$. Addition und Multiplikation sind in Tab. 6.1 erklärt.
  Aus diesen Tabellen können wir nun leicht beweisen, dass dies tatsächlich ein Körper ist, wir prüfen einfach die Regeln für jede mögliche Zahl nach (soviele sind es ja nicht ;). Das solltet ihr mal als Übung tun.
  Um sich die Rechenregeln merken zu können, kann man sich diesen Körper auch noch anders vorstellen. Fast alle Einträge sollten ja klar sein. Nur über $1 + 1 = 0$

Tab. 6.1 Darstellung der
Addition und Multiplikation
in $\mathbb{F}_2$ (v. l. n. r.).

+	0	1
0	0	1
1	1	0

$\cdot$	0	1
0	0	0
1	0	1

könnte man stolpern. Hat man nicht gelernt, dass $1 + 1 = 2$ ist? Ja, das stimmt schon, aber in dem Körper reduzieren wir modulo 2, betrachten also nur die Reste, und wenn wir $1 + 1 = 2$ durch 2 teilen, erhalten wir den Rest 0. Daher steht dort keine 2, sondern eine Null. Um die Sache relativ leicht zu gestalten, kann man sich die Null zunächst als eine „gerade Zahl" und die Eins als eine „ungerade Zahl" vorstellen. Geht die Tabellen nochmals durch und überlegt euch, dass dies Sinn macht, da „ungerade + ungerade = gerade". Allgemeiner steckt dort das Prinzip der Reduktion modulo p dahinter. Dort betrachten wir nur die Reste. Stellt euch einen Bierkasten vor mit zum Beispiel sieben Flaschen Bier (man muss ja auch mal Alternativen zum 6-Pack haben :-)). Wenn ein Freund nun aber 12 Flaschen mitbringt, dann können wir den Kasten füllen, aber es bleiben fünf Flaschen übrig. Es ist also 12 mod 7 = 5. Wir sind sicher: Wenn ihr euch die Reduktion modulo einer Zahl immer so vorstellt, werdet ihr keine Probleme haben ;-).

• Einen interessanten Körper haben wir schon in Kap. 4 kennengelernt: Den Körper der komplexen Zahlen.   ∎

Erklärung

Zur Definition 6.8 des Körperhomomorphismus: Beispielsweise bildet das komplex Konjugieren, also die Abbildung $a + i \cdot b \mapsto a - i \cdot b$ einen Körperautomorphismus, wie ihr euch einmal überlegen solltet.

Erklärung

Zur Definition der speziellen Homomorphismen (Definition 6.9): Da Homomorphismen immer wieder ein große Rolle spielen, werden wir in dieser Erklärung mit einigen Beispielen ein wenig vorausgreifen. Dann werden wir zwar Begriffe verwenden, die ihr vielleicht noch nicht kennt (ihr aber im Laufe dieses Buches kennen lernen werdet), aber euch auch zeigen, inwiefern das hierhin passt. Also los.

Ein Epimorphismus ist einfach ein Homomorphismus, der surjektiv ist. Ist f bereits ein Homomorphismus, so erhalten wir leicht einen Epimorphismus durch $f : A \to f(A)$, $a \mapsto f(a)$, denn jedes Element im Bild wird ja angenommen, also ist dies ein Epimorphismus. Zum Beispiel ist der Gruppenhomomorphismus aus Beispiel 57 kein Epimorphismus, da beispielsweise die -1 nicht angenommen wird, aber $f : \mathbb{R} \to \mathbb{R}_{>0}$, $f(x) = e^x$ ist ein Gruppenepimorphismus. Will man also überprüfen, ob eine Abbildung ein Epimorphismus ist, so prüft man zunächst, wie oben, ob sie ein Homomorphismus ist und danach, ob dieser auch surjektiv ist.

Das „Gegenstück" zum Epimorphismus ist der Monomorphismus, also ein injektiver Homomorphismus. Betrachten wir hierzu zwei Beispiele.

▶ **Beispiel 62** Sei die Abbildung

$$f : (\mathbb{C}, +) \to (\mathbb{R}, +) , \qquad f(z) := \mathrm{Im}(z) \quad \text{(Imaginärteil)}$$

gegeben. Diese Abbildung ist ein Gruppenhomomorphismus (das solltet ihr euch klar machen und am besten nachprüfen), der allerdings nicht injektiv ist, zum Beispiel gilt ja $f(1 + i) = f(2 + i) = 1$, also ist f kein Monomorphismus. ■

▶ **Beispiel 63** Die Abbildung

$$g : \mathbb{R}^2 \to \mathbb{R}^4 , \qquad g(x, y) := (x, y, x + y, x - y)$$

ist ein Gruppenmonomorphismus (Und außerdem sogar ein „Vektorraumhomomorphismus", beziehungsweise eine lineare Abbildung zwischen Vektorräumen, siehe Kap. 17 und 18). Die Überprüfung, dass dies ein Homomorphismus ist, überlassen wir wieder euch. Die Injektivität überprüfen wir mit dem Kriterium aus Kap. 18: Wir untersuchen den Kern, also alle Elemente, die auf $(0, 0, 0, 0)^T$ abgebildet werden. Und da haben wir in den ersten beiden Einträgen schon stehen $x = y = 0$, also ist der Kern trivial, und wir haben tatsächlich einen Monomorphismus vorliegen. ■

Euer Vorgehen bei der Überprüfung, ob eine Abbildung ein Monomorphismus ist, sollte also immer sein: Überprüft zuerst, ob diese Abbildung überhaupt ein Homomorphismus ist und danach, ob sie injektiv ist. Dies macht ihr meistens am besten, wenn ihr den Kern betrachtet.

Treffen Epimorphismus und Monomorphismus zusammen, so erhalten wir den Isomorphismus, den bijektiven Homomorphismus. Dieser Begriff ist sehr wichtig, denn im Verlauf eures Studiums werdet ihr merken, dass bestimmte Objekte (auf die wir hier nicht näher eingehen wollen) nur bis auf Isomorphie eindeutig sind, das heißt, es existieren mehrere, aber zwischen ihnen existieren Isomorphismen. Nun aber mal zwei Beispiele. Hierfür ist es naheliegend, sich die beiden Abbildungen genauer anzuschauen, die sich als Epimorphismus bzw. als Monomorphismus herausgestellt haben. Vielleicht ist ja eine von ihnen sogar ein Isomorphismus?

▶ **Beispiel 64**

● Zunächst einmal:

$$g : \mathbb{R}^2 \to \mathbb{R}^4 , \qquad g(x, y) := (x, y, x + y, x - y).$$

Ist diese Funktion surjektiv? Nein, denn die Einträge $x + y$ und $x - y$ sind durch die beiden ersten schon festgelegt. Sind zum Beispiel $x = y = 0$, so ist damit auch $x + y = x - y = 0$, also wird der Punkt $(0, 0, 1, 1)$ nicht angenommen. g ist also kein Isomorphismus.

- Und $f : \mathbb{R} \to \mathbb{R}_{>0}$, $f(x) = e^x$? Wir überprüfen f auf Injektivität. Da dies keine lineare Abbildung ist, können wir unser schönes Kriterium mit dem Kern aus Kap. 18 leider nicht nutzen. Aber wir werden in der Analysis kennenlernen, dass die Exponentialfunktion streng monoton steigend ist (siehe Satz 9.13), es gilt also $f(x) \neq f(y)$ falls $x \neq y$. Damit ist f also tatsächlich ein Isomorphismus, und die beiden Gruppen $(\mathbb{R}, +)$ und $(\mathbb{R}_{>0}, \cdot)$ sind isomorph. ∎

Einen Endomorphismus kann man nun leicht erkennen: Zunächst müssen die beiden Strukturen identisch sein, und die Abbildung muss ein Homomorphismus sein. Wie man das überprüft, haben wir ja schon gesehen.

Auch hier wollen wir einmal kurz Vektorräume (siehe Kap. 17) betrachten. Lineare Abbildungen zwischen diesen sind dann nach Definition schon Homomorphismen (schaut euch im Fall, dass A und B Vektorräume sind, einfach mal beide Definitionen genauer an (siehe Definition 18.1 aus Kap. 18) ;-)). In der Tat ist es so, dass man Vektorraumhomomorphismen gerade als lineare Abbildungen definiert. Wir halten also fest: Die Endomorphismen zwischen Vektorräumen sind lineare Abbildungen, und im Falle von endlich-dimensionalen Vektorräumen lässt sich also jeder Endomorphismus als Matrix schreiben.

Nun ist es sehr einfach, die Automorphismen zu klassifizieren, falls wir uns wieder auf die endlich-dimensionalen Vektorräume beschränken. Dies wollen wir an dieser Stelle auch tun. Dann sind die Automorphismen genau die linearen Abbildungen, die eine invertierbare Matrix als Darstellungsmatrix haben. Wir wollen allerdings auch ein bekanntes Beispiel ohne Matrixdarstellung geben.

▶ **Beispiel 65** Wir betrachten die komplexe Konjugation $c : \mathbb{C} \to \mathbb{C}, c(z) = \bar{z}$. Wir überlassen es euch zu überprüfen, dass dies tatsächlich ein Automorphismus ist und wollen hier nur die Matrixdarstellung dieses Automorphismus bestimmen. Dazu identifizieren wir $\mathbb{C}$ wieder wie im Kap. 4 über Zahlen mit $\mathbb{R}^2$. Dann betrachten wir, was mit der Basis $(1, i)$ geschieht, wobei wir wie eben gesagt die 1 mit $\binom{1}{0}$ und i mit $\binom{0}{1}$ identifizieren. Dann gilt $\binom{1}{0} \mapsto \binom{1}{0}$ $(1 \mapsto 1)$ und $\binom{0}{1} \mapsto \binom{0}{-1}$ $(i \mapsto -i)$ Wir suchen also eine Matrix A für die gilt

$$A \cdot \binom{1}{0} = \binom{1}{0} \quad \text{und} \quad A \cdot \binom{0}{1} = \binom{0}{-1}$$

und dadurch erhält man

$$A = \begin{pmatrix} 1 & 0 \\ 0 & -1 \end{pmatrix}.$$

Diese Matrix nennt man auch *komplexe Struktur*. ∎

Wir wollen nun noch die Verbindung zwischen den verschiedenen Morphismen illustrieren. Vielleicht kennen einige von euch aus der Schule noch das Haus der Vierecke, in dem alle Vierecke in Verbindung gebracht werden. Wir möchten dies nun auf die Morphismen übertragen und erhalten das *Haus der Morphismen* in Abb. 6.1.

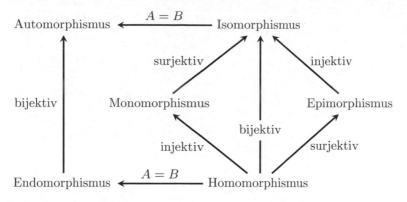

Abb. 6.1 Haus der Morphismen

6.4   Erklärungen zu den Sätzen und Beweisen

Erklärung

Zum Satz 6.1 der Eindeutigkeit des neutralen Elements einer Gruppe: Der Beweis ist sehr leicht. Wir gehen davon aus, dass zwei neutrale Elemente e und e' der Gruppe G existieren und zeigen, dass diese gleich sind. Einerseits gilt natürlich $e \circ e' = e$, da e' ein neutrales Element ist, andererseits gilt aber auch $e \circ e' = e'$, da e ein neutrales Element ist. Insgesamt folgt also $e' = e$. Das war zu zeigen.

Erklärung

Zum Satz 6.2 der Eindeutigkeit inverser Elemente: Wir wollen uns nochmal anschauen, was wir in jedem Schritt des Beweises dieses Satzes benutzt haben. Die Grundidee ist wieder anzunehmen, dass zu einem Element $a \in G$ zwei inverse Elemente a^{-1} und a'^{-1} existieren, und zu zeigen, dass dann aber schon $a^{-1} = a'^{-1}$ gilt.

e ist das neutrale Element der Gruppe G. Wir können es daher, ohne etwas zu verändern, mit a^{-1} verknüpfen.

$$a^{-1} = a^{-1} \circ e$$

a'^{-1} ist ebenfalls ein inverses Element zu a, daher ist $a \circ a'^{-1} = e$.

$$a^{-1} = a^{-1} \circ (a \circ a'^{-1})$$

Die Gruppe G ist assoziativ, wir können daher umklammern.

$$a^{-1} = (a^{-1} \circ a) \circ a'^{-1}$$

Auch a^{-1} ist ein inverses Element von a, also ist $a^{-1} \circ a = e$.

$$a^{-1} = e \circ a'^{-1}.$$

Insgesamt ergibt sich daher die Behauptung $a^{-1} = a'^{-1}$.

Analysis

Reelle Zahlen

7

In diesem Kapitel werden wir uns nun näher mit den reellen Zahlen beschäftigen und definieren, was diese eigentlich sind. Die Sätze in diesem Kapitel sind sehr technisch, hier ist es nicht so (wie beispielsweise im Kap. 5 über Beweistechniken oder im Kap. 8 über Folgen), dass euch Aufgaben dieser Art immer wieder begleiten, deswegen werden die Erklärungen etwas kürzer ausfallen als in den anderen Kapiteln, und wir legen das Augenmerk auf das Wesentliche.

7.1 Definitionen

Definition 7.1 (Angeordneter Körper)
Sei K ein Körper. Wir nennen K **angeordnet**, wenn es eine Relation $<$ gibt, für die die folgenden drei **Anordnungsaxiome** gelten:

(A1) Für jedes $x \in K$ gilt genau eine der drei Aussagen:

$$x = 0, \ 0 < x, \ x < 0 \ (\textbf{Trichotonie}).$$

(A2) Gilt für zwei Elemente $x, y \in K$ $0 < x$ und $0 < y$, so gilt auch

$$0 < x + y \ (\textbf{Monotonie der Addition}).$$

(A3) Gilt für zwei Elemente $x, y \in K$ $0 < x$ und $0 < y$, so gilt auch

$$0 < xy \ (\textbf{Monotonie der Multiplikation}).$$

Wir nennen ein Element $x \in K$ **positiv**, falls $0 < x$ und **negativ**, wenn $x < 0$.

© Springer-Verlag GmbH Deutschland, ein Teil von Springer Nature 2018
F. Modler, M. Kreh, *Tutorium Analysis 1 und Lineare Algebra 1*,
https://doi.org/10.1007/978-3-662-56752-4_7

Definition 7.2 (Größer, größergleich und kleinergleich)
Wir schreiben statt $0 < x$ auch $x > 0$. Wenn $0 < y - x$ gilt, so schreiben wir
auch $x < y$ oder $y > x$. Weiterhin bedeutet $x \leq 0$, dass entweder $x < 0$ oder
$x = 0$ gilt und $x \geq 0$, dass entweder $x > 0$ oder $x = 0$ gilt.

Definition 7.3 (Betrag, Signum)
Sei K ein angeordneter Körper. Dann definieren wir:

$$|x| := \begin{cases} x, & x > 0 \\ 0, & x = 0 \\ -x, & x < 0 \end{cases} \qquad \text{sign}(x) := \begin{cases} 1, & x > 0 \\ 0, & x = 0 \\ -1, & x < 0 \end{cases}$$

Wir nennen $|x|$ den **Betrag** von x und $\text{sign}(x)$ das **Signum** von x.

Definition 7.4 (vollständiger Körper)
Ein angeordneter Körper K heißt **vollständig**, wenn in ihm das **Vollständig-
keitsaxiom** gilt:
    Jede nichtleere, nach oben (unten) beschränkte Menge $A \subset K$ hat ein
Supremum (Infimum) in K.

Definition 7.5 (Intervallschachtelung)
Sei $(I_n)_{n \in \mathbb{N}}$ eine Folge von abgeschlossenen Intervallen. Wir nennen $(I_n)_{n \in \mathbb{N}}$
eine **Intervallschachtelung**, wenn gilt $I_{n+1} \subset I_n \; \forall \, n \in \mathbb{N}$ und $\lim\limits_{n \to \infty} |I_n| = 0$.
(Für die Definition von $|I_n|$ vergleiche Definition 2.12)

Anmerkung: Was Folgen sind, sehen wir im kommenden Kap. 8.

7.2 Sätze und Beweise

Satz 7.1 (Folgerungen aus den Anordnungsaxiomen aus Definition 7.1)
In einem angeordneten Körper K gilt:

1. *Aus $x > y$ und $y > z$ folgt auch $x > z$ (**Transitivität**).*
2. $x < y \Longleftrightarrow -y < -x$.
3. $x \neq 0 \Longleftrightarrow x^2 > 0$.
4. $1 > 0$.
5. $x > 0 \Longleftrightarrow \frac{1}{x} > 0$.
6. $xy > 0 \Longleftrightarrow (x > 0 \wedge y > 0) \vee (x < 0 \wedge y < 0)$
   $xy < 0 \Longleftrightarrow (x < 0 \wedge y > 0) \vee (x > 0 \wedge y < 0)$.
7. $x < y \wedge z < 0 \Rightarrow zx > zy$.
8. *Aus $x^2 < y^2$ mit $x \geq 0$ und $y > 0$ folgt $x < y$.*
9. *Gelte $x > y$ und $a > b$, dann gilt auch $x + a > y + b$.*

Beweis:

1. $x - y > 0$ und $y - z > 0 \overset{(A2)}{\Longrightarrow} x - y + y - z > 0 \Rightarrow x - z > 0 \Rightarrow x > z$.
2. $x < y \Leftrightarrow 0 < y - x \Leftrightarrow 0 < (-x) - (-y) \Leftrightarrow -y < -x$.
3. $x \neq 0 \overset{(A1)}{\Rightarrow} x > 0 \vee -x > 0$. Weiterhin gilt: $x \cdot x = x^2 = (-x) \cdot (-x)$, also wegen (A3) $x^2 > 0$.
4. Dies folgt aus Punkt 3, denn $1 \neq 0$ und $1^2 = 1$, also $1 > 0$.
5. Sei also $x > 0$. Aus (A1) folgt $x \neq 0$, also existiert $\frac{1}{x}$. Angenommen es gilt $0 < -\frac{1}{x}$. Dann gilt aber wegen (A3) auch $0 < x \cdot \left(-\frac{1}{x}\right) = -1$. Dies ist ein Widerspruch zu $1 > 0$. Da $\frac{1}{x} \neq 0$ muss wegen (A1) $0 < \frac{1}{x}$ gelten.

Die restlichen vier Aussagen des Satzes überlassen wir euch als Übungsaufgaben.

q.e.d.

Satz 7.2 (Eigenschaften von Betrag und Signum)
Für einen angeordneten Körper K gilt:

1. $x = |x| \operatorname{sign}(x)$, $|x| = x \cdot \operatorname{sign}(x)$.
2. $|x| = |-x|$.
3. $x \leq |x|$.
4. $|xy| = |x| |y|$.
5. $|x| \geq 0$.
6. $|x| = 0 \Leftrightarrow x = 0$.
7. $|x - y| < \varepsilon \Leftrightarrow y - \varepsilon < x < y + \varepsilon$, *mit $\varepsilon > 0$.*
8. $|x + y| \leq |x| + |y|$ (**Dreiecksungleichung**).

Beweis: Die ersten sechs Aussagen sind wieder Übungsaufgaben für euch, wir zeigen hier die beiden letzten.

Punkt 7 von Satz 7.2: Sei zunächst $x - y \geq 0$. Dann folgt $x - y < \varepsilon$, also $x < y + \varepsilon$. Die zweite Ungleichung folgt analog, wenn man $x - y < 0$ annimmt.

Punkt 8 von Satz 7.2: Sei zunächst $x + y \geq 0$. Dann gilt: $|x + y| \overset{5.}{=} x + y \overset{3.}{\leq} |x| + |y|$. Wenn $x + y < 0$ ist, so gilt $-(x + y) > 0$ und damit $|x + y| = |-(x + y)| = |(-x) + (-y)| \leq |-x| + |-y| = |x| + |y|$.   q.e.d.

Satz 7.3 (Satz über Intervallschachtelungen)

Sei $(I_n)_{n \in \mathbb{N}}$ ($I_n \subset \mathbb{R}$) eine Intervallschachtelung. Dann existiert genau ein $x \in \mathbb{R}$ mit

$$\bigcap_{n \in \mathbb{N}} I_n = \{x\}.$$

Beweis: *Zur Existenz:* Sei $I_n = [a_n, b_n]$ mit $a_n < b_n$, dann gilt $a_1 \leq a_2 \leq \cdots \leq b_2 \leq b_1$. Wir definieren $a := \sup\{a_n : n \in \mathbb{N}\}$ und $b := \inf\{b_n : n \in \mathbb{N}\}$, dann gilt $a_n \leq a \leq b \leq b_n \ \forall n \in \mathbb{N}$. Also auch $0 \leq b - a \leq b_n - a_n \to 0 \Rightarrow a = b$.

Zur Eindeutigkeit: Angenommen, für $c \in \mathbb{R}$ gilt $c \in I_n \ \forall n \in \mathbb{N}$. Dann gilt auch $a_n \leq c \leq b_n \Rightarrow a \leq c \leq b \Rightarrow a = b = c$.   q.e.d.

Satz 7.4 (Existenz und Eindeutigkeit der reellen Zahlen)

Es gibt bis auf Isomorphie genau einen angeordneten vollständigen Körper. Diesen nennen wir den Körper der reellen Zahlen und bezeichnen ihn mit $\mathbb{R}$.

Satz 7.5 (Der Satz von Archimedes)

Zu jedem $x \in \mathbb{R}$ existiert ein $n \in \mathbb{N}$ mit $n > x$.

Satz 7.6 (Approximation einer reellen Zahl durch rationale Zahlen)

Für jedes $x \in \mathbb{R}$ und jedes $\varepsilon > 0$ existiert ein $r \in \mathbb{Q}$ mit $|r - x| < \varepsilon$.

---

*Anmerkung: Man sagt auch „$\mathbb{Q}$ **liegt dicht** in $\mathbb{R}$".*

Beweis: Wir beweisen dies unter Zuhilfenahme einer Intervallschachtelung (siehe Definition 7.5). Wir wählen zunächst $a_1, b_1 \in \mathbb{Z}$ mit $a_1 < x < b_1$ und definieren $I_1 := [a_1, b_1]$. Falls $I_n := [a_n, b_n]$ gilt, so setzen wir iterativ $I_{n+1} = [a_{n+1}, b_{n+1}]$

mit:

$$I_{n+1} := \begin{cases} \left[a_n, \dfrac{a_n + b_n}{2} \right], & \text{falls} \quad \dfrac{a_n + b_n}{2} > x \\[3mm] \left[\dfrac{a_n + b_n}{2}, b_n \right], & \text{falls} \quad \dfrac{a_n + b_n}{2} \le x. \end{cases}$$

Dann gilt $x = \lim_{n \to \infty} a_n = \lim_{n \to \infty} b_n$. Da $a_1, b_1 \in \mathbb{Z}$ folgt $a_n, b_n \in \mathbb{Q}$ $\forall n$ und damit die Behauptung.   q.e.d.

> **Satz 7.7 (Existenz und Eindeutigkeit der positiven n-ten Wurzel)**
> *Seien $\mathbb{R} \ni a > 0$ und $n \in \mathbb{N}$ beliebig. Dann existiert genau ein $s > 0$ mit $s^n = a$. Wir nennen s die n-te positive Wurzel von a und schreiben $s = \sqrt[n]{a}$.*

Beweis: Wir definieren rekursiv eine Folge (siehe bei Bedarf Kap. 8 über Folgen) durch $a_1 := a + 1, a_{k+1} := a_k \left(1 + \frac{a - a_k^n}{n a_k^n} \right)$ $\forall k \in \mathbb{N}$. Wir wollen nun durch Induktion zeigen, dass für alle $k \in \mathbb{N}$ gilt:

a) $a_k > 0$.
b) $a_k < a_{k-1}$.
c) $a_k^n > a$.

Natürlich gilt die Behauptung für $k = 1$ (Induktionsanfang). Seien nun die drei Bedingungen für ein $k \in \mathbb{N}$ erfüllt. Dann folgt daraus:

$$a_{k+1} - a_k = a_k \left(1 + \frac{a - a_k^n}{n a_k^n} \right) - a_k = a_k \left(1 + \frac{a - a_k^n}{n a_k^n} - 1 \right) = a_k \frac{a - a_k^n}{n a_k^n} < 0.$$

Dies zeigt b) für $k + 1$. Außerdem folgt:

$$a_{k+1} = a_k \left(1 + \frac{a - a_k^n}{n a_k^n} \right) = a_k \frac{n a_k^n + a - a_k^n}{n a_k^n}$$

$$\overset{\text{(IV)}}{>} a_k \frac{a + a - a}{n a} = \frac{1}{n} a_k > 0.$$

und damit a) für $k + 1$. Aus der Bernoulli-Ungleichung (siehe Kap. 5, Beispiel 39) folgt weiter:

$$a_{k+1}^n = a_k^n \left(1 + \frac{a - a_k^n}{n a_k^n} \right)^n \ge a_k^n \left(1 + n \frac{a - a_k^n}{n a_k^n} \right)$$

$$= a_k^n \left(\frac{n a_k^n + n a - n a_k^n}{n a_k^n} \right) = \frac{a_k^n \cdot n a}{n a_k^n} = a$$

und damit auch c) für $k + 1$.

$(a_k)_{k \in \mathbb{N}}$ ist also monoton fallend und nach unten beschränkt, damit also nach Satz 8.6 aus Kap. 8 konvergent mit $\lim_{k \to \infty} a_k = s$. Weiterhin gilt:

$$na_k^{n-1} a_{k+1} = na_k^n + a - a_k^n$$

und damit beim Grenzübergang $k \to \infty$:

$$ns^{n-1} s = ns^n + a - s^n \Rightarrow s^k = a$$

und da $a > 0$, gilt auch $s > 0$, und damit folgt die Existenz der n-ten positiven Wurzel. Angenommen, es existiert ein $t > 0$ mit $a = t^n$ so folgt mit der geometrischen Summenformel (siehe Kap. 5, Beispiel 46):

$$0 = s^n - t^n = (s-t) \sum_{i=0}^{n-1} s^i t^{n-1-i}$$

und damit $s - t = 0 \Leftrightarrow s = t$, also die Eindeutigkeit.   q.e.d.

7.3   Erklärungen zu den Definitionen

Erklärung

Zur Definition 7.1 eines angeordneten Körpers: Hier betrachten wir eine spezielle Art von Körpern: die angeordneten Körper. Sie haben ihren Namen aus dem folgenden Grund: Wenn man zwei verschiedene Elemente aus dem Körper hat, so kann man eindeutig sagen, welches Element größer und welches kleiner ist.

Bedingung (A1) aus Definition 7.1 sagt einfach, dass man für jedes Element aus dem Körper eindeutig sagen kann, ob es größer, kleiner oder gleich 0 ist. Auch wenn das zunächst klar erscheint, da ihr in der Schule wohl bisher nur angeordnete Körper betrachtet habt, gibt es Körper in denen das nicht gilt, dazu kommen wir gleich.

Die Bedingungen (A2) und (A3) sagen aus, dass die Summe und das Produkt zweier positiver Zahlen wieder positiv ist. Auch das erscheint zuerst klar, aber auch dies ist nicht in allen Körpern erfüllt.

▶ Beispiel 66

- Beispiele für angeordnete Körper sind $\mathbb{Q}$ und eben auch $\mathbb{R}$.
- Die wichtigsten nicht angeordneten Körper sind $\mathbb{C}$ (siehe Kap. 4) und $\mathbb{F}_2$ (siehe Kap. 6, Beispiel 61). Wir wollen uns kurz klar machen, dass diese wirklich nicht angeordnet sind. Zunächst einmal gilt in $\mathbb{F}_2$ ja $1 = -1$ und $1 + 1 = 0$, womit schon die erste und die dritte Bedingung (A1) und (A3) aus Definition 7.1 verletzt sind. Bei den komplexen Zahlen haben ja die Zahlen 1 und i denselben Abstand von der 0 in positiver Richtung, welche von den beiden soll dann größer sein? Aufgrund dieser Schwierigkeit lässt sich auch $\mathbb{C}$ nicht anordnen. ■

> **Erklärung**

Zur Definition 7.2 von „größer“, „größergleich“ und „kleinergleich“: „Was sollen diese Definitionen jetzt?“, werdet ihr euch vieleicht fragen. Oder ganz laut denken: „Das ist ja alles klar“. Ist es auch, aber einem Mathematiker reicht das eben nicht, er muss alles definieren. Und da in der Definition eines angeordneten Körpers nur die Kleinerrelation erwähnt ist, werden hier die anderen drei definiert. Wir wollen hier allerdings nicht weiter darauf eingehen und gleich auf die nächste Definition eingehen.

> **Erklärung**

Zur Definition 7.3 von Betrag und Signum: Wenn wir einen Körper anordnen können, so können wir auch diese beiden Funktionen Signum und den Betrag auf ihm definieren. Diese erklären sich fast von selbst: Der Betrag einer Zahl x gibt den Abstand dieser Zahl zur 0 an, und das Signum von x beschreibt einfach das Vorzeichen, wobei wir der 0 wegen $+0 = -0$ kein Vorzeichen, also einfach die Zahl 0 zuordnen.

Ist zum Beispiel $x = 7$ so ist $|x| = 7$ und $\text{sign}(x) = 1$, bei $x = -\frac{5}{2}$ ist $|x| = \frac{5}{2}$ und $\text{sign}(x) = -1$.

> **Erklärung**

Zur Definition 7.4 eines vollständigen Körpers: Auch der angeordnete Körper reicht uns noch nicht, um die reellen Zahlen zu definieren, denn wie wir gesehen haben, ist ja auch $\mathbb{Q}$ angeordnet. Uns fehlt also noch ein weiteres Axiom: das Vollständigkeitsaxiom. Dieses Axiom aus Definition 7.4 macht den Körper der reellen Zahlen $\mathbb{R}$ so besonders und einzigartig. Wir sehen an dem Axiom auch, dass $\mathbb{Q}$ nicht vollständig ist (siehe auch Kap. 2, Beispiel 8). Dass $\mathbb{R}$ tatsächlich vollständig ist, wollen wir hier allerdings nicht zeigen. Wir verweisen beispielsweise auf [AE08, Beh08] oder [For08] im Literaturverzeichnis.

> **Erklärung**

Zur Definition 7.5 der Intervallschachtelung: An dieser Stelle definieren wir die Intervallschachtelung als eine Folge von Intervallen mit bestimmen Eigenschaften. Da wir bisher Folgen nicht definiert haben, empfehlen wir euch zumindest die Definitionen 8.1 und 8.2 im nächsten Kapitel zu lesen und zu verstehen.

Für diese Folge von Intervallen soll nun gelten, dass jedes Intervall ganz in dem vorherigen enthalten ist, und dass die Intervalle beliebig klein werden. Grafisch sieht das dann aus wie in Abb. 7.1.

Hier geht die Intervallgröße gegen 0.

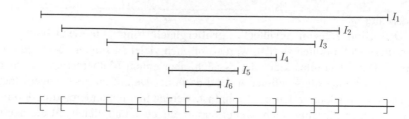

Abb. 7.1 Intervallschachtelung

7.4 Erklärungen zu den Sätzen und Beweisen

Erklärung

Zum Satz 7.1 der Folgerungen aus den Anordnungsaxiomen: In diesem Satz 7.1
wollen wir nun einige Eigenschaften von angeordneten Körpern beweisen. Für den
Beweis dürfen dabei immer nur die bereits bekannten Tatsachen aus dem Kap. 6
über Körper, die drei Anordnungsaxiome und bereits bewiesene Aussagen dieses
Satzes 7.1 verwendet werden. Alle diese Aussagen erscheinen wieder als offensichtlich richtig, weil man bisher meist nur die reellen Zahlen betrachtet hat.

Die erste Aussage sagt aus, dass die Größerrelation, und damit auch die Kleiner-
relation, transitiv ist. Zum Beispiel folgt aus $7 > 4$ und $4 > 3$ auch $7 > 3$. Für den
Beweis benutzt man die Monotonie der Addition (A2).

Die zweite Aussage sagt aus, dass für die additiven Inversen die umgekehrte Relation gilt wie für die Ausgangszahlen, zum Beispiel gilt $5 > 2$ und damit auch
$-2 > -5$. Außerdem besagt diese zweite Aussage, dass man in Ungleichungen
das Ungleichheitszeichen umdrehen muss, wenn man die gesamte Ungleichung mit
einer negativen Zahl multipliziert oder durch eine dividiert. In der dritten Aussage
sehen wir, dass das Quadrat von jeder Zahl, die ungleich 0 ist, größer als 0 ist, also
gibt es nur positive Quadratzahlen, und man kann aus negativen Zahlen nicht die
Wurzel ziehen. Dies scheint ein Widerspruch zur Definition der komplexen Zahlen (siehe Definition 4.6 aus Kap. 4) zu sein, allerdings sollte man bedenken, dass
diese Aussage nur für angeordnete Körper gilt und sich $\mathbb{C}$, wie wir schon gesehen
haben (in Kap. 4 und in den Erklärungen zur Definition 7.1), nicht anordnen lässt.
Der Beweis dieser Aussage benutzt die Trichotonie (A1) und die Monotonie der
Multiplikation (A3).

Die nächste Aussage folgt dann direkt aus Teil 3, wenn man für $x = 1$ einsetzt.

Die Aussage 5 sagt, dass das multiplikative Inverse einer Zahl und die Zahl selbst
dasselbe Vorzeichen haben. Hierbei benutzt man die schon bewiesene Aussage $1 > 0$.

Die letzten vier Aussagen haben wir nicht bewiesen, das könnt und solltet ihr
als Übung machen, benutzt einfach wieder die drei Anordnungsaxiome. *Hinweis:
Einmal werdet ihr noch eine binomische Formel brauchen.*

Die sechste Aussage sagt aus, dass das Produkt von zwei Zahlen mit gleichem Vorzeichen positiv, das von zwei Zahlen mit unterschiedlichem Vorzeichen negativ ist.

Teil 7 ist noch einmal eine Verallgemeinerung von Teil 2.

Erklärung

Zum Satz 7.2 der Eigenschaften von Betrag und Signum: Auch hier lassen wir acht Aufgaben für euch. Diese folgen fast direkt aus den Definitionen. Manchmal wird vielleicht eine Fallunterscheidung ganz nützlich sein.

Die Aussagen an sich sollten klar sein. Wichtig ist vor allem die letzte, die Dreiecksungleichung, die häufig zum Abschätzen benutzt wird. Beispiele werden wir fortlaufend in diesem Buch sehen.

Erklärung

Zum Satz 7.3 über Intervallschachtelungen: Dieser Satz besagt einfach, dass bei jeder Intervallschachtelung gilt, dass im Durchschnitt aller Intervalle genau ein Element enthalten ist. *Achtung: Dies gilt nicht mehr, wenn wir $x \in \mathbb{Q}$ annehmen. Deswegen heißt $\mathbb{R}$ auch vollständig.*

Auch für diesen Beweis benötigt man Wissen über Folgen aus Kap. 8. Man zeigt zuerst durch Betrachtung der Folgen $(a_n)_{n \in \mathbb{N}}$ und $(b_n)_{n \in \mathbb{N}}$, dass diese einen gemeinsamen Grenzwert haben und dieser genau x entspricht. Danach zeigt man durch eine Abschätzung, dass dieses x eindeutig ist.

Erklärung

Zum Satz 7.4 über die Existenz und Eindeutigkeit der reellen Zahlen: Dieses ist der wohl wichtigste Satz in diesem Kapitel: Wir wissen nun, dass die reellen Zahlen wirklich existieren und in gewisser Weise eindeutig sind. (Zum Begriff Isomorphismus siehe auch Definition 6.9). Da der Beweis zu aufwendig wäre, lassen wir ihn an dieser Stelle weg und verweisen auf die Analysis-Bücher im Literaturverzeichnis, zum Beispiel auf [AE08, Beh08] oder [For08].

Erklärung

Zum Satz 7.5 von Archimedes: Der Satz von Archimedes besagt ganz einfach, dass es zu jeder reellen Zahl x eine natürliche Zahl gibt, die größer als x ist. Das bedeutet im Endeffekt, dass es unendlich viele natürliche Zahlen gibt. Der Beweis ist ein indirekter Beweis, den wir hier allerdings nicht ausführen werden. Wir nehmen an, es gäbe ein x, für das es keine größere natürliche Zahl gibt und führen dies zum Widerspruch.

Erklärung

Zum Satz 7.6 zur Approximation einer reellen Zahl durch rationale Zahlen: Die Aussage des Satzes 7.6 ist, dass man jede reelle Zahl durch rationale Zahlen beliebig genau annähern kann. Das heißt, zu jeder reellen Zahl gibt es Cauchy-Folgen, die gegen diese Zahl konvergieren, zum Beispiel die Folge der abgebrochenen Dezimalbrüche

$$3, \ 3{,}1, \ 3{,}14, \ 3{,}141, \ 3{,}1415, \ \ldots,$$

Um diesen Satz zu beweisen, benutzen wir eine Intervallschachtelung: Wir geben ein Intervall vor, in dem sich x befindet, und dessen Intervallgrenzen ganze Zahlen sind. Dann halbieren wir das Intervall immer wieder und betrachten nur die Hälfte, in der x liegt. Dadurch geht die Intervalllänge gegen 0, es liegt also tatsächlich eine Intervallschachtelung vor, das heißt nach Satz 7.3 existiert genau ein $s \in \mathbb{R}$, das in allen Intervallen liegt. Da wir aber jedes Intervall immer so wählen, dass x in ihm liegt, muss $s = x$ gelten. Da die Intervalllänge gegen 0 geht, kommen die Intervallgrenzen auch beliebig nah an x heran, und da wir mit Werten in $\mathbb{Z}$ gestartet sind und nur Brüche als Intervallgrenzen haben, sind diese immer rationale Zahlen.

Erklärung

Zum Satz 7.7 zur Existenz und Eindeutigkeit der positiven n-ten Wurzel: Hier wollen wir nun zeigen, dass jede positive Zahl eine eindeutig bestimmte, positive n-te Wurzel hat. Dafür definieren wir rekursiv eine Folge und wollen zeigen, dass diese konvergiert (Zur Konvergenz von rekursiv definierten Folgen siehe auch Satz 8.6 aus Kap. 8). Wir zeigen also, dass diese Folge monoton fallend und nach unten beschränkt ist. Mithilfe der Induktion und der Bernoulli-Ungleichung (Kap. 5, Beispiel 39) zeigen wir die Konvergenz und dann durch Grenzwertübergang, dass der Grenzwert tatsächlich die n-te positive Wurzel ist. Aus der geometrischen Summenformel (da aus $s, t > 0$ auch $\sum_{i=0}^{n-1} s^i t^{n-1-i} > 0$ folgt, also insbesondere $\sum_{i=0}^{n-1} s^i t^{n-1-i} \neq 0$) ergibt sich die Eindeutigkeit.

Wichtig ist hier zu bemerken: Die n-te Wurzel ist also per Definition immer positiv. Das heißt zum Beispiel: Die Wurzel aus 4 ist nur die 2 und nicht auch noch -2. Natürlich ist auch $(-2)^2 = 4$, aber per Definition ist eine Wurzel immer größer als 0.

Folgen

8

In diesem Kapitel behandeln wir eines der wichtigsten Konzepte der Analysis, den Grenzwertprozess. Diesen werden wir mittels Folgen einführen. Wichtige Sätze und Beispiele werden nicht zu kurz kommen. Ihr solltet allerdings beachten, dass die hier bewiesenen Sätze meist nur für reelle Folgen gelten!

8.1 Definitionen

Definition 8.1 (Folge)
Unter einer **endlichen Folge** verstehen wir eine Abbildung $\{1, 2, \ldots, n\} \to M$ und unter einer **Folge** $(a_n)_{n \in \mathbb{N}}$ allgemein eine Abbildung von der Menge der natürlichen Zahlen $\mathbb{N}$ in eine Menge M, also eine Abbildung der Form $\mathbb{N} \to M$.

Anmerkung: Im Folgenden werden wir nur reelle Folgen betrachten, das heißt $M \subset \mathbb{R}$. Die zugrunde liegenden Konzepte können aber auch auf komplexe Folgen ohne Probleme übertragen werden. Der Unterschied ist nur der, dass die Folgenglieder (also die Elemente der Folge) dann komplexe Zahlen sind.

Definition 8.2 (Folgenkonvergenz)
Eine Folge a_n heißt konvergent gegen a, falls gilt: Für alle $\varepsilon > 0$ existiert ein $n_0 \in \mathbb{N}$ mit der Eigenschaft $|a_n - a| < \varepsilon$ für alle $n \geq n_0$. Hierbei bezeichnet a den **Grenzwert der Folge**.

Mit den schönen Quantoren wird das ganz übersichtlich so geschrieben:

$$\lim_{n \to \infty} (a_n) = a \Leftrightarrow a_n \to a \Leftrightarrow \forall \varepsilon > 0 \; \exists n_0 \in \mathbb{N} \; \forall n \geq n_0 : |a_n - a| < \varepsilon.$$

Ist eine Folge nicht konvergent, so nennt man sie **divergent**.

© Springer-Verlag GmbH Deutschland, ein Teil von Springer Nature 2018
F. Modler, M. Kreh, *Tutorium Analysis 1 und Lineare Algebra 1*,
https://doi.org/10.1007/978-3-662-56752-4_8

Eine äquivalente Definition zur Folgenkonvergenz ist die folgende:

Definition 8.3 (Äquivalente Definition zur Folgenkonvergenz)
Eine Folge $(a_n)_{n\in\mathbb{N}}$ reeller Zahlen heißt **konvergent** gegen a, wenn es eine Zahl $a \in \mathbb{R}$ gibt, für welche die Folge $(|a_n - a|)_{n\in\mathbb{N}}$ eine Nullfolge ist, das heißt, für die $|a_n - a| \to 0$ gilt.

Definition 8.4 (Uneigentlich konvergent, bestimmt divergent)
Falls es zu jedem $A \in \mathbb{R}$ ein $n_0 \in \mathbb{N}$ gibt, sodass gilt $a_n > A \ \forall n \geq n_0$, dann sagen wir die Folge $(a_n)_{n\in\mathbb{N}}$ **konvergiert uneigentlich** (oder ist **bestimmt divergent**) gegen Unendlich und schreiben $\lim_{n\to\infty}(a_n) = \infty$.

Analog schreiben wir $\lim_{n\to\infty}(a_n) = -\infty$, wenn es zu jedem $m \in \mathbb{R}$ ein $n_0 \in \mathbb{N}$ gibt, sodass gilt $a_n < m \ \forall n \geq n_0$.

Definition 8.5 (Beschränktheit einer Folge)
Eine Folge $(a_n)_{n\in\mathbb{N}}$ heißt **nach oben beschränkt**, wenn es eine Zahl $S \in \mathbb{R}$ gibt mit $a_n \leq S \ \forall n \in \mathbb{N}$.

Eine Folge $(a_n)_{n\in\mathbb{N}}$ heißt **nach unten beschränkt**, wenn es eine Zahl $s \in \mathbb{R}$ gibt mit $a_n \geq s \ \forall n \in \mathbb{N}$.

Eine Folge heißt **beschränkt**, wenn sie sowohl nach oben als auch nach unten beschränkt ist.

Definition 8.6 (Monotonie von Folgen)
Eine reelle Folge $(a_n)_{n\in\mathbb{N}}$ heißt **monoton wachsend**, falls für alle $n \in \mathbb{N}$ gilt, dass $a_n \leq a_{n+1}$. Sie heißt **streng monoton wachsend**, falls für alle $n \in \mathbb{N}$ gilt, dass $a_n < a_{n+1}$.

Eine reelle Folge $(a_n)_{n\in\mathbb{N}}$ heißt **monoton fallend**, falls für alle $n \in \mathbb{N}$ gilt, dass $a_n \geq a_{n+1}$. Sie heißt **streng monoton fallend**, falls für alle $n \in \mathbb{N}$ gilt, dass $a_n > a_{n+1}$.

Definition 8.7 (Teilfolge)
Seien $(a_n)_{n\in\mathbb{N}}$ eine beliebige Folge und $\phi : \mathbb{N} \to \mathbb{N}$ eine streng monoton wachsende Abbildung, das heißt, es gelte $\phi(m) > \phi(n)$ für alle $m, n \in \mathbb{N}$ mit $m > n$, dann nennen wir die Folge $(a_{\phi(k)})_{k\in\mathbb{N}}$ eine **Teilfolge** von $(a_n)_{n\in\mathbb{N}}$.

In den meisten Fällen setzen wir $n_k := \phi(k)$ und schreiben $(a_{n_k})_{k \in \mathbb{N}}$ statt $(a_{\phi(k)})_{k \in \mathbb{N}}$.

Definition 8.8 (Häufungspunkt)
Eine reelle Zahl x heißt **Häufungspunkt** einer reellen Folge $(a_n)_{n \in \mathbb{N}}$, wenn es eine Teilfolge $(a_{n_k})_{n \in \mathbb{N}}$ von $(a_n)_{n \in \mathbb{N}}$ gibt, die gegen x konvergiert.

Definition 8.9 (Cauchy-Folge)
Eine Folge reeller Zahlen heißt **Cauchy-Folge**, wenn Folgendes gilt:

$$\forall \varepsilon > 0 \ \exists n_0 \in \mathbb{N} : |a_n - a_m| < \varepsilon \ \forall m, n \geq n_0.$$

Definition 8.10 (Limes superior und Limes inferior)
Seien $(a_n)_{n \in \mathbb{N}}$ eine reelle Folge und $H(a_n)$ die Menge aller Häufungspunkte der Folge.

1. Ist die Folge $(a_n)_{n \in \mathbb{N}}$ nach oben beschränkt und $H(a_n) \neq \emptyset$, so nennen wir $\limsup_{n \to \infty} a_n := \sup H(a_n)$ den **Limes superior**.
2. Ist die Folge $(a_n)_{n \in \mathbb{N}}$ nach unten beschränkt und $H(a_n) \neq \emptyset$, so nennen wir $\liminf_{n \to \infty} a_n := \inf H(a_n)$ den **Limes inferior**.

8.2 Sätze und Beweise

Satz 8.1 (Eindeutigkeit des Grenzwertes einer Folge)
Eine konvergente Folge besitzt genau einen Grenzwert.

Beweis: Seien a und a' zwei Grenzwerte der Folge $(a_n)_{n \in \mathbb{N}}$. Dann existiert für alle $\varepsilon > 0$ ein $N_1 \in \mathbb{N}$ mit der Eigenschaft, dass

$$|a_n - a| < \frac{\varepsilon}{2} \ \forall n \geq N_1.$$

Da aber auch a' ein Grenzwert der Folge sein soll, existiert für alle $\varepsilon > 0$ ein $N_2 \in \mathbb{N}$ mit der Eigenschaft, dass

$$|a_n - a'| < \frac{\varepsilon}{2} \ \forall n \geq N_2.$$

Die Abschätzung

$$|a-a'| = |a-a_n+a_n-a'| \leq |a-a_n|+|a_n-a'| < \frac{\varepsilon}{2}+\frac{\varepsilon}{2} = \varepsilon \; \forall n \geq \max\{N_1, N_2\}$$

ergibt:

$$a - a' = 0 \Rightarrow a = a'.$$

Und dies beweist den Satz.   q.e.d.

Satz 8.2
Jede konvergente Folge ist beschränkt.

Beweis: Sei $(a_n)_{n\in\mathbb{N}}$ eine konvergente Folge, die gegen a konvergiert. Da die Folge konvergent ist, können wir zu jedem $\varepsilon > 0$ ein $n_0 \in \mathbb{N}$ finden mit

$$|a_n - a| < \varepsilon \; \forall n \geq n_0.$$

Wir wählen $\varepsilon = 1$.

$$|a_n| = |a_n - a + a| \leq |a_n - a| + |a| < 1 + |a| \; \forall n \geq n_0.$$

Der erste Summand ist durch ε (in unserem Fall durch 1) beschränkt, und $|a|$ ist sowieso beschränkt (da fest). Da außerdem die Menge $\{a_1, \ldots, a_{n_0}\}$ durch Maximum und Minimum der Menge beschränkt ist, ist also die Folge beschränkt.   q.e.d.

Satz 8.3 (Grenzwertsätze)
Seien $(a_n)_{n\in\mathbb{N}}$ und $(b_n)_{n\in\mathbb{N}}$ zwei konvergente Folgen mit den Grenzwert $\lim_{n\to\infty}(a_n) = a$ und Grenzwert $\lim_{n\to\infty}(b_n) = b$. Dann gelten die folgenden Aussagen:

1. Die Folge $(a_n + b_n)_{n\in\mathbb{N}}$ konvergiert und es gilt:

$$\lim_{n\to\infty}(a_n + b_n) = \lim_{n\to\infty}(a_n) + \lim_{n\to\infty}(b_n) = a + b.$$

2. Die Folge $(a_n - b_n)_{n\in\mathbb{N}}$ konvergiert und es gilt:

$$\lim_{n\to\infty}(a_n - b_n) = \lim_{n\to\infty}(a_n) - \lim_{n\to\infty}(b_n) = a - b.$$

3. Die Folge $(a_n \cdot b_n)_{n\in\mathbb{N}}$ konvergiert und es gilt:

$$\lim_{n\to\infty}(a_n \cdot b_n) = \lim_{n\to\infty}(a_n) \cdot \lim_{n\to\infty}(b_n) = a \cdot b.$$

4. *Ist zusätzlich $b \neq 0$, so existiert ein $m \in \mathbb{N}$ mit $b_n \neq 0 \; \forall n \geq m$, und für die Folge $(\frac{a_n}{b_n})_{n \in \mathbb{N}_{\geq m}}$ gilt: Sie konvergiert und es ist*

$$\lim_{n \to \infty} \left(\frac{a_n}{b_n} \right) = \frac{\lim\limits_{n \to \infty}(a_n)}{\lim\limits_{n \to \infty}(b_n)} = \frac{a}{b}.$$

Beweis: Wir zeigen die erste Aussage: Sei $\varepsilon > 0$. Nach Voraussetzung existieren $n_1, n_2 \in \mathbb{N}$ mit

$$|a_n - a| < \frac{\varepsilon}{2} \; \forall n \geq n_1 \quad \text{und} \quad |b_n - b| < \frac{\varepsilon}{2} \; \forall n \geq n_2.$$

Nun gilt für alle $n \geq \max\{n_1, n_2\}$

$$|a_n + b_n - (a + b)| = |a_n - a + b_n - b| \leq |a_n - a| + |b_n - b| < \frac{\varepsilon}{2} + \frac{\varepsilon}{2} = \varepsilon.$$

q.e.d.

Der Rest der Beweise befindet sich im Abschn. 8.4 mit den Erklärungen zu den Sätzen und Beweisen.

Satz 8.4
Für $\lambda \in \mathbb{R}$ und eine konvergente Folge $(a_n)_{n \in \mathbb{N}}$ gilt:

$$\lim_{n \to \infty} (\lambda \cdot a_n) = \lambda \cdot \lim_{n \to \infty} (a_n).$$

Beweis: Folgt sofort aus den Grenzwertsätzen, Satz 8.3. q.e.d.

Satz 8.5 (Der Satz von Bolzano-Weierstraß)
Jede beschränkte Folge besitzt mindestens eine konvergente Teilfolge, das heißt mindestens einen Häufungspunkt.

Beweis: Wir wollen die Beweisidee kurz skizzieren. Ausführliche Beweise befinden sich zum Beispiel in [For08] und [AE08].

Beim Beweis des Satzes für beschränkte reelle Zahlenfolgen geht man in der Regel wie folgt vor:

- Wir beginnen mit einem Intervall $[-L, L]$, das alle Folgenglieder enthält. Dies ist möglich, da die Folge ja beschränkt ist. Wir wählen a_1 als erstes Glied der zu bestimmenden Teilfolge.

- Danach halbieren wir das Intervall (den Mittelpunkt des Intervalls ordnen wir dabei beliebig einem der beiden Teilintervalle zu). Es ist nun aber klar, dass mindestens eine Hälfte unendlich viele Folgenglieder enthalten muss. Diese Hälfte bezeichnen wir nun mit I. Jetzt wählen wir als nächstes Glied der Teilfolge das erste Element, das in I liegt und dessen Index größer ist als der des zuvor gewählten Elements.
- Diese Schritte wiederholen wir unendlich oft. Das betrachtete Intervall wird dabei immer kleiner, sodass die Teilfolge gegen den einzigen Punkt konvergieren muss, der in allen Intervallen liegt. Dieser existiert als gemeinsamer Punkt einer Intervallschachtelung (siehe Kap. 7, Definition 7.5).   q.e.d.

Satz 8.6
Eine monoton wachsende (fallende) Folge reeller Zahlen ist genau dann konvergent, wenn sie nach oben (nach unten) beschränkt ist.

Beweis: Wir zeigen den Satz nur für eine monoton wachsende Folge reeller Zahlen. Der Beweis für eine monoton fallende Folge geht analog.

Die Richtung „$\Rightarrow$" zeigt sich fast von selbst. Voraussetzung ist, dass wir eine monoton wachsende Folge haben, die konvergent ist. Nach Satz 8.2 folgt, dass eine konvergente Folge beschränkt ist. Damit ist die erste Richtung ohne Probleme gezeigt.

Die Richtung „$\Leftarrow$" dagegen erfordert etwas Arbeit.

Wir zeigen nun: Eine monoton wachsende und beschränkte Folge reeller Zahlen ist konvergent. Es sei $a := \sup\{a_n : n \in \mathbb{N}\}$. Dies existiert, da die Folge beschränkt ist. Da a die kleinste obere Schranke der Folge $(a_n)_{n \in \mathbb{N}}$ ist, existiert zu jedem $\varepsilon > 0$ ein a_N mit $a - \varepsilon < a_N$. Da $(a_n)_{n \in \mathbb{N}}$ monoton ist, folgt auch $a - \varepsilon < a_n \; \forall n \geq N$. Außerdem ist $a_n < a + \varepsilon \; \forall n \in \mathbb{N}$, da $a = \sup\{a_n : n \in \mathbb{N}\}$.

Insgesamt folgt also für beliebiges ε, dass $|a_n - a| < \varepsilon \; \forall n \geq N$ und damit die Konvergenz der Folge.   q.e.d.

Satz 8.7
Für monoton wachsende reelle Folgen $(a_n)_{n \in \mathbb{N}}$ gilt stets:

$$\lim_{n \to \infty} (a_n) = \sup\{a_n : n \in \mathbb{N}\} \in (\mathbb{R} \cup \{\infty\}).$$

Für monoton fallende reelle Folgen $(a_n)_{n \in \mathbb{N}}$ gilt stets:

$$\lim_{n \to \infty} (a_n) = \inf\{a_n : n \in \mathbb{N}\} \in (\mathbb{R} \cup \{-\infty\}).$$

Satz 8.8
Jede Cauchy-Folge ist beschränkt.

Beweis: Sei $(a_n)_{n \in \mathbb{N}}$ eine Cauchy-Folge und N der laut Definition zu $\varepsilon = 1$ existierende Index $n_0(\varepsilon)$, ab dem der Abstand beliebiger Folgenglieder kleiner als 1 ist. Für alle $n \geq N$ gilt dann:

$$|a_n| = |a_n - a_N + a_N| \leq |a_n - a_N| + |a_N| < 1 + |a_N|.$$

Für alle $n \in \mathbb{N}$ folgt daraus:

$$|a_n| \leq \max\{|a_1|, \ldots, |a_{N-1}|, |a_N| + 1\} < \infty. \qquad \text{q.e.d.}$$

Satz 8.9
Eine reelle Folge ist genau dann konvergent, wenn sie eine Cauchy-Folge ist.

Beweis: Zur Richtung „$\Rightarrow$": Sei $(a_n)_{n \in \mathbb{N}}$ eine konvergente reelle Folge. Es existiert zu jedem $\varepsilon > 0$ ein $n_0 \in \mathbb{N}$ mit

$$|a_n - a| < \frac{\varepsilon}{2} \ \forall n \geq n_0.$$

Daraus folgt:

$$|a_n - a_m| = |a_n - a + a - a_m| \leq |a_n - a| + |a - a_m| \leq \frac{\varepsilon}{2} + \frac{\varepsilon}{2} = \varepsilon.$$

Da dies für alle $m, n \geq n_0$ gilt, ist gezeigt, dass $(a_n)_{n \in \mathbb{N}}$ eine Cauchy-Folge ist.

Zur Richtung „$\Leftarrow$": Für diese Richtung gehen wir davon aus, dass $(a_n)_{n \in \mathbb{N}}$ eine Cauchy-Folge ist. Nach Satz 8.8 ist die Cauchy-Folge beschränkt. Nach dem Satz von Bolzano-Weierstraß, siehe Satz 8.5, existiert mindestens eine konvergente Teilfolge, das heißt mindestens ein Häufungspunkt. Es gelte also etwa $\lim_{k \to \infty}(a_{n_k}) = a$. Wir zeigen, dass sogar die gesamte Folge gegen a konvergiert, also $\lim_{k \to \infty}(a_{n_k}) = \lim_{k \to \infty}(a_n) = a$.

Zu $\varepsilon > 0$ existiert nämlich ein $k_0 \in \mathbb{N}$ mit (nach Definition der konvergenten Teilfolge)

$$|a_{n_k} - a| < \frac{\varepsilon}{2} \ \forall k \geq k_0. \tag{8.1}$$

Da die Folge eine Cauchy-Folge ist, existiert ein $N \in \mathbb{N}$ mit

$$|a_n - a_m| < \frac{\varepsilon}{2} \ \forall m, n \geq N. \tag{8.2}$$

Insgesamt ergibt sich mit Abschätzung (8.1) und (8.2) für alle $n \geq n_0 :=$ $\max\{N, n_{k_0}\}$:

$$|a_n - a| = \left|a_n - a_{n_{k_0}} + a_{n_{k_0}} - a\right| \leq \left|a_n - a_{n_{k_0}}\right| + \left|a_{n_{k_0}} - a\right| < \frac{\varepsilon}{2} + \frac{\varepsilon}{2} = \varepsilon.\ \text{q.e.d.}$$

Satz 8.10 (Quetschlemma, Sandwichlemma)

Es seien $(a_n)_{n \in \mathbb{N}}$ und $(b_n)_{n \in \mathbb{N}}$ zwei gegen den Grenzwert x konvergente Folgen. Weiter bezeichne $(c_n)_{n \in \mathbb{N}}$ eine weitere Folge mit $a_n \leq c_n \leq b_n$ für alle $n \geq n_0$ ab einem $n_0 \in \mathbb{N}$. Dann konvergiert auch die Folge $(c_n)_{n \in \mathbb{N}}$ gegen $x \in \mathbb{R}$.

Beweis: Sei $\varepsilon > 0$. Da die Folgen $(a_n)_{n \in \mathbb{N}}$ und $(b_n)_{n \in \mathbb{N}}$ konvergent sind, finden wir nach Definition der Folgenkonvergenz $N_1 \in \mathbb{N}$ und $N_2 \in \mathbb{N}$, so dass

$$|a_n - x| < \varepsilon\ \forall n \geq N_1 \quad \text{und} \quad |b_n - x| < \varepsilon\ \forall n \geq N_2.$$

Des Weiteren existiert nach Voraussetzung eine Zahl $n_0 \in \mathbb{N}$ mit

$$a_n \leq c_n \leq b_n\ \forall n \geq n_0.$$

Sei jetzt $N_3 := \max\{n_0, N_1, N_2\}$. Dann erhalten wir aus den beiden Voraussetzungen sofort

$$x - \varepsilon < a_n \leq c_n \leq b_n < x + \varepsilon$$

und folglich das Gewünschte

$$|c_n - x| < \varepsilon\ \forall n \geq N_3,$$

was bedeutet, dass die Folge c_n ebenfalls gegen x konvergiert.   q.e.d.

8.3 Erklärungen zu den Definitionen

Erklärung

Zur Definition 8.1 einer (reellen) Folge: Die harte mathematische Definition 8.1 einer Folge versteht man erst, wenn man sich dazu ein paar Beispiele angeschaut hat.

▶ **Beispiel 67 (Beispiele für Folgen)**

- $(a_n)_{n \in \mathbb{N}} := (2^n)_{n \in \mathbb{N}} = (2, 4, 8, \ldots)$.
- $(b_n)_{n \in \mathbb{N}} := \left(\frac{1}{n}\right)_{n \in \mathbb{N}} = \left(1, \frac{1}{2}, \frac{1}{3}, \frac{1}{4}, \ldots\right)$.
- $(c_n)_{n \in \mathbb{N}} := \left(\frac{n}{n+1}\right)_{n \in \mathbb{N}} = \left(\frac{1}{2}, \frac{2}{3}, \frac{3}{4}, \frac{4}{5}, \ldots\right)$.   ■

Wir setzen also für n nacheinander die natürlichen Zahlen ein und berechnen so die *Glieder* der Folge.

Die obigen Beispiele 67 zeigen Folgen, deren Abbildungsvorschrift direkt angegeben ist. Wenn wir jetzt sagen würden, dass ihr doch mal das 837. Folgenglied der Folge $(b_n)_{n\in\mathbb{N}}$ berechnen sollt, dann setzt ihr einfach für $n = 837$ ein und nennt uns das 837. Folgenglied, nämlich $b_{837} = \frac{1}{837}$, und wir sind glücklich.

Man kann eine Folge aber auch rekursiv definieren. Das heißt man gibt einen Startwert vor und dann eine Vorschrift, wie das folgende Glied berechnet werden soll.

Damit ist es dann schwer, das 837. Folgenglied zu berechnen. Ihr müsstet nämlich 836 Rechnungen durchführen, da ihr erst alle Vorgänger ausrechnen müsst. Na dann viel Spaß. . .

Dies sind sogenannte *rekursiv definierte Folgen*, die wir noch ausführlich in den Beispielen 80, 81, 82 und 83 behandeln werden. Dennoch wollen wir uns schon einmal eine rekursiv definierte Folge anschauen, die euch eventuell zu Weltruhm verhelfen könnte.

Sei $a_0 \in \mathbb{N}$ beliebig, und die Folge rekursiv definiert durch:

$$a_{n+1} := \begin{cases} \dfrac{a_n}{2}, & \text{für } a_n \text{ gerade} \\ 3 \cdot a_n + 1, & \text{für } a_n \text{ ungerade.} \end{cases}$$

Diese Folge ist in der Mathematik als *Collatz-Folge* bekannt. Nehmen wir doch mal den Startwert $a_0 = 3$ und berechnen die ersten Folgenglieder durch einfaches Einsetzen:

$$a_1 = 10, \ a_2 = 5, \ a_3 = 16, \ a_4 = 8, \ a_5 = 4, \ a_6 = 2, \ a_7 = 1, \ a_8 = 4, \ \ldots$$

Merkt ihr was? Wir befinden uns in einer Art „Schleife".

Die Frage, die sich aufzwingt, ist, ob das für jeden Startwert so ist. Probieren wir es noch einmal mit $a_0 = 7$. Wir berechnen:

$$a_0 = 7, \ a_1 = 22, \ a_2 = 11, \ a_3 = 34, \ a_4 = 17, \ a_5 = 52, \ a_6 = 26,$$
$$a_7 = 13, \ a_8 = 40, \ a_9 = 20, \ a_{10} = 10, \ a_{11} = 5, \ a_{12} = 16, \ a_{13} = 8,$$
$$a_{14} = 4, \ a_{15} = 2, \ a_{16} = 1, \ a_{17} = 4, \ldots$$

Auch hier gelangen wir wieder in diese „Schleife". Bis jetzt ist dies noch ein ungelöstes mathematisches Problem und noch nicht bewiesen, ob das für jeden Anfangswert a_0 gilt. Man vermutet aber, dass dies der Fall ist.

Also, was zögert ihr noch? Schnappt euch Papier und Stift und macht euch an einen Beweis. Sagt uns Bescheid, wenn ihr es geschafft habt :-).

Erklärung

Zur Definition 8.2 der Folgenkonvergenz: Die Definition 8.2 der Folgenkonvergenz, also wie man einer Folge „ansehen" kann, ob sie konvergiert oder nicht, macht

Abb. 8.1 Konvergenz einer Folge anschaulich

Anfängern erfahrungsgemäß große Probleme, obwohl man sie sich anschaulich sehr gut klar machen kann.

Was bedeutet Definition 8.2 anschaulich?

$|a_n - a|$ misst den Abstand eines Folgenglieds zum Grenzwert der Folge, falls er existiert. Und genau dieser Abstand soll ab einem bestimmten Folgenglied beliebig klein werden. Pflücken wir die Definition also nochmal auseinander:

Ab einem bestimmten Folgenglied (also ab einem *hinreichend* großem Index n_0) wird der Abstand der Folgenglieder zum Grenzwert der Folge *beliebig* klein, fast Null.

Malt euch doch einfach mal ein Bildchen, was man sich darunter „anschaulich" vorstellen kann. Wir haben das in Abb. 8.1 auch getan.

In jeder ε-Umgebung des Grenzwertes a liegen fast alle Glieder der Folge, außerhalb entsprechend nur endlich viele. „Fast alle" bedeutet also „bis auf endlich viele". Ab einem n_0 liegen dann aber alle weiteren Glieder in dieser Umgebung.

Der Nachteil bei dieser Definition ist, dass man den Grenzwert der Folge erst einmal kennen muss, um nachzuweisen, dass die Folge konvergiert. Im Satz 8.3 haben wir aber schon die sogenannten Grenzwertsätze kennengelernt, mit denen der Grenzwert der Folge, sollte er existieren, meist sehr leicht berechnet werden kann. Wir werden in den Erklärungen zu den Grenzwertsätzen nochmals explizit darauf eingehen. Außerdem werden wir die sogenannten Cauchy-Folgen kennenlernen, bei denen wir den Grenzwert der Folge erst gar nicht kennen müssen, betrachte die Definition 8.9. Es bleibt also noch spannend!

Konvergenz nachzuweisen, ist am Anfang ungewohnt und schwierig. Daher wollen wir dies nun an einigen Beispielen einüben.

► **Beispiel 68**

- Betrachten wir die konstante Folge $(a_n)_{n \in \mathbb{N}} = (a)_{n \in \mathbb{N}}$, wobei $a \in \mathbb{R}$. Zum Beispiel ist also $(a_n)_{n \in \mathbb{N}} = (2)_{n \in \mathbb{N}} = (2, 2, 2, 2, \ldots)$.

  Diese Folge konvergiert gegen 2 und allgemein gegen a. Was uns anschaulich so klar ist, muss aber natürlich nachgewiesen werden. Dazu wenden wir einfach die Definition 8.2 der Folgenkonvergenz an.

  Sei also $\varepsilon > 0$ beliebig vorgegeben. Dann gilt $|a_n - a| = |a - a| = 0 < \varepsilon$ $\forall n \geq 0$.

  Schon ab dem ersten Folgenglied ist dies also erfüllt, man kann jedes $n_0 \geq 0$ wählen. Damit ist die Konvergenz der Folge gegen den Grenzwert a nachgewiesen. Wir schreiben: $\lim_{n \to \infty}(a_n) = a$.

- Betrachten wir die Folge $(b_n)_{n \in \mathbb{N}} = \left(\frac{1}{n}\right)_{n \in \mathbb{N}}$. Schreibt man sich einige Folgenglieder auf, so könnte man den Grenzwert vermuten. Die Brüche werden immer

kleiner. Vermutlich konvergiert die Folge also gegen Null. Weisen wir dies nach:
Wir geben ein beliebiges $\varepsilon > 0$ vor, dann gilt:

$$|a_n - a| = \left| \frac{1}{n} - 0 \right| = \left| \frac{1}{n} \right| = \frac{1}{n}.$$

Wir müssen jetzt zeigen, dass $\frac{1}{n} < \varepsilon$. In der Definition der Folgenkonvergenz
steht, dass zu jedem $\varepsilon > 0$ ein $n_0 \in \mathbb{N}$ existiert. Dann geben wir doch einfach
eins an!
Wir wählen n_0 so, dass $\frac{1}{n_0} < \varepsilon$ ist, also $n_0 > \frac{1}{\varepsilon}$.
Damit ergibt sich insgesamt für $n \geq n_0$, und damit: $\frac{1}{n} \leq \frac{1}{n_0}$,

$$|a_n - a| = \left| \frac{1}{n} - 0 \right| = \left| \frac{1}{n} \right| = \frac{1}{n} \leq \frac{1}{n_0} < \varepsilon.$$

Folglich haben wir die Konvergenz der Folge gegen Null nachgewiesen.
Ach so, noch eine Anmerkung: Hinter $\frac{1}{n_0} < \varepsilon$ steckt der Satz von Archimedes
(Kap. 7, Satz 7.5). Als kleine Übungsaufgabe solltet ihr euch klar machen, wieso.
Nun haben wir dieses n_0 also gefunden und können den Beweis nochmal neu und
sauber aufschreiben:
Nach dem Satz des Archimedes existiert ein $n_0 \in \mathbb{N}$ mit $n_0 > \frac{1}{\varepsilon}$. Dann gilt für
alle $n \geq n_0$ auch $n \geq n_0 > \frac{1}{\varepsilon}$ und somit $|a_n - a| < \varepsilon$.
Was man an diesem Beispiel sieht, ist, dass man also zunächst einmal das n_0
bestimmt und danach den Beweis nochmals sauber von vorne aufschreibt.

- Die Folge $(c_n)_{n \in \mathbb{N}} = (n)_{n \in \mathbb{N}}$ ist divergent, denn die Folge ist nicht beschränkt.
  Aber Beschränktheit ist ein notwendiges Kriterium für die Konvergenz einer Fol-
  ge, wie der Satz 8.2 sagt. Diese Folge ist sogar bestimmt divergent.
- Die Folge $(d_n)_{n \in \mathbb{N}} = ((-1)^n)_{n \in \mathbb{N}}$ ist divergent, da die Folge zwei Häufungspunkte besitzt. Eine konvergente Folge besitzt aber nur genau einen Häufungs-
  punkt und zwar den Grenzwert der Folge. Siehe dazu auch das noch kommende
  Beispiel 69.   ∎

Erklärung

Zur Definition 8.4 von uneigentlich konvergent: Um die Begriffe „uneigentlich
konvergent" und „bestimmt divergent" aus Definition 8.4 zu verstehen, wollen wir
uns ein paar Beispiele ansehen und diese Begriffe vom Divergenzbegriff abgrenzen.

▶ **Beispiel 69**

- Die Folge $(a_n)_{n \in \mathbb{N}_0} = ((-1)^n)_{n \in \mathbb{N}_0} = (1, -1, 1, -1, 1, \ldots)$ ist divergent. Sie
  konvergiert gegen keinen Grenzwert. Man sagt hier in diesem Fall, sie ist *alter-
  nierend*.
- Die Folge $(b_n)_{n \in \mathbb{N}} = (n)_{n \in \mathbb{N}} = (1, 2, 3, 4, 5, 6, \ldots)$ ist *bestimmt divergent* (oder
  uneigentlich konvergent), da die Folgenglieder beliebig groß werden und zu je-
  dem $A \in \mathbb{R}$ alle Folgenglieder ab a_A größer als A sind. Das ist genau das, was
  Definition 8.4 aussagt.   ∎

Zur Definition 8.5 der Beschränktheit von Folgen: Eine Folge $(a_n)_{n \in \mathbb{N}}$ heißt nach oben beschränkt, wenn es eine Zahl S gibt, sodass kein Folgenglied größer als S ist, und nach unten beschränkt, wenn es eine Zahl s gibt, sodass kein Folgenglied kleiner als s ist.

▶ **Beispiel 70**

• Das klassische Beispiel einer beschränkten Folge ist die Folge $(a_n)_{n \in \mathbb{N}} = ((-1)^n)_{n \in \mathbb{N}}$. Diese ist nach oben durch 1 und nach unten durch -1 beschränkt, was sofort klar ist.

• Wir betrachten die Folge $(a_n) := \left(\frac{2n+1}{n+1}\right)_{n \in \mathbb{N}}$ und wollen zeigen, dass diese beschränkt ist. Dies zeigt die folgende Rechnung:

$$a_n = \frac{2n+1}{n+1} = \frac{(2n+2)-1}{n+1} = 2 - \frac{1}{n+1}.$$

Man sieht jetzt sofort, dass $a_n < 2 \; \forall n \in \mathbb{N}$, also ist die Folge tatsächlich nach oben durch 2 beschränkt. ■

Zur Definition 8.6 der Monotonie von Folgen: Wie wir konkret Monotonie an Folgen nachweisen, werden die folgenden Beispiele im Verlauf der Erklärungen zeigen. Wir möchten an dieser Stelle nur darauf hinweisen, dass es mehrere Möglichkeiten gibt, Monotonie zu zeigen. Wir beschränken uns auf den Fall, dass wir zeigen sollen, dass eine Folge $(a_n)_{n \in \mathbb{N}}$ monoton wachsend ist. Das bedeutet nach Definition, dass $a_{n+1} \geq a_n \; \forall n \in \mathbb{N}$. Dies ist aber äquivalent zu:

• $a_{n+1} - a_n \geq 0 \; \forall n \in \mathbb{N}$.
• $\frac{a_{n+1}}{a_n} \geq 1 \; \forall n \in \mathbb{N}$, falls $a_n \neq 0$.

Zur Definition 8.7 einer Teilfolge: Wow! Die Definition 8.7 einer Teilfolge klingt aber erst einmal kompliziert. Ist sie aber gar nicht. Wir versuchen es einmal anschaulich zu erklären, was es mit diesen k auf sich hat, indem wir uns ein Beispiel anschauen.

▶ **Beispiel 71** Nehmen wir die Folge $(a_n)_{n \in \mathbb{N}} = (n)_{n \in \mathbb{N}}$. Setzt man nacheinander für n die natürlichen Zahlen ein, so erhält man die Folgenglieder der Folge. Also $(a_n)_{n \in \mathbb{N}} = (1, 2, 3, 4, 5, 6, 7, \ldots)$.

Nun kann man einschränken, was man für n einsetzen möchte. Dann sagt man sich: Ich möchte nur gerade natürliche Zahlen einsetzen. Also würde man die Teilfolge $(2, 4, 6, 8, \ldots)$ erhalten. Dies muss man aber natürlich mathematisch irgendwie aufschreiben, und dafür sind diese k gut, wenn wir das so salopp ausdrücken dürfen.

Man will für n nur gerade natürliche Zahlen einsetzen. Wie erhält man eine gerade natürliche Zahl? Klar, wenn man eine natürliche Zahl $k \in \mathbb{N}$ mit 2 multipliziert. Also ist $n_k = 2k$, sprich $(a_{n_k})_{k \in \mathbb{N}} = (a_{2k})_{k \in \mathbb{N}} = (2, 4, 6, 8, \ldots)$.

Ist euch klar, wieso?

Das k durchläuft jetzt alle natürlichen Zahlen.

- Für $k = 1$ ergibt sich $n_1 = 2 \cdot 1 = 2$.
- Für $k = 2$ ergibt sich $n_2 = 2 \cdot 2 = 4$.
- Für $k = 3$ ergibt sich $n_3 = 2 \cdot 3 = 6$.
- usw.

Das sind jetzt die neuen n, die man in die Folge einsetzen muss, und gerade so erhält man die Teilfolge.

Frage an unsere eifrigen Leser: Wie erhält man die Teilfolge $(1, 3, 5, 7, \ldots)$? Wie lautet dann n_k? ■

► **Beispiel 72**

- Gegeben sei die Folge $(b_n)_{n \in \mathbb{N}_0} := ((-1)^n)_{n \in \mathbb{N}_0}$. Welche Teilfolgen besitzt diese Folge?

  Dies ist sehr leicht, denn die Folgenglieder lauten doch $(1, -1, 1, -1, \ldots)$. Es gibt zum Beispiel die Teilfolgen $(1, 1, 1, \ldots)$ und $(-1, -1, -1, -1, \ldots)$. Aber wie schreiben wir dies auf? Wir definieren uns wieder n_k erst einmal als $n_k := 2k$ und erhalten damit nur die geraden Exponenten, die wir für n in $(b_n)_{n \in \mathbb{N}} = ((-1)^n)_{n \in \mathbb{N}}$ einsetzen. Also ist $n_1 = 2 \cdot 1 = 2, n_2 = 2 \cdot 2 = 4$ usw. und damit $(a_{2k}) = ((-1)^{2k}) = (1, 1, 1, \ldots)$. Und schon haben wir unsere erste Teilfolge. Die zweite bestimmen wir ganz ähnlich. Hier gilt dann nun $n_k := 2k - 1$ und entsprechend $n_1 = 2 \cdot 1 - 1 = 1, n_2 = 2 \cdot 2 - 1 = 3, \ldots$ für $k \in \mathbb{N}$.

  Analog ergibt sich jetzt die zweite Teilfolge $(a_{2k-1})_{k \in \mathbb{N}} = ((-1)^{2k-1})_{k \in \mathbb{N}} = (-1, -1, -1, -1, \ldots)$. Natürlich gibt es noch viel mehr Teilfolgen!

- Noch was „Exotisches": Wir betrachten die Folge

$$
c_n := \begin{cases} \dfrac{1}{n}, & \text{für } n \text{ gerade} \\[2mm] n, & \text{für } n \text{ ungerade} \end{cases}
$$

Diese Folge ist unbeschränkt. Sie besitzt aber eine Teilfolge, die gegen 0 konvergiert, nämlich $\left(a_{n_k}\right)_{k \in \mathbb{N}} = (a_{2k})_{k \in \mathbb{N}} = \left(\frac{1}{2k}\right)_{k \in \mathbb{N}}$ ist sogar konvergent gegen 0. ■

Erklärung

Zur Definition 8.8 eines Häufungspunktes: Um uns die Definition 8.8 eines Häufungspunktes zu verdeutlichen, betrachten wir die Folgen aus Beispiel 71 und Beispiel 72. Die Folge $(a_n)_{n \in \mathbb{N}} = (n)_{n \in \mathbb{N}}$ hatte die Teilfolge $(a_{2k})_{k \in \mathbb{N}} = (2, 4, 6, 8, \ldots)$. Wir brauchen uns gar nicht die Mühe zu machen, nach einem Häufungspunkt zu suchen, denn dieser kann doch gar nicht existieren, denn die Folge ist uneigentlich konvergent. Dann kann es keinen Häufungspunkt, geschweige denn eine konvergente Teilfolge geben.

Betrachten wir nun die Folge aus Beispiel 72, genauer die Folge $(b_n)_{n \in \mathbb{N}_0} = ((-1)^n)_{n \in \mathbb{N}_0}$. Auch diese Folge ist divergent. Dennoch können wir hier zwei Häufungspunkte angeben. Die Folge besitzt doch die beiden Teilfolgen $(b_{2k})_{k \in \mathbb{N}} = (1, 1, 1, \ldots)$ bzw. $(b_{2k-1})_{k \in \mathbb{N}} = (-1, -1, -1, \ldots)$. Beide Teilfolgen sind konvergent. Die eine konvergiert gegen 1 und die andere gegen -1.

Genau das ist der Grund, wieso $(b_n)_{n \in \mathbb{N}}$ divergent ist.

Erklärung

Zur Definition 8.9 einer Cauchy-Folge: Wo ist jetzt der Unterschied der Cauchy-Folge zur „normalen" Konvergenz 8.2?

Der Unterschied besteht darin, dass wir bei der Definition der Cauchy-Folge nicht den Grenzwert kennen müssen, denn $|a_n - a_m|$ misst den Abstand zwischen zwei beliebigen Folgengliedern. Wie wertvoll diese Definition ist, werden wir noch sehen.

▶ **Beispiel 73 (Cauchy-Folge und keine Cauchy-Folge)**

- Wir betrachten die Folge $(a_n)_{n \in \mathbb{N}} = \left(\frac{1}{n}\right)_{n \in \mathbb{N}}$. Wir behaupten, dass dies eine Cauchy-Folge ist. Sei also $\varepsilon > 0$ und n_0 so gewählt, dass $n_0 > \frac{1}{\varepsilon}$. Mit $n \geq m \geq n_0$ beliebig, gilt:

$$|a_m - a_n| = \left|\frac{1}{m} - \frac{1}{n}\right| = \left|\frac{n - m}{mn}\right| \leq \frac{n}{mn} = \frac{1}{m} \leq \frac{1}{n_0} < \varepsilon.$$

Im vorletzten Schritt ging ein, dass $n \geq m \geq n_0$. Wir können uns dabei auf $n > m$ beschränken, weil $|a_n - a_m| = |a_m - a_n|$ ist.

- Wir wollen zeigen, dass die Folge $(a_n)_{n \in \mathbb{N}} := \left(\frac{1}{n^2 + n}\right)_{n \in \mathbb{N}}$ eine Cauchy-Folge ist. Seien $\varepsilon > 0$ und $n_0 > \frac{1}{\varepsilon}$ und $n, m \in \mathbb{N}$. Ohne Beschränkung der Allgemeinheit nehmen wir an, dass $n \geq m > n_0$. Dann folgt sofort:

$$
\begin{aligned}
|a_m - a_n| &= \left|\frac{n^2 + n - m^2 - m}{(m^2 + m)(n^2 + n)}\right| \leq \left|\frac{n^2 + n}{(m^2 + m)(n^2 + n)}\right| \\
&= \left|\frac{1}{m^2 + m}\right| \leq \frac{1}{m} < \frac{1}{n_0} < \varepsilon.
\end{aligned}
$$

Über eine Kleinigkeit könntet ihr eventuell im Beweis stolpern: Wieso können wir o. B. d. A. annehmen, dass $n \geq m > n_0$? Es gilt immer $|x - y| = |y - x| = \ldots$ Deshalb haben wir $n \geq m$ geschrieben, was wir später verwenden konnten, damit $n^2 + n - m^2 - m \geq 0$ und damit $n^2 + n - m^2 - m \leq n^2 + n$ gilt.

- Die Folge $(a_n)_{n \in \mathbb{N}} = (n)_{n \in \mathbb{N}}$ ist keine Cauchy-Folge. Seien dazu $\varepsilon = \frac{1}{2}$ und n_0 beliebig. Dann wählen wir $m = n_0 + 1$ und $n = m + 1$ und erhalten:

$$|a_n - a_m| = |n - m| = 1 > \varepsilon.$$

Also ist die Folge keine Cauchy-Folge.

Mit Satz 8.9 hätten wir es natürlich auch leichter haben können und einfach nur die Divergenz nachweisen müssen. Es ist klar, dass eine reelle Folge, die divergiert, keine Cauchy-Folge sein kann. ∎

Wir bemerken: In $\mathbb{Q}$ gibt es Folgen, die nicht gegen einen Grenzwert in $\mathbb{Q}$ konvergieren, aber die Cauchy-Eigenschaft erfüllen. Dazu betrachten wir das folgende Beispiel:

▶ **Beispiel 74** Gegeben sei die rekursiv definierte Folge $(a_n)_{n \in \mathbb{N}_0}$ durch:

$$a_0 := 1, a_{n+1} := \frac{a_n}{2} + \frac{1}{a_n}.$$

Man überlegt sich (Übung), dass diese Folge die Cauchy-Eigenschaft erfüllt. Der Grenzwert lautet aber $\sqrt{2}$ und liegt damit nicht in $\mathbb{Q}$. ∎

Erklärung

Zur Definition 8.10 des Limes superior und Limes inferior: Die Definition 8.10 wollen wir an einem Beispiel einüben.

▶ **Beispiel 75 (Limes superior und Limes inferior)** Wir betrachten die reelle Folge $(a_n)_{n \in \mathbb{N}} := (2 + 3(-1)^n)_{n \in \mathbb{N}}$. Die Elemente der Folge können wir sofort hinschreiben. Ist n gerade, so lautet das Folgenelement $2 + 3 = 5$. Ist n ungerade, so lautet das Folgenelement $2 - 3 = -1$. Demnach ist $\limsup a_n = 5$ und $\liminf a_n = -1$.

Wir bemerken: Ist die Folge $(a_n)_{n \in \mathbb{N}}$ beschränkt, so existieren der Limes superior und der Limes inferior. Die Folge ist genau dann konvergent, wenn $\limsup a_n = \liminf a_n$. Der gemeinsame Grenzwert entspricht dann dem Grenzwert der Folge. ∎

8.4 Erklärungen zu den Sätzen und Beweisen

Erklärung

Zum Satz 8.1 über die Eindeutigkeit des Grenzwertes: Wer sagt uns eigentlich, dass eine Folge nicht zwei, drei oder sogar unendlich viele Grenzwerte besitzen kann? Der Satz 8.1 sagt gerade aus, dass der Grenzwert eindeutig ist. Dies müssen und wollen wir nun beweisen. Aber keine Angst! Der Beweis ist relativ leicht.

Beweis: Wir nehmen einfach mal an, dass eine Folge $(a_n)_{n \in \mathbb{N}}$ zwei Grenzwerte a und a' besitzt und zeigen mittels der Definition der Folgenkonvergenz 8.2, dass $a = a'$ ist. Damit hätten wir die Eindeutigkeit gezeigt. Aber der Reihe nach:

Seien a und a' zwei Grenzwerte der Folge $(a_n)_{n \in \mathbb{N}}$. Dann existiert für alle $\varepsilon > 0$ ein $N_1 \in \mathbb{N}$ mit der Eigenschaft, dass

$$|a_n - a| < \frac{\varepsilon}{2} \ \forall n \geq N_1.$$

Da aber auch a' ein Grenzwert der Folge sein soll, existiert für alle $\varepsilon > 0$ ein $N_2 \in \mathbb{N}$ mit der Eigenschaft, dass

$$|a_n - a'| < \frac{\varepsilon}{2} \; \forall n \geq N_2.$$

Jetzt wenden wir einen Trick an, den ihr euch unbedingt merken solltet. Wir addieren nämlich Null. Klingt erstmal sinnlos, ist aber sehr raffiniert. Das heißt genauer: $|a - a_n + a_n - a'|$. Danach wenden wir die Dreiecksungleichung an. Insgesamt ergibt sich für $|a - a'|$ das Folgende:

$$|a-a'| = |a-a_n+a_n-a'| \leq |a-a_n|+|a_n-a'| < \frac{\varepsilon}{2}+\frac{\varepsilon}{2} = \varepsilon \; \forall n \geq \; \max\{N_1, N_2\}.$$

Daraus ergibt sich $a - a' = 0 \Rightarrow a = a'$.   q.e.d.

Erklärung

Zum Satz 8.2: Der Satz 8.2 liefert ein notwendiges Kriterium für die Folgenkonvergenz. Das heißt: *Wenn* eine Folge konvergiert, dann muss sie auf jeden Fall beschränkt sein. Wichtig ist, dass die Umkehrung *nicht* gilt. Es gilt also *nicht*, dass jede beschränkte Folge konvergent ist. Als Gegenbeispiel betrachte man das

▶ **Beispiel 76** Die Folge $(a_n)_{n\in\mathbb{N}} := ((-1)^n)_{n\in\mathbb{N}}$ ist nach oben durch 1 und nach unten durch -1 beschränkt, aber nach den Beispielen 67 und 72 nicht konvergent. ∎

Der Satz 8.2 gibt aber schon einmal ein erstes Konvergenzkriterium für Folgen. So können wir nämlich begründen, dass die Folge $(a_n)_{n\in\mathbb{N}} = (n)_{n\in\mathbb{N}}$ nicht konvergiert, da sie nicht beschränkt ist. Nun aber zum Beweis von Satz 8.2. Wir führen ihn mit Erklärungen nochmals aus:

Beweis: Sei $(a_n)_{n\in\mathbb{N}}$ eine konvergente Folge, die gegen a konvergiert. Da die Folge konvergent ist, können wir zu jedem $\varepsilon > 0$ ein $n_0 \in \mathbb{N}$ finden mit

$$|a_n - a| < \varepsilon \; \forall n \geq n_0.$$

Also wählen wir beispielsweise $\varepsilon = 1$. Daraus folgt aber unter Anwendung des Tricks „Addieren von Null":

$$|a_n| = |a_n - a + a| \leq |a_n - a| + |a| < 1 + |a| \; \forall n \geq n_0.$$

Hier haben wir die Dreiecksungleichung und $|a_n - a| < \varepsilon = 1$ ausgenutzt. Wir sehen nun, dass der erste Summand durch ε (in unserem Fall durch 1) beschränkt ist (da die Folge konvergiert), und $|a|$ ist sowieso beschränkt. Insgesamt ist also die Folge beschränkt. Wir sind fertig.   q.e.d.

Zu den Grenzwertsätzen Satz (8.3): Wir wollen jetzt noch die drei anderen Grenzwertsätze aus dem Satz 8.3 mit einigen Erklärungen beweisen.

- Der erste Grenzwertsatz wurde schon ausführlich unter Satz 8.3 bewiesen. Beim Beweis haben wir nur die Dreiecksungleichung benutzt. Mehr ist dazu nicht zu sagen.
- Die beiden Folgen $(a_n)_{n \in \mathbb{N}}$ und $(b_n)_{n \in \mathbb{N}}$ sind nach Voraussetzung konvergent und damit insbesondere beschränkt. Daher existiert ein $M > 0$ mit $|a| \leq M$, $|a_n| \leq M$, $|b| \leq M$ und $|b_n| \leq M$ für alle $n \in \mathbb{N}$.
  Ferner existieren zu $\varepsilon > 0$ ein N_1 und ein $N_2 \in \mathbb{N}$ mit

$$|a_n - a| < \frac{\varepsilon}{2M} \quad \text{und} \quad |b_n - b| < \frac{\varepsilon}{2M} \ \forall n > N_1, N_2.$$

Wieso wir hier gerade $\frac{\varepsilon}{2M}$ wählen, wird gleich deutlich werden. Es gilt nun für alle $n \geq n_0 := \max\{N_1, N_2\}$:

$$|a_n \cdot b_n - ab| = |a_n \cdot b_n - ab_n + ab_n - ab|.$$

In diesem Schritt haben wir wieder geschickt Null addiert. Der Sinn wird gleich klar.

$$|b_n \cdot (a_n - a) + a \cdot (b_n - b)| \leq |b_n \cdot (a_n - a)| + |a \cdot (b_n - b)|$$
$$= |b_n| \cdot |a_n - a| + |a| \cdot |b_n - b| \ldots$$

Hier haben wir nur die Dreiecksungleichung und die Tatsache, dass $|ab| = |a||b|$, angewendet. Und jetzt können wir die obigen Abschätzungen verwenden, und es wird nun auch ganz klar werden, wieso wir gerade $|a_n - a| < \frac{\varepsilon}{2M}$ und $|b_n - b| < \frac{\varepsilon}{2M}$ gewählt hatten.

$$\ldots < M \cdot \frac{\varepsilon}{2M} + M \cdot \frac{\varepsilon}{2M} = \frac{\varepsilon}{2} + \frac{\varepsilon}{2} = \varepsilon \ \forall n \geq n_0.$$

Es geht am Ende also wunderbar auf. Natürlich hätten wir nicht $\frac{\varepsilon}{2M}$ wählen müssen. Dann hätten wir gegebenenfalls 2ε erhalten. Das wäre auch okay gewesen, denn wenn ε gegen 0 geht, dann tut dies natürlich auch 2ε. Aber so ist es doch schöner, oder? Das macht man bei vielen Beweisen so, die euch im ersten Semester begegnen werden. Man schaut erst einmal, was rauskommt und formuliert dann erst den endgültigen Beweis, den ihr in der Vorlesung vorgesetzt bekommt. Insgesamt erhalten wir also

$$|a_n \cdot b_n - ab| < \varepsilon \ \forall n \geq n_0.$$

Damit haben wir gezeigt, dass die Folge $(a_n \cdot b_n)_{n \in \mathbb{N}}$ gegen ab konvergiert.

- Es ist $b \neq 0$. Damit existiert ein $n_0 \in \mathbb{N}$ mit

$$|b_n - b| < \frac{|b|^2}{2} =: \varepsilon \ \forall n \geq n_0,$$

denn die Folge $(b_n)_{n \in \mathbb{N}}$ ist konvergent. Auch hier definieren wir das ε gerade wieder so, dass es am Ende „schön" aufgeht. Dann gilt für alle $n \geq n_0$:

$$|b| = |b - (b_n - b_n)| = |(b - b_n) + b_n| \leq |b - b_n| + |b_n| < \frac{|b|^2}{2} + |b_n|,$$

wobei wir hier wieder geschickt Null addiert und die Dreiecksungleichung angewendet haben. Im letzten Schritt haben wir gerade $|b_n - b|$ durch $\frac{|b|^2}{2}$ nach oben abgeschätzt, so wie wir es gewählt hatten.

Also ist $|b_n|$ fast immer ungleich 0 (ab einem N) und es gilt fast immer:

$$\left| \frac{1}{b_n} - \frac{1}{b} \right| = \left| \frac{b_n - b}{b \cdot b_n} \right| = \frac{|b_n - b|}{|b| \cdot |b_n|} \leq \frac{2}{|b|^2} \cdot |b_n - b|.$$

Aber es gilt auch $|b_n - b| < \varepsilon \frac{|b|^2}{2}$, also

$$\left| \frac{1}{b_n} - \frac{1}{b} \right| < \varepsilon$$

für fast alle n. Der Rest folgt aus den schon bewiesenen Grenzwertsätzen (8.3), da $\frac{a_n}{b_n} = a_n \cdot \frac{1}{b_n}$.

Die Grenzwertsätze versteht man erst richtig, wenn man ein paar Beispiele dazu gesehen hat. Legen wir also los!

▶ **Beispiel 77** Wir betrachten die Folge $(a_n)_{n \in \mathbb{N}} := \left(\frac{2n^2 - 3}{3n^2 + 2n - 1} \right)_{n \in \mathbb{N}}$. Ist diese Folge konvergent?

Angenommen, die Folge wäre konvergent. Dann können wir mittels der Grenzwertsätze den Grenzwert sofort ohne Probleme bestimmen:

$$\lim_{n \to \infty} \left(\frac{2n^2 - 3}{3n^2 + 2n - 1} \right) = \lim_{n \to \infty} \left(\frac{n^2 \cdot (2 - \frac{3}{n^2})}{n^2 \cdot (3 + \frac{2}{n} - \frac{1}{n^2})} \right) = \lim_{n \to \infty} \left(\frac{2 - \frac{3}{n^2}}{3 + \frac{2}{n} - \frac{1}{n^2}} \right)$$

$$= \frac{\lim\limits_{n \to \infty} (2 - \frac{3}{n^2})}{\lim\limits_{n \to \infty} (3 + \frac{2}{n} - \frac{1}{n^2})} = \frac{\lim\limits_{n \to \infty} 2 - \lim\limits_{n \to \infty} \frac{3}{n^2}}{\lim\limits_{n \to \infty} 3 + \lim\limits_{n \to \infty} \frac{2}{n} - \lim\limits_{n \to \infty} \frac{1}{n^2}} = \frac{2 - 0}{3 + 0 - 0} = \frac{2}{3}.$$

Nun wissen wir also, dass die Folge gegen $\frac{2}{3}$ konvergiert.

Zur Übung weisen wir dies nochmals mit unserer Definition 8.2 nach. Wir müssen also zeigen: Für alle $\varepsilon > 0$ existiert ein $n_0 \in \mathbb{N}$ mit der Eigenschaft, dass

$$|a_n - a| = \left| \frac{2n^2 - 3}{3n^2 + 2n - 1} - \frac{2}{3} \right| < \varepsilon \ \forall n \geq n_0.$$

Also los: Dazu formen wir $|\frac{2n^2-3}{3n^2+2n-1} - \frac{2}{3}|$ erst einmal durch Hauptnennerbildung um:

$$\left| \frac{2n^2-3}{3n^2+2n-1} - \frac{2}{3} \right| = \left| \frac{3(2n^2-3)}{3(3n^2+2n-1)} - \frac{2(3n^2+2n-1)}{3(3n^2+2n-1)} \right|$$

$$= \left| \frac{3(2n^2-3) - 2(3n^2+2n-1)}{3(3n^2+2n-1)} \right| = \left| \frac{6n^2-9-6n^2-4n+2}{3(3n^2+2n-1)} \right|$$

$$= \left| \frac{-4n-7}{3(3n^2+2n-1)} \right|$$

Jetzt können wir ganz grob abschätzen, da wir ja nicht an einem möglichst kleinen n_0 interessiert sind:

$$\left| \frac{-4n-7}{3(3n^2+2n-1)} \right| < \frac{4n}{3n^2} < \frac{4}{n}.$$

Jetzt wissen wir, wo wir hin müssen und können den Beweis nochmal „neu" aufschreiben, also so, wie er auch in eurer Klausur oder auf eurer Lösung zum Übungszettel stehen sollte.

Sei $\varepsilon > 0$ beliebig vorgegeben. Wähle ein $n_0 \in \mathbb{N}$ derart, dass $\frac{4}{n_0} < \varepsilon \Leftrightarrow n_0 > \frac{4}{\varepsilon}$. So ein n_0 existiert nach dem Satz von Archimedes. Nach der obigen Abschätzung gilt dann:

$$\left| \frac{2n^2-3}{3n^2+2n-1} - \frac{2}{3} \right| < \frac{4}{n} \leq \frac{4}{n_0} < \varepsilon \; \forall n \geq n_0.$$

Damit ist alles gezeigt.   ∎

Das war ein Standardbeispiel, das ihr mit Sicherheit schon einmal in der Vorlesung gesehen habt, oder noch sehen werdet. Kommen wir zu einem weiteren Beispiel, das uns einen Trick verrät, der immer wieder mal gebraucht wird.

▶ **Beispiel 78** Wir betrachten die Folge $b_n := \sqrt{n^2+n} - n$. Zunächst einmal wollen wir den Grenzwert wieder mittels der Grenzwertsätze bestimmen und gehen davon aus, dass die Folge konvergiert. Dazu formen wir etwas um, indem wir geschickt erweitern. Das ist der Trick, von dem wir gesprochen haben und den man sich merken sollte.

$$\sqrt{n^2+n} - n = \frac{(\sqrt{n^2+n} - n)(\sqrt{n^2+n} + n)}{\sqrt{n^2+n} + n}$$

$$= \frac{n^2+n-n^2}{\sqrt{n^2+n} + n} = \frac{n}{\sqrt{n^2+n} + n} = \frac{n}{\sqrt{n^2 \cdot (1 + \frac{1}{n})} + n}$$

$$= \frac{n}{n \cdot \sqrt{1 + \frac{1}{n}} + n} = \frac{1}{\sqrt{1 + \frac{1}{n}} + 1}.$$

Lassen wir n nun beliebig groß werden, das heißt $n \to \infty$, so ergibt sich der Grenzwert $\frac{1}{2}$, denn es geht $\frac{1}{\sqrt{1+\frac{1}{n}}+1} \to \frac{1}{2}$ für $n \to \infty$.

Nun wenden wir wieder zur Übung die Definition 8.2 der Konvergenz an. Wir schätzen also $\left| b_n - \frac{1}{2} \right|$ ab:

$$
\left| b_n - \frac{1}{2} \right| = \left| \sqrt{n^2 + n} - n - \frac{1}{2} \right|
$$

$$
= \left| \sqrt{n^2 + n} - \left(n + \frac{1}{2} \right) \right| = \left| \frac{\left(\sqrt{n^2 + n} - \left(n + \frac{1}{2} \right) \right) \cdot \left(\sqrt{n^2 + n} + n + \frac{1}{2} \right)}{\sqrt{n^2 + n} + \left(n + \frac{1}{2} \right)} \right|
$$

$$
= \left| \frac{n^2 + n - \left(n^2 + n + \frac{1}{4} \right)}{\sqrt{n^2 + n} + \left(n + \frac{1}{2} \right)} \right| = \frac{\frac{1}{4}}{\sqrt{n^2 + n} + \left(n + \frac{1}{2} \right)} \le \frac{\frac{1}{4}}{n} = \frac{1}{4n}.
$$

Und von vorne: Sei nun $\varepsilon > 0$. Dann gibt es ein $n_0 \in \mathbb{N}$, sodass $n_0 > \frac{1}{4\varepsilon}$. Dann gilt für alle $n \ge n_0$:

$$
\left| b_n - \frac{1}{2} \right| \le \frac{1}{4n} \le \frac{1}{4n_0} < \varepsilon.
$$

Damit ist alles gezeigt.   ∎

Wir empfehlen euch: Rechnet so viele Beispiele wie möglich durch und habt keine Angst vor diesen ε-n_0-Beweisen. Irgendwann, nach etwas Übung, werdet ihr über solche Aufgaben lachen können, da sie euch einfach von der Hand gehen werden.

Des Weiteren wollen wir nochmals ausdrücklich darauf hinweisen, dass die Grenzwertsätze *nur* für konvergente Folgen gelten. Um euch dies zu „beweisen", betrachten wir das folgende

▶ **Beispiel 79** Wir betrachten die divergente Folge $(a_n)_{n \in \mathbb{N}} = (n)_{n \in \mathbb{N}}$ und die konvergente Folge $(a_n)_{n \in \mathbb{N}} = \left(\frac{1}{n} \right)_{n \in \mathbb{N}}$. Es gilt also $a_n \cdot b_n = n \cdot \frac{1}{n} = 1$. Nun ist $a_n \cdot b_n \to 1$ für $n \to \infty$.

Aber: $a_n = n \to \infty$ für $n \to \infty$ und $b_n = \frac{1}{n} \to 0$ für $n \to \infty$. Was ist aber „$\infty \cdot 0$"? Es ist nicht etwa 1, sondern unbestimmt!   ∎

Erklärung

Zum Satz 8.4: Dass $\lim_{n \to \infty} (\lambda \cdot a_n) = \lambda \cdot \lim_{n \to \infty} (a_n)$ gilt, folgt sofort aus den Grenzwertsätzen (Satz 8.3), wenn wir beispielsweise $b_n := \lambda$ setzen.

Erklärung

Zum Satz von Bolzano-Weierstraß (Satz 8.5): Zum Satz von Bolzano-Weierstraß wollen wir nicht allzu viel sagen. Nur, dass aus diesem Satz zwei wichtige Sätze folgen, wie wir noch sehen werden. Nämlich einmal, dass jede monotone und beschränkte Folge reeller Zahlen konvergiert (Satz 8.6), und dass eine stetige Funktion auf einem abgeschlossenen und beschränkten Intervall ein Maximum bzw. Minimum annimmt. Wir werden dies im Kap. 10 über die Stetigkeit und im Kap. 11 zur Differenzierbarkeit genauer sehen.

Zum Satz 8.6: Dies hatten wir schon angedeutet: Die Beschränktheit ist ein not-wendiges Kriterium für die Folgenkonvergenz. Das heißt, wenn eine Folge konver-giert, muss sie auf jeden Fall beschränkt sein. Das bedeutet aber für uns: *Wenn eine Folge nicht beschränkt ist, kann sie nicht konvergent sein.*

Der Satz 8.6 findet vor allem Anwendungen bei den rekursiv definierten Folgen, wie wir jetzt sehen werden:

Weiter oben haben wir festgestellt (zum Beispiel an der Collatz-Folge), dass Folgen rekursiv definiert sein können. Als motivierendes Beispiel betrachte man die Fibonacci-Folge.

▶ **Beispiel 80 (Fibonacci-Folge)** Seien $F_1 := 1$, $F_2 := 1$ und $F_n := F_{n-1} + F_{n-2}$. Wir erhalten die rekursiv definierte Folge der *Fibonacci-Zahlen*:

$$(1, 1, 2, 3, 5, 8, 13, 21, 34, 55, \ldots).$$

Benannt ist diese Folge nach Leonardo Fibonacci, der damit 1202 das Wachstum einer Kaninchenpopulation beschrieb. Die Reihe war aber schon in der indischen und westlichen Antike bekannt.   ■

Aber wie bestimmt man den Grenzwert von diesen rekursiv definierten Folgen? Wie kann man Aussagen darüber treffen, ob die rekursiv definierte Folge konvergiert oder nicht?

Diese Fragen wollen wir nun nacheinander und ganz in Ruhe beantworten, in-dem wir uns ein paar Beispiele anschauen.

▶ **Beispiel 81** Zeige, dass die durch

$$a_{n+1} := \frac{a_n}{2} + 1$$

rekursiv definierte Folge mit Anfangswert $a_0 = 1$ konvergiert und bestimme ihren Grenzwert.

Wir stellen uns einfach erst einmal blöd und gehen davon aus, dass die Folge gegen den Grenzwert a konvergiere. Dann gilt also $\lim_{n\to\infty}(a_n) = a$ bzw. auch $\lim_{n\to\infty}(a_{n+1}) = a$.

Insgesamt erhalten wir also eine einfache Gleichung, indem man einfach alle Indizes streicht, und können so den möglichen Grenzwert bestimmen:

$$a = \frac{a}{2} + 1 \Leftrightarrow 2a = a + 2 \Leftrightarrow a = 2.$$

Wenn die Folge konvergiert, dann also gegen 2.

Warum haben wir das Ganze jetzt vorher schon gemacht? Ganz einfach: Wir zeigen jetzt, dass die Folge nach oben durch 2 beschränkt und streng monoton wachsend ist. Dann folgt sofort die Konvergenz der Folge aus Satz 8.6.

Wir hätten natürlich auch erst einmal durch Einsetzen von ein paar Werten eine obere Schranke ermitteln bzw. vermuten können. So sind zum Beispiel 3 oder 518 auch obere Schranken der Folge. Dennoch bietet sich erst einmal an, den möglichen Grenzwert der Folge in Gedanken oder auf einem Schmierzettel zu berechnen.

- *Nachweis der Beschränktheit:* Wir müssen zeigen, dass $a_n \leq 2$ für alle $n \in \mathbb{N}$. Und wenn wir etwas für alle natürlichen Zahlen zeigen sollen, bietet sich doch die vollständige Induktion an, die wir in Kap. 5 über die Beweistechniken besprochen haben. Also fangen wir an:
  Induktionsanfang für $n = 0$: Dort müssen wir also a_0 angeben. Dies ist aber gerade unser Startwert. Es gilt $a_0 = 1 \leq 2$. Der Induktionsanfang ist damit erfüllt.
  Induktionsschritt: Von n auf $n + 1$:
  Wir müssen zeigen, dass $a_{n+1} \leq 2$ und zwar unter der Induktionsvoraussetzung (IV), dass $a_n \leq 2$ gilt. Wir setzen an:
  Es ist $a_{n+1} = \frac{a_n}{2} + 1$. Nach der Induktionsvoraussetzung ergibt sich letztendlich

$$a_{n+1} = \frac{a_n}{2} + 1 \leq \frac{2}{2} + 1 = 1 + 1 = 2.$$

Auch der Induktionsschritt ist damit erfüllt.

- *Nachweis der Monotonie:* Wenn es uns jetzt noch gelingt, zu zeigen, dass die Folge monoton wachsend ist, so haben wir die Konvergenz gezeigt. Wir müssen hierfür zeigen, dass $a_{n+1} \geq a_n$ oder das dazu äquivalente $a_{n+1} - a_n \geq 0$. Also:

$$a_{n+1} - a_n = \frac{a_n}{2} + 1 - a_n = 1 - \frac{a_n}{2} = \frac{2 - a_n}{2} \geq 0.$$

Im letzten Schritt haben wir ausgenutzt, dass die Folge nach oben durch 2 beschränkt ist. Also ist die Folge auch monoton wachsend, und die Folge konvergiert insgesamt gegen 2.
An dieser Stelle könnten wir jetzt also wie oben den Grenzwert ausrechnen, da wir wissen, dass er existiert. ∎

Schieben wir gleich noch ein Beispiel hinterher, denn nur Übung macht den Meister.

▶ **Beispiel 82** Wir betrachten die rekursiv definierte Folge

$$a_{n+1} := \ln(1 + a_n)$$

mit $a_0 = 1$. Wir tun auch hier erstmal wieder so, als wäre die Folge konvergent, das heißt, es würden $\lim_{n \to \infty}(a_n) = a$ und $\lim_{n \to \infty}(a_{n+1}) = a$ gelten.
Wir erhalten also folgenden möglichen Grenzwert:

$$a = \ln(1 + a) \Leftrightarrow e^a = e^{\ln(1+a)} \Leftrightarrow e^a = 1 + a.$$

Diese Gleichung ist nur für $a = 0$ erfüllt, wie wir in Kap. 11 noch sehen werden, wenn wir die Exponential- und Logarithmusfunktion einführen.

Es liegt also nahe, zu vermuten, dass die Folge nach unten durch 0 beschränkt ist, dass also $a_n \geq 0$ für alle $n \in \mathbb{N}$ gilt. Auch dies weisen wir mittels Induktion nach:

- *Nachweis der Beschränktheit:* Beginnen wir mit dem
  Induktionsanfang für $n = 0$: Mit unserem Startwert $a_0 = 1$ folgt $a_0 = 1 \geq 0$.
  Der Induktionsanfang ist damit erfüllt.
  Induktionsschritt: Von n auf $n + 1$:
  Wir zeigen $a_{n+1} \geq 0$ unter der Induktionsvoraussetzung, dass $a_n \geq 0$ für ein n wahr ist. Es ist nun $a_{n+1} = \ln(1 + a_n) \geq 0$.
  Dies folgt sofort aus der Induktionsvoraussetzung und aus der Eigenschaft der Logarithmusfunktion. Damit ist also auch der Induktionsschritt erbracht und die Behauptung bewiesen.
- *Nachweis der Monotonie:* Wir zeigen, dass die Folge monoton fallend ist. Hieraus und aus der Beschränktheit folgt dann sofort die Konvergenz der Folge, da eine monoton fallende Folge genau dann konvergiert, wenn sie nach unten beschränkt ist. Wir müssen $a_{n+1} < a_n$ bzw. $a_{n+1} - a_n < 0$ zeigen. Mit der Ungleichung $\ln(1 + x) \leq x$ für $x \geq -1$ ergibt sich auch $\ln(1 + a_n) < a_n$ und damit die Behauptung.   ∎

Wir wollen auf eines nochmal *ausdrücklich hinweisen:* Es reicht natürlich nicht, einfach nur den Grenzwert nach obigem Muster zu berechnen und zu sagen, dass die Folge doch konvergent gegen diesen Grenzwert sein muss. Warum das nicht ausreicht, zeigt folgendes Gegenbeispiel.

▶ **Beispiel 83** Wir betrachten die rekursiv durch $a_{n+1} := a_n^2$ definierte Folge. Diese ist mit Sicherheit nicht konvergent, wenn der Betrag des Startwertes größer als 1 ist.

Die Folge scheint unter dieser Voraussetzung nicht beschränkt zu sein, und Beschränktheit ist nun mal ein notwendiges Kriterium für die Konvergenz einer Folge. Wenn wir den Grenzwert nach obigem Schema aber berechneten, erhielten wir $a = a^2$, und dies ist für $a = 0$ und für $a = 1$ erfüllt. Man kann also „etwas" ausrechnen, aber die Folge ist nicht konvergent. Was lernen wir daraus?

Bei rekursiv definierten Folgen weist ihr erstmal nach, dass die Folge beschränkt und monoton ist, und könnt dann den Grenzwert berechnen, da man aus Monotonie und Beschränktheit Folgenkonvergenz folgern kann (siehe Satz 8.6).   ∎

Erklärung

Zum Satz 8.7 über monoton wachsende und fallende reelle Folgen: Was bedeutet Satz 8.7? Ganz einfach:

Eine monoton wachsende Folge konvergiert gegen ihr Supremum, wenn die Folge nach oben beschränkt ist, andernfalls „konvergiert" sie gegen ∞. Sie konvergiert dann uneigentlich. Analog für das Infimum.

Zum Satz 8.9, dass jede Cauchy-Folge konvergent ist: Der Satz 8.9 sagt, dass im Reellen die konvergenten Folgen gerade die Cauchy-Folgen sind.

Bei Cauchy-Folgen muss man dennoch etwas vorsichtig sein. Man kann sich leicht ein Beispiel für eine Folge überlegen, für die $|a_n - a_{n+1}|$ eine Nullfolge ist, also so ähnlich wie Cauchy aussieht, aber nicht konvergent ist. Betrachten wir ein solches Beispiel als Warnung.

▶ **Beispiel 84** Wir nehmen die Partialsummen der harmonischen Reihe und zeigen mittels des Cauchy-Kriteriums, dass die Folge $(a_n)_{n \in \mathbb{N}} := \left(\sum_{k=1}^{n} \frac{1}{k} \right)_{n \in \mathbb{N}}$ divergent ist. Für die Divergenz ist die Negation der Folgenkonvergenz zu zeigen, also:

$$\exists \varepsilon > 0 \; \forall n_0 \in \mathbb{N} \; \exists m > n \geq n_0 : |a_m - a_n| = \left| \sum_{k=n+1}^{m} \frac{1}{k} \right| > \varepsilon.$$

Wähle $\varepsilon := \frac{1}{2}$ und $n_0 \in \mathbb{N}$ beliebig. Wir wählen dann $n := n_0$ und $m := 2n$, dann gilt $m > n \geq n_0$ und

$$\left| \sum_{k=n+1}^{m} \frac{1}{k} \right| = \frac{1}{n+1} + \ldots + \frac{1}{2n} > n \cdot \frac{1}{2n} = \frac{1}{2} = \varepsilon. \qquad \blacksquare$$

Im Kap. 9 über Reihen, werden wir einen anderen Beweis geben, wieso die harmonische Reihe $\sum_{k=n+1}^{m} \frac{1}{k}$ divergiert. Hier werden wir Reihen dann auch ordentlich definieren und mit Leben füllen. Betrachtet dieses Beispiel also als Vorgeschmack auf das nächste Kapitel.

Ein ausführliches Beispiel
Zum Abschluss dieses Kapitels wollen wir eine Folge nochmals auf Konvergenz untersuchen.

▶ **Beispiel 85** Es sei $x \in \mathbb{R}$. Wir betrachten die Folge $(a_n)_{n \in \mathbb{N}} = (x^n)_{n \in \mathbb{N}}$. Man sieht schon sehr schnell, dass die Folgenkonvergenz von x abhängig ist. Wir müssen also ein paar Fälle unterscheiden:

- Wenn $x = 1$ bzw. $x = 0$, dann erhalten wir die konstanten Folgen $(a_n)_{n \in \mathbb{N}} = (1^n)_{n \in \mathbb{N}} = (1)_{n \in \mathbb{N}}$ bzw. $(a_n)_{n \in \mathbb{N}} = (0^n)_{n \in \mathbb{N}} = (0)_{n \in \mathbb{N}}$. Diese konvergieren trivialerweise gegen 1 bzw. gegen 0, denn die Folgen haben ja nur die Folgenglieder 1 bzw. 0.
- Wenn $x = -1$, dann erhalten wir die Folge $(a_n)_{n \in \mathbb{N}} = ((-1)^n)_{n \in \mathbb{N}}$. Diese Folge ist divergent, weil sie zwei konvergente Teilfolgen, sprich zwei Häufungspunkte besitzt. Eine konvergente Folge besitzt aber nur genau einen, siehe auch das Beispiel 72.
- Wenn $|x| > 1$ gilt, dann ist die Folge nicht beschränkt. Die Folgenglieder werden beliebig groß (zum Beispiel $(a_n)_{n \in \mathbb{N}} = (2^n)_{n \in \mathbb{N}}$) und die Folge ist damit unbeschränkt.

- Bleibt nur noch der Fall $0 < |x| < 1$ zu betrachten. Hierfür konvergiert die Folge, wie wir jetzt sehen werden. Dies kostet etwas Arbeit.
Aus der Bernoullischen Ungleichung (siehe Kap. 5, Beispiel 39) folgt:

$$\frac{1}{|x|^n} = \left(\frac{1}{|x|}\right)^n = \left(1 + \frac{1}{|x|} - 1\right)^n \geq 1 + n \cdot \left(\frac{1}{|x|} - 1\right).$$

Sei $\varepsilon > 0$. Nun wählen wir $n_0 \in \mathbb{N}$ so groß, dass $1 + n_0 \cdot \left(\frac{1}{|x|} - 1\right) > \frac{1}{\varepsilon}$ gilt, also:

$$n_0 > \frac{\frac{1}{\varepsilon} - 1}{\frac{1}{|x|} - 1}.$$

Dann gilt für alle $n \geq n_0$:

$$\frac{1}{|x|^n} \geq 1 + n \cdot \left(\frac{1}{|x|} - 1\right) \geq 1 + n_0 \cdot \left(\frac{1}{|x|} - 1\right) > \frac{1}{\varepsilon}.$$

Es gilt $|x^n - 0| = |x^n| < \varepsilon$.
Und da steht das Gewünschte. Aber wie kommen wir darauf? Ganz einfach: Aus $\frac{1}{|x|^n} > \frac{1}{\varepsilon}$ folgt durch Umstellen doch $\varepsilon > |x|^n$.
Noch eine Anmerkung: Die Konvergenz von x^n mit $0 < x < 1$ könnten wir viel schneller zeigen, wenn wir den Logarithmus verwenden dürften (Wie nämlich? Tipp: Für beliebiges $0 < \varepsilon < 1$ können wir dann $n_0 = \frac{\ln(\varepsilon)}{\ln(x)}$ setzen.) Den Logarithmus hat man bei der Einführung der Folgen aber meistens noch nicht zur Verfügung. Der Aufbau der Analysis, das werdet ihr an eurer Vorlesung merken, geschieht aber schrittweise. Man darf nur das verwenden, was wir auch bewiesen haben, sonst ergeben sich böse Zirkelschlüsse. Daher mussten wir den Beweis in diesem Fall mit elementaren Mitteln, wie der Bernoulli-Ungleichung, führen.
Wir können also zusammenfassen, dass die Folge $a_n = x^n$ für $|x| > 1$ divergent ist, da unbeschränkt und für $|x| < 1$ gegen Null konvergiert, also eine Nullfolge ist. Folglich ist zum Beispiel die Folge $(a_n)_{n \in \mathbb{N}} = ((-1/2)^n)_{n \in \mathbb{N}}$ konvergent gegen Null, obwohl die Vorzeichen immer „hin und her springen" und es damit so scheinen könnte, als wäre die Folge divergent, was aber falsch ist. In Analogie zur geometrischen Reihe, die wir in Kap. 9 kennenlernen werden, sagt man zu dieser Folge $a_n = x^n$ auch geometrische Folge. ∎

Erklärung

Zum Quetschlemma (Satz 8.10): Der Name dieses Satzes verrät schon die Idee, die dahinter steckt. Wir haben zwei Folgen a_n, b_n, die beide den gleichen Grenzwert x haben. Quetschen wir nun die Folge c_n wie in einem Sandwich von unten durch a_n und von oben durch b_n (das ist gerade die Bedingung $a_n \leq c_n \leq b_n$), so sagt der Satz, dass auch c_n gegen x konvergieren muss. Ganz nett, oder? Schauen wir uns ein einfaches Beispiel an!

▶ **Beispiel 86** Wir wollen die Folge $c_n = \frac{2n+\sin(n)}{4n+2}$ auf Konvergenz untersuchen. Hierzu verwenden wir das Quetschlemma mit

$$a_n := \frac{2n-1}{4n+2} \quad \text{und} \quad b_n := \frac{2n+1}{4n+2}.$$

Sowohl die Folge a_n als auch die Folge b_n konvergieren gegen den gleichen Grenzwert $x = \frac{2}{4} = \frac{1}{2}$. Die erste Voraussetzung des Quetschlemmas ist also erfüllt. Es bleibt noch zu zeigen, dass die Folge c_n durch a_n und b_n eingequetscht werden kann. Es gilt nun aber

$$\frac{2n-1}{4n+2} \le \frac{2n+\sin(n)}{4n+2} \le \frac{2n+1}{4n+2}. \tag{8.3}$$

Daher konvergiert auch die Folge c_n gegen $\frac{1}{2}$.

Wie kommt man aber auf die Folgen a_n und b_n und wieso gilt (8.3)? Nun ja, dies liegt im Wesentlichen daran, dass $|\sin(n)| \le 1$ durch 1 abgeschätzt werden kann. Nach unten also durch -1 und nach oben durch $+1$. ∎

▶ **Beispiel 87** Als ein letztes Beispiel wollen wir den Grenzwert der Folge $a_n := \sqrt[n]{3^n + 5^n}$ berechnen. Wir schätzen wie folgt ab

$$5 = \sqrt[n]{5^n} \le \sqrt[n]{3^n + 5^n} \le \sqrt[n]{3 \cdot 5^n} = \sqrt[n]{3} \cdot 5$$

und erhalten dann mit dem Quetschlemma, dass

$$\lim_{n \to \infty} \sqrt[n]{3^n + 5^n} = 5.$$

∎

Reihen

9

Dieses Kapitel widmet sich den Reihen. Es soll vor allem deutlich werden, was Folgen und Reihen gemeinsam haben und wie man Reihen auf Konvergenz oder Divergenz untersuchen kann. Dafür werden wir einige Verfahren zur Konvergenz- bzw. Divergenzuntersuchung vorführen und an Beispielen illustrieren. Wir wollen uns dabei wieder ganz auf die reellen Zahlen beschränken.

9.1 Definitionen

Definition 9.1 (Reihe)

Die Folge $(S_n)_{n\in\mathbb{N}_0}$ der Partialsummen (Teilsummen) $S_n := \sum_{k=0}^{n} a_k$ einer reellen Folge $(a_k)_{k\in\mathbb{N}_0}$ heißt **Reihe**.

Eine Reihe heißt **konvergent**, wenn die Partialsummenfolge $(S_n)_{n\in\mathbb{N}_0}$ konvergiert.

Definition 9.2 (Absolut konvergent)

Eine Reihe $\sum_{k=0}^{\infty} a_k$ heißt **absolut konvergent**, wenn $\sum_{k=0}^{\infty} |a_k|$ konvergiert.

Definition 9.3 (Potenzreihe)

Unter einer **Potenzreihe** verstehen wir eine Reihe der Form

$$\sum_{n=0}^{\infty} a_n(x - x_0)^n$$

© Springer-Verlag GmbH Deutschland, ein Teil von Springer Nature 2018
F. Modler, M. Kreh, *Tutorium Analysis 1 und Lineare Algebra 1*,
https://doi.org/10.1007/978-3-662-56752-4_9

mit einer reellen Folge $(a_n)_{n \in \mathbb{N}_0}$ und $x \in \mathbb{R}$. Die Stelle $x_0 \in \mathbb{R}$ wird dabei der **Entwicklungspunkt**, und a_n für $n \in \mathbb{N}$ werden die **Koeffizienten** genannt.

Hinsichtlich der Konvergenz sind drei Fälle möglich: Die Potenzreihe konvergiert entweder nur für

- $x = x_0$ oder
- auf einem Intervall (symmetrisch um x_0) oder
- auf ganz $\mathbb{R}$.

Anmerkung: Man kann Potenzreihen auch für komplexe Folgen $(a_n)_{n \in \mathbb{N}_0}$ definieren. Dabei kann man sich die Konvergenz etwas besser „vorstellen". Der Vollständigkeit halber wollen wir dies erwähnen, aber im Folgenden nur mit reellen Folgen rechnen:

Eine (komplexe) Potenzreihe $\sum_{n=0}^{\infty} a_n(x - x_0)^n$ mit komplexer Folge $(a_n)_{n \in \mathbb{N}_0}$ konvergiert entweder für

- *$x = x_0$ oder*
- *auf einer Kreisscheibe mit Mittelpunkt x_0 oder*
- *auf ganz $\mathbb{C}$.*

Mehr dazu in der Funktionentheorie.

Definition 9.4 (Konvergenzradius einer Potenzreihe)
Als **Konvergenzradius** einer Potenzreihe an der Stelle x_0 definieren wir die größte Zahl $r > 0$, für welche die Potenzreihe für alle x mit $|x - x_0| < r$ konvergiert. Der Konvergenzradius ist also der Radius des Konvergenzkreises (bei komplexen Potenzreihen). Falls die Reihe nur für x_0 konvergiert, so ist der Konvergenzradius 0. Konvergiert sie für alle x, so ist der Konvergenzradius ∞. Mit $(x_0 - r, x_0 + r)$ bezeichnen wir das **Konvergenzintervall**.

Definition 9.5 (Exponentialreihe)
Unter der **Exponentialreihe** verstehen wir die Reihe

$$e^x := \sum_{k=0}^{\infty} \frac{x^k}{k!} = 1 + x + \frac{x^2}{2!} + \frac{x^3}{3!} + \cdots$$

mit $x \in \mathbb{R}$.

Definition 9.6 (Eulersche Zahl)

Die Zahl $e := e^1 = \sum_{k=0}^{\infty} \frac{1}{k!}$ heißt **Eulersche Zahl**.

Anmerkung: Die Eulersche Zahl kann man auch als Grenzwert

$$e := \lim_{n \to \infty} \left(1 + \frac{1}{n}\right)^n$$

definieren. Siehe dazu auch Beispiel 106.

Definition 9.7 (Exponentialfunktion)

Die Funktion $e^x : \mathbb{R} \to \mathbb{R}, x \mapsto e^x$ heißt die **Exponentialfunktion**.

Definition 9.8 (Sinus und Kosinus)

Die **Sinusfunktion** ist definiert als

$$\sin(x) := \sum_{k=0}^{\infty} (-1)^k \frac{x^{2k+1}}{(2k+1)!}.$$

Entsprechend ist die **Kosinusfunktion** definiert als

$$\cos(x) := \sum_{k=0}^{\infty} (-1)^k \frac{x^{2k}}{(2k)!}.$$

Anmerkung: Vergleicht man die Definition von Exponentialreihe mit der von Sinus und Kosinus, so erkennt man Ähnlichkeiten. Es gilt nämlich (wie wir im Kap. 4 bereits gesehen haben), dass der Kosinus der Realteil und der Sinus der Imaginärteil der komplexen Exponentialfunktion ist. Weiter bemerken wir, dass $|\sin(x)| \le 1$ und $|\cos(x)| \le 1$ für alle x gelten bzw. dass die Sinus- und Kosinusfunktion 2π-periodisch sind, was sofort aus dem Graphen abzulesen ist.

Definition 9.9 (allgemeine Potenz)

Sei $a \in \mathbb{R}_{>0}$ und $b \in \mathbb{R}$. Dann heißt

$$a^b := \exp(b \cdot \ln(a))$$

allgemeine Potenz.

9.2   Sätze und Beweise

Satz 9.1 (Trivialkriterium)

Ist die Reihe $\sum_{k=1}^{\infty} a_k$ konvergent, so gilt $\lim\limits_{k \to \infty} (a_k) = 0$.

Beweis: Voraussetzung: Die Reihe konvergiert, das heißt, auch $S_n = \sum_{k=0}^{n} a_k$ konvergiert. Sei $\lim\limits_{n \to \infty} S_n =: b$. Offenbar gilt dann auch $S_{n+1} \to b$. Wegen $a_n = S_{n+1} - S_n$ haben wir $a_n \to b - b = 0$. Also insgesamt $a_k \to 0$.   q.e.d.

Satz 9.2 (Konvergenzkriterium nach Cauchy)

$\sum a_k$ *konvergent* $\Leftrightarrow \forall \varepsilon > 0 \, \exists n_0 \, \forall m \geq n \geq n_0 : \left| \sum_{k=n}^{m} a_k \right| < \varepsilon$

Beweis: Die Reihe ist genau dann konvergent, wenn die Folge der Partialsummen konvergiert (nach Definition der Konvergenz einer Reihe, siehe auch Definition 9.1) und dies ist genau dann der Fall, wenn die Folge $S_n := \sum_{k=0}^{n} a_k$ eine Cauchy-Folge ist, siehe dazu Satz 8.9.

Die Behauptung folgt damit sofort aus

$$|S_n - S_{m-1}| = \left| \sum_{k=m}^{n} a_k \right|$$

und $n \geq m$.   q.e.d.

Satz 9.3 (Leibniz-Konvergenzkriterium)

Ist $(a_k)_{k \in \mathbb{N}_0}$ eine monoton fallende Folge reeller Zahlen mit $a_k \geq 0 \; \forall k \in \mathbb{N}_0$, und ist $\lim\limits_{k \to \infty} a_k = 0$ (das heißt, die Folge ist eine Nullfolge), so konvergiert die Reihe $\sum_{k=0}^{\infty} (-1)^k \cdot a_k$.

Anmerkung: Dies ist eine alternierende Reihe, deren Vorzeichen bei den Summanden immer zwischen $+$ und $-$ wechselt.

Beweis: Für die Konvergenz ist zu zeigen:

$$\forall \varepsilon > 0 \, \exists n_0 \, \forall m > n \geq n_0 : \left| \sum_{k=n}^{m} (-1)^k \cdot a_k \right| < \varepsilon.$$

Da a_k monoton fallend ist, gilt $a_j - a_{j+1} \geq 0$ für alle j. Daraus folgt:

$$\left| \sum_{k=n}^{m} (-1)^k \cdot a_k \right| = \left| (-1)^n \cdot a_n + (-1)^{n+1} \cdot a_{n+1} + \ldots \right|$$

$$= \left| (-1)^n \cdot (a_n - a_{n+1} + a_{n+2} \pm \ldots) \right|$$

$$= (a_n - a_{n+1}) + (a_{n+2} - a_{n+3}) + \ldots$$

$$= a_n - (a_{n+1} - a_{n+2}) - (a_{n+3} - a_{n+4} - \ldots)$$

$$\leq a_n = |a_n|.$$

Sei $\varepsilon > 0$ beliebig. Wegen $a_n \to 0$ gibt es ein n_0, sodass $|a_n| < \varepsilon$ für alle $n \geq n_0$ ist.
Nach der obigen Abschätzung folgt:

$$\left| \sum_{k=n}^{m} (-1)^k \cdot a_k \right| \leq |a_n| \leq \varepsilon$$

für alle $n > n_0$.   q.e.d.

Satz 9.4 (Majoranten- und Minorantenkriterium)
Seien $\sum a_k, \sum b_k$ zwei Reihen.

1. *Gilt $0 \leq |a_k| \leq b_k$ ab einem k_0, und ist die Majorante $\sum b_k$ konvergent, so konvergiert $\sum a_k$ absolut.*
2. *Gilt $0 \leq a_k \leq b_k$ ab einem k_0, und ist die Minorante $\sum a_k$ divergent, so divergiert $\sum b_k$.*

Beweis: Zu 1.: Da $\sum b_k$ konvergiert gilt:

$$\forall \varepsilon > 0 \ \exists k_0 \ \forall m \geq n \geq k_0 : \left| \sum_{k=n}^{m} b_k \right| < \varepsilon.$$

Ab diesem k_0 gilt dann $0 \leq |a_k| \leq b_k$, also:

$$\sum_{k=n}^{m} |a_k| \leq \sum_{k=n}^{m} b_k < \varepsilon.$$

Zu 2.: Dies folgt analog.   q.e.d.

Satz 9.5 (Quotientenkriterium)

Sei $\sum a_k$ eine Reihe, dann gelten die folgenden Aussagen:

1. Wenn $\lim_{k\to\infty} \left| \frac{a_{k+1}}{a_k} \right| < 1$, dann konvergiert die Reihe absolut.

2. Wenn $\lim_{k\to\infty} \left| \frac{a_{k+1}}{a_k} \right| = 1$, dann liefert das Quotientenkriterium über Konvergenz und Divergenz keine Aussage.

3. Wenn $\lim_{k\to\infty} \left| \frac{a_{k+1}}{a_k} \right| > 1$, dann divergiert die Reihe.

Anmerkung: Das Quotientenkriterium lässt sich mit Hilfe des Limes superior und Limes inferior wie folgt aufschreiben:

1. Gilt $\limsup_{k\to\infty} \left| \frac{a_{k+1}}{a_k} \right| < 1$, dann ist die Reihe absolut konvergent.

2. Gilt $\liminf_{k\to\infty} \left| \frac{a_{k+1}}{a_k} \right| > 1$, dann ist die Reihe divergent.

3. Gilt $\liminf_{k\to\infty} \left| \frac{a_{k+1}}{a_k} \right| \leq 1 \leq \limsup_{k\to\infty} \left| \frac{a_{k+1}}{a_k} \right|$, dann kann mit Hilfe des Quotientenkriteriums keine Aussage auf Konvergenz oder Divergenz getroffen werden.

Beweis: Wegen $\lim \left| \frac{a_{k+1}}{a_k} \right| < 1$, gibt es ein $q \in (0,1)$ und $N \in \mathbb{N}$ mit $\left| \frac{a_{k+1}}{a_k} \right| < q$ für alle $k > N$. Es gilt also:

$$|a_k| = \left| \frac{a_k}{a_{k-1}} \right| \cdot \left| \frac{a_{k-1}}{a_{k-2}} \right| \cdot \ldots \cdot \left| \frac{a_{N-1}}{a_N} \right| \leq q^{k-N} \cdot |a_N| = \frac{|a_N|}{q^N} \cdot q^k.$$

Wir haben damit eine konvergente Majorante (siehe auch Satz 9.4) $\sum \frac{|a_N|}{q^N} \cdot q^k$ gefunden.

Für $\lim \left| \frac{a_{k+1}}{a_k} \right| = 1$ ist keine Aussage möglich.

Für $\lim \left| \frac{a_{k+1}}{a_k} \right| > 1$ gibt es ein $N \geq k_0$ mit

$$|a_k| > |a_{k-1}| > \ldots > |a_N| \ \forall k \geq N.$$

Es ergibt sich, dass $(a_k)_{k\in\mathbb{N}}$ keine Nullfolge ist. Dementsprechend ist also keine Konvergenz möglich (Trivialkriterium, Satz 9.1).   q.e.d.

Satz 9.6 (Wurzelkriterium)

Sei $\sum a_k$ eine Reihe. Dann gelten die folgenden Aussagen:

1. Wenn $\limsup_{k\to\infty} \sqrt[k]{|a_k|} < 1$, dann konvergiert die Reihe absolut.

2. *Wenn* $\lim\sup_{k\to\infty} \sqrt[k]{|a_k|} = 1$, *dann liefert das Wurzelkriterium über Konvergenz und Divergenz keine Aussage.*
3. *Wenn* $\lim\sup_{k\to\infty} \sqrt[k]{|a_k|} > 1$, *dann divergiert die Reihe.*

Beweis: $\lim\sup \sqrt[k]{|a_k|} < 1 \Rightarrow \exists q \in (0,1)$ und $N \in \mathbb{N}$ mit $|a_k| < q^k \ \forall k \geq N$. Nach dem Majorantenkriterium (Satz 9.4) konvergiert die Reihe $\sum a_k$ absolut, weil die geometrische Reihe $\sum q^k$ konvergiert (siehe das später in den Erklärungen kommende Beispiel 89). Falls $\lim\sup \sqrt[k]{|a_k|} = 1$, ist keine Aussage möglich. Für den Fall $\lim\sup \sqrt[k]{|a_k|} > 1$ können wir mit dem Minorantenkriterium die Divergenz nachweisen.   q.e.d.

Satz 9.7 (Integralvergleichskriterium)
Sei $f : [1,\infty) \to [0,\infty)$ *monoton fallend, dann konvergiert die Reihe* $\sum_{k=1}^{\infty} f(k)$ *genau dann, wenn das uneigentliche Integral* $\int_1^{\infty} f(x)\,dx$ *konvergiert.*

Anmerkung: An dieser Stelle haben wir zwar den Integralbegriff noch nicht eingeführt, dennoch macht es der Vollständigkeit halber Sinn, dieses Kriterium an dieser Stelle zu erwähnen. Für alle, die noch keine Integrale kennen, verweisen wir auf Kap. 12.

Beweis: Für $k - 1 \leq x \leq k$ gilt:

$$f(k) \leq f(x) \leq f(k-1)$$

und somit auch:

$$f(k) = \int_{k-1}^{k} f(k)\,dx \leq \int_{k-1}^{k} f(x)\,dx \leq \int_{k-1}^{k} f(k-1)\,dx = f(k-1).$$

Durch Summation über k erhalten wir für alle $n \in \mathbb{N}$ die Abschätzung:

$$\sum_{k=2}^{n} f(k) \leq \int_1^{n} f(x)\,dx \leq \sum_{k=2}^{n} f(k-1).$$

Ist die Reihe $\sum_{k=1}^{n} f(k)$ konvergent, so gilt:

$$0 \leq \int_1^{\infty} f(x)\,dx \leq \sum_{k=1}^{\infty} f(k) < \infty.$$

Die Folge $\left(\int_1^n f(x)\,dx\right)_{n\in\mathbb{N}}$ ist monoton wachsend und nach oben beschränkt und damit konvergent (vergleiche Begriffe im Kap. 8 über Folgen und insbesondere Satz 8.6). Wenn $\int_1^\infty f(x)\,dx$ existiert, so gilt:

$$\sum_{k=1}^\infty f(k) = f(1) + \sum_{k=2}^\infty f(k) \le f(1) + \int_1^\infty f(x)\,dx < \infty.$$

Damit ist alles gezeigt.   q.e.d.

Satz 9.8 (Vergleichskriterium)

Hat die Folge (b_n) für $n \ge n_0$ stets dasselbe Vorzeichen, so gilt:

1. *Ist die Reihe $\sum_{n=1}^\infty b_n$ konvergent, und gilt $\lim_{n\to\infty} \frac{a_n}{b_n} = c$ mit $c \ne 0$, so konvergiert die Reihe $\sum_{n=1}^\infty a_n$.*
2. *Ist die Reihe $\sum_{n=1}^\infty b_n$ divergent, und gilt $\lim_{n\to\infty} \frac{a_n}{b_n} = c$ mit $c \ne 0$, so divergiert die Reihe $\sum_{n=1}^\infty a_n$.*

Satz 9.9 (Summe konvergenter Reihen)

Es seien $\sum_{k=0}^\infty a_k$ und $\sum_{k=0}^\infty b_k$ zwei konvergente Reihen und $\lambda \in \mathbb{R}$, dann ist auch die Reihe $\sum_{k=0}^\infty (a_k + \lambda \cdot b_k)$ konvergent.

Beweis: Der Satz folgt sofort aus den Grenzwertsätzen für die Folgen der Partialsummen. Siehe gegebenenfalls nochmal den Satz 8.3.   q.e.d.

Satz 9.10 (Konvergenz der Exponentialreihe)

Die Exponentialreihe konvergiert für alle $x \in \mathbb{R}$ absolut, und es gilt die Restgliedabschätzung:

$$e^x = \sum_{k=0}^n \frac{x^k}{k!} + r_{n+1}(x),$$

wobei $|r_{n+1}(x)| \le 2 \cdot \frac{|x|^{n+1}}{(n+1)!}$.

Anmerkung: Dies gilt sogar für alle $z \in \mathbb{C}$.

Beweis: Die absolute Konvergenz der Exponentialreihe folgt direkt mithilfe des Quotientenkriteriums (Satz 9.5):

$$\left| \frac{\frac{x^{k+1}}{(k+1)!}}{\frac{x^k}{k!}} \right| = \left| \frac{x^{k+1} \cdot k!}{x^k \cdot (k+1)!} \right| = \left| \frac{x}{k+1} \right| \leq \frac{1}{2} \quad \forall k \geq 2 \cdot |x|.$$

Für den Beweis der Restgliedabschätzung verwenden wir die geometrische Reihe (Beispiel 89). Wir setzen $r_{n+1} = \sum_{k=n+1}^{\infty} \frac{x^k}{k!}$ an.

$$r_{n+1} = \sum_{k=n+1}^{\infty} \frac{x^k}{k!} \leq \sum_{k=n+1}^{\infty} \frac{|x^k|}{k!}$$

$$= \frac{|x^{n+1}|}{(n+1)!} \cdot \left(1 + \frac{|x|}{n+2} + \ldots + \frac{|x|^j}{(n+2) \cdot \ldots \cdot (n+j+1)} + \ldots \right)$$

$$\leq \frac{|x|^{n+1}}{(n+1)!} \sum_{k=n+1}^{\infty} \left(\frac{|x|}{n+2} \right)^k.$$

Die Behauptung folgt für $\frac{|x|}{n+2} < \frac{1}{2} < 1$, denn dann ist

$$\frac{|x|^{n+1}}{(n+1)!} \sum_{k=n+1}^{\infty} \left(\frac{|x|}{(n+2)} \right)^k \leq \frac{|x|^{n+1}}{(n+1)!} \sum_{k=n+1}^{\infty} \left(\frac{1}{2} \right)^k$$

$$= \frac{1}{1-\frac{1}{2}} \cdot \frac{|x|^{n+1}}{(n+1)!} = 2 \cdot \frac{|x|^{n+1}}{(n+1)!}.$$

Genau das war zu zeigen. q.e.d.

Satz 9.11 (Das Cauchy-Produkt)
Seien $\sum_{k=0}^{\infty} a_k$ und $\sum_{k=0}^{\infty} b_k$ zwei absolut konvergente Reihen. Für $n \in \mathbb{N}$ setzen wir $c_n := \sum_{k=0}^{n} a_{n-k} \cdot b_k$. Dann konvergiert die Reihe $\sum_{k=0}^{\infty} c_k$ absolut, und es gilt:

$$\sum_{k=0}^{\infty} c_k = \left(\sum_{k=0}^{\infty} a_k \right) \left(\sum_{k=0}^{\infty} b_k \right).$$

Satz 9.12 (Funktionalgleichung der Exponentialfunktion)
Es gilt $e^{x+y} = e^x \cdot e^y \ \forall x, y \in \mathbb{R}$.

Beweis: Übungsaufgabe. Bei Problemen einfach in die Erklärungen schauen!

q.e.d.

Satz 9.13 (Eigenschaften der Exponentialfunktion)
Für die Exponentialfunktion gilt:

1. $e^x > 0$.
2. $e^{-x} = \frac{1}{e^x}$.
3. $e^x > 1 + x$, *falls* $x \neq 0$.
4. *Die Exponentialfunktion ist streng monoton wachsend.*
5. *Die Exponentialfunktion ist überall stetig.*
6. *Für jedes feste* $n \in \mathbb{N}$ *gilt*

$$\lim_{x \to \infty} \frac{e^x}{x^n} = \infty.$$

7. $\lim\limits_{x \to -\infty} e^x = 0$.

Beweis:
1. Es gilt

$$e^x \cdot \left(e^{-\frac{x}{2}} \right)^2 = e^x \cdot e^{-x} = e^{x-x} = e^0 = 1$$

und da $\left(e^{-\frac{x}{2}} \right)^2 > 0$ ist muss auch $e^x > 0$ sein.

2. Es gilt $e^0 = 1$, denn

$$e^0 = \left(\sum_{k=0}^{\infty} \frac{x^k}{k!} \right)_{x=0} = 1 + \frac{0^1}{1!} + \frac{0^2}{2!} + \frac{0^3}{3!} + \ldots = 1.$$

Es gilt entsprechend $e^0 = e^{x+(-x)}$ und nach der Funktionalgleichung (Satz 9.12):

$$1 = e^0 = e^{x+(-x)} = e^x \cdot e^{-x} \Leftrightarrow e^{-x} = \frac{1}{e^x}.$$

Das war zu zeigen.

3. Für $x \leq -1$ ist dies klar, denn dann ist $1 + x \leq 0$ aber $e^x > 0$. Ist $x > 0$, so ist $e^x = 1 + x + \frac{x^2}{2} + \cdots > 1 + x$, da alle weiteren Terme größer als 0 sind. Ist $x \in (-1, 0)$, so schreiben wir

$$e^x - (1+x) = x^2 \left(\frac{1}{2!} + \frac{x}{3!} + x^2 \left(\frac{1}{4!} + \frac{x}{5!} + x^2 \left(\frac{1}{6!} + \frac{x}{7!} + \cdots \right) \right) \right).$$

Wegen $|x| < 1$ ist nun

$$\frac{1}{2!} > \frac{|x|}{3!}, \quad \frac{1}{4!} > \frac{|x|}{5!}, \quad \frac{1}{6!} > \frac{|x|}{7!}, \ldots$$

Also haben wir

$$e^x - (1 + x)$$

$$= \underbrace{x^2}_{>0} \left(\underbrace{\frac{1}{2!} + \frac{x}{3!}}_{>0} + \underbrace{x^2}_{>0} \left(\underbrace{\frac{1}{4!} + \frac{x}{5!}}_{>0} + \underbrace{x^2}_{>0} \left(\underbrace{\frac{1}{6!} + \frac{x}{7!}}_{>0} + \cdots \right) \right) \right) > 0.$$

4. Es seien $x_1, x_2 \in \mathbb{R}$ und weiterhin $x_2 > x_1$. Wir müssen nun zeigen, dass $e^{x_2} > e^{x_1}$. Wegen Teil 3 ist $e^{x_2 - x_1} > 1$. Einfache Umformungen und Anwenden der Funktionalgleichung liefert:

$$e^{x_2} = \frac{e^{x_1}}{e^{x_1}} e^{x_2} = e^{x_1} \left(e^{x_2 - x_1} \right) > e^{x_1}.$$

5. Zeigen wir im nächsten Kap. 10 über die Stetigkeit. Siehe dazu die Beispiele 110 und 111, jeweils ganz unten im Beispiel.

6. Für $x > 0$ gilt direkt wegen der Reihendarstellung $e^x > \frac{x^{n+1}}{(n+1)!}$ für jedes $n \in \mathbb{N}$. Daraus folgt

$$\frac{e^x}{x^n} > \frac{x}{(n+1)!} \to \infty$$

für $x \to \infty$.

7. Dies folgt aus

$$\lim_{x \to -\infty} e^x = \lim_{x \to \infty} e^{-x} = \lim_{x \to \infty} \frac{1}{e^x} = 0. \qquad \text{q.e.d.}$$

Satz 9.14 (Logarithmusfunktion)
Die Exponentialfunktion $e : \mathbb{R} \to \mathbb{R}_{>0}$ bildet $\mathbb{R}$ bijektiv auf $\mathbb{R}_{>0}$ ab. Die Umkehrfunktion $\ln : \mathbb{R}_{>0} \to \mathbb{R}$ ist streng monoton wachsend, stetig und erfüllt die Funktionalgleichung

$$\ln(xy) = \ln(x) + \ln(y).$$

Beweis: Wir beweisen nur die wichtige Funktionalgleichung. Sie folgt sofort aus der Funktionalgleichung der Exponentialfunktion (Satz 9.12). Wir setzen $a := \ln(x)$ und $b := \ln(y)$. Nach Definition sind damit $e^a = x$ und $e^b = y$. Es folgt nun:

$$e^{a+b} = e^a \cdot e^b = xy.$$

Nach Definition der Umkehrfunktion folgt die Behauptung mit

$$\ln(xy) = a + b = \ln(x) + \ln(y). \qquad \text{q.e.d.}$$

Satz 9.15 (Eigenschaften der Logarithmusfunktion)
Für die Logarithmusfunktion gilt:

1. $\lim_{x \to 0} \ln x = -\infty, \lim_{x \to \infty} \ln x = \infty$
2. Für jedes $\alpha > 0$ gilt

$$\lim_{x \to \infty} \frac{\ln x}{x^{\alpha}} = 0, \lim_{x \to 0} x^{\alpha} \ln x = 0.$$

3. Für $-1 < x < 1$ gilt

$$\ln(1 + x) = \sum_{n=1}^{\infty} (-1)^{n-1} \frac{x^n}{n}.$$

Beweis:
1. Dies folgt direkt aus der zugehörigen Eigenschaft für die Exponentialfunktion.
2. Sei $y := \alpha \ln x$. Dann ist

$$\lim_{x \to \infty} \frac{\ln x}{x^{\alpha}} = \lim_{x \to \infty} \frac{\ln x}{e^{\alpha \ln x}} = \frac{1}{\alpha} \lim_{y \to \infty} \frac{y}{e^y} = 0.$$

Sei nun $y = \frac{1}{x}$. Dann ist

$$\lim_{x \to 0} x^{\alpha} \ln x = \lim_{y \to \infty} \frac{1}{y^{\alpha}} \ln \frac{1}{y} = -\lim_{y \to \infty} \frac{\ln y}{y^{\alpha}} = 0.$$

3. Für $|x| < 1$ gilt (wegen der geometrischen Summenformel und da die geometrische Reihe gleichmäßig konvergiert)

$$\ln(1 + x) = \int_0^x \frac{1}{1+t} dt = \int_0^x \sum_{n=0}^{\infty} (-t)^n \, dt = \sum_{n=0}^{\infty} \int_0^x (-t)^n \, dt$$

$$= \sum_{n=0}^{\infty} (-1)^n \frac{x^{n+1}}{n+1} = \sum_{n=1}^{\infty} (-1)^{n-1} \frac{x^n}{n}. \qquad \text{q.e.d.}$$

Satz 9.16 (Formeln von Cauchy-Hadamard und Euler)
*Für den Konvergenzradius einer Potenzreihe $\sum_{n=0}^{\infty} a_n (x - x_0)^n$ gilt die **Formel von Cauchy-Hadamard**:*

$$r = \frac{1}{\limsup_{n \to \infty} \left(\sqrt[n]{|a_n|} \right)}.$$

In vielen Fällen kann der Konvergenzradius einfacher durch die folgende Formel von Euler berechnet werden:

$$r = \lim_{n \to \infty} \left| \frac{a_n}{a_{n+1}} \right|,$$

sofern der Limes existiert. Es gilt nun:

1. $|x - x_0| < r \Rightarrow$ *Die Potenzreihe konvergiert absolut.*
2. $|x - x_0| > r \Rightarrow$ *Die Potenzreihe ist divergent.*
3. $|x - x_0| = r \Rightarrow$ *Dieser Fall kann alles bedeuten. Er muss separat für alle* x *untersucht werden.*

Satz 9.17 (Die Additionstheoreme für die Sinus- und Kosinus-Funktion)
Für alle $x, y \in \mathbb{R}$ *gilt:*

$$\cos(x + y) = \cos(x) \cdot \cos(y) - \sin(x) \cdot \sin(y),$$
$$\sin(x + y) = \sin(x) \cdot \cos(y) + \cos(x) \cdot \sin(y).$$

Beweis: Die Beweise folgen sofort durch Nachrechnen, der Definition von $\sin(x)$ und $\cos(x)$ (siehe Definition 9.8) und dem Cauchy-Produkt (siehe Satz 9.11). Wir beweisen nur das erste Additionstheorem und überlassen das zweite dem Leser als Übungsaufgabe.

$$\cos(x) \cdot \cos(y) = \sum_{n=0}^{\infty} \sum_{k=0}^{n} (-1)^k \frac{x^{2k}}{(2k)!} \cdot (-1)^{n-k} \frac{y^{2(n-k)}}{(2(n-k))!}$$

$$= \sum_{n=0}^{\infty} (-1)^n \frac{1}{(2n)!} \sum_{k=0}^{n} \binom{2n}{2k} x^{2k} y^{2(n-k)},$$

$$\sin(x) \cdot \sin(y) = \sum_{n=0}^{\infty} \sum_{k=0}^{n} (-1)^k \frac{x^{2k+1}}{(2k+1)!} \cdot (-1)^{n-k} \frac{y^{2(n-k)+1}}{(2(n-k)+1)!}$$

$$= \sum_{n=0}^{\infty} (-1)^n \frac{1}{(2n+2)!} \sum_{k=0}^{n} \binom{2n+2}{2k+1} x^{2k+1} y^{2(n-k)+1}$$

$$= \sum_{n=1}^{\infty} (-1)^{n-1} \frac{1}{(2n)!} \sum_{k=0}^{n-1} \binom{2n}{2k+1} x^{2k+1} y^{2(n-k)-1}.$$

Nun gilt für $\cos(x)\cos(y) - \sin(x)\sin(y)$:

$$= 1 + \sum_{n=1}^{\infty} \frac{(-1)^n}{(2n)!} \left(\sum_{k=0}^{n-1} T_k + x^{2n} \right)$$

$$\text{mit} \quad T_k = \binom{2n}{2k} x^{2k} y^{2(n-k)} + \binom{2n}{2k+1} x^{2k+1} y^{2(n-k)-1}$$

$$= 1 + \sum_{n=1}^{\infty} \frac{(-1)^n}{(2n)!} \sum_{j=0}^{2n} \binom{2n}{j} x^j y^{2n-j} = 1 + \sum_{n=1}^{\infty} \frac{(-1)^n}{(2n)!} (x+y)^{2n} = \cos(x+y).$$

q.e.d.

Anmerkung: Dies kann man auch mithilfe der Exponentialfunktion zeigen. Versucht es doch einmal ;-).

Der Vollständigkeit halber geben wir nun noch ein Additionstheorem für den Tangens an.

Satz 9.18 (Additionstheorem der Tangens-Funktion)
Es gilt

$$\tan(\alpha + \beta) = \frac{\tan(\alpha) + \tan(\beta)}{1 - \tan(\alpha)\tan(\beta)},$$

wenn beide Seiten existieren.

Beweis: Aus den bekannten Funktionalgleichungen für den Sinus und den Kosinus (Satz 9.17) folgt

$$\tan(\alpha + \beta) = \frac{\sin(\alpha + \beta)}{\cos(\alpha + \beta)} = \frac{\sin\alpha\cos\beta + \sin\beta\cos\alpha}{\cos\alpha\cos\beta - \sin\alpha\sin\beta}$$

$$= \frac{\frac{\sin\alpha\cos\beta}{\cos\alpha\cos\beta} + \frac{\sin\beta\cos\alpha}{\cos\alpha\cos\beta}}{\frac{\cos\alpha\cos\beta}{\cos\alpha\cos\beta} - \frac{\sin\alpha\sin\beta}{\cos\alpha\cos\beta}}$$

$$= \frac{\tan\alpha + \tan\beta}{1 - \tan\alpha\tan\beta}.$$

Dies zeigt die Behauptung.   q.e.d.

Satz 9.19
Für $n \geq 2$ gilt

$$\prod_{i=1}^{n-1} \left(1 + \frac{1}{i}\right)^i = \frac{n^n}{n!} \quad \text{und} \quad \prod_{i=1}^{n-1} \left(1 + \frac{1}{i}\right)^{i+1} = \frac{n^n}{(n-1)!}$$

Beweis: Wir beweisen zuerst die erste Gleichung mit vollständiger Induktion. Für $n = 2$ steht auf beiden Seiten der Gleichung 2. Gelte nun die Gleichung für n. Dann gilt

$$
\prod_{i=1}^{(n+1)-1} \left(1 + \frac{1}{i}\right)^i = \prod_{i=1}^{n-1} \left(1 + \frac{1}{i}\right)^i \cdot \left(1 + \frac{1}{n}\right)^n
$$
$$
= \frac{n^n}{n!} \frac{(n+1)^n}{n^n}
$$
$$
= \frac{(n+1)^n}{n!}
$$
$$
= \frac{(n+1)^{n+1}}{(n+1)!}
$$

und damit folgt die erste Gleichung. Kommen wir nun zur zweiten Gleichung. Diese folgt einfach aus der ersten, denn es gilt

$$
\prod_{i=1}^{n-1} \left(1 + \frac{1}{i}\right)^{i+1} = \prod_{i=1}^{n-1} \left(1 + \frac{1}{i}\right)^i \frac{i+1}{i} = \frac{n^n}{n!} \prod_{i=1}^{n-1} \frac{i+1}{i} = \frac{n^n}{n!} n = \frac{n^n}{(n-1)!}.
$$

q.e.d.

Satz 9.20 (schwache Stirlingsche Formel)
Für $n \in \mathbb{N}$ gilt

$$
e \left(\frac{n}{e}\right)^n < n! < en \left(\frac{n}{e}\right)^n.
$$

Beweis: Aus Beispiel 106 folgt $\left(1 + \frac{1}{n}\right)^n < e < \left(1 + \frac{1}{n}\right)^{n+1}$. Dies setzen wir in die Formeln aus Satz 9.19 ein. Durch die erste Formel erhalten wir dann

$$
\frac{n^n}{n!} = \prod_{i=1}^{n-1} \left(1 + \frac{1}{i}\right)^i < e^{n-1} \Rightarrow e \left(\frac{n}{e}\right)^n < n!.
$$

Mit der zweiten Formel erhalten wir die andere Ungleichung

$$
\frac{n^n}{(n-1)!} = \prod_{i=1}^{n-1} \left(1 + \frac{1}{i}\right)^{i+1} > e^{n-1} \Rightarrow n! < en \left(\frac{n}{e}\right)^n.
$$

q.e.d.

9.3 Erklärungen zu den Definitionen

Erklärung

Zur Definition 9.1 einer Reihe: Was bedeutet die Definition 9.1 einer Reihe konkret? Bevor man überhaupt eine Reihe bilden kann, benötigt man eine Folge $(a_k)_{k \in \mathbb{N}_0}$. Hier bilden wir die Partialsummen, das heißt, wir summieren die Folgenglieder auf:

$$S_0 = a_0 = \sum_{k=0}^{0} a_k, \qquad S_1 = a_0 + a_1 = \sum_{k=0}^{1} a_k,$$

$$S_2 = a_0 + a_1 + a_2 = \sum_{k=0}^{2} a_k, \qquad \ldots$$

$$S_n = a_0 + a_1 + \ldots + a_n = \sum_{k=0}^{n} a_k.$$

Konvergiert die Reihe für $n \to \infty$, so bezeichnen wir den Grenzwert mit $\sum_{k=0}^{\infty} a_k$. Eine Reihe konvergiert, wenn die Partialsummenfolge konvergiert, also wenn $\lim_{n \to \infty} S_n = S$ mit $S \in \mathbb{R}$. Damit sehen wir aber, dass $\sum_{k=0}^{\infty} a_k$ eine doppelte Bedeutung hat. Einmal als Grenzwert und einmal als Reihe selbst.

Wir sind nun an einem Punkt angelangt, an dem wir uns die ersten einfachen Beispiele für Reihen anschauen sollten.

Wir wollen zwei Beispiele betrachten und zwar für eine Reihe, die divergiert und für eine, die konvergiert.

▶ **Beispiel 88 (Harmonische Reihe)** Die Reihe $\sum_{k=1}^{\infty} \frac{1}{k}$ hat einen besonderen Namen. Man nennt sie die *harmonische Reihe*. Es ist

$$\sum_{k=1}^{\infty} \frac{1}{k} = 1 + \frac{1}{2} + \frac{1}{3} + \frac{1}{4} + \frac{1}{5} + \frac{1}{6} + \frac{1}{7} + \ldots \tag{9.1}$$

Einige könnten jetzt denken, dass diese Reihe doch konvergieren müsste, da wir immer etwas Kleineres addieren. Aber weit gefehlt. Wir werden zeigen, dass diese Reihe divergent ist. Dies ist auch gar nicht mal schlimm, denn dieses Wissen werden wir vor allem beim Minorantenkriterium (siehe Satz 9.4) ausnutzen. Das heißt, wir werden mittels der harmonischen Reihe die Divergenz anderer Reihen zeigen können. Wir wollen den Beweis für die Divergenz der harmonischen Reihe kurz skizzieren: In (9.1) klammern wir die Summanden etwas anders

$$\sum_{k=1}^{\infty} \frac{1}{k} = 1 + \frac{1}{2} + \left(\frac{1}{3} + \frac{1}{4} \right) + \left(\frac{1}{5} + \frac{1}{6} + \frac{1}{7} + \frac{1}{8} \right) + \ldots$$

In der ersten Klammer stehen $2^1 = 2$ Summanden, in der zweiten $2^2 = 4$ und in der dritten würden dann $2^3 = 8$ Summanden stehen. So klammern wir weiter. Jetzt kann man zeigen, dass die Summe der Summanden in den jeweiligen Klammern immer größer als $\frac{1}{2}$ ist. Für die erste Klammer gilt beispielsweise:

$$\frac{1}{3} + \frac{1}{4} = \frac{7}{12} > \frac{6}{12} = \frac{1}{2}.$$

Wir addieren also immer eine Zahl, die größer als $\frac{1}{2}$ ist, und dies unendlich oft. Diese skizzenhafte Darstellung des eigentlichen Beweises zeigt die Divergenz der harmonischen Reihe. Ein ausführlicher Beweis befindet sich beispielsweise in [For08]. ∎

▶ **Beispiel 89 (Geometrische Reihe)** Die Reihe

$$\sum_{k=0}^{\infty} x^k = 1 + x + x^2 + x^3 + \dots$$

heißt die *geometrische Reihe*. Diese konvergiert genau dann, wenn $|x| < 1$, und in diesem Fall kann man den Wert der Reihe sogar direkt angeben. Er lautet $\sum_{k=0}^{\infty} x^k = \frac{1}{1-x}$. Bevor wir dies beweisen, betrachten wir zunächst einige andere Fälle.

- Der Fall $x = 1$: Wenn $x = 1$, dann erhalten wir gerade:

$$\sum_{k=0}^{\infty} 1^k = 1 + 1 + 1 + 1 + \dots.$$

  Es ist klar, dass diese Reihe divergent ist, denn die Folge $a_k = 1$ ist keine Nullfolge. Damit versagt das Trivialkriterium, siehe auch Satz 9.1.
- Der Fall $x = -1$: Hier ergibt sich die Reihe $\sum_{k=0}^{\infty} (-1)^k$. Auch hier liefert das Trivialkriterium die Divergenz der Reihe, denn die Folge $(a_k)_{k \in \mathbb{N}_0} = ((-1)^k)_{k \in \mathbb{N}_0}$ ist keine Nullfolge, und damit kann die Reihe nicht konvergieren.
- Der Fall $|x| > 1$: Wenn $|x| > 1$, können wir dasselbe Argument verwenden, denn auch dann bildet die Folge $(a_k)_{k \in \mathbb{N}}$ keine Nullfolge, und auch hier ist somit die Reihe divergent.
- Der interessante Fall $|x| < 1$: Es gilt für $S_n = \sum_{k=0}^{n} x^k$ die Gleichung:

$$(x-1) \cdot S_n = (x-1) \cdot \sum_{k=0}^{n} x^k = x \cdot \sum_{k=0}^{n} x^k - \sum_{k=0}^{n} x^k = \sum_{k=0}^{n} x \cdot x^k - \sum_{k=0}^{n} x^k$$

$$= \sum_{k=0}^{n} x^{k+1} - \sum_{k=0}^{n} x^k = \sum_{k=1}^{n+1} x^k - \sum_{k=0}^{n} x^k = x^{n+1} - x^0.$$

Daraus ergibt sich nun das Gewünschte

$$\sum_{k=0}^{n} x^k = \frac{1 - x^{n+1}}{1 - x}.$$

Und wenn jetzt $|x| < 1$, dann gilt $\sum_{k=0}^{\infty} x^k = \frac{1}{1-x}$, da $x^{n+1} \to 0$.   ∎

In diesem Beispiel haben wir sogenannte *Teleskopsummen* gesehen (ohne es vielleicht zu merken :-)). Und zwar gilt:

$$\sum_{k=1}^{n+1} x^k - \sum_{k=0}^{n} x^k = x^1 + \ldots + x^n + x^{n+1} - x^0 - x^1 - \ldots - x^n = x^{n+1} - 1.$$

Es fallen also sehr viele Terme weg. Solche Teleskopsummen sind also wirklich sehr schön und hilfreich.

▶ **Beispiel 90** Aus den obigen Überlegungen bietet die geometrische Reihe eine Möglichkeit, nicht nur zu zeigen, dass eine Reihe konvergiert, sondern auch den Grenzwert zu berechnen. So gilt beispielsweise

$$\sum_{k=0}^{\infty} \left(\frac{2}{3}\right)^k = \frac{1}{1 - \frac{2}{3}} = \frac{1}{\frac{1}{3}} = 3,$$

da $\left|\frac{2}{3}\right| < 1$.   ■

▶ **Beispiel 91** Wir können nun mit Folgen und Reihen noch einige lustige Dinge machen. Sei zum Beispiel a_0 eine beliebige positive reelle Zahl und A_0 das gleichseitige Dreieck mit Seitenlänge a_0. Wir konstruieren nun hieraus eine Folge A_n von gleichseitigen Dreiecken wie folgt: Die neue Seitenlänge a_{n+1} des Dreiecks A_{n+1} sei genau die Länge der Höhe h_n im Dreieck A_n. Wir wollen nun eine explizite Formel für den Umfang u_n von A_n und eine explizite Formel für den Flächeninhalt F_n von A_n bestimmen und untersuchen, ob die Reihen $\sum_{n=0}^{\infty} u_n$ und $\sum_{n=0}^{\infty} F_n$ konvergieren.

Fangen wir zunächst damit an, eine explizite Formel für die Seitenlänge a_n im Dreieck A_n zu bestimmen. Nach dem Satz von Pythagoras gilt für die Höhe h_n in einem gleichseitigen Dreieck mit Seitenlänge a_n die Formel $h_n^2 + \left(\frac{a_n}{2}\right)^2 = a_n^2$. Stellen wir dies nach h_n um, so erhalten wir $h_n = \frac{\sqrt{3}}{2} a_n$. Es gilt also $a_{n+1} = \frac{\sqrt{3}}{2} a_n$. Damit folgt für beliebiges n

$$a_n = \frac{\sqrt{3}}{2} a_{n-1} = \left(\frac{\sqrt{3}}{2}\right)^2 a_{n-2} = \cdots = \left(\frac{\sqrt{3}}{2}\right)^{n-1} a_1 = \left(\frac{\sqrt{3}}{2}\right)^n a_0.$$

Damit haben wir schonmal eine explizite Formel für die Seitenlänge a_n. So erhält man leicht explizite Formeln für u_n und F_n: Es gilt ja

$$u_n = 3a_n = 3 \left(\frac{\sqrt{3}}{2}\right)^n a_0$$

und

$$F_n = \frac{1}{2} a_n h_n = \frac{1}{2} \left(\frac{\sqrt{3}}{2}\right)^n a_0 \frac{\sqrt{3}}{2} a_n = \left(\left(\frac{\sqrt{3}}{2}\right)^n a_0\right)^2 \frac{\sqrt{3}}{2} = \left(\frac{\sqrt{3}}{2}\right)^{2n+1} a_0^2.$$

Damit folgt dann

$$\sum_{n=0}^{\infty} u_n = \sum_{n=0}^{\infty} 3 \left(\frac{\sqrt{3}}{2} \right)^n a_0 = 3a_0 \sum_{n=0}^{\infty} \left(\frac{\sqrt{3}}{2} \right)^n$$

$$= 3a_0 \frac{1}{1 - \frac{\sqrt{3}}{2}} = \frac{6a_0}{2 - \sqrt{3}} = 6(2 + \sqrt{3})a_0$$

nach der Formel für die geometrische Reihe und da $\frac{\sqrt{3}}{2} < 1$ (siehe Beispiel 89). Insbesondere konvergiert diese Reihe also. Für die Reihe über F_n erhalten wir analog dazu

$$\sum_{n=0}^{\infty} F_n = \sum_{n=0}^{\infty} \left(\frac{\sqrt{3}}{2} \right)^{2n+1} a_0^2 = a_0^2 \frac{\sqrt{3}}{2} \sum_{n=0}^{\infty} \left(\frac{3}{4} \right)^n = a_0^2 \frac{\sqrt{3}}{2} \frac{1}{1 - \frac{3}{4}} = 2\sqrt{3} a_0^2,$$

also konvergiert auch diese Reihe.   ■

Erklärung

Zur Definition 9.2 der absoluten Konvergenz einer Reihe: Jede absolut konvergente Reihe ist natürlich auch konvergent. Die absolute Konvergenz ist also eine stärkere Eigenschaft als die „normale" Konvergenz aus Definition 9.1. Die Umkehrung gilt nicht!

▶ **Beispiel 92** Dazu betrachten wir die Reihe $\sum_{k=1}^{\infty} (-1)^k \cdot \frac{1}{k}$. Diese Reihe ist nach dem Leibnizkriterium (siehe Satz 9.3) konvergent, denn $(a_k)_{k\in\mathbb{N}} = (\frac{1}{k})_{k\in\mathbb{N}}$ bildet eine monoton fallende Nullfolge. Die Reihe ist aber nicht absolut konvergent, denn

$$\sum_{k=1}^{\infty} \left| (-1)^k \cdot \frac{1}{k} \right| = \sum_{k=1}^{\infty} \frac{1}{k}.$$

Wir erhalten damit die harmonische Reihe. In Beispiel 88 haben wir aber gezeigt, dass diese divergiert. Merke also: Aus „normaler" Konvergenz kann man nicht die absolute Konvergenz folgern. Aber: Aus absoluter Konvergenz folgt die „normale" Konvergenz!   ■

Erklärung

Zur Definition 9.3 einer Potenzreihe: Jede Polynomfunktion lässt sich als Potenzreihe mit Konvergenzradius ∞ auffassen, wobei alle Koeffizienten a_n mit Ausnahme von endlich vielen gleich 0 sind. Wichtige andere Beispiele sind Laurent-Reihen (in der Funktionentheorie) oder Taylorreihen, auf die wir noch im Kap. 11 der Differenzierbarkeit eingehen werden. Als Beispiele wollen wir noch Reihenentwicklungen einiger bekannter Funktionen angeben.

▶ **Beispiel 93**

• *Exponentialfunktion:* (siehe auch Definition 9.7)

$$e^x = \sum_{k=0}^{\infty} \frac{x^k}{k!} = 1 + x + \frac{x^2}{2} + \frac{x^3}{3!} + \dots.$$

In Beispiel 94 werden wir sehen, dass der Konvergenzradius der Exponentialreihe ∞ beträgt.

• *Logarithmusfunktion:*

$$\ln(x + 1) = \sum_{k=1}^{\infty} (-1)^{k+1} \frac{x^k}{k} = x - \frac{x^2}{2} + \frac{x^3}{3} - \frac{x^4}{4} \pm \dots \ \forall -1 < x \le 1.$$

Der Konvergenzradius beträgt gerade $r = 1$. Für $x = 1$ ist die Reihe konvergent,
und für $x = -1$ ist sie divergent, wie aus dem Leibnizkriterium (siehe Satz 9.3)
und der harmonischen Reihe (siehe Beispiel 88) folgt.

• *Wurzelfunktion:*

$$\sqrt{1 + x} = 1 + \frac{1}{2}x - \frac{1}{2 \cdot 4}x^2 + \frac{1}{2 \cdot 4 \cdot 6}x^3 \mp \dots \ \forall -1 \le x \le 1.$$

Der Konvergenzradius beträgt gerade $r = 1$. Sowohl für $x = 1$ als auch $x = -1$
ist die Reihe konvergent.   ■

Erklärung

Zur Definition 9.4 des Konvergenzradius einer Potenzreihe:

▶ **Beispiel 94**

• Wir wollen den Konvergenzradius der Exponentialreihe $e^x = \sum_{k=0}^{\infty} \frac{x^k}{k!}$ berechnen. Dazu verwenden wir nicht die Formel von Cauchy-Hadamard, sondern die
Formel von Euler, die im Satz 9.16 aufgeführt ist:

$$\lim_{n \to \infty} \left| \frac{a_n}{a_{n+1}} \right| = \lim_{n \to \infty} \frac{\frac{1}{n!}}{\frac{1}{(n+1)!}} = \lim_{n \to \infty} \frac{(n + 1)!}{n!} = \lim_{n \to \infty} (n + 1) = \infty,$$

das heißt, die Exponentialreihe konvergiert auf ganz $\mathbb{R}$.

• Wir berechnen den Konvergenzradius der Reihe $\sum_{k=0}^{\infty} k!x^k$ mithilfe der Formel
von Euler und erhalten:

$$\lim_{k \to \infty} \left| \frac{k!}{(k + 1)!} \right| = \lim_{k \to \infty} \frac{1}{k + 1} = 0,$$

das heißt die Potenzreihe konvergiert nur für $x = 0$.

- Den Konvergenzradius der Reihe $\sum_{n=0}^{\infty} \left(2 - \frac{1}{n}\right)^n x^n$ bestimmen wir mit der Formel von Cauchy-Hadamard:

$$\frac{1}{\limsup\limits_{n \to \infty} \sqrt[n]{\left(2 - \frac{1}{n}\right)^n}} = \frac{1}{\limsup\limits_{n \to \infty} \left(2 - \frac{1}{n}\right)} = \frac{1}{2}.$$

- In diesem Beispiel wollen wir die beiden Formeln zur Berechnung des Konvergenzradius (Cauchy-Hadamard und Euler) vergleichen, indem wir den Konvergenzradius der Reihe $\sum_{n=1}^{\infty} \frac{1}{n \cdot 2^n} x^n$ erst mit Euler und danach mit Cauchy-Hadamard berechnen:

$$r = \lim_{n \to \infty} \left| \frac{a_n}{a_{n+1}} \right| = \lim_{n \to \infty} \left| \frac{\frac{1}{n \cdot 2^n}}{\frac{1}{(n+1)2^{n+1}}} \right| = \lim_{n \to \infty} \left| \frac{(n+1)2^{n+1}}{n \cdot 2^n} \right|$$

$$= \lim_{n \to \infty} \left| 2 \frac{n+1}{n} \right| = \lim_{n \to \infty} \left| 2 \cdot \left(1 + \frac{1}{n}\right) \right| = 2.$$

Mit der Formel von Cauchy-Hadamard fällt die Rechnung wesentlich kürzer aus. Dabei erinnern wir an den bekannten Grenzwert $\lim_{n \to \infty} \sqrt[n]{n} = 1$:

$$r = \frac{1}{\limsup\limits_{n \to \infty} \sqrt[n]{\frac{1}{n \cdot 2^n}}} = \frac{1}{\limsup\limits_{n \to \infty} \frac{1}{\sqrt[n]{n} \cdot \sqrt[n]{2^n}}} = \frac{1}{\frac{1}{2}} = 2.$$

Wir sehen also, dass man sich von Fall zu Fall entscheiden sollte, welche Formel man verwendet.

- Wir wollen den Konvergenzradius der Reihe $\sum_{k=0}^{\infty} \left(\frac{k+1}{k}\right)^{k^2} x^k$ berechnen. Mit Cauchy-Hadamard folgt sofort:

$$r = \frac{1}{\limsup\limits_{n \to \infty} \sqrt[n]{\left(\frac{n+1}{n}\right)^{n^2}}} = \frac{1}{\limsup\limits_{n \to \infty} \left(\frac{n+1}{n}\right)^n} = \frac{1}{\limsup\limits_{n \to \infty} \left(1 + \frac{1}{n}\right)^n} = \frac{1}{e}.$$

- Wie lautet der Konvergenzradius der Reihe $\sum_{n=0}^{\infty} 3^n x^{2n}$? Wir müssen hier aufpassen, dass dort nicht x^k, sondern x^{2k} steht, und uns fragen, was wir nun zu tun haben. Damit es nicht zu einfach wird (:-P), betrachten wir das Ganze allgemeiner und fragen nach einer Formel für den Konvergenzradius der Reihe

$$\sum_{n=0}^{\infty} a_n \cdot x^{2n}.$$

Wir setzen zunächst $\sum_{n=0}^{\infty} a_n \cdot x^{2n} =: \sum_{n=0}^{\infty} b_n \cdot x_n$, wobei jetzt

$$b_n := \begin{cases} a_k, & \text{für } n = 2k \\ 0, & \text{für } n = 2k+1 \end{cases}$$

und $x_n := x^{2n}$. Eigentlich setzen wir also $x^k = x^{2n}$. Es folgt:

$$r = \frac{1}{\limsup_{n \to \infty} \sqrt[n]{|b_n|}} = \frac{1}{\limsup_{k \to \infty} \sqrt[2k]{|a_k|}}.$$

Und jetzt sollte es ein Leichtes für euch sein, den Konvergenzradius von $\sum_{n=0}^{\infty} 3^n x^{2n}$ zu berechnen, oder?

- Als letztes Beispiel betrachten wir die Potenzreihe $\sum_{k=0}^{\infty} \binom{2k}{k} x^k$ und berechnen den Konvergenzradius mit der Formel von Euler:

$$r = \lim_{k \to \infty} \left| \frac{a_k}{a_{k+1}} \right| = \lim_{k \to \infty} \left| \frac{\binom{2k}{k}}{\binom{2k+2}{k+1}} \right| = \lim_{k \to \infty} \left| \frac{\frac{(2k)!}{k!k!}}{\frac{(2k+2)!}{(k+1)!(k+1)!}} \right|$$

$$= \lim_{k \to \infty} \left| \frac{(2k)! \cdot (k+1)! \cdot (k+1)!}{(2k+2)! \cdot k! \cdot k!} \right|$$

$$= \lim_{k \to \infty} \left| \frac{(k+1)(k+1)}{(2k+2)(2k+1)} \right| = \lim_{k \to \infty} \left| \frac{k^2 + 2k + 1}{4k^2 + 6k + 2} \right|$$

$$= \lim_{k \to \infty} \left| \frac{k^2 \left(1 + \frac{2}{k} + \frac{1}{k^2}\right)}{k^2 \left(4 + \frac{6}{k} + \frac{2}{k^2}\right)} \right| = \lim_{k \to \infty} \left| \frac{1 + \frac{2}{k} + \frac{1}{k^2}}{4 + \frac{6}{k} + \frac{2}{k^2}} \right| = \frac{1}{4}.$$

An Beispielen soll uns dies erst einmal genügen.   ∎

Erklärung

Zur Definition 9.5 bis 9.8: Die Definition der Exponentialfunktion bzw. des Sinus und Kosinus ist etwas anders, als ihr dies aus der Schule kennt. Wir definieren e^x zunächst als eine Potenzreihe, zeigen die Konvergenz und gewisse Eigenschaften der Exponentialfunktion über die Darstellung von e^x als Reihe. Danach definieren wir den Sinus und den Kosinus ebenfalls als Reihen und zeigen, dass diese die bekannte Periodizitätseigenschaft besitzen.

Die Zahl π können wir einerseits geometrisch als Umfang eines Kreises vom Durchmesser 1 definieren. Eine andere Definition wäre die Definition von π als Fläche des Kreises mit Radius 1. Anderseits können wir π aber auch analytisch definieren und zwar als das doppelte der ersten positiven Nullstelle des Kosinus. Danach weist man die elementaren trigonometrischen Eigenschaften von Sinus und Kosinus nach und zeigt, dass diese Definition von π äquivalent zu den geometrischen Definitionen ist. Eine genaue Ausführung dieser Bemerkungen steht in [For08]. Wir wollen an dieser Stelle nicht näher darauf eingehen.

Erklärung

Zur Definition 9.9 der allgemeinen Potenz: Diese Definition folgt sofort aus den Logarithmusgesetzen und der Tatsache, dass die Logarithmus-Funktion $\ln(x)$ die Umkehrfunktion zur Exponentialfunktion $\exp(x)$ ist. Es gilt

$$a^b = \exp(\ln(a^b)) = \exp(b \cdot \ln(a)).$$

Es gelten natürlich für $a, b, c \in \mathbb{R}_{>0}$ die folgenden Potenzgesetze

$$a^{b+c} = a^b \cdot a^c, \ (a \cdot b)^c = a^c \cdot b^c, \ a^{bc} = (a^b)^c,$$

$$a^{-b} = \frac{1}{a^b}, \ a^{b-c} = \frac{a^b}{a^c}, \ \left(\frac{a}{b}\right)^c = \frac{a^c}{b^c}.$$

Wir werden des Öfteren im Laufe des gesamten Buches sehen, dass diese Schreibweise $a^b = \exp(\ln(a^b)) = \exp(b \cdot \ln(a))$ sehr hilfreich sein kann.

9.4   Erklärungen zu den Sätzen und Beweisen

Erklärung

Zum Trivialkriterium (Satz 9.1): Mit dem Trivialkriterium haben wir schon einmal ein erstes Konvergenzkriterium zur Untersuchung einer Reihe auf Konvergenz. Eigentlich besagt es das Folgende: Wenn die Summanden der Reihe nicht gegen Null konvergieren, so kann die Reihe selbst nicht konvergieren. Wichtig ist anzumerken, dass ihr mit diesem Kriterium nur die Divergenz, aber nicht die Konvergenz einer Reihe nachweisen könnt, das heißt, die Umkehrung des Satzes gilt nicht. Daher ist das Kriterium nur notwendig und nicht hinreichend.

Als Gegenbeispiel betrachten wir wieder die berühmte harmonische Reihe aus Beispiel 88. Die Folge $(a_k)_{k \in \mathbb{N}} = \left(\frac{1}{k}\right)_{k \in \mathbb{N}}$ ist zwar eine Nullfolge, aber die Reihe $\sum_{k=1}^{\infty} \frac{1}{k}$ ist divergent. Also ist mit diesem Kriterium etwas Vorsicht geboten.

▶ **Beispiel 95** Konvergiert die Reihe $\sum_{k=0}^{\infty} (-1)^k$? Nein, denn das Trivialkriterium ist nicht erfüllt. Die Folge $(a_k)_{k \in \mathbb{N}} := ((-1)^k)_{k \in \mathbb{N}}$ ist alles andere als eine Nullfolge. Daraus folgt sofort die Divergenz der Reihe. ∎

▶ **Beispiel 96** Ein tolles Ergebnis, das wir nur erwähnen wollen, ist, dass die alternierenden Kehrwerte der ungeraden Zahlen etwas mit π zu tun haben, genauer gilt:

$$\sum_{n=0}^{\infty} \frac{(-1)^n}{2n+1} = \frac{\pi}{4}.$$

Dies kann man beispielsweise mit Hilfe von Fourierreihen zeigen; ihr seht: Euer Studium bleibt noch spannend! ∎

Weitere Beispiele habt ihr schon kennengelernt (Beispiel 89).

Erklärung

Zum Leibnizkriterium (Satz 9.3): Wenn ihr eine alternierende Reihe der Art $\sum (-1)^k a_k$ gegeben habt, dann bietet sich dort fast immer das Leibnizkriterium zur Konvergenzuntersuchung an. Um die Konvergenz zu zeigen, müsst ihr nur nachweisen, dass die Folge $(a_k)_{k \in \mathbb{N}_0}$ monoton fallend ist und gegen Null konvergiert.

▶ **Beispiel 97**

• Die Reihe $\sum_{k=1}^{\infty} \frac{(-1)^k}{k^2}$ konvergiert nach dem Leibnizkriterium, denn die Folge $(a_k)_{k\in\mathbb{N}} := (\frac{1}{k^2})_{k\in\mathbb{N}}$ ist eine monoton fallende Nullfolge.

• Zeigen wir nun nochmal, dass die Reihe $\sum_{k=1}^{\infty} \frac{(-1)^k \cdot k}{k^3+1}$ konvergiert. Wenn wir Leibniz anwenden wollen, dann müssen wir also nur zeigen, dass die Folge $(a_k)_{k\in\mathbb{N}} := \left(\frac{k}{k^3+1}\right)_{k\in\mathbb{N}}$ eine Nullfolge und monoton fallend ist.
Der Nachweis der Nullfolge folgt sofort aus den Grenzwertsätzen. Ihr könnt euch aber auch mal an einem $(\varepsilon\text{-}n_0)$-Beweis versuchen. Wir verzichten an dieser Stelle darauf. Für die Monotonie ist zu zeigen, dass $a_{k+1} < a_k$, genauer $\frac{k+1}{(k+1)^3+1} < \frac{k}{k^3+1}$. Dies ist eine einfache Rechnung, die wir euch auch als Übungsaufgabe überlassen wollen. ∎

Erklärung

Zum Majoranten- und Minorantenkriterium (Satz 9.4): Beim Majoranten- und Minorantenkriterium geht man so vor:

• *Majorantenkriterium:* Sei eine Reihe $\sum a_k$ gegeben, die ihr auf Konvergenz untersuchen wollt. Um die Konvergenz der Reihe zu zeigen, müsst ihr $|a_k|$ nach oben durch eine Folge b_k abschätzen. Wenn die Reihe $\sum b_k$ konvergiert, dann folgt nach dem Majorantenkriterium die absolute Konvergenz der Reihe $\sum a_k$.

• *Minorantenkriterium:* Sei eine Reihe $\sum b_k$ gegeben, die ihr auf Divergenz untersuchen wollt. Um die Divergenz der Reihe zu zeigen, müsst ihr $|b_k|$ nach unten durch eine Folge a_k abschätzen. Wenn die Reihe $\sum a_k$ divergiert, so folgt nach dem Minorantenkriterium die Divergenz der Reihe $\sum b_k$.

Mit dem Minorantenkriterium zeigt man also die Divergenz der Reihe. Das Majorantenkriterium verwendet man zum Nachweis der Konvergenz. Klingt vielleicht noch etwas kompliziert. Schauen wir uns schnell Beispiele an.

▶ **Beispiel 98**

• Wir behaupten, dass die Reihe $\sum_{n=1}^{\infty} \frac{1}{n^k}$ für $k > 1$, $k \in \mathbb{N}$, konvergent ist. Der Fall $k = 1$ führt zur divergenten harmonischen Reihe (siehe Beispiel 88).
Für $k > 1$ und $n \geq 1$ gilt die folgende Abschätzung:

$$\frac{1}{n^k} \leq \frac{1}{n^2} \leq \frac{2}{n(n+1)}.$$

Man überlegt sich nun leicht, dass die Reihe $\sum_{n=1}^{\infty} \frac{2}{n(n+1)}$ bzw. $\sum_{n=1}^{\infty} \frac{1}{n(n+1)}$ konvergiert. Wie sieht man dies? Dazu schreiben wir die Reihe etwas um und bedenken, dass $\frac{1}{n(n+1)} = \frac{1}{n} - \frac{1}{n+1}$. Es gilt nun (wir erhalten eine Teleskopsumme):

$$\sum_{n=1}^{\infty} \frac{1}{n(n+1)} = \sum_{n=1}^{\infty} \frac{1}{n} - \frac{1}{n+1} = \frac{1}{1} - \frac{1}{2} + \frac{1}{2} - \frac{1}{3} + \frac{1}{3} \mp \dots.$$

Folglich haben wir eine konvergente Majorante gefunden. Mit dem Majoranten-kriterium (Satz 9.4) folgt die Konvergenz der Reihe $\sum_{n=1}^{\infty} \frac{1}{n^k}$ für $k > 1$.

- In Beispiel 97 haben wir schon die Konvergenz der Reihe $\sum_{k=1}^{\infty} \frac{(-1)^k \cdot k}{k^3+1}$ mit Hilfe des Leibnizkriteriums nachgewiesen. Es ist aber auch möglich, die Konvergenz mittels des Majorantenkriteriums zu zeigen. Dazu schätzen wir $\frac{(-1)^k \cdot k}{k^3+1}$ wie folgt ab:

$$\left| \frac{(-1)^k \cdot k}{k^3+1} \right| = \frac{k}{k^3+1} < \frac{k}{k^3} = \frac{1}{k^2}.$$

Wir hatten schon gesehen, dass die Reihe $\sum_{k=1}^{\infty} \frac{1}{k^2}$ konvergiert. Damit haben wir also eine konvergente Majorante gefunden und daraus folgt sofort die Konvergenz der Reihe, die es zu untersuchen galt. Den Wert der Reihe $\sum_{k=1}^{\infty} \frac{1}{k^2}$ kann man sogar ausrechnen zu $\sum_{k=1}^{\infty} \frac{1}{k^2} = \frac{\pi^2}{6}$. ∎

Beim Majorantenkriterium schätzen wir also nach oben durch eine konvergente Reihe (die sogenannte Majorante) ab.

▶ **Beispiel 99**

- Wir wollen die Reihe $\sum_{n=1}^{\infty} \frac{n!}{n^n}$ auf Konvergenz untersuchen. Wir wenden folgende Abschätzung an, um das Majorantenkriterium anwenden zu können:

$$a_n = \frac{n!}{n^n} = \frac{1}{n} \cdot \frac{2}{n} \cdot \frac{3}{n} \cdot \ldots \cdot \frac{n}{n} \leq \frac{1}{n} \cdot \frac{2}{n} \cdot 1 \cdot 1 \cdot \ldots \cdot 1 = \frac{2}{n^2} =: b_n$$

Da uns die Konvergenz der Reihe $\sum_{n=1}^{\infty} \frac{2}{n^2}$ aus Beispiel 98 schon bekannt ist, haben wir eine konvergente Majorante gefunden und damit die Konvergenz nach-gewiesen.

- Konvergiert die Reihe $\sum_{k=1}^{\infty} \frac{1}{\sqrt{k(k+1)}}$?

Wir schätzen $\frac{1}{\sqrt{k(k+1)}}$ wie folgt ab:

$$\frac{1}{\sqrt{k(k+1)}} > \frac{1}{\sqrt{(k+1) \cdot (k+1)}} = \frac{1}{\sqrt{(k+1)^2}} = \frac{1}{k+1}$$

Die Reihe $\sum_{k=1}^{\infty} \frac{1}{k+1}$ ist divergent, da sie sich nur im ersten Term von der harmo-nischen Reihe (siehe Beispiel 88) unterscheidet. Wir haben also eine divergente Reihe (unsere gesuchte Minorante) gefunden. ∎

Beim Minorantenkriterium schätzen wir die Reihe also gegen eine divergente Reihe (die sogenannte Minorante) nach unten ab.

Erklärung

Zum Quotientenkriterium (Satz 9.5): Um uns das Quotientenkriterium zu ver-deutlichen, betrachten wir ein schwieriges Beispiel:

▶ **Beispiel 100**

- Wir zeigen die Konvergenz der Reihe $\sum_{k=0}^{\infty} \frac{k^2}{2^k}$ und zwar mithilfe des Quotientenkriteriums. Dafür berechnen wir für die Folge $a_k := \frac{k^2}{2^k}$ den Grenzwert $\limsup_{k \to \infty} \left| \frac{a_{k+1}}{a_k} \right|$. Es gilt:

$$\left| \frac{a_{k+1}}{a_k} \right| = \left| \frac{\frac{(k+1)^2}{2^{k+1}}}{\frac{k^2}{2^k}} \right| = \left| \frac{(k+1)^2 \cdot 2^k}{k^2 \cdot 2^{k+1}} \right| = \left| \frac{(k+1)^2}{k^2} \cdot \frac{2^k}{2^{k+1}} \right|$$

$$= \frac{1}{2} \left| \left(\frac{k+1}{k} \right)^2 \right| = \frac{1}{2} \left| \left(1 + \frac{1}{k} \right)^2 \right| \to \frac{1}{2},$$

wenn $k \to \infty$.

- Konvergiert die Reihe $\sum_{n=1}^{\infty} \frac{n!}{n^n}$? Ja, denn es gilt gerade:

$$\left| \frac{a_{n+1}}{a_n} \right| = \left| \frac{\frac{(n+1)!}{(n+1)^{n+1}}}{\frac{n!}{n^n}} \right| = \left| \frac{(n+1)! \cdot n^n}{n! \cdot (n+1)^{n+1}} \right| = \left| \frac{(n+1) \cdot n! \cdot n^n}{n! \cdot (n+1)^{n+1}} \right|$$

$$= \left| \frac{(n+1) \cdot n^n}{(n+1)^1 \cdot (n+1)^n} \right| = \left| \left(\frac{n}{n+1} \right)^n \right| \to \frac{1}{e} < 1,$$

wenn $n \to \infty$. Das Quotientenkriterium liefert also die Konvergenz der Reihe. Auch mit dem Majorantenkriterium kann man die Konvergenz der Reihe zeigen, siehe dazu das Beispiel 98.

- Was passiert, wenn wir im obigen Beispiel Zähler und Nenner einfach mal vertauschen? Das heißt, konvergiert die Reihe $\sum_{n=1}^{\infty} \frac{n^n}{n!}$?
  Diese Reihe divergiert, wie wir uns leicht mit dem Quotientenkriterium und folgender Rechnung überlegen:

$$\left| \frac{a_{n+1}}{a_n} \right| = \left| \frac{\frac{(n+1)^{n+1}}{(n+1)!}}{\frac{n^n}{n!}} \right| = \frac{(n+1)^{n+1}}{(n+1)!} \cdot \frac{n!}{n^n}$$

$$= (n+1) \cdot \left(\frac{n+1}{n} \right)^n \frac{n!}{(n+1) \cdot n!}$$

$$= \left(\frac{n+1}{n} \right)^n = \left(1 + \frac{1}{n} \right)^n \to e > 1.$$

Für $n \to \infty$ geht der Grenzwert also gegen die Eulersche Zahl e, welche größer 1 ist.   ■

Erklärung

Zum Wurzelkriterium (Satz 9.6): Um uns das Wurzelkriterium zu verdeutlichen, betrachten wir ebenfalls ein einfaches Beispiel.

▶ **Beispiel 101**

- Wie zeigen wir, dass die Reihe $\sum_{k=1}^{\infty} \left(2 + \frac{1}{k}\right)^k$ konvergiert oder divergiert? Hier bietet sich natürlich das Wurzelkriterium an. Es gilt:

$$\sqrt[k]{|a_k|} = \sqrt[k]{\left(2 + \frac{1}{k}\right)^k} = 2 + \frac{1}{k} \to 2 > 1,$$

wenn $k \to \infty$. Also divergiert die Reihe.

- Wir betrachten nun noch die Reihe

$$\sum_{k=1}^{\infty} \frac{(k+1)^{k^2}}{k^{k^2} 2^k}.$$

Wir wenden das Wurzelkriterium an, und es ergibt sich die Divergenz, denn

$$\sqrt[k]{\left| \frac{(k+1)^{k^2}}{k^{k^2} 2^k} \right|} = \frac{1}{2} \left(1 + \frac{1}{k}\right)^k \to \frac{e}{2} > 1.$$

Das soll an Beispielen genügen. ∎

Erklärung

Zum Integralvergleichskriterium (Satz 9.7): Sei $\sum_{k=1}^{\infty} f(k)$ eine Reihe. Um die Konvergenz der Reihe mit dem Integralvergleichskriterium nachzuweisen, zeigt ihr, dass das Integral $\int_1^{\infty} f(x)\, dx$ existiert. Existiert es nicht, so folgt die Divergenz der Reihe.

Im Beispiel 98 haben wir die Konvergenz der Reihe $\sum_{n=1}^{\infty} \frac{1}{n^k}$ für $k > 1$ mittels des Majorantenkriteriums nachgewiesen. Wir wollen dies nochmals mithilfe des Integralvergleichskriteriums zeigen.

▶ **Beispiel 102** Mithilfe des Integralvergleichskriteriums zeigt man auch relativ leicht, dass die harmonische Reihe divergiert, da das uneigentliche Integral $\int_1^{\infty} \frac{1}{x}\, dx$ nicht existiert. Weiterhin überlegt man sich, dass die uneigentlichen Integrale $\int_1^{\infty} \frac{1}{x^k}\, dx$ für $k > 1$ sehr wohl existieren. Und daraus folgt die Konvergenz der Reihe $\sum_{n=1}^{\infty} \frac{1}{n^k}$ für $k > 1$. ∎

Erklärung

Zum Vergleichskriterium (Satz 9.8): Mit dem Vergleichskriterium kann man die Konvergenzuntersuchung oft auf einfachere Reihen zurückführen.

▶ **Beispiel 103** Wir zeigen die Konvergenz der Reihe

$$\sum_{n=1}^{\infty} \frac{n^2 - 4\cos(n^3) + \ln(n)}{n^3 - e^{-n} - 8n^4}.$$

Das sieht ja erstmal richtig schwer aus. Mit dem Vergleichskriterium zeigt sich die Konvergenz aber ganz leicht: Die am schnellsten wachsenden Glieder sind im Zähler n^2 und im Nenner der Term $-8n^4$. Also wird a_n für große n aussehen wie $\frac{n^2}{-8n^4} = -\frac{1}{8n^2}$. Mit $b_n = \frac{1}{n^2}$ erhalten wir nun

$$\frac{a_n}{b_n} = \frac{n^2(n^2 - 4\cos(n^3) + \ln(n))}{n^3 - e^{-n} - 8n^4}$$

$$= \frac{1 - 4\frac{\cos(n^3)}{n^2} + \frac{\ln(n)}{n^2}}{\frac{1}{n} - \frac{e^{-n}}{n^4} - 8} \rightarrow \frac{1 - 0 + 0}{0 - 0 - 8} = -\frac{1}{8} \neq 0.$$

Damit konvergiert die zu untersuchende Reihe, da die Reihe $\sum_{n=1}^{\infty} b_n = \sum_{n=1}^{\infty} \frac{1}{n^2}$ konvergiert und stets $b_n > 0$ gilt.

Um das Vergleichskriterium einzuüben, solltet ihr noch einmal versuchen, die Reihe $\sum_{n=1}^{\infty} \frac{1}{n^2 - 4\pi}$ auf Konvergenz zu untersuchen. ∎

Erklärung

Zum Satz 9.9 über die Summe konvergenter Reihen: Um den Satz 9.9 zu beweisen, wenden wir die Grenzwertsätze für Folgen (siehe Satz 8.3) auf die Folgen

$$S_n = \sum_{k=0}^{\infty} a_k, T_n = \sum_{k=0}^{\infty} \lambda \cdot b_k$$

an und sind dann fertig, weil wir die Behauptung schon bewiesen haben.

Ein ausführliches Beispiel

▶ **Beispiel 104**

Zu bestimmen sind alle $x \in \mathbb{R}$, für die die Reihe $\sum_{k=1}^{\infty} \frac{x^k}{\sqrt{k+2}}$ konvergiert.

- Wenn $x = -1$, erhalten wir die Reihe $\sum_{k=1}^{\infty} \frac{(-1)^k}{\sqrt{k+2}}$. Diese Reihe konvergiert nach dem Leibniz-Kriterium. Was müssen wir also tun, um dies zu zeigen? Wir müssen nur zeigen, dass die Folge $(a_k)_{k \in \mathbb{N}} := \left(\frac{1}{\sqrt{k+2}}\right)_{k \in \mathbb{N}}$ eine monoton fallende Nullfolge ist.
  Für die Monotonie ist zu zeigen, dass $a_{k+1} < a_k$, also genauer $\frac{1}{\sqrt{k+3}} < \frac{1}{\sqrt{k+2}}$. Dies ist trivialerweise erfüllt, denn $\frac{1}{k+3} < \frac{1}{k+2}$. Dies ist äquivalent zu $k + 2 < k + 3$ und damit $2 < 3$, was offenbar wahr ist.
  Auch dass die Folge $(a_k)_{k \in \mathbb{N}}$ eine Nullfolge ist, ist klar.
- Für $x = 1$ ergibt sich die Reihe $\sum_{k=1}^{\infty} \frac{1^k}{\sqrt{k+2}} = \sum_{k=1}^{\infty} \frac{1}{\sqrt{k+2}}$. Konvergiert oder divergiert diese Reihe? In diesem Fall würde sich das Majoranten- und Minorantenkriterium ganz gut anwenden lassen. Dazu müssen wir uns aber erstmal klar

machen, ob wir $\frac{1}{\sqrt{k+2}}$ nach unten (bei Divergenz) oder nach oben (bei Konvergenz) abschätzen müssen.

Es gilt ja offensichtlich $\frac{1}{\sqrt{k+2}} > \frac{1}{k+2}$ und wir wissen, dass die Reihe $\sum_{k=0}^{\infty} \frac{1}{k+2}$ divergiert, denn es handelt sich hier um eine „Variante" der harmonischen Reihe (siehe Beispiel 88). Wir haben demnach eine divergente Minorante gefunden, und die Reihe $\sum_{k=1}^{\infty} \frac{1}{\sqrt{k+2}}$ divergiert also.

- Wenn $|x| > 1$, dann divergiert die Reihe, denn die Folge $a_k := \frac{x^k}{\sqrt{k+2}}$ bildet dann keine Nullfolge mehr, und damit ist das Trivialkriterium (Satz 9.1) verletzt.
- Wenn $|x| < 1$, dann ... Übungsaufgabe :-). ∎

Erklärung

Zum Cauchy-Produkt (Satz 9.11): Beim Cauchy-Produkt ist es wichtig, dass die beiden Reihen $\sum_{k=0}^{\infty} a_k$ und $\sum_{k=0}^{\infty} b_k$ absolut konvergieren, damit die Reihe $\sum_{k=0}^{\infty} c_k$ dann auch absolut konvergiert. Es reicht aber für die Konvergenz des Cauchy-Produkts aus, dass eine der beiden beteiligten Reihen absolut konvergiert. Es reicht aber nicht die „normale" Konvergenz aus, wie wir an dem folgendem Beispiel sehen werden.

▶ **Beispiel 105** Für $n \in \mathbb{N}$ sei $a_n := b_n := \frac{(-1)^{n+1}}{\sqrt{n}}$. Die Konvergenz der Reihen $\sum_{n=1}^{\infty} a_n$ und $\sum_{n=1}^{\infty} b_n$ folgt sofort mit Hilfe des Leibniz-Kriteriums. Diese beiden Reihen sind aber nicht absolut konvergent, da die Reihe $\sum_{n=1}^{\infty} \frac{1}{\sqrt{n}}$ nicht konvergiert.

Wir wollen nun das Cauchy-Produkt $c_n = \sum_{k=1}^{n} a_k b_{n-k}$ berechnen und zeigen, dass diese Reihe nicht konvergiert. Es gilt

$$c_n = \sum_{k=1}^{n} \frac{(-1)^{k+1}}{\sqrt{k}} \frac{(-1)^{n-k+1}}{\sqrt{n-k}} = \sum_{k=1}^{n} \frac{(-1)^n}{\sqrt{k}\sqrt{n-k}}.$$

Wegen

$$\left| \sum_{k=1}^{n} \frac{(-1)^n}{\sqrt{k}\sqrt{n-k}} \right| = |(-1)^n| \left| \sum_{k=1}^{n} \frac{1}{\sqrt{k}\sqrt{n-k}} \right|$$

$$= \sum_{k=1}^{n} \frac{1}{\sqrt{k}\sqrt{n-k}} \geq \sum_{k=1}^{n} \frac{1}{\sqrt{n}\sqrt{n}} = 1,$$

ist die Reihe $\sum_{n=1}^{\infty} c_n$ divergent. Die Koeffizienten bilden keine Nullfolge. Also existiert

$$\left(\sum_{n=1}^{\infty} \frac{(-1)^{n+1}}{\sqrt{n}} \right)^2$$

nicht. ∎

Zur Funktionalgleichung der Exponentialfunktion (Satz 9.12): Wir wollen noch einmal ausführlich beweisen, dass die Funktionalgleichung der Exponentialfunktion wirklich gilt. Und zwar berechnen wir mithilfe des Cauchy-Produkts $e^x \cdot e^y = \sum_{k=0}^\infty \frac{x^k}{k!} \cdot \sum_{k=0}^\infty \frac{y^k}{k!}$.

Da die Exponentialreihe absolut konvergent ist (siehe Satz 9.10), gilt zunächst einmal $e^x \cdot e^y = \sum_{n=0}^\infty c_n$.

Geschicktes Erweitern mit $n!$ ermöglicht die Anwendung des Binomischen Lehrsatzes (siehe Kap. 5, Beispiel 44):

$$c_n = \sum_{k=0}^n \frac{x^{n-k}}{(n-k)!} \cdot \frac{y^k}{k!} = \frac{1}{n!} \sum_{k=0}^n \frac{n! x^{n-k} \cdot y^k}{(n-k)! \cdot k!}$$

$$= \frac{1}{n!} \sum_{k=0}^n \binom{n}{k} \cdot x^{n-k} \cdot y^k = \frac{1}{n!}(x+y)^n.$$

Nun folgt also:

$$\sum_{n=0}^\infty c_n = \sum_{n=0}^\infty \frac{1}{n!}(x+y)^n = \sum_{n=0}^\infty \frac{(x+y)^n}{n!} = e^{x+y}.$$

Genau das hatten wir zu zeigen.

Zu den Eigenschaften der Exponentialfunktion und der Logarithmusfunktion (Sätze 9.13 und 9.15): An dieser Stelle nur eine kleine Anmerkung, bevor wir betrachten, was wir mit diesen Sätzen machen können: Im Beweis von Satz 9.15 haben wir schon Integrale genutzt. Wer dies noch nicht kennt, kann dies einfach im Kapitel über Integrale nachlesen oder sich diesen Beweis später nochmal ansehen.

▶ **Beispiel 106** Wir wollen eine alternative Darstellung für Potenzen von e herleiten. Dafür gehen wir aus von der Ungleichung $e^x > x + 1$ für $x \neq 0$. Wir setzen hier einfach mal zwei spezielle Werte ein. Als erstes betrachten wir $x = \frac{a}{n}$ mit einem $a \in \mathbb{R} \setminus \{0\}$ und $n \in \mathbb{N}$. Damit erhalten wir

$$e^a = \left(e^{\frac{a}{n}}\right)^n > \left(1 + \frac{a}{n}\right)^n.$$

Als nächstes setzen wir $x = -\frac{a}{n+a}$. Damit erhalten wir

$$\frac{1}{e^a} = e^{-a} > \left(1 - \frac{a}{n+a}\right)^{n+a} = \left(\frac{n}{n+a}\right)^{n+a}$$

$$\Rightarrow e^a < \left(\frac{n+a}{n}\right)^{n+a} = \left(1 + \frac{a}{n}\right)^{n+a}.$$

Insgesamt ergibt dies also

$$\left(1 + \frac{a}{n}\right)^n < e^a < \left(1 + \frac{a}{n}\right)^{n+a}.$$

Nun gilt aber

$$\frac{\left(1 + \frac{a}{n}\right)^{n+a}}{\left(1 + \frac{a}{n}\right)^n} = \left(1 + \frac{a}{n}\right)^a \underset{n \to \infty}{\to} 1,$$

also haben $\left(1 + \frac{a}{n}\right)^{n+a}$ und $\left(1 + \frac{a}{n}\right)^n$ den selben Grenzwert. Dann gilt wegen der Ungleichungen

$$\lim_{n \to \infty} \left(1 + \frac{a}{n}\right)^n = e^a = \lim_{n \to \infty} \left(1 + \frac{a}{n}\right)^{n+a}.$$

Hieraus erhalten wir natürlich sofort $e = \lim_{n \to \infty} \left(1 + \frac{1}{n}\right)^n$. Dies ist eine sehr bekannte Darstellung für e, die manchmal sogar als Definition von e verwendet wird. ∎

▶ **Beispiel 107** Auch für den Logarithmus gibt es eine alternative Darstellung. Dafür brauchen wir allerdings schon Ableitungen. Deswegen könnt ihr auch zu diesem Beispiel dann später nochmal zurückkehren. Wir gehen von der Ableitungsformel $(a^x)' = \ln a \cdot a^x$ aus. Nach Definition der Ableitung gilt aber

$$(a^x)' = \lim_{h \to 0} \frac{a^{x+h} - a^x}{h}$$

und damit erhalten wir die Darstellung

$$\ln a = \frac{(a^x)'}{a^x} = \lim_{h \to 0} \frac{a^h - 1}{h}.$$ ∎

Erklärung

Zur Stirlingschen Formel (Satz 9.20): Die Stirlingsche Formel hilft uns dabei, die Größenordnung von $n!$ abzuschätzen. Wie wir sehen, wächst die Fakultät also sehr schnell.

Übrigens: Wenn ihr einmal die Stirlingsche Formel vergessen haben solltet, so könnt ihr euch den wesentlichen Teil schnell wieder herleiten. Dafür benutzen wir, dass Integrieren (dazu mehr im entsprechenden Kap. 12 ;-)) und Summieren ungefähr das Gleiche ist. Dann folgt

$$\ln n! = \sum_{k=1}^{n} \ln k \approx \int_1^n \ln x \, \mathrm{d}x = [x \ln x - x]_1^n = n \ln n - n + 1,$$

also nach Exponenzieren

$$n! \approx e^{n \ln n - n + 1} = n^n e^{-n} e = e \left(\frac{n}{e}\right)^n.$$

Wir haben an dieser Stelle nur eine recht schwache Version der Stirlingschen Formel gezeigt. Die starke Version besagt

$$\lim_{n \to \infty} \frac{n!}{\sqrt{2\pi n} \left(\frac{n}{e}\right)^n} = 1,$$

das heißt für große n verhält sich $n!$ so wie $\sqrt{2\pi n} \left(\frac{n}{e}\right)^n$.

Grenzwerte und Stetigkeit

10

Den Begriff des Grenzwertes kennen wir schon aus Kap. 8 über Folgen, wo wir die Konvergenz von Folgen definiert haben. Wenn eine Folge gegen eine Zahl konvergiert, so nennen wir die Zahl den Grenzwert der Folge. Auch im vorherigen Kapitel über Reihen haben wir den Begriff des Grenzwertes verwendet. Diesen kann man auch auf Funktionen übertragen und genau das werden wir in diesem Kapitel tun. Weiterhin werden wir uns die Stetigkeit von Funktionen anschauen.

10.1 Definitionen

Definition 10.1 (Grenzwert einer Funktion)
Es sei $D \subset \mathbb{R}$ und $f : D \to \mathbb{R}$ eine Funktion.
Wir setzen:

$$\overline{D} := \left\{ a \in \mathbb{R} : \exists \text{ Folge } (x_n)_{n \in \mathbb{N}} \text{ mit } x_n \in D \text{ und } \lim_{n \to \infty} x_n = a \right\}.$$

Wir schreiben $\lim_{x \to a} f(x) = c$, wenn $\lim_{n \to \infty} f(x_n) = c$ für alle Folgen $(x_n)_{n \in \mathbb{N}}$ mit $x_n \in D$ und $\lim_{n \to \infty} x_n = a$ und nennen dies den **Grenzwert** der Funktion. Hierbei ist $c \in \mathbb{R}$ und $a \in \overline{D}$.
$\overline{D}$ nennen wir den **Abschluss** von D.

Definition 10.2 (Rechtsseitiger und linksseitiger Grenzwert)
Gilt $\lim_{n \to \infty} f(x_n) = c$ für alle Folgen $(x_n)_{n \in \mathbb{N}}$ mit $x_n \in D$ und $x_n > a$ und $\lim_{n \to \infty} x_n = a$, so schreiben wir $\lim_{x \downarrow a} f(x) = c$ und nennen dies den **rechtsseitigen Grenzwert**.

© Springer-Verlag GmbH Deutschland, ein Teil von Springer Nature 2018
F. Modler, M. Kreh, *Tutorium Analysis 1 und Lineare Algebra 1*,
https://doi.org/10.1007/978-3-662-56752-4_10

Analog bedeutet $\lim_{x \uparrow a} f(x) = c$, dass für alle Folgen $(x_n)_{n \in \mathbb{N}}$ mit $x_n \in D$ und $x_n < a$ und $\lim_{n \to \infty} x_n = a$ gilt, dass $\lim_{n \to \infty} f(x_n) = c$. Wir nennen dies dann den **linksseitigen Grenzwert**.

In dieser Definition bedeutet $\lim_{n \to \infty} f(x) = c$, dass für alle Folgen $(x_n)_{n \in \mathbb{N}}$ mit $x_n \in D$ und $\lim_{n \to \infty} x_n = \infty$ gilt, dass $\lim_{n \to \infty} f(x_n) = c$. Analog ist $\lim_{n \to -\infty} f(x) = c$ definiert.

Definition 10.3 (Stetigkeit, 1. Definition: mit Folgen)
Sei $f : D \to \mathbb{R}$ eine Funktion. f heißt **stetig im Punkt** $x_0 \in D$, wenn der Grenzwert $\lim_{x \to x_0} f(x)$ existiert und gleich $f(x_0)$ ist. f heißt (punktweise) **stetig** in D, falls die Funktion in jedem Punkt $x_0 \in D$ stetig ist. Ist eine Funktion nicht stetig, so nennen wir sie **unstetig**.

Definition 10.4 (Stetigkeit, 2. Definition: $\varepsilon - \delta$)
Eine Funktion $f : D \to \mathbb{R}$ heißt **stetig in** $x_0 \in D$, wenn Folgendes gilt

$$\forall \varepsilon > 0 \; \exists \delta > 0, \text{ sodass } |f(x) - f(x_0)| < \varepsilon \; \forall x \in D \text{ mit } |x - x_0| < \delta.$$

Kürzer steht dort:

$$\forall \varepsilon > 0 \; \exists \delta > 0 \; \forall x \in D : (|x - x_0| < \delta \Rightarrow |f(x) - f(x_0)| < \varepsilon).$$

Nicht-Stetigkeit bedeutet gerade die Negation, also:

$$\exists \varepsilon > 0 \; \forall \delta > 0 \; \exists x \in D : (|x - x_0| < \delta \wedge |f(x) - f(x_0)| \geq \varepsilon).$$

Definition 10.5 (Gleichmäßige Stetigkeit)
Eine Funktion $f : D \to \mathbb{R}$ heißt **gleichmäßig stetig** in D, wenn Folgendes gilt: Zu jedem $\varepsilon > 0$ existiert ein $\delta > 0$, sodass für alle $x, y \in D$ mit $|x - y| < \delta$ gilt $|f(x) - f(y)| < \varepsilon$. Mit den Quantoren schreibt man:

$$\forall \varepsilon > 0 \; \exists \delta > 0 \; \forall x, y \in D : (|x - y| < \delta \Rightarrow |f(x) - f(y)| < \varepsilon).$$

Die Negation lautet:

$$\exists \varepsilon > 0 \; \forall \delta > 0 \; \exists x, y \in D : (|x - y| < \delta \wedge |f(x) - f(y)| \geq \varepsilon).$$

Anmerkung: Hier wie auch bei Definition 10.4 kann man statt $< \varepsilon$ auch $\leq \varepsilon$ benutzen.

Definition 10.6 (α-Hölder-Stetigkeit)
Sei $f : D \to \mathbb{R}$ gegeben mit $0 < \alpha \leq 1$. Dann heißt f in D α**-Hölder-stetig**, wenn

$$|f(x) - f(y)| \leq M \cdot |x - y|^{\alpha} \quad \forall x, y \in D$$

mit einer Konstanten $M > 0$.

Definition 10.7 (Lipschitz-Stetigkeit)
Gilt in der Definition zur α-Hölder-Stetigkeit (siehe Definition 10.6) $\alpha = 1$, dann nennt man die Funktion **lipschitz-stetig**. Genauer: Eine Funktion $f : D \to \mathbb{R}$ heißt **lipschitz-stetig**, wenn

$$|f(x) - f(y)| \leq L \cdot |x - y| \quad \forall x, y \in D$$

mit einer Konstanten $L > 0$. Dies ist die sogenannte **Lipschitz-Konstante**.

10.2 Sätze und Beweise

Satz 10.1 (Summe, Differenz, Produkt und Quotient stetiger Funktionen sind wieder stetig.)
Seien f und g zwei Funktionen mit $f, g : D \to \mathbb{R}$, die in $x_0 \in D$ stetig sind und $\lambda \in \mathbb{R}$, dann sind auch die Funktionen $f + g$, $\lambda \cdot f$, $f \cdot g : D \to \mathbb{R}$ in $x_0 \in D$ stetig. Gilt zusätzlich $g(x_0) \neq 0$, dann ist auch die Funktion $\frac{f}{g} : D_{g \neq 0} \to \mathbb{R}$ stetig, wobei $D_{g \neq 0} := \{x \in D : g(x) \neq 0\}$.

Beweis: Seien $(x_n)_{n \in \mathbb{N}} \subset D$ eine Folge und $\lim_{n \to \infty} x_n = a$. Es ist zu zeigen, dass

$$\lim_{n \to \infty} (f + g)(x_n) = (f + g)(a), \qquad \lim_{n \to \infty} (f \cdot g)(x_n) = (f \cdot g)(a),$$

$$\lim_{n \to \infty} (\lambda \cdot f)(x_n) = (\lambda \cdot f)(a), \qquad \lim_{n \to \infty} \left(\frac{f}{g}\right)(x_n) = \left(\frac{f}{g}\right)(a).$$

Dies folgt aber unmittelbar aus den Grenzwertsätzen für Folgen (siehe Satz 8.3), da $f(x_n)$ wieder eine Folge ist.   q.e.d.

Satz 10.2 (Eine Verkettung stetiger Funktionen ist stetig.)
Seien $f : D \to \mathbb{R}$ und $g : E \to \mathbb{R}$ zwei Funktionen, wobei $f(D) \subset E$. Ist f in $x_0 \in D$ stetig und ist g in $y_0 := f(x_0)$ stetig, so ist die Funktion $g \circ f$ in x_0 stetig.

Beweis: Sei $(x_n)_{n \in \mathbb{N}}$ eine Folge mit $\lim_{n \to \infty} x_n = x_0$. Nach Voraussetzung gilt:

$$\lim_{n \to \infty} f(x_n) = f(x_0).$$

Wir setzen $y_n = f(x_n) \in E$. Es ist also $(y_n)_{n \in \mathbb{N}} \subset E$ eine Folge mit $\lim_{n \to \infty} y_n = y_0$. Nach Voraussetzung ist jetzt auch $\lim_{n \to \infty} g(y_n) = g(y_0)$. Insgesamt erhalten wir somit:

$$\lim_{n \to \infty} (g \circ f)(x_n) = \lim_{n \to \infty} g(f(x_n)) = \lim_{n \to \infty} g(y_n) = g(y_0) = (g \circ f)(x_0).$$

Da $(x_n)_{n \in \mathbb{N}}$ beliebig war, ist $g \circ f$ stetig in x_0.   q.e.d.

Satz 10.3 (Zwischenwertsatz)
Es sei $f : [a, b] \to \mathbb{R}$ eine stetige Funktion mit $f(a) < 0$ und $f(b) > 0$, dann existiert ein $\xi \in (a, b)$ mit $f(\xi) = 0$.

Beweis: Für den Beweis dieses Satzes benutzen wir eine Intervallschachtelung. Wir setzen $I_1 := [a, b]$ und definieren $I_n = [a_n, b_n]$ durch

$$I_{n+1} := \begin{cases} \left[a_n, \frac{a_n + b_n}{2} \right], & \text{falls} \quad f\left(\frac{a_n + b_n}{2} \right) \geq 0 \\ \left[\frac{a_n + b_n}{2}, b_n \right], & \text{falls} \quad f\left(\frac{a_n + b_n}{2} \right) < 0. \end{cases}$$

Wegen $I_{n+1} \subset I_n$ und $|I_n| = 2^{-(n-1)}(b - a)$ liegt hier tatsächlich eine Intervallschachtelung vor. Also konvergieren die Folgen $(a_n)_{n \in \mathbb{N}}$ und $(b_n)_{n \in \mathbb{N}}$ gegen einen gemeinsamen Grenzwert ξ. Da f stetig ist, gilt außerdem

$$\lim_{n \to \infty} f(a_n) = f\left(\lim_{n \to \infty} (a_n) \right) = f(\xi) = \lim_{n \to \infty} f(b_n).$$

Außerdem gilt nach Konstruktion unserer Intervalle immer $f(a_n) \leq 0 \leq f(b_n)$. Nun folgt aus der Monotonie der Konvergenz, dass

$$f(\xi) = f\left(\lim_{n \to \infty} (a_n) \right) \leq 0 \leq f\left(\lim_{n \to \infty} (b_n) \right) = f(\xi)$$

und damit $f(\xi) = 0$ mit $\xi \in [a, b]$. Da $f(a) \neq 0$ und $f(b) \neq 0$, gilt sogar $\xi \in (a, b)$.   q.e.d.

> **Satz 10.4 (Korollar zum Zwischenwertsatz)**
> *Sei $f : [a,b] \to \mathbb{R}$ stetig mit $f(a) < f(b)$. Dann existiert zu jedem $c \in [f(a), f(b)]$ ein $\xi \in [a,b]$ mit $f(\xi) = c$.*

Beweis: Ohne Einschränkung der Allgemeinheit nehmen wir an, dass $c \in (f(a), f(b))$. Wäre $c \in [f(a), f(b)]$, dann könnte c durchaus den Wert $f(a)$ oder $f(b)$ annehmen, dann wäre aber $\xi = a$ bzw. $\xi = b$ und wir wären fertig.

Wir setzen nun $g(x) := f(x) - c$, das heißt, wir verschieben die Funktion. Auf die Funktion $g(x)$ wenden wir nun den Zwischenwertsatz (Satz 10.3) an. Dann folgt die Behauptung.   q.e.d.

> **Satz 10.5 (Jede gleichmäßig stetige Funktion ist punktweise stetig.)**
> *Ist $f : D \to \mathbb{R}$ gleichmäßig stetig in D, so ist sie dort auch punktweise stetig. Jede gleichmäßig stetige Funktion ist also punktweise stetig.*

Beweis: Seien f gleichmäßig stetig in D und $x_0 \in D$ und $\varepsilon > 0$ beliebig. Nach Voraussetzung existiert ein $\delta > 0$, sodass $|f(x) - f(y)| < \varepsilon \; \forall x$ mit $y \in D$ und $|x - y| < \delta$. Insbesondere gilt für alle $x \in D$ mit $|x - y| < \delta$ auch $|f(x) - f(y)| < \varepsilon$ und somit für jedes x_0 die Ungleichung $|f(x) - f(x_0)| < \varepsilon$.
q.e.d.

> **Satz 10.6 (Stetige Funktionen sind auf kompakten Intervallen gleichmäßig stetig.)**
> *Gegeben sei eine auf einem kompakten Intervall $[a,b]$ stetige Funktion $f : [a,b] \to \mathbb{R}$. Dann ist f dort auch gleichmäßig stetig.*

Beweis: Wir führen den Beweis durch Widerspruch. Angenommen f sei nicht gleichmäßig stetig im kompakten Intervall $[a,b]$. Dann gibt es ein $\varepsilon > 0$, sodass für alle $n \in \mathbb{N}$ jeweils zwei Werte $x_n, y_n \in D$ mit $|x_n - y_n| < \frac{1}{n}$ und $|f(x_n) - f(y_n)| > \varepsilon$ existieren.

Da die Folgen $(x_n)_{n \in \mathbb{N}}$ und $(y_n)_{y \in \mathbb{N}}$ beschränkt sind (denn es ist $a \leq x_n \leq b$ bzw. $a \leq y_n \leq b$), existieren nach dem Satz von Bolzano-Weierstraß (Satz 8.5) zwei konvergente Teilfolgen $(x_{n_k})_{k \in \mathbb{N}}$ und $(y_{n_k})_{k \in \mathbb{N}}$, die gegen Werte aus dem Intervall $[a,b]$ konvergieren. Wegen $|x_n - y_n| < \frac{1}{n}$ gilt dann:

$$\xi := \lim_{k \to \infty} x_{n_k} = \lim_{k \to \infty} y_{n_k}.$$

Da die Funktion stetig ist und $\xi \in [a,b]$, gilt:

$$\lim_{k \to \infty} f(x_{n_k}) = \lim_{k \to \infty} f(y_{n_k}) = f(\xi),$$

das heißt:

$$\lim_{k\to\infty} \left| f(x_{n_k}) - f(y_{n_k}) \right| = f(\xi) - f(\xi) = 0 \Rightarrow \left| f(x_{n_k}) - f(y_{n_k}) \right| = 0.$$

Aber nach Voraussetzung ist $\left| f(x_{n_k}) - f(y_{n_k}) \right| > \varepsilon$. Dieser Widerspruch beweist den Satz.

q.e.d.

Satz 10.7
Jede lipschitz-stetige Funktion ist gleichmäßig stetig.

10.3   Erklärungen zu den Definitionen

Erklärung

Zur Definition 10.1 des Grenzwertes einer Funktion: Pflücken wir die Definition 10.1 des Grenzwertes einer Funktion auseinander, damit sie verständlicher wird. Dabei gehen wir jeden einzelnen Satz einfach mal durch:

Wieso man dieses $\overline{D}$ definiert, versteht man eigentlich erst richtig, wenn man die ganze Definition durchgeschaut hat. In diesem $\overline{D}$ sind Elemente $a \in \mathbb{R}$ enthalten, mit der Eigenschaft, dass eine Folge $(x_n)_{n\in\mathbb{N}}$ existiert, die gegen dieses a konvergiert.

Wir schreiben $\lim_{x\to a} f(x) = c$, wenn $\lim_{n\to\infty} f(x_n) = c$ für alle Folgen $(x_n)_{n\in\mathbb{N}} \subset D$ mit $\lim_{n\to\infty} x_n = a$. Nun gilt $\lim_{x\to a} f(x) = c$, also in Worten: Die Funktion konvergiert gegen c, wenn x gegen a strebt und wenn $\lim_{n\to\infty} f(x_n) = c$ gilt, und zwar für alle Folgen $(x_n)_{n\in\mathbb{N}}$, wobei der Grenzwert der Folge a ist. Also genau die Stelle, gegen die x läuft.

Da wir den Grenzwert einer Funktion mithilfe von Folgenkonvergenz definiert haben, gelten natürlich auch hier die Grenzwertsätze. Schauen wir uns am besten zwei Beispiele an.

▶ **Beispiel 108**

● Wir betrachten die Funktion $f(x) := x - \sqrt{x^2 + 3x}$ und möchten wissen, was mit dem Funktionswert $f(x)$ passiert, wenn $x \to \infty$. Rechnen wir es aus:

$$\lim_{x\to\infty} \left(x - \sqrt{x^2 + 3x} \right) = \lim_{x\to\infty} \left(\frac{(x - \sqrt{x^2 + 3x})(x + \sqrt{x^2 + 3x})}{x + \sqrt{x^2 + 3x}} \right)$$

$$= \lim_{x\to\infty} \left(\frac{x^2 - (x^2 + 3x)}{x + \sqrt{x^2 + 3x}} \right)$$

$$= \lim_{x\to\infty} \left(\frac{-3x}{x + \sqrt{x^2 + 3x}} \right)$$

$$= \lim_{x\to\infty} \left(-\frac{3}{1 + \sqrt{1 + \frac{3}{x}}} \right) = -\frac{3}{2}.$$

- Wir berechnen den Grenzwert $\lim_{n\to\infty} \frac{(n^2-1)^n}{n^{2n}}$. Hierbei ist $\left(\frac{(n^2-1)^n}{n^{2n}}\right)_{n\in\mathbb{N}}$ natürlich eine Folge. Dazu erinnern wir an die bekannten Grenzwerte $\lim_{n\to\infty}\left(1+\frac{1}{n}\right)^n = e$ und $\lim_{n\to\infty}\left(1-\frac{1}{n}\right)^n = e^{-1} = \frac{1}{e}$. Es folgt:

$$
\lim_{n\to\infty}\frac{(n^2-1)^n}{n^{2n}} = \lim_{n\to\infty}\left(\frac{n^2-1}{n^2}\right)^n = \lim_{n\to\infty}\left(\frac{(n-1)(n+1)}{n^2}\right)^n
$$

$$
= \lim_{n\to\infty}\left(\frac{n-1}{n}\cdot\frac{n+1}{n}\right)^n
$$

$$
= \lim_{n\to\infty}\left(1-\frac{1}{n}\right)^n \cdot \lim_{n\to\infty}\left(1+\frac{1}{n}\right)^n = e^{-1}\cdot e = 1.
$$

- Ein sehr wichtiger Grenzwert, den man kennen muss, ist $\lim_{n\to\infty}\sqrt[n]{n} = 1$. Aber wie zeigt man das? Dies folgt direkt aus dem Vergleichskriterium mit der Ungleichung $1 \le \sqrt[n]{n} \le 1 + \frac{2}{\sqrt{n}}$. Dabei gilt die rechte Ungleichung aufgrund der binomischen Formel

$$
1 \le n \le 1 + n\cdot\frac{2}{\sqrt{n}} + \frac{n(n-1)}{2}\cdot\frac{4}{n} + \dots.
$$

Aus der Produktregel für den Grenzwert folgt allgemeiner:

$$
\lim_{n\to\infty}\sqrt[n]{n^k} = \lim_{n\to\infty}\sqrt[n]{n}^k = 1
$$

für $k \in \mathbb{N}$. Auch durch Hinzufügen von Termen niedrigerer Ordnung bleibt der Grenzwert unverändert.
Für ein Polynom $p(n) = a_k\cdot n^k + \dots + a_0$, $a_k > 0$ ist $\lim_{n\to\infty}\sqrt[n]{p(n)} = \lim_{n\to\infty}a_k$. ∎

Erklärung
Zur Definition 10.2 des rechts- und linksseitigen Grenzwertes:

▶ **Beispiel 109 (Signumfunktion)** Wir betrachten die sogenannte Signumfunktion $\text{sign}(x) : \mathbb{R} \to \mathbb{R}$ mit

$$
\text{sign}(x) := \begin{cases} -1, & x < 0 \\ 1, & x > 0 \\ 0, & x = 0 \end{cases}
$$

und $D = \mathbb{R}$ (denn die Funktion ist überall erklärt). Zu den Eigenschaften dieser Funktion siehe auch Kap. 7, Definition 7.3 und Satz 7.2.

Hier gilt $\lim_{x\downarrow 0} f(x) = 1$ und $\lim_{x\uparrow 0} f(x) = -1$, was anschaulich an Abb. 10.1 sehr schön deutlich wird. Das bedeutet, dass der Grenzwert an der Stelle $x = 0$ nicht existiert, da rechts- und linksseitiger Grenzwert nicht übereinstimmen. Sobald ihr mit dem Begriff der Stetigkeit umgehen könnt, könnt ihr nun folgern, dass die Signumfunktion an der Stelle $x = 0$ unstetig ist. ∎

Abb. 10.1 Die Signum-
funktion

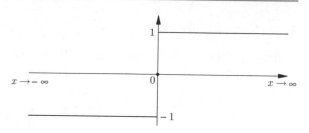

Übrigens: Auch die Schreibweise $\lim_{x \nearrow 0} f(x) = 1$ bzw. $\lim_{x \searrow 0} f(x) = -1$ ist für
den rechtsseitigen bzw. linksseitigen Grenzwert durchaus möglich.

Erklärung

Zur Definition 10.3 der Stetigkeit mittels Folgen: Wir wollen anmerken, dass
die Stetigkeit erst einmal eine lokale Eigenschaft ist, das heißt in einem Punkt
des Definitionsbereichs vorliegen kann oder eben nicht. Daher spricht man auch
von punktweiser Stetigkeit. Eine Funktion nennt man stetig, wenn sie in jedem
Punkt des Definitionsbereichs stetig ist. Wir wollen die Definition 10.3 der Stetigkeit mittels Folgen etwas auseinanderpflücken und uns klar machen, was wir
darunter überhaupt verstehen wollen.

Für jede beliebige Folge im Definitionsbereich der Funktion, die gegen x_0 konvergiert, müssen auch die Funktionswerte der Folgenglieder gegen den Funktionswert von x_0, also gegen $f(x_0)$ konvergieren. Ein paar Beispiele.

▶ **Beispiel 110**

- Betrachten wir die Abb. 10.2. In diesem Beispiel sehen wir sehr leicht, dass
  die Funktion an der Stelle $x = 3$ stetig ist, da für jede Folge reeller Zahlen
  $(x_n)_{n \in \mathbb{N}}$, die gegen 3 konvergiert, die Folge der Funktionswerte $f(x_n)$ gegen
  den Funktionswert $f(3) = 1$ konvergiert.
- Nun betrachten wir eine ähnliche Funktion, die aber an einer bestimmten Stelle
  einen Sprung macht, siehe Abb. 10.3.

Abb. 10.2 Stetigkeit an der
Stelle $x = 3$

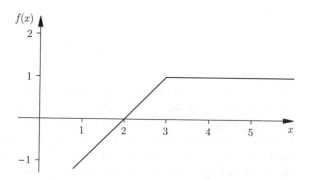

Abb. 10.3 Sprung an der
Stelle $x = 3$

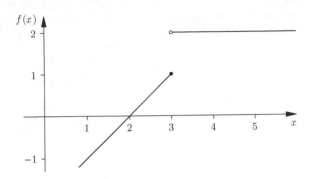

Wir betrachten jetzt zwei Folgen, die gegen die Stelle $x = 3$ konvergieren. Nämlich die Folgen

$$(a_n)_{n \in \mathbb{N}} := \left(3 - \frac{1}{n}\right)_{n \in \mathbb{N}} \qquad \text{bzw.} \qquad (b_n)_{n \in \mathbb{N}} := \left(3 + \frac{1}{n}\right)_{n \in \mathbb{N}}.$$

Betrachtet man jedoch die Funktionswerte der Folgen, so sieht man, dass

$$f(a_n) = 3 - \frac{1}{n} - 2 = 1 - \frac{1}{n} \to 1.$$

Das heißt also, dass $f(a_n)$ gegen den Wert 1 konvergiert. Dies entspricht dem Funktionswert an der Stelle $x = 3$.

Für die zweite Folge gilt aber $f(b_n) \to 2$, siehe Abb. 10.3. Die Folge $f(b_n)$ konvergiert also gegen den Wert 2, und dies entspricht nicht dem Funktionswert an der Stelle $x = 3$. Daraus folgt insgesamt, dass die Funktion an der Stelle $x = 3$ unstetig ist. Dies entspricht dem, was wir in der Schule gelernt haben. Dort habt ihr vielleicht schon mal gehört, dass man eine Funktion stetig nennt, wenn man sie ohne Absetzen des Bleistiftes zeichnen kann. Dies ist natürlich keine mathematische Definition, klar. Aber bei unserem Beispiel stimmt sie irgendwie, dennoch solltet ihr diese Vorstellung nie verwenden.

- Die konstanten Funktionen $f(x) = c$, $c \in \mathbb{R}$ und die Identität $f(x) = x$ sind stetige Funktionen.
- Der Absolutbetrag $f(x) = |x|$ ist stetig in ganz $\mathbb{R}$. Wie weisen wir dies nach? Zeichnen wir uns erst einmal die Funktion (Abb. 10.4).
  Wir müssen hier insgesamt drei Fälle betrachten:
  1. Fall: Seien $a < 0$ und $(x_n)_{n \in \mathbb{N}} \subset \mathbb{R}$ eine Folge mit $\lim_{n \to \infty} x_n = a$. Da $x_n \to a < 0$, existiert ein $n_0 \in \mathbb{N}$ mit $x_n < 0 \; \forall n \geq n_0$. Daher ist

$$\lim_{n \to \infty} f(x_n) = \lim_{n \to \infty} |x_n| = \lim_{n \to \infty} -x_n = -\lim_{n \to \infty} x_n = -a = |a|.$$

Für $a < 0$ ist der Absolutbetrag also stetig.

Abb. 10.4 Die Betragsfunktion

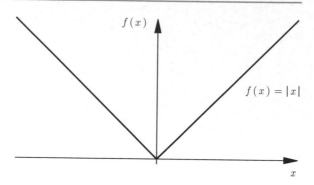

2. Fall: Seien $a > 0$ und $(x_n)_{n \in \mathbb{N}} \subset \mathbb{R}$ eine Folge mit $\lim_{n \to \infty} x_n = a$. Da $x_n \to a > 0$, existiert ein $n_0 \in \mathbb{N}$ mit $x_n > 0 \; \forall n \geq n_0$. Daher ist

$$\lim_{n \to \infty} f(x_n) = \lim_{n \to \infty} |x_n| = \lim_{n \to \infty} x_n = a = |a|.$$

Für $a > 0$ ist der Absolutbetrag also stetig.

3. Fall: Seien $a = 0$ und $(x_n)_{n \in \mathbb{N}} \subset \mathbb{R}$ eine Folge mit $\lim_{n \to \infty} x_n = a$. Da $x_n \to a = 0$, existiert zu jedem $\varepsilon > 0$ ein $n_0 \in \mathbb{N}$ mit $|x_n| < \varepsilon \; \forall n \geq n_0$. Daher ist

$$\lim_{n \to \infty} f(x_n) = \lim_{n \to \infty} |x_n| \leq \varepsilon.$$

Da $\varepsilon > 0$ beliebig war, ist $\lim_{n \to \infty} f(x_n) = 0$ für jede Folge. Damit ist der Absolutbetrag für $a = 0$ stetig. Damit ist gezeigt, dass die gesamte Betragsfunktion stetig auf D ist.

- Die Dirichlet-Funktion ist wie folgt definiert

$$\chi(x) := \begin{cases} 1, & x \in \mathbb{Q} \\ 0, & x \in \mathbb{R} \setminus \mathbb{Q}. \end{cases}$$

Diese Funktion ist uns in Definition 3.4 schon einmal begegnet. Die Dirichlet-Funktion ist in keinem Punkt stetig. Für den Beweis benötigt man die Tatsache, dass die rationalen Zahlen in der Menge der reellen Zahlen dicht liegen. (Satz 7.6) Wir wollen den Beweis nur skizzieren: Man nimmt sich irgendeine Zahl x. Dann gibt es eine Folge aus nur rationalen Zahlen, die gegen x geht und eine aus irrationalen Zahlen, die auch gegen x geht. Die erste Folge besitzt am Grenzwert den Funktionswert 1 und die zweite den Wert 0. Also kann die Funktion nicht stetig sein.

- Wir zeigen noch die Stetigkeit der Exponentialfunktion. Im noch folgenden Beispiel 111 (letzter Unterpunkt) werden wir einen weiteren Beweis hierfür mittels unserer 2. Definition von Stetigkeit (siehe Definition 10.4) liefern.
  Wir beweisen zunächst, dass die Exponentialfunktion $e^x : \mathbb{R} \to \mathbb{R}_{>0}$ im Nullpunkt stetig ist und folgern hieraus gleich die Stetigkeit im gesamten Definitionsbereich. Wir betrachten hierzu eine beliebige Nullfolge $(a_n)_{n \in \mathbb{N}}$, für die wir

ohne Einschränkung annehmen können, dass $|a_n| \leq 1$ gelte. Wegen

$$|e^{a_n} - 1| = \left| 1 + a_n + \frac{a_n^2}{2!} + \ldots - 1 \right| = |a_n| \cdot \left| 1 + \frac{a_n}{2!} + \frac{a_n^2}{3!} + \ldots \right|$$

$$\leq |a_n| \cdot \left(1 + \frac{|a_n|}{2!} + \frac{|a_n^2|}{3!} + \ldots \right)$$

$$\leq |a_n| \cdot \left(1 + \frac{1}{2!} + \frac{1}{3!} + \ldots \right) = |a_n| \cdot \left(e^1 - 1 \right) \leq 2 \cdot |a_n|$$

ist $e^{a_n} - 1$ eine Nullfolge. Demnach ist $\lim_{n \to \infty} e^{a_n} = 1 = e^0$ für jede Folge $a_n \to 0$, was die Stetigkeit im Nullpunkt beweist.

Sei $(a_n)_{n \in \mathbb{N}}$ eine beliebige Nullfolge. Wegen der Funktionalgleichung der Exponentialfunktion (siehe Kap. 9, Satz 9.12) und der gerade gezeigten Stetigkeit der Exponentialfunktion im Nullpunkt, folgt:

$$\lim_{n \to \infty} e^{x + a_n} = \lim_{n \to \infty} e^x \cdot e^{a_n} = e^x \cdot \lim_{n \to \infty} e^{a_n}$$
$$= e^x \cdot e^{\lim_{n \to \infty} a_n} = e^x \cdot e^0 = e^x.$$

Das soll uns an Beispielen erst einmal genügen.   ■

Erklärung

Zur Definition 10.4 der Stetigkeit (2. Definition): Die Definition 10.4 werden wir uns gleich an einem Bild (siehe Abb. 10.5) klar machen. Stetigkeitsnachweise mittels dieser Definition treiben den meisten Studenten erfahrungsgemäß den Angstschweiß auf die Stirn. Wir werden also unser Bestes geben, um euch die Angst davor zu nehmen! Zunächst eine Anmerkung: Definition 10.3 und Definition 10.4 sind äquivalent, wenn D keine isolierte Punkte hat (denn zu solchen Punkten kann keine nichtkonstante Folge konvergieren). Wir werden hier aber nur solche Fälle betrachten, wo die beiden Definitionen äquivalent sind. Wir hätten also die zweite Definition 10.4 auch als Satz formulieren und mithilfe der ersten Definition beweisen können.

Anschaulich (siehe Abb. 10.5) kann man sich die Definition am besten so vorstellen: Eine Funktion f ist genau dann stetig, wenn eine geringe Abweichung vom x-Wert auch nur eine geringe Abweichung vom $f(x)$-Wert zur Folge hat. Es sei dabei aber dahingestellt, was wir mit „gering" genau meinen.

Ausformuliert bedeutet die Definition 10.4 der punktweisen Stetigkeit, dass man zu jeder noch so kleinen Umgebung, wir schreiben $U_{f(x)}$, um den Funktionswert $f(x)$ eine kleine Umgebung U_x um den x-Wert finden kann, sodass diese Umgebung U_x komplett in die Umgebung $U_{f(x)}$ abgebildet wird, siehe Abb. 10.5.

Für die Unstetigkeit bedeutet das gerade das, was ihr in Abb. 10.6 seht.

Für nichtstetige Funktionen führt das also dazu, dass man eine ε-Umgebung um $f(x)$ finden kann, zu der man keine passende δ-Umgebung um x finden kann.

Welche Definition verwendet man jetzt aber wann?

Abb. 10.5 Anschauliche
Vorstellung von Definiti-
on 10.4

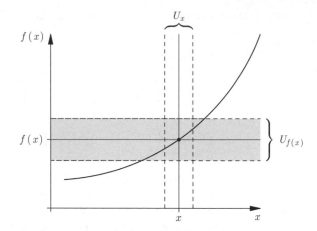

Abb. 10.6 Anschauliche
Vorstellung von Unstetigkeit

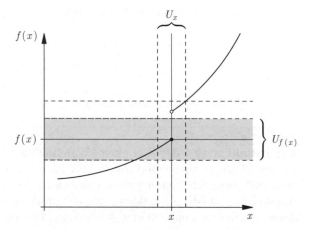

Unstetigkeit einer Funktion kann man sehr gut mit der ersten Definition 10.3 der Stetigkeit über Folgen nachweisen. So haben wir dies auch in Beispiel 110 getan. Man muss dann nur eine Folge $(x_n)_{n\in\mathbb{N}}$ finden, die gegen die Stelle x_0 konvergiert, deren Funktionswerte $f(x_n)$ jedoch nicht gegen den Wert $f(x)$ konvergieren.

Will man jedoch Stetigkeit zeigen, dann sollte man die zweite Definition 10.4 verwenden. Auch wenn man erst einmal eine gewisse Zeit braucht, um diese Definition zu verstehen und anzuwenden. Mittels der ersten Definition 10.3 ist es eigentlich kaum möglich, Stetigkeit nachzuweisen, denn möchte man die Stetigkeit einer Funktion an einer Stelle x_0 nachweisen, so muss man für jede gegen x_0 konvergierende Folge $(x_n)_{n\in\mathbb{N}}$ nachweisen, dass die Folge $f(x_n)$ auch gegen den Wert $f(x)$ konvergiert. Es gibt jedoch im Allgemeinen unendlich vieler solcher gegen x_0 konvergierenden Folgen. Und alle nachzuprüfen, ist wohl unmöglich :-). Das heißt, ihr müsst euch an die zweite Definition 10.4 gewöhnen. Aber keine Angst. Wir werden uns jetzt einige Beispiele anschauen, wie man diese Definition konkret bei Funktionen anwendet.

▶ **Beispiel 111**

• Wir wollen zeigen, dass die Funktion $f(x) := \frac{x}{1+x}$ im Punkt $x_0 = 1$ stetig ist. Dazu setzen wir $|f(x) - f(x_0)|$ an, denn nach Definition der Stetigkeit 10.4 müssen wir ja zeigen, dass aus $|x - x_0| < \delta$ folgt, dass $|f(x) - f(x_0)| < \varepsilon$. Wir müssen daher $|f(x) - f(x_0)|$ geschickt abschätzen. Weiterhin setzen wir voraus, dass $|x - x_0| < \delta$ gilt; genauer für unsere Aufgabe, dass $|x - 1| < \delta$, denn es ist ja $x_0 = 1$. Anfangen sollte man einen Stetigkeitsbeweis immer mit „Sei $\varepsilon > 0$. Setze $\delta := \dots$". Die Pünktchen können wir aber erst nach der folgenden Untersuchung vervollständigen:

$$
\begin{aligned}
|f(x) - f(x_0)| &= \left| \frac{x}{1+x} - f(1) \right| = \left| \frac{x}{1+x} - \frac{1}{2} \right| = \left| \frac{2x - (1+x)}{2(1+x)} \right| \\
&= \left| \frac{2x - 1 - x}{2(1+x)} \right| = \left| \frac{-1+x}{2(1+x)} \right| = \left| \frac{x-1}{2(1+x)} \right| = \frac{|x-1|}{|2(1+x)|}.
\end{aligned}
$$

Das sieht doch schon mal gut aus. Wieso? Na, da steht doch schon mal etwas mit $|x - 1|$, und wir wissen, dass $|x - 1| < \delta$. Also gilt:

$$
\dots = \frac{|x-1|}{|2(1+x)|} < \frac{\delta}{|2(1+x)|}.
$$

Und dies kann man doch weiter abschätzen zu dem Folgenden, weil wir o. B. d. A. annehmen können, dass $1 + x > 1$:

$$
\dots < \frac{\delta}{|2(1+x)|} < \frac{\delta}{2},
$$

Dies soll jetzt kleiner-gleich als ε sein, also:

$$
\dots < \frac{\delta}{|2(1+x)|} < \frac{\delta}{2} \overset{!}{\leq} \varepsilon.
$$

Dies können wir aber nur so machen, wenn wir am Anfang unser δ entsprechend gewählt haben. Wir können jetzt also δ angeben. Und da $\frac{\delta}{2} \leq \varepsilon \Leftrightarrow \delta \leq 2 \cdot \varepsilon$ wählen wir $\delta := \min\{1, 2\varepsilon\}$. Dabei wählen wir hier das Minimum, damit das δ nicht zu groß wird (wenn ε sehr groß ist).

Also den Stetigkeitsbeweis nochmal in korrekter Reihenfolge:

Seien $\varepsilon > 0$ und $\delta := \min\{1, 2\varepsilon\}$. Dann gilt für alle x mit $|x - 1| < \delta \leq 1$:

$$
\begin{aligned}
|f(x) - f(x_0)| &= \left| \frac{x}{1+x} - f(1) \right| = \left| \frac{x}{1+x} - \frac{1}{2} \right| = \left| \frac{2x - (1+x)}{2(1+x)} \right| \\
&= \left| \frac{2x - 1 - x}{2(1+x)} \right| = \left| \frac{-1+x}{2(1+x)} \right| = \left| \frac{x-1}{2(1+x)} \right| = \frac{|x-1|}{|2(1+x)|} \\
&< \frac{\delta}{|2(1+x)|} < \frac{\delta}{2} \leq \varepsilon.
\end{aligned}
$$

Damit haben wir alles gezeigt. Solche Abschätzungen erfordern vor allem etwas Übung und Training. Zusammengefasst: Wir führen also erstmal unsere Abschätzung durch und geben danach konkret ein δ an. Und wenn wir den Beweis aufschreiben, tun wir so, als ob wir dieses δ schon von Anfang an kennen.

- Wir wollen die Stetigkeit der Funktion $f(x) := \frac{1}{x^2}$ für $x > 0$ nachweisen. Im Folgenden sei also immer $x_0 > 0$. Zunächst wieder unsere Lösungsidee, und am Ende geben wir den Beweis nochmals in kompletter Vollständigkeit und im Zusammenhang an. Wir schätzen also $|f(x) - f(x_0)|$ ab.

$$|f(x) - f(x_0)| = \left| \frac{1}{x^2} - \frac{1}{x_0^2} \right| = \left| \frac{x_0^2 - x^2}{x^2 x_0^2} \right| = \left| \frac{(x_0 - x) \cdot (x_0 + x)}{x^2 x_0^2} \right|.$$

Jetzt ist nach Voraussetzung $|x - x_0| < \delta$, aber natürlich ist auch $|x_0 - x| < \delta$. Also folgt schon mal:

$$\ldots = \frac{|x + x_0| \, |x_0 - x|}{x^2 \cdot x_0^2} < \delta \cdot \frac{|x + x_0|}{x^2 \cdot x_0^2}$$

Sieht doch schon mal ganz schick aus, oder? Aber wie geht es nun weiter? Jetzt stört uns doch nur das x, da δ nur von ε und x_0 abhängen darf. Dieses x muss noch verschwinden. Das x_0 darf natürlich durchaus stehen bleiben, denn δ darf ruhig von x_0 abhängen. Dies ist, wie wir noch sehen werden, der Unterschied zur gleichmäßigen Stetigkeit (siehe Definition 10.5). Dort darf das δ nicht von x_0 abhängen. Aber soweit sind wir noch nicht. Erst einmal zurück zu unserem Problem: Wir schätzen nun einfach mit $0 < \delta < \frac{x_0}{2}$ ab.

Jetzt fragen sich bestimmt die Hälfte unserer Leser, wieso man dies einfach so machen darf? Das haben wir uns auch gefragt, als wir solche Dinge im ersten Semester gesehen haben und sie nicht erklärt wurden. Wir versuchen daher das Geheimnis zu lüften: Wir nehmen o. B. d. A. an, dass $\delta < \frac{x_0}{2}$, was wegen $|x - x_0| < \delta$ ja gerade $x \in \left(\frac{x_0}{2}, \frac{3x_0}{2} \right)$ bedeutet. Das x im Nenner werden wir dann mit $x > \frac{x_0}{2}$ abschätzen und das im Zähler mit $x < \frac{3x_0}{2}$.

Wie kann man sich aber diese o. B. d. A.-Wahl klar machen? Um uns dies zu verdeutlichen, greifen wir in die ε-δ-Trickkiste, in der für solche Fälle zwei Möglichkeiten liegen.

1.) Wähle o. B. d. A. $\delta < 1$, das heißt $x_0 - 1 < x < x_0 + 1$. Das geht natürlich immer dann (und nur dann!), wenn der Definitionsbereich der Funktion, die wir untersuchen, keine Lücken aufweist oder der Abstand der zu untersuchenden Stelle groß genug zu der Lücke ist. Das haben wir in dem Beispiel hier vorgemacht :-).

2.) Wähle o. B. d. A. $\delta < \frac{x_0}{2}$, das heißt $\frac{x_0}{2} < x < \frac{3x_0}{2}$. Das geht immer dann, wenn 0 *nicht* im Definitionsbereich liegt, also $x_0 \neq 0$ gilt.

Warum machen wir aber diese o. B. d. A.-Annahmen? Wir sind ja nur an Punkten in einer kleinen Umgebung von x_0 interessiert, also können wir δ jederzeit nach oben beschränken. Warum aber gerade 1 und $\frac{x_0}{2}$? Da könnten wir natürlich auch $0,0005$ oder $\frac{x_0}{3}$ verwenden, aber mit den beiden von uns gewählten Werten rechnet es sich am einfachsten :-).

So, nun aber zurück zur Aufgabe. Es ergibt sich:

$$\delta \cdot \frac{|x + x_0|}{x^2 \cdot x_0^2} < \delta \cdot \frac{\frac{3x_0}{2} + x_0}{\frac{x_0^2}{4} \cdot x_0^2} = \delta \cdot \frac{\frac{5 \cdot x_0}{2}}{\frac{x_0^4}{4}} = \frac{10 \cdot \delta}{x_0^3}.$$

Nun soll $\frac{10 \cdot \delta}{x_0^3} \leq \varepsilon$ gelten. Damit wählen wir einfach $\delta := \min\left\{\frac{x_0}{2}, \varepsilon \frac{x_0^3}{10}\right\}$, denn es ist $\frac{10\delta}{x_0^3} \leq \varepsilon \Leftrightarrow \delta \leq \varepsilon \frac{x_0^3}{10}$.

Jetzt schreibt man den Beweis nochmal neu auf. Seien $\varepsilon > 0$ und $\delta := \min\left\{\frac{x_0}{2}, \varepsilon \frac{x_0^3}{10}\right\}$. Mit obiger Abschätzung folgt dann das Gewünschte, nämlich:

$$|f(x) - f(x_0)| < \ldots < \frac{10 \cdot \delta}{x_0^3} \leq \varepsilon.$$

Also ist f im Punkt x_0 stetig.

- Wir zeigen die Stetigkeit der Parabel $f(x) := x^2$ für $x \in \mathbb{R}$. Hier verwenden wir dieselbe Abschätzung wie im letzten Beispiel beschrieben, wir müssen diesmal nur darauf achten, dass wir die Beträge nicht vergessen, weil x_0 negativ sein kann.

$$|f(x) - f(x_0)| = \left|x^2 - x_0^2\right| = |(x - x_0) \cdot (x + x_0)| = |x - x_0| \cdot |x + x_0|$$
$$< \delta \cdot |x + x_0| < \delta \cdot \left(\frac{3|x_0|}{2} + |x_0|\right) = \frac{5}{2}\delta \cdot |x_0|.$$

Sei nun also $\frac{5}{2}\delta \cdot |x_0| \leq \varepsilon \Leftrightarrow \delta \leq \frac{2\varepsilon}{5 \cdot |x_0|}$.

Wir wählen also $\delta := \min\left\{\frac{|x_0|}{2}, \frac{2 \cdot \varepsilon}{5 \cdot |x_0|}\right\}$. Und jetzt schreibt den Beweis nochmal selbst sauber auf.

- Wir wollen die Stetigkeit der Funktion $f(x) := \frac{1}{\sqrt[3]{x}}$ beweisen. Daher zeigen wir zunächst für alle $x, y \in \mathbb{R}$, $x, y > 0$ die Ungleichung

$$|\sqrt[3]{x} - \sqrt[3]{y}| \leq \sqrt[3]{|x - y|}$$

und benutzten diese dann, um mit einem ε-δ-Beweis die Stetigkeit der Funktion $f(x) := \frac{1}{\sqrt[3]{x}}$ in allen Punkten $x_0 > 0$ zu zeigen.

Für den Beweis der Ungleichung sei o. B. d. A. $x > y$ (sonst Variablentausch). Damit können wir die Beträge weglassen und erhalten

$$\sqrt[3]{x} - \sqrt[3]{y} \leq \sqrt[3]{x - y} \Leftrightarrow \sqrt[3]{x} \leq \sqrt[3]{x - y} + \sqrt[3]{y}$$
$$\Leftrightarrow x \leq x - y + y + \underbrace{3(\sqrt[3]{x - y})^2 \sqrt[3]{y} + 3\sqrt[3]{x - y}(\sqrt[3]{y})^2}_{>0}.$$

Damit ist die erste Ungleichung bewiesen.

Zur Stetigkeit: Sei nun $\varepsilon > 0$ beliebig. Wir schätzen (für $|x - x_0| < \delta$) mit dieser Ungleichung ab:

$$|f(x) - f(x_0)| = \left| \frac{1}{\sqrt[3]{x}} - \frac{1}{\sqrt[3]{x_0}} \right| = \frac{|\sqrt[3]{x_0} - \sqrt[3]{x}|}{\sqrt[3]{x x_0}} \le \frac{\sqrt[3]{|x - x_0|}}{\sqrt[3]{x x_0}} < \sqrt[3]{\delta} \frac{1}{\sqrt[3]{x x_0}}$$

Sei nun o. B. d. A. $\delta \le \frac{1}{2} x_0$, das heißt $\frac{1}{2} x_0 \le x \le \frac{3}{2} x_0$. Damit können wir weiter abschätzen (und so das x eliminieren):

$$\ldots \le \sqrt[3]{\delta} \frac{1}{\sqrt[3]{\frac{1}{2} x_0^2}} = \sqrt[3]{\delta} \sqrt[3]{\frac{2}{x_0^2}} \le \varepsilon \quad \Leftrightarrow \quad \delta \le \frac{x_0^2}{2} \varepsilon^3.$$

Also liefert $\delta := \min \left\{ \frac{1}{2} x_0, \frac{x_0^2}{2} \varepsilon^3 \right\}$ das Gewünschte.

- Wir zeigen mit einem ε-δ-Beweis, dass die Funktion

$$f : [-1, 1] \longrightarrow \mathbb{R}, x \mapsto \sqrt{1 - x^2}$$

in jedem $x_0 \in (-1, 1)$ stetig ist.

Seien $\varepsilon > 0$ vorgegeben, $x_0 \in (-1, 1)$. Wir schätzen ab:

$$|f(x) - f(x_0)| = \left| \sqrt{1 - x^2} - \sqrt{1 - x_0^2} \right|$$

$$= \left| \frac{\left(\sqrt{1 - x^2} - \sqrt{1 - x_0^2} \right) \left(\sqrt{1 - x^2} + \sqrt{1 - x_0^2} \right)}{\sqrt{1 - x^2} + \sqrt{1 - x_0^2}} \right|$$

$$= \left| \frac{x_0^2 - x^2}{\sqrt{1 - x^2} + \sqrt{1 - x_0^2}} \right|$$

$$\le \frac{|x - x_0||x + x_0|}{\sqrt{1 - x_0^2}} \overset{x, x_0 \in (-1,1)}{<} \delta \frac{2}{\sqrt{1 - x_0^2}} = \varepsilon.$$

Somit liefert $\delta := \frac{\sqrt{1 - x_0^2}}{2} \varepsilon$ gerade $|f(x) - f(x_0)| < \varepsilon$.

Anmerkung: Wenn wir $x_0 = 1$ oder $x_0 = -1$ zulassen würden, wäre obige Abschätzung nicht möglich (es würde 0 im Nenner stehen). Allerdings können wir mit weiteren ε-δ-Beweisen die Stetigkeit in -1 und 1 zeigen. Insgesamt haben wir dann Stetigkeit auf dem vollständigen kompakten Intervall $[-1, 1]$, und nach Satz 10.6 sind stetige Funktionen auf kompakten Intervallen sogar gleichmäßig stetig. Eine interessante Aufgabe wäre es vielleicht noch, sich einen einzigen ε-δ-Beweis für die gleichmäßige Stetigkeit auf dem gesamten Intervall $[-1, 1]$ zu überlegen. Dies ist übrigens eine lieb gemeinte Aufforderung :-P.

- Wir wollen zeigen, dass die durch

$$f(x) := \begin{cases} \frac{1}{q}, & \text{falls } x = \frac{p}{q}, p \in \mathbb{Z} \setminus \{0\}, q \in \mathbb{N}, p, q \text{ teilerfremd} \\ 1, & \text{falls } x = 0 \\ 0, & \text{sonst.} \end{cases}$$

definierte Funktion $f : \mathbb{R} \to \mathbb{R}$ in $\mathbb{Q}$ unstetig ist. Wie zeigt man dies? Hier müssen wir die Unstetigkeit zeigen. Wir müssen daher die Negation der Stetigkeitsdefinition nachweisen:

$$\exists \varepsilon > 0 \, \forall \delta > 0 \, \exists x \in D : (|x - x_0| < \delta \Rightarrow |f(x) - f(x_0)| \geq \varepsilon).$$

Sei also $x_0 \in \mathbb{Q}$. Dann ist $f(x_0) > 0$. Da die irrationalen Zahlen $\mathbb{R} \setminus \mathbb{Q}$ in $\mathbb{R}$ dicht liegen (Satz 7.6), gibt es zu jedem $n \in \mathbb{N}$ eine irrationale Zahl ξ_n mit $|\xi_n - x_0| < \frac{1}{n}$, also eine Folge irrationaler Zahlen $\xi_n \to x_0$. Aber es ist

$$\lim_{n \to \infty} f(\xi_n) = 0 \neq f(x_0)$$

nach Definition von f. Also ist f in x_0 unstetig.
- Wir zeigen noch einmal, dass die Exponentialfunktion $e^x := \mathbb{R} \to \mathbb{R}_{>0}$ im gesamten Definitionsbereich stetig ist. Dazu zeigen wir zunächst, dass zu jedem $a \in \mathbb{R}$ ein $L > 0$ existiert mit:

$$x, y \leq a \Rightarrow |e^x - e^y| \leq L |x - y|. \tag{10.1}$$

Wir überlassen dies dem Leser als kleine Übungsaufgabe. Jetzt kann es losgehen: Es sei $b \in \mathbb{R}$ vorgegeben. Wir setzen $a := b + 1$. Weiterhin sei $L > 0$ die Konstante, die zu a nach der Aussage bzw. (10.1) existiert. Außerdem sei $\varepsilon > 0$ gegeben. Wir setzen $\delta := \min\left(1, \frac{\varepsilon}{L}\right)$. Dann gilt für alle $x \in \mathbb{R}$ mit $|x - b| < \delta$:

$$\left|e^x - e^b\right| \leq L |x - b| < L \cdot \delta = L \cdot \frac{\varepsilon}{L} = \varepsilon.$$

Damit folgt die Stetigkeit der Exponentialfunktion. ∎

Erklärung

Zur Definition 10.5 der gleichmäßigen Stetigkeit: Einige fragen sich vielleicht, wieso es nun noch eine „andere" Definition der Stetigkeit gibt. Die eine ist doch schon schwierig genug. Erstmal abwarten! Wir werden sehen, dass die gleichmäßige Stetigkeit viel stärker ist als die punktweise Stetigkeit (siehe Definition 10.3 und 10.4). Aber machen wir uns zuerst einmal klar, was gleichmäßige Stetigkeit überhaupt bedeutet (Abb. 10.7).

Die Besonderheit der gleichmäßigen Stetigkeit besteht also darin, dass das δ nur von ε abhängig ist und nicht, wie bei der punktweisen Stetigkeit, auch von der Stelle x_0.

Abb. 10.7 Anschauliche
Darstellung der gleichmäßigen Stetigkeit

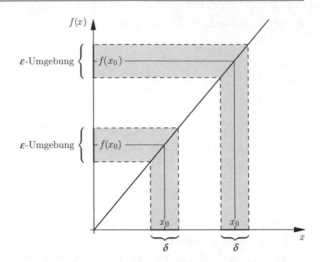

Anschaulich bedeutet das: Zu jeder noch so kleinen senkrechten Rechteckseite ε kann man eine hinreichend kleine waagerechte Rechteckseite δ finden, sodass, wenn man das Rechteck mit den Seiten ε und δ geeignet auf dem Funktionsgraphen entlang führt, dieser immer nur die senkrechten Rechteckseiten schneidet.

Bei der punktweisen Stetigkeit (Definition 10.4) hängt das δ noch vom x_0 ab, also von der Stelle, die wir auf Stetigkeit untersuchen. Wenn es uns aber gelingt, ein δ anzugeben, das nur vom ε abhängt, dann haben wir es geschafft und gezeigt, dass eine Funktion gleichmäßig stetig ist. Punktweise Stetigkeit ist also eine lokale und gleichmäßige Stetigkeit eine globale Eigenschaft.

Es wird also deutlich, dass die gleichmäßige Stetigkeit eine viel stärkere Eigenschaft ist als die punktweise Stetigkeit. Satz 10.5 sagt gerade, dass aus gleichmäßiger Stetigkeit die punktweise Stetigkeit folgt. Die Umkehrung ist dagegen falsch.

▶ **Beispiel 112**

- Die Funktion $f(x) = x^2$ ist nach den Beispielen 111 punktweise stetig. Sie ist aber auf $\mathbb{R}$ nicht gleichmäßig stetig, wie ihr euch als Übungsaufgabe überlegen sollt.
- Wir zeigen, dass die Funktion $f(x) := \cos(x^2)$ in jedem Intervall $[0, a) \subset \mathbb{R}$ gleichmäßig stetig ist, aber nicht im Intervall $[0, \infty)$.
  Beginnen wir mit dem ersten Teil: f ist stetig, da f aus zwei stetigen Funktionen zusammengesetzt ist (Satz 10.2). Stetige Funktionen sind, wie Satz 10.6 zeigt, auf kompakten Intervallen sogar gleichmäßig stetig. Also ist f auch auf jedem Intervall der Form $[0, a]$ und damit auf jedem kleineren Intervall und daher auf $(0, a) \subset \mathbb{R}$ gleichmäßig stetig.

Nun zum schwierigeren, zweiten Teil: Wir zeigen nun, dass f im Intervall $[0, \infty)$ nicht gleichmäßig stetig ist. Es gilt:

$$\left| \sqrt{(n+1) \cdot \pi} - \sqrt{n \cdot \pi} \right|$$

$$= \left| \frac{\left(\sqrt{(n+1) \cdot \pi} - \sqrt{n \cdot \pi} \right) \left(\sqrt{(n+1) \cdot \pi} + \sqrt{n \cdot \pi} \right)}{\sqrt{(n+1) \cdot \pi} + \sqrt{n \cdot \pi}} \right|$$

$$= \left| \frac{\pi}{\sqrt{(n+1) \cdot \pi} + \sqrt{n \cdot \pi}} \right| \to 0, \text{ wenn } n \to \infty.$$

Anderseits ist

$$\left| f(\sqrt{(n+1) \cdot \pi}) - f(\sqrt{n \cdot \pi}) \right| = |\cos((n+1) \cdot \pi) - \cos(n \cdot \pi)|$$

$$= 2 \, \forall n \in \mathbb{N}.$$

Seien nun $\varepsilon := 1$ und $\delta > 0$ beliebig. Dann gibt es $x := \sqrt{(n+1) \cdot \pi}$ und $y := \sqrt{n \cdot \pi} \in [0, \infty)$ mit $|x - y| < \delta$ und $|f(x) - f(y)| = 2 > \varepsilon$. Dies zeigt, dass f im Intervall $[0, \infty)$ nicht gleichmäßig stetig ist.

- Wir wollen nun zeigen, dass die Sinusfunktion $f(x) := \sin(x)$ in ganz $\mathbb{R}$ gleichmäßig stetig ist. Um gleichmäßige Stetigkeit nachzuweisen, ist es oft hilfreich für die Abschätzung $|f(x) - f(y)|$, den Mittelwertsatz der Differentialrechnung (siehe Kap. 11, Satz 11.5) anzuwenden. Wir werden diesen zwar erst im nächsten Kapitel einführen, ihn aber jetzt schon verwenden. Wer ihn noch nicht kennt, der schaue doch bitte kurz im nächsten Kapitel nach. Außerdem werden wir die gleichmäßige Stetigkeit der Sinusfunktion auch mithilfe der Additionstheoreme beweisen. (Für die Leute, die gerade keine Lust haben, nachzuschlagen, was der Mittelwertsatz aussagt :-).)

  a) Wir verwenden den Mittelwertsatz, um $|f(x) - f(y)|$ abzuschätzen. Nach dem Mittelwertsatz gilt:

  $$|f(x) - f(y)| = |\sin(x) - \sin(y)| = |\sin'(\xi)| \, |x - y| = |\cos(\xi)| \, |x - y|$$

  für ein ξ zwischen x und y. Nun sei also $\varepsilon > 0$ vorgegeben. Weiterhin wählen wir $\delta := \varepsilon$. Mit obiger Abschätzung erhalten wir dann:

  $$|\sin(x) - \sin(y)| < \varepsilon \, \forall \, |x - y| < \delta.$$

  Damit ist alles gezeigt.

  b) Wie beweisen wir die gleichmäßige Stetigkeit der Sinusfunktion ohne den Mittelwertsatz? Na ja, auch hier müssen wir abschätzen. Wir verwenden nur andere Methoden. Es bieten sich nämlich auch die Additionstheoreme bzw.

die Folgerungen daraus (siehe Kap. 9, Satz 9.17) an.

$$|\sin(x) - \sin(y)| = 2 \cdot \left|\cos\left(\frac{x+y}{2}\right)\right| \cdot \left|\sin\left(\frac{x-y}{2}\right)\right|$$

$$\leq 2 \cdot \frac{|x-y|}{2} = |x-y|.$$

Mit obiger Wahl in a) von δ folgt ebenfalls die gleichmäßige Stetigkeit.

- Als vorletztes Beispiel in diesem Zusammenhang zeigen wir die gleichmäßige Stetigkeit von $f(x) = \ln(x)$ in einem Intervall der Form $[a, \infty)$ mit $a > 0$. Wir verwenden den Mittelwertsatz (Satz 11.5). Nach diesem existiert ein ξ zwischen x und y wie folgt:

$$|\ln(x) - \ln(y)| = (\ln(\xi))' \cdot |x-y| = \frac{1}{\xi} \cdot |x-y| < \frac{\delta}{a}.$$

Es ist also klar, wie wir δ zu wählen haben, nämlich als $\delta := \varepsilon \cdot a$. Und so würde man den Beweis in einer Klausur oder in einem Lehrbuch aufschreiben:
Sei $\varepsilon > 0$ beliebig. Sei weiterhin $\delta := \varepsilon \cdot a$, dann gilt $\forall x, y \geq a$ und mit $|x-y| < \delta$ und mit $\xi \in [x, y]$, also $\xi \geq a$:

$$|\ln(x) - \ln(y)| = (\ln(\xi))' \cdot |x-y| = \frac{1}{\xi} \cdot |x-y| < \frac{\delta}{a} \leq \varepsilon.$$

Damit sind wir fertig.
- Wir zeigen: Die Funktion $f(x) = \ln(x)$ ist nicht auf ganz $\mathbb{R}_{>0}$ gleichmäßig stetig. Hierzu haben wir die Negation der gleichmäßigen Stetigkeit zu zeigen:

$$\exists \varepsilon > 0 \; \forall \delta > 0 \; \exists x, y \in D : (|x-y| < \delta \Rightarrow |f(x) - f(y)| \geq \varepsilon).$$

Seien $\varepsilon := \frac{\ln(2)}{2}$ und $\delta > 0$ beliebig. Wir wählen $x := \delta$ und $y := \frac{\delta}{2}$. Dann ist einerseits $|x-y| < \delta$ und anderseits

$$|\ln(x) - \ln(y)| = \ln\left(\frac{\delta}{\delta/2}\right) = \ln(2) \geq \varepsilon.$$

Damit folgt, dass die Funktion $f(x) = \ln(x)$ nicht auf ganz $\mathbb{R}_{>0}$ gleichmäßig stetig ist.   ∎

Erklärung

Zur Definition 10.6 der α-Hölder-Stetigkeit:

▶ **Beispiel 113** Wir behaupten: Für jedes $n \in \mathbb{N}$ ist die Funktion $f_n : [0, \infty) \to \mathbb{R}$ mit

$$f_n(x) := x^{\frac{1}{n}}$$

$\frac{1}{n}$-Hölder-stetig. Wir zeigen, dass

$$\left| x^{\frac{1}{n}} - y^{\frac{1}{n}} \right| \le |x - y|^{\frac{1}{n}} \ \forall x, y \ge 0, n \in \mathbb{N}.$$

O. B. d. A. sei $x < y$. Dann gilt:

$$\left| x^{\frac{1}{n}} - y^{\frac{1}{n}} \right| \le |x - y|^{\frac{1}{n}} \Leftrightarrow \left(y^{\frac{1}{n}} - x^{\frac{1}{n}} \right)^n \le y - x$$

$$\Leftrightarrow \left(1 - \left(\frac{x}{y} \right)^{\frac{1}{n}} \right)^n \le 1 - \frac{x}{y}.$$

Im letzten Schritt ging die Bernoulli-Ungleichung aus Kap. 5, Beispiel 39 ein. Zur Abschätzung schreiben wir $t := \frac{x}{y}$ und müssen $\left(1 - t^{\frac{1}{n}} \right)^n \le 1 - t$ für alle $t \in [0, 1)$ zeigen. Für dieses t ist aber $t^{\frac{1}{n}} \ge t$ und somit

$$\left(1 - t^{\frac{1}{n}} \right)^n \le (1 - t)^n \le 1 - t,$$

da $(1 - t) \in (0, 1]$. Damit sind wir fertig. ∎

Erklärung

Zur Definition 10.7 der Lipschitz-Stetigkeit: Lipschitz-Stetigkeit ist oft einfach nachzuweisen, wenn man zeigt, dass (bei einer differenzierbaren Funktion) die Ableitung beschränkt ist. Schaut man sich die Definition 10.7 ganz genau an, so kann man den Differenzenquotienten (siehe Definition 11.2 aus Kap. 11) in eine ähnliche Form bringen. Den Differenzenquotienten selbst werden wir erst im nächsten Kapitel einführen. Um die folgenden Beispiele zu verstehen, lohnt es sich aber mal nachzuschlagen, sollte man davon noch nie etwas gehört haben.

Wir halten aber fest: Eine differenzierbare Funktion ist genau dann lipschitzstetig, wenn die erste Ableitung beschränkt ist.

▶ **Beispiel 114**

• Wir wollen zeigen, dass die Sinusfunktion auf ganz $\mathbb{R}$ lipschitz-stetig ist und eine geeignete Lipschitz-Konstante bestimmen.
1. Möglichkeit: Wir wenden „direkt" die Definition der Lipschitz-Stetigkeit 10.7 an und verwenden den Mittelwertsatz (siehe Satz 11.5). Seien $x, y \in \mathbb{R}$ beliebig. Der Mittelwertsatz liefert die Existenz eines ξ zwischen x und y mit $\sin(x) - \sin(y) = \cos(\xi) \cdot (x - y)$. Damit gilt:

$$|\sin(x) - \sin(y)| = |\cos(\xi)| \cdot |x - y| \le |x - y|,$$

denn die Kosinusfunktion ist beschränkt mit $|\cos(\xi)| \le 1$. Es ergibt sich also die Lipschitz-Stetigkeit mit der Lipschitz-Konstanten $L = 1$.
2. Möglichkeit: Die Sinusfunktion ist differenzierbar. Folglich existiert die Ableitung. Wir zeigen, dass die Ableitung beschränkt ist. Es gilt $|f'(x)| = |\cos(x)| \le 1 \ \forall x \in \mathbb{R}$. Also ist der Sinus lipschitz-stetig.

- Wir zeigen, dass die Funktion $f : \mathbb{R} \to \mathbb{R}$ mit $f(x) := \sqrt{4 + x^2}$ lipschitz-stetig ist. Folgende Abschätzung beweist die Behauptung:

$$|f(x) - f(y)| = \left| \sqrt{4 + x^2} - \sqrt{4 + y^2} \right|$$

$$= \left| \frac{\left(\sqrt{4 + x^2} - \sqrt{4 + y^2} \right) \left(\sqrt{4 + x^2} + \sqrt{4 + y^2} \right)}{\sqrt{4 + x^2} + \sqrt{4 + y^2}} \right|$$

$$= \left| \frac{(4 + x^2) - (4 + y^2)}{\sqrt{4 + x^2} + \sqrt{4 + y^2}} \right| = \left| \frac{x^2 - y^2}{\sqrt{4 + x^2} + \sqrt{4 + y^2}} \right|$$

$$= \frac{|(x - y)(x + y)|}{\left| \sqrt{4 + x^2} + \sqrt{4 + y^2} \right|} = \frac{|x + y|}{\left| \sqrt{4 + x^2} + \sqrt{4 + y^2} \right|} \cdot |x - y|$$

$$\leq \frac{|x + y|}{|x + y|} \cdot |x - y| = 1 \cdot |x - y|$$

Die Lipschitz-Konstante ist also $L = 1$. ∎

10.4 Erklärungen zu den Sätzen und Beweisen

Erklärung

Zum Satz 10.1, dass die Summe, das Produkt, der Quotient stetiger Funktionen wieder stetig sind: Der Satz 10.1 besagt: Die Summe, die Differenz, das Produkt und der Quotient stetiger Funktionen sind wieder stetig. Es ist ein sehr nützlicher Satz, um Stetigkeit zu zeigen. Man braucht dann nicht immer diese ε-δ-Beweise durchzuführen, wenn die Stetigkeit gewisser Funktionen bekannt ist.

▶ **Beispiel 115** Es seien $p(x) := a_n \cdot x^n + \ldots + a_1 \cdot x + a_0$ und $q(x) := b_m \cdot x^m + \ldots + b_1 \cdot x + b_0$ zwei Polynome. So ist die rationale Funktion $\frac{p(x)}{q(x)}$, falls $q(x) \neq 0$ gilt, ebenfalls stetig. Dies ergibt sich sofort durch wiederholte Anwendung von Satz 10.1 auf Beispiel 110 ($f(x) = x$, $f(x) = c$). ∎

Erklärung

Zum Satz 10.2, dass die Verkettung stetiger Funktionen wieder stetig ist: Der Satz 10.2 ist genauso wichtig wie Satz 10.1.

▶ **Beispiel 116** Bekanntlich sind $f : \mathbb{R} \to \mathbb{R}$ mit $f(x) := x^2$ und $g : \mathbb{R} \to \mathbb{R}_{>0}$ mit $g(x) := e^x$ zwei stetige Funktionen. Daher sind auch die Funktionen $(f \circ g)(x) = (e^x)^2 = e^{2x}$ und $(g \circ f)(x) = e^{x^2}$ stetig. ∎

Erklärung

Zum Zwischenwertsatz (Satz 10.3): Wichtig beim Zwischenwertsatz (Satz 10.3) ist die Stetigkeit der Funktion, wie die Abb. 10.8 und 10.9 zeigen.

Abb. 10.8 Der Zwischenwertsatz anschaulich

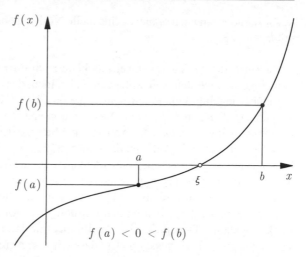

Abb. 10.9 Der Zwischenwertsatz gilt nicht für
unstetige Funktionen

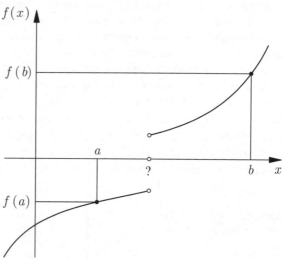

Wir wollen weiter anmerken, dass die Aussage falsch wird, wenn wir nur innerhalb der rationalen Zahlen arbeiten. Sei etwa $D := \{x \in \mathbb{Q} : 1 \le x \le 2\}$ und
$f : D \to \mathbb{R}$ die stetige Funktion $f(x) = x^2 - 2$, dann gilt $f(1) = -1 < 0$ und
$f(2) = 2 > 0$, aber es gibt kein ξ mit $f(\xi) = 0$, denn $\sqrt{2} \notin \mathbb{Q}$, wie wir im Kap. 5
über die Beweistechniken in Beispiel 35 gesehen haben.

▶ **Beispiel 117** Mithilfe des Zwischenwertsatzes können wir zeigen, dass jedes Po-
lynom ungeraden Gerades $f : \mathbb{R} \to \mathbb{R}$ mit $f(x) = x^n + a_1 \cdot x^{n-1} + \ldots + a_{n-1} \cdot x + a_n$
mindestens eine reelle Nullstelle besitzt, denn es gilt $\lim_{x \to -\infty} f(x) = -\infty$ und
$\lim_{x \to \infty} f(x) = \infty$. Damit existieren $a, b \in \mathbb{R}$ mit $f(a) < 0 < f(b)$. Deshalb
existiert nach dem Zwischenwertsatz ein $\xi \in [a, b]$ mit $f(\xi) = 0$. Ein Polynom ge-

raden Gerades dagegen braucht keine reelle Nullstelle besitzen, wie $f(x) = x^{2k} + 1$ mit $k \in \mathbb{N}$ zeigt.   ■

▶ **Beispiel 118** Der Zwischenwertsatz kann auch für Fragestellungen aus der Realität eingesetzt werden. Wir wollen einmal zeigen, dass es zu jedem Zeitpunkt zwei gegenüberliegende Punkte auf dem Äquator gibt, an denen die gleiche Temperatur herrscht. Dafür müssen wir diese Situation erst mal mathematisch modellieren. Dafür nehmen wir an, dass der Äquator eine Strecke der Länge 1 ist (das stimmt natürlich nicht, aber wir skalieren die Länge einfach so, dass es passt. Das ändert am Ergebnis nichts). Wir nehmen außerdem an, dass die Temperatur an einem Punkt x des Äquators gegeben ist durch eine stetige Funktion $f : \mathbb{R} \to \mathbb{R}$. Für diese Funktion f muss dann außerdem $f(x) = f(x + 1)$ für alle $x \in \mathbb{R}$ gelten, denn jeweils nach der Strecke 1 ist man einmal um dem Äquator rum und wieder am selben Punkt angelangt. Dort muss also die Temperatur dann wieder dieselbe wie vorher sein. Dies gilt, da wir gesagt haben, dass wir den Äquator als Strecke der Länge 1 annehmen. Dass die Funktion f stetig sein soll, liegt daran, dass wir annehmen, dass sich die Temperatur, wenn man sich einen Meter (oder auch nur einen Zentimeter) bewegt, kaum ändert (denn diese bedeutet ja gerade Stetigkeit). Das scheint also eine sinnvolle Annahme zu sein.

Nach dieser Modellierung können wir nun die Behauptung zeigen, und das ist jetzt gar nicht mehr so schwer: Wir konstruieren eine neue Funktion g mit $g(x) = f\left(x + \frac{1}{2}\right) - f(x)$. Dann gilt $g(0) = f\left(\frac{1}{2}\right) - f(0)$ und $g\left(\frac{1}{2}\right) = f(0) - f\left(\frac{1}{2}\right)$. Sei nun $c = f\left(\frac{1}{2}\right) - f(0)$. Falls $c = 0$, dann ist $f(0) = f\left(\frac{1}{2}\right)$. Da die Punkte 0 und $\frac{1}{2}$ Differenz $\frac{1}{2}$ haben, sind sie auf dem Äquator gegenüberliegend, wir haben also zwei gewünschte Punkte gefunden. Falls $c \neq 0$ ist, gilt also $g(0) = c$ und $g\left(\frac{1}{2}\right) = -c$ und einer dieser Werte ist positiv und der andere negativ. Dann gibt

Abb. 10.10 Zum Korollar aus dem Zwischenwertsatz

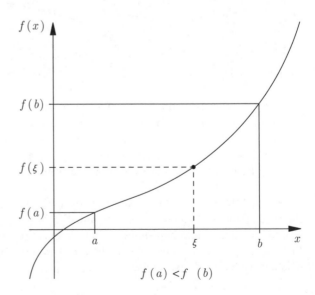

es wegen des Zwischenwertsatzes (denn weil f stetig ist, ist auch g stetig) ein $\xi \in \left(0, \frac{1}{2}\right)$ mit $g(\xi) = 0$. Dann gilt also $f\left(\xi + \frac{1}{2}\right) = f(\xi)$, also herrscht an den gegenüberliegenden Punkte ξ und $\xi + \frac{1}{2}$ die gleiche Temperatur. ∎

Erklärung

Zum Korollar aus dem Zwischenwertsatz (Satz 10.4): Zur Erklärung ein Bild (Abb. 10.10).

Beim Beweis des Satzes 10.4 haben wir die Funktion einfach nur geschickt verschoben, sodass wir den Zwischenwertsatz anwenden konnten. Mehr ist da eigentlich nicht passiert.

Noch eine Anmerkung zum Schluss (auch zum Schluss dieses Kapitels): Für den Zwischenwertsatz ist nicht nur die Stetigkeit der Funktion $f : \mathbb{R} \to \mathbb{R}$, sondern auch die Vollständigkeit von $\mathbb{R}$ entscheidend. Er gilt also beispielsweise nicht für die Funktion

$$f : \mathbb{Q} \to \mathbb{Q}, \ f(x) = x^2 - 2, \tag{10.2}$$

für die zwar $f(1) = -1$ und $f(2) = 2$, aber diese Funktion besitzt keine Nullstelle in $\mathbb{Q}$!

Differenzierbarkeit

11

Differenzierbarkeit ist einer der Hauptaspekte der Analysis 1. Wir werden uns daher ausführlich damit beschäftigen. Viele von euch denken vielleicht, dass schon alles aus der Schule bekannt ist, aber ihr werdet sehen, dass es Sinn macht, die Begriffe nochmals exakt einzuführen und zu definieren.

11.1 Definitionen

Definition 11.1 (Differenzierbarkeit)

Es sei $D \subset \mathbb{R}$ ein offenes Intervall (dabei darf auch $a = -\infty$ und/oder $b = \infty$ sein), $f : D \to \mathbb{R}$ eine Funktion und $x_0 \in D$. Wir sagen f ist im Punkt $x_0 \in D$ **differenzierbar**, wenn der folgende Grenzwert existiert:

$$\lim_{x \to x_0} \frac{f(x) - f(x_0)}{x - x_0}.$$

In diesem Fall schreiben wir:

$$f'(x_0) = \lim_{x \to x_0} \frac{f(x) - f(x_0)}{x - x_0}$$

oder auch:

$$\frac{\mathrm{d}f}{\mathrm{d}x}(x_0) = \lim_{x \to x_0} \frac{f(x) - f(x_0)}{x - x_0}$$

und nennen $f'(x_0)$ die **Ableitung** (den Differentialquotient) von f an der Stelle x_0. f heißt in D differenzierbar, falls f im Punkt x_0 differenzierbar ist für alle $x_0 \in D$.

© Springer-Verlag GmbH Deutschland, ein Teil von Springer Nature 2018
F. Modler, M. Kreh, *Tutorium Analysis 1 und Lineare Algebra 1*,
https://doi.org/10.1007/978-3-662-56752-4_11

Definition 11.2 (Differenzenquotient)
$\frac{f(x)-f(x_0)}{x-x_0}$ nennen wir den **Differenzenquotienten**.

Definition 11.3 (Höhere Ableitungen)
Sei $D \subset \mathbb{R}$ offen und $f : D \to \mathbb{R}$ sei in D differenzierbar. Wenn die Ableitung $f' : D \to \mathbb{R}$ von f in $x_0 \in D$ differenzierbar ist, so heißt die Ableitung von f' die **zweite Ableitung** von f im Punkt $x_0 \in D$. Wir schreiben dann:

$$\frac{\mathrm{d}^2 f(x_0)}{\mathrm{d}x^2} := f''(x_0) := f^{(2)}(x_0) := \lim_{x \to x_0} \frac{f'(x) - f'(x_0)}{x - x_0}.$$

Dies können wir für höhere Ableitungen fortsetzen. Die **k-te Ableitung** schreiben wir dann als:

$$\frac{\mathrm{d}^k f(x_0)}{\mathrm{d}x^k} := f^{(k)}(x_0) := \frac{\mathrm{d}}{\mathrm{d}x} \left(\frac{\mathrm{d}^{(k-1)} f(x)}{\mathrm{d}x^{(k-1)}} \right).$$

f heißt in D **k-mal differenzierbar**, wenn f für alle $x_0 \in D$ k-mal differenzierbar ist. f heißt in D k-mal **stetig differenzierbar**, wenn zusätzlich zur k-maligen Differenzierbarkeit die k-te Ableitung $f^{(k)}$ stetig in D ist. Für alle $k \in \mathbb{N}_0$ setzen wir $C^k(D) := \{f : D \to \mathbb{R} : f$ ist in D k-mal stetig differenzierbar$\}$. Weiterhin setzen wir $C^\infty(D) := \{f : D \to \mathbb{R} : f$ ist in D beliebig oft differenzierbar$\}$, und mit C^0 bezeichnen wir den Raum aller stetigen Funktionen.

Anmerkung: Was wir in der Definition und in den kommenden Definitionen genau unter einer offenen Menge verstehen, wollen wir an dieser Stelle nicht weiter ausführen, sondern verweisen auf die Literatur, beispielsweise auf [AE08].

Definition 11.4 (Extrempunkt)
Seien $D \subset \mathbb{R}$ offen, $f : D \to \mathbb{R}$ eine Funktion und $x_0 \in D$. Wir sagen die Funktion f besitzt an der Stelle $x_0 \in D$ ein **lokales Maximum**, wenn es ein $\varepsilon > 0$ gibt, sodass $f(x_0) \geq f(x)$ $\forall x \in D \cap (x_0 - \varepsilon, x_0 + \varepsilon)$. Gilt für diese x sogar die strikte Ungleichung $f(x_0) > f(x)$, so heißt das lokale Maximum **strikt** bzw. **isoliert**. Gilt $f(x_0) \geq f(x)$ $\forall x \in D$, so heißt das Maximum **global**.

$f : D \to \mathbb{R}$ sei eine Funktion und $x_0 \in D$. Wir sagen die Funktion f besitzt an der Stelle $x_0 \in D$ ein **lokales Minimum**, wenn es ein $\varepsilon > 0$ gibt, sodass $f(x_0) \leq f(x) \ \forall x \in D \cap (x_0 - \varepsilon, x_0 + \varepsilon)$. Gilt für diese x sogar die strikte Ungleichung $f(x_0) < f(x)$, so heißt das lokale Minimum **strikt** bzw. **isoliert**. Gilt $f(x_0) \leq f(x) \ \forall x \in D$, so heißt das Minimum **global**.

Der Begriff des **Extremums** ist der Oberbegriff für Maximum und Minimum. Gegebenenfalls sagen wir auch **Hochpunkt** bzw. **Tiefpunkt**.

Definition 11.5 (Kritischer Punkt)
Ist $f : D \to \mathbb{R}$ differenzierbar, so nennen wir eine Stelle $x \in D$ mit $f'(x) = 0$ **kritischer Punkt**.

Definition 11.6 (Wendepunkte)
Sei $f : D \to \mathbb{R}$ eine differenzierbare Funktion. Ein Wendepunkt ist ein Punkt auf dem Funktionsgraphen von f, an welchem der Graph sein Krümmungsverhalten ändert. Der Graph wechselt hier von einer Rechts- in eine Linkskurve oder umgekehrt.

Definition 11.7 (Taylorreihe)
Sei $f : D \subset \mathbb{R} \to \mathbb{R}$ eine beliebig oft differenzierbare Funktion. Dann heißt die Reihe

$$T_f(x) = f(x_0) + \frac{f'(x_0)}{1!}(x - x_0) + \frac{f''(x_0)}{2!}(x - x_0)^2 + \ldots$$

$$= \sum_{n=0}^{\infty} \frac{f^{(n)}(x_0)}{n!}(x - x_0)^n$$

die **Taylor-Reihe** von f mit Entwicklungspunkt x_0.

Wir nennen

$$T_n(x) = f(x_0) + \frac{f'(x_0)}{1!}(x - x_0) + \frac{f''(x_0)}{2!}(x - x_0)^2 + \ldots + \frac{f^{(n)}(x_0)}{n!}(x - x_0)^n$$

das **n-te Taylorpolynom**.

Anmerkung: Für die Konvergenz sei an dieser Stelle auf die Definition 9.4 des Konvergenzradius aus Kap. 9 verwiesen.

Definition 11.8 (Restglied)

Das **n-te Restglied** $R_n(x)$ einer Taylorentwicklung einer Funktion f um den Entwicklungspunkt x_0 ist definiert als $R_n(x) = f(x) - T_n(x)$. Es gibt zwei wichtige Restglieddarstellungen:

1. **Restglieddarstellung nach Lagrange:** $R_n(x) := \frac{f^{(n+1)}(\xi)}{(n+1)!}(x - x_0)^{n+1}$, wobei ξ zwischen x_0 und x liegt.
2. **Integraldarstellung des Restglieds:**
$R_n(x) := \frac{1}{n!} \int_{x_0}^x (x - t)^n f^{(n+1)}(t)\, dt$

11.2　Sätze und Beweise

Satz 11.1 (Jede differenzierbare Funktion ist stetig)

Ist eine Funktion $f : D \to \mathbb{R}$ in x_0 differenzierbar, so ist sie auch in x_0 stetig.

Beweis:

$$\lim_{h \to 0} (f(x_0 + h) - f(x_0)) = \lim_{h \to 0} \left(\frac{f(x_0 + h) - f(x_0)}{h} \cdot h \right)$$

$$= \lim_{h \to 0} \left(\frac{f(x_0 + h) - f(x_0)}{h} \right) \cdot \lim_{h \to 0} h = 0.$$

Man sieht sofort, dass $\lim_{h \to 0} (f(x_0 + h)) - f(x_0) = 0 \Leftrightarrow \lim_{x \to x_0} f(x) = f(x_0)$. Also ist f stetig in x_0.　　　　　　　　　　　　　　　　　　　　q.e.d.

Satz 11.2 (Ableitungsregeln)

Seien $D, E \subset \mathbb{R}$ offene Mengen und $f, g : D \to \mathbb{R}$ Funktionen, die in $x_0 \in D$ differenzierbar sind. Dann sind die Funktionen $f \pm g$, $f \cdot g$ und, wenn zusätzlich $g(x_0) \neq 0$ gilt, auch $\frac{f}{g}$ im Punkt x_0 differenzierbar, und es gelten die folgenden Ableitungsregeln:

1. *Summenregel:* $(f \pm g)'(x_0) = f'(x_0) \pm g'(x_0)$
2. *Produktregel/Leibnizregel:* $(f \cdot g)'(x_0) = f'(x_0) \cdot g(x_0) + f(x_0) \cdot g'(x_0)$
3. *Quotientenregel:* $\left(\frac{f}{g} \right)'(x_0) = \frac{f'(x_0) \cdot g(x_0) - f(x_0) \cdot g'(x_0)}{g^2(x_0)}$
4. *Seien $f : D \to \mathbb{R}$ und $g : E \to \mathbb{R}$ Funktionen mit $f(D) \subset E$. Die Funktion f sei in $x_0 \in D$ differenzierbar und g sei in $f(x_0) \in E$ differenzierbar, dann ist die Funktion $g \circ f : D \to \mathbb{R}$ in $x_0 \in D$ differenzierbar und es gilt die* **Kettenregel** *$(g \circ f)' = g'(f(x_0)) \cdot f'(x_0)$.*

Beweis: *Beweis der Summenregel*:

$$\lim_{x \to x_0} \left(\frac{(f+g)(x) - (f+g)(x_0)}{x - x_0} \right) = \lim_{x \to x_0} \left(\frac{f(x) - f(x_0) + g(x) - g(x_0)}{x - x_0} \right)$$

$$= \lim_{x \to x_0} \left(\frac{f(x) - f(x_0)}{x - x_0} \right) + \lim_{x \to x_0} \left(\frac{g(x) - g(x_0)}{x - x_0} \right)$$

$$= f'(x_0) + g'(x_0).$$

Beweis der Produktregel:

$$\lim_{x \to x_0} \left(\frac{(f \cdot g)(x) - (f \cdot g)(x_0)}{x - x_0} \right) = \lim_{x \to x_0} \left(\frac{f(x) \cdot g(x) - f(x_0) \cdot g(x_0)}{x - x_0} \right)$$

$$= \lim_{x \to x_0} \left(\frac{f(x) \cdot g(x) - f(x_0) \cdot g(x_0) - f(x_0) \cdot g(x) + f(x_0) \cdot g(x)}{x - x_0} \right)$$

$$= \lim_{x \to x_0} \left(\frac{f(x) \cdot g(x) - f(x_0) \cdot g(x) + f(x_0) \cdot g(x) - f(x_0) \cdot g(x_0)}{x - x_0} \right)$$

$$= \lim_{x \to x_0} \left(\frac{g(x) \cdot (f(x) - f(x_0)) + f(x_0) \cdot (g(x) - g(x_0))}{x - x_0} \right)$$

$$= \lim_{x \to x_0} \left(g(x) \cdot \left(\frac{f(x) - f(x_0)}{x - x_0} \right) \right) + f(x_0) \cdot \lim_{x \to x_0} \left(\frac{g(x) - g(x_0)}{x - x_0} \right)$$

$$= g(x_0) \cdot f'(x_0) + f(x_0) \cdot g'(x_0).$$

Beweis der Quotientenregel:

$$\left(\frac{f}{g} \right)'(x_0) = \lim_{x \to x_0} \left(\frac{\left(\frac{f}{g} \right)(x) - \left(\frac{f}{g} \right)(x_0)}{x - x_0} \right)$$

$$= \lim_{x \to x_0} \left(\frac{\frac{f(x)}{g(x)} - \frac{f(x_0)}{g(x_0)}}{x - x_0} \right) = \lim_{x \to x_0} \left(\frac{f(x)g(x_0) - f(x_0)g(x)}{g(x)g(x_0)(x - x_0)} \right)$$

$$= \lim_{x \to x_0} \left(\frac{1}{g(x)g(x_0)} \left(\frac{f(x)g(x_0) - f(x_0)g(x)}{x - x_0} \right) \right)$$

$$= \lim_{x \to x_0} \left(\frac{1}{g(x)g(x_0)} \left(\frac{f(x)g(x_0) - f(x)g(x) + f(x)g(x) - f(x_0)g(x)}{x - x_0} \right) \right)$$

$$= \lim_{x \to x_0} \left(\frac{1}{g(x)g(x_0)} \left(\frac{-f(x)(g(x) - g(x_0))}{x - x_0} + \frac{g(x)(f(x) - f(x_0))}{x - x_0} \right) \right)$$

$$= \frac{f'(x_0) \cdot g(x_0) - f(x_0) \cdot g'(x_0)}{g^2(x_0)}.$$

Beweis der Kettenregel: Bevor wir zum Beweis der Kettenregel kommen, rufen wir uns ein Resultat in Erinnerung (oder vielleicht hört ihr dies auch zum ersten Mal):

Eine Funktion f ist genau dann differenzierbar, wenn eine stetige Funktion φ : $D \to \mathbb{R}$ existiert, mit

$$f(x) - f(x_0) = (x - x_0) \cdot \varphi(x) \tag{11.1}$$

und in diesem Fall ist $\varphi(x_0)$ gerade die Ableitung von f an der Stelle x_0. Dies folgt sofort durch Teilen der obigen Gl. (11.1) durch $(x - x_0)$. Kommen wir nun zum Beweis. Es existieren also stetige Funktionen φ, ψ mit

$$f(x) - f(x_0) = (x - x_0) \cdot \varphi(x)$$
$$g(x) - g(x_0) = (x - x_0) \cdot \psi(x).$$

Dann gilt mit $y = f(x)$, $y_0 = f(x_0)$ wegen der zweiten Gleichung

$$g(f(x)) - g(f(x_0)) = (f(x) - f(x_0))\psi(f(x)).$$

Setzen wir hier die erste Gleichung ein, so folgt sofort

$$g \circ f(x) - g \circ f(x_0) = (x - x_0) \cdot \varphi(x)\psi \circ f(x)$$

und $\varphi(x) \cdot \psi \circ f(x)$ ist als Verkettung stetiger Funktionen wieder stetig. Damit ist $g \circ f$ differenzierbar und

$$(g \circ f)'(x_0) = \varphi(x_0) \cdot \psi(f(x_0)) = f'(x_0) \cdot g'(f(x_0)).$$

Damit ist alles gezeigt.   q.e.d.

Satz 11.3 (Ableitung der Umkehrfunktion)
Seien $D, E \subset \mathbb{R}$ offen und $f : D \to E$ eine stetige und bijektive Funktion. Ist die Funktion f in x_0 differenzierbar und gilt $f'(x_0) \neq 0$, so ist auch f^{-1} in $f(x_0) =: y$ differenzierbar und es gilt

$$\left(f^{-1}\right)'(y) = \left(f^{-1}\right)'(f(x_0)) = \frac{1}{f'(f^{-1}(y))} = \frac{1}{f'(x_0)}.$$

Beweis: Zum Beweis benutzen wir die Kettenregel. Wir setzen $g := f^{-1}$. Dann ist $g \circ f = \mathrm{Id}_D$ auf ganz D differenzierbar mit $(g \circ f)'(x) = 1 \; \forall x \in D$ (vergleiche das Beispiel 119). Wegen der Injektivität von f können wir für alle $x \neq x_0$ schreiben

$$1 = \frac{(g \circ f)(x) - (g \circ f)(x_0)}{x - x_0} = \frac{(g \circ f)(x) - (g \circ f)(x_0)}{f(x) - f(x_0)} \cdot \frac{f(x) - f(x_0)}{x - x_0}. \tag{11.2}$$

Ist $(d_n)_{n\in\mathbb{N}}$ eine beliebige Folge mit $d_n \neq y_0 := f(x_0)$ und $\lim_{n\to\infty} d_n = y_0$, so existiert wegen der Bijektivität von f genau eine Folge $\xi_n := f^{-1}(d_n)$. Es ist $\lim_{n\to\infty} \xi_n = x_0$.

Dies und (11.2) implizieren nun:

$$1 = g'(y_0) \cdot f'(x_0) = \left(f^{-1}\right)'(f(x_0)) \cdot f'(x_0).$$

Damit folgt die Behauptung. q.e.d.

Satz 11.4 (Notwendige Bedingung für Extrempunkt)
Gegeben sei eine Funktion $f : [a,b] \to \mathbb{R}$, die in einem Punkt $x_0 \in (a,b)$ ein lokales Extremum besitzt. Ist die Funktion f differenzierbar in $x_0 \in (a,b)$, so gilt $f'(x_0) = 0$.

Beweis: Es existiert ein $\varepsilon > 0$, sodass $(x_0 - \varepsilon, x_0 + \varepsilon)$ in (a,b) liegt. Wir nehmen an, f besitzt an der Stelle x_0 ein lokales Maximum. Der Fall des lokalen Minimums wird analog behandelt. Durch eventuelles Verkleinern von ε können wir nun o. B. d. A. annehmen, dass $f(x_0) \geq f(x) \ \forall x \in D \cap (x_0 - \varepsilon, x_0 + \varepsilon)$.

Wir betrachten nun den Differenzenquotienten $\frac{f(x)-f(x_0)}{x-x_0}$ für $x \neq x_0$ und $x \in (x_0 - \varepsilon, x_0 + \varepsilon)$. Daraus folgt:

$$\frac{f(x) - f(x_0)}{x - x_0} \geq 0 \quad \forall x \in (x_0 - \varepsilon, x_0)$$

und analog erhält man auch

$$\frac{f(x) - f(x_0)}{x - x_0} \leq 0 \quad \forall x \in (x_0, x_0 + \varepsilon)$$

Daraus ergibt sich:

$$0 \geq \lim_{x \downarrow x_0} \frac{f(x) - f(x_0)}{x - x_0} = f'(x_0) = \lim_{x \uparrow x_0} \frac{f(x) - f(x_0)}{x - x_0} = f'(x_0) \geq 0.$$

Dies impliziert $f'(x_0) = 0$. q.e.d.

Satz 11.5 (Mittelwertsatz der Differentialrechnung)
Es seien $a < b$ und $f : [a,b] \to \mathbb{R}$ stetig und in (a,b) differenzierbar. Dann existiert mindestens ein $\xi \in (a,b)$ mit $f'(\xi) = \frac{f(b)-f(a)}{b-a}$.

Beweis: Wir definieren eine Hilfsfunktion $h(x) := f(x) - \frac{f(b)-f(a)}{b-a} \cdot (x - a)$. Die Funktion $h(x)$ ist im Intervall $[a,b]$ stetig und in (a,b) differenzierbar. Außerdem gilt $h(a) = f(a)$, denn

$$h(a) = f(a) - \frac{f(b) - f(a)}{b - a} \cdot (a - a) = f(a)$$

und $h(b) = f(a) = h(a)$, denn

$$h(b) = f(b) - \frac{f(b) - f(a)}{b - a} \cdot (b - a) = f(b) - f(b) + f(a) = f(a).$$

Ist h konstant, so gilt $h'(x) = 0 \ \forall x \in (a, b)$ (vergleiche das Beispiel 119). Daraus folgt die Behauptung.

Ist h nicht konstant, so folgt wegen der Stetigkeit von h, und weil $h(a) = h(b)$, dass h das Maximum oder das Minimum im Inneren annimmt, das heißt in einem Punkt $\xi \in (a, b)$. In ξ gilt deshalb $h'(\xi) = 0$. Dies ist äquivalent zu:

$$f'(\xi) = \frac{f(b) - f(a)}{b - a}.$$

Damit ist nun wirklich alles gezeigt.   q.e.d.

Satz 11.6 (Der Satz von Rolle)
$f : [a, b] \to \mathbb{R}$ *sei stetig und in (a, b) differenzierbar mit $f(a) = f(b)$, dann existiert ein $\xi \in (a, b)$ mit $f'(\xi) = 0$.*

Beweis: Folgt sofort aus dem Mittelwertsatz (Satz 11.5).   q.e.d.

Satz 11.7
$f : [a, b] \to \mathbb{R}$ *sei stetig und in (a, b) differenzierbar. Gilt für alle $x \in (a, b)$ die Ungleichung $f'(x) \geq 0$, $f'(x) > 0$, $f'(x) \leq 0$ bzw. $f'(x) < 0$, so ist die Funktion f in $[a, b]$ monoton wachsend, streng monoton wachsend, monoton fallend bzw. streng monoton fallend.*

Beweis: Sei $f'(x) \geq 0 \ \forall x \in (a, b)$. Die anderen Fälle sind analog zu behandeln. Wir führen den Beweis durch Widerspruch. Angenommen, die Funktion f wäre in $[a, b]$ nicht monoton wachsend, sondern auf einem Teil des Intervalls $[a, b]$ monoton fallend. Dann gäbe es $x_1 < x_2$ mit $a \leq x_1 < x_2 \leq b$, sodass $f(x_1) > f(x_2)$. Nach dem Mittelwertsatz (Satz 11.5) existiert nun ein $\xi \in (x_1, x_2)$ mit $f'(\xi) = \frac{f(x_2) - f(x_1)}{x_2 - x_1}$. Da nun nach Voraussetzung $x_2 - x_1 > 0$ und $f(x_2) - f(x_1) < 0$, gilt $f'(\xi) = \frac{f(x_2) - f(x_1)}{x_2 - x_1} < 0$.

Wir hatten aber vorausgesetzt, dass $f'(x) \geq 0 \ \forall x \in (a, b)$. Dieser Widerspruch beweist unseren Satz.   q.e.d.

Satz 11.8
$f : [a, b] \to \mathbb{R}$ *sei stetig, im Intervall (a, b) differenzierbar und in $x_0 \in (a, b)$ zweimal differenzierbar mit $f'(x_0) = 0$ und $f''(x_0) < 0$ ($f''(x_0) > 0$), dann*

> besitzt f an der Stelle $x_0 \in (a, b)$ ein isoliertes lokales Maximum (lokales Minimum).

Beweis: Seien $f''(x_0) < 0$ und $f'(x_0) = 0$. Der andere Fall ist analog zu behandeln. Es folgt:

$$0 > f''(x_0) = \lim_{x \to x_0} \frac{f'(x) - f'(x_0)}{x - x_0} = \lim_{x \to x_0} \frac{f'(x)}{x - x_0}.$$

Daher existiert ein $\varepsilon > 0$, sodass $\frac{f'(x)}{x - x_0} < 0 \; \forall x \in (a, b)$ mit $|x - x_0| < \varepsilon$.
Dies ergibt insgesamt

$$f'(x) > 0 \; \forall x \in (a, b) \cap (x_0 - \varepsilon, x_0) \quad \text{(linke Seite)} \quad \text{und}$$
$$f'(x) < 0 \; \forall x \in (a, b) \cap (x_0, x_0 + \varepsilon) \quad \text{(rechte Seite)}.$$

Das wiederum heißt jedoch, dass f auf dem Intervall $[x_0 - \varepsilon, x_0]$ streng monoton wachsend und auf dem Intervall $[x_0, x_0 + \varepsilon]$ streng monoton fallend ist. Dies wiederum bedeutet, dass an der Stelle x_0 ein isoliertes Maximum vorliegen muss.

q.e.d.

Satz 11.9
Eine Potenzreihe $f(x) = \sum_{n=1}^{\infty} a_n (x - x_0)^n$ ist im Inneren ihres Konvergenzintervalls (Konvergenzkreises) differenzierbar, und die Ableitung ergibt sich durch gliedweise Differentiation:

$$f'(x) = \sum_{n=1}^{\infty} a_n \cdot n \cdot (x - x_0)^{n-1}$$

Weiterhin ist der Konvergenzradius von $\sum_{n=1}^{\infty} a_n \cdot n \cdot (x - x_0)^{n-1}$ derselbe wie von $\sum_{n=1}^{\infty} a_n (x - x_0)^n$.

Satz 11.10 (Die Regeln von L'Hospital)
Seien $a, b \in \mathbb{R} \cup \{-\infty, \infty\}$. Weiterhin seien $f, g : (a, b) \to \mathbb{R}$ zwei differenzierbare Funktionen. Es gelte weiterhin $g'(x) \neq 0$ für alle $x \in [a, b]$, und es existiere der Limes

$$\lim_{x \downarrow a} \frac{f'(x)}{g'(x)} =: c \in \mathbb{R},$$

dann folgt:

1. Falls $\lim_{x \uparrow a} f(x) = \lim_{x \uparrow a} g(x) = 0$ *gilt:*

$$\lim_{x \downarrow a} \frac{f(x)}{g(x)} = c.$$

2. Falls $\lim_{x \uparrow a} f(x) = \lim_{x \uparrow a} g(x) = \pm\infty$ *gilt:*

$$\lim_{x \uparrow a} \frac{f(x)}{g(x)} = c.$$

Analoge Aussagen formuliert man für den Grenzübergang $x \downarrow a$.

11.3   Erklärungen zu den Definitionen

Erklärung

Zur Definition 11.1 der Differenzierbarkeit: Anschaulich ist euch die Ableitung einer Funktion aus der Schule ja bekannt. Ihr kennt sie als Tangentensteigung. Der Differenzenquotient bzw. die Ableitung wurde euch so erklärt, dass eine Sekante durch Grenzübergang zu einer Tangente wird. Diese Vorstellung ist genau richtig und ihr solltet sie auch nicht vergessen.

Noch etwas zur Schreibweise: Wir schreiben entweder für die Ableitung einer Funktion f an der Stelle x_0 $f'(x_0)$ oder – wie es der Physiker gerne bei Ableitungen nach der Zeit t macht-auch oft $\dot{f}(t) = \frac{\mathrm{d}f(t)}{\mathrm{d}t}$. Dies sagt nur aus, dass wir die Funktion f an der Stelle x_0 nach x differenzieren. Analog ist $\frac{\mathrm{d}^2 f}{\mathrm{d}^2 x_0}$ zu verstehen.

Des Weiteren möchten wir auch noch zur sogenannten „*h-Methode*" gelangen. Viele von euch werden sich erinnern. Was macht man da einfach? Man ersetzt das x in der Definition des Differenzenquotienten (siehe Definition 11.1 und 11.2) einfach durch $x_0 + h$ und lässt dann h gegen 0 laufen. Das bedeutet konkret:

$$f'(x_0) = \lim_{x \to x_0} \frac{f(x) - f(x_0)}{x - x_0}$$

$$= \lim_{h \to 0} \frac{f(x_0 + h) - f(x_0)}{x_0 + h - x_0} = \lim_{h \to 0} \frac{f(x_0 + h) - f(x_0)}{h}.$$

Wir wollen nun einige Ableitungen von elementaren Funktionen mit Hilfe der Definition 11.1 berechnen. Wir werden aber auch noch auf die Ableitungsregeln zu sprechen kommen, mit denen wir solche Ableitungen natürlich viel einfacher ermitteln können.

▶ **Beispiel 119**

- Es sei $f : \mathbb{R} \to \mathbb{R}$ mit $f(x) := c$, wobei $c \in \mathbb{R}$. Wie berechnen wir nun die Ableitung der Funktion an der Stelle x_0? Einfach, indem wir die Definition 11.1 der Differenzierbarkeit einer Funktion anwenden:

$$f'(x_0) = \lim_{x \to x_0} \frac{f(x) - f(x_0)}{x - x_0} = \lim_{x \to x_0} \frac{c - c}{x - x_0} = 0.$$

Die Ableitung einer konstanten Funktion ist also Null. Das haben wir hiermit gezeigt, war uns aber schon vertraut.

- Nun seien $f : \mathbb{R} \to \mathbb{R}$ mit $f(x) := c \cdot x$ und $c \in \mathbb{R}$, dann ist

$$f'(x_0) = \lim_{x \to x_0} \frac{f(x) - f(x_0)}{x - x_0} = \lim_{x \to x_0} \frac{c \cdot x - c \cdot x_0}{x - x_0} = \lim_{x \to x_0} \frac{c \cdot (x - x_0)}{x - x_0} = c.$$

- Es sei $f : \mathbb{R} \to \mathbb{R}$ mit $f(x) := x^2$, dann ergibt sich:

$$f'(x_0) = \lim_{x \to x_0} \frac{f(x) - f(x_0)}{x - x_0} = \lim_{x \to x_0} \frac{x^2 - x_0^2}{x - x_0} = \lim_{x \to x_0} \frac{(x - x_0) \cdot (x + x_0)}{x - x_0}$$

$$= \lim_{x \to x_0} (x + x_0) = 2x_0.$$

Andererseits liefert die „h-Methode":

$$f'(x_0) = \lim_{h \to 0} \left(\frac{f(x_0 + h) - f(x_0)}{h} \right) = \lim_{h \to 0} \left(\frac{(x_0 + h)^2 - x_0^2}{h} \right)$$

$$= \lim_{h \to 0} \left(\frac{x_0^2 + 2 \cdot x_0 \cdot h + h^2 - x_0^2}{h} \right) = \lim_{h \to 0} \left(\frac{2x_0 \cdot h + h^2}{h} \right)$$

$$= \lim_{h \to 0} \left(\frac{h \cdot (2x_0 + h)}{h} \right) = \lim_{h \to 0} (2x_0 + h) = 2x_0.$$

- Wir wollen die Ableitung der Funktion $f : \mathbb{R} \to \mathbb{R}$ mit $f(x) = x^n$, $n \in \mathbb{N}$ herleiten. Wir setzen an:

$$f'(x_0) = \lim_{x \to x_0} \frac{f(x) - f(x_0)}{x - x_0} = \lim_{x \to x_0} \frac{x^n - x_0^n}{x - x_0}.$$

An diesem Punkt erinnern wir uns an die geometrische Summenformel aus Kap. 5 (Beispiel 46) über Beweistechniken. Damit gilt

$$\lim_{x \to x_0} \frac{x^n - x_0^n}{x - x_0} = \lim_{x \to x_0} \sum_{k=0}^{n-1} x^k \cdot x_0^{n-1-k}$$

$$= \sum_{k=0}^{n-1} x_0^k \cdot x_0^{n-1-k} = \sum_{k=0}^{n-1} x_0^{n-1} = n \cdot x_0^{n-1}.$$

Das bedeutet also, dass die Ableitung von $f(x) = x^n$ gerade $f'(x) = n \cdot x^{n-1}$ lautet.

Alternativ hätten wir auch ohne Wissen über die geometrische Summenformel die Aufgabe lösen können, wenn wir einfach eine Polynomdivision durchgeführt hätten.

- Wir wollen die Ableitung der Funktion $f : \mathbb{R} \setminus \{0\} \to \mathbb{R}$ mit $f(x) := \frac{1}{x}$ berechnen.

$$f'(x_0) = \lim_{x \to x_0} \frac{\frac{1}{x} - \frac{1}{x_0}}{x - x_0} = \lim_{x \to x_0} \frac{\frac{x_0 - x}{x \cdot x_0}}{x - x_0} = \lim_{x \to x_0} \frac{x_0 - x}{x \cdot x_0 \cdot (x - x_0)}$$

$$= \lim_{x \to x_0} -\frac{x - x_0}{x \cdot x_0 \cdot (x - x_0)} = \lim_{x \to x_0} -\frac{1}{x \cdot x_0} = -\frac{1}{x_0^2}.$$

- Wir berechnen die Ableitung der Funktion $f : \mathbb{R} \to \mathbb{R}$ mit $f(x) := \frac{1}{x^n}$ mit $n \in \mathbb{N}$. Hier müssen wir bei den Umformungen etwas mehr in die Trickkiste greifen (wir benötigen die geometrische Reihe, vergleiche Beispiel 89 aus Kap. 9 und Beispiel 46 aus Kap. 5), aber es ist alles machbar:

$$f'(x_0) = \lim_{x \to x_0} \frac{f(x) - f(x_0)}{x - x_0} = \lim_{x \to x_0} \frac{\frac{1}{x^n} - \frac{1}{x_0^n}}{x - x_0}$$

$$= \lim_{x \to x_0} \frac{\frac{1}{x^n} - \frac{1}{x_0^n}}{(-x \cdot x_0) \cdot \left(\frac{1}{x} - \frac{1}{x_0}\right)}$$

$$= \lim_{x \to x_0} \left(-\frac{1}{x \cdot x_0} \cdot \sum_{k=0}^{n-1} \left(\frac{1}{x}\right)^k \cdot \left(\frac{1}{x_0}\right)^{n-1-k}\right)$$

$$= -\frac{1}{x_0^2} \cdot n \cdot \left(\frac{1}{x_0}\right)^{n-1} = -\frac{n}{x_0^{n+1}}.$$

Das heißt, dass die Ableitung von f gerade $f'(x) = -\frac{n}{x^{n+1}}$ lautet.

- Noch ein letztes Beispiel, das nochmal einen kleinen Erweiterungstrick mit ins Spiel bringt. Und zwar betrachten wir die Funktion $f : \mathbb{R}^+ \to \mathbb{R}$ mit $f(x) = \sqrt{x}$ und versuchen die Ableitung der Funktion an der Stelle x_0 zu bestimmen:

$$f'(x_0) = \lim_{x \to x_0} \frac{\sqrt{x} - \sqrt{x_0}}{x - x_0}.$$

Wir erweitern geschickt, sodass wir die dritte binomische Formel anwenden können:

$$\ldots = \lim_{x \to x_0} \frac{\left(\sqrt{x} - \sqrt{x_0}\right) \cdot \left(\sqrt{x} + \sqrt{x_0}\right)}{(x - x_0) \cdot \left(\sqrt{x} + \sqrt{x_0}\right)} = \lim_{x \to x_0} \frac{x - x_0}{(x - x_0) \cdot \left(\sqrt{x} + \sqrt{x_0}\right)}$$

$$= \lim_{x \to x_0} \frac{1}{\sqrt{x} + \sqrt{x_0}} = \frac{1}{2 \cdot \sqrt{x_0}};$$

fertig.   ∎

Abb. 11.1 Veranschaulichung
von Extrempunkten

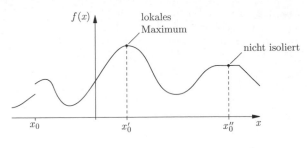

Abb. 11.2 Existenz von
relativen Extrempunkten

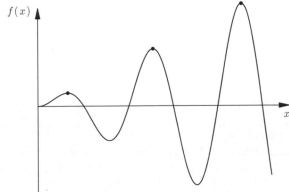

Zur Definition 11.4 des Extrempunktes: Was bedeutet unsere Definition 11.4 eines Extrempunktes genau? Das ist eigentlich ganz einfach. Es muss eine Stelle x_0 aus dem Definitionsbereich geben, sodass deren Funktionswert größer ist als jeder andere Funktionswert zu der beliebigen Stelle x und das in einer ganz kleinen ε-Umgebung. Die Abb. 11.1 soll dies verdeutlichen.

Gehen wir davon aus, dass die Abb. 11.2 in der Form weitergeht, so existieren nur relative Extrempunkte, keine globalen (absoluten) Extrema. Es können aber durchaus in einer vorgegebenen Umgebung absolute Maxima existieren.

▶ **Beispiel 120** Die Funktion $f(x) = \cos(x)$ besitzt beispielsweise an den Stellen $x = 2k \cdot \pi$, wobei $k \in \mathbb{Z}$, isolierte lokale Maxima und an den Stellen $y_k = (2k + 1) \cdot \pi$ mit $k \in \mathbb{Z}$, isolierte lokale Minima. Die Extremstellen liegen bei $z_k = k \cdot \pi$ mit $k \in \mathbb{Z}$. Diese sind auch global. ■

Zur Definition 11.5 eines kritischen Punktes: Nach Satz 11.4 sind die lokalen Extremstellen kritische Punkte. Aber die Umkehrung gilt nicht: Nicht jeder kritische Punkt ist auch ein Extrempunkt, wie die Funktion $f(x) = x^3$ zeigt. Es gilt ja $f'(0) = 0$. Aber an der Stelle $x = 0$ liegt mit Sicherheit kein Extrempunkt vor, sondern ein Wendepunkt (siehe Definition 11.6), wie man auch an dem Graphen (Abb. 11.3) sehen kann.

Abb. 11.3 Die Funktion
$f(x) = x^3$ besitzt an der
Stelle $x = 0$ keinen Extrempunkt

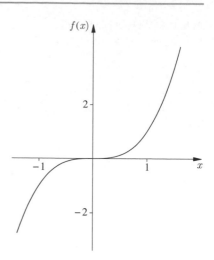

Zur Definition 11.6 eines Wendepunktes: Ein Wendepunkt an einer „Wendestelle" x_0 liegt vor, wenn die zweite Ableitung der differenzierbaren Funktion f an
der Stelle x_0 ihr Vorzeichen wechselt. Aus der Existenz eines Wendepunktes folgt,
dass die zweite Ableitung an der Wendestelle x_0 verschwindet, also gleich Null ist.
Diese Bedingung ist zwar notwendig, aber nicht hinreichend für einen Wendepunkt.
So ist beispielsweise die zweite Ableitung der Funktion $f(x) := x^4$ an der Stelle
$x_0 = 0$, aber die Funktion stellt eine Parabel mit Tiefpunkt $(0, 0)$ dar und besitzt an
der Stelle $x_0 = 0$ keinen Wendepunkt.

**Zur Definition 11.7 einer Taylorreihe und zur Definition 11.8 des Restglieds
einer Taylorreihe:** In der Analysis verwendet man Taylorreihen (auch Taylor-Ent-
wicklungen genannt), um Funktionen in der Umgebung bestimmter Punkte durch
Potenzreihen darzustellen. Taylorreihen sind also besondere Potenzreihen, die wir
schon in Kap. 9 über die Reihen in Definition 9.3 eingeführt haben. Mithilfe von
Taylorreihen kann ein komplizierter analytischer Ausdruck durch eine nach weni-
gen Gliedern abgebrochene Taylorreihe oft gut angenähert werden. Die Taylorreihe
einer Funktion f in einem Punkt x_0 ist die Potenzreihenentwicklung der Funktion
an diesem Punkt.

Wir bemerken: Eine Funktion f wird bei x_0 durch seine Taylorreihe dargestellt
genau dann, wenn $\lim_{n \to \infty} R_n(x) = 0$. Man nennt die Funktion dann *analytisch*.

Schauen wir uns ausführliche Beispiele an, wie man zu einer Funktion die Taylorentwicklung bestimmen kann. Hierzu muss man differenzieren können. Wer da
noch Probleme hat, schlage in den Erklärungen zu den Ableitungsregeln (Satz 11.2)
nach.

▶ **Beispiel 121**

- Wir berechnen das Taylorpolynom $T_3(x)$ der Funktion $f(x) = e^x \cdot \sin(x)$ um den Entwicklungspunkt $x_0 = 0$ und zeigen, dass für $|x| < \frac{1}{2}$ gilt:

$$|R_3(x)| = |f(x) - T_3(x)| \leq \frac{\sqrt{e}}{6} \cdot |x|^4.$$

Zunächst benötigen wir die Ableitungen und deren Werte an der Stelle $x_0 = 0$:

$$f(x) = e^x \cdot \sin(x)$$
$$\text{mit} \quad f(x_0) = f(0) = 0.$$
$$f'(x) = e^x \cdot \sin(x) + e^x \cdot \cos(x) = e^x \cdot (\sin(x) + \cos(x))$$
$$\text{mit} \quad f'(0) = 1.$$
$$f''(x) = e^x \cdot (\sin(x) + \cos(x)) + e^x \cdot (\cos(x) - \sin(x)) = 2e^x \cdot \cos(x)$$
$$\text{mit} \quad f''(0) = 2.$$
$$f'''(x) = 2e^x \cdot \cos(x) - 2e^x \cdot \sin(x) = 2e^x \cdot (\cos(x) - \sin(x))$$
$$\text{mit} \quad f'''(0) = 2.$$
$$f^{(4)}(x) = 2e^x(\cos(x) - \sin(x)) + 2e^x(-\sin(x) - \cos(x)) = -4 \cdot e^x \cdot \sin(x).$$

$f^{(4)}(x)$ benötigen wir nachher für die Restgliedabschätzung. Einsetzen in die Taylor-Entwicklungs-Formel aus Definition 11.7 liefert:

$$f(x) = \sum_{k=0}^{3} \frac{f^{(k)}(0)}{k!}(x - 0)^k = 0 + 1 \cdot x + \frac{2}{2!}x^2 + \frac{2}{3!}x^3 = x + x^2 + \frac{1}{3}x^3.$$

Mit dem Lagrange-Restglied (siehe Definition 11.8) folgt:

$$|R_3(x)| = \left| \frac{f^{(4)}(\xi)}{4!}x^4 \right| = \frac{4|\sin(\xi)|e^\xi}{4!}|x|^4 \leq \frac{e^{\frac{1}{2}}}{3!}|x|^4 = \frac{\sqrt{e}}{6}|x|^4.$$

- Wir berechnen für die Funktion

$$f(x) := \frac{1}{\sqrt[4]{x}}$$

das Taylorpolynom $T_2(x)$ zweiter Ordnung an der Stelle $x_0 = 1$ und zeigen anschließend, dass für alle $x \in \left(1, \frac{11}{10}\right)$ die folgende Restgliedabschätzung gilt

$$|R_2(x)| \leq 10^{-3}.$$

Wir berechnen zunächst die ersten Ableitungen von f und deren Werte an der Stelle $x_0 = 1$:

$$f(x) = x^{-\frac{1}{4}}, \qquad f(x_0) = f(1) = 1,$$

$$f'(x) = -\frac{1}{4}x^{-\frac{5}{4}}, \qquad f'(x_0) = f'(1) = -\frac{1}{4},$$

$$f''(x) = \frac{5}{16}x^{-\frac{9}{4}}, \qquad f''(x_0) = f''(1) = \frac{5}{16},$$

$$f'''(x) = -\frac{45}{64}x^{-\frac{13}{4}},$$

$f'''(x)$ benötigen wir nachher für die Restgliedabschätzung. Damit gilt für die Taylorreihe zweiter Ordnung von f:

$$T_2(x) = \sum_{k=0}^{2} \frac{f^{(k)}(x_0)}{k!}(x - x_0)^k \overset{x_0=1}{=} 1 - \frac{1}{4}(x - 1) + \frac{5}{16 \cdot 2!}(x - 1)^2$$

$$= 1 - \frac{1}{4}(x - 1) + \frac{5}{32}(x - 1)^2.$$

Zur Restgliedabschätzung benutzen wir die Restglieddarstellung von Lagrange. Diese besagt, dass es ein (unbekanntes) ξ zwischen x_0 und x gibt, sodass

$$|R_2(x)| = |f(x) - T_2(x)| = \left| \frac{f^{(3)}(\xi)}{3!}(x - x_0)^3 \right| \overset{x_0=1}{=} \left| -\frac{45}{64 \cdot 3!}\xi^{-\frac{13}{4}}(x - 1)^3 \right|$$

$$= \left| -\frac{15}{128\xi^{\frac{13}{4}}}(x - 1)^3 \right|.$$

Mit $x_0 = 1$ und $1 < x < \frac{11}{10}$ gilt auch $1 < \xi < \frac{11}{10}$. Das benutzen wir zur Abschätzung. Zuerst lassen wir allerdings (wegen $1 < x$) den Betrag weg:

$$|R_2(x)| = \ldots = \frac{15}{128\xi^{\frac{13}{4}}}(x - 1)^3 \overset{\xi>1}{\leq} \frac{15}{128}(x - 1)^3 \overset{1<x<\frac{11}{10}}{\leq} \frac{15}{128}\left(\frac{1}{10}\right)^3 < 10^{-3}.$$

- Wir bestimmen die Taylorentwicklung von $f(x) = -\ln\left(1 - \frac{x}{2}\right)$ um den Entwicklungspunkt $x_0 = 0$. Solche Aufgabentypen sind etwas schwerer, da man hier die k-te Ableitung angeben muss. Die Vorgehensweise ist, dass wir erst einmal ein paar Ableitungen von f berechnen und dann schauen, ob wir eine Art Gesetzmäßigkeit erkennen, die wir mit Induktion beweisen. Los geht's:

$$f(x) = -\ln(1 - \frac{x}{2}),$$

$$f'(x) = -\frac{1}{1 - \frac{x}{2}} \cdot \left(-\frac{1}{2}\right) = \frac{1}{2} \cdot \frac{1}{1 - \frac{x}{2}} = \frac{1}{2\left(1 - \frac{x}{2}\right)} = \frac{1}{2 - x},$$

$$f''(x) = -\frac{1}{(2 - x)^2} \cdot (-1) = \frac{1}{(2 - x)^2},$$

$$f'''(x) = -2 \cdot \frac{1}{(2 - x)^3} \cdot (-1) = \frac{2}{(2 - x)^3}.$$

Na? Erkennt ihr schon was? Nein, noch nicht? Dann berechnen wir noch die vierte Ableitung:

$$f^{(4)}(x) = -6 \cdot \frac{1}{(2-x)^4} \cdot (-1) = \frac{6}{(2-x)^4}$$

Jetzt sollte man erkennen, dass die k-te Ableitung durch

$$f^{(k)}(x) = \frac{(k-1)!}{(2-x)^k}$$

gegeben ist. Wir müssten dies noch mit Induktion beweisen. Darauf wollen wir an dieser Stelle aber verzichten und überlassen dies dem Leser als kleine Übungsaufgabe.

Das Taylorpolynom ist damit gegeben durch

$$f(x) = \sum_{k=1}^{\infty} \frac{(k-1)!}{k! \cdot 2^k} x^k = \sum_{k=1}^{\infty} \frac{x^k}{k \cdot 2^k}.$$

Das Restglied nach Lagrange lautet demnach $R_{n+1}(x) = \frac{x^{n+1}}{(n+1) \cdot 2^{n+1}}$.

- Ein weiterer Aufgabentyp ist der folgende: Wir wollen mittels einer Taylorentwicklung $\sqrt{17}$ näherungsweise berechnen. Dazu schreiben wir $\sqrt{17}$ erst einmal um:

$$\sqrt{17} = \sqrt{16+1} = \sqrt{16 \cdot \left(1 + \frac{1}{16}\right)} = \sqrt{16} \cdot \sqrt{1 + \frac{1}{16}} = 4 \cdot \sqrt{1 + \frac{1}{16}}.$$

Wir entwickeln daher die Funktion $f(x) = 4 \cdot \sqrt{1+x}$ um den Entwicklungspunkt $x_0 = 0$, denn $\frac{1}{16}$ ist ja wirklich fast Null und außerdem können wir mit diesem Entwicklungspunkt gut rechnen. Wir gehen analog wie in den anderen Beispielen vor:

$$f(x) = 4 \cdot \sqrt{1+x} = 4 \cdot (1+x)^{\frac{1}{2}},$$

$$f'(x) = 4 \cdot \frac{1}{2 \cdot \sqrt{1+x}} = \frac{2}{\sqrt{1+x}} = 2(1+x)^{-\frac{1}{2}},$$

$$f''(x) = 2 \cdot \left(-\frac{1}{2}\right)(1+x)^{-\frac{3}{2}} = -(1+x)^{-\frac{3}{2}},$$

$$f'''(x) = \frac{3}{2}(1+x)^{-\frac{5}{2}},$$

$$f^{(4)}(x) = -\frac{15}{4}(1+x)^{-\frac{7}{2}}.$$

Die allgemeine k-te Ableitung zu sehen, ist wirklich nicht gerade leicht. Wir geben sie an:

$$f^{(k)}(x) = (-1)^{k+1}(1+x)^{\frac{1}{2}-k} \cdot 4 \cdot \frac{\prod\limits_{i=1}^{n-2} 2i+1}{2^k}$$

$$= (-1)^{k+1}(1+x)^{\frac{1}{2}-k} \cdot \frac{\prod\limits_{i=1}^{n-2} 2i+1}{2^{k-2}}.$$

Wir wollen nun versuchen, nur die ersten 4 Ableitungen zu benutzen, berechnen also das Taylor-Polynom vierten Grades. Es gilt

$$T_4(x) = \sum_{k=0}^{4} \frac{f^{(k)}(0)}{k!} x^k = 4 + 2x - \frac{1}{2}x^2 + \frac{1}{4}x^3 - \frac{5}{32}x^4$$

und damit

$$T_4\left(\frac{1}{16}\right) = 4 + \frac{1}{8} - \frac{1}{512} + \frac{1}{16.384} - \frac{5}{2.097.152} \approx 4{,}12310553$$

und es ist

$$\sqrt{17} \approx 4{,}12310563.$$

Also ist unser Ergebnis ziemlich genau.

- Wir berechnen das zweite Taylorpolynom $T_2(x)$ der Funktion $f(x) = \frac{1}{\sqrt{x}}$ um den Entwicklungspunkt $x_0 = 1$ und schätzen danach das Restglied mit dem Integralrestglied $R_2(x) = f(x) - T_2(x)$ für $x \in \left[\frac{9}{10}, \frac{11}{10}\right]$ betragsmäßig ab. Wir benötigen wieder die Ableitungen:

$$f(x) = x^{-\frac{1}{2}}, \qquad f(1) = 1,$$

$$f'(x) = -\frac{1}{2}x^{-\frac{3}{2}}, \qquad f'(1) = -\frac{1}{2},$$

$$f''(x) = \frac{3}{4}x^{-\frac{5}{2}}, \qquad f''(x) = \frac{3}{4},$$

$$f'''(x) = -\frac{15}{8}x^{-\frac{7}{2}}.$$

Damit ist $T_2(x) = 1 - \frac{1}{2}(x-1) + \frac{3}{8}(x-1)^2$. Für das Integralrestglied folgt nun:

$$|R_2(x)| = \left| \frac{1}{2} \int_1^x (x-t)^2 \frac{15}{8} t^{-\frac{7}{2}}\, dt \right| \leq \frac{15}{16} \cdot \frac{1}{10} \left(\frac{1}{10}\right)^2 \cdot \left(\frac{9}{10}\right)^{-\frac{7}{2}}.$$

Das soll uns an Beispielen genügen.   ∎

Für den Konvergenzradius betrachte die Erklärungen und Beispiele zur Definition 9.4 aus Kap. 9.

11.4   Erklärungen zu den Sätzen und Beweisen

Erklärung

Zum Satz 11.1, dass jede differenzierbare Funktion auch stetig ist: Die Umkehrung des Satzes 11.1 gilt natürlich nicht. Beispielsweise ist die Betragsfunktion im Nullpunkt stetig, aber nicht differenzierbar (siehe Beispiel 122). Wir fassen nochmal zusammen:

- Aus Differenzierbarkeit folgt Stetigkeit.
- Aus Nicht-Stetigkeit folgt auch Nicht-Differenzierbarkeit.
- Aus Nicht-Differenzierbarkeit folgt nicht unbedingt die Nicht-Stetigkeit. Als Beispiel können wir wieder unsere Betragsfunktion anführen, die im Nullpunkt nicht differenzierbar, aber stetig ist.
- Aus Stetigkeit folgt nicht unbedingt die Differenzierbarkeit, siehe wieder die Betragsfunktion als Beispiel.

▶ **Beispiel 122 (Die Betragsfunktion)** Die Betragsfunktion $f(x) := |x|$ ist überall stetig nach Beispiel 110 aus Kap. 10, aber im Nullpunkt nicht differenzierbar, denn der linksseitige Grenzwert des Differenzenquotient ist -1 und der rechtsseitige Grenzwert 1. Die Werte stimmen also nicht überein und folglich kann die Betragsfunktion im Nullpunkt nicht differenzierbar sein. ∎

▶ **Beispiel 123**

- Die Funktion

$$f(x) := \begin{cases} x^2 \cdot \sin\left(\frac{1}{x}\right), & \text{für } x \neq 0 \\ 0, & \text{für } x = 0 \end{cases}$$

ist im Punkt $x = 0$ differenzierbar, wie folgende Rechnung zeigt:

$$\lim_{h \to 0} \frac{f(h) - f(0)}{h} = \lim_{h \to 0} \frac{h^2 \cdot \sin\left(\frac{1}{h}\right)}{h} = \lim_{h \to 0} \left(h \cdot \sin\left(\frac{1}{h}\right) \right) = 0$$

Abb. 11.4 zeigt, wie die Funktion aussieht.

- Das folgende Beispiel zeigt noch einmal, dass aus Stetigkeit in einem Punkt nicht unbedingt auch Differenzierbarkeit folgen muss. Wir betrachten die Funktion

$$f(x) := \begin{cases} x \cdot \sin\left(\frac{1}{x}\right), & \text{für } x \neq 0 \\ 0, & \text{für } x = 0 \end{cases}$$

Zu überprüfen, dass die Funktion in 0 stetig ist, überlassen wir euch als Übungsaufgabe. Dass die Funktion in 0 nicht differenzierbar ist, zeigen wir jetzt:

$$\frac{f(h) - f(0)}{h} = \frac{h \cdot \sin\left(\frac{1}{h}\right)}{h} = \sin\left(\frac{1}{h}\right)$$

Die Funktion $\sin\left(\frac{1}{h}\right)$ besitzt in $h = 0$ aber keinen Grenzwert, und f ist damit nicht differenzierbar. ∎

Abb. 11.4 Die Funktion ist
im Nullpunkt differenzierbar

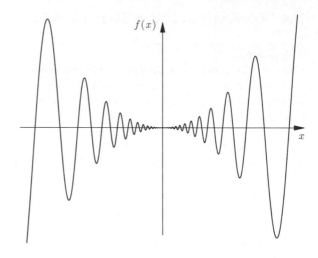

Zu den Ableitungsregeln (Satz 11.2): Wir wollen nun anhand einiger Beispiele
die Ableitungsregeln etwas einüben und trainieren.

▶ **Beispiel 124**

- Beginnen wir ganz einfach. Wir leiten die Funktion $f(x) := x^3 + 2 \cdot x^2 + 4$ ab.
  Dazu benötigen wir nur die Summenregel und erhalten $f'(x) = 3 \cdot x^2 + 4 \cdot x$.
- Wir möchten nun die Funktion $f(x) := x \cdot \ln(x)$ für $x > 0$ ableiten. Dazu
  benötigen wir die Produktregel und erhalten $f' = 1 \cdot \ln(x) + x \cdot \frac{1}{x} = \ln(x) + 1$;
  fertig.
- Die Funktion $f(x) := 2x^2 \cdot e^x \cdot \sin(x)$ scheint schon etwas komplizierter zu sein.
  Aber wir klammern einfach mal und schreiben f als $f(x) = (2x^2 \cdot e^x) \cdot \sin(x)$.
  Jetzt wenden wir ganz strikt die Produktregel an, diese muss hier sozusagen
  zweimal angewendet werden:

$$f'(x) = (4 \cdot x \cdot e^x + 2 \cdot x^2 \cdot e^x) \cdot \sin(x) + (2x^2 \cdot e^x) \cdot \cos(x).$$

Dies wollen wir noch etwas vereinfachen:

$$f'(x) = e^x \cdot (4 \cdot x + 2x^2) \cdot \sin(x) + 2x^2 \cdot \cos(x) \cdot e^x$$
$$= e^x \cdot \left((4x + 2x^2) \cdot \sin(x) + 2x^2 \cdot \cos(x)\right).$$

Und viel mehr können wir eigentlich gar nicht mehr vereinfachen. Also belassen
wir es dabei.

- Ziel ist es, die Funktion $f(x) := \tan(x)$ abzuleiten. Dazu schreiben wir $f(x) = \tan(x) = \frac{\sin(x)}{\cos(x)}$ und wenden die Quotientenregel an und erinnern uns dabei, dass

$\sin^2(x) + \cos^2(x) = 1$ gilt. Wir erhalten:

$$f'(x) = \frac{\cos(x) \cdot \cos(x) - (-\sin(x)) \cdot \sin(x)}{\cos^2(x)} = \frac{\sin^2(x) + \cos^2(x)}{\cos^2(x)}$$

$$= \frac{1}{\cos^2(x)}.$$

Wir können die Ableitung auch als

$$f'(x) = \frac{\sin^2(x)}{\cos^2(x)} + \frac{\cos^2(x)}{\cos^2(x)} = \tan^2(x) + 1$$

schreiben.

- Die Funktion $f(x) := \sin(2x + 1)$ leiten wir nach der Kettenregel ab und erhalten $f'(x) = 2 \cdot \cos(2x + 1)$.
- Um die Funktion $f(x) := (x^3 - 1)^2$ abzuleiten, benötigen wir die Kettenregel. Am einfachsten merkt man sich diese mit „äußere · innere Ableitung". Wir erhalten in unserem Beispiel:

$$f'(x) = 2 \cdot (x^3 - 1) \cdot 3x^2 = 6x^2 \cdot (x^3 - 1).$$

- Bei der Funktion $f(x) := e^{\cos(x)}$ wenden wir ebenfalls die Kettenregel an:

$$f'(x) = e^{\cos(x)} \cdot (-\sin(x)) = -\sin(x) \cdot e^{\cos(x)}.$$

- Eine Monsterfunktion, bei der wir viermal die Kettenregel anwenden müssen, ist die folgende Funktion $f(x) := \cos(\ln(\tan(\sqrt{x^2 + 1})))$. Jetzt bloß nicht in Panik verfallen, sondern Schritt für Schritt die Kettenregel anwenden. Dies führt zum Ziel. Wir führen es vor:

$$f'(x) = -\sin\left(\ln\left(\tan\left(\sqrt{x^2 + 1}\right)\right)\right) \cdot \left(\ln\left(\tan\left(\sqrt{x^2 + 1}\right)\right)\right)'$$

$$= -\sin\left(\ln\left(\tan\left(\sqrt{x^2 + 1}\right)\right)\right) \cdot \frac{1}{\tan\left(\sqrt{x^2 + 1}\right)} \cdot \left(\tan\left(\sqrt{x^2 + 1}\right)\right)'$$

$$= -\sin\left(\ln\left(\tan\left(\sqrt{x^2 + 1}\right)\right)\right) \cdot \frac{1}{\tan\left(\sqrt{x^2 + 1}\right)} \cdot \frac{1}{\cos^2\left(\sqrt{x^2 + 1}\right)}$$

$$\cdot \left(\sqrt{x^2 + 1}\right)'$$

$$= -\sin\left(\ln\left(\tan\left(\sqrt{x^2 + 1}\right)\right)\right) \cdot \frac{1}{\tan\left(\sqrt{x^2 + 1}\right)} \cdot \frac{1}{\cos^2\left(\sqrt{x^2 + 1}\right)}$$

$$\cdot \frac{x}{\sqrt{x^2 + 1}}.$$

Puh. Fertig. Vereinfachen wollen wir den Ausdruck nicht, es reicht :-). Es sollte ja nur die Kettenregel eingeübt werden.

- Wie kann man eigentlich die Ableitung von $f(x) = x^2$ bestimmen, wenn wir nicht wüssten, dass die Ableitung der Funktion $f(x) = x^n$ gerade $f'(x) = nx^{n-1}$ beträgt? Ganz einfach. Wir müssen nur ein paar Logarithmengesetze anwenden und f etwas umschreiben und zwar zu $f(x) = x^2 = e^{2 \cdot \ln(x)}$. Und jetzt können wir die Kettenregel anwenden:

$$f'(x) = e^{2 \cdot \ln(x)} \cdot \left(2 \cdot \frac{1}{x} \right) = x^2 \cdot \frac{2}{x} = 2x$$

Aber: Man muss natürlich nicht mit Kanonen auf Spatzen schießen. :-)

- Diesen Umformungstrick aus dem obigen Beispiel werden wir trotzdem noch sehr häufig verwenden. Wenn wir zum Beispiel die Ableitung der Funktion $f(x) = x^x$ berechnen wollen, schreiben wir zunächst $f(x) = x^x = e^{x \cdot \ln(x)}$ und leiten dies ganz einfach mit der Kettenregel ab. Natürlich müssen wir noch dazusagen, dass diese Form nur für $x > 0$ Sinn macht.

$$f'(x) = e^{x \cdot \ln(x)} \cdot \left(1 \cdot \ln(x) + x \cdot \frac{1}{x} \right) = x^x \cdot (\ln(x) + 1).$$

Und fertig sind wir. Und jetzt seid ihr dran! Leitet die Funktion $f(x) = x^{x^x}$ einmal ab!

- Wir wollen die Funktion $f(x) = a^x$ mit $a > 0$ differenzieren. Zunächst einmal ist $f(x) = a^x = e^{x \cdot \ln(a)}$. Anwendung der Kettenregel liefert:

$$f'(x) = e^{x \cdot \ln(a)} \cdot (1 \cdot \ln(a)) = \ln(a) \cdot a^x.$$

- Wie sieht es mit der Ableitung der Funktion $f(x) = x^a$ aus? Es gilt $f(x) = x^a = e^{a \cdot \ln(x)}$. Die Kettenregel liefert

$$f' = e^{a \cdot \ln(x)} \cdot \frac{a}{x} = x^a \cdot a \cdot x^{-1} = a \cdot x^{a-1}.$$

- Wir wollen die Funktion $f(x) = (\ln(x))^x$ differenzieren. Erst einmal ist $f(x) = e^{x \cdot \ln(\ln(x))}$ und dann mit Kettenregel:

$$f' = e^{x \cdot \ln(\ln(x))} \cdot \left(1 \cdot \ln(\ln(x)) + x \cdot \frac{1}{\ln(x)} \cdot \frac{1}{x} \right)$$

$$f' = \ln(x)^x \cdot \left(\ln(\ln(x)) + \frac{1}{\ln(x)} \right).$$

- Zum Schluss wollen wir die Ableitung von $f_n(x) = x^n$ mit $n \in \mathbb{N}$ bestimmen. Wir wissen schon aus der Schule, dass dies gerade $f_n'(x) = n \cdot x^{n-1}$ ist. Man zieht also den Exponenten nach vorne und verringert ihn um eins. So etwas kann man beispielsweise mit vollständiger Induktion zeigen. Der Induktionsanfang überlegt ihr euch selbst! Für den Induktionsschritt schließen wir mit Hilfe der Produktregel

$$f'_{n+1}(x) = (f_1(x) \cdot f_n(x))' = f'_1(x)f_n(x) + f_1(x)f'_n(x)$$
$$= 1 \cdot x^n + x \cdot (nx^{n-1}) = (n+1)x^n$$

und sind fertig!

Dies soll an Beispielen erst einmal reichen.   ∎

Wir wollen noch eine wichtige Anmerkung zum Beweis der Kettenregel im Satz 11.2 geben. Wir hätten den Beweis ja durchaus auch so führen können, oder?

$$(g \circ f)'(x_0) = \lim_{x \to x_0} \left(\frac{(g \circ f)(x) - (g \circ f)(x_0)}{x - x_0} \right)$$
$$= \lim_{x \to x_0} \left(\frac{g(f(x)) - g(f(x_0))}{f(x) - f(x_0)} \cdot \frac{f(x) - f(x_0)}{x - x_0} \right)$$
$$= g'(f(x_0)) \cdot f'(x_0).$$

Dieser kann als Gedankenstütze dienen, um sich die Kettenregel klar zu machen, aber leider ist der Beweis nicht ganz richtig, denn man könnte auch mit Null erweitern. Daher mussten wir den Beweis so führen, wie wir ihn geführt haben.

Erklärung

Zum Satz über die Umkehrfunktion (Satz 11.3): Zunächst zwei Anmerkungen, bevor wir zu einem Beispiel kommen und den Satz 11.3 explizit anwenden.

Anmerkung 1: Manchmal benutzt man die Formel aus Satz 11.3 auch in etwas abgewandelter Form und zwar schreibt man dann für alle $y_0 \in E$ mit $f^{-1}(y_0) \neq 0$

$$\left(f^{-1}\right)'(y_0) = \frac{1}{f'(f^{-1}(y_0))}.$$

Anmerkung 2: Sollte man die Formel einmal vergessen haben, so kann man sie sich leicht herleiten, wenn man das Prinzip verstanden hat. Wir betrachten $f^{-1}(f(x)) = x$ und leiten dies ab. Kettenregel und andere liefern dann:

$$\left(f^{-1}\right)'(f(x)) \cdot f'(x) = 1,$$

also ist

$$\left(f^{-1}\right)'(f(x)) = \frac{1}{f'(x)}.$$

Jetzt ersetzt noch $f(x) = y_0$ und wir sind fertig. Und genau das ist Mathematik. Man kann sich nicht immer alles merken, aber wenn man die Dinge verstanden hat, kann man sich viel wieder herleiten :-).

▶ **Beispiel 125**

- Wir wollen jetzt zur Umkehrfunktion der Exponentialfunktion die erste Ableitung berechnen. Wir wissen zwar schon, was rauskommen soll, aber mit der
  Formel aus Satz 11.3 können wir dies auch begründen. Wir setzen also $f :=$
  $e^x : \mathbb{R} \to \mathbb{R}_{>0}$ und erinnern uns, dass die Umkehrfunktion die Logarithmusfunktion ist

$$(\ln(y))' = \frac{\left(e^{\ln(y)}\right)'}{e^{\ln(y)}} = \frac{1}{y}$$

- Auf dem Intervall $D = (0, \pi)$ gilt $\cos'(x) = -\sin(x) \neq 0$ und somit erhalten
  wir

$$\arccos'(\cos(x)) = \frac{1}{\cos'(x)} = -\frac{1}{\sin(x)}.$$

Da nun $\sin^2(x) + \cos^2(x) = 1$ und $\sin(x) > 0 \; \forall x \in (0, \pi)$, folgt $\sin(x) = \sqrt{1 - \cos^2(x)} \; \forall x \in (0, \pi)$ und

$$\arccos'(\cos(x)) = -\frac{1}{\sin(x)} = -\frac{1}{\sqrt{1 - \cos^2(x)}} = -\frac{1}{\sqrt{1 - y^2}},$$

wobei $y := \cos(x)$. Hierbei ist arccos die Umkehrfunktion zum Kosinus. Siehe
auch das Beispiel 21 aus Kap. 3. Das heißt, es gilt die Formel:

$$(\arccos(x))' = -\frac{1}{\sqrt{1 - x^2}}. \qquad \blacksquare$$

Erklärung

Zum Satz 11.4: In der Schule habt ihr den Satz 11.4 als ein notwendiges Kriterium
kennengelernt, das heißt, wenn ein lokaler Extrempunkt an der Stelle x_0 vorliegt,
dann muss auf jeden Fall $f'(x_0) = 0$ gelten.

Der Satz sagt nur etwas über die „inneren" Extremstellen $x \in (a, b)$ aus. Die
Funktion $f : [-1, 1] \to \mathbb{R}$ mit $f(x) = x^2$ besitzt an der Stelle $x_0 = 0$ ein isoliertes
lokales Minimum und $f'(0) = 0$, aber $f(x)$ besitzt am Rand des Intervalls $[-1, 1]$,
das heißt in den Punkten $x_1 = -1$ und $x_2 = 1$ jeweils globale Maxima.

Dies kommt euch vielleicht etwas fremd vor, aber nach unserer Definition 11.4
der Extrempunkte stimmt das. Wir machen uns das an einem Bild klar (siehe
Abb. 11.5). Dies solltet ihr bei Funktionen, die nur auf einem beschränkten Intervall definiert sind, immer bedenken.

Erklärung

Zum Mittelwertsatz (Satz 11.5): Man kann den Mittelwertsatz auch geometrisch
sehr schön verdeutlichen (siehe Abb. 11.6). Er sagt einfach nur aus, dass es eine
Stelle im Intervall (a, b) gibt, an der die Tangentensteigung mit der Steigung der
Sekante durch die Punkte $(a, f(a))$ und $(b, f(b))$ gleich ist.

Abb. 11.5 Extrempunkte an Randpunkten

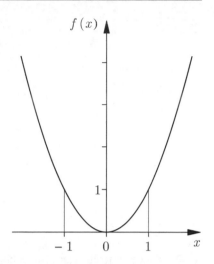

Der Mittelwertsatz ist ein relativ starker Satz. Es gibt immer wieder Aufgaben, bei denen man ihn anwenden kann. Aber natürlich gibt es kein Rezept, das uns sagt, wann wir den Mittelwertsatz anwenden müssen oder können. So funktioniert Mathematik eben nicht. Jede Aufgabe, jedes Problem ist anders und muss von sich aus neu betrachtet werden. Wir hatten aber schon im Kap. 10 über die Stetigkeit (siehe Beispiel 112) gesehen, dass wir beim Nachweis der gleichmäßigen Stetigkeit einer Funktion den Mittelwertsatz sehr gut anwenden können.

Erklärung

Zum Satz von Rolle (Satz 11.6): Der Satz von Rolle ist ein direktes Korollar (direkte Folgerung) aus dem Mittelwertsatz 11.5. In einigen anderen Büchern wird zunächst der Satz von Rolle bewiesen und dann der Mittelwertsatz als Korollar angegeben. Wir haben uns aber für einen anderen Weg entschieden.

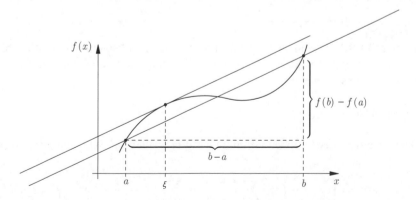

Abb. 11.6 Der Mittelwertsatz anschaulich

Abb. 11.7 Der Satz von
Rolle

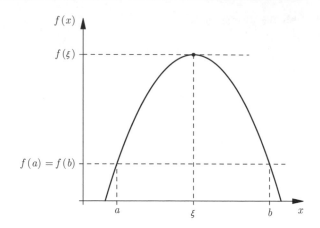

Der Satz von Rolle sagt insbesondere, dass zwischen zwei Nullstellen einer differenzierbaren Funktion eine Nullstelle der Ableitung liegen muss. Das kann man sich anschaulich sehr gut überlegen: Wenn der Funktionsgraph erst „nach oben" geht und dann wieder abfällt, denn es soll ja eine weitere Nullstelle existieren, muss dazwischen irgendwo ein Extrempunkt liegen (siehe auch Abb. 11.7).

Erklärung

Zum Satz 11.7: Die Umkehrung dieses Satzes ist im Übrigen falsch, wie das Beispiel $f(x) := x^3$ zeigt. Das solltet ihr euch klar machen.

Erklärung

Zum Satz 11.8: Die Bedingung $f'(x_0) = 0$ ist eine notwendige Bedingung für das Vorhandensein eines Extrempunktes, wie wir schon in Satz 11.4 gesehen haben. Die Bedingungen $f''(x_0) < 0$, $(f''(x_0) > 0)$ zusammen mit $f'(x_0)$ dagegen sind hinreichende Bedingungen. Für die Begrifflichkeiten schlagt bei Problemen gegebenenfalls nochmals im Kap. 1 über die Logik nach, dort hatten wir sie erklärt.

Erklärung

Zum Satz 11.9: Wir können mit Satz 11.9 zum Beispiel beweisen, dass die Ableitung der Exponentialfunktion wieder die Exponentialfunktion ist. Schauen wir uns dies an ein paar Beispielen an:

▶ **Beispiel 126**

• Die Ableitung der Exponentialfunktion ergibt wieder die Exponentialfunktion:

$$(e^x)' = \left(\sum_{k=0}^{\infty} \frac{x^k}{k!}\right)' = \sum_{k=0}^{\infty} \left(\frac{x^k}{k!}\right)' = \sum_{k=1}^{\infty} \frac{x^{k-1}}{(k-1)!} = \sum_{k=0}^{\infty} \frac{x^k}{k!} = e^x.$$

- Die Ableitung der Sinusfunktion ergibt die Kosinusfunktion:

$$(\sin(x))' = \sum_{k=0}^{\infty} \left((-1)^k \frac{x^{2k+1}}{(2k+1)!}\right)' = \sum_{k=0}^{\infty} (-1)^k \cdot (2k+1) \cdot \frac{x^{2k}}{(2k+1)!}$$
$$= \sum_{k=0}^{\infty} (-1)^k \frac{x^{2k}}{(2k)!} = \cos(x).$$

- Die Ableitung der Kosinusfunktion ergibt fast die Sinusfunktion. Wir müssen noch ein Minus davorsetzen:

$$(\cos(x))' = \sum_{k=0}^{\infty} \left((-1)^k \frac{x^{2k}}{(2k)!}\right)' = \sum_{k=1}^{\infty} (-1)^k \frac{x^{2k-1}}{(2k-1)!}$$
$$= \sum_{k=0}^{\infty} (-1)^{k+1} \frac{x^{2k+1}}{(2k+1)!} = -\sin(x).$$

Mit diesen Beispielen solltet ihr die Bedeutung des Satzes zu schätzen wissen. ∎

Erklärung

Zu den Regeln von L'Hospital (Satz 11.10): Die Regeln von de L'Hospital erlauben es in vielen Fällen, den Grenzwert einer Funktion zu bestimmen, wenn sich der Funktionsterm so ausdrücken lässt, dass beim Erreichen der Grenze ein unbestimmter Ausdruck, wie zum Beispiel $\frac{0}{0}$ oder $\frac{\infty}{\infty}$, entsteht.

Es gilt dann $\lim_{x \to x_0} \frac{f(x)}{g(x)} = \lim_{x \to x_0} \frac{f'(x)}{g'(x)}$, falls der Grenzwert auf der rechten Seite existiert. Häufig lässt sich die rechte Seite einfacher berechnen.

▶ **Beispiel 127**

- Wenn wir den Grenzwert $\lim_{x \to 0} \frac{\cos(x)-1}{\tan(x)}$ berechnen wollen, so ergibt sich gerade $\lim_{x \to 0} (\cos(x) - 1) = 0$ und $\lim_{x \to 0} \tan(x) = 0$. Wir würden also einen Ausdruck der Form $\frac{0}{0}$ erhalten. Wenden wir also die Regeln von de L'Hospital an:

$$\lim_{x \to 0} \frac{-\sin(x)}{\frac{1}{\cos^2(x)}} = \lim_{x \to 0} (-\sin(x) \cdot \cos^2(x)) = 0.$$

- Wir berechnen den Grenzwert $\lim_{x \to \infty} \frac{\sqrt{x}}{\ln(x)}$. Da sowohl $\lim_{x \to \infty} \sqrt{x} = \infty$ als auch $\lim_{x \to \infty} \ln(x) = \infty$, wenden wir die Regeln von de L'Hospital an und erhalten sofort:

$$\lim_{x \to \infty} \frac{\frac{1}{2\sqrt{x}}}{\frac{1}{x}} = \frac{\sqrt{x}}{2} = \infty.$$

- Es kann sein, dass die Regeln von de L'Hospital öfter angewendet werden müssen. Dies zeigt das folgende Beispiel. Wir wollen den Grenzwert berechnen.

$$\lim_{x \to -1} \frac{2x^3 + 6x^2 + 6x + 2}{x^2 + 2x + 1} = \text{,,}\frac{0}{0}\text{''}.$$

Anwenden von de L'Hospital:

$$\lim_{x \to -1} \frac{6x^2 + 12x + 6}{2x + 2} = \text{,,}\frac{0}{0}\text{''}.$$

Nochmalige Anwendung ist notwendig:

$$\lim_{x \to -1} \frac{12x + 12}{2} = \frac{0}{2} = 0.$$

- Man muss beim Anwenden der Regeln von de L'Hospital etwas vorsichtig sein, denn beispielsweise liegt beim Grenzwert $\lim_{x \to \infty} \frac{\sin(x)+2x}{\cos(x)+2x}$ ebenfalls ein Ausdruck der Form $\frac{\infty}{\infty}$ vor, aber

$$\lim_{x \to \infty} \frac{f'(x)}{g'(x)} = \lim_{x \to \infty} \frac{\cos(x) + 2}{-\sin(x) + 2}$$

existiert nicht.   ■

Noch eine Anmerkung: Man darf das Symbol lim eigentlich nur in einer Gleichung hinschreiben, wenn der Grenzwert auch existiert. Bei der Anwendung der Regel von L'Hospital ist die Argumentation wie folgt: Wenn $\lim \frac{f'(x)}{g'(x)}$ existiert, dann existiert auch $\lim \frac{f(x)}{g(x)}$ (das ist ein Teil der Aussage des Satzes). Man berechnet also zuerst $\frac{f'(x)}{g'(x)}$ und weist nach, dass der Limes $\lim \frac{f'(x)}{g'(x)}$ existiert und schließt dann daraus, dass auch der $\lim \frac{f(x)}{g(x)}$ existiert und beide Werte gleich sind. Verkürzend kann man dies als Gleichungskette schreiben; man muss sich aber stets bewusst sein, wie die Argumentation verläuft, und sollte es bei Klausuren besser ausführlich schreiben und die Argumentation deutlich machen; sonst kann es ganz schnell zu hässlichen Punktabzügen kommen, und das wollt ihr doch nicht, oder?

Das Riemann-Integral

12

In diesem Kapitel werden wir integrieren lernen und sehen, dass dies im gewissen Sinne das Gegenstück zum Differenzieren aus Kap. 11 darstellt. Wieso braucht man eigentlich einen Integralbegriff? Und was versteht man darunter? Und wieso nennen wir dies das Riemann-Integral? Gibt es andere Möglichkeiten, das Integral zu definieren? Fragen über Fragen. Fangen wir also an, sie zu beantworten.

12.1 Definitionen

Definition 12.1 (Treppenfunktion)

Es sei $[a, b] \subset \mathbb{R}$ ein abgeschlossenes Intervall. Eine Funktion $\tau \colon [a, b] \to \mathbb{R}$ heißt **Treppenfunktion**, wenn es eine Unterteilung $a = x_0 < x_1 < \ldots < x_n = b$ gibt, sodass $\tau_{|(x_{i-1}, x_i)}$ für jedes $i = 1, \ldots, n$ jeweils konstant ist. Mit $T[a, b]$ bezeichnen wir die Menge aller Treppenfunktionen auf dem Intervall $[a, b]$.

Definition 12.2 (Das Integral)

Seien $\tau \colon [a, b] \to \mathbb{R}$ eine Treppenfunktion und $a = x_0 < x_1 < \ldots < x_n = b$ eine Unterteilung des Intervalls, für die jeweils $\tau_{|(x_{i-1}, x_i)}$ konstant ist, wobei $i = 1, \ldots, n$.

Wir setzen dann $\int_a^b \tau(x)\,dx := \sum_{i=1}^n c_i (x_i - x_{i-1})$ mit gewissen c_i und nennen $\int_a^b \tau(x)\,dx$ das **Integral** von τ auf dem Intervall $[a, b]$.

Anmerkung: Der Leser wird sich fragen, was mit „gewissen c_i" gemeint ist. Der Satz 12.1 wird die Antwort auf die Frage liefern.

© Springer-Verlag GmbH Deutschland, ein Teil von Springer Nature 2018
F. Modler, M. Kreh, *Tutorium Analysis 1 und Lineare Algebra 1*,
https://doi.org/10.1007/978-3-662-56752-4_12

Definition 12.3 (Ober- und Unterintegral)
Die Funktion $f:[a,b] \to \mathbb{R}$ sei beschränkt. Dann definieren wir:

$$\int_a^{*b} f(x)\,dx := \inf\left\{\int_a^b \tau(x)\,dx: f \le \tau, \tau \in T[a,b]\right\},$$

$$\int_{*a}^b f(x)\,dx := \sup\left\{\int_a^b \tau(x)\,dx: f \ge \tau, \tau \in T[a,b]\right\}.$$

und nennen diese das **Oberintegral** bzw. das **Unterintegral**.

Definition 12.4 (Das Riemann-Integral)
Eine Funktion $f:[a,b] \to \mathbb{R}$ heißt **riemann-integrierbar**, wenn f beschränkt ist und das Oberintegral und das Unterintegral übereinstimmen, also wenn $\int_a^{*b} f(x)\,dx = \int_{*a}^b f(x)\,dx$. In diesem Fall schreiben wir:

$$\int_a^b f(x)\,dx := \int_a^{*b} f(x)\,dx = \int_{*a}^b f(x)\,dx$$

und nennen $\int_a^b f(x)\,dx$ das **Riemann-Integral**. Den Raum aller riemann-integrierbaren Funktionen auf dem Intervall $[a,b]$ bezeichnen wir mit $\mathcal{R}[a,b]$.

Definition 12.5 (Das unbestimmte Integral)
$f:[a,b] \to \mathbb{R}$ sei riemann-integrierbar und $c \in [a,b]$. Dann heißt die Funktion $F:[a,b] \to \mathbb{R}$ mit $F(x) := \int_c^x f(\xi)\,d\xi$ das **unbestimmte Integral** von f.

Definition 12.6 (Die Stammfunktion)
Eine Funktion $F:[a,b] \to \mathbb{R}$ heißt **Stammfunktion** einer Funktion $f:[a,b] \to \mathbb{R}$, wenn F differenzierbar ist und $F' = f$ gilt. Wir schreiben $[F(x)]_a^b = F(b) - F(a)$.

Definition 12.7 (Uneigentliche Integrale)
Wir unterscheiden einige Fälle:

1. $f : [a, \infty) \to \mathbb{R}$ sei eine Funktion, die auf jedem Intervall $[a, b] \subset [a, \infty)$ riemann-integrierbar (also insbesondere beschränkt) ist. Falls der Grenzwert $\lim_{b \to \infty} \int_a^b f(x)\, dx$ existiert, heißt das Integral $\int_a^\infty f(x)\, dx$ konvergent und wir setzen:

$$\int_a^\infty f(x)\, dx := \lim_{b \to \infty} \int_a^b f(x)\, dx.$$

Bei der Nichtexistenz nennen wir das Integral **divergent**.
Solche Integrale heißen **uneigentliche Integrale**. Ähnlich erklären wir das uneigentliche Integral

$$\int_{-\infty}^b f(x)\, dx := \lim_{a \to -\infty} \int_a^b f(x)\, dx$$

für die Funktionen $f : (-\infty, b] \to \mathbb{R}$, die jeweils auf abgeschlossenen Intervallen $[a, b] \subset (-\infty, b]$ riemann-integrierbar sind, und bei denen der Grenzwert $\lim\limits_{a \to -\infty} \int_a^b f(x)\, dx$ existiert.

2. Nun sei $f : (a, b] \to \mathbb{R}$ eine Funktion, die auf jedem Intervall $[a + \varepsilon, b] \subset (a, b]$ Riemann-integrierbar ist mit $\varepsilon > 0$. Falls der Grenzwert $\lim\limits_{\varepsilon \to 0} \int_{a+\varepsilon}^b f(x)\, dx$ existiert, so sagen wir, das uneigentliche Integral $\int_a^b f(x)\, dx$ konvergiert, und setzen:

$$\int_a^b f(x)\, dx := \lim_{\varepsilon \to 0} \int_{a+\varepsilon}^b f(x)\, dx.$$

Ähnlich verfährt man für Funktionen $f : [a, b) \to \mathbb{R}$, also setzen wir dort:

$$\int_a^b f(x)\, dx := \lim_{\varepsilon \to 0} \int_a^{b-\varepsilon} f(x)\, dx.$$

3. Schließlich betrachten wir noch den Fall einer Funktion $f : (a, b) \to \mathbb{R}$ mit $a \in \mathbb{R} \cup \{-\infty\}$, $b \in \mathbb{R} \cup \{\infty\}$. Sei $c \in (a, b)$ beliebig und sei f riemann-integrierbar.

Falls sowohl das uneigentliche Integral $\int_a^c f(x)\,dx$ als auch das uneigentliche Integral $\int_c^b f(x)\,dx$ konvergiert, so sagen wir, dass $\int_a^b f(x)\,dx$ konvergiert und setzen:

$$\int\limits_a^b f(x)\,dx = \int\limits_a^c f(x)\,dx + \int\limits_c^b f(x)\,dx.$$

Definition 12.8 (Sinus hyperbolicus und Kosinus hyperbolicus)

- Der **Sinus hyperbolicus** ist definiert als $\sinh(x) := \frac{e^x - e^{-x}}{2}$.
- Der **Kosinus hyperbolicus** ist definiert als $\cosh(x) := \frac{e^x + e^{-x}}{2}$.

12.2   Sätze und Beweise

Satz 12.1
Sei $\tau \in T[a,b]$ eine Treppenfunktion und

$$a = x_0 < \ldots x_n = b\,, \quad a = y_0 < \ldots < y_m = b$$

seien zwei Unterteilungen des Intervalls $[a,b]$, sodass für $i = 1,\ldots,n$ und $j = 1,\ldots,m$ jeweils

$$\tau_{|(x_{i-1},x_i)} = c_i\,, \quad \tau_{|(y_{j-1},y_j)} = d_j$$

gilt, wobei $c_i, d_j \in \mathbb{R}, i = 1,\ldots n, j = 1,\ldots,m$ geeignete Konstanten sind, dann gilt:

$$\sum_{i=1}^n c_i(x_i - x_{i-1}) = \sum_{j=1}^m d_j(y_j - y_{j-1}).$$

Anmerkung: Dieser Satz rechtfertigt Definition 12.2.

Satz 12.2 (Linearität des Integrals)
Der Raum aller riemann-integrierbaren Funktionen $\mathcal{R}[a,b]$ ist ein reeller Vektorraum (siehe Definition 17.1) das heißt, es gilt für alle $f, g \in \mathcal{R}[a,b]$

und alle $\lambda \in \mathbb{R}$:

$$\int_a^b (f+g)(x)\,\mathrm{d}x = \int_a^b f(x)\,\mathrm{d}x + \int_a^b g(x)\,\mathrm{d}x \quad \textit{und}$$

$$\int_a^b \lambda \cdot f(x)\,\mathrm{d}x = \lambda \cdot \int_a^b f(x)\,\mathrm{d}x.$$

Beweis: Folgt aus der Definition 12.4 des Integrals.　　　　　　　q.e.d.

Satz 12.3
Die Funktion $f:[a,b] \to \mathbb{R}$ *sei stetig und* $c \in [a,b]$. *Dann ist das unbestimmte Integral F von f stetig differenzierbar, und es gilt* $F' = f$.

Beweis: Für $x, x_0 \in [a,b]$ mit $x \neq x_0$ gilt:

$$\frac{F(x) - F(x_0)}{x - x_0} = \frac{1}{x - x_0}\left(\int_c^x f(\xi)\,\mathrm{d}\xi - \int_c^{x_0} f(\xi)\,\mathrm{d}\xi\right)$$

$$= \frac{1}{x - x_0}\left(\int_c^x f(\xi)\,\mathrm{d}\xi + \int_{x_0}^c f(\xi)\,\mathrm{d}\xi\right) = \frac{1}{x - x_0}\int_{x_0}^x f(\xi)\,\mathrm{d}\xi.$$

Der Mittelwertsatz der Integration (siehe Satz 12.7) impliziert, dass

$$\int_{x_0}^x f(\xi)\,\mathrm{d}\xi = (x - x_0) \cdot f(t_x)$$

für ein t_x zwischen x und x_0. Da mit $x \to x_0$ auch $t_x \to x_0$ gilt, folgt aus der Stetigkeit von f, dass $\lim_{x \to x_0} f(t_x) = f(x_0)$. Außerdem ist

$$\frac{F(x) - F(x_0)}{x - x_0} = \frac{1}{x - x_0}\int_{x_0}^x f(\xi)\,\mathrm{d}\xi = \frac{1}{x - x_0}(x - x_0) \cdot f(t_x) = f(t_x).$$

Also ist $\lim_{x \to x_0} \frac{F(x) - F(x_0)}{x - x_0} = \lim_{x \to x_0} f(t_x) = f(x_0)$.　　　　　　　q.e.d.

Satz 12.4

*Eine Funktion $f : [a, b] \to \mathbb{R}$ ist genau dann riemann-integrierbar, wenn es
zu jedem $\varepsilon > 0$ zwei Treppenfunktionen $\tau, \sigma \in T[a, b]$ mit $\tau \leq f \leq \sigma$ und
$\int_a^b \tau(x) \, dx - \int_a^b \sigma(x) \, dx \leq \varepsilon$ gibt.*

Mit anderen Worten: Es gilt „fast" $\int_a^b \tau(x) \, dx = \int_a^b \sigma(x) \, dx$.

Beweis: Folgt sofort aus der Definition 12.2 des Integrals.   q.e.d.

Satz 12.5

Stetige Funktionen sind riemann-integrierbar.

Beweis: Da f stetig ist, ist f auf dem abgeschlossenen Intervall $[a, b]$ gleichmäßig stetig (nach Satz 10.6 aus Kap. 10). Zu jedem $\varepsilon > 0$ existiert wegen der
gleichmäßigen Stetigkeit ein $\delta > 0$, sodass

$$|f(x) - f(x')| < \frac{\varepsilon}{2(b - a)} \quad \forall x, x' \in [a, b]$$

mit $|x - x'| < \delta$. Wir wählen nun $n \in \mathbb{N}$ so groß, dass $\frac{b-a}{n} < \delta$. Ferner definie-
ren wir $x_k := a + k \cdot \frac{b-a}{n}$ für $k = 0, \ldots, n$. Auf diese Weise erhalten wir eine
äquidistante Intervallunterteilung $a = x_0 < x_1 < x_2 < \ldots < x_n = b$.

Des Weiteren definieren wir zwei Treppenfunktionen $\tau, \sigma \in T[a, b]$ durch
$\tau(a) := f(a)$ und $\tau(x) := f(x_k) - \frac{\varepsilon}{2(b-a)}$ für $x_{k-1} < x < x_k$ $(1 \leq k \leq n)$ und
$\sigma(a) := f(a)$ und $\sigma(x) := f(x_k) + \frac{\varepsilon}{2(b-a)}$ für $x_{k-1} < x < x_k$ $(1 \leq k \leq n)$.

Also ist $\tau(x)$ die untere und $\sigma(x)$ die obere Treppenfunktion. Es gilt $\tau \leq f \leq
\sigma \; \forall x \in [a, b]$ sowie nach Konstruktion:

$$\sigma(x) \geq \tau(x) \Leftrightarrow \sigma(x) - \tau(x) \leq \frac{\varepsilon}{(b - a)}.$$

Daraus folgt nun

$$0 \leq \int_a^b (\sigma - \tau)(x) \, dx = \int_a^b \sigma(x) \, dx - \int_a^b \tau(x) \, dx$$

$$\leq \int_a^b \frac{\varepsilon}{(b - a)} \, dx = \frac{\varepsilon}{(b - a)} \cdot (b - a) = \varepsilon.$$

Die Behauptung folgt jetzt mit Satz 12.4.   q.e.d.

Satz 12.6
Jede beschränkte und monotone Funktion ist riemann-integrierbar.

Beweis: O. B. d. A. betrachten wir monoton fallende Funktionen. Der Beweis für monoton wachsende Funktionen geht analog. Seien $\varepsilon > 0$ und $n \in \mathbb{N}$ so groß gewählt, dass

$$(b - a)(f(a) - f(b)) < n \cdot \varepsilon. \tag{12.1}$$

Wie im Beweis zu Satz 12.5 wählen wir eine äquidistante Unterteilung $x_k := a + k \cdot \frac{b-a}{n}$ für $k = 0, \ldots, n$. Außerdem definieren wir zwei Treppenfunktionen $\tau, \sigma \in T[a, b]$ durch $\tau(x_0) := f(x_0)$ und $\tau(x) := f(x_k)$ für $x_{k-1} < x < x_k$ $(1 \leq k \leq n)$ und $\sigma(x_0) := f(x_0)$ und $\sigma(x) := f(x_{k-1})$ für $x_{k-1} < x < x_k$ $(1 \leq k \leq n)$.

Da f monoton fallend ist, folgt $\tau \leq f \leq \sigma \ \forall x \in [a, b]$. Außerdem ist

$$\int_a^b \sigma(x) \, dx - \int_a^b \tau(x) \, dx = \sum_{k=1}^n f(x_{k-1})(x_k - x_{k-1}) - \sum_{k=1}^n f(x_k)(x_k - x_{k-1})$$

$$= \frac{b-a}{n} \sum_{k=1}^n (f(x_{k-1}) - f(x_k))$$

$$= \frac{b-a}{n} \cdot (f(x_0) - f(x_n))$$

$$= \frac{b-a}{n} (f(a) - f(b)) \leq \varepsilon,$$

wobei im letzten Schritt (12.1) einging. Die Behauptung folgt damit aus Satz 12.4.

q.e.d.

Satz 12.7 (Mittelwertsatz der Integralrechnung)
Sei $f : [a, b] \to \mathbb{R}$ stetig und $g : [a, b] \to \mathbb{R}$ sei riemann-integrierbar mit $g(x) \geq 0 \ \forall x \in [a, b]$, dann existiert ein $\xi \in [a, b]$ mit:

$$\int_a^b f(x)g(x) \, dx = f(\xi) \cdot \int_a^b g(x) \, dx.$$

Beweis: Die Funktion $f(x)g(x)$ ist riemann-integrierbar und und daher gilt $mg \leq fg \leq Mg$ mit $m := \inf\{f(x) : x \in [a, b]\}$ und $M := \sup\{f(x) : x \in [a, b]\}$. Da f stetig und $[a, b]$ kompakt ist, werden Supremum und Infimum angenommen. Durch

Integration erhalten wir dann sofort (wobei wir die Ungleichung $mg \leq fg \leq Mg$ ausnutzen):

$$\int\limits_a^b mg(x)\,\mathrm{d}x = m \int\limits_a^b g(x)\,\mathrm{d}x \leq \int\limits_a^b f(x)g(x)\,\mathrm{d}x$$

$$\leq \int\limits_a^b Mg(x)\,\mathrm{d}x = M \int\limits_a^b g(x)\,\mathrm{d}x$$

Daher existiert ein $\lambda \in [m, M]$ mit $\int_a^b f(x)g(x)\,\mathrm{d}x = \lambda \cdot \int_a^b g(x)\,\mathrm{d}x$. Da $m \leq f(x) \leq M \; \forall x \in [a, b]$ und die Funktion f stetig ist, existiert nach dem Zwischenwertsatz (siehe Kap. 10, Satz 10.3) ein $\xi \in [a, b]$ mit $f(\xi) = \lambda$, das heißt, es gilt:

$$\int\limits_a^b f(x)g(x)\,\mathrm{d}x = f(\xi) \cdot \int\limits_a^b g(x)\,\mathrm{d}x. \qquad\qquad \text{q.e.d.}$$

Satz 12.8 (Korollar aus dem Mittelwertsatz)
Ist $f:[a, b] \to \mathbb{R}$ stetig, so existiert ein $\xi \in [a, b]$ mit

$$\int\limits_a^b f(x)\,\mathrm{d}x = f(\xi)(b - a).$$

Beweis: Der Beweis folgt aus dem Mittelwertsatz (Satz 12.7) mit $g \equiv 1$. Dann gilt nämlich:

$$\int\limits_a^b f(x) \cdot 1\,\mathrm{d}x = f(\xi) \int\limits_a^b 1\,\mathrm{d}x = f(\xi)(b - a). \qquad\qquad \text{q.e.d.}$$

Satz 12.9 (Hauptsatz der Differential- und Integralrechnung)
$f:[a, b] \to \mathbb{R}$ sei stetig und $F:[a, b] \to \mathbb{R}$ eine Stammfunktion, dann ist

$$\int\limits_a^b f(x)\,\mathrm{d}x = \int\limits_a^b F'(x)\,\mathrm{d}x = [F(x)]_a^b = F(b) - F(a).$$

Beweis: Nach Satz 12.3 ist das unbestimmte Integral F_c von f mit $c \in [a, b]$ eine Stammfunktion von f mit $F_c' = f$. Daraus ergibt sich nun:

$$F(b) - F(a) = F_c(b) - F_c(a) = \int_c^b f(\xi)\, \mathrm{d}\xi - \int_c^a f(\xi)\, \mathrm{d}\xi$$

$$= \int_c^b f(\xi)\, \mathrm{d}\xi + \int_a^c f(\xi)\, \mathrm{d}\xi = \int_a^b f(\xi)\, \mathrm{d}\xi. \qquad \text{q.e.d.}$$

Satz 12.10 (Partielle Integration)

Seien $f, g \colon [a, b] \to \mathbb{R}$ stetig differenzierbar, dann gilt

$$\int_a^b f'(x)g(x)\, \mathrm{d}x = [(f \cdot g)(x)]_a^b - \int_a^b f(x) \cdot g'(x)\, \mathrm{d}x.$$

Beweis: Der Beweis folgt aus der Produktregel (siehe Kap. 11, Satz 11.2). Genauer:

$$(f \cdot g)'(x) = f'(x) \cdot g(x) + f(x) \cdot g'(x)$$

$$\int_a^b (f \cdot g)'(x)\, \mathrm{d}x = \int_a^b (f' \cdot g)(x)\, \mathrm{d}x + \int_a^b (f \cdot g')(x)\, \mathrm{d}x$$

$$[(f \cdot g)(x)]_a^b = \int_a^b (f' \cdot g)(x)\, \mathrm{d}x + \int_a^b (f \cdot g')(x)\, \mathrm{d}x$$

$$\Rightarrow \int_a^b f'(x)g(x)\, \mathrm{d}x = [(f \cdot g)(x)]_a^b - \int_a^b f(x) \cdot g'(x)\, \mathrm{d}x. \qquad \text{q.e.d.}$$

Satz 12.11 (Eigenschaften von Sinus hyperbolicus und Kosinus hyperbolicus)

- *Es gilt $(\sinh(x))' = \cosh(x)$ und $(\cosh(x))' = \sinh(x)$ und entsprechend $\int \sinh(x)\, \mathrm{d}x = \cosh(x)$ und $\int \cosh(x)\, \mathrm{d}x = \sinh(x)$.*
- *$\cosh$ ist als Funktion von $[0, \infty)$ streng monoton wachsend mit Wertebereich $[1, \infty)$. $\sinh$ ist als Funktion von $\mathbb{R}$ streng monoton wachsend mit Wertebereich $\mathbb{R}$. Insbesondere sind $\cosh \colon [0, \infty) \to [1, \infty)$ und $\sinh \colon \mathbb{R} \to \mathbb{R}$ bijektiv.*

- *Es gilt* $\cosh^2(x) - \sinh^2(x) = 1$ *für alle* $x \in \mathbb{R}$.
- *Sei* Arsinh: $\mathbb{R} \to \mathbb{R}$ *die Umkehrfunktion von* sinh *und* Arcosh: $[1, \infty) \to$ $[0, \infty)$ *die Umkehrfunktion von* cosh. *Dann gilt für* $x \geq 0$, *dass* $\cosh(\mathrm{Arsinh}(x)) = \sqrt{1 + x^2}$ *und* $\sinh(\mathrm{Arcosh}(x)) = \sqrt{x^2 - 1}$.
- *Es gilt* $(\mathrm{Arsinh}(x))' = \frac{1}{\sqrt{x^2+1}}$ *und* $(\mathrm{Arcosh}(x))' = \frac{1}{\sqrt{x^2-1}}$ *und entsprechend* $\int \frac{1}{\sqrt{x^2+1}} \, \mathrm{d}x = \mathrm{Arsinh}(x)$ *und* $\int \frac{1}{\sqrt{x^2-1}} \, \mathrm{d}x = \mathrm{Arcosh}(x)$.

Beweis:
- Die Regeln für die Ableitungen folgen durch Nachrechnen und die Ableitungsregeln. Zum Beispiel ist

$$(\sinh(x))' = \left(\frac{e^x - e^{-x}}{2} \right)' = \frac{e^x + e^{-x}}{2} = \cosh(x).$$

Die Regel $(\cosh(x))' = \sinh(x)$ folgt analog. Die Regeln für die Integrale folgen hieraus mit dem Hauptsatz der Differential- und Integralrechnung.
- Um die Monotonie zu zeigen, müssen wir nur zeigen, dass $(\sinh(x))' > 0$ und $(\cosh(x))' > 0$ für x aus dem jeweiligen Definitionsbereich. Nach dem vorigen Teil ist also $\cosh(x) > 0$ und $\sinh(x) >$ zu zeigen. Für $x \in \mathbb{R}$ ist $\cosh(x) > 0$, denn $e^x > 0$ und $e^{-x} > 0$. Damit ist also sinh: $\mathbb{R} \to \mathbb{R}$ streng monoton. Für $x > 0$ gilt auch $\sinh(x) > 0$, denn dann ist $e^x > e^{-x}$. Also ist cosh: $[0, \infty) \to \mathbb{R}$ streng monoton. Für $x \to \infty$ gilt $\sinh(x) \to \infty$ und für $x \to -\infty$ gilt $\sinh(x) \to -\infty$. Da sinh als Zusammensetzung stetiger Funktionen stetig ist, folgt aus dem Zwischenwertsatz, dass jeder Wert zwischen ∞ und $-\infty$ tatsächlich angenommen wird, also ist sinh: $\mathbb{R} \to \mathbb{R}$ surjektiv. Für $x \to \infty$ gilt weiter $\cosh(x) \to \infty$ und es gilt $\cosh(0) = 1$. Da auch cosh stetig ist, wird jeder Wert zwischen 1 und ∞ angenommen, also ist cos: $[0, \infty) \to [1, \infty)$ surjektiv. Die Injektivität folgt jeweils aus der Monotonie und damit folgt die Bijektivität.
- Dies folgt durch Nachrechnen. Übung für euch ;-).
- Wir benutzen den vorherigen Teil. Dann gilt

$$\cosh^2(\mathrm{Arsinh}(x)) - \sinh^2(\mathrm{Arsinh}(x)) = 1.$$

Wegen $\sinh^2(\mathrm{Arsinh}(x)) = x^2$ folgt die erste Formel durch Umstellen. Die zweite folgt analog.
- Wir benutzen den Satz über die Ableitung der Umkehrfunktion (Satz 11.3). Sei $f(x) = \sinh(x)$. Dann gilt zusammen mit dem bisher bewiesenen

$$(\mathrm{Arsinh})'(x) = \frac{1}{(\sinh)'(\mathrm{Arsinh}(x))} = \frac{1}{\cosh(\mathrm{Arsinh}(x))} = \frac{1}{\sqrt{1 + x^2}}.$$

Die Formel für Arcosh' folgt analog und hieraus folgen wieder die Formeln für die Integrale mit dem Hauptsatz der Differential- und Integralrechnung.   q.e.d.

Satz 12.12 (Substitutionsregel)

Die Funktion $f : [a, b] \to \mathbb{R}$ sei stetig und $\phi : [c, d] \to [a, b]$ stetig differenzierbar. Dann gilt die Substitutionsformel:

$$\int_a^b f(\phi(x)) \cdot \phi'(x) \, dx = \int_{\phi(a)}^{\phi(b)} f(t) \, dt.$$

Beweis: Da f stetig ist, besitzt f eine stetig differenzierbare Stammfunktion F. Dann ist auch $F \circ \phi : [c, d] \to \mathbb{R}$ stetig differenzierbar mit der Ableitung (Kettenregel):

$$(F \circ \phi)'(x) = F'(\phi(x)) \cdot \phi'(x) = f(\phi(x)) \cdot \phi'(x).$$

Durch Integration erhält man hieraus die gesuchte Substitutionsformel, denn:

$$\int_a^b f(\phi(x)) \cdot \phi'(x) \, dx = \int_a^b (F \circ \phi)'(x) \, dx$$

$$= [(F \circ \phi)(x)]_a^b = [F(x)]_{\phi(a)}^{\phi(b)} = \int_{\phi(a)}^{\phi(b)} f(t) \, dt. \qquad \text{q.e.d.}$$

Satz 12.13 (Partialbruchzerlegung)

Sei $f : [a, b] \to \mathbb{R}$ eine gebrochen rationale Funktion der Form

$$f(x) := \frac{a_n x^n + \ldots + a_1 x + a_0}{b_m x^m + \ldots + b_1 x + b_0}.$$

Für die Integration mittels Partialbruchzerlegung gibt es drei für uns wichtige Ansätze, die wir uns in den Erklärungen und Beispielen anschauen werden. Wir unterscheiden hier nur diese drei Möglichkeiten oder Kombinationen davon, die für uns interessant sind.

1. Das Nennerpolynom besitzt eine einfache Nullstelle.
2. Das Nennerpolynom besitzt eine doppelte Nullstelle.
3. Das Nennerpolynom besitzt eine komplexe Nullstelle.
4. Kombination aus den obigen drei Möglichkeiten.

12.3   Erklärungen zu den Definitionen

Erklärung

Zur Definition 12.1 der Treppenfunktion: Beispiele für Treppenfunktionen findet man in Abb. 12.1.

Erklärung

Zur Definition 12.2 des Integrals: Anschaulich ist schon aus der Schule klar, was wir unter dem Riemann-Integral verstehen. Und zwar hat es etwas mit dem Flächeninhalt zu tun. Berechnen wir also das Integral einer Funktion in einem gewissen Intervall, so berechnen wir den Flächeninhalt unterhalb der Funktion im einem Integrationsbereich. Siehe auch die Abb. 12.2.

Erklärung

Zur Definition 12.3 des Ober- und Unterintegrals: Das Oberintegral beruht auf allen Treppenfunktionen, die oberhalb der Funktion f liegen. Deshalb wird dort auch das Infimum (größte untere Schranke) gebildet. Das Unterintegral dagegen betrachtet die Treppenfunktionen, die unterhalb der Funktion f liegen. Entsprechend muss das Supremum (kleinste obere Schranke) gebildet werden.

Wir bilden also die sogenannte Ober- und Untersumme, um das Integral und in diesem Fall den Flächeninhalt unterhalb der Funktion zu approximieren.

Das Integrationsintervall wird hierbei in kleinere Stücke zerlegt, der gesuchte Flächeninhalt zerfällt dabei in senkrechte Streifen. Für jeden dieser Streifen wird nun das größte Rechteck betrachtet, das von der x-Achse ausgehend den Graphen nicht schneidet, und außerdem das kleinste Rechteck, das von der x-Achse ausgehend den Graphen ganz umfasst. Die Summe der Flächeninhalte der großen Rechtecke wird als *Obersumme*, die der kleinen als *Untersumme* bezeichnet.

Erklärung

Zur Definition 12.4 des Riemann-Integrals: Durch geeignete feine Unterteilung des Integrationsintervalls kann man den Unterschied zwischen Ober- und Untersumme beliebig klein machen. Es gibt nur eine Zahl, die kleiner oder gleich jeder

Abb. 12.1 Ober- und Untersumme approximieren das Integral

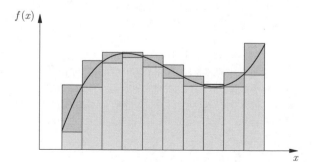

Obersumme und größer oder gleich jeder Untersumme ist, und diese Zahl ist der gesuchte Flächeninhalt, das Riemann-Integral.

Das Riemann-Integral ist, wie ihr später sehen werdet, nicht der optimale Integralbegriff. Denn eine Funktion muss beschränkt sein, um riemann-integrierbar zu sein. Es gibt daher Funktionen, die nicht riemann-integrierbar sind. Auch wenn eine Funktion beschränkt ist, muss sie nicht unbedingt riemann-integrierbar sein, wie das folgende Beispiel zeigt.

► **Beispiel 128** Die Dirichlet-Funktion

$$\chi(x) := \begin{cases} 1, & \text{für } x \in \mathbb{Q} \\ 0, & \text{für } x \notin \mathbb{Q}. \end{cases}$$

ist nicht riemann-integrierbar, denn in jeder Zerlegung des Teilintervalls $[x_{k-1}, x_k]$ liegen stets sowohl rationale als auch irrationale Zahlen und somit ist die Untersumme stets 0 (weil das Infimum stets 0 ist) und die Obersumme stets die Länge des Intervalles, über das integriert wird, weil das Supremum immer 1 ist und somit einfach die Längen der einzelnen Teilintervalle addiert werden. ∎

Gerade weil mit dem Riemann-Integral nicht alle Funktionen integriert werden können, werdet ihr noch das sogenannte Lebesgue-Integral kennenlernen. Das Riemann-Integral ist ein Spezialfall davon. Aber dazu an anderer Stelle mehr (dies wird im vierten Band „Tutorium höhere Analysis" sehr ausführlich behandelt werden :-P).

Erklärung

Zur Definition 12.7 des uneigentlichen Integrals: Um die uneigentlichen Integrale zu verstehen, betrachten wir zwei Beispiele. (Für die Integration einfacherer Integrale verweisen wir auf die Erklärungen zu den Sätzen 12.10, 12.12 und 12.13.)

► **Beispiel 129**

- Wir behaupten zuerst, dass das Integral $\int_1^\infty \frac{1}{x^s} \, dx$ genau dann existiert, wenn $s > 1$. Wir betrachten zunächst den Fall $s = 1$. Es gilt dann:

$$\int_1^\infty \frac{1}{x^s} \, dx = \lim_{b \to \infty} \int_1^b \frac{1}{x} \, dx = \lim_{b \to \infty} [\ln(x)]_1^b = \lim_{b \to \infty} \ln(b) = \infty.$$

Das uneigentliche Integral ist also für $s = 1$ divergent. Sei also $s \neq 1$:

$$\int_1^\infty \frac{1}{x^s} \, dx = \lim_{b \to \infty} \int_1^b \frac{1}{x^s} \, dx = \lim_{b \to \infty} \left[\frac{1}{1-s} x^{1-s} \right]_1^b$$

$$= \lim_{b \to \infty} \left(\frac{1}{1-s} b^{1-s} - \frac{1}{1-s} 1^{1-s} \right) = \frac{1}{1-s} \lim_{b \to \infty} \left(b^{1-s} - 1 \right).$$

Dies konvergiert genau dann, wenn $s > 1$, und zwar gegen $-\frac{1}{1-s}$. Es gilt dann:

$$\int\limits_{1}^{\infty} \frac{1}{x^s}\, dx = -\frac{1}{1-s}.$$

- Das uneigentliche Integral

$$\int\limits_{0}^{1} \frac{1}{x^s}\, dx = \lim_{a \to 0} \int\limits_{a}^{1} \frac{1}{x^s}\, dx = \lim_{a \to 0} \left[\frac{1}{1-s} x^{1-s} \right]_{a}^{1}$$

existiert genau dann, wenn $s < 1$ ist. Dies wollen wir jetzt zeigen: Wie eben gezeigt, gilt:

$$\int\limits_{\varepsilon}^{1} \frac{1}{x}\, dx = [\ln(x)]_{\varepsilon}^{1} = 0 - \ln(\varepsilon) = \ln\left(\frac{1}{\varepsilon}\right) \to \infty \text{ mit } \varepsilon \to 0.$$

Demnach ist das Integral für $s = 1$ divergent. Für $s \neq 1$ ist $\int_{\varepsilon}^{1} \frac{1}{x}\, dx = \left[\frac{1}{1-s} x^{1-s} \right]_{\varepsilon}^{1} = \frac{1}{1-s}(1 - \varepsilon^{1-s})$ und dies konvergiert genau dann, wenn $s < 1$ ist. ∎

Erklärung

Zur Definition 12.8 von Sinus hyperbolicus und Kosinus hyperbolicus: Diese beiden Funktionen (und vor allem die Eigenschaften, die in Satz 12.11 gezeigt werden), brauchen wir, um einige spezielle Integrale mit Hilfe der Substitutionsregel (Satz 12.12) lösen zu können. Da wir diese Funktionen sonst nicht weiter benötigen, findet ihr alles Weitere wichtige in den Erklärungen zu Satz 12.11 und die Anwendung in den Erklärungen zu Satz 12.12.

12.4 Erklärungen zu den Sätzen und Beweisen

Erklärung

Zum Satz 12.5, dass jede stetige Funktion integrierbar ist: Mit Satz 12.5 haben wir schon eine große Klasse riemann-integrierbarer Funktionen gefunden. Wir wollen aber nochmals darauf hinweisen, dass die Umkehrung des Satzes falsch ist. Nicht jede riemann-integrierbare Funktion muss stetig sein. Als Beispiel betrachte man die Treppenfunktionen (siehe Definition 12.1), die nach Definition riemann-integrierbar, aber nicht stetig sind.

Wir wollen die Beweisidee des Satzes 12.5 nochmals erläutern: Eine stetige Funktion ist auf einem abgeschlossenen Intervall gleichmäßig stetig (nach Kap. 10, Satz 10.6). In dem Beweis konstruieren wir zwei Treppenfunktionen. Die eine liegt oberhalb und die andere unterhalb der eigentlichen Funktion. Die Behauptung folgt dann leicht aus dem Satz 12.4.

Abb. 12.2 Geometrische
Deutung des Mittelwertsatzes

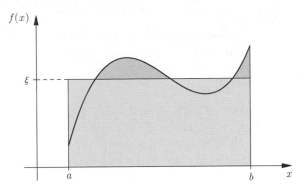

Zum Mittelwertsatz der Integralrechnung (siehe Satz 12.7) und seinem Korollar (Satz 12.8): Geometrisch kann man sich den Mittelwertsatz bzw. sein Korollar ganz gut verdeutlichen: Er bedeutet für eine positive Funktion f, dass es ein $\xi \in [a, b]$ gibt, sodass die Fläche unter dem Graphen von f gleich der Fläche des Rechtecks mit den Seitenlängen $b - a$ und $f(\xi)$ ist (Abb. 12.2).

Erklärung

Zum Hauptsatz der Differential- und Integralrechnung (Satz 12.9): Der Hauptsatz sagt erstens, dass Differenzieren das Integrieren sozusagen wieder rückgängig macht (dies zeigt aber auch schon Satz 12.3), und zweitens, wie wir ein Integral berechnen können. Wir müssen „einfach" nur eine Stammfunktion finden, wobei das „einfach" ganz schön schwer werden kann, wie wir in den kommenden Beispielen noch sehen werden. Viel mehr wollen wir zum Satz gar nicht sagen, sondern nun dazu kommen, wie man diese Stammfunktionen berechnet. Wir wollen aber nochmals darauf hinweisen, dass es zu einer Funktion unendlich viele Stammfunktionen gibt, denn wir können immer eine Konstante addieren. Diese verschwindet beim Ableiten wieder, sodass wir die Funktion zurückbekommen.

▶ **Beispiel 130** Eine Stammfunktion zur Funktion $f(x) := x^2 + 2x$ ist $F_1(x) = \frac{1}{3}x^3 + x^2$, aber auch $F_2(x) = \frac{1}{3}x^3 + x^2 + 2009$, denn in beiden Fällen gilt $F_1'(x) = F_2'(x) = x^2 + 2x$. ■

Während die Ableitung einer Funktion also eindeutig ist, ist das beim Integrieren und den Stammfunktionen nicht mehr der Fall. In den kommenden Beispielen werden wir diese Integrationskonstante aber meistens weglassen.

Eine Sache noch: Sagt bitte nicht „aufleiten". Das hört sich doch irgendwie nicht schön an und das Wort existiert eigentlich gar nicht :-). Sagt einfach „integrieren" oder „Stammfunktion bilden".

Zu der partiellen Integration (Satz 12.10): Die partielle Integration kann man am besten an Beispielen erläutern. Tun wir das:

▶ **Beispiel 131**

- Wir möchten das Integral $\int x \sin(x)\,\mathrm{d}x$ bestimmen (wir haben die Integrationsgrenzen weggelassen, da uns nur die Stammfunktion und nicht der Wert des Integrals interessiert. Dies werden wir im Folgenden noch des Öfteren tun.). Anwenden der „Formel" für die partielle Integration (siehe Satz 12.10) mit $f'(x) = \sin(x)$ und $g(x) = x$ liefert:

$$\int x \sin(x)\,\mathrm{d}x = -\cos(x) \cdot x - \int -\cos(x) \cdot 1\,\mathrm{d}x$$

$$= -x \cdot \cos(x) + \int \cos(x)\,\mathrm{d}x$$

$$= -x \cdot \cos(x) + \sin(x).$$

- Für $a, b > 0$ wollen wir die Funktion $\int_a^b \ln(x)\,\mathrm{d}x$ integrieren. Natürlich könnten wir auch in einer Formelsammlung nachschauen, denn dort wird man die Stammfunktion zur Logarithmusfunktion mit Sicherheit finden. Aber wir sind Mathematiker und irgendwie muss das Integral ja auch in die Formelsammlung gekommen sein. Also berechnen wir es. Dazu wenden wir den folgenden Trick an, um die partielle Integration verwenden zu können:

$$\int\limits_a^b \ln(x)\,\mathrm{d}x = \int\limits_a^b \ln(x) \cdot 1\,\mathrm{d}x.$$

Wir setzen nun $f'(x) = 1$ und $g(x) = \ln(x)$, denn es macht ja keinen Sinn $f'(x) = \ln(x)$ zu setzen, weil wir auch dazu eine Stammfunktion von $f'(x) = \ln(x)$ ermitteln müssten und das ist ja gerade die Aufgabe. Wir wenden die „Formel" für die partielle Integration (siehe Satz 12.10) an:

$$\int\limits_a^b \ln(x)\,\mathrm{d}x = [x \cdot \ln(x)]_a^b - \int\limits_a^b x \cdot \frac{1}{x}\,\mathrm{d}x = [x \cdot \ln(x)]_a^b - \int\limits_a^b 1\,\mathrm{d}x$$

$$= [x \cdot \ln(x)]_a^b - [x]_a^b = [x \cdot \ln(x) - x]_a^b$$

Wir können mit dem Hauptsatz der Differential- und Integralrechnung (Satz 12.9) überprüfen, ob wir richtig gerechnet haben. Die Ableitung von $F(x) := x \cdot \ln(x) - x$ muss ja gerade wieder $f(x) = \ln(x)$ ergeben. Dies gilt, denn:

$$F'(x) = 1 \cdot (\ln(x) - 1) + x \cdot \frac{1}{x} = \ln(x) - 1 + 1 = \ln(x).$$

- Das Integral $\int x^2 \cdot \cos(x)\,\mathrm{d}x$ schreit ja förmlich nach partieller Integration. Wir setzen $g(x) := x^2$ und $f'(x) := \cos(x)$. Demnach ist $g'(x) = 2x$ und $f(x) = \sin(x)$. Dies liefert

$$\int x^2 \cdot \cos(x)\,\mathrm{d}x = x^2 \cdot \sin(x) - \int 2x \cdot \sin(x)\,\mathrm{d}x.$$

Hmm. Es scheint so, als müssten wir auf das Integral $\int 2x \cdot \sin(x)\,\mathrm{d}x$ nochmals die partielle Integration anwenden. Zögern wir nicht! Dabei müssen wir vor allem auf die Klammersetzung und das Vorzeichen achten:

$$
\begin{aligned}
\int x^2 \cdot \cos(x)\,\mathrm{d}x &= x^2 \cdot \sin(x) - \int 2x \cdot \sin(x)\,\mathrm{d}x \\
&= x^2 \cdot \sin(x) - \left(-2x \cdot \cos(x) - \int 2 \cdot (-\cos(x))\,\mathrm{d}x \right) \\
&= x^2 \cdot \sin(x) + 2x \cdot \cos(x) + \int 2 \cdot (-\cos(x))\,\mathrm{d}x \\
&= x^2 \cdot \sin(x) + 2x \cdot \cos(x) - \int 2 \cdot \cos(x)\,\mathrm{d}x \\
&= x^2 \cdot \sin(x) + 2x \cdot \cos(x) - 2 \cdot \sin(x).
\end{aligned}
$$

Merkt euch also, dass es auch Beispiele gibt, bei denen die partielle Integration auch zweimal oder öfter angewendet werden muss ;-).

- Als weiteres Beispiel für die partielle Integration wollen wir das Integral $\int e^x \cdot \sin(x)\,\mathrm{d}x$ berechnen. Die Frage ist nun: Was ist $f'(x)$ und was $g(x)$? Versuchen wir einfach mal unser Glück mit $f'(x) = e^x$ und $g(x) = \sin(x)$. Demnach ist $f(x) = e^x$ und $g'(x) = \cos(x)$. Wir fangen an:

$$\int e^x \cdot \sin(x)\,\mathrm{d}x = e^x \cdot \sin(x) - \int e^x \cdot \cos(x)\,\mathrm{d}x.$$

Eine weitere Anwendung der partiellen Integration liefert:

$$
\begin{aligned}
\int e^x \sin(x)\,\mathrm{d}x &= e^x \cdot \sin(x) - \int e^x \cdot \cos(x)\,\mathrm{d}x \\
&= e^x \cdot \sin(x) - \left(e^x \cdot \cos(x) - \int e^x \cdot (-\sin(x)) \right) \\
&= e^x \cdot \sin(x) - \left(e^x \cdot \cos(x) + \int e^x \cdot \sin(x) \right) \\
&= e^x \cdot \sin(x) - e^x \cdot \cos(x) - \int e^x \cdot \sin(x).
\end{aligned}
$$

Und nun? Jetzt schaut einmal richtig hin. Auf der rechten Seite steht doch genau nochmal das Integral, das wir berechnen sollen. Wir addieren dies einfach und erhalten:

$$2 \int e^x \cdot \sin(x)\, dx = e^x \cdot \sin(x) - e^x \cdot \cos(x)$$

$$\Rightarrow \int e^x \cdot \sin(x)\, dx = \frac{1}{2} \cdot (e^x \cdot (\sin(x) - \cos(x))).$$

Fertig.   ∎

Erklärung

Zu den Eigenschaften von Eigenschaften von Sinus hyperbolicus und Kosinus hyperbolicus (Satz 12.11): Diese Eigenschaften benötigen wir, um einige Integrale mit Hilfe der Substitutionsregel (die wir euch in der nächsten Erklärung näher bringen werden) zu lösen. Dabei werden vor allem die im Satz erwähnten Integrale, aber auch die anderen Punkte wichtig sein. Wie man dies nun konkret anwendet, seht ihr in der kommenden Erklärung, davor noch ein kurzer Kommentar: Die Formeln für die Integrale $\int \frac{1}{\sqrt{x^2+1}}\, dx$ und $\int \frac{1}{\sqrt{x^2-1}}\, dx$ kann man auch direkt mit der Substitutionsregel bestimmen. Dies zeigt dann den wahren Nutzen von Sinus hyperbolicus und Kosinus hyperbolicus. Wie das geht zeigen wir euch in Beispiel 133.

Erklärung

Zur Substitutionsregel (Satz 12.12): Die Substitutionsregel im Satz 12.12 verdeutlichen wir uns an Beispielen.

▶ **Beispiel 132**

• Wir wollen das Integral $\int_0^a \sin(2x)\, dx$ für eine reelle Zahl $a > 0$ berechnen. Wir substituieren $t = 2x$, erhalten damit $\frac{dt}{dx} = 2 \Leftrightarrow dt = 2\, dx \Leftrightarrow dx = \frac{dt}{2}$ und demnach:

$$\int\limits_0^a \sin(2x)\, dx = \int\limits_0^{2a} \frac{1}{2} \sin(t)\, dt = \frac{1}{2} \int\limits_0^{2a} \sin(t)\, dt$$

$$= \frac{1}{2} \left[-\cos(t)\right]_0^{2a} = \frac{1}{2} \left(-\cos(2a) + \cos(0)\right)$$

$$= \frac{1}{2} \left(1 - \cos(2a)\right).$$

• Um das Integral $\int_0^2 x \cos(x^2 + 1)\, dx$ zu berechnen, substituieren wir $t = x^2 + 1$. Wir erhalten $dt = 2x\, dx$ und damit:

$$\int\limits_0^2 x \cos(x^2 + 1)\, dx = \frac{1}{2} \int\limits_0^2 2x \cos(x^2 + 1)\, dx = \frac{1}{2} \int\limits_1^5 \cos(t)\, dt$$

$$= \frac{1}{2} \left[\sin(t)\right]_1^5 = \frac{1}{2}(\sin(5) - \sin(1)).$$

Noch ein paar Worte, wie wir die neuen Integralgrenzen erhalten haben. Die untere Integralgrenze $a = 0$ wird in $t = 0^2 + 1 = 1$ und die obere $b = 2$ in $t = 2^2 + 1 = 5$ umgerechnet.

- Wir wollen jetzt das Integral $\int \frac{1}{\sqrt{1-x^2}}\,\mathrm{d}x$ berechnen. Hier haben wir zwei Möglichkeiten der Substitution, die wir beide erklären wollen. Bei beiden sollte natürlich dasselbe Ergebnis herauskommen. Probieren wir es:

1. Möglichkeit: Wir haben natürlich den „trigonometrischen Pythagoras" im Kopf und substituieren daher $x := \sin(u)$. Damit erhalten wir:

$$\int \frac{1}{\sqrt{1-x^2}}\,\mathrm{d}x = \int \frac{1}{\sqrt{1-\sin^2(u)}}\cos(u)\,\mathrm{d}u = \int \frac{\cos(u)}{\cos(u)}\,\mathrm{d}u$$

$$= \int 1\,\mathrm{d}u = u = \arcsin(x).$$

2. Möglichkeit: Eine zweite Möglichkeit das obige Integral zu berechnen, besteht darin, $x := \cos(u)$ zu substituieren. Probiert es aus! :-)

- Wir wollen das Integral $\int x^3 \cdot \sqrt{1+x^2}\,\mathrm{d}x$ berechnen. Obwohl im Integranden ein Produkt von zwei Funktionen steht, bietet sich die partielle Integration in diesem Fall nicht an, denn wir müssten ja irgendwie eine Stammfunktion zu $\sqrt{1+x^2}$ finden, und das würde ohne geschickte Substitution nicht so einfach gelingen. Vielmehr bietet sich gleich eine geschickte Substitution an. Wenn wir nicht genau wissen, was wir substituieren sollen, dann substituieren wir einfach erst einmal das, was unter der Wurzel steht, also $u := 1 + x^2$. Einsetzen in die Substitutionsformel liefert jetzt

$$= \int \sqrt{u-1}^3 \cdot \sqrt{u} \cdot \frac{1}{2\sqrt{u-1}}\,\mathrm{d}u = \frac{1}{2} \cdot \int \frac{\sqrt{u-1} \cdot (u-1) \cdot \sqrt{u}}{\sqrt{u-1}}\,\mathrm{d}u$$

$$= \frac{1}{2} \cdot \int (u-1) \cdot \sqrt{u}\,\mathrm{d}u = \frac{1}{2} \int (u-1) \cdot u^{\frac{1}{2}}\,\mathrm{d}u = \frac{1}{2} \cdot \int u^{\frac{3}{2}} - u^{\frac{1}{2}}\,\mathrm{d}u$$

$$= \frac{1}{2} \cdot \left(\frac{2}{5} \cdot u^{\frac{5}{2}} - \frac{2}{3} \cdot u^{\frac{3}{2}} \right).$$

Wenn jetzt Integralgrenzen gegeben wären, würdet ihr die transformierten Integralgrenzen nun in diese Stammfunktion für u einsetzen und das Integral ausrechnen. Sollte man an einer Stammfunktion des Ausgangsintegrals $\int x^3 \cdot \sqrt{1+x^2}\,\mathrm{d}x$ interessiert sein, so müssten wir an dieser Stelle rücksubstituieren und könnten auch, um das Integral zu berechnen, die „alten" Integralgrenzen (von vor der Substitution) einsetzen.

- Um das Integral

$$\int_0^{\frac{\pi}{2}} \frac{\sin(x)\cos(x)}{1-\sin^2(x)}\,\mathrm{d}x$$

zu berechnen, formen wir um und nutzen aus, dass $\sin^2(x) + \cos^2(x) = 1$.

$$\int_0^{\frac{\pi}{2}} \frac{\sin(x)\cos(x)}{1 - \sin^2(x)}\, dx = \int_0^{\frac{\pi}{2}} \frac{\sin(x)\cos(x)}{\cos^2(x)}\, dx$$

$$= \int_0^{\frac{\pi}{2}} \frac{\sin(x)}{\cos(x)}\, dx = \int_0^{\frac{\pi}{2}} \tan(x)\, dx$$

$$= [-\ln|\cos(x)|]_0^{\pi/2} = -\ln\left(\cos\left(\frac{\pi}{2}\right)\right) + \ln(\cos(0)).$$

Wie kommt man auf die Stammfunktion? Ganz einfach. Denn es gilt $\tan(x) = \frac{\sin(x)}{\cos(x)}$. Nun ist aber die Ableitung von $\cos(x)$ gerade $-\sin(x)$, also fast der Zähler des Bruchs. Allgemein kann man sich jetzt überlegen, dass für eine Funktion $f(x)$ mit $f(x) \neq 0$ gilt:

$$\int \frac{f'(x)}{f(x)}\, dx = \ln(|f(x)|),$$

denn es gilt ja gerade $(\ln(f(x)))' = \frac{1}{f(x)} \cdot f'(x)$. Dies nennt man auch die *logarithmische Integration*.

- Jetzt zu einem „Monsterbeispiel", bei dem der eine oder andere ins Schwitzen kommen wird. Glaubt uns, das kamen wir beim Schreiben der folgenden Zeilen auch :-). Wir möchten das Integral

$$\int_1^e \frac{\ln(x)}{x \cdot (\ln^2(x) - \ln(x) + 1)}\, dx$$

berechnen.
Also, wir denken, dass wir mit partieller Integration nicht weit kommen. Partialbruchzerlegung hilft sowieso nicht, da wir gar keine Polynome haben. Daher bietet sich eine Substitution an. Aber was wollen wir substituieren? Wir versuchen es mit $u := \ln(x)$. Die neuen transformierten Integralgrenzen lauten damit $\ln(e) = 1$ und $\ln(1) = 0$. Weiterhin ist $u = \ln(x) \Leftrightarrow x = e^u$ und folglich $\frac{dx}{du} = e^u$ und damit $dx = e^u\, du$. Dies ergibt:

$$\int_0^1 \frac{u}{e^u \cdot (u^2 - u + 1)} \cdot e^u\, du = \int_0^1 \frac{u}{u^2 - u + 1}\, du$$

$$= \int_0^1 \frac{u - \frac{1}{2} + \frac{1}{2}}{u^2 - u + 1}\, du.$$

Wieso machen wir hier so seltsame Spielchen und addieren im Zähler Null? Das ist eigentlich ganz einfach zu erklären. Denn die Ableitung des Nennerpolynoms $u^2 - u + 1$ ist ja $2u - 1$. Teilen wir dies durch 2, so erhalten wir gerade $u - \frac{1}{2}$. Also zerlegen wir das Integral:

$$\ldots = \int_0^1 \frac{u - \frac{1}{2} + \frac{1}{2}}{u^2 - u + 1} \, du = \int_0^1 \frac{u - \frac{1}{2}}{u^2 - u + 1} \, du + \int_0^1 \frac{\frac{1}{2}}{u^2 - u + 1} \, du.$$

Das erste Integral $\int_0^1 \frac{u - \frac{1}{2}}{u^2 - u + 1} \, du$ können wir leicht berechnen, indem wir die im obigen Beispiel erklärte logarithmische Integration verwenden. Es ergibt sich:

$$\int_0^1 \frac{u - \frac{1}{2}}{u^2 - u + 1} \, du = \frac{1}{2} \cdot \ln \left| u^2 - u + 1 \right|.$$

Beim zweiten Integral $\int_0^1 \frac{\frac{1}{2}}{u^2 - u + 1} \, du$ müssen wir nochmals ganz tief in die Trickkiste greifen. Und zwar formen wir den Nenner etwas um. Aber schaut es euch erst einmal in Ruhe an, wir erklären unsere Ausführungen danach:

$$\int_0^1 \frac{\frac{1}{2}}{u^2 - u + 1} \, du = \int_0^1 \frac{\frac{1}{2}}{\left(u - \frac{1}{2}\right)^2 + \frac{3}{4}} \, du = \int_0^1 \frac{\frac{1}{2}}{\frac{3}{4} \cdot \left(\frac{4}{3} \cdot \left(u - \frac{1}{2}\right)^2 + 1\right)} \, du$$

$$= \frac{4}{3} \cdot \left(\frac{1}{2}\right) \cdot \int_0^1 \frac{1}{\frac{4}{3} \cdot \left(u - \frac{1}{2}\right)^2 + 1} \, du = \frac{2}{3} \cdot \int_0^1 \frac{1}{\frac{4}{3} \cdot \left(u - \frac{1}{2}\right)^2 + 1} \, du$$

So, wen haben wir jetzt abgehängt? Wir hoffen, dass der eine oder andere Leser noch dabei ist, denn es geht weiter: Wir müssen uns jetzt einmal anschauen, was der Arcustangens mit der ganzen Situation zu tun hat. Jetzt schaut man in eine Formelsammlung und sieht, dass $\int \frac{1}{1+x^2} \, dx = \arctan(x)$ gilt. Dies können wir jetzt für das Integral $\int_0^1 \frac{1}{\frac{4}{3} \cdot \left(u - \frac{1}{2}\right)^2 + 1} \, du$ verwenden. Es stört aber noch das $\frac{4}{3}$, da dies nicht in der Klammer mit dem Quadrat steht. Aber das kriegen wir auch noch hin:

$$\ldots = \frac{2}{3} \cdot \int_0^1 \frac{1}{\frac{4}{3} \cdot \left(u - \frac{1}{2}\right)^2 + 1} \, du = \frac{2}{3} \cdot \int_0^1 \frac{1}{\left(\frac{2 \cdot \left(u - \frac{1}{2}\right)}{\sqrt{3}}\right)^2 + 1} \, du$$

Und jetzt können wir die Stammfunktion direkt angeben:

$$\ldots = \frac{2}{3} \cdot \arctan\left(\frac{2 \cdot \left(u - \frac{1}{2}\right)}{\sqrt{3}}\right) \cdot \frac{\sqrt{3}}{2} = \frac{\sqrt{3}}{3} \cdot \arctan\left(\frac{2 \cdot \left(u - \frac{1}{2}\right)}{\sqrt{3}}\right)$$

Die Frage, die man sich nun stellen könnte, ist, woher der zusätzliche Faktor $\frac{\sqrt{3}}{2}$ kommt? Dies ist zum Ausgleichen der inneren Ableitung von $\arctan\left(\frac{2\cdot\left(u-\frac{1}{2}\right)}{\sqrt{3}}\right)$. Denn wenn wir dies nach u ableiten, so verwenden wir die Kettenregel und die innere Ableitung ist gerade $\frac{2}{\sqrt{3}}$. Eine Multiplikation mit dem Kehrwert ist also erforderlich. Jetzt müssen wir beide Stammfunktionen nur noch zusammenführen und haben das Integral $\int_1^e \frac{\ln(x)}{x\cdot(\ln^2(x)-\ln(x)+1)}\,\mathrm{d}x$ berechnet. Es ergibt sich:

$$\int\limits_1^e \frac{\ln(x)}{x\cdot(\ln^2(x)-\ln(x)+1)}\,\mathrm{d}x$$

$$= \left[\frac{1}{2}\cdot\ln\left|\ln^2(x)-\ln(x)+1\right|+\frac{\sqrt{3}}{3}\cdot\arctan\left(\frac{2\cdot\left(\ln(x)-\frac{1}{2}\right)}{\sqrt{3}}\right)\right]_1^e.$$

Das Ausrechnen schenken wir uns. Wollen wir nun eine Stammfunktion der Funktion $\frac{\ln(x)}{x\cdot(\ln^2(x)-\ln(x)+1)}$ angeben, so müssen wir wieder rücksubstituieren, das heißt u durch $\ln(x)$ ersetzen. Um aber nur das Integral selbst zu berechnen, also den Wert anzugeben, ist eine Rücksubstitution nicht nötig. Wir könnten einfach mit den substituierten Grenzen rechnen.

Und bevor ihr nun weitermacht, gönnt euch kurz eine Pause! :-)

- Das Integral $\int_1^e \frac{\ln(x)}{x\cdot\sqrt{1+\ln^2(x)}}\,\mathrm{d}x$ knacken wir mit einer trickreichen Substitution.

  Mit $t := \ln(x) \Leftrightarrow x = e^t$ und $\frac{\mathrm{d}x}{\mathrm{d}t} = e^t \Leftrightarrow \mathrm{d}x = e^t\,\mathrm{d}t$ erhalten wir:

$$\int\limits_1^e \frac{\ln(x)}{x\cdot\sqrt{1+\ln^2(x)}}\,\mathrm{d}x$$

$$= \int\limits_0^1 \frac{t}{e^t\sqrt{1+t^2}}e^t\,\mathrm{d}t = \int\limits_0^1 \frac{t}{\sqrt{1+t^2}}\,\mathrm{d}t = \left[\sqrt{1+t^2}\right]_0^1 = \sqrt{2}-1$$

  Im letzten Schritt kann man die Stammfunktion entweder sofort sehen (denn die Ableitung der inneren Funktion der Wurzelfunktion ist ja gerade $2t$) oder nochmal mit $s := 1+t^2$ substituieren.

- Noch eine Anmerkung: Die Substitution $u = \tan(x/2)$ hilft bei allen gebrochen rationalen Ausdrücken von $\frac{\sin(x)}{\cos(x)}$. Beachtet das und versucht euch am Integral $\int_0^{\pi/2} \frac{\sin^2(x)}{(1+\sin(x)+\cos(x))^3}\,\mathrm{d}x$.   ∎

Kommen wir nun zu der lange angekündigten Anwendung von sinh und cosh. Wir beginnen mit einem einfachen Beispiel:

▶ **Beispiel 133** Wie kann man das Integral $\int \frac{1}{\sqrt{1+x^2}}\,\mathrm{d}x$ berechnen, falls man das Ergebnis von Satz 12.11 nicht mehr kennt? Na gut, hier müssen wir vermutlich, wie sagt man so schön, „geschickt" substituieren. Eine andere Möglichkeit scheint erst einmal nicht ins Auge zu springen. Aber was substituieren wir denn? Etwa $u := 1+$

x^2 oder $u := \sqrt{1 + x^2}$? Probiert das einmal aus. Aber das wird euch noch mehr in Schwierigkeiten bringen. Wir müssen anders substituieren. Wir bedenken einfach, dass $\cosh^2(x) = 1 + \sinh^2(x)$. Und setzen an mit $x := \sinh(u)$ und haben eine sehr geeignete Substitution, wie wir sehen, wenn wir das Ganze in die Substitutionsregel aus Satz 12.12 einsetzen:

$$\int \frac{1}{\sqrt{1 + \sinh^2(u)}} \cdot \cosh(u)\, du = \int \frac{1}{\cosh(u)} \cdot \cosh(u)\, du$$

$$= \int 1\, du = u = \text{Arsinh}(x).$$

Na, wenn das nicht raffiniert ist ;-). Im letzten Schritt haben wir wieder rücksubstituiert. So kann man also sinh (und analog auch cosh) nutzen, um Integrale zu bestimmen.

Eine Anmerkung sei uns noch erlaubt: Wir haben das Ganze ohne Grenzen ausgerechnet. Hätten wir in unserem Ausgangsintegral die Grenzen a und b, dann wären die „neuen" Grenzen nach der Substitution Arsinh(a) und Arsinh(b). Die Transformation der Integralgrenzen werden wir auch noch in den Beispielen sehen. ∎

Mit Hilfe von Sinus hyperbolicus und Kosinus hyperbolicus kann man auch allgemein Integrale von Funktionen der Form $f(x) = \sqrt{ax^2 + bx + c}$ oder $f(x) = \frac{1}{\sqrt{ax^2+bx+c}}$ bestimmen. Die Idee ist, das man den Term in der Wurzel mit Hilfe von quadratischer Ergänzung so umformt und dann substituiert, dass man einen Wurzelausdruck der Form $\sqrt{u^2 \pm 1}$ erhält. Hier kann man dann $u = \sin(t)$ oder $u = \sinh(t)$ oder $u = \cosh(t)$ substituieren. Dies zeigen wir einmal anhand eines Beispiels, das Verfahren funktioniert aber analog auch allgemein.

▶ **Beispiel 134** Wir betrachten die Funktion $f(x) = 3x^2 + 2x + 5$. Wir führen zuerst die quadratische Ergänzung durch, wir wollen also $f(x)$ auf einen Term der Form $a(x + b)^2 + c$ bringen. Es gilt

$$3x^2 + 2x + 5 = 3\left(x^2 + \frac{2}{3}x + \frac{5}{3}\right) = 3\left(\left(x + \frac{1}{3}\right)^2 + \frac{5}{3} - \frac{1}{9}\right)$$

$$= 3\left(x + \frac{1}{3}\right)^2 + \frac{14}{3}.$$

Damit ist also zunächst

$$\int \sqrt{3x^2 + 2x + 5}\, dx = \int \sqrt{3\left(x + \frac{1}{3}\right)^2 + \frac{14}{3}}\, dx$$

$$= \int \sqrt{\frac{14}{3}} \sqrt{\frac{9}{14}\left(x + \frac{1}{3}\right)^2 + 1}\, dx$$

$$= \sqrt{\frac{14}{3}} \int \sqrt{\left(\frac{1}{\sqrt{14}}(3x + 1)\right)^2 + 1}\, dx.$$

Dabei haben wir unter der Wurzel so ausgeklammert, dass wir einen Term der Form $z^2 + 1$ unter der Wurzel erhalten. Dann können wir jetzt nämlich $u = \frac{1}{\sqrt{14}}(3x + 1)$ substituieren. Dann ist $\frac{du}{dx} = \frac{3}{\sqrt{14}}$, also $dx = \frac{\sqrt{14}}{3} \, du$. Das Integral wird also zu

$$\sqrt{\frac{14}{3}} \int \sqrt{u^2 + 1} \frac{\sqrt{14}}{3} \, du = \frac{14}{3\sqrt{3}} \int \sqrt{u^2 + 1} \, du.$$

Nun substituieren wir, wie oben, $u = \sinh(t)$. Dann ist $\frac{du}{dt} = \cosh(t)$, also $du = \cosh(t) \, dt$. und wir erhalten das Integral

$$\frac{14}{3\sqrt{3}} \int \sqrt{\sinh^2(t) + 1} \cosh(t) \, dt = \frac{14}{3\sqrt{3}} \int \cosh^2(t) \, dt.$$

Das Integral $\int \cosh^2(t) \, dt$ kann man nun mit partieller Integration (unter Beachtung der Regeln von Satz 12.11) bestimmen. Es ist

$$\int \cosh^2(t) \, dt = \int \cosh(t) \cosh(t) \, dt = \sinh(t) \cosh(t) - \int \sinh(t) \sinh(t) \, dt$$

$$= \sinh(t) \cosh(t) - \int \sinh^2(t) \, dt$$

$$= \sinh(t) \cosh(t) - \int \cosh^2(t) - 1 \, dt.$$

Auflösen nach $\int \cosh^2(t) \, dt$ ergibt dann

$$\int \cosh^2(t) \, dt = \frac{\sinh(t) \cosh(t) + t}{2}.$$

Damit erhalten wir für unser Integral von oben den Term $\frac{14}{3\sqrt{3}} \frac{\sinh(t) \cosh(t) + t}{2}$. Nach Rücksubstitution $t = \text{Arsinh}(u)$ ergibt das, zusammen mit Satz 12.11

$$\frac{7}{3\sqrt{3}} \left(\sinh(\text{Arsinh}(u)) \cosh(\text{Arsinh}(u)) + \text{Arsinh}(u) \right)$$

$$= \frac{7}{3\sqrt{3}} \left(u \sqrt{u^2 + 1} + \text{Arsinh}(u) \right).$$

Bedenken wir nun, dass $u = \frac{1}{\sqrt{14}}(3x + 1)$, so erhalten wir insgesamt

$$\int \sqrt{3x^2 + 2x + 5} \, dx$$

$$= \frac{7}{3\sqrt{3}} \left(\frac{1}{\sqrt{14}}(3x + 1) \sqrt{\frac{1}{14}(3x + 1)^2 + 1} + \text{Arsinh} \left(\frac{1}{\sqrt{14}}(3x + 1) \right) \right)$$

$$= \frac{7}{3\sqrt{3}} \frac{1}{\sqrt{14}} (3x+1) \sqrt{\frac{1}{14} \left[9 \left(\left(x + \frac{1}{3} \right)^2 + \frac{14}{9} \right) \right]}$$

$$+ \frac{7}{3\sqrt{3}} \operatorname{Arsinh} \left(\frac{1}{\sqrt{14}} (3x+1) \right)$$

$$= \frac{7}{14} \frac{1}{3\sqrt{3}} (3x+1)3 \sqrt{\left(3 \left(x + \frac{1}{3} \right)^2 + \frac{14}{3} \right) \cdot \frac{1}{3}}$$

$$+ \frac{7}{3\sqrt{3}} \operatorname{Arsinh} \left(\frac{1}{\sqrt{14}} (3x+1) \right)$$

$$= \frac{1}{6} (3x+1) \sqrt{3x^2 + 2x + 5} + \frac{7}{3\sqrt{3}} \operatorname{Arsinh} \left(\frac{1}{\sqrt{14}} (3x+1) \right).$$

Und damit sind wir endlich fertig. Das Verfahren kann also etwas langwierig werden, man kommt aber immer mit analogen Schritten zum Ziel. ∎

Das Verfahren für Integrale der Form $f(x) = \frac{1}{\sqrt{ax^2+bx+c}}$ ist analog (und sogar etwas einfacher, weil in der Rechnung kein Integral der Form $\int \cosh^2(t) \, dt$ auftaucht). Etwas anders sieht es aus bei Integralen der Form $f(x) = \frac{ax+b}{\sqrt{cx^2+dx+e}}$. Hier versuchen wir zunächst, $ax + b$ als Ableitung von $cx^2 + dx + e$ darzustellen und verfahren dann ähnlich wie oben. Auch dazu ein Beispiel:

▶ **Beispiel 135** Wir wollen das Integral $\int \frac{8x+10}{\sqrt{2x^2+2x+6}} \, dx$ bestimmen. Dafür bestimmen wir zunächst einmal die Ableitung des Terms unter der Wurzel: Es ist $(2x^2 + 2x + 6)' = 4x + 2$. Nun schreiben wir das Integral als

$$\int 2 \frac{4x+2}{\sqrt{2x^2+2x+6}} \, dx + \int \frac{6}{\sqrt{2x^2+2x+6}} \, dx.$$

Wir untersuchen zuerst das erste Integral. Wir substituieren $u = 2x^2 + 2x + 6$. Dann ist $\frac{du}{dx} = 4x + 2$, also $dx = \frac{du}{4x+2}$, und das Integral wird zu

$$2 \int \frac{4x+2}{\sqrt{u}} \frac{du}{4x+2} = 2 \int \frac{1}{\sqrt{u}} \, du.$$

Das Integral können wir aber lösen: Es ist

$$2 \int \frac{1}{\sqrt{u}} \, du = 4\sqrt{u} = 4\sqrt{2x^2 + 2x + 6}.$$

Für das zweite Integral verfahren wir ähnlich wie im letzten Beispiel. Es ist

$$2x^2 + 2x + 6 = 2(x^2 + x) + 6 = 2 \left(x + \frac{1}{2} \right)^2 + \frac{11}{2}.$$

Also ist

$$\int \frac{6}{\sqrt{2x^2 + 2x + 6}}\, dx = 6 \int \frac{1}{\sqrt{2\left(x + \frac{1}{2}\right)^2 + \frac{11}{2}}}\, dx$$

$$= 6\sqrt{\frac{2}{11}} \int \frac{1}{\sqrt{\frac{4}{11}\left(x + \frac{1}{2}\right)^2 + 1}}\, dx$$

$$= 6\sqrt{\frac{2}{11}} \int \frac{1}{\sqrt{\left(\frac{2}{\sqrt{11}}\left(x + \frac{1}{2}\right)\right)^2 + 1}}\, dx.$$

Nun substituieren wir $u = \frac{2}{\sqrt{11}}\left(x + \frac{1}{2}\right)$, dann ist $\frac{du}{dx} = \frac{2}{\sqrt{11}}$ und somit $dx = \frac{\sqrt{11}}{2}\, du$. Damit wird aus dem Integral

$$\frac{6}{\sqrt{2}} \int \frac{1}{\sqrt{u^2 + 1}}\, du = 3\sqrt{2} \int \frac{1}{\sqrt{u^2 + 1}}\, du.$$

Na, was substituieren wir jetzt? Genau: $u = \sinh(t)$. Damit erhalten wir wegen $\frac{du}{dt} = \cosh(t)$ das Integral

$$3\sqrt{2} \int \frac{1}{\sqrt{\sinh^2(t) + 1}} \cosh(t)\, dt = 3\sqrt{2} \int \frac{\cosh(t)}{\cosh(t)}\, dt = 6t.$$

Nun noch zwei Mal rücksubstituieren, dann erhalten wir

$$\int \frac{6}{\sqrt{2x^2 + 2x + 6}}\, dx = 3\sqrt{2}\, \text{Arsinh}(u) = 3\sqrt{2}\, \text{Arsinh}\left(\frac{2}{\sqrt{11}}\left(x + \frac{1}{2}\right)\right).$$

Damit erhalten wir insgesamt

$$\int \frac{8x + 10}{\sqrt{2x^2 + 2x + 6}}\, dx = 4\sqrt{2x^2 + 2x + 6} + 3\sqrt{2}\, \text{Arsinh}\left(\frac{2}{\sqrt{11}}\left(x + \frac{1}{2}\right)\right).$$

∎

Weitere Beispiele findet ihr in dem tollen Artikel [Koea].

Erklärung

Zur Partialbruchzerlegung (Satz 12.13): Wir wollen uns die drei verschiedenen Ansätze aus Satz 12.13 an Beispielen anschauen. Aber zunächst möchten wir noch ein paar Worte zur Idee der Partialbruchzerlegung verlieren. Die Idee ist, gebrochen rationale Funktionen in Summen von einfacheren gebrochen rationale Funktionen zu zerlegen, die sich wesentlich einfacher und schneller integrieren lassen. Schauen wir uns das an.

▶ **Beispiel 136**

- Um $\int \frac{dx}{x^2-3x+2}$ zu berechnen, müssen wir $\frac{1}{x^2-3x+2}$ mittels Partialbruchzerlegung aufteilen. Wir stellen fest, dass das Nennerpolynom $x^2 - 3x + 2$ nur einfache Nullstellen (ermittelt man beispielsweise mit der sogenannten p-q-Formel oder Mitternachtsformel) besitzt und machen den Ansatz

$$\frac{1}{x^2 - 3x + 2} = \frac{1}{(x - 2)(x - 1)} = \frac{A}{x - 2} + \frac{B}{x - 1}$$
$$= \frac{A(x - 1) + B(x - 2)}{(x - 2)(x - 1)} = \frac{(A + B)x - A - 2B}{(x - 2)(x - 1)}.$$

Ein Koeffizientenvergleich liefert $B = -1$ und $A = 1$. Dieser Koeffizientenvergleich liefert zunächst ein lineares Gleichungssystem mit zwei Unbekannten A und B und zwei Gleichungen $A + B = 0$ und $-A - 2B = 1$, das es zu lösen gilt. Wie das geht, erfahrt ihr spätestens in Kap. 15. Also ergibt sich insgesamt:

$$\int \frac{dx}{x^2 - 3x + 2} = \int \frac{dx}{x - 2} - \int \frac{dx}{x - 1} = \ln|x - 2| - \ln|x - 1| = \ln\left|\frac{x - 2}{x - 1}\right|$$

- Wir wollen eine Stammfunktion zur Funktion $f(x) := \frac{2x^2+1}{x^3-2x^2+x}$ angeben. Es ist

$$f(x) = \frac{2x^2 + 1}{x^3 - 2x^2 + x} = \frac{2x^2 + 1}{x(x^2 - 2x + 1)} = \frac{2x^2 + 1}{x(x - 1)^2}.$$

Das Nennerpolynom besitzt unter anderem eine doppelte Nullstelle. Der Ansatz lautet daher:

$$\frac{2x^2 + 1}{x(x - 1)^2} = \frac{A}{x} + \frac{B}{x - 1} + \frac{C}{(x - 1)^2} = \frac{A(x - 1)^2 + Bx(x - 1) + Cx}{x(x - 1)^2}$$
$$= \frac{Ax^2 - 2Ax + A + Bx^2 - Bx + Cx}{x(x - 1)^2}$$
$$= \frac{x^2(A + B) + x(-2A - B + C) + A}{x(x - 1)^2}.$$

Durch Koeffizientenvergleich folgt $A = 1$ und damit ergibt sich ein lineares Gleichungssystem mit $1 + B = 2$, woraus $B = 1$, und $-2 - 1 + C = 0$ und daraus $C = 3$ folgen. Damit erhalten wir $f(x) = \frac{1}{x} + \frac{1}{x-1} + \frac{3}{(x-1)^2}$ und folgende Stammfunktion:

$$\int \frac{1}{x} + \frac{1}{x - 1} + \frac{3}{(x - 1)^2} \, dx = \ln|x| + \ln|x - 1| - \frac{3}{x - 1}.$$

- Wir berechnen das Integral $\int \frac{1}{x^3+x}\,\mathrm{d}x$. Es ist $\frac{1}{x^3+x} = \frac{1}{x(x^2+1)}$ und damit erhalten wir den Ansatz für eine komplexe Nullstelle:

$$\frac{1}{x^3+x} = \frac{1}{x(x^2+1)} = \frac{A}{x} + \frac{Bx+C}{x^2+1} = \frac{A(x^2+1) + (Bx+C)x}{x(x^2+1)}$$
$$= \frac{Ax^2 + A + Bx^2 + Cx}{x(x^2+1)} = \frac{x^2(A+B) + Cx + A}{x(x^2+1)}.$$

Durch Koeffizientenvergleich folgt $A = 1, C = 0$ und folglich $B = -1$ und somit gilt:

$$\int \frac{1}{x^3+x}\,\mathrm{d}x = \int \frac{1}{x} - \frac{x}{x^2+1}\,\mathrm{d}x = \ln|x| - \frac{1}{2} \cdot \ln\left|1 + x^2\right|.$$

Im letzten Schritt kam auch die logarithmische Integration zum Einsatz. ∎

Die drei Ansätze im obigen Beispiel sind typisch: Wenn das Nennerpolynom so viele verschiedene Nullstellen hat wie der Grad des Polynoms ist, wählen wir die erste Methode und stellen die Funktion als Summe von rationalen Funktionen dar, in deren Nenner ein lineares Polynom, also eines vom Grad 1, steht. Wenn das Nennerpolynom eine doppelte Nullstelle hat, dann wählen wir den zweiten Ansatz, erhalten also auch einen Summanden mit einem Polynom zweiten Grades im Nenner. Das könnte man theoretisch weiter verallgemeinern auf n-fache Nullstellen, das wird dann aber doch etwas kompliziert. Wenn das Polynom im Nenner eine komplexe Nullstelle hat, so wählen wir den dritten Ansatz. Bei Nennerpolynomen mit doppelten und komplexen Nullstellen müssten wir die beiden Methoden kombinieren. Das geht, wird aber beliebig kompliziert.

Bei rationalen Funktionen, bei denen das Nennerpolynom komplexe Nullstellen hat, gibt es noch eine weitere Methode, das Integral zu bestimmen. Diese zeigen wir euch im nächsten Beispiel:

▶ **Beispiel 137** Wir wollen noch einmal zeigen, dass nicht unbedingt immer Partialbruchzerlegung bei gebrochen rationalen Funktionen angewendet werden muss. Um die folgenden Ausführungen zu verstehen, verweisen wir auf die Beispiele 132. Wie findet man zum Integral $\int \frac{1}{4x^2-24x+100}\,\mathrm{d}x$ eine Stammfunktion? Eine Möglichkeit wäre natürlich die Partialbruchzerlegung, aber es geht auch anders, wenn wir das Integral geschickt umformen:

$$= \int \frac{1}{4 \cdot (x^2 - 6x + 25)}\,\mathrm{d}x = \frac{1}{4} \cdot \int \frac{1}{x^2 - 6x + 25}\,\mathrm{d}x$$
$$= \frac{1}{4} \cdot \int \frac{1}{(x-3)^2 + 16}\,\mathrm{d}x = \frac{1}{4} \cdot \int \frac{1}{16 \cdot \left(\frac{(x-3)^2}{16} + 1\right)}\,\mathrm{d}x$$
$$= \frac{1}{4} \cdot \int \frac{1}{16} \cdot \frac{1}{\frac{(x-3)^2}{16} + 1}\,\mathrm{d}x = \frac{1}{4} \cdot \frac{1}{16} \cdot \int \frac{1}{\frac{(x-3)^2}{16} + 1}\,\mathrm{d}x$$

$$= \frac{1}{64} \cdot \int \frac{1}{\frac{(x-3)^2}{16} + 1}\, \mathrm{d}x = \frac{1}{64} \cdot \int \frac{1}{\left(\frac{x-3}{4}\right)^2 + 1}\, \mathrm{d}x$$

$$= \frac{1}{64} \cdot \arctan\left(\frac{x-3}{4}\right) \cdot 4 = \frac{1}{16} \cdot \arctan\left(\frac{x-3}{4}\right)$$

Im letzten Schritt haben wir noch mit dem Kehrwert der inneren Ableitung, also mit 4 multipliziert.   ∎

Mit den obigen Methoden lassen sich auf jeden Fall alle Integrale von Funktionen der Form $f(x) = \frac{1}{ax^2+bx+c}$ bestimmen. Auch für Funktionen der Form $f(x) = \frac{ax+b}{cx^2+dx+e}$ kann man genauso verfahren und wir haben drei verschiedene Methoden, je nachdem wie viele reelle Nullstellen das Nennerpolynom hat. Es gibt aber auch hier noch eine weitere Methode, die vor allem dann hilfreich ist, wenn das Nennerpolynom keine reellen Nullstellen hat. Dafür stellt man das Polynom im Zähler als Ableitung des Polynoms im Nenner dar. Wie das genau geht, zeigt das nächste Beispiel.

▶ **Beispiel 138** Als Abschluss der Beispiele noch einmal ein ähnliches Beispiel wie eben. Wir betrachten das Integral $\int \frac{6x+9}{x^2-4x+20}\, \mathrm{d}x$. Auch hier sieht dies erst einmal sehr stark nach Partialbruchzerlegung aus. Wir zeigen aber nochmals den anderen Weg:

$$\int \frac{6x+9}{x^2-4x+20}\, \mathrm{d}x = \int \frac{3 \cdot (2x+3)}{x^2-4x+20}\, \mathrm{d}x = 3 \cdot \int \frac{2x+3}{x^2-4x+20}\, \mathrm{d}x$$

$$= 3 \cdot \int \frac{(2x-4)+(3+4)}{x^2-4x+20}\, \mathrm{d}x$$

Hier haben wir wieder Null addiert. Wieso? Klar, die Ableitung des Nenners ist ja gerade $2x-4$. Logarithmisches Integrieren lässt grüßen. Weiter geht's:

$$\ldots = 3 \cdot \int \frac{2x-4+7}{x^2-4x+20}\, \mathrm{d}x = 3 \cdot \left(\int \frac{2x-4}{x^2-4x+20}\, \mathrm{d}x + \int \frac{7}{x^2-4x+20}\, \mathrm{d}x \right)$$

Für das erste Integral gilt

$$\int \frac{2x-4}{x^2-4x+20}\, \mathrm{d}x = \ln\left|x^2-4x+20\right|.$$

Und beim zweiten Integral wenden wir wieder den Trick mit dem Arcustangens an:

$$\int \frac{7}{x^2-4x+20}\, \mathrm{d}x = \int \frac{7}{(x-2)^2+16}\, \mathrm{d}x = \int \frac{7}{16 \cdot \left(\frac{(x-2)^2}{16}+1\right)}\, \mathrm{d}x$$

$$= \frac{7}{16} \cdot \int \frac{1}{\left(\frac{x-2}{4}\right)^2+1}\, \mathrm{d}x = \frac{7}{4} \cdot \arctan\left(\frac{x-2}{4}\right).$$

Insgesamt erhalten wir also

$$\int \frac{6x + 9}{x^2 - 4x + 20} \, \mathrm{d}x = 3 \cdot \left(\ln \left| x^2 - 4x + 20 \right| + \frac{7}{4} \cdot \arctan \left(\frac{x - 2}{4} \right) \right).$$

Wir merken noch an: Diese Umformung bzw. Ergänzung zum $\int \frac{1}{x^2+1} \, \mathrm{d}x$-Integral, das dann den $\arctan(x)$ ergibt, wie wir es oben oft gemacht haben, geht genau dann, wenn der quadratische Nenner keine reelle Nullstelle hat. In allen anderen Fällen solltet ihr die Partialbruchzerlegung verwenden.

Aber alles gar nicht so schwer, oder? Man muss nur ein paar Integrale gerechnet haben, danach hat man die wichtigsten Tricks drauf und erkennt sie auch sofort. Denn nur Übung macht den Meister ;-). ∎

Was ist nun, wenn wir Funktionen haben, bei denen das Polynom im Zähler höheren oder gleichen Grad hat, als das im Nenner? In dem Fall kann man einfach Polynomdivision anwenden. Damit können wir das Problem auf die Formen zurückführen, die wir eben schon betrachtet haben. Ein Beispiel? Hier kommt es:

▶ **Beispiel 139** Sei $f(x) = \frac{x^3 + x^2 + x + 2}{x^2 + x}$. Wir machen Polynomdivision: Es gilt

$$(x^3 + x^2 + x + 2) \div (x^2 + x) = x \text{ Rest } x + 2,$$

also $f(x) = x + \frac{x+2}{x^2+x}$ Dann folgt

$$\int f(x) \, \mathrm{d}x = \int x \, \mathrm{d}x + \int \frac{x+2}{x^2+x} \, \mathrm{d}x.$$

Für das zweite Integral machen wir nun wieder Partialbruchzerlegung: Mit

$$\frac{x+2}{x^2+x} = \frac{A}{x} + \frac{B}{x-1}$$

folgt $Ax + A + Bx = x + 2$, also $A = 2$ und $B = -1$. Insgesamt folgt dann

$$\int f(x) \, \mathrm{d}x = \int x \, \mathrm{d}x + \int \frac{2}{x} \, \mathrm{d}x - \int \frac{1}{x+1} \, \mathrm{d}x$$

$$= \frac{1}{2}x^2 + 2\ln(x) - \ln(x+1). \qquad ∎$$

Theoretisch lassen sich mit diesen Methoden Integrale von Funktionen der Art $\frac{a_n x^n + a_{n-1} x^{n-1} + \cdots + a_1 x + a_0}{b_m x^m + b_{m-1} x^{m-1} + \cdots + b_1 x + b_0}$ bestimmen, indem man im Fall $n \geq m$ zuerst eine Polynomdivision durchführt. Falls aber $m > 3$ ist, kann das Verfahren (für allgemeine Nennerpolynome) ziemlich kompliziert werden. Zwei Beispiele für $m \geq 3$ haben wir ja oben schon gesehen, wir zeigen hier nochmal ein Beispiel für $m > 3$, bei dem es auch nicht zu kompliziert ist.

▶ **Beispiel 140** Wir bestimmen das Integral $\int \frac{2x}{9+x^4}\,\mathrm{d}x$. Hier können wir einfach $u = x^2$ substituieren. Es gilt dann $\frac{\mathrm{d}u}{\mathrm{d}x} = 2x$, also $\mathrm{d}x = \frac{\mathrm{d}u}{2x}$. Somit erhalten wir, ähnlich wie oben,

$$\int \frac{2x}{9+x^4}\,\mathrm{d}x = \int \frac{1}{9+u^2}\,\mathrm{d}u = \int \frac{1}{9}\frac{1}{\left(\frac{u}{3}\right)^2+1}\,\mathrm{d}u$$

$$= \frac{1}{3}\arctan\left(\frac{u}{3}\right) = \frac{1}{3}\arctan\left(\frac{x^2}{3}\right).$$ ∎

Mit der Partialbruchzerlegung kann man aber auch Integrale bestimmen, die erst mal gar nicht danach aussehen als das Partialbruchzerlegung anwendbar ist. Wir betrachten zuletzt noch Funktionen der Art $f(x) = \ln(ax^2 + bx + c)$. Auch diese Integrale können wir mit einem kleinen Trick mit der Partialbruchzerlegung behandeln. Und zwar benutzen wir partielle Integration mit demselben Trick, den wir auch in Beispiel 131 benutzt haben. Dazu ein Beispiel.

▶ **Beispiel 141**

- Sei $f(x) = \ln(x^2 + 5)$, wir wollen also das Integral $\int \ln(x^2 + 5)$ bestimmen. Wir benutzen partielle Integration und schreiben dafür den Integranden als $1 \cdot \ln(x^2 + 5)$. Dann ist

$$\int \ln(x^2+5)\,\mathrm{d}x = x\ln(x^2+5) - \int x\cdot\frac{2x}{x^2+5}\,\mathrm{d}x = x\ln(x^2+5) - \int \frac{2x^2}{x^2+5}\,\mathrm{d}x.$$

  Wie man das verbleibende Integral nun bestimmt solltet ihr ja jetzt wissen, das überlassen wir euch also als Übung ;).

- Einfacher ist es, wenn der Term im Logarithmus zwei reelle Nullstellen hat, denn dann können wir die Logarithmengesetze benutzen. Zum Beispiel ist

$$\int \ln(x^2-9)\,\mathrm{d}x = \int \ln((x-3)(x+3))\,\mathrm{d}x$$

$$= \int \ln(x-3)\,\mathrm{d}x + \int \ln(x+3)\,\mathrm{d}x$$

$$= (x-3)(\ln(x-3)-1) + (x+3)(\ln(x+3)+1).$$

- Ähnlich kann man vorgehen, wenn der Term im Logarithmus eine doppelte Nullstelle hat:

$$\int \ln(x^2+4x+4)\,\mathrm{d}x = \int \ln((x+2)^2)\,\mathrm{d}x = \int 2\ln(x+2)\,\mathrm{d}x$$

$$= 2(x+2)(\ln(x+2)-1).$$

Auch wenn der Term im Logarithmus reelle Nullstellen hat, kann man das erste Verfahren im obigen Beispiel anwenden, aber es ist viel einfacher, die anderen zu benutzen. ∎

Viele weitere berechnete Integral findet ihr übrigens in dem hervorragenden Artikel [Koea].

Konvergenz von Funktionenfolgen

13

Dieses Kapitel ist den Funktionenfolgen und den Begriffen „punktweise konvergent" und „gleichmäßig konvergent" gewidmet. Wir werden einige Beispiele und wichtige Sätze in diesem Zusammenhang anführen und erklären. Die Idee dabei ist an das wunderschöne Buch [Beh08] angelehnt, welches wir nur empfehlen können. Es wurde auch von Studenten mit geschrieben.

13.1 Definitionen

Definition 13.1 (Funktionenfolge)
Eine Folge von Funktionen nennen wir **Funktionenfolge**. Wir schreiben $(f_n)_{n \in \mathbb{N}}$, wobei f_n mit $n \in \mathbb{N}$ Funktionen sind.

Definition 13.2 (Punktweise Konvergenz)
Sei X eine nichtleere Menge und seien $f, f_n : X \to Y$ Abbildungen und $n \in \mathbb{N}$. Die Funktionenfolge $(f_n)_{n \in \mathbb{N}}$ heißt **punktweise konvergent** gegen f, wenn für jedes feste $x \in X$ die Folge $(f_n(x))_{n \in \mathbb{N}}$ gegen $f(x)$ konvergiert, das heißt:

$$\forall \varepsilon > 0 \; \forall x \in X \; \exists n_0 \in \mathbb{N} \; \forall n \geq n_0 : |f_n(x) - f(x)| \leq \varepsilon.$$

© Springer-Verlag GmbH Deutschland, ein Teil von Springer Nature 2018
F. Modler, M. Kreh, *Tutorium Analysis 1 und Lineare Algebra 1*,
https://doi.org/10.1007/978-3-662-56752-4_13

Definition 13.3 (Gleichmäßige Konvergenz)
Eine Funktionenfolge $(f_n)_{n \in \mathbb{N}}$ heißt **gleichmäßig konvergent** gegen f, wenn das n_0 in der Definition 13.2 der punktweisen Konvergenz nicht von x abhängt, also wenn gilt:

$$\forall \varepsilon > 0 \; \exists n_0 \in \mathbb{N} \; \forall x \in X \; \forall n \geq n_0 : \; |f_n(x) - f(x)| \leq \varepsilon.$$

13.2   Sätze und Beweise

Satz 13.1
Jede gleichmäßig konvergente Funktionenfolge ist auch punktweise konvergent.

Beweis: Dies folgt sofort aus den Definitionen.   q.e.d.

Satz 13.2
Konvergiert eine Funktionenfolge $(f_n)_{n \in \mathbb{N}}$ stetiger Funktionen gleichmäßig gegen eine Funktion f, so ist diese wieder stetig.

In anderen Worten: Der gleichmäßige Grenzwert stetiger Funktionen ist wieder stetig.

Satz 13.3
Wenn die Folge differenzierbarer Funktionen $(f_n)_{n \in \mathbb{N}}$ gleichmäßig gegen f konvergiert und die Ableitungen f_n' gleichmäßig konvergieren, so gilt $\lim\limits_{n \to \infty} f_n' = f'$.

Satz 13.4
Der gleichmäßige Grenzwert riemann-integrierbarer Funktionen ist riemann-integrierbar, und es gilt:

$$\lim_{n \to \infty} \int_a^b f_n(x)\,\mathrm{d}x = \int_a^b \lim_{n \to \infty} f_n(x)\,\mathrm{d}x = \int_a^b f(x)\,\mathrm{d}x.$$

> **Satz 13.5 (Konvergenzkriterium von Weierstraß)**
> *Die Funktionenfolge* $(f_n)_{n \in \mathbb{N}} : D \subset \mathbb{R} \to \mathbb{R}$ *sei gegeben mit*
>
> $$\sum_{k=0}^{\infty} \| f_k \|_D < \infty.$$
>
> *Dann konvergiert auch die Reihe* $\sum_{k=0}^{\infty} f_k$ *auf D absolut und gleichmäßig gegen die Grenzfunktion* $f : D \to \mathbb{R}.$

13.3   Erklärungen zu den Definitionen

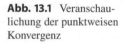

Zur Definition 13.1 der Funktionenfolge: Das Wort „Funktionenfolge" besteht aus zwei Bestandteilen. Das erste ist „Funktionen" und das zweite „Folgen". Beide Begriffe sind uns geläufig und beide sind in diesem Buch schon einmal gefallen.

▶ **Beispiel 142** Ein einfaches Beispiel einer Funktionenfolge ist die Funktionenfolge $f_n : x \mapsto x^n$. n durchläuft hier die natürlichen Zahlen, das heißt, $n \in \mathbb{N}$. Die Folgenglieder lauten demnach $x, x^2, x^3, x^4, \ldots$. Weitere Beispiele gibt es in den Erklärungen. ∎

Erklärung

Zur Definition 13.2 der punktweisen Konvergenz: Anschaulich kann man sich die punktweise Konvergenz an Abb. 13.1 klar machen.

Abb. 13.1 Veranschaulichung der punktweisen Konvergenz

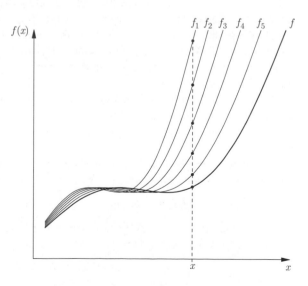

Abb. 13.2 Veranschaulichung der gleichmäßigen
Konvergenz

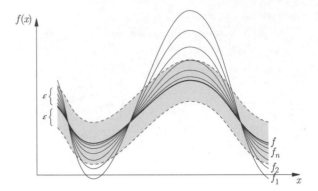

Die Definition 13.2 und die Abb. 13.1 sollten selbsterklärend sein. Wir verweisen zur Einübung der Begriffe auf die Beispiele 144 und die Erklärungen zu Satz 13.1 und Satz 13.2.

Erklärung

Zur Definition 13.3 der gleichmäßigen Konvergenz: Die gleichmäßige Konvergenz einer Funktionenfolge kann man sich mithilfe von Abb. 13.2 veranschaulichen.

Für jedes $\varepsilon > 0$ muss es ein n_0 geben, sodass alle f_n für $n \geq n_0$ im „ε-Streifen um f" liegen. Wichtig ist, dass das n_0 in der Definition der gleichmäßigen Konvergenz nicht von x abhängt.

13.4   Erklärungen zu den Sätzen und Beweisen

Erklärung

Zum Satz 13.1: Satz 13.1 sagt, dass aus gleichmäßiger Konvergenz einer Funktionenfolge die punktweise Konvergenz folgt. Das entspricht in etwa dem, dass gleichmäßig stetige Funktionen auch punktweise stetig sind, siehe Kap. 10, genauer Satz 10.5. Wir wollen nun an einem Beispiel zeigen, dass die Umkehrung nicht gilt, das heißt, aus punktweiser Konvergenz folgt im Allgemeinen nicht die gleichmäßige Konvergenz.

Wir betrachten die Funktionenfolge $f_n : \mathbb{R} \to \mathbb{R}$ mit $x \mapsto \frac{x}{n}$. Diese ist punktweise konvergent gegen die Nullfunktion. Das ist klar, denn für jedes $x \in \mathbb{R}$ ist die Funktionenfolge $(f_n)_{n \in \mathbb{N}} = \left(\frac{x}{n}\right)_{n \in \mathbb{N}}$ als Vielfaches der Folge $\left(\frac{1}{n}\right)_{n \in \mathbb{N}}$ gegen Null konvergent.

Wir zeigen nun, dass die Funktionenfolge $(f_n)_{n \in \mathbb{N}}$ aber nicht gleichmäßig konvergiert: Wir wählen $\varepsilon = 1$. Jetzt ist es nicht möglich, ein n_0 zu finden, sodass

$$|f_n(x) - f(x)| = |f_n(x) - 0| = |f_n(x)| \leq \varepsilon$$

für alle x und alle $n \geq n_0$. Angenommen es existiere so ein n_0 und seien $n = n_0$ und $x = 2 \cdot n_0$. Dann erhalten wir:

$$|f_n(x)| = 2 > 1 = \varepsilon.$$

Es muss aber $|f_n(x)| \leq \varepsilon$ gelten, wenn die Funktionenfolge gleichmäßig konvergent sein soll. Also ist sie es nicht, wie behauptet.

Erklärung

Zum Satz 13.2: Der Satz 13.2 sagt aus: Wenn die einzelnen Folgenglieder der Funktionenfolge, also die Funktionen, stetig sind, und die Funktionenfolge gleichmäßig gegen eine Funktion konvergiert, ist diese Funktion auf jeden Fall stetig.

Wir zeigen: *Der punktweise Limes stetiger Funktionen muss nicht unbedingt stetig sein.* Das bedeutet gerade: Wenn die einzelnen Folgenglieder der Funktionenfolge, also die Funktionen, stetig sind, dann muss die Funktion, gegen die die Funktionenfolge konvergiert, bei punktweiser Konvergenz nicht unbedingt stetig sein. Dies zeigt das folgende

▶ **Beispiel 143** Wir betrachten die durch $f_n : x \mapsto x^n$ auf dem Intervall $[0, 1]$ definierte Funktionenfolge $(f_n)_{n \in \mathbb{N}}$. Sie konvergiert punktweise gegen

$$f : x \mapsto \begin{cases} 0, & \text{falls } x \in [0, 1) \\ 1, & \text{falls } x = 1. \end{cases}$$

denn $1^n \to 1$ und $x^n \to 0$ für $0 \leq x < 1$.

Wir veranschaulichen dies an der Abb. 13.3. ∎

Beispiele zur punktweisen und gleichmäßigen Konvergenz

▶ **Beispiel 144**

- Für jedes $n \in \mathbb{N}$ sei $f_n : \mathbb{R} \to \mathbb{R}$ mit $f_n(x) := \left(\tanh\left(\frac{1}{x}\right)\right)^{2n}$ für $x \neq 0$ und $f_n(0) := 1$. Hierbei bezeichnet $\tanh(x)$ den Tangens hyperbolicus, und es gilt $\tanh(x) := \frac{e^{2x}-1}{e^{2x}+1}$.

Abb. 13.3 Die Funktionenfolge $f_n : x \mapsto x^n$ auf dem Intervall $[0, 1]$

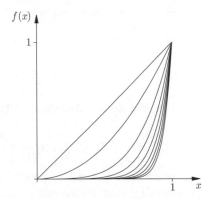

Man zeige:

i) Die Folge (f_n) konvergiert auf ganz $\mathbb{R}$ punktweise und ermittle die Grenz-funktion f.

Es gilt $f_n(0) = 1 \to 1$ für $n \to \infty$. Die Funktion $x \mapsto \tanh(x)$ ist streng monoton wachsend mit $|\tanh(x)| < 1$ für alle x. Deshalb gilt $f_n(x) \to 0$ für $n \to \infty$ und $x \neq 0$. Die Grenzfunktion ist daher $f(x) = 0$ für $x \neq 0$ und $f(0) = 1$.

ii) Die Folge (f_n) konvergiert nicht gleichmäßig auf ganz $\mathbb{R}$, für jedes $a > 0$ konvergiert sie jedoch gleichmäßig auf $\mathbb{R} \setminus (-a, a)$.

Die Grenzfunktion ist nicht stetig. Nach Satz 13.2 kann die Konvergenz also nicht gleichmäßig auf ganz $\mathbb{R}$ sein. Sei nun $a > 0$ gegeben. Die Funktion f_n ist eine gerade Funktion und für $x \geq 0$ streng monoton fallend. Also gilt $f_n(x) \leq f_n(a)$ für $|x| \geq a$. Wegen $f_n(a) \to 0$ folgt die gleichmäßige Konvergenz auf $\mathbb{R} \setminus (-a, a)$.

- Die Funktionenfolge $f_n : \mathbb{R} \to \mathbb{R}$ mit $f_n(x) = \frac{1}{n}\sin(nx)$ konvergiert gleichmä-ßig gegen $f = 0$. Jedes f_n ist (beliebig oft) differenzierbar, aber die Ableitungen $f_n'(x) = \cos(nx)$ konvergieren nicht einmal punktweise gegen die Ableitung der Grenzfunktion, das heißt gegen Null.

- Es seien $f_0(x) := \frac{1}{4}x(1 + x)$ und $f_{n+1}(x) := f_0(f_n(x))$ für alle $x \in \mathbb{R}$ und jedes $n \in \mathbb{N}$. Man zeige: Die Reihe $\sum_{n=0}^{\infty} f_n(x)$ konvergiert im Intervall $I := (-3, 3)$ punktweise, und sie konvergiert sogar gleichmäßig auf jedem Intervall $[a, b] \subset I$.

Es genügt, die gleichmäßige Konvergenz auf jedem Intervall $J := [-c, c]$ mit $0 < c < 3$ zu beweisen. Mit $K := \frac{1+c}{4} < 1$ folgt dann für alle $x \in J$:

$$|f_0(x)| = \frac{1}{4}|x||1 + x| \leq \frac{1+c}{4}|x| = K|x| \leq Kc < c.$$

Insbesondere gilt wieder $f_0(x) \in J$ und damit auch $f_n(x) \in J$ für alle n. Ein kleiner Induktionsbeweis sichert dann auch $|f_n(x)| \leq K^{n+1}c$ für alle $n \in \mathbb{N}_0$. Nach dem Majorantenkriterium ergibt sich nun die gleichmäßige Konvergenz unserer Reihe auf dem Intervall I. ∎

Wir geben noch zwei weitere Beispiele, die zeigen, wie die Konvergenz von Funk-tionenfolgen untersucht werden kann.

▶ **Beispiel 145** Es sei die Funktionenfolge

$$f_n : \mathbb{R} \to \mathbb{R}, \, f_n(x) := \frac{\sin(nx)}{\sqrt{n}}$$

gegeben. Wir zeigen, dass diese Folge gleichmäßig gegen $f = 0$ konvergiert. Es gilt

$$|f_n - f| = |f_n - 0| = \left|\frac{\sin(nx)}{\sqrt{n}}\right| = \frac{|\sin(nx)|}{\sqrt{n}} \leq \frac{1}{\sqrt{n}} \to 0.$$

Wir sehen also, dass das n_0 unabhängig von x gewählt werden kann, woraus die gleichmäßige Konvergenz folgt. ∎

▶ **Beispiel 146** Gegeben sei die Funktionenfolge $f_n : [0,1] \to \mathbb{R}$ durch

$$f_n(x) := \begin{cases} 2nx, & \text{falls } x \in \left[0, \frac{1}{2n}\right] \\ 2 - 2nx, & \text{falls } x \in \left[\frac{1}{2n}, \frac{1}{n}\right] \\ 0, & \text{falls } x \in \left[\frac{1}{n} 1\right] \end{cases}$$

Diese konvergiert punktweise gegen die Nullfunktion (malt euch eine Skizze!), denn: Sei $x \in [0,1]$. Wir können nach dem Satz von Archimedes $n_0 \in \mathbb{N}$ so wählen, dass $\frac{1}{n_0} < x$. Dann gilt $f_n(x) = 0$ für alle $n \geq n_0$.

Die Funktionenfolge ist aber nicht gleichmäßig konvergent, denn es gilt

$$\left| f_n\left(\frac{1}{2n}\right) - f \right| = \left| 2n \cdot \frac{1}{2n} - 0 \right| = 1. \qquad \blacksquare$$

Erklärung

Zum Konvergenzkriterium von Weierstraß (Satz 13.5): Wir geben ein einfaches Beispiel, um den Satz einzuüben. Wichtig ist zu bemerken, dass wir mit diesem Satz ein einfaches Kriterium erhalten, um Funktionenreihen auf gleichmäßige Konvergenz zu untersuchen.

▶ **Beispiel 147** Wir wollen zeigen, dass die Funktionenreihe $\sum_{k=1}^{\infty} \frac{\cos(kx)}{k^2}$ gleichmäßig auf $\mathbb{R}$ konvergiert Dazu müssen wir einfach nur $\frac{\cos(kx)}{k^2}$ so abschätzen, dass die Reihe darüber konvergiert (also so wie bei dem Majorantenkriterium für Reihen). Dies geht so

$$\left| \frac{\cos(kx)}{k^2} \right| = \frac{|\cos(kx)|}{k^2} \leq \frac{1}{k^2},$$

denn die Reihe $\sum_{k=1}^{\infty} \frac{1}{k^2}$ ist konvergent, wie wir schon wissen. Es folgt die gleichmäßige Konvergenz der Funktionenreihe mit dem Konvergenzkriterium von Weierstraß. $\qquad \blacksquare$

Probeklausur Analysis

14

Im Folgenden haben wir für euch eine Probeklausur für Analysis vorbereitet, damit ihr einmal selbst testen könnt, ob ihr den Stoff auch verinnerlicht habt. Die Klausur und die anschließende Musterlösung schreiben wir im üblichen Unistil, wundert euch also nicht, wenn die Texte dort von unserem Stil etwas abweichen. Insbesondere werden wir euch dort zum ersten Mal siezen, denn das werdet ihr in echten Klausuren schließlich auch ;-). Bevor ihr euch mit der Klausur beschäftigt, solltet ihr unbedingt alles Störende (Handy usw.) beiseite legen und auch keine Anrufe annehmen. Am besten hilft eine Probeklausur immer dann, wenn man wirklich prüfungsähnliche Bedingungen schafft, gebt euch also auch nur so viel Zeit wie von uns unten beschrieben. Bevor nun die Klausur losgeht, folgen erst mal einige Hinweise zu Klausuren im Allgemeinen und zu unserer Probeklausur.

© Springer-Verlag GmbH Deutschland, ein Teil von Springer Nature 2018
F. Modler, M. Kreh, *Tutorium Analysis 1 und Lineare Algebra 1*,
https://doi.org/10.1007/978-3-662-56752-4_14

14.1 Hinweise

Bevor ihr mit der Klausur beginnt, hier erst mal ein paar allgemeine Hinweise:

- Das Wichtigste zuerst: Rechnet nicht damit, dass eure Klausuren vom Aufbau her so aussehen wie hier im Buch. Jede Universität und jeder Dozent hat da seine eigenen Vorlieben und Vorstellungen. Je nachdem, welchen Stoff ihr genau durchgenommen habt, können die Klausuren anders aussehen (sowohl von den Aufgabentypen als auch von der Punkteverteilung). Aber auch bei gleichem Stoff kann man sehr unterschiedliche Schwerpunkte legen. Die Klausuren hier dienen eher dazu, damit ihr euch einmal selbst testen könnt.
- Wenn ihr Klausuren rechnen wollt, die vielleicht eher der Klausur entsprechen, die ihr später auch schreiben werdet, dann sprecht eure Dozenten oder eure Fachschaftsvertreter an. Oftmals haben diese Klausuren aus den Vorjahren, an denen ihr üben könnt. So bekommt ihr auch eine Vorstellung davon, wie eure Klausuren aussehen könnten.
- Eine Klausur kann nicht den ganzen Stoff abprüfen, der im Semester behandelt wurde (es sei denn, es ist eine Überhangklausur, siehe nächster Punkt). Seid also nicht überrascht, wenn ihr Themen, die in der Vorlesung behandelt wurden, auf der Klausur nicht wiederfindet. Das bedeutet aber auch, dass es gefährlich ist, auf Lücke zu lernen: Wenn ein Thema, das ihr nicht vorbereitet habt, in der Klausur drankommt, und eines, das ihr gut könnt, nicht drankommt, dann habt ihr ein Problem.
- Bei Überhangklausuren (d. h. Klausuren, bei denen es mehr also 100 % zu erreichen gibt) solltet ihr euch vor Bearbeitung erst mal die Aufgaben durchsehen und zuerst die machen, die euch am ehesten liegen.
- Oftmals ist eine Klausur dann bestanden, wenn die Hälfte der Punkte erreicht wurden. Bei Überhangklausuren braucht man entsprechend weniger Punkte. Das ist aber, genauso wie die Notengrenzen bei bestandenen Klausuren, je nach Dozent oft unterschiedlich.
- Fragt rechtzeitig vor der Klausur ob, und wenn ja welche, Hilfsmittel erlaubt sind. Manchmal darf man einen eigenen beschriebenen Zettel mitbringen, manchmal ist auch ein Taschenrechner erlaubt. Wenn ihr euch einen eigenen Zettel mitbringen sollt, dann kopiert bitte keinen von euren Kommilitonen, dieser wird euch dann meistens wenig bringen. Dadurch, dass ihr euch selbst einen Zettel schreibt, lernt ihr gleichzeitig auch und ihr wisst am besten, was ihr gerne auf dem Zettel habt und was nicht. Nehmt euch für dessen Erstellung also auch genügend Zeit.
- Wenn bei den Aufgaben der Klausur die möglichen Punkte dabeistehen, dann achtet darauf, wie viele Punkte ihr pro Aufgabe bekommt. Das kann euch schon ein Gefühl dafür geben, ob ihr gut in der Zeit seid und so könnt ihr notfalls Aufgaben, für die es nicht viele Punkte gibt, auslassen.

Soo... bevor es dann auf der nächsten Seite losgeht, hier noch die spezifischen Hinweise für die folgende Klausur:

- Es sind keine Hilfsmittel erlaubt (kein Taschenrechner, kein Formelzettel).
- Ihr habt 120 Minuten Zeit.
- Es gibt 62 Punkte zu erreichen, ab 31 Punkten ist die Klausur bestanden.

Viel Erfolg!

14.2 Klausur

Aufgabe 1 (6 + 4 Punkte)

Für $n \in \mathbb{N}_0$ sei die Lucas-Folge L_n definiert durch

$$L_0 := 2, L_1 := 1 \quad \text{und} \quad L_{n+1} := L_n + L_{n-1} \quad \text{für} \quad n \geq 1.$$

1. Zeigen Sie: Für alle $n \in \mathbb{N}_0$ gilt $L_n = \left(\frac{1+\sqrt{5}}{2} \right)^n + \left(\frac{1-\sqrt{5}}{2} \right)^n$.

2. Sei $(a_n)_{n \in \mathbb{N}_0}$ die Folge mit $a_n = \frac{L_{n+1}}{L_n}$. Zeigen Sie, dass a_n wohldefiniert ist und bestimmen Sie den Grenzwert $\lim\limits_{n \to \infty} a_n$.

Aufgabe 2 (4 Punkte)

Für welche $x \in \mathbb{R}$ ist die Reihe $\sum_{n=0}^{\infty} \frac{(1+\cos(x))^n}{\binom{3n}{n}}$ konvergent?

Aufgabe 3 (6 Punkte)

Für welche $a \in \mathbb{R}$ ist die Funktion $f_a : \mathbb{R} \to \mathbb{R}$ mit

$$f_a := \begin{cases} ax^2 - 4, & x \leq 3 \\ a2^x - 2, & x > 3 \end{cases}$$

stetig? Für welche $a \in \mathbb{R}$ ist f_a sogar differenzierbar?

Aufgabe 4 (4 + 2 + 2 Punkte)

1. Zeigen Sie: Jede stetige Funktion $f : \mathbb{R} \to \mathbb{Z}$ ist konstant.
2. Geben Sie eine nichtkonstante stetige Funktion $f : \mathbb{Z} \to \mathbb{R}$ an.
3. Bestimmen Sie alle differenzierbaren Funktionen $f : \mathbb{Z} \to \mathbb{R}$ und alle differenzierbaren Funktionen $f : \mathbb{R} \to \mathbb{Z}$.

Aufgabe 5 (8 + 6 Punkte)

1. Sei $f(x) := x^{\frac{1}{5}}$. Bestimmen Sie das Taylor-Polynom T_3 dritter Ordnung zum Entwicklungspunkt $x_0 = 1$.
2. Bestimmen Sie mit dem Ergebnis aus Teil 1 näherungsweise $\sqrt[5]{2}$. Wie genau ist diese Näherung?

Aufgabe 6 (4 Punkte)

Bestimmen Sie eine Stammfunktion von $f(x) = 2x^3 e^{x^2}$. Welche Fläche schließt die Funktion $f(x)$ mit der x-Achse im Bereich $[-2, 2]$ ein?

Aufgabe 7 (6 + 4 Punkte)

1. Seien $a, b \in \mathbb{R}$ mit $a < b$ und $f, g : [a, b] \to \mathbb{R}$ stetig auf $[a, b]$ und differenzierbar auf (a, b). Zeigen Sie, dass es ein $x_0 \in (a, b)$ mit

$$f'(x_0)(g(b) - g(a)) = g'(x_0)(f(b) - f(a))$$

gibt. Hinweis: Betrachten Sie im Fall $g(a) \neq g(b)$ die Funktion $h(x) := f(x) - \frac{f(b) - f(a)}{g(b) - g(a)}(g(x) - g(a))$.

2. Sei $g : [0, 1] \to \mathbb{R}$ stetig auf $[0, 1]$ und differenzierbar auf $(0, 1)$ mit $g'(x) \neq 0$ für $x \in [0, 1]$. Zeigen Sie: Es gibt ein $x_0 \in (0, 1)$ und ein $\xi \in (1, e)$ mit $\frac{g(1) - g(0)}{g'(x_0)} = \frac{e - 1}{\xi}$.

Aufgabe 8 (4 + 2 Punkte)

Gegeben sei die Funktionenfolge $(f_n)_{n \in \mathbb{N}}$ mit $f_n : [0, e] \to \mathbb{R}$ und

$$f_n(x) = \frac{x^n}{e^{x+n}}$$

1. Zeigen Sie, dass (f_n) gegen eine Grenzfunktion f konvergiert und bestimmen Sie f.
2. Konvergiert (f_n) gleichmäßig gegen f?

14.3 Musterlösung

Aufgabe 1

1. Wir zeigen die Aussage mit vollständiger Induktion. Für $n = 0$ gilt

$$\left(\frac{1+\sqrt{5}}{2}\right)^0 + \left(\frac{1-\sqrt{5}}{2}\right)^0 = 1 + 1 = 2 = L_0$$

und für $n = 1$ gilt

$$\left(\frac{1+\sqrt{5}}{2}\right)^1 + \left(\frac{1-\sqrt{5}}{2}\right)^1 = \frac{1}{2} + \frac{1}{2} = 1 = L_1.$$

Gelte nun die Aussage für alle $k \leq n$. Dann zeigen wir, dass die Aussage auch für $n + 1$ gilt. Es gilt

$$L_{n+1} = L_n + L_{n-1}$$

$$\overset{\text{I.V.}}{=} \left(\frac{1+\sqrt{5}}{2}\right)^n + \left(\frac{1-\sqrt{5}}{2}\right)^n + \left(\frac{1+\sqrt{5}}{2}\right)^{n-1} + \left(\frac{1-\sqrt{5}}{2}\right)^{n-1}$$

$$= \left(\frac{1+\sqrt{5}}{2}\right)^{n-1}\left(\frac{1+\sqrt{5}}{2} + 1\right) + \left(\frac{1-\sqrt{5}}{2}\right)^{n-1}\left(\frac{1-\sqrt{5}}{2} + 1\right).$$

Es ist noch zu zeigen, dass $\left(\frac{1\pm\sqrt{5}}{2}\right)^2 = \frac{1\pm\sqrt{5}}{2} + 1$, dann sind wir fertig. Dies folgt aber durch Ausrechnen: $\left(\frac{1\pm\sqrt{5}}{2}\right)^2 = \frac{1}{4} + \frac{5}{4} \pm \frac{2\sqrt{5}}{4} = 1 + \frac{1\pm\sqrt{5}}{2}$.

2. Wegen $L_0 > 0, L_1 > 0$ und $L_{n+1} = L_n + L_{n-1}$ gilt auch $L_n > 0$ für alle n, damit ist der Bruch wohldefiniert. Es gilt dann

$$\frac{L_{n+1}}{L_n} = \frac{\left(\frac{1+\sqrt{5}}{2}\right)^{n+1} + \left(\frac{1-\sqrt{5}}{2}\right)^{n+1}}{\left(\frac{1+\sqrt{5}}{2}\right)^n + \left(\frac{1-\sqrt{5}}{2}\right)^n}$$

$$= \frac{\left(\frac{1+\sqrt{5}}{2}\right)^{n+1}\left(1 + \left(\frac{1-\sqrt{5}}{1+\sqrt{5}}\right)^{n+1}\right)}{\left(\frac{1+\sqrt{5}}{2}\right)^n\left(1 + \left(\frac{1-\sqrt{5}}{1+\sqrt{5}}\right)^n\right)}$$

$$= \frac{1+\sqrt{5}}{2}\left(\frac{1 + \left(\frac{1-\sqrt{5}}{1+\sqrt{5}}\right)^{n+1}}{1 + \left(\frac{1-\sqrt{5}}{1+\sqrt{5}}\right)^n}\right).$$

Wegen $\left|\frac{1-\sqrt{5}}{1+\sqrt{5}}\right| < 1$ gilt $\frac{1-\sqrt{5}}{1+\sqrt{5}} \to 0$ für $n \to \infty$, damit folgt $a_n \to \frac{1+\sqrt{5}}{2}$.

Aufgabe 2

Wir benutzen das Quotientenkriterium. Dann gilt

$$\left|\frac{a_{n+1}}{a_n}\right| = \frac{(1+\cos(x))^{n+1}}{\binom{3n+3}{n+1}} \frac{\binom{3n}{n}}{(1+\cos(x))^n} = (1+\cos(x))\frac{\frac{(3n)!}{(2n)!n!}}{\frac{(3n+3)!}{(2n+2)!(n+1)!}}$$

$$= (1+\cos(x))\frac{(3n)!(2n+2)!(n+1)!}{(3n+3)!(2n)!n!}$$

$$= (1+\cos(x))\frac{(2n+2)(2n+1)(n+1)}{(3n+3)(3n+2)(3n+1)}$$

$$\to (1+\cos(x))\frac{2\cdot 2\cdot 1}{3\cdot 3\cdot 3}$$

$$= \frac{4}{27}(1+\cos(x)).$$

Wegen $|1+\cos(x)| \le 2$ gilt also $\left|\frac{a_{n+1}}{a_n}\right| \le \frac{8}{27}$, daher ist die Reihe nach dem Quotientenkriterium für alle $x \in \mathbb{R}$ konvergent.

Aufgabe 3

Für $x < 3$ und $x > 3$ ist die Funktion als Zusammensetzung stetiger Funktionen stetig. Für die Stetigkeit in $x = 3$ überprüfen wir, ob $\lim_{n\to 3} ax^2 - 4 = \lim_{n\to 3} a2^x - 2$. Es gilt

$$\lim_{n\to 3} ax^2 - 4 = 9a - 4 \text{ und } \lim_{n\to 3} a2^x - 2 = 8a - 2,$$

die Funktion ist also genau dann stetig, wenn $9a - 4 = 8a - 2$, also wenn $a = 2$. Die Funktion kann nur differenzierbar sein, wenn sie stetig ist, also kommt nur der Fall $a = 2$ in Frage. In dem Fall ist die Funktion für $x < 3$ und für $x > 3$ wieder als Zusammensetzung differenzierbarer Funktionen differenzierbar. Für $x = 3$ bestimmen wir die Ableitung auf beiden Seiten und überprüfen auf Gleichheit. Es gilt

$$(2x^2 - 4)' = 4x \to 12 \quad \text{und} \quad (2\cdot 2^x - 2)' = 2\ln(2)2^x \to 16\ln(2).$$

Da die Grenzwerte nicht übereinstimmen, ist die Funktion also nicht differenzierbar, also insbesondere für kein a differenzierbar.

Aufgabe 4

1. Angenommen, $f : \mathbb{R} \to \mathbb{Z}$ ist nicht konstant, das heißt, es gibt $c_1, c_2 \in \mathbb{Z}$ und $x_1, x_2 \in \mathbb{R}$ mit $f(x_1) = c_1 < c_2 = f(x_2)$. Nach dem Zwischenwertsatz wird dann auch jeder Wert zwischen c_1 und c_2 angenommen, also auch $c_1 + \frac{1}{2}$. Dies ist aber keine ganze Zahl, im Widerspruch zur Voraussetzung. Also muss f konstant sein.

2. Jede Funktion $f : \mathbb{Z} \to \mathbb{R}$ ist stetig, ein Beispiel wäre also die Funktion $f(x) = x$.

3. Da $\mathbb{Z}$ kein offenes Intervall in $\mathbb{R}$ ist, ist Differenzierbarkeit für Funktionen $f : \mathbb{Z} \to \mathbb{R}$ gar nicht definiert, es gibt also keine solche Funktionen. Differenzierbare Funktionen $f : \mathbb{R} \to \mathbb{Z}$ sind insbesondere auch stetig, also kommen nach Teil 1 nur konstante Funktionen in Frage. Diese sind auch differenzierbar, also sind die differenzierbaren Funktionen $f : \mathbb{R} \to \mathbb{Z}$ genau die konstanten Funktionen.

Aufgabe 5

1. Wir bestimmen zunächst die ersten drei Ableitungen von $f(x)$. Es gilt

$$f'(x) = \frac{1}{5}x^{-\frac{4}{5}}, \quad f''(x) = -\frac{4}{25}x^{-\frac{9}{5}}, \quad f'''(x) = \frac{36}{125}x^{-\frac{14}{5}},$$

also

$$f(1) = 1, \quad f'(1) = \frac{1}{5}, \quad f''(1) = -\frac{4}{25}, \quad f'''(1) = \frac{36}{125}.$$

Es folgt damit

$$T_3(x) = 1 + \frac{1}{5}(x-1) - \frac{2}{25}(x-1)^2 + \frac{6}{125}(x-1)^3$$
$$= \frac{6}{125}x^3 - \frac{28}{125}x^2 + \frac{63}{125}x + \frac{84}{125}$$

2. Es gilt

$$\sqrt[5]{2} \approx T_3(2) = \frac{48}{125} - \frac{112}{125} + \frac{126}{125} + \frac{84}{125} = \frac{146}{125}.$$

Der Fehler bei der Approximation ist $\left| \frac{f^{(4)}(\xi)}{4!}(2-1)^4 \right|$ für ein $\xi \in (1,2)$. Wegen $f^{(4)}(x) = -\frac{504}{625}x^{-\frac{19}{5}}$ ist der Fehler also $\frac{504}{15.000}\xi^{-\frac{19}{5}}$. Für $\xi \in (1,2)$ ist $\xi^{-\frac{19}{5}} \leq 1$, also ist der Fehler höchstens $\frac{504}{15.000}$.

Aufgabe 6

Mit Substitution $x^2 = t$ (dann ist $dt = 2x\,dx$) und anschließender partieller Integration folgt

$$F(x) = \int 2x^3 e^{x^2}\,dx = \int 2x^3 e^t \frac{dt}{2x} = \int x^2 e^t\,dt = \int t e^t\,dt$$
$$= t e^t - \int e^t\,dt = t e^t - e^t = (t-1)e^t = (x^2-1)e^{x^2}.$$

Da $f(x)$ für $x \leq 0$ negativ ist und für $x \geq 0$ positiv, ist die Fläche im Bereich $[-2, 0]$ unter der x-Achse und im Bereich $[0, 2]$ über der x-Achse. Die gesuchte

Fläche berechnet sich daher durch

$$\left| \int_0^2 f(x)\,\mathrm{d}(x) \right| + \left| \int_{-2}^0 f(x)\,\mathrm{d}x \right| = \int_0^2 f(x)\,\mathrm{d}(x) - \int_{-2}^0 f(x)\,\mathrm{d}x$$

$$= F(2) - F(0) - F(0) + F(-2)$$

$$= 3e^4 + 1 + 1 + 3e^4$$

$$= 6e^4 + 2$$

Aufgabe 7

1. Wir unterscheiden zwei Fälle:
   - Angenommen, es gilt $g(a) = g(b)$. Dann gibt es nach dem Satz von Rolle ein $x_0 \in (a, b)$ mit $g'(x_0) = 0$. Dann gilt für dieses x_0

     $$f'(x_0)(g(b) - g(a)) = 0 = g'(x_0)(f(b) - f(a)).$$

   - Angenommen, es gilt $g(a) \neq g(b)$. Dann ist die Funktion $h(x) = f(x) - \frac{f(b)-f(a)}{g(b)-g(a)}(g(x) - g(a))$ wohldefiniert, stetig auf $[a, b]$ und differenzierbar auf (a, b) und es gilt

     $$h(a) = f(a) - 0 = f(a) \quad \text{und} \quad h(b) = f(b) - (f(b) - f(a)) = f(a),$$

     also $h(a) = h(b)$. Nach dem Satz von Rolle gibt es dann ein $x_0 \in (a, b)$ mit $h'(x_0) = 0$. Nun ist $h'(x) = f'(x) - \frac{f(b)-f(a)}{g(b)-g(a)}g'(x)$, für obiges x_0 gilt also

     $$f'(x_0) - \frac{f(b) - f(a)}{g(b) - g(a)}g'(x_0) = 0,$$

     also

     $$f'(x_0)(g(b) - g(a)) = g'(x_0)(f(b) - f(a)).$$

2. Wir benutzen Teil 1 mit $f(x) = e^x$. Wegen $f'(x) = e^x$ gibt es dann ein $x_0 \in (0, 1)$ mit $e^{x_0}(g(1) - g(0)) = g'(x_0)(e - 1)$. Sei $\xi := e^{x_0}$. Wegen $x_0 \in (0, 1)$ ist $\xi \in (1, e)$. Zusammen mit $g'(x_0) \neq 0$ folgt dann, dass

   $$\frac{g(1) - g(0)}{g'(x_0)} = \frac{e - 1}{\xi}.$$

Aufgabe 8

1. Es gilt $f_n(x) = \frac{x^n}{e^{x+n}} = \left(\frac{x}{e^{\frac{x}{n}+1}}\right)^n$. Für $x \in [0, e)$ gilt dann wegen $x < e < e^{\frac{x}{n}+1}$, dass $f_n(x) \to 0$ für $n \to \infty$. Für $x = e$ gilt $f_n(e) = \frac{e^n}{e^{e+n}} = \frac{1}{e^e}$. Damit konvergiert f_n gegen die Funktion f mit

   $$f(x) = \begin{cases} 0, & x \in [0, e) \\ \frac{1}{e^e}, & x = e \end{cases}.$$

2. Da die Funktionenfolge f_n stetig ist, die Funktion f aber nicht, ist die Konvergenz nicht gleichmäßig.

Lineare Algebra

Lineare Gleichungssysteme und Matrizen   15

In diesem Kapitel steigen wir in die lineare Algebra ein. Los geht es mit der Definition eines linearen Gleichungssystems und dem Lösen von linearen Gleichungssystemen mithilfe des überaus wichtigen Gaußschen Eliminationsverfahrens. Fortschreiten werden wir danach mit der Definition einer Matrix und wichtigen Begriffen im Zusammenhang mit Matrizen.

15.1 Definitionen

Definition 15.1 (Lineares Gleichungssystem)
Ein **lineares Gleichungssystem** mit $m \in \mathbb{N}$ Gleichungen für $n \in \mathbb{N}$ Unbekannte $x_1, \ldots, x_n$ hat die Form

$$a_{11}x_1 + a_{12}x_2 + \ldots + a_{1n}x_n = b_1$$
$$a_{21}x_1 + a_{22}x_2 + \ldots + a_{2n}x_n = b_2$$
$$\vdots$$
$$a_{m1}x_1 + a_{m2}x_2 + \ldots + a_{mn}x_n = b_m.$$

Definition 15.2 (Elementare Zeilenoperationen)
Unter **elementaren Zeilenoperationen** verstehen wir

1. das Addieren des Vielfachen einer Gleichung zu einer anderen,
2. das Multiplizieren einer Gleichung mit einer von Null verschiedenen Zahl und
3. das Vertauschen zweier Gleichungen.

© Springer-Verlag GmbH Deutschland, ein Teil von Springer Nature 2018
F. Modler, M. Kreh, *Tutorium Analysis 1 und Lineare Algebra 1*,
https://doi.org/10.1007/978-3-662-56752-4_15

Das Erzeugen eines äquivalenten gestaffelten Systems durch elementare Gleichungsumformungen heißt **Gaußsches Eliminationsverfahren**.

Anmerkungen: Dass die Definition Sinn macht und sich die Lösungsmenge des linearen Gleichungssystems wirklich nicht verändert, verrät uns Satz 15.1. Außerdem ist die Definition des Gaußschen Algorithmus nicht so hundertprozentig mathematisch. Wir verweisen daher ebenfalls auf Satz 15.1 und die Erklärungen zum Satz 15.1 bzw. Satz 15.2 sowie auf das Beispiel 149 zu den Erklärungen zu Definition 15.2.

Definition 15.3 (Matrix)
Eine **Matrix** A mit Koeffizienten in einem Körper K ist ein rechteckiges Schema von endlich vielen Zahlen, die in K liegen, also:

$$
A = \begin{pmatrix}
a_{11} & a_{12} & \cdots & a_{1n} \\
a_{21} & a_{22} & \cdots & a_{2n} \\
\vdots & \vdots & \ddots & \vdots \\
a_{m-1,1} & a_{m-1,2} & \cdots & a_{m-1,n} \\
a_{m1} & a_{m2} & \cdots & a_{mn}
\end{pmatrix}
$$

Eine Matrix mit m Zeilen und n Spalten nennen wir eine $(m \times n)$-Matrix. Die Menge aller $(m \times n)$-Matrizen mit Werten in K bezeichnen wir mit $\mathcal{M}_{m,n}(K)$. Den Eintrag der Matrix A in der i-ten Zeile und der j-ten Spalte bezeichnen wir mit a_{ij}. Ab und zu schreiben wir auch $A \in K^{m \times n}$.
 Wir nennen zwei Matrizen $A, B \in \mathcal{M}_{m,n}(K)$ gleich, wenn sie in allen Einträgen übereinstimmen, das heißt, $A = B :\Leftrightarrow a_{ij} = b_{ij}$ für alle $1 \leq i \leq m$, $1 \leq j \leq n$.

Ein lineares Gleichungssystem wie in Definition 15.1 schreiben wir in der Form $Ax = b$, wobei x der Vektor mit den Einträgen $x_1, \ldots, x_n$ und b der Vektor mit den Einträgen $b_1, \ldots, b_m$ ist. Ausgeschrieben lautet dies:

$$
\begin{pmatrix}
a_{11} & a_{12} & \ldots & a_{1n} & | & b_1 \\
a_{21} & a_{22} & \ldots & a_{2n} & | & b_2 \\
\vdots & \vdots & \ddots & \vdots & | & \vdots \\
a_{m1} & a_{m2} & \ldots & a_{mn} & | & b_m
\end{pmatrix},
$$

wobei wir in Anbetracht des Gaußschen Eliminationsverfahrens den Vektor x „weglassen".

Definition 15.4 (Zeilenstufenform)

1. Wir sagen eine Matrix $A \in \mathcal{M}_{m,n}(K)$ befindet sich in **Zeilenstufenform**, wenn gilt: Es gibt eine ganze Zahl r, $0 \leq r \leq m$ und natürliche Zahlen $j_1, \ldots, j_r$, $1 \leq j_1 < \ldots < j_r \leq m$ mit:

$$a_{i1} = \ldots = a_{i,j_i-1} = 0, \qquad i = 1, \ldots, r$$
$$a_{i,j_i} \neq 0, \qquad\qquad\qquad i = 1, \ldots, r$$
$$a_{i1} = \ldots = a_{in} = 0, \qquad i = r+1, \ldots, m.$$

2. Wir sagen A ist in **normalisierter Zeilenstufenform**, wenn zusätzlich zu den obigen Bedingungen noch gilt

$$a_{i,j_i} = 1, \qquad i = 1, \ldots, r$$
$$a_{k,j_i} = 0, \qquad 1 \leq i \leq r,\ 1 \leq k \leq i - 1.$$

In Worten formuliert: Eine Matrix steht in Zeilenstufenform,

- wenn Zeilen, die gleich dem Nullvektor sind, stets unterhalb von Zeilen mit nichtverschwindenden Einträgen stehen, und
- wenn der erste nichtverschwindende Eintrag einer Zeile stets rechts vom ersten nichtverschwindenden Eintrag der Zeile davor steht.

Eine Matrix steht in normalisierter Zeilenstufenform, wenn zusätzlich

- der jeweils erste nichtverschwindende Eintrag in jeder Zeile (also a_{i,j_i}) auf eins normiert ist, und
- alle Einträge rechts oberhalb dieser Einsen gleich null sind.

Die Einträge an den Stellen a_{i,j_i} nennt man **Angelpunkte** oder **Pivots**. Die Zahl r nennt man den **Zeilenrang**.

Definition 15.5 (Rang einer Matrix)
Als **Rang** einer Matrix $A \in K^{n \times n}$ bezeichnen wir die Anzahl der Zeilen in der Zeilenstufenform, die ein Element ungleich Null enthalten. Wir schreiben rang(A).

Anmerkung: Man kann den Rang auch allgemeiner für Matrizen aus $K^{m \times n}$ definieren. An dieser Stelle fehlen uns aber die Begriffe, die sich alle in Kap. 17 und 18 über die linearen Abbildungen befinden. Wir wollen dennoch ein wenig dazu sagen.

*Für die Begrifflichkeiten schlage man bitte im entsprechenden Kapitel nach. Man ordnet den Rang einer linearen Abbildung oder einer Matrix zu. Bei einer linearen Abbildung ist der Rang die Dimension des Bildes dieser Abbildung. Zu einer Matrix selbst gehört ein **Zeilenrang** und ein **Spaltenrang**. Der Zeilenrang wiederum ist die Dimension des von den Zeilenvektoren aufgespannten Vektorraums und entspricht der maximalen Anzahl linear unabhängiger Zeilenvektoren. Analoges gilt für den Spaltenrang. Weiterhin kann man zeigen, dass Zeilen- und Spaltenrang einer Matrix identisch sind.*

Definition 15.6 (Rechenregeln für Matrizen)

Seien A und B zwei Matrizen mit $A \in \mathcal{M}_{m,n}(K)$ und $B \in \mathcal{M}_{r,s}(K)$

1. Falls $m = r$ und $n = s$, so ist $C := A + B$ die eindeutige Matrix $C \in \mathcal{M}_{m,n}(K) = \mathcal{M}_{r,s}(K)$, für die gilt: $c_{ij} = a_{ij} + b_{ij} \; \forall i, j$.
2. Falls $n = r$, so ist $D := A \cdot B$ die eindeutige Matrix $D \in \mathcal{M}_{m,s}(K)$, für die gilt: $d_{ij} = \sum_{l=1}^{n} a_{il} b_{lj} \; \forall i, j$.

Definition 15.7 (Kronecker-Delta)

Das **Kronecker-Delta** ist definiert als:

$$\delta_{ij} := \begin{cases} 1, & i = j \\ 0, & i \neq j. \end{cases}$$

Anmerkung: Dies sind gerade die Elemente der Einheitsmatrix (siehe Definition 15.8). Außerdem ist $\sum_{i=1}^{n} a_i \delta_{ij} = a_j$.

Definition 15.8 (Einheitsmatrix)

Die Matrix $A \in \mathcal{M}_{n,n}(K)$ mit $a_{ij} = \delta_{ij}$ nennen wir **Einheitsmatrix** und bezeichnen sie mit E_n:

$$E_n = \begin{pmatrix} 1 & 0 & \cdots & 0 \\ 0 & 1 & \cdots & 0 \\ \vdots & \vdots & \ddots & \vdots \\ 0 & 0 & \cdots & 1 \end{pmatrix},$$

dabei ist δ_{ij} das Kronecker-Delta aus Definition 15.7.

Definition 15.9 (Invertierbare Matrizen)

Sei $A \in \mathcal{M}_{n,n}(K)$. Wenn eine Matrix $B \in \mathcal{M}_{n,n}(K)$ existiert mit $A \cdot B = B \cdot A = E_n$, dann nennen wir A **invertierbar** und $A^{-1} := B$ die **Inverse** von A. Den Raum aller invertierbarer $(n \times n)$-Matrizen mit Einträgen im Körper K bezeichnen wir mit $Gl_n(K)$.

Definition 15.10 (Adjunkte einer Matrix)

Es sei A eine quadratische $(n \times n)$-Matrix. Die **Adjunkte** von A ist definiert als

$$\operatorname{adj}(A) = \begin{pmatrix} \tilde{a}_{11} & \tilde{a}_{21} & \ldots & \tilde{a}_{n1} \\ \tilde{a}_{12} & \tilde{a}_{22} & \ldots & \tilde{a}_{n2} \\ \vdots & & \ddots & \vdots \\ \tilde{a}_{1n} & \tilde{a}_{2n} & \ldots & \tilde{a}_{nn} \end{pmatrix},$$

wobei

$$\tilde{a}_{ij} = (-1)^{i+j} \det \begin{pmatrix} a_{11} & \ldots & a_{1,j-1} & a_{1,j+1} & \ldots & a_{1n} \\ \vdots & \ddots & \vdots & \vdots & \ddots & \vdots \\ a_{i-1,1} & \ldots & a_{i-1,j-1} & a_{i-1,j+1} & \ldots & a_{i-1,n} \\ a_{i+1,1} & \ldots & a_{i+1,j-1} & a_{i+1,j+1} & \ldots & a_{i+1,n} \\ \vdots & \ddots & \vdots & \vdots & \ddots & \vdots \\ a_{n1} & \ldots & a_{n,j-1} & a_{n,j+1} & \ldots & a_{nn} \end{pmatrix}.$$

Anmerkung: Determinanten werden in Kap. 21 behandelt.

15.2 Sätze und Beweise

Satz 15.1

Elementare Umformungen angewandt auf die erweiterte Matrix $[A|b]$ eines linearen Gleichungssystems $Ax = b$ ändern dessen Lösungsmenge nicht.

Beweis: Beim Vertauschen von Zeilen und Multiplikation mit einem Faktor ungleich 0 ist die Aussage klar. Im dritten Fall betrachten wir die beiden beteiligten Gleichungen

$$a_{i1}x_1 + a_{i2}x_2 + \ldots + a_{in}x_n = b_i, \quad a_{j1}x_1 + a_{j2}x_2 + \ldots + a_{jn}x_n = b_j.$$

Addition der ersten auf die zweite Gleichung führt auf

$$(a_{i1} + a_{j1})x_1 + (a_{i2} + a_{j2})x_2 + \ldots + (a_{in} + a_{jn})x_n = b_i + b_j \qquad (15.1)$$

und ein Vektor x löst die ersten beiden Gleichungen genau dann, wenn er die beiden letzten Gleichungen löst. q.e.d.

Satz 15.2 (Umformen in Zeilenstufenform)
Jede Matrix $A \in \mathcal{M}_{m,n}(K)$ lässt sich durch elementare Zeilenoperationen in Zeilenstufenform bringen. Wendet man das Verfahren auf die erweiterte Matrix $[A|b]$ an, so ändert sich die Lösungsmenge des linearen Gleichungssystems $Ax = b$ nicht.

Anmerkung: Dieses Verfahren lässt sich so erweitern, dass man jede Matrix durch elementare Zeilenoperationen in normalisierte Zeilenstufenform bringen kann.

Beweis: Wir geben einen Algorithmus an, der das Gewünschte bewirkt. Sei A nicht die Nullmatrix und $m > 1$, sonst sind wir schon fertig.

Ohne Einschränkung existiert ein Element $a_{kl} \neq 0$. Wir wählen i_1 so, dass $a_{i_1 j_1} \neq 0$ mit $j_1 := \min\{l \in \{1,\ldots,n\} : \exists k \in \{1,\ldots,n\} : a_{kl} \neq 0\}$. Führe dann folgende Schritte durch:

1. Vertausche die 1. und die i_1-te Zeile.
2. Multipliziere die 1. Zeile mit a_{1,j_1}^{-1}.
3. Addiere für $i = 2,\ldots,m$ das $-a_{i,j_1}$-fache der 1. Zeile auf die i-te Zeile.

Wir erhalten nun eine Matrix der Form

$$\begin{pmatrix} 0 & \ldots & 0 & 1 & * & \ldots & * \\ \vdots & & \vdots & 0 & & & \\ \vdots & & \vdots & \vdots & & B & \\ 0 & \ldots & 0 & 0 & & & \end{pmatrix}$$

mit einer $(n - j_1) \times (m - 1)$-Matrix B. Ist $n = j_1$ oder $m - 1 = 1$, so sind wir fertig. Andernfalls wenden wir die Schritte von oben auf die Matrix B an. Dadurch erhalten wir nach endlich vielen Schritten eine Matrix in normalisierter Zeilenstufenform. Der Rest folgt aus Satz 15.1. q.e.d.

Anmerkung: Den Algorithmus (angewendet auf die erweiterte Koeffizientenmatrix) nennen wir den **Gauß-Algorithmus**.

Satz 15.3 (Struktursatz für lineare Gleichungssysteme)
Sei A eine $(m \times n)$-Matrix und $b \in \mathbb{R}^m$.

- *Die Lösungsmenge des homogenen linearen Gleichungssystems $Ax = 0$ ist ein Untervektorraum des $\mathbb{R}^n$.*
- *Sei $Ax = b$ ein lösbares lineares Gleichungssystem und sei $x_{\text{inh.spez.}}$ eine spezielle Lösung. Dann ist die allgemeine Lösung $x_{\text{inh.allg.}}$ darstellbar in der Form*

$$x_{\text{inh.allg.}} = x_{\text{inh.spez.}} + x_{\text{hom.allg.}}$$

wobei $x_{\text{hom.allg.}}$ die allgemeine Lösung der Gleichung $Ax = 0$ ist.

Beweis:
- Seien x_1 und x_2 Lösungen von $Ax = 0$ und $\mu \in \mathbb{R}$. Dann gilt

$$A(x_1 + x_2) = Ax_1 + Ax_2 = 0, \quad A(\mu x_1) = \mu A(x_1) = 0$$

- Sei $x_{\text{inh. allg.}}$ Lösung von $Ax = b$. Dann gilt $A(x_{\text{inh. spez.}} - x_{\text{inh. allg.}}) = Ax_{\text{inh. spez.}} - Ax_{\text{inh. allg.}} = 0$ also ist $x_{\text{inh. spez.}} - x_{\text{inh. allg.}}$ Lösung von $Ax = 0$ und damit folgt $x_{\text{inh. allg.}} = x_{\text{inh. spez.}} + (x_{\text{inh. allg.}} - x_{\text{inh. spez.}})$. Ist umgekehrt $x_{\text{inh. allg.}}$ darstellbar als $x_{\text{inh. spez.}} + x_{\text{hom. allg.}}$ mit $Ax_{\text{hom. allg.}} = 0$, dann gilt $Ax_{\text{inh. allg.}} = A(x_{\text{inh. spez.}} + x_{\text{hom. allg.}}) = Ax_{\text{inh. spez.}} + Ax_{\text{hom. allg.}} = b$.   q.e.d.

Anmerkung: Für die Definition eines Untervektorraums siehe Definition 17.2.

Satz 15.4 (Wann ist eine Matrix invertierbar?)
Sei A eine $(n \times n)$-Matrix mit Einträgen aus einem Körper K. Dann sind die folgenden Aussagen äquivalent:

1. *A ist invertierbar.*
2. *$\ker(A) := \{x \in K^n : Ax = 0\} = \{0\}$, das heißt, der Kern von A besteht nur aus dem Nullvektor. Das bedeutet, dass das homogene lineare Gleichungssystem $Ax = 0$ nur den Nullvektor als Lösung besitzt.*
3. *$\operatorname{im}(A) = \{Ax : x \in K^n\} = K^n$, das heißt, das Bild von A ist der gesamte Vektorraum K^n.*
4. *Die Matrix besitzt vollen Rang.*
5. *Die Determinante der Matrix ist ungleich Null (siehe auch Kap. 21).*

Anmerkung: Im Satz tauchen nun plötzlich Begriffe auf, die wir noch gar nicht eingeführt haben. Dennoch passt dieser Satz am besten in dieses Kapitel. Sollten die Begriffe noch nicht aus der Vorlesung bekannt sein, verweisen wir auf die Kap. 18 und 21.

Beweis: Zu „1. $\Rightarrow$ 2.": Sei A invertierbar und $x \in \ker(A)$. Nach Definition des Kerns folgt:

$$Ax = 0 \Rightarrow A^{-1} \cdot Ax = A^{-1} \cdot 0 \quad \Rightarrow \quad E_n \cdot x = 0 \Rightarrow x = 0.$$

Daraus ergibt sich die Behauptung, dass der Kern nur aus dem Nullvektor besteht.

Wir zeigen jetzt „2. $\Rightarrow$ 3. ": 2. sagt gerade aus, dass der Kern von A nur aus dem Nullvektor besteht. Demnach ist $\dim \ker(A) = 0$, und aus dem Dimensionssatz (siehe Kap. 18, Satz 18.7) folgt

$$\dim \ker(A) + \dim \mathrm{im}(A) = \dim K^n = n$$
$$\Rightarrow \quad 0 + \dim \mathrm{im}(A) = n \Rightarrow \dim \mathrm{im}(A) = n.$$

Das Bild hat demnach dieselbe Dimension wie der Vektorraum K^n. Demnach ist $\mathrm{im}(A) = K^n$, vergleiche Satz 17.9.

Als Übung zeigen wir noch „2. $\Rightarrow$ 1.": Angenommen $\ker(A) = \{0\}$. Das bedeutet, dass die Abbildung $\varphi : K^n \to K^n$ mit $x \mapsto Ax$ injektiv ist. Da b) äquivalent zu c) ist (angenommen, wir hätten das schon gezeigt, Übung!), ist $\mathrm{im}(A) = K^n$, wie schon gesehen. Insbesondere ist φ surjektiv und damit bijektiv. Folglich existiert eine inverse Abbildung $\varphi^{-1} : K^n \to K^n$ und ist linear (Übung). Damit folgt $\varphi^{-1}(y) = B \cdot y$ und $AB = BA = E_n$. Also ist A invertierbar.

Die anderen Beweise lassen wir als Übungsaufgabe.   q.e.d.

Satz 15.5 (Kriterium zur Lösbarkeit linearer Gleichungssysteme)
Ein lineares Gleichungssystem besitzt genau dann (mindestens) eine Lösung, wenn der Rang von A mit dem Rang der erweiterten Koeffizientenmatrix $[A|b]$ übereinstimmt. Außerdem gilt: Bei einem lösbaren linearen Gleichungssystem ist die Dimension des Lösungsraums $n - \mathrm{Rang}(A) = n - \mathrm{Rang}(A|b)$.

Beweis: Wir skizzieren den Beweis für den ersten Teil des Satzes: Ist der Rang von A gleich dem Rang von $[A|b]$, dann ergibt sich (mindestens) eine Lösung aus der normalisierten Zeilenstufenform. Ist jedoch der Rang von A echt kleiner als der Rang von $[A|b]$, dann gibt es eine Null-Zeile in der Zeilenstufenform von A mit einem Nicht-Null-Element in der rechten Seite b. Die zugehörige Gleichung ist also nicht lösbar.   q.e.d.

Satz 15.6 (Cramersche Regel)
Gegeben sei das lineare Gleichungssystem

$$a_{11}x_1 + a_{12}x_2 + \ldots + a_{1n}x_n = b_1$$
$$a_{21}x_1 + a_{22}x_2 + \ldots + a_{2n}x_n = b_2$$
$$\vdots$$
$$a_{n1}x_1 + a_{n2}x_2 + \ldots + a_{nn}x_n = b_n,$$

welches sich mit

$$A = \begin{pmatrix} a_{11} & a_{12} & \ldots & a_{1n} \\ a_{21} & a_{22} & \ldots & a_{2n} \\ \vdots & \vdots & \ddots & \vdots \\ a_{n1} & a_{n2} & \ldots & a_{nn} \end{pmatrix}, \quad x = \begin{pmatrix} x_1 \\ x_2 \\ \vdots \\ x_n \end{pmatrix}, \quad b = \begin{pmatrix} b_1 \\ b_2 \\ \vdots \\ b_n \end{pmatrix}$$

auch in der Form $Ax = b$ schreiben lässt. Weiterhin nehmen wir an, dass A invertierbar ist. Dann besitzt das lineare Gleichungssystem $Ax = b$ eine eindeutige Lösung. Die Koeffizienten des Lösungsvektors x sind gegeben durch

$$x_i = \frac{\det(A_i)}{\det(A)},$$

wobei

$$A_i = \begin{pmatrix} a_{1,1} & \ldots & a_{1,i-1} & b_1 & a_{1,i+1} & \ldots & a_{1,n} \\ a_{2,1} & \ldots & a_{2,i-1} & b_2 & a_{2,i+1} & \ldots & a_{2,n} \\ \vdots & \ddots & \vdots & \vdots & \vdots & \ddots & \vdots \\ a_{n,1} & \ldots & a_{n,i-1} & b_n & a_{n,i+1} & \ldots & a_{n,n} \end{pmatrix}.$$

Bemerkung: Die Matrix A_i wird also so gebildet, dass die i-te Spalte von A durch b ersetzt wird. Wem Determinanten noch nichts sagen, der schaue bitte zuerst in Kap. 21 nach.

Beweis: Wir schreiben die wesentlichen Beweisschritte hin; man sollte sich dann aber an einem Beispiel klar machen, dass diese wirklich gelten. Wir verdeutlichen dies für den Fall $n = 3$ und ersparen uns so den Fall für allgemeines n mit Andeuten der weiteren Einträge durch Punkte.

Die Idee ist, sich eine Matrix X_i zu konstruieren, die durch Ersetzen der i-ten Spalte der Einheitsmatrix durch den Lösungsvektor x entsteht. Weiter benutzen wir die Tatsache, dass $\det(A \cdot X_i) = \det(A_i)$ für alle i gilt. Dies lässt sich mit der Matrix X_i direkt nachrechnen, denn es gilt $\det(X_i) = x_i$ und damit mit $A \cdot X_i = A_i$

$$\det(A \cdot X_i) = \det(A) \cdot \underbrace{\det(X_i)}_{=x_i} = \det(A_i) \Leftrightarrow x_i = \det(A_i) \cdot (\det(A))^{-1}.$$

Führen wir dies aus für $n = 3$ und X_1: Sei also

$$X_1 = \begin{pmatrix} x_1 & 0 & 0 \\ x_2 & 1 & 0 \\ x_3 & 0 & 1 \end{pmatrix}.$$

Dann ergibt sich

$$A \cdot X_1 = \begin{pmatrix} a_{11} & a_{12} & a_{13} \\ a_{21} & a_{22} & a_{23} \\ a_{31} & a_{32} & a_{33} \end{pmatrix} \begin{pmatrix} x_1 & 0 & 0 \\ x_2 & 1 & 0 \\ x_3 & 0 & 1 \end{pmatrix}$$

$$= \begin{pmatrix} a_{11}x_1 + a_{12}x_2 + a_{13}x_3 & a_{12} & a_{13} \\ a_{21}x_1 + a_{22}x_2 + a_{23}x_3 & a_{22} & a_{23} \\ a_{31}x_1 + a_{32}x_2 + a_{33}x_3 & a_{32} & a_{33} \end{pmatrix} = \begin{pmatrix} b_1 & a_{12} & a_{13} \\ b_2 & a_{22} & a_{23} \\ b_3 & a_{32} & a_{33} \end{pmatrix}$$

$$= A_1.$$

q.e.d.

15.3   Erklärungen zu den Definitionen

Erklärung

Zur Definition 15.1 des linearen Gleichungssystems: Lineare Gleichungssysteme solltet ihr aus der Schule schon kennen. Wir werden uns daher ein Beispiel aus der analytischen Geometrie anschauen, wie wir ein lineares Gleichungssystem aufstellen, und danach werden wir eine Lösungsmethode vorstellen.

▶ **Beispiel 148** Gegeben seien drei Ebenen mit den folgenden Ebenengleichungen:

$$x_1 - 0{,}4x_2 - 0{,}3x_3 = 130 \tag{15.2}$$

$$-0{,}2x_1 + 0{,}88x_2 - 0{,}14x_3 = 74 \tag{15.3}$$

$$-0{,}5x_1 - 0{,}2x_2 + 0{,}95x_3 = 95 \tag{15.4}$$

Schneiden sich die Ebenen in einem Punkt und wenn ja, wie lautet dieser Schnittpunkt? Dies ist eine klassische Aufgabe, die wir mithilfe eines linearen Gleichungssystems ohne Probleme lösen können. Eine im Folgenden oft gebrauchte Abkürzung für das lange Wort „lineares Gleichungssystem" soll nun „LGS" sein.

Auflösen von (15.2) nach x_1 ergibt $x_1 = 0{,}4x_2 + 0{,}3x_2 + 130$. Einsetzen in die beiden restlichen Gln. (15.3) und (15.4) liefert:

$$-0{,}2(0{,}4x_2 + 0{,}3x_3 + 130) + 0{,}88x_2 - 0{,}14x_3 = 74$$

$$-0{,}5(0{,}4x_2 + 0{,}3x_3 + 130) - 0{,}2x_2 + 0{,}95x_3 = 95$$

Dies können wir noch zu

$$0{,}8x_2 - 0{,}2x_3 = 100 \tag{15.5}$$

$$-0{,}4x_2 + 0{,}8x_3 = 160 \tag{15.6}$$

zusammenfassen. Auflösen von (15.5) nach x_2 liefert $x_2 = 0{,}25x_3 + 125$. Einsetzen in (15.6) ergibt:

$$-0{,}4(0{,}25x_3 + 125) + 0{,}8x_3 = 160 \Rightarrow 0{,}7x_3 = 210 \Rightarrow x_3 = 300.$$

Rückwärtseinsetzen ergibt nun die Lösung

$$x_3 = 300, \; x_2 = 75 + 125 = 200, \; x_1 = 80 + 90 + 130 = 300.$$

Der Schnittpunkt der drei Ebenen lautet demnach $(300, 200, 300)$.   ■

Erklärung

Zur Definition 15.2 elementarer Zeilenoperationen: Die obige Rechnung in Beispiel 148 zeigt, dass solch ein Verfahren bei linearen Gleichungssystemen mit mehr Unbekannten sehr langwierig werden kann. Wir lösen dasselbe Gleichungssystem daher nochmals mithilfe elementarer Gleichungsumformungen bzw. mit dem Gauß-Algorithmus.

▶ **Beispiel 149** Gegeben seien also die drei linearen Gleichungen:

$$x_1 - 0{,}4x_2 - 0{,}3x_3 = 130 \tag{15.7}$$
$$-0{,}2x_1 + 0{,}88x_2 - 0{,}14x_3 = 74 \tag{15.8}$$
$$-0{,}5x_1 - 0{,}2x_2 + 0{,}95x_3 = 95 \tag{15.9}$$

(15.7) bleibt unverändert, zu (15.8) und (15.9) wird jeweils ein Vielfaches von (15.7) addiert, sodass x_1 eliminiert wird:

$$-0{,}2x_1 + 0{,}88x_2 - 0{,}14x_3 = 74 \quad \text{(15.8)}$$
$$0{,}2x_1 - 0{,}08x_2 - 0{,}06x_3 = 26 \quad \text{0,2-faches von (15.7)}$$
$$0{,}8x_2 - 0{,}2x_3 = 100 \quad \text{Beide Gleichungen addiert}$$

$$-0{,}5x_1 - 0{,}2x_2 + 0{,}95x_3 = 95 \quad \text{(15.9)}$$
$$0{,}5x_1 - 0{,}2x_2 - 0{,}15x_3 = 65 \quad \text{0,5-faches von (15.10)}$$
$$-0{,}4x_2 + 0{,}8x_3 = 160 \quad \text{Beide Gleichungen addiert}$$

Wir erhalten demnach also ein neues lineares Gleichungssystem, das schon wesentlich einfacher aussieht und das es nun zu lösen gilt:

$$x_1 - 0{,}4x_2 - 0{,}3x_3 = 130 \tag{15.10}$$
$$0{,}8x_2 - 0{,}2x_3 = 100 \tag{15.11}$$
$$-0{,}4x_2 + 0{,}8x_3 = 160 \tag{15.12}$$

Nun lassen wir (15.10) und (15.11) unverändert und addieren ein Vielfaches von (15.11) so zu (15.12), dass x_2 eliminiert wird:

$$-0{,}4x_2 + 0{,}8x_3 = 160 \quad \text{(15.12)}$$
$$0{,}4x_2 - 0{,}1x_3 = 50 \quad \text{0,5-faches von (15.11)}$$
$$0{,}7x_3 = 210 \quad \text{Beide Gleichungen addiert}$$

Es ergibt sich daher das gestaffelte System

$$x_1 - 0{,}4x_2 - 0{,}3x_3 = 130$$
$$0{,}8x_2 - 0{,}2x_3 = 100$$
$$0{,}7x_3 = 210$$

Durch Rückwärtseinsetzen erhalten wir die gesuchte Lösung und sie stimmt mit der in Beispiel 148 berechneten überein. So sollte es sein :-).

$$x_3 = 210/0{,}7 = 300$$
$$x_2 = (100 + 0{,}2 \cdot 300)/0{,}8 = 200$$
$$x_1 = 130 + 0{,}3 \cdot 300 + 0{,}4 \cdot 200 = 300 \qquad \blacksquare$$

Erklärung

Zur Definition 15.3 einer Matrix: Zu dieser Definition ist wohl nicht viel zu sagen, außer dass so etwas wie $(1, 2, 3)^T$, was ihr aus der Schule als Vektor kennt, nach unserer Definition eine Matrix ist. Das ^{T} bedeutet „transponiert" und heißt so viel, dass aus dem Zeilenvektor eigentlich ein Spaltenvektor wird. Wir führen dies in Definition 16.2 ein. Eine Matrix ist also in gewisser Weise eine Verallgemeinerung des Vektorbegriffs aus der Schule. Die Matrixschreibweise hat aber gerade für Gleichungssysteme enorme Vorteile: Beim Lösen linearer Gleichungssysteme der Form

$$a_{11}x_1 + a_{12}x_2 + \ldots + a_{1n}x_n = b_1,$$
$$a_{21}x_1 + a_{22}x_2 + \ldots + a_{2n}x_n = b_2,$$
$$\vdots$$
$$a_{m1}x_1 + a_{m2}x_2 + \ldots + a_{mn}x_n = b_m.$$

ist es unnötig, bei jeder Umformung die Unbekannten x_i, die Pluszeichen und die Gleichheitszeichen mitzuschleppen, so wie wir es ganz aufwendig in den Beispiele 148 und 149 getan haben. Die ganzen Informationen, die wir benötigen, stecken in den Koeffizienten. Wir ordnen diese daher in einem rechteckigem Schema an:

$$A := \begin{pmatrix} a_{11} & a_{12} & \ldots & a_{1n} \\ a_{21} & a_{22} & \ldots & a_{2n} \\ \vdots & \vdots & \ddots & \vdots \\ a_{m1} & a_{m2} & \ldots & a_{mn} \end{pmatrix}.$$

Ein lineares Gleichungssystem schreiben wir dann als $A \cdot x = b$. Die erweiterte Koeffizientenmatrix notieren wir als $[A|b]$.

Das lineare Gleichungssystem aus den Beispielen 148 und 149 wird also mit der Matrix

$$A := \begin{pmatrix} 1 & -0{,}4 & -0{,}3 \\ -0{,}2 & 0{,}88 & -0{,}14 \\ -0{,}5 & -0{,}2 & 0{,}95 \end{pmatrix}$$

zu

$$A \cdot x = \begin{pmatrix} 1 & -0{,}4 & -0{,}3 \\ -0{,}2 & 0{,}88 & -0{,}14 \\ -0{,}5 & -0{,}2 & 0{,}95 \end{pmatrix} \cdot \begin{pmatrix} x_1 \\ x_2 \\ x_3 \end{pmatrix} = \begin{pmatrix} 130 \\ 74 \\ 95 \end{pmatrix}.$$

Erklärung

Zur Definition 15.4 der Zeilenstufenform: Wie man die Definition 15.4 zu verstehen hat, steht in Abb. 15.1.

Um das Verständnis zu fördern, nochmals einige Beispiele.

▶ **Beispiel 150** Wir geben euch nun drei Matrizen, von denen ihr entscheiden sollt, ob diese in Zeilenstufenform gegeben sind oder nicht. Und da zählt es nicht, ob man diese in Zeilenstufenform bringen kann.

- Die Matrix

$$\begin{pmatrix} 0 & 0 & 1 & 0 \\ 1 & 0 & 0 & 0 \\ 0 & 0 & 0 & 1 \\ 0 & 1 & 0 & 0 \end{pmatrix}$$

ist nicht in Zeilenstufenform.

- Die Matrix

$$\begin{pmatrix} -7 & 0 & -1 & 4 \\ 1 & 2 & 1 & 0 \\ 2 & -7 & 0 & 0 \end{pmatrix}$$

ist nicht in Zeilenstufenform.

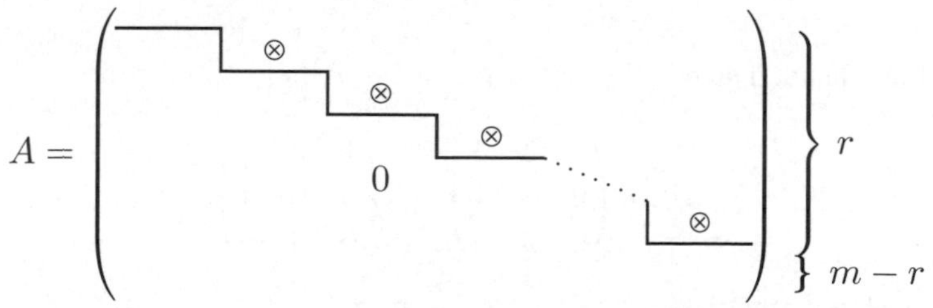

Abb. 15.1 Das bedeutet Zeilenstufenform und das r in Definition 15.4. Die Stufen $\otimes$ können durchaus unterschiedlich lang sein, aber sie sind immer gleich hoch. Weiterhin ist das erste Element auf jeder Stufe, also das Element ganz links, immer ungleich Null

- Die Matrix

$$\begin{pmatrix} -7 & 0 & -1 & 4 \\ 0 & 2 & 1 & 0 \\ 0 & 0 & 1 & 2 \\ 0 & 0 & 0 & 1 \end{pmatrix}$$

  ist in Zeilenstufenform.   ■

Erklärung

Zur Definition 15.5 des Rangs einer Matrix: Aus der Definition 15.5 des Rangs einer Matrix folgen sofort die Eigenschaften:

1. Der Rang der Matrix A ist nicht größer als der Rang von $[A|b]$.
2. Der Rang der Matrix A ist nicht größer als die Anzahl der Zeilen von A.
3. Der Rang der Matrix A ist nicht größer als die Anzahl der Spalten von A.

▶ **Beispiel 151**

- Um den Rang einer Matrix zu bestimmen, formt man diese mittels des Gauß-schen Eliminationsverfahrens in eine Matrix in Zeilenstufenform um. Die Anzahl der Zeilenvektoren, die ungleich 0 sind, entspricht dann dem Rang der Matrix. Gegeben sei beispielsweise die Matrix:

$$A := \begin{pmatrix} 1 & 2 & 3 \\ 0 & 5 & 4 \\ 0 & 10 & 2 \end{pmatrix}.$$

  Umformen in Zeilenstufenform liefert:

$$\begin{pmatrix} 1 & 2 & 3 \\ 0 & 5 & 4 \\ 0 & 0 & -6 \end{pmatrix}.$$

  Der Rang lautet daher 3.
- Es ist

$$B := \begin{pmatrix} 1 & 2 & 3 \\ 0 & 6 & 4 \\ 0 & 3 & 2 \end{pmatrix} \rightsquigarrow \begin{pmatrix} 1 & 2 & 3 \\ 0 & 6 & 4 \\ 0 & 0 & 0 \end{pmatrix}.$$

  Demnach gilt $\text{rang}(B) = 2$.
- Wir betrachten die Matrix des linearen Gleichungssystems aus Beispiel 148 und 149

$$\begin{pmatrix} 1 & -0{,}4 & -0{,}3 & | & 130 \\ -0{,}2 & 0{,}88 & -0{,}14 & | & 74 \\ -0{,}5 & -0{,}2 & 0{,}95 & | & 95 \end{pmatrix}.$$

In Zeilenstufenform lautet dieses

$$\begin{pmatrix} 1 & -0,4 & -0,3 & | & 130 \\ 0 & 0,8 & -0,2 & | & 100 \\ 0 & 0 & 0,7 & | & 210 \end{pmatrix}.$$

Der Rang lautet also 3. Nach Satz 15.5 besitzt das lineare Gleichungssystem also mindestens eine Lösung, da $\mathrm{rang}(A) = \mathrm{rang}(A|b)$. Da dieser gemeinsame Rang zudem gleich der Anzahl der Unbekannten ist, gibt es genau eine Lösung. Dies hatten wir auch schon in den Beispielen 148 und 149 ausgerechnet. ∎

Weitere Beispiele geben wir in den Erklärungen zu Satz 15.5.

Erklärung

Zur Definition 15.6 der Rechenregeln für Matrizen: Wir fangen mit der Addition an. Das Wichtigste zuerst: Man kann nur Matrizen addieren, deren Größe auch passt, das heißt deren Zeilenanzahl und Spaltenanzahl übereinstimmen. Zum Beispiel können die beiden Matrizen

$$A = \begin{pmatrix} 1 & 3 & 7 \\ 7 & 6 & 0 \\ 0 & 1 & 3 \end{pmatrix} \quad \text{und} \quad B = \begin{pmatrix} 2 & 2 \\ 0 & 5 \end{pmatrix}$$

nicht addiert werden, denn $A \in \mathcal{M}_{3,3}(\mathbb{R})$ und $B \in \mathcal{M}_{2,2}(\mathbb{R})$. Bevor ihr also zwei Matrizen addieren wollt, müsst ihr erst überprüfen, ob das überhaupt geht. Wenn das möglich ist, zum Beispiel wenn

$$C = \begin{pmatrix} 1 & 8 & 3 \\ 2 & 2 & 0 \\ 7 & 6 & 1 \end{pmatrix} \quad \text{und} \quad D = \begin{pmatrix} 4 & 5 & 1 \\ 2 & 3 & 2 \\ 3 & 6 & 7 \end{pmatrix},$$

dann können wir die Summe $C + D$ bilden, denn die Spaltenanzahl und Zeilenanzahl stimmen überein. Wir addieren die Matrizen also einfach komponentenweise:

$$C + D = \begin{pmatrix} 1+4 & 8+5 & 3+1 \\ 2+2 & 2+3 & 0+2 \\ 7+3 & 6+6 & 1+7 \end{pmatrix} = \begin{pmatrix} 5 & 13 & 4 \\ 4 & 5 & 2 \\ 10 & 12 & 8 \end{pmatrix}.$$

Dabei ist es natürlich egal, ob man $C + D$ oder $D + C$ rechnet, es kommt dasselbe heraus (Kommutativgesetz). Analog subtrahiert man auch Matrizen:

$$C - D = \begin{pmatrix} 1-4 & 8-5 & 3-1 \\ 2-2 & 2-3 & 0-2 \\ 7-3 & 6-6 & 1-7 \end{pmatrix} = \begin{pmatrix} -3 & 3 & 2 \\ 0 & -1 & -2 \\ 4 & 0 & -6 \end{pmatrix}.$$

Die Multiplikation ist schon etwas komplizierter, aber auch hier gilt: Zuerst überprüfen, ob die Matrizen überhaupt multipliziert werden dürfen. Dabei kommt es

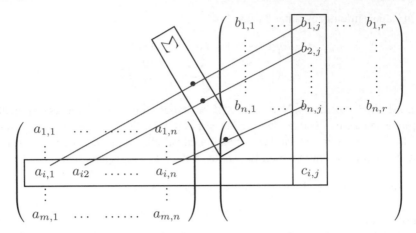

Abb. 15.2 Schema der Matrixmultiplikation

aber nicht mehr darauf an, dass Zeilenanzahl und Spaltenanzahl der beiden Matrizen übereinstimmen, sondern dass die Spaltenanzahl der ersten Matrix gleich der Zeilenanzahl der zweiten Matrix ist, siehe auch Abb. 15.2.

Hierzu erstmal ein Beispiel: Wir betrachten die Matrizen

$$A = \begin{pmatrix} 0 & 1 \\ 5 & 3 \\ 2 & 2 \end{pmatrix}, \quad B = \begin{pmatrix} 2 & 3 \\ 1 & 4 \\ 3 & 6 \end{pmatrix}, \quad C = \begin{pmatrix} 1 & 5 \end{pmatrix} \quad \text{und} \quad D = \begin{pmatrix} 1 & 1 \\ 2 & 7 \end{pmatrix}.$$

Bevor wir zur Multiplikation kommen noch einmal kurz zur Addition: Die einzigen beiden Matrizen, die wir addieren können, sind natürlich A und B (und was kommt raus?). Aber jetzt zur Multiplikation. Dafür bestimmen wir zuerst mal die Größe der drei Matrizen:

$A \in \mathcal{M}_{3,2}(\mathbb{R})$, $B \in \mathcal{M}_{3,2}(\mathbb{R})$, $C \in \mathcal{M}_{1,2}(\mathbb{R})$, $D \in \mathcal{M}_{2,2}(\mathbb{R})$. $A \cdot A$ und $A \cdot B$ können wir also nicht berechnen, genauso wenig $A \cdot C$. Allerdings können wir zum Beispiel $A \cdot D$ berechnen:

$$A \cdot D = \begin{pmatrix} 0 \cdot 1 + 1 \cdot 2 & 0 \cdot 1 + 1 \cdot 7 \\ 5 \cdot 1 + 3 \cdot 2 & 5 \cdot 1 + 3 \cdot 7 \\ 2 \cdot 1 + 2 \cdot 2 & 2 \cdot 1 + 2 \cdot 7 \end{pmatrix} = \begin{pmatrix} 2 & 7 \\ 11 & 26 \\ 6 & 16 \end{pmatrix}.$$

Die weiteren Produkte, die man berechnen kann, sind $B \cdot D, C \cdot D$ und $D \cdot D$ mit den Ergebnissen (direkt aus der Multiplikationsregel)

$$B \cdot D = \begin{pmatrix} 8 & 23 \\ 9 & 29 \\ 15 & 45 \end{pmatrix}, \quad C \cdot D = \begin{pmatrix} 11 & 36 \end{pmatrix}, \quad D \cdot D = \begin{pmatrix} 3 & 8 \\ 16 & 51 \end{pmatrix}.$$

Wir merken uns also: Sind zwei Matrizen gegeben, so kann man diese nur multiplizieren, wenn die zweite Matrix genauso viele Zeilen hat wie die erste Matrix Spalten. Das Ergebnis, also das Produkt, hat dann so viele Zeilen, wie die erste Matrix Zeilen und so viele Spalten wie die zweite Matrix Spalten.

Als Merkregel halten wir fest:

$$\mathcal{M}_{m,n} \cdot \mathcal{M}_{n,r} = \mathcal{M}_{m,r}.$$

Drei ganz wichtige Punkte sind noch anzumerken: Erstens ist die Matrizenmultiplikation nicht kommutativ. Wie wir oben sehen muss selbst wenn $A \cdot B$ existiert, $B \cdot A$ nicht existieren. Und selbst wenn beides definiert ist, muss der Wert nicht übereinstimmen, zum Beispiel:

▶ **Beispiel 152**

$$A = \begin{pmatrix} 1 & 2 \\ 0 & 1 \end{pmatrix}, B = \begin{pmatrix} 1 & 0 \\ 1 & 3 \end{pmatrix} \Rightarrow A \cdot B = \begin{pmatrix} 3 & 6 \\ 1 & 3 \end{pmatrix} \neq \begin{pmatrix} 1 & 2 \\ 1 & 5 \end{pmatrix} = B \cdot A \quad ■$$

Zweitens ist der Ring der Matrizen nicht nullteilerfrei (das heißt, aus $A \cdot B = 0$ folgt nicht unbedingt $A = 0$ oder $B = 0$), zum Beispiel ist

$$A = \begin{pmatrix} 1 & 0 \\ 0 & 0 \end{pmatrix}, B = \begin{pmatrix} 0 & 0 \\ 0 & 1 \end{pmatrix} \Rightarrow A \cdot B = \begin{pmatrix} 0 & 0 \\ 0 & 0 \end{pmatrix}$$

Drittens darf man nicht durch Matrizen teilen, das ist ganz wichtig! Die Division ist für Matrizen nicht erklärt! Wenn man eine Matrizengleichung wie $AX = B$ auflösen möchte, so muss man die Gleichung mit der inversen Matrix A^{-1} (siehe Definition 15.9) von links durchmultiplizieren.

Zum Abschluss wollen wir noch kurz erklären, was mit dem Term $\lambda \cdot A$ gemeint ist, falls A eine Matrix über einem Körper K ist und $\lambda \in K$. Dann ist für $A = (a_{ij})$ der Ausdruck $\lambda \cdot A$ die Matrix mit $\lambda \cdot A = (\lambda a_{ij})$, das heißt, es wird jeder Eintrag von A mit λ multipliziert.

▶ **Beispiel 153** Wir rechnen:

$$3 \cdot \begin{pmatrix} 1 & 2 & 3 \\ 4 & 5 & 6 \\ 7 & 8 & 9 \end{pmatrix} = \begin{pmatrix} 3 \cdot 1 & 3 \cdot 2 & 3 \cdot 3 \\ 3 \cdot 4 & 3 \cdot 5 & 3 \cdot 6 \\ 3 \cdot 7 & 3 \cdot 8 & 3 \cdot 9 \end{pmatrix} = \begin{pmatrix} 3 & 6 & 9 \\ 12 & 15 & 18 \\ 21 & 24 & 27 \end{pmatrix}. \quad ■$$

Erklärung

Zur Definition 15.7 des Kronecker-Deltas: Dieses Kronecker-Delta wird euch im Verlauf eures Studiums bestimmt noch häufiger begegnen, die Definition ist allerdings selbsterklärend. Das Kronecker-Delta ist 1, wenn $i = j$ und sonst 0.

Zur Definition 15.9 einer invertierbaren Matrix: Das Invertieren einer Matrix ist eigentlich nichts anderes als das Anwenden des Gauß-Algorithmus. Wir schreiben die zu invertierende Matrix auf die linke Seite und auf die rechte Seite die Einheitsmatrix und formen dieses System so lange mit dem Gauß-Algorithmus um, bis auf der linken Seite die Einheitsmatrix steht. Die Matrix auf der rechten Seite ist dann die Inverse, wenn sie denn existiert. Beachtet, dass natürlich nur quadratische Matrizen invertierbar sein können. Schauen wir uns ein paar Beispiele an:

▶ **Beispiel 154**

- Wir wollen die Matrix $\begin{pmatrix} 1 & 0 & 1 \\ 2 & -1 & 3 \\ 1 & 2 & 0 \end{pmatrix}$ invertieren. Dies geht so, wie oben beschrieben:

$$\begin{pmatrix} 1 & 0 & 1 & | & 1 & 0 & 0 \\ 2 & -1 & 3 & | & 0 & 1 & 0 \\ 1 & 2 & 0 & | & 0 & 0 & 1 \end{pmatrix}$$

$$\leadsto \begin{pmatrix} 1 & 0 & 1 & | & 1 & 0 & 0 \\ 0 & -1 & 1 & | & -2 & 1 & 0 \\ 0 & 2 & -1 & | & -1 & 0 & 1 \end{pmatrix}$$

$$\leadsto \begin{pmatrix} 1 & 0 & 1 & | & 1 & 0 & 0 \\ 0 & -1 & 1 & | & -2 & 1 & 0 \\ 0 & 0 & 1 & | & -5 & 2 & 1 \end{pmatrix} \leadsto \begin{pmatrix} 1 & 0 & 1 & | & 1 & 0 & 0 \\ 0 & 1 & -1 & | & 2 & -1 & 0 \\ 0 & 0 & 1 & | & -5 & 2 & 1 \end{pmatrix}$$

$$\leadsto \begin{pmatrix} 1 & 0 & 0 & | & 6 & -2 & -1 \\ 0 & 1 & 0 & | & -3 & 1 & 1 \\ 0 & 0 & 1 & | & -5 & 2 & 1 \end{pmatrix}.$$

Also ist A invertierbar mit $A^{-1} = \begin{pmatrix} 6 & -2 & -1 \\ -3 & 1 & 1 \\ -5 & 2 & 1 \end{pmatrix}$. Ob wir uns verrechnet haben, könnt ihr leicht nachprüfen, denn es muss $A \cdot A^{-1} = A^{-1} \cdot A = E_3$ gelten.

- Wir wollen versuchen, die Matrix $\begin{pmatrix} 1 & -1 & 0 & 1 \\ 0 & 1 & -1 & 0 \\ -1 & 3 & 1 & -1 \\ 2 & 0 & 3 & 2 \end{pmatrix}$ zu invertieren.

$$\begin{pmatrix} 1 & -1 & 0 & 1 & | & 1 & 0 & 0 & 0 \\ 0 & 1 & -1 & 0 & | & 0 & 1 & 0 & 0 \\ -1 & 3 & 1 & -1 & | & 0 & 0 & 1 & 0 \\ 2 & 0 & 3 & 2 & | & 0 & 0 & 0 & 1 \end{pmatrix}$$

$$\leadsto \begin{pmatrix} 1 & -1 & 0 & 1 & | & 1 & 0 & 0 & 0 \\ 0 & 1 & -1 & 0 & | & 0 & 1 & 0 & 0 \\ 0 & 2 & 1 & 0 & | & 1 & 0 & 1 & 0 \\ 0 & 2 & 3 & 0 & | & -2 & 0 & 0 & 1 \end{pmatrix}$$

$$\leadsto \begin{pmatrix} 1 & -1 & 0 & 1 & | & 1 & 0 & 0 & 0 \\ 0 & 1 & -1 & 0 & | & 0 & 1 & 0 & 0 \\ 0 & 0 & 3 & 0 & | & 1 & -2 & 1 & 0 \\ 0 & 0 & 5 & 0 & | & -2 & -2 & 0 & 1 \end{pmatrix}$$

$$\leadsto \begin{pmatrix} 1 & -1 & 0 & 1 & | & 1 & 0 & 0 & 0 \\ 0 & 1 & -1 & 0 & | & 0 & 1 & 0 & 0 \\ 0 & 0 & 3 & 0 & | & 1 & -2 & 1 & 0 \\ 0 & 0 & 0 & 0 & | & -11 & 4 & -5 & 3 \end{pmatrix}$$

Na, was ist denn jetzt passiert? Irgendwie geht es jetzt nicht mehr weiter. Das liegt einfach daran, dass die Matrix nicht invertierbar ist, wie auch das folgende Beispiel 155 zeigt, denn dies ist hier gerade die Matrix für $\lambda = -1$. ■

▶ **Beispiel 155** Sei

$$A_\lambda := \begin{pmatrix} 1 & \lambda & 0 & 1 \\ 0 & 1 & \lambda & 0 \\ -1 & 3 & 1 & \lambda \\ 2 & 0 & 3 & 2 \end{pmatrix} \in M_4(\mathbb{R}).$$

Für welche $\lambda \in \mathbb{R}$ ist A_λ invertierbar?

Was müssen wir nun machen? Wir müssen die Determinante (siehe Kap. 21) der Matrix A bestimmen. Ist diese ungleich Null, so ist die Matrix invertierbar. Es gilt $\det(A) = -(1 + \lambda)(3 + 2\lambda^2)$. Daher ist A_λ für $\lambda \neq -1$ invertierbar.

Ihr solltet nun in der Lage sein, Matrizen zu invertieren. Weitere Eigenschaften von Matrizen werden wir im nächsten Kap. 16 kennenlernen.   ■

Übrigens ist eine $n \times n$-Matrix B schon dann die Inverse zu einer $n \times n$-Matrix A, wenn $A \cdot B = E_n$ oder $B \cdot A = E_n$ gilt, die andere Gleichung folgt dann automatisch hieraus. Das sieht man wie folgt: Gilt $AB = E_n$ so hat AB Rang n (denn E_n hat Rang n, weil E_n bereits in Zeilenstufenform ist). Dann muss A aber auch Rang n haben, denn sonst hätte die Zeilenstufenform von A eine Nullzeile, und dies würde auch eine Nullzeile in der Zeilenstufenform von AB ergeben (veranschaulicht euch das am Besten mit der Matrixmultiplikation). Es gilt dann $A = E_n A = (AB)A = A(BA)$. Dass wir hier die Klammern anders setzen dürfen liegt an der Assoziativität der Matrixmultiplikation. Dies haben wir bisher noch nicht gezeigt, wenn ihr uns das hier noch nicht glaubt dürft ihr das gerne kurz machen, ansonsten verweisen wir auf das nächste Kapitel. Dann folgt jetzt weiter $A - A(BA) = 0$, also $A(E_n - BA) = 0$. Wir behaupten nun, dass $E_n - BA$ die Nullmatrix ist. Wäre das nicht der Fall, dann gäbe es ein Nicht-Null-Element in $E_n - BA$. Da A vollen Rang hat, hätte dann auch $A(E_n - BA)$ ein Nicht-Null-Element, was aber nicht sein kann, da dies die Nullmatrix ist. Also muss $E_n - BA = 0$ gelten und damit gilt auch $BA = E_n$.

Wir müssen also immer nur eine der Gleichungen überprüfen.

___

Erklärung

Zur Definition 15.10 der Adjunkten einer Matrix: Die Definition wirkt – zugegeben – erst einmal recht kompliziert. Daher verdeutlichen wir uns diese an einer (2×2)- und einer (3×3)-Matrix.

▶ **Beispiel 156** Sei die Matrix

$$A = \begin{pmatrix} a_{11} & a_{12} \\ a_{21} & a_{22} \end{pmatrix}$$

gegeben. Dann gilt

$$\mathrm{adj}(A) = \begin{pmatrix} a_{22} & -a_{12} \\ -a_{21} & a_{11} \end{pmatrix}.$$

Dass euch diese Matrix bei der Inversenformel einer (2×2)-Matrix bekannt vor kommt (hoffen wir jedenfalls), ist kein Zufall wie Beispiel 165 zeigen wird.   ■

▶ **Beispiel 157** Wir betrachten die (3×3)-Matrix

$$A = \begin{pmatrix} a_{11} & a_{12} & a_{13} \\ a_{21} & a_{22} & a_{23} \\ a_{31} & a_{32} & a_{33} \end{pmatrix}.$$

Nach Definition erhalten wir die Adjunkte von A durch

$$\text{adj}(A) = \begin{pmatrix} \det \begin{pmatrix} a_{22} & a_{23} \\ a_{32} & a_{33} \end{pmatrix} & -\det \begin{pmatrix} a_{12} & a_{13} \\ a_{32} & a_{33} \end{pmatrix} & \det \begin{pmatrix} a_{12} & a_{13} \\ a_{22} & a_{23} \end{pmatrix} \\ -\det \begin{pmatrix} a_{21} & a_{23} \\ a_{31} & a_{33} \end{pmatrix} & \det \begin{pmatrix} a_{11} & a_{13} \\ a_{31} & a_{33} \end{pmatrix} & -\det \begin{pmatrix} a_{11} & a_{13} \\ a_{21} & a_{23} \end{pmatrix} \\ \det \begin{pmatrix} a_{21} & a_{22} \\ a_{31} & a_{32} \end{pmatrix} & -\det \begin{pmatrix} a_{11} & a_{12} \\ a_{31} & a_{32} \end{pmatrix} & \det \begin{pmatrix} a_{11} & a_{12} \\ a_{21} & a_{22} \end{pmatrix} \end{pmatrix}$$

$$= \begin{pmatrix} a_{22}a_{33} - a_{23}a_{32} & -(a_{12}a_{33} - a_{32}a_{13}) & a_{12}a_{23} - a_{22}a_{13} \\ -(a_{21}a_{33} - a_{31}a_{23}) & a_{11}a_{33} - a_{31}a_{13} & -(a_{11}a_{23} - a_{21}a_{13}) \\ a_{21}a_{32} - a_{31}a_{22} & -(a_{11}a_{32} - a_{31}a_{12}) & a_{11}a_{22} - a_{21}a_{12}. \end{pmatrix} \blacksquare$$

Des Weiteren gelten einige Eigenschaften, die man – natürlich – beweisen kann:

- $\text{adj}(E_n) = E_n$
- $\text{adj}(0) = 0$ (mit 0 als Nullmatrix)
- $\text{adj}(A \cdot B) = \text{adj}(A) \cdot \text{adj}(B)$
- $\text{adj}(A^T) = \text{adj}(A)^T$

In Beispiel 165 sehen wir eine weitere Anwendung der Adjunkten einer Matrix.

15.4   Erklärungen zu den Sätzen und Beweisen

Erklärung

Zum Satz 15.2 und dem Gauß-Algorithmus: Ist eine Matrix A beim Lösen eines linearen Gleichungssystems in Zeilenstufenform gegeben, so kann man die Lösungen direkt ablesen, wie wir in dem Beispiel 158 sehen werden. Mithilfe des Gauß-Algorithmus können wir lineare Gleichungssysteme lösen und Matrizen auf Zeilenstufenform bringen. Dabei besteht der Zusammenhang zwischen Matrizen und linearen Gleichungssystemen darin, dass wir einfach die Koeffizienten des Gleichungssystems als Koeffizienten der Matrix nehmen und mit dieser dann weiterrechnen.

▶ **Beispiel 158**

- Wir wollen, in Abhängigkeit von $a, b \in \mathbb{R}$, die folgende Matrix A auf Invertierbarkeit überprüfen.

$$A = \begin{pmatrix} a & b & b \\ b & a & b \\ b & b & a \end{pmatrix}$$

Wir wollen noch die Lösungsmenge des Gleichungssystems $Ax = \tilde{b}$ mit $\tilde{b} =$
$(1, 1, 1)^T$ für den Fall $a = -2$ und $b = 1$ berechnen: Für den Fall $a = -2$ und
$b = 1$ ergibt sich

$$
\begin{pmatrix}
-2 & 1 & 1 & |1 \\
1 & -2 & 1 & |1 \\
1 & 1 & -2 & |1
\end{pmatrix}
\rightsquigarrow
\begin{pmatrix}
-2 & 1 & 1 & |1 \\
0 & -3 & 3 & |3 \\
0 & 3 & -3 & |3
\end{pmatrix}
\rightsquigarrow
\begin{pmatrix}
-2 & 1 & 1 & |1 \\
0 & -1 & 1 & |1 \\
0 & 0 & 0 & |6
\end{pmatrix}.
$$

Die letzte Zeile liefert die falsche Aussage $0 = 6$. Also besitzt das LGS nur die
leere Menge als Lösungsmenge.

Nach Beispiel 215 aus Kap. 21 gilt $\det A = (a - b)^2 (a + 2b)$. Eine andere
Möglichkeit zu sehen, dass das Gleichungssystem nicht lösbar ist, ist $a = -2$
und $b = 1$ in die berechnete Determinante einzusetzen. Macht man dies, so stellt
man fest, dass $\det(A) = 0$ und damit A nicht invertierbar ist. Da $\mathrm{rang}(A) <$
$\mathrm{rang}(A|\tilde{b})$ ist das Gleichungssystem nicht lösbar.

- Ein weiteres Beispiel aus der analytischen Geometrie, das wir mittels linearer
  Algebra lösen möchten:
  Seien $E_1, E_2 \subset \mathbb{R}^3$ die Ebenen, die durch die folgenden linearen Gleichungen
  gegeben sind:

$$
E_1 : x_1 - 2x_2 + x_3 = 1 \qquad \text{und} \qquad E_2 : x_1 - x_2 - x_3 = -1.
$$

Welches geometrische Gebilde ist die Schnittmenge $E_1 \cap E_2$? Wir wollen auch
eine Parametrisierung für die Punkte in $E_1 \cap E_2$ angeben.

Dazu überführen wir das lineare Gleichungssystem in eine erweiterte Koeffizientenmatrix und lösen mit Gauß:

$$
\begin{pmatrix}
1 & -2 & 1 & | & 1 \\
1 & -1 & -1 & | & -1
\end{pmatrix}
\rightsquigarrow
\begin{pmatrix}
1 & -2 & 1 & | & 1 \\
0 & 1 & -2 & | & -2
\end{pmatrix}.
$$

Das geometrische Gebilde ist also eine Schnittgerade, da wir eine freie Variable
haben, die wir frei wählen können.

Nun geben wir noch eine Parametrisierung für die Punkte in $E_1 \cap E_2$ an. Dazu
formen wir die letzte Zeile der Matrix, also $x_2 - 2x_3 = -2$, um zu $x_2 = -2 +$
$2x_3$. Wir wählen $x_3 = s$ als freien Parameter. Dies ergibt $x_2 = -2 + 2s$ und
$x_1 = -3 + 3s$. Entsprechend ist die Lösungsmenge gegeben durch die Gerade

$$
L = \left\{ \begin{pmatrix} -3 \\ -2 \\ 0 \end{pmatrix} + s \cdot \begin{pmatrix} 3 \\ 2 \\ 1 \end{pmatrix} : s \in \mathbb{R} \right\}.
$$

- Wir lösen das lineare Gleichungssystem $Ax = b$ mit

$$A := \begin{pmatrix} -1 & -2 & 4 \\ 2 & 1 & 3 \\ 3 & 3 & -2 \end{pmatrix} \qquad \text{und} \quad b = \begin{pmatrix} 6 \\ 5 \\ -2 \end{pmatrix}.$$

$$\begin{pmatrix} -1 & -2 & 4 & | & 6 \\ 2 & 1 & 3 & | & 5 \\ 3 & 3 & -2 & | & -2 \end{pmatrix} \rightsquigarrow \begin{pmatrix} -1 & -2 & 4 & | & 6 \\ 0 & -3 & 11 & | & 17 \\ 0 & -3 & 10 & | & 16 \end{pmatrix}$$

$$\rightsquigarrow \begin{pmatrix} -1 & -2 & 4 & | & 6 \\ 0 & -3 & 11 & | & 17 \\ 0 & 0 & -1 & | & -1 \end{pmatrix}.$$

Von unten nach oben können wir die Lösungen für den Lösungsvektor $x = (x_1, x_2, x_3)^T$ ablesen zu $x_3 = 1, -3x_2 + 11 = 17 \Leftrightarrow x_2 = -2$ und $-x_1 + 4 + 4 = 6 \Leftrightarrow x_1 = 2$.
Es existiert also *genau eine* Lösung $L = \{(2, -2, 1)\}$.

- Wir betrachten ein lineares Gleichungssystem mit drei Unbekannten x_1, x_2, x_3 und drei Gleichungen. Die Lösungen sind gegeben durch:

$$2x_1 + 2x_2 + 2x_3 = 3$$
$$4x_1 + 4x_2 + 4x_3 = 4$$
$$6x_1 + 6x_2 + 6x_3 = 5$$

Man sieht sofort, dass dieses Gleichungssystem keine Lösung besitzen kann, denn wenn man sich die Gleichungen als Ebenen im $\mathbb{R}^3$ vorstellt, so stellt man fest, dass alle Ebenen parallel zueinander liegen und damit keinen Schnittpunkt besitzen können. Wie sieht man dies aber rechnerisch? Probieren wir es aus:

$$\begin{pmatrix} 2 & 2 & 2 & | & 3 \\ 4 & 4 & 4 & | & 4 \\ 6 & 6 & 6 & | & 5 \end{pmatrix} \rightsquigarrow \begin{pmatrix} 2 & 2 & 2 & | & 3 \\ 0 & 0 & 0 & | & -2 \\ 6 & 6 & 6 & | & 5 \end{pmatrix}.$$

Schon nach einem Gauß-Schritt (Wir haben die erste Zeile mit -2 multipliziert und zur zweiten addiert) erhalten wir den Widerspruch $0 = -2$. Dies zeigt, dass die leere Menge die Lösungsmenge dieses Gleichungssystems ist.
Das lineare Gleichungssystem besitzt also *keine* Lösung.

- Wir betrachten das lineare Gleichungssystem $Ax = b$ mit

$$A := \begin{pmatrix} -3 & 3 & 15 & -3 \\ -2 & 3 & 13 & -2 \\ -2 & 2 & 10 & -2 \\ -1 & 1 & 5 & 0 \end{pmatrix} \quad \text{und} \quad b := \begin{pmatrix} -24 \\ -20 \\ -16 \\ -5 \end{pmatrix}.$$

Wir lösen mit Gauß:

$$\left(\begin{array}{cccc|c} -3 & 3 & 15 & -3 & -24 \\ -2 & 3 & 13 & -2 & -20 \\ -2 & 2 & 10 & -2 & -16 \\ -1 & 1 & 5 & 0 & -5 \end{array}\right) \rightsquigarrow \left(\begin{array}{cccc|c} -3 & 3 & 15 & -3 & -24 \\ 0 & 3 & 9 & 0 & -12 \\ 0 & 0 & 0 & 0 & 0 \\ 0 & 0 & 0 & 1 & 3 \end{array}\right).$$

Aus der vierten Zeile ergibt sich:

$$x_4 = 3. \tag{15.13}$$

Die zweite Zeile liefert:

$$x_2 + 3x_3 = -4 \Leftrightarrow x_2 = -4 - 3x_3. \tag{15.14}$$

Die erste Zeile ergibt:

$$x_1 - x_2 - 5x_3 + x_4 = 8. \tag{15.15}$$

Setzt man (15.13) und (15.14) in (15.15) ein, erhalten wir:

$$x_1 - (-4 - 3x_3) - 5x_3 + 3 = 8 \Leftrightarrow x_1 + 4 + 3x_3 - 5x_3 + 3 = 8$$
$$\Leftrightarrow x_1 = 1 + 2x_3.$$

x_3 kann also beliebig gewählt werden. Die Lösungsmenge des Gleichungssystems schreiben wir so

$$L = \begin{cases} x_1 = 1 + 2x_3 \\ x_2 = -4 - 3x_3 \\ x_4 = 3 \end{cases}$$

oder so

$$L := \left\{ \begin{pmatrix} 1 \\ -4 \\ 0 \\ 3 \end{pmatrix} + \lambda \cdot \begin{pmatrix} 2 \\ -3 \\ 1 \\ 0 \end{pmatrix} : \lambda \in \mathbb{R} \right\}.$$

Die Wahl der freien Variablen ist natürlich nicht eindeutig. Da eine Parametrisierung gewählt werden kann, zeigt dies, dass das lineare Gleichungssystem *unendlich viele* Lösungen besitzt.

- Gleichungssysteme können unter- oder überbestimmt sein. Gleichungssysteme mit mehr Gleichungen als Unbekannten besitzen oft keine Lösung. Das Gleichungssystem $5x_1 = 7$ und $4x_1 = 2$ besitzt keine Lösung, da x_1 nicht gleichzeitig beide Gleichungen erfüllen kann: Das Gleichungssystem ist überbestimmt. Dass ein lineares Gleichungssystem unendlich viele Lösung hat, kann nur vorkommen, wenn es weniger linear unabhängige Gleichungen als Unbekannte gibt. Zum Beispiel besitzt das Gleichungssystem $x_1 + x_2 = 2071$ unendlich viele Lösungen und zwar alle Vektoren mit $x_2 = 2071 - x_1$: Dieses Gleichungssystem ist unterbestimmt.
- Noch ein abschließendes Beispiel eines linearen Gleichungssystems, bei dem die Lösung von einem Parameter $t \in \mathbb{R}$ abhängt.

$$t \cdot x_1 + 6 \cdot x_2 = 2 \qquad (15.16)$$
$$4 \cdot x_1 + (t + 2) \cdot x_2 = 2 \qquad (15.17)$$

Wir machen es dieses Mal ohne Matrix, da es sonst zu unübersichtlich werden würde. Wir multiplizieren (15.17) mit $t \neq 0$ und substrahieren davon viermal (15.16), sodass die erste Gleichung unverändert bleibt und die zweite zu

$$t(t + 2) \cdot x_2 - 24 \cdot x_2 = 2t - 8$$

wird.
Wir klammern jetzt noch x_2 aus und können damit x_2 schon einmal allgemein berechnen. Es ergibt sich

$$t(t+2) \cdot x_2 - 24 \cdot x_2 = (t^2 + 2t) \cdot x_2 - 24 \cdot x_2 = (t^2 + 2t - 24) \cdot x_2 = 2t - 8. \quad (15.18)$$

Für die Existenz einer Lösung des Gleichungssystems in Abhängigkeit des Parameters ist jetzt entscheidend, wann $(t^2 + 2t - 24)$ Null wird, denn andernfalls können wir in (15.18) nicht durch $t^2 + 2t - 24$ teilen. Wir halten außerdem schon einmal fest, dass die rechte Seite von (15.18) für $t = 4$ Null wird. Berechnen wir also zunächst die Nullstellen von $t^2 + 2t - 24$, beispielsweise mit der sogenannten p, q-Formel (oder auch Mitternachtsformel genannt). Sie liefert sofort die Nullstellen $t_{1,2} = -1 \pm \sqrt{1 + 24} = -1 \pm 5$, also $t_1 = 4$ oder $t_2 = -6$. Demnach gilt:

$$x_2 = \frac{2t - 8}{t^2 + 2t - 24} \quad \text{für} \quad t \neq 4 \quad \text{und} \quad t \neq -6. \qquad (15.19)$$

Bevor wir uns anschauen, für welches $t \in \mathbb{R}$ das Gleichungssystem Lösungen besitzt, berechnen wir zunächst den zugehörigen x_1-Wert, der sich durch Einsetzen von (15.19) in die Gleichung $t \cdot x_1 + 6 \cdot x_2 = 2$ ergibt, da eventuell nochmals Fallunterscheidungen abhängig vom Parameter entstehen könnten:

$$t \cdot x_1 + 6 \cdot \frac{2t - 8}{t^2 + 2t - 24} = 2 \Leftrightarrow t \cdot x_1 + \frac{12t - 48}{t^2 + 2t - 24} = 2$$

Wir setzen voraus, dass $t \neq 0$, um dadurch teilen zu dürfen, dann ergibt sich:

$$t \cdot x_1 = 2 - \frac{12t - 48}{t^2 + 2t - 24} \Leftrightarrow x_1 = \frac{2}{t} - \frac{12t - 48}{t \cdot (t^2 + 2t - 24)}.$$

So! Die interessanten Fälle, die die Lösung des Gleichungssystems beeinflussen und die nun nochmals gesondert zu überprüfen sind, sind die Fälle $t = 0$, $t = 4$ und $t = -6$ (für alle anderen Fälle erhalten wir wie oben berechnet genau eine Lösung):

– 1. Fall $t = 0$: Wenn $t = 0$, dann erhalten wir einerseits $6 \cdot x_2 = 2$, was sofort $x_2 = \frac{1}{3}$ impliziert und $4 \cdot x_1 + 2 \cdot x_2 = 2$, was wiederum auf $x_1 = \frac{1}{3}$ hinausläuft. Für $t = 0$ erhalten wir also genau eine Lösung.

– 2. Fall $t = 4$: Wenn $t = 4$, stimmen (15.16) und (15.17) überein, und zwar ergibt sich zweimal $4 \cdot x_1 + 6 \cdot x_2 = 2$. Das Gleichungssystem hat in diesem Fall unendlich viele Lösungen. Wir bestimmen diese, indem wir beispielsweise $x_2 =: \lambda$ setzen. Daraus folgt $4 \cdot x_1 + 6 \cdot \lambda = 2 \Leftrightarrow \frac{1}{2} - \frac{3}{2} \cdot \lambda = x_1$, woraus die Lösungsmenge

$$L = \left\{ \begin{pmatrix} x_1 \\ x_2 \end{pmatrix} = \begin{pmatrix} -1 \\ 1 \end{pmatrix} + \lambda \cdot \begin{pmatrix} -3 \\ 2 \end{pmatrix} : \lambda \in \mathbb{R} \right\}$$

resultiert.

– 3. Fall $t = -6$: Wir erhalten die beiden Gleichungen

$$-6 \cdot x_1 + 6 \cdot x_2 = 2 \quad \text{und} \quad 4 \cdot x_1 - 4 \cdot x_2 = 2$$

Beide Gleichungen zusammen liefern einen Widerspruch, da sie auf $0 = 10$ führen. Für den Fall $t = -6$ besitzt das lineare Gleichungssystem also keine Lösung.

Ihr solltet nun in der Lage sein, lineare Gleichungssystem zu lösen.   ∎

Erklärung

Zum Struktursatz für lineare Gleichungssysteme (Satz 15.3): Hier sehen wir, welche Struktur die Lösung von linearen Gleichungssystemen hat. Dazu einfach mal zwei Beispiele:

▶ **Beispiel 159** Wir betrachen das System

$$x_1 + 2x_3 - 4x_4 + x_5 = 0$$
$$x_2 + x_4 - x_5 = 0$$

Dann ist also

$$x_1 = -2x_3 + 4x_4 - x_5, \qquad x_2 = -x_4 + x_5$$

Jeder Lösungsverktor x ist also von der Form

$$x = x_3 \begin{pmatrix} -2 \\ 0 \\ 1 \\ 0 \\ 0 \end{pmatrix} + x_4 \begin{pmatrix} 4 \\ -1 \\ 0 \\ 1 \\ 0 \end{pmatrix} + x_5 \begin{pmatrix} -1 \\ 1 \\ 0 \\ 0 \\ 1 \end{pmatrix}$$

und dies ist ein Untervektorraum des $\mathbb{R}^5$. Die Dimension dieses Untervektorraumes ist dabei gerade $3 = \dim \mathbb{R}^5 - \text{Rang}(A)$ mit $A = \begin{pmatrix} 1 & 0 & 2 & -4 & 1 \\ 0 & 1 & 0 & 1 & -1 \end{pmatrix}$. ∎

▶ **Beispiel 160** Wir betrachten das lineare Gleichungssystem $Ax = b$ mit

$$A = \begin{pmatrix} 1 & 3 & -4 & 3 \\ 3 & 9 & -2 & -11 \\ 4 & 12 & -6 & -8 \\ 2 & 6 & 2 & -14 \end{pmatrix}, \qquad b = \begin{pmatrix} 9 \\ -3 \\ 6 \\ -12 \end{pmatrix}$$

Hier solltet ihr als Übung die Zeilenstufenform von $[A|b]$ bestimmen. Ihr solltet als Ergebnis

$$\begin{pmatrix} 1 & 3 & 0 & -5 & | & -3 \\ 0 & 0 & 1 & -2 & | & -3 \\ 0 & 0 & 0 & 0 & | & 0 \\ 0 & 0 & 0 & 0 & | & 0 \end{pmatrix}$$

erhalten. Als Lösung der linearen Gleichungssystems erhält man also

$$\begin{pmatrix} -3 \\ 0 \\ -3 \\ 0 \end{pmatrix} + \lambda \begin{pmatrix} -3 \\ 1 \\ 0 \\ 0 \end{pmatrix} + \mu \begin{pmatrix} 5 \\ 0 \\ 2 \\ 1 \end{pmatrix}$$

wobei $\begin{pmatrix} -3 \\ 0 \\ -3 \\ 0 \end{pmatrix}$ eine Lösung des inhomogenen Gleichungssystems ist und $\begin{pmatrix} -3 \\ 1 \\ 0 \\ 0 \end{pmatrix}$ und

$\begin{pmatrix} 5 \\ 0 \\ 2 \\ 1 \end{pmatrix}$ Lösungen des homogenen Gleichungssystems sind. ∎

Zur Invertierbarkeit von Matrizen (Satz 15.4): In Satz 15.4 haben wir einige
äquivalente Aussagen aufgeführt, wann eine Matrix invertierbar ist. Der Vollständigkeit halber führen wir weitere ohne Beweis an. Viele Begriffe, die dort auftau-
chen, werden wir auch erst später einführen:

Eine Matrix $A \in K^{n \times n}$ ist genau dann invertierbar, wenn eine der folgenden
äquivalenten Bedingungen erfüllt ist:

- Es gibt eine inverse Matrix A^{-1} mit $A \cdot A^{-1} = A^{-1} \cdot A = E_n$.
- Die Determinante von A ist ungleich Null.
- 0 ist kein Eigenwert von A.
- Die Zeilenvektoren oder Spaltenvektoren bilden eine Basis von K^n.
- Die Zeilenvektoren oder Spaltenvektoren sind linear unabhängig.
- Die transponierte Matrix (siehe Definition 16.2) A^T ist invertierbar.

Zum Kriterium zur Lösbarkeit linearer Gleichungssysteme (Satz 15.5):

▶ **Beispiel 161**

- Gegeben sei die Matrix

$$A := \begin{pmatrix} 1 & 2 & 3 & | & 1 \\ 3 & 2 & 1 & | & 1 \end{pmatrix}.$$

Diese Matrix A hat folgende Zeilenstufenform bzw. normalisierte Zeilenstufenform:

$$\begin{pmatrix} 1 & 2 & 3 & | & 1 \\ 0 & -4 & -8 & | & -2 \end{pmatrix} \quad \text{bzw.} \quad \begin{pmatrix} 1 & 0 & -1 & | & 0 \\ 0 & 1 & 2 & | & 0{,}5 \end{pmatrix}.$$

Sowohl der Rang von A als auch der Rang von $[A|b]$ ist 2. Somit besitzt das
lineare Gleichungssystem Lösungen. In diesem Fall unendlich viele.
- Die Matrix

$$A := \begin{pmatrix} 1 & 3 & | & 1 \\ 3 & 1 & | & 1 \\ 2 & 3 & | & 1 \end{pmatrix}$$

hat Zeilenstufenform

$$\begin{pmatrix} 1 & 3 & | & 1 \\ 0 & -8 & | & -2 \\ 0 & 0 & | & -0{,}25 \end{pmatrix}.$$

Es ist hier $\mathrm{rang}(A) = 2$, aber $\mathrm{rang}[A|b] = 3$. Also besitzt das lineare Glei-
chungssystem keine Lösung.

- Die Matrix

$$A := \begin{pmatrix} 1 & 4 & 17 & 4 & | & 38 \\ 2 & 12 & 46 & 10 & | & 98 \\ 3 & 18 & 69 & 17 & | & 153 \end{pmatrix}$$

hat Zeilenstufenform bzw. normalisierte Zeilenstufenform

$$\begin{pmatrix} 1 & 4 & 17 & 4 & | & 38 \\ 0 & 4 & 12 & 2 & | & 22 \\ 0 & 0 & 0 & 2 & | & 6 \end{pmatrix} \quad \text{bzw.} \quad \begin{pmatrix} 1 & 0 & 5 & 0 & | & 10 \\ 0 & 1 & 3 & 0 & | & 4 \\ 0 & 0 & 0 & 1 & | & 3 \end{pmatrix}.$$

Sowohl der Rang von A als auch der Rang der erweiterten Koeffizientenmatrix $[A|b]$ ist also 3. Somit besitzt das lineare Gleichungssystem Lösungen. Hier wieder unendlich viele. ∎

Erklärung

Zusammenfassung zum Rang einer Matrix: Wir fassen zusammen, was man wissen sollte:

1. Kennt man nur den Rang von A und von $[A|b]$, so kann man mit Satz 15.5 sofort sagen, ob das zugehörige lineare Gleichungssystem lösbar ist oder nicht.
2. Kennt man die Zeilenstufenform, so kann man alle Lösungen bestimmen.
3. Aus der normalisierten Zeilenstufenform kann man alle Lösungen direkt ablesen.

Falls das lineare Gleichungssystem lösbar ist, gilt eine der folgenden Alternativen:

1. Der Rang von A stimmt mit der Spaltenzahl n überein: Dann enthält jede Spalte der Zeilenstufenform ein Pivotelement, die Zeilen $1, \dots, n$ haben also genau $0, \dots, n-1$ führende Nullen. Die normalisierte Zeilenstufenform der erweiterten Koeffizientenmatrix besteht in Zeilen $1, \dots, n$ aus der Einheitsmatrix und der eindeutigen Lösung. Darunter folgen gegebenenfalls Null-Zeilen (falls $m > n$).
2. Der Rang von A ist kleiner als n: Dann hat die Zeilenstufenform (mindestens) eine Spalte ohne Pivotelement, also eine Zeile mit (mindestens) zwei führenden Nullen mehr als die vorherige. Zu jeder Spalte j ohne Pivotelement ist die Lösungskomponente x_j beliebig wählbar. Die übrigen x_j sind dadurch eindeutig bestimmt. Es gibt also unendlich viele Lösungen.

Erklärung

Zur Cramerschen Regel (Satz 15.6): Die Cramersche Regel mag auf den ersten Blick erst einmal etwas kompliziert aussehen und unter uns: Sie ist auch kein gutes Mittel, um lineare Gleichungssysteme zu lösen, denn je größer n, also je größer die Anzahl der Gleichungen und Unbekannten, desto mehr Determinanten müssen berechnet werden. Und wir wissen ja schon, dass die Berechnung von Determinanten für größere Matrizen recht aufwendig und kompliziert ist (vergleiche auch Kap. 21). Nichtsdestotrotz ist die Cramersche Regel für die Theorie von linearen Gleichungssystemen bei Beweisen etc. immer sehr hilfreich und wir wollten sie euch daher nicht vorenthalten.

Wir geben nun zwei konkrete Beispiele für $n = 2$ und $n = 3$ an, um die Regel einzuüben.

▶ **Beispiel 162** Gegeben sei das lineare Gleichungssystem

$$2x_1 + 3x_2 = 4$$
$$5x_1 + 6x_2 = 7,$$

welches wir mit

$$A = \begin{pmatrix} 2 & 3 \\ 5 & 6 \end{pmatrix}, \ x = \begin{pmatrix} x_1 \\ x_2 \end{pmatrix}, \ b = \begin{pmatrix} 4 \\ 7 \end{pmatrix}$$

in der Form $Ax = b$ schreiben können.

Nach der Cramerschen Regel erhalten wir

$$x_1 = \frac{\det(A_1)}{\det(A)} = \frac{\det \begin{pmatrix} 4 & 3 \\ 7 & 6 \end{pmatrix}}{\det \begin{pmatrix} 2 & 3 \\ 5 & 6 \end{pmatrix}} = \frac{3}{-3} = -1$$

und

$$x_2 = \frac{\det(A_2)}{\det(A)} = \frac{\det \begin{pmatrix} 2 & 4 \\ 5 & 7 \end{pmatrix}}{\det \begin{pmatrix} 2 & 3 \\ 5 & 6 \end{pmatrix}} = \frac{-6}{-3} = 2.$$

Folglich löst $x_1 = -1$ und $x_2 = 2$ das lineare Gleichungssystem.   ■

Für ein Gleichungssystem mit zwei Unbekannten und zwei Gleichungen ($n = 2$), also

$$a_{11}x_1 + a_{12}x_2 = b_1$$
$$a_{21}x_1 + a_{22}x_2 = b_2$$

gelten demnach

$$x_1 = \frac{\det(A_1)}{\det(A)} = \frac{\det \begin{pmatrix} b_1 & a_{12} \\ b_2 & a_{22} \end{pmatrix}}{\det \begin{pmatrix} a_{11} & a_{12} \\ a_{21} & a_{22} \end{pmatrix}} \quad \text{und} \quad x_2 = \frac{\det(A_2)}{\det(A)} = \frac{\det \begin{pmatrix} a_{11} & b_1 \\ a_{21} & b_2 \end{pmatrix}}{\det \begin{pmatrix} a_{11} & a_{12} \\ a_{21} & a_{22} \end{pmatrix}}.$$

Für ein Gleichungssystem mit drei Unbekannten und drei Gleichungen ($n = 3$), also

$$a_{11}x_1 + a_{12}x_2 + a_{13}x_3 = b_1$$
$$a_{21}x_1 + a_{22}x_2 + a_{23}x_3 = b_2$$
$$a_{31}x_1 + a_{32}x_2 + a_{33}x_3 = b_3$$

ergibt sich entsprechend

$$x_1 = \frac{\det \begin{pmatrix} b_1 & a_{12} & a_{13} \\ b_2 & a_{22} & a_{23} \\ b_3 & a_{32} & a_{33} \end{pmatrix}}{\det \begin{pmatrix} a_{11} & a_{12} & a_{13} \\ a_{21} & a_{22} & a_{23} \\ a_{31} & a_{32} & a_{33} \end{pmatrix}}, \quad x_2 = \frac{\det \begin{pmatrix} a_{11} & b_1 & a_{13} \\ a_{21} & b_2 & a_{23} \\ a_{31} & b_3 & a_{33} \end{pmatrix}}{\det \begin{pmatrix} a_{11} & a_{12} & a_{13} \\ a_{21} & a_{22} & a_{23} \\ a_{31} & a_{32} & a_{33} \end{pmatrix}},$$

$$x_3 = \frac{\det \begin{pmatrix} a_{11} & a_{12} & b_1 \\ a_{21} & a_{22} & b_2 \\ a_{31} & a_{32} & b_3 \end{pmatrix}}{\det \begin{pmatrix} a_{11} & a_{12} & a_{13} \\ a_{21} & a_{22} & a_{23} \\ a_{31} & a_{32} & a_{33} \end{pmatrix}}.$$

Schauen wir uns auch hierzu ein Beispiel an.

▶ **Beispiel 163** Gegeben sei das lineare Gleichungssystem

$$3x_1 - 2x_2 + 2x_3 = 10$$
$$4x_1 + 2x_2 - 3x_3 = 1$$
$$2x_1 - 3x_2 + 2x_3 = 7.$$

Mit der obigen Formel ergibt sich jetzt sofort die Lösung des Gleichungssystems zu

$$x_1 = \frac{\det \begin{pmatrix} 10 & -2 & 2 \\ 1 & 2 & -3 \\ 7 & -3 & 2 \end{pmatrix}}{\det \begin{pmatrix} 3 & -2 & 2 \\ 4 & 2 & -3 \\ 2 & -3 & 2 \end{pmatrix}} = \frac{-38}{-19} = 2,$$

$$x_2 = \frac{\det \begin{pmatrix} 3 & 10 & 2 \\ 4 & 1 & -3 \\ 2 & 7 & 2 \end{pmatrix}}{\det \begin{pmatrix} 3 & -2 & 2 \\ 4 & 2 & -3 \\ 2 & -3 & 2 \end{pmatrix}} = \frac{-19}{-19} = 1$$

und schließlich

$$
x_3 = \frac{\det \begin{pmatrix} 3 & -2 & 10 \\ 4 & 2 & 1 \\ 2 & -3 & 7 \end{pmatrix}}{\det \begin{pmatrix} 3 & -2 & 2 \\ 4 & 2 & -3 \\ 2 & -3 & 2 \end{pmatrix}} = \frac{-57}{-19} = 3.
$$
∎

Es gibt eine nette Folgerung aus der allgemeinen Cramerschen Regel, die wir in dem folgenden Beispiel festhalten wollen.

▶ **Beispiel 164** Wir erinnern an die Definition 15.10 der Adjunkten einer Matrix. Es kann nämlich das Inverse einer Matrix wie folgt berechnet werden

$$
A^{-1} = \frac{1}{\det(A)} \, \mathrm{adj}(A).
$$

Dies folgt direkt aus der Cramerschen Regel (das meinten wir damit, dass für Beweise die Cramersche Regel super ist), denn die Spalten von A^{-1} werden ja jeweils von der Lösung des linearen Gleichungssystems $Ax = e_i$ gebildet.   ∎

▶ **Beispiel 165** Weiter erhält man mit Beispiel 164 sofort das bekannte Resultat der inversen Matrix einer (2×2)-Matrix (Na? Erinnert ihr euch noch?)

$$
A = \begin{pmatrix} a & b \\ c & d \end{pmatrix}.
$$

Denn die Adjunkte ist gegeben durch

$$
\mathrm{adj}(A) = \begin{pmatrix} d & -b \\ -c & a \end{pmatrix},
$$

so dass wir insgesamt Folgendes erhalten:

$$
A^{-1} = \frac{1}{\det(A)} \begin{pmatrix} d & -b \\ -c & a \end{pmatrix}.
$$
∎

Eine weitere coole Anwendung der Cramerschen Regel ist, dass wir damit zeigen können, dass ein homogenes lineares Gleichungssystem $Ax = 0$ nur die triviale Lösung $x = 0$ besitzt. Denn bei allen Matrizen A_i steht damit in der i-ten Spalte der Nullvektor $b = 0$ und folglich sind deren Spalten linear abhängig und damit $\det(A_i) = 0$ für alle i.

Eigenschaften von Matrizen 16

Nachdem wir im letzten Kap. 15 schon Matrizen eingeführt und definiert haben, werden wir in diesem Kapitel nun wichtige Eigenschaften der Matrizen beleuchten und durch Beispiele mit Leben füllen.

16.1 Definitionen

Definition 16.1 (Elementarmatrizen)
Wir definieren drei Arten von **Elementarmatrizen**. Dabei seien die folgenden Matrizen jeweils im Raum $\mathcal{M}_{n,n}(K)$ enthalten.

1. $S_i(\lambda) := \begin{cases} a_{kl} = \delta_{kl}, (k,l) \neq (i,i) \\ a_{ii} = \lambda. \end{cases}$

2. $Q_i^j(\lambda) := \begin{cases} a_{kl} = \delta_{kl}, (k,l) \neq (i,j) \\ a_{ij} = \lambda. \end{cases}$

3. $P_i^j := \begin{cases} a_{kl} = \delta_{kl}, (k,l) \notin \{(i,i), (i,j), (j,i), (j,j)\} \\ a_{ij} = a_{ji} = 1 \\ a_{ii} = a_{jj} = 0. \end{cases}$

Anmerkung: Aus der Definition folgt sofort, dass die Elementarmatrizen invertierbar sind mit $(S_i(\lambda))^{-1} = S_i(\lambda^{-1})$ (mit $\lambda \neq 0$), $(Q_i^j(\lambda))^{-1} = Q_i^j(-\lambda)$ und $(P_i^j)^{-1} = P_j^i$. Weiterhin sei erwähnt, dass die Notation von Elementarmatrizen in der Literatur keinesfalls einheitlich ist.

© Springer-Verlag GmbH Deutschland, ein Teil von Springer Nature 2018
F. Modler, M. Kreh, *Tutorium Analysis 1 und Lineare Algebra 1*,
https://doi.org/10.1007/978-3-662-56752-4_16

Definition 16.2 (Spezielle Matrizen)

1. Ist $A \in \mathcal{M}_{m,n}(K)$, so bezeichnen wir mit $A^T \in \mathcal{M}_{n,m}(K)$ die eindeutige Matrix, für die $a_{ij}^T := a_{ji} \; \forall i, j$ gilt. Wir nennen A^T die **transponierte** Matrix von A.

2. Ist $A \in \mathcal{M}_{n,n}(K)$ und gilt $A = A^T$, so nennen wir A **symmetrisch**.

3. Ist $A \in \mathcal{M}_{n,n}(K)$ und gilt $A = -A^T$, so nennen wir A **schiefsymmetrisch**.

4. Ist $A \in \mathcal{M}_{m,n}(\mathbb{C})$, so nennen wir die Matrix A^* mit $a_{ij}^* = \overline{a}_{ji}$ die **adjungierte** Matrix von A. A heißt **selbstadjungiert**, falls $A = A^*$.

5. Eine Matrix $A \in \mathcal{M}_{n,n}(K)$ heißt **positiv definit**, falls für alle $x \in K^n$ gilt: $x^T \cdot A \cdot x \geq 0$ und $x^T \cdot A \cdot x = 0 \Leftrightarrow x = 0$.

6. Eine Matrix $A \in \mathcal{M}_{n,n}(K)$ heißt **orthogonal**, falls $A^T \cdot A = A \cdot A^T = E_n$, also wenn gilt: $A^{-1} = A^T$. Den Raum aller orthogonalen $(n \times n)$-Matrizen bezeichnen wir mit $O_n(K)$.

7. Eine Matrix $A \in \mathcal{M}_{n,n}(\mathbb{C})$ heißt **unitär**, falls $A^* \cdot A = A \cdot A^* = E_n$, also wenn gilt: $A^{-1} = A^*$. Den Raum aller unitären $(n \times n)$-Matrizen bezeichnen wir mit $U_n(K)$.

Definition 16.3 (Ähnliche Matrizen)
Wir nennen zwei quadratische Matrizen $A, B \in \mathcal{M}_{n,n}(K)$ **ähnlich**, wenn es eine invertierbare Matrix $S \in Gl_n(K)$ gibt, sodass gilt: $B = S^{-1}AS$.

Definition 16.4 (Blockmatrix)
Seien $A \in \mathcal{M}_{n,n}(K), B \in \mathcal{M}_{n,m}(K), C \in \mathcal{M}_{m,n}(K), D \in \mathcal{M}_{m,m}(K)$ Dann nennen wir die Matrix

$$\begin{pmatrix} A & B \\ C & D \end{pmatrix}$$

Blockmatrix mit den Blöcken A, B, C und D.

16.2   Sätze und Beweise

Satz 16.1 (Produkt invertierbarer Matrizen)
Seien $A, B \in Gl_n(K)$ invertierbar, dann gilt $(A \cdot B)^{-1} = B^{-1} \cdot A^{-1}$. Das Produkt invertierbarer Matrizen ist also wieder invertierbar.

Beweis: Es gilt:

$$(A \cdot B) \cdot (B^{-1} \cdot A^{-1}) = A \cdot (B \cdot B^{-1}) \cdot A^{-1} = A \cdot A^{-1} = E_n. \qquad \text{q.e.d.}$$

Satz 16.2 (Ring der Matrizen)
Die Menge aller Matrizen $\mathcal{M}_{n,n}(K)$ bildet mit der oben definierten Addition und Multiplikation einen Ring mit Nullelement

$$0_n = \begin{pmatrix} 0 & \cdots & 0 \\ \vdots & \ddots & \vdots \\ 0 & \cdots & 0 \end{pmatrix}$$

und Einselement E_n.

Beweis: Diese Aufgabe überlassen wir euch als Übung. Ihr müsst nur in Definition 6.5 aus Kap. 6 schauen und alle Eigenschaften nachprüfen bzw. nachrechnen.
q.e.d.

Satz 16.3 (Gruppe der invertierbaren Matrizen)
Die Menge aller invertierbaren Matrizen $Gl_n(K)$ bildet bezüglich der Multiplikation eine Gruppe mit neutralem Element E_n.

Beweis: Diese Aufgabe überlassen wir euch als Übung. Auch hier müsst ihr die Definition 6.1 aus Kap. 6 nachschlagen (oder euch erinnern) und die Eigenschaften nachweisen.
q.e.d.

Anmerkung: Die Gruppe der invertierbaren reellwertigen Matrizen $GL_n(\mathbb{R})$ hat die wichtige Untergruppe $O_n(\mathbb{R}) := \{A \in GL_n(\mathbb{R}) : |\det(A)| = 1\}$.

Satz 16.4
Jede invertierbare Matrix kann als Produkt von Elementarmatrizen dargestellt werden.

16.3   Erklärungen zu den Definitionen

Wir werden in diesem Kapitel das Hauptaugenmerk der Erklärungen nicht auf die Sätze, sondern auf den Umgang mit Matrizen legen, da dies für den weiteren Studienverlauf essenziell ist.

Erklärung

Zur Definition 16.1 der Elementarmatrizen: Die Definition 16.1 der Elementarmatrizen klingt am Anfang verdammt schwierig. Aber es steckt wirklich nichts Besonderes oder Schwieriges dahinter. Die Multiplikation von Elementarmatrizen von links an die Matrix entspricht einfach nur elementaren Zeilenoperationen und eine Multiplikation von rechts elementaren Spaltenoperationen.

Damit ist die Grundaussage schon verraten: Wenn wir den Gauß-Algorithmus durchführen, entspricht dies nichts anderem als der Multiplikation mit Elementarmatrizen. Die drei Typen von Elementarmatrizen stellen nämlich die drei uns bekannten elementaren Zeilenumformungen dar:

1. Multiplikation einer Zeile mit einer Zahl ungleich 0,
2. Vertauschen von Zeilen und
3. Multiplikation einer Zeile mit einer Zahl ungleich Null und addieren auf eine andere.

Schauen wir uns die drei Typen nochmals genauer an und fragen uns, wie die Elementarmatrizen eigentlich aussehen, und welche Wirkung sie auf eine beliebige $(m \times n)$-Matrix

$$
\begin{pmatrix} a_{11} & \cdots & a_{1n} \\ \vdots & \ddots & \vdots \\ a_{m1} & \cdots & a_{mn} \end{pmatrix}
\tag{16.1}
$$

haben.

1. Der erste Typ entspricht der Multiplikation der i-ten Zeile mit einer Zahl $\lambda \in K$ ($\lambda \neq 0$). Diese Matrizen $S_i(\lambda)$ haben also die Gestalt

$$
S_i(\lambda) = \begin{pmatrix} 1 & & & & \\ & \ddots & & & \\ & & \lambda & & \\ & & & \ddots & \\ & & & & 1 \end{pmatrix} \begin{matrix} \\ \\ i \\ \\ \end{matrix}
$$
$$
\phantom{S_i(\lambda) = \begin{pmatrix} 1 \end{pmatrix}} i
$$

Dies entspricht einer Einheitsmatrix mit dem Unterschied, dass in der i-ten Zeile ein λ zu finden ist. Außerhalb der Diagonalen stehen nur Nullen.

Schauen wir uns die Wirkung auf eine Matrix der Form (16.1) an:

$$\begin{pmatrix} 1 & & & \\ & \ddots & \lambda & \\ & & \ddots & \\ & & & 1 \end{pmatrix} \cdot \begin{pmatrix} a_{11} & a_{12} & \cdots & a_{1n} \\ a_{21} & a_{22} & \cdots & a_{2n} \\ \vdots & \vdots & \ddots & \vdots \\ a_{m-1,1} & a_{m-1,2} & \cdots & a_{m-1,n} \\ a_{m1} & a_{m2} & \cdots & a_{mn} \end{pmatrix}$$

$$= \begin{pmatrix} a_{11} & a_{12} & \cdots & a_{1n} \\ \vdots & \vdots & \ddots & \vdots \\ \lambda a_{i1} & \lambda a_{i2} & \cdots & \lambda a_{in} \\ \vdots & \vdots & \ddots & \vdots \\ a_{m1} & a_{m2} & \cdots & a_{mn} \end{pmatrix}.$$

Wir schauen uns noch einmal ein Beispiel mit einer (3×3)-Matrix an. Und zwar sei

$$A_{\mathrm{tel}} := \begin{pmatrix} 1 & 2 & 3 \\ 4 & 5 & 6 \\ 7 & 8 & 9 \end{pmatrix}.$$

Wir nennen diese Matrix nun im Folgenden die Telefonmatrix. Möchten wir die zweite Spalte mit 3 multiplizieren, so müssen wir die Matrix A von rechts mit der Elementarmatrix

$$S_2(3) = \begin{pmatrix} 1 & 0 & 0 \\ 0 & 3 & 0 \\ 0 & 0 & 1 \end{pmatrix}$$

multiplizieren

$$A_{\mathrm{tel}} \cdot S_2(3) = \begin{pmatrix} 1 & 2 & 3 \\ 4 & 5 & 6 \\ 7 & 8 & 9 \end{pmatrix} \cdot \begin{pmatrix} 1 & 0 & 0 \\ 0 & 3 & 0 \\ 0 & 0 & 1 \end{pmatrix} = \begin{pmatrix} 1 & 2 \cdot 3 & 3 \\ 4 & 5 \cdot 3 & 6 \\ 7 & 8 \cdot 3 & 9 \end{pmatrix}.$$

Multiplizieren wir die Matrix A von links mit $S_2(3)$, so entspricht dies der Multiplikation der zweiten Zeile mit 3.

$$S_2(3) \cdot A_{\mathrm{tel}} = \begin{pmatrix} 1 & 0 & 0 \\ 0 & 3 & 0 \\ 0 & 0 & 1 \end{pmatrix} \cdot \begin{pmatrix} 1 & 2 & 3 \\ 4 & 5 & 6 \\ 7 & 8 & 9 \end{pmatrix} = \begin{pmatrix} 1 & 2 & 3 \\ 3 \cdot 4 & 3 \cdot 5 & 3 \cdot 6 \\ 7 & 8 & 9 \end{pmatrix}.$$

Jetzt alles klar?

2. Schauen wir uns den zweiten Typ an, der einer Addition des λ-fachen der j-ten Zeile auf die i-te Zeile entspricht. Diese haben folgende Form

$$
Q_i^j(\lambda) = \begin{pmatrix} 1 & & & & \\ & \ddots & & & \\ & & \lambda & & \\ & & & \ddots & \\ & & & & 1 \end{pmatrix} \begin{matrix} \\ \\ i \\ \\ \\ \end{matrix}
$$
$$
 j
$$

Eine Multiplikation von Q_i^j von links an die Matrix A entspricht elementaren Zeilenoperationen:

$$
Q_i^j(\lambda) \cdot A = \begin{pmatrix} 1 & & & \\ & \ddots & \lambda & \\ & & \ddots & \\ & & & 1 \end{pmatrix} \cdot \begin{pmatrix} a_{11} & a_{12} & \cdots & a_{1n} \\ a_{21} & a_{22} & \cdots & a_{2n} \\ \vdots & \vdots & \ddots & \vdots \\ a_{m-1,1} & a_{m-1,2} & \cdots & a_{m-1,n} \\ a_{m1} & a_{m2} & \cdots & a_{mn} \end{pmatrix}
$$

$$
= \begin{pmatrix} a_{11} & \cdots & a_{1n} \\ \vdots & & \vdots \\ a_{i1} + \lambda a_{j1} & \cdots & a_{in} + \lambda a_{jn} \\ \vdots & & \vdots \\ a_{m1} & \cdots & a_{mn} \end{pmatrix}.
$$

Zu kompliziert? Na gut, dann schnell zu einem einfachen Beispiel. Wir betrachten wieder unsere Telefonmatrix und möchten mit elementaren Zeilenoperationen unter der 1 eine Null erzeugen; also mit anderen Worten die 4 verschwinden lassen. Die 4 steht in der Telefonmatrix in der zweiten Zeile und ersten Spalte. Also im Eintrag $(2, 1)$. Daher lautet

$$
Q_2^1(-4) = \begin{pmatrix} 1 & 0 & 0 \\ -4 & 1 & 0 \\ 0 & 0 & 1 \end{pmatrix}.
$$

Probieren wir aus, ob es passt. Ob dies also wirklich der Multiplikation der ersten Zeile mit -4 und dem Addieren auf die zweite Zeile entspricht

$$
Q_2^1(-4) \cdot A_{\text{tel}} = \begin{pmatrix} 1 & 0 & 0 \\ -4 & 1 & 0 \\ 0 & 0 & 1 \end{pmatrix} \cdot \begin{pmatrix} 1 & 2 & 3 \\ 4 & 5 & 6 \\ 7 & 8 & 9 \end{pmatrix} = \begin{pmatrix} 1 & 2 & 3 \\ 0 & -3 & -6 \\ 7 & 8 & 9 \end{pmatrix}.
$$

Passt! :-)

3. Und noch zum dritten Typ: Wie sehen diese Matrizen aus? Hier vertauschen wir die j-te Zeile mit der i-ten Zeile. Gegeben sei die ursprüngliche Matrix

$$
\begin{array}{cc} i & j \\ \begin{pmatrix} 1 & 0 \\ 0 & 1 \end{pmatrix} & \begin{array}{c} i \\ j \end{array} \end{array}
$$

Hierbei steht die Matrix im Inneren in einem Block zusammen.
Durch Vertauschen der j-ten und der i-ten Zeile erhalten wir:

$$
\begin{array}{cc} i & j \\ \begin{pmatrix} 0 & 1 \\ 1 & 0 \end{pmatrix} & \begin{array}{c} i \\ j \end{array} \end{array}
$$

Insgesamt ergibt sich

$$
P_i^j \cdot A = \begin{pmatrix} \cdots & \cdots & \cdots \\ a_{j1} & \cdots & a_{jn} \\ \vdots & \ddots & \vdots \\ a_{i1} & \cdots & a_{in} \end{pmatrix}.
$$

Schauen wir uns das noch einmal an einem Beispiel an. Wir betrachten wieder unsere Telefonmatrix und möchten die erste und zweite Zeile vertauschen. Daher multiplizieren wir mit der Elementarmatrix

$$
P_2^1 = \begin{pmatrix} 0 & 1 & 0 \\ 1 & 0 & 0 \\ 0 & 0 & 1 \end{pmatrix}.
$$

Schauen wir, ob das Richtige herauskommt:

$$
P_2^1 \cdot A_{\text{tel}} = \begin{pmatrix} 0 & 1 & 0 \\ 1 & 0 & 0 \\ 0 & 0 & 1 \end{pmatrix} \cdot \begin{pmatrix} 1 & 2 & 3 \\ 4 & 5 & 6 \\ 7 & 8 & 9 \end{pmatrix} = \begin{pmatrix} 4 & 5 & 6 \\ 1 & 2 & 3 \\ 7 & 8 & 9 \end{pmatrix}
$$

Multiplikation von rechts mit dieser Elementarmatrix P_2^1 entspricht dem Vertauschen der ersten und zweiten Spalte.

Wir hoffen, dass die Verbindung zum Gauß-Algorithmus deutlich geworden ist.

Wichtig ist vor allem sich zu merken: Die Multiplikation der Elementarmatrizen von linkes entspricht Zeilenoperationen und die Multiplikation von rechts entspricht Spaltenoperationen.

Zur Definition 16.2 der speziellen Matrizen: Die Transponierte A^T zu einer Matrix A erhält man, wenn man Zeilen und Spalten von A vertauscht:

$$A = \begin{pmatrix} a_{11} & a_{12} & \cdots & a_{1n} \\ a_{21} & a_{22} & \cdots & a_{2n} \\ \vdots & \vdots & \ddots & \vdots \\ a_{m-1,1} & a_{m-1,2} & \cdots & a_{m-1,n} \\ a_{m1} & a_{m2} & \cdots & a_{mn} \end{pmatrix}$$

$$\Rightarrow \quad A^T = \begin{pmatrix} a_{11} & a_{21} & \cdots & a_{m-1,1} & a_{m1} \\ a_{12} & a_{22} & \cdots & a_{m-1,2} & a_{m2} \\ \vdots & \vdots & \ddots & \vdots & \vdots \\ a_{1n} & a_{2n} & \cdots & a_{m-1,n} & a_{mn} \end{pmatrix}$$

Im Falle von quadratischen Matrizen kann man das auch als Spiegelung der Elemente an der Hauptdiagonalen der Matrix deuten.

▶ **Beispiel 166**

- Wir transponieren unsere Telefonmatrix

$$A_{\text{tel}} = \begin{pmatrix} 1 & 2 & 3 \\ 4 & 5 & 6 \\ 7 & 8 & 9 \end{pmatrix}.$$

Es ergibt sich:

$$A_{\text{tel}}^T = \begin{pmatrix} 1 & 4 & 7 \\ 2 & 5 & 8 \\ 3 & 6 & 9 \end{pmatrix}.$$

- Wir transponieren eine nicht quadratische Matrix und zwar:

$$\begin{pmatrix} 1 & 2 & 3 \\ 4 & 5 & 6 \end{pmatrix}^T = \begin{pmatrix} 1 & 4 \\ 2 & 5 \\ 3 & 6 \end{pmatrix}$$

Das Prinzip des Transponierens einer Matrix sollte jetzt klar sein! ∎

Die Begriffe symmetrisch und schiefsymmetrisch erklären sich fast von selbst, eine symmetrische quadratische Matrix kann man an der Hauptdiagonale spiegeln und es kommt dieselbe Matrix raus, bei einer schiefsymmetrischen erhält man dann das Negative der ursprünglichen Matrix. Zu bemerken ist hier allerdings, dass bei einer schiefsymmetrischen Matrix immer $a_{ii} = 0$ gilt, für alle i, denn für die Elemente auf der Hauptdiagonalen gilt ja nach Definition $a_{ii} = -a_{ii}$, also müssen die Elemente alle Null sein.

Das Analogon im Komplexen ist die Adjungierte. Hier transponiert man nicht nur, sondern konjugiert auch noch jedes Element. Warum das gemacht wird, und wofür das gut ist, werdet ihr im zweiten Semester lernen.

Eine orthogonale Matrix ist nun eine Matrix, für die die Transponierte und die Inverse übereinstimmen. Es gibt noch weitere schöne Äquivalenzen für orthogonale Matrizen, auch das wird im zweiten Semester behandelt. Auch hier haben wir wieder ein komplexes Analogon, die unitären Matrizen, auch das kommt meistens erst im zweiten Semester.

Diese Matrizen werden im zweiten Semester eine große Rolle spielen, weshalb wir hier noch keine Sätze über sie beweisen wollen, sondern die Matrizen nur der Vollständigkeit halber erwähnt haben.

> **Erklärung**

Zur Definition 16.3 von ähnlichen Matrizen: Ähnliche Matrizen werden beim Diagonalisieren (Kap. 22) gebraucht, dort werden wir auch einen wichtigen Satz (siehe Satz 22.4) über sie beweisen. Vorerst solltet ihr euch nur merken, was die Definition besagt, wobei wichtig ist, dass $S \in Gl_n(K)$ gilt (klar, denn sonst könnte man ja S^{-1} gar nicht bilden).

> **Erklärung**

Zur Definition 16.4 der Blockmatrizen: Eine Blockmatrix ist eine Matrix, die in Blöcke von Matrizen unterteilt werden kann. Das hört sich zunächst mal komplizierter an, als es eigentlich ist.

▶ **Beispiel 167** Seien

$$A = \begin{pmatrix} 1 & 2 \\ 3 & 4 \end{pmatrix}, \ B = \begin{pmatrix} 10 \\ 20 \end{pmatrix}, \ C = \begin{pmatrix} e & \pi \end{pmatrix}, \ D = \begin{pmatrix} 17 \end{pmatrix}.$$

Dann ist die Blockmatrix mit Blöcken A, B, C und D einfach

$$\begin{pmatrix} 1 & 2 & 10 \\ 3 & 4 & 20 \\ e & \pi & 17 \end{pmatrix}. \qquad\qquad ■$$

Haben wir eine beliebige (mindestens 2×2) Matrix M gegeben, so können wir diese künstlich als Blockmatrix schreiben. Dies kann dann sinnvoll sein, wenn die Matrix M eine besondere Struktur hat, denn dann lassen sich eventuell Inverse oder Determinanten (siehe Kap. 21) einfacher berechnen.

▶ **Beispiel 168** Sei

$$M = \begin{pmatrix} 1 & 1 & 1 & 1 & 0 & 0 \\ 1 & 1 & 1 & 0 & 1 & 0 \\ 1 & 1 & 1 & 0 & 0 & 1 \\ 0 & 0 & 0 & 1 & 1 & 1 \\ 0 & 0 & 0 & 1 & 1 & 1 \\ 0 & 0 & 0 & 1 & 1 & 1 \end{pmatrix}.$$

Dann ist

$$M = \begin{pmatrix} A & E_3 \\ 0 & A \end{pmatrix} \quad \text{mit } A = \begin{pmatrix} 1 & 1 & 1 \\ 1 & 1 & 1 \\ 1 & 1 & 1 \end{pmatrix}. \qquad ■$$

Blockmatrizen treten in der Linearen Algebra vor allem im Bereich der Jordan-Normalformen auf, den ihr im zweiten Semester kennen lernen werdet. Natürlich kann man auch auf Matrizen treffen, die man in mehr als vier Blöcke unterteilen kann. Dabei kann man dann induktiv die Definition der Blockmatrix benutzen. Hierzu ein Beispiel.

▶ **Beispiel 169** Sei M die Matrix

$$M = \begin{pmatrix} 1 & 2 & 3 & 2 & 1 \\ 4 & 5 & 6 & 5 & 4 \\ 7 & 8 & 9 & 8 & 7 \\ 10 & 11 & 12 & 11 & 10 \\ 13 & 14 & 15 & 14 & 13 \end{pmatrix}.$$

Diese können wir zunächst in vier Blöcke aufteilen, zum Beispiel mit

$$M = \begin{pmatrix} A & B \\ C & D \end{pmatrix}, \ A = \begin{pmatrix} 1 & 2 \\ 4 & 5 \end{pmatrix}, \ B = \begin{pmatrix} 3 & 2 & 1 \\ 6 & 5 & 4 \end{pmatrix},$$

$$C = \begin{pmatrix} 7 & 8 \\ 10 & 11 \\ 13 & 14 \end{pmatrix}, \ D = \begin{pmatrix} 9 & 8 & 7 \\ 12 & 11 & 10 \\ 15 & 14 & 13 \end{pmatrix}.$$

Jetzt können wir auch D wieder als Blockmatrix schreiben, nämlich

$$D = \begin{pmatrix} D_1 & D_2 \\ D_3 & D_4 \end{pmatrix}, \ D_1 = (9), \ D_2 = (8 \quad 7), \ D_3 = \begin{pmatrix} 12 \\ 15 \end{pmatrix}, \ D_4 = \begin{pmatrix} 11 & 10 \\ 14 & 13 \end{pmatrix}.$$

Genauso schreiben wir nun B und C als Blockmatrizen, hier allerdings nur mit zwei Blöcken (das heißt, zwei der eigentlich auftretenden Matrizen haben Zeilenanzahl beziehungsweise Spaltenanzahl 0). Damit haben wir insgesamt M in eine

Blockmatrix mit neun Blöcken aufgeteilt. Das kann man natürlich immer so weiter machen, solange die Matrix groß genug ist. Das bedeutet, dass alle Ergebnisse, die wir hier und im Kap. 21 über Blockmatrizen beweisen, nicht nur für Blockmatrizen mit vier Blöcken, sondern auch für solche mit mehr Blöcken gelten. ∎

Wir können uns nun in Bezug auf Blockmatrizen folgende Fragen stellen:

1. Wie multipliziert man Blockmatrizen?
2. Wie berechnet man die Inverse einer Blockmatrix?

Zuerst zur ersten Frage. Da Blockmatrizen ja auch Matrizen sind, benutzen wir einfach die Formel für das Matrixprodukt. Nehmen wir uns also zwei Blockmatrizen

$$P = \begin{pmatrix} A & B \\ C & D \end{pmatrix}, \; Q = \begin{pmatrix} E & F \\ G & H \end{pmatrix},$$

wobei wir annehmen, dass P und Q $(n \times n)$-Matrizen und A und E jeweils $(r \times r)$-Matrizen sind. Wir wollen nun die Einträge des Produktes $P \cdot Q$ bestimmen. Nach Formel ist der (i, l)-te Eintrag gerade $\sum_{j=1}^{n} p_{i,j} q_{j,l}$. Achtung! Die $p_{i,j}$ und $q_{j,l}$ sind hier nicht die Matrizen in der Blockmatrix, sondern deren Einträge!

Berechnen wir als erstes einen Matrixeintrag von PQ, der in den ersten r Zeilen und Spalten liegt, dass heißt $i, l \leq r$. Da $i \leq r$, kommt $p_{i,j}$ entweder aus der Matrix A (wenn $j \leq r$) oder aus der Matrix B (wenn $j > r$). Genauso kommt $q_{j,l}$ entweder von der Matrix E oder von G. Für $i, l \leq r$ haben wir also

$$(PQ)_{i,l} = \sum_{j=1}^{n} p_{i,j} q_{j,l} = \sum_{j=1}^{r} a_{i,j} e_{j,l} + \sum_{j=r+1}^{n} b_{i,j} g_{j,l},$$

das heißt, an der (i, l)-ten Stelle steht gerade der (i, l)-te Eintrag von $AE + BG$. Dies können wir ganz genauso für die anderen drei Fälle für i und l machen und erhalten, dass PQ die Blockmatrix

$$PQ = \begin{pmatrix} AE + BG & AF + BH \\ CE + DG & CF + DH \end{pmatrix}$$

ist. Das Produkt lässt sich also auf das Produkt der einzelnen Blöcke zurückführen.

Kommen wir nun zur zweiten Frage. Wie können wir die Inverse einer Blockmatrix bestimmen? Mit der Formel für die Multiplikation, die wir oben hergeleitet haben, können wir dies (zumindest für einen Teil der Blockmatrizen) recht einfach lösen. Sei M die $(n \times n)$-Blockmatrix

$$\begin{pmatrix} A & 0 \\ 0 & B \end{pmatrix},$$

wobei A und B invertierbar seien und A eine $(r \times r)$-Matrix ist. Dann ist eine Blockmatrix N mit Blöcken E, F, G, H genau dann die Inverse von M, wenn

$$MN = \begin{pmatrix} A & 0 \\ 0 & B \end{pmatrix} \begin{pmatrix} E & F \\ G & H \end{pmatrix} = \begin{pmatrix} AE & AF \\ BG & BH \end{pmatrix} = \begin{pmatrix} E_r & 0 \\ 0 & E_{n-r} \end{pmatrix}.$$

Dies ist genau dann der Fall, wenn

$$E = A^{-1}, \ H = B^{-1}, \ F = G = 0,$$

das heißt

$$\begin{pmatrix} A & 0 \\ 0 & B \end{pmatrix}^{-1} = \begin{pmatrix} A^{-1} & 0 \\ 0 & B^{-1} \end{pmatrix}.$$

16.4   Erklärungen zu den Sätzen und Beweisen

Erklärung

Zum Satz 16.1 über das Inverse des Produkts: Die Aussage dieses Satzes sollte euch bekannt vorkommen. Genau dieselbe Aussage haben wir schon in Kapitel 3 über Abbildungen getroffen, siehe Satz 3.1. Also scheinen Abbildungen und Matrizen etwas gemeinsam zu haben. Das dies tatsächlich so ist, werden wir im Kap. 18 über lineare Abbildungen sehen.

Wir machen nur ein paar Anmerkungen: $(A \cdot B)^{-1} = A^{-1} \cdot B^{-1}$ ist im Allgemeinen *falsch*. Dies könnt ihr euch an einfachen Beispielen mit (2×2)-Matrizen überlegen. Macht niemals diesen Fehler :-).

▶ **Beispiel 170** Die folgenden Matrizen seien gegeben:

$$A := \begin{pmatrix} 1 & 1 \\ 0 & 2 \end{pmatrix} \quad \text{und} \quad B := \begin{pmatrix} 1 & 1 \\ 1 & 0 \end{pmatrix},$$

dann gilt einerseits:

$$A^{-1} = \frac{1}{2} \begin{pmatrix} 2 & -1 \\ 0 & 1 \end{pmatrix} = \begin{pmatrix} 1 & -1/2 \\ 0 & 1/2 \end{pmatrix},$$

$$B^{-1} = - \begin{pmatrix} 0 & -1 \\ -1 & 1 \end{pmatrix} = \begin{pmatrix} 0 & 1 \\ 1 & -1 \end{pmatrix}.$$

Demnach ist

$$(AB)^{-1} = \begin{pmatrix} 2 & 1 \\ 2 & 0 \end{pmatrix}^{-1} = -\frac{1}{2} \begin{pmatrix} 0 & -1 \\ -2 & 2 \end{pmatrix} = \begin{pmatrix} 0 & 1/2 \\ 1 & -1 \end{pmatrix},$$

aber andererseits ist:

$$A^{-1} \cdot B^{-1} = \begin{pmatrix} 1 & -1/2 \\ 0 & 1/2 \end{pmatrix} \cdot \begin{pmatrix} 0 & 1 \\ 1 & -1 \end{pmatrix} = \begin{pmatrix} -1/2 & 3/2 \\ 1/2 & -1/2 \end{pmatrix} \neq (AB)^{-1}. \quad \blacksquare$$

Anmerkung: Um eine (2×2)-Matrix zu invertieren, gibt es eine einfache Formel und zwar lautet sie:

$$\begin{pmatrix} a & b \\ c & d \end{pmatrix}^{-1} = \frac{1}{ad - bc} \begin{pmatrix} d & -b \\ -c & a \end{pmatrix}.$$

Wir werden in Kap. 21 sehen, dass $ad - bc$ eine besondere Bedeutung besitzt. Es ist die sogenannte Determinante der Matrix

$$\begin{pmatrix} a & b \\ c & d \end{pmatrix}.$$

Was ebenso falsch ist, ist die Implikation $A, B \in Gl_n(K) \Rightarrow A + B \in Gl_n(K)$, das heißt, die Summe zweier invertierbarer Matrizen muss nicht wieder invertierbar sein. Dazu betrachten wir das folgende Gegenbeispiel:

▶ **Beispiel 171** Seien

$$A := \begin{pmatrix} 1 & 0 \\ 0 & 1 \end{pmatrix}, \ B := \begin{pmatrix} -1 & 0 \\ 0 & -1 \end{pmatrix}.$$

Dann ist

$$A + B := \begin{pmatrix} 1 & 0 \\ 0 & 1 \end{pmatrix} + \begin{pmatrix} -1 & 0 \\ 0 & -1 \end{pmatrix} = \begin{pmatrix} 0 & 0 \\ 0 & 0 \end{pmatrix}.$$

Die Nullmatrix ist aber mit Sicherheit nicht invertierbar.   ■

Erklärung

Zu den Sätzen 16.2 bis 16.3 über die algebraische Struktur der Matrizen: Das Wichtigste, was man sich bei diesen Sätzen merken sollte, sind die Eigenschaften, die Gruppen bzw. Ringe haben, das heißt, die Addition ist sowohl kommutativ als auch assoziativ und die Multiplikation ist assoziativ (aber nicht kommutativ, wie wir oben gesehen haben!).

Da der Beweis dieser Sätze analog zu denen in Kap. 6 verläuft lassen wir ihn euch als Übung.

Erklärung

Zum Satz 16.4, dass jede invertierbare Matrix als Produkt von Elementarmatrizen dargestellt werden kann: Um Satz 16.4 zu verstehen, betrachten wir die

Matrix

$$B := \begin{pmatrix} 0 & 1 & 1 \\ 1 & 0 & 1 \\ 1 & 1 & 0 \end{pmatrix}.$$

Zunächst invertieren wir diese Matrix, wie wir es in den Erklärungen zur Definition 15.9 gelernt haben.

$$\begin{pmatrix} 0 & 1 & 1 & | & 1 & 0 & 0 \\ 1 & 0 & 1 & | & 0 & 1 & 0 \\ 1 & 1 & 0 & | & 0 & 0 & 1 \end{pmatrix} \rightsquigarrow \begin{pmatrix} 1 & 0 & 1 & | & 0 & 1 & 0 \\ 0 & 1 & 1 & | & 1 & 0 & 0 \\ 1 & 1 & 0 & | & 0 & 0 & 1 \end{pmatrix}$$

$$\rightsquigarrow \begin{pmatrix} 1 & 0 & 1 & | & 0 & 1 & 0 \\ 0 & 1 & 1 & | & 1 & 0 & 0 \\ 0 & 1 & -1 & | & 0 & -1 & 1 \end{pmatrix} \rightsquigarrow \begin{pmatrix} 1 & 0 & 1 & | & 0 & 1 & 0 \\ 0 & 1 & 1 & | & 1 & 0 & 0 \\ 0 & 0 & -2 & | & -1 & -1 & 1 \end{pmatrix}$$

$$\rightsquigarrow \begin{pmatrix} 1 & 0 & 1 & | & 0 & 1 & 0 \\ 0 & 1 & 1 & | & 1 & 0 & 0 \\ 0 & 0 & 1 & | & 1/2 & 1/2 & -1/2 \end{pmatrix}$$

$$\rightsquigarrow \begin{pmatrix} 1 & 0 & 1 & | & 0 & 1 & 0 \\ 0 & 1 & 0 & | & 1/2 & -1/2 & 1/2 \\ 0 & 0 & 1 & | & 1/2 & 1/2 & -1/2 \end{pmatrix}$$

$$\rightsquigarrow \begin{pmatrix} 1 & 0 & 0 & | & -1/2 & 1/2 & 1/2 \\ 0 & 1 & 0 & | & 1/2 & -1/2 & 1/2 \\ 0 & 0 & 1 & | & 1/2 & 1/2 & -1/2 \end{pmatrix}.$$

Demnach ist $B^{-1} = \begin{pmatrix} -1/2 & 1/2 & 1/2 \\ 1/2 & -1/2 & 1/2 \\ 1/2 & 1/2 & -1/2 \end{pmatrix}$. Machen wir lieber einmal die Probe, ob wir uns nicht verrechnet haben:

$$BB^{-1} = \begin{pmatrix} 0 & 1 & 1 \\ 1 & 0 & 1 \\ 1 & 1 & 0 \end{pmatrix} \cdot \begin{pmatrix} -1/2 & 1/2 & 1/2 \\ 1/2 & -1/2 & 1/2 \\ 1/2 & 1/2 & -1/2 \end{pmatrix} = \begin{pmatrix} 1 & 0 & 0 \\ 0 & 1 & 0 \\ 0 & 0 & 1 \end{pmatrix} = E_3$$

$$B^{-1}B = \begin{pmatrix} -1/2 & 1/2 & 1/2 \\ 1/2 & -1/2 & 1/2 \\ 1/2 & 1/2 & -1/2 \end{pmatrix} \cdot \begin{pmatrix} 0 & 1 & 1 \\ 1 & 0 & 1 \\ 1 & 1 & 0 \end{pmatrix} = \begin{pmatrix} 1 & 0 & 0 \\ 0 & 1 & 0 \\ 0 & 0 & 1 \end{pmatrix} = E_3$$

Die Probe stimmt also. Wir haben wirklich richtig gerechnet.

Da B invertierbar ist, behauptet der Satz 16.4, dass man diese Matrix als Produkt von Elementarmatrizen darstellen kann. Aber wie funktioniert das genau?

Wir formen die Matrix B zunächst in Zeilenstufenform bzw. in Diagonalform um, und notieren uns die Umformungen:

$$\begin{pmatrix} 0 & 1 & 1 \\ 1 & 0 & 1 \\ 1 & 1 & 0 \end{pmatrix} \overset{(1)}{\leadsto} \begin{pmatrix} 1 & 1 & 0 \\ 1 & 0 & 1 \\ 0 & 1 & 1 \end{pmatrix} \overset{(2)}{\leadsto} \begin{pmatrix} 1 & 1 & 0 \\ 0 & -1 & 1 \\ 0 & 1 & 1 \end{pmatrix} \overset{(3)}{\leadsto} \begin{pmatrix} 1 & 1 & 0 \\ 0 & -1 & 1 \\ 0 & 0 & 2 \end{pmatrix}$$

$$\overset{(4)}{\leadsto} \begin{pmatrix} 1 & 1 & 0 \\ 0 & -1 & 1 \\ 0 & 0 & 1 \end{pmatrix} \overset{(5)}{\leadsto} \begin{pmatrix} 1 & 1 & 0 \\ 0 & -1 & 0 \\ 0 & 0 & 1 \end{pmatrix} \overset{(6)}{\leadsto} \begin{pmatrix} 1 & 0 & 0 \\ 0 & -1 & 0 \\ 0 & 0 & 1 \end{pmatrix} \overset{(7)}{\leadsto} \begin{pmatrix} 1 & 0 & 0 \\ 0 & 1 & 0 \\ 0 & 0 & 1 \end{pmatrix}$$

Welche elementaren Zeilenoperationen wurden durchgeführt?

(1) Vertauschen der ersten mit der dritten Zeile.
(2) Multiplikation der ersten Zeile mit (-1) und Addieren zur zweiten Zeile.
(3) Addition der zweiten zur dritten Zeile.
(4) Multiplikation der dritten Zeile mit $1/2$.
(5) Multiplikation der dritten Zeile mit (-1) und Addieren zur zweiten Zeile.
(6) Addition der zweiten Zeile zur ersten Zeile.
(7) Multiplikation der zweiten Zeile mit (-1).

Nun müssen wir uns die Frage stellen, welche Elementarmatrizen den einzelnen Zeilenoperationen (1)–(7) entsprechen:

(1) Für „Vertauschen der ersten mit der dritten Zeile" lautet die Elementarmatrix P_1^3.
(2) Für „Multiplikation der ersten Zeile mit (-1) und Addieren zur zweiten Zeile" lautet die Elementarmatrix $Q_1^2(-1)$.
(3) Für „Addition der zweiten zur dritten Zeile" lautet die Elementarmatrix $Q_2^3(1)$.
(4) Für „Multiplikation der dritten Zeile mit $1/2$" lautet die Elementarmatrix $S_3(1/2)$.
(5) Für „Multiplikation der dritten Zeile mit (-1) und Addieren zur zweiten Zeile" lautet die Elementarmatrix $Q_3^2(-1)$.
(6) Für „Addition der zweiten Zeile zur ersten Zeile" lautet die Elementarmatrix $Q_2^1(1)$.
(7) Für „Multiplikation der zweite Zeile mit (-1)" lautet die Elementarmatrix $S_2(-1)$.

Satz 16.1 sagt, dass für zwei invertierbare Matrizen $A, B \in Gl_n(K)$ das Produkt AB wieder invertierbar ist und $(A \cdot B)^{-1} = B^{-1} \cdot A^{-1}$ gilt. Mit Induktion zeigt man, dass

$$(A_1 \cdot A_2 \cdot \ldots \cdot A_n)^{-1} = A_n^{-1} \cdot A_{n-1}^{-1} \cdot \ldots \cdot A_2^{-1} \cdot A_1^{-1}.$$

Dies nutzen wir jetzt aus. Man kann die invertierbare Matrix B wie folgt als Produkt von Elementarmatrizen darstellen:

$$
\begin{aligned}
B &= \left(P_1^3 \cdot Q_1^2(-1) \cdot Q_2^3(1) \cdot S_3(1/2) \cdot Q_3^2(-1) \cdot Q_2^1(1) \cdot S_2(-1)\right)^{-1} \\
&= S_2(-1)^{-1} \cdot Q_2^1(1)^{-1} \cdot Q_3^2(-1)^{-1} \cdot S_3(1/2)^{-1} \cdot Q_2^3(1)^{-1} \\
&\quad \cdot Q_1^2(-1)^{-1} \cdot (P_1^3)^{-1} \\
&= S_2(-1) \cdot Q_2^1(-1) \cdot Q_3^2(1) \cdot S_3(2) \cdot Q_2^3(-1) \cdot Q_1^2(1) \cdot P_3^1.
\end{aligned}
$$

Im letzten Schritt haben wir ausgenutzt, dass jede Elementarmatrix invertierbar ist. Siehe dazu noch einmal Definition 16.1. Fertig.

Wir wollen uns jetzt einen etwas anderen Weg anschauen, der dieselben Methoden benutzt und ebenfalls zum Ziel führt. Sucht euch den aus, der euch mehr gefällt. Aber im Grunde tun beide dasselbe.

Wir formen Matrix B mittels elementarer Zeilen- und Spaltenoperationen auf Einheitsmatrixgestalt um:

$$
\begin{pmatrix} 0 & 1 & 1 \\ 1 & 0 & 1 \\ 1 & 1 & 0 \end{pmatrix} \overset{P_1^2}{\rightsquigarrow} \cdot \begin{pmatrix} 1 & 0 & 1 \\ 0 & 1 & 1 \\ 1 & 1 & 0 \end{pmatrix} \overset{Q_1^3(-1) \cdot}{\rightsquigarrow} \begin{pmatrix} 1 & 0 & 1 \\ 0 & 1 & 1 \\ 0 & 1 & -1 \end{pmatrix} \overset{\cdot Q_1^3(-1)}{\rightsquigarrow} \begin{pmatrix} 1 & 0 & 0 \\ 0 & 1 & 1 \\ 0 & 1 & -1 \end{pmatrix}
$$

$$
\overset{Q_3^2(-1) \cdot}{\rightsquigarrow} \begin{pmatrix} 1 & 0 & 0 \\ 0 & 1 & 1 \\ 0 & 0 & -2 \end{pmatrix} \overset{\cdot Q_3^2(-1)}{\rightsquigarrow} \begin{pmatrix} 1 & 0 & 0 \\ 0 & 1 & 0 \\ 0 & 0 & -2 \end{pmatrix} \overset{S_3(-1/2) \cdot}{\rightsquigarrow} \begin{pmatrix} 1 & 0 & 0 \\ 0 & 1 & 0 \\ 0 & 0 & 1 \end{pmatrix}.
$$

Hier bedeutet $\cdot A$ die Multiplikation einer Elementarmatrix A von rechts. Dies entspricht elementaren Spaltenoperationen und $A\cdot$ die Multiplikation einer Elementarmatrix A von links. Dies entspricht dann elementaren Zeilenoperationen.

Es gilt demnach insgesamt:

$$
\underbrace{S_3(-1/2) \cdot Q_3^2(-1) \cdot Q_1^3(-1) \cdot P_1^2}_{\text{Zeilenoperationen}} \cdot B \cdot \underbrace{Q_1^3(-1) \cdot Q_3^2(-1)}_{\text{Spaltenoperationen}} = E_3.
$$

Also:

$$
\begin{aligned}
B &= \left(P_1^2\right)^{-1} \cdot \left(Q_1^3\right)^{-1} \cdot \left(Q_3^2(-1)\right)^{-1} \cdot \left(S_3(-1/2)\right)^{-1} \\
&\quad \cdot E_3 \cdot \left(Q_3^2(-1)\right)^{-1} \cdot \left(Q_1^3(-1)\right)^{-1} \\
&= P_1^2 \cdot Q_3^1(1) \cdot Q_3^2(1) \cdot S_3(-2) \cdot Q_3^2(1) \cdot Q_1^3(1).
\end{aligned}
$$

Um B zu invertieren, müssen wir also das Folgende berechnen:

$$
\begin{aligned}
B^{-1} &= \left(P_1^2 \cdot Q_3^1(1) \cdot Q_3^2(1) \cdot S_3(-2) \cdot Q_3^2(1) \cdot Q_1^3(1)\right)^{-1} \\
&= Q_1^3(-1) \cdot Q_3^2(-1) \cdot S_3(-1/2) \cdot Q_3^2(-1) \cdot Q_3^1(-1) \cdot P_1^2
\end{aligned}
$$

Jetzt überlegen wir uns, wie die Elementarmatrizen aussehen:

$$
\ldots = \begin{pmatrix} 1 & 0 & -1 \\ 0 & 1 & 0 \\ 0 & 0 & 1 \end{pmatrix} \cdot \begin{pmatrix} 1 & 0 & 0 \\ 0 & 1 & -1 \\ 0 & 0 & 1 \end{pmatrix} \cdot \begin{pmatrix} 1 & 0 & 0 \\ 0 & 1 & 0 \\ 0 & 0 & -1/2 \end{pmatrix}
$$

$$
\cdot \begin{pmatrix} 1 & 0 & 0 \\ 0 & 1 & 0 \\ 0 & -1 & 1 \end{pmatrix} \cdot \begin{pmatrix} 1 & 0 & 0 \\ 0 & 1 & 0 \\ -1 & 0 & 1 \end{pmatrix} \cdot \begin{pmatrix} 0 & 1 & 0 \\ 1 & 0 & 0 \\ 0 & 0 & 1 \end{pmatrix}
$$

$$
= \underbrace{\ldots}_{\text{Rechnen :-)}} = \begin{pmatrix} -1/2 & 1/2 & 1/2 \\ 1/2 & -1/2 & 1/2 \\ 1/2 & 1/2 & -1/2 \end{pmatrix}.
$$

Vektorräume

17

In diesem Kapitel machen wir uns mit einer der wichtigsten algebraischen Strukturen der linearen Algebra vertraut, dem Vektorraum. Aus der Schule kennt man Vektoren meist als Pfeile im $\mathbb{R}^2$ oder $\mathbb{R}^3$, die von einem Punkt ausgehen und an einem (meist anderen) Punkt enden. Von dieser Vorstellung müsst ihr euch jetzt unbedingt lösen, denn wie ihr feststellen werdet, sind Vektoren viel mehr als nur Pfeile.

17.1 Definitionen

Definition 17.1 (Vektorraum, Vektoren)
Sei K ein Körper. Eine Menge V zusammen mit zwei Verknüpfungen

$$+ : V \times V \to V, (a, b) \mapsto a + b \quad \text{und} \quad \cdot : K \times V \to V, (\lambda, b) \mapsto \lambda \cdot b$$

heißt **K-Vektorraum**, wenn gilt:

(V1) Die Verknüpfung $+$ ist assoziativ, das heißt:

$$(x + y) + z = x + (y + z) \ \forall x, y, z \in V.$$

(V2) Die Verknüpfung $+$ ist kommutativ, das heißt: $x + y = y + x \ \forall x, y \in V$.

(V3) Es gibt ein neutrales Element bezüglich $+$, genannt 0_V (Nullvektor), das heißt:
$$0_V + v = v + 0_V = v \ \forall v \in V.$$

(V4) Jedes Element $v \in V$ besitzt ein inverses Element bezüglich $+$, geschrieben $-v$, das heißt: $v + (-v) = -v + v = 0 \ \forall v \in V$.

(V5) Die Verknüpfung $\cdot$ ist assoziativ, das heißt: $\lambda \cdot (\mu \cdot v) = (\lambda\mu) \cdot v \ \forall \lambda, \mu \in K \ \forall v \in V$.

© Springer-Verlag GmbH Deutschland, ein Teil von Springer Nature 2018
F. Modler, M. Kreh, *Tutorium Analysis 1 und Lineare Algebra 1*,
https://doi.org/10.1007/978-3-662-56752-4_17

(V6) Es gilt $1 \cdot v = v$ $\forall v \in V$, wobei 1 das Einselement des Körpers K ist.
(V7) Es gilt das Distributivgesetz: $\lambda \cdot (v + w) = \lambda \cdot v + \lambda \cdot w$ $\forall \lambda \in K$, $\forall v$, $w \in V$.

Die Elemente $v \in V$ nennen wir nun **Vektoren**. Die Verknüpfung $+$ heißt **Vektoraddition** und $\cdot$ heißt **Skalarmultiplikation**.

Anmerkung: Den Punkt für die Skalarmultiplikation lässt man meistens weg. Wir werden das im Folgenden auch tun.

Definition 17.2 (Untervektorraum)
Wir nennen eine nichtleere Teilmenge $U \subset V$ **Untervektorraum**, falls gilt

1. $0_V \in U$.
2. $u, v \in U \Rightarrow u + v \in U$ (Abgeschlossenheit bzgl. $+$).
3. $u \in U, \lambda \in K \Rightarrow \lambda u \in U$ (Abgeschlossenheit bzgl. Skalarmultiplikation $\cdot$).

Definition 17.3 (Linearkombination)
Sei K ein Körper, V ein K-Vektorraum und $v_1, \ldots, v_k \in V$. Wir sagen ein Vektor $v \in V$ lässt sich als **Linearkombination** von $v_1, \ldots, v_k$ schreiben, wenn es $\lambda_i \in K, i = 1, \ldots, k, k \in \mathbb{N}$ gibt mit

$$v = \sum_{i=1}^{k} \lambda_i v_i.$$

Definition 17.4 (Span, Erzeugnis)
Sei K ein Körper, V ein K-Vektorraum, $v_1, \ldots, v_k \in V$. Dann setzen wir:

$$\langle v_1, \ldots, v_k \rangle := \text{span}(v_1, \ldots, v_k) := \left\{ v \in V : v = \sum_{i=1}^{k} \lambda_i v_i, \quad \lambda_i \in K \right\}.$$

Wir nennen nun $\langle v_1, \ldots, v_k \rangle = \text{span}(v_1, \ldots, v_k)$ das **Erzeugnis** oder auch den **Span** von $v_1, \ldots, v_k$. Ab und zu nennt man dies auch die **lineare Hülle**.

Definition 17.5 (Linear unabhängige Vektoren)
Sei K ein Körper, V ein K-Vektorraum, $v_1, \ldots, v_k \in V$. Wir nennen das
System $(v_1, \ldots, v_k)$ **linear unabhängig**, wenn gilt:

$$\sum_{i=1}^{k} \lambda_i v_i = 0 \implies \lambda_i = 0 \; \forall i.$$

Andernfalls heißt $(v_1, \ldots, v_k)$ **linear abhängig**.

Anmerkung: Der Nullvektor ist immer linear abhängig.

Definition 17.6 (Erzeugendensystem)
Ist I eine (Index-)Menge, V ein Vektorraum, so nennen wir das System
$(v_i)_{i \in I}$ **Erzeugendensystem** von V, wenn es für jedes $v \in V$ $\lambda_i \in K$, ein
endliches $J \subset I$ und $i \in J$ gibt mit

$$v = \sum_{i \in I} \lambda_i v_i.$$

Oder anders ausgedrückt: $V = \text{span}(v_1, v_2, \ldots)$.
   Gibt es solch ein I mit $|I| < \infty$, so nennen wir V **endlich erzeugt**.

Definition 17.7 (Basis)
Ein System von Vektoren $\mathcal{B} \subset V$ eines Vektorraums V heißt **Basis** von V
genau dann, wenn die folgenden beiden Bedingungen erfüllt sind:

(B1) $\mathcal{B}$ ist linear unabhängig.
(B2) $\mathcal{B}$ ist ein Erzeugendensystem.

Definition 17.8 (Dimension)
Für einen K-Vektorraum V definieren wir die **Dimension** als $\dim_K V := n$,
wenn V eine Basis mit n Elementen besitzt und $\dim_K V := \infty$, falls V keine
endliche Basis besitzt.

17.2 Sätze und Beweise

Satz 17.1 (Äquivalenzen zur Basiseigenschaft)

Für ein endliches System $\mathcal{B} = (v_i)$ von Vektoren sind äquivalent:

1. *$\mathcal{B}$ ist Basis.*
2. *$\mathcal{B}$ ist unverkürzbares Erzeugendensystem, das heißt, für jedes $r \in \{1, \ldots, n\}$ ist $(v_1, \ldots, v_{r-1}, v_{r+1}, \ldots, v_n)$ kein Erzeugendensystem.*
3. *Jedes $v \in V$ lässt sich eindeutig als Linearkombination von Vektoren aus $\mathcal{B}$ darstellen.*
4. *$\mathcal{B}$ ist unverlängerbar linear unabhängig, das heißt, linear unabhängig und für jedes $v \in V$ ist $(v_1, \ldots, v_n, v)$ nicht linear unabhängig.*

Beweis:

$1 \Rightarrow 2$: Widerspruchsbeweis: Angenommen, $\mathcal{B}$ ist verkürzbar (o. B. d. A. $r = 1$). Dann gilt:

$$v_1 = \sum_{i=2}^{n} \lambda_i v_i \Rightarrow \left(\sum_{i=2}^{n} \lambda_i v_i \right) - v_1 = 0 \;\lightning.$$

$2 \Rightarrow 3$: Angenommen, die Eindeutigkeit gilt nicht. Dann gilt $v = \sum_{i=1}^{n} \lambda_i v_i = \sum_{i=1}^{n} \mu_i v_i$ und o. B. d. A. $\lambda_1 \neq \mu_1$. Dann gilt aber auch:

$$(\lambda_1 - \mu_1)v_1 = \sum_{i=2}^{n} (\mu_i - \lambda_i)v_i \Rightarrow v_1 = \sum_{i=2}^{n} \frac{\mu_i - \lambda_i}{\lambda_1 - \mu_1} v_i,$$

also ist $\mathcal{B}$ verkürzbar $\lightning$. Dies ist nämlich ein Widerspruch dazu, dass $\mathcal{B}$ Basis, also insbesondere linear unabhängig ist.

$3 \Rightarrow 4$: Zunächst ist $\mathcal{B}$ linear unabhängig, denn sonst hätte der Nullvektor mehrere Darstellungen. Angenommen, $\mathcal{B}$ ist verlängerbar, das heißt, es existiert ein $\tilde{v} \neq 0$ mit:

$$\sum_{i=1}^{n} \lambda_i v_i + \tilde{\lambda} \tilde{v} = 0 \Rightarrow \lambda_i = \tilde{\lambda} = 0.$$

Da außerdem $\tilde{v} = \sum_{i=1}^{n} \mu_i v_i$, nicht alle $\mu_i = 0$, gilt

$$\sum_{i=1}^{n} \lambda_i v_i + \sum_{i=1}^{n} \mu_i v_i = \sum_{i=1}^{n} (\lambda_i + \mu_i)v_i = 0 \;\lightning.$$

$4 \Rightarrow 1$: Sei $v \in V$. Dann gibt es λ_i, λ mit

$$\sum_{i=1}^{n} \lambda_i v_i + \lambda v = 0.$$

Weil $\mathcal{B}$ aber linear unabhängig ist, muss $\lambda \neq 0$ gelten. Dann folgt $v = -\sum_{i=1}^{n} \frac{\lambda_i}{\lambda} v_i$, also ist $\mathcal{B}$ ein Erzeugendensystem.   q.e.d.

Satz 17.2 (Basisauswahlsatz)

Seien V ein endlich erzeugter Vektorraum und $(v_1, \ldots, v_p)$ ein endliches Erzeugendensystem. Dann können wir aus diesen Vektoren endlich viele auswählen, sodass das System $(v_{k_1}, \ldots, v_{k_n})$ eine Basis ist mit $k_i \in \{1, \ldots, p\}$.

Beweis: Wir nehmen aus dem Erzeugendensystem einfach so viele Vektoren weg, bis es unverkürzbar ist. Da das Erzeugendensystem nur endliche viele Vektoren hat, sind wir auch nach endlich vielen Schritten bei einem unverkürzbaren Erzeugendensystem, welches nach Satz 17.1 dann eine Basis ist. q.e.d.

Satz 17.3 (Basis endlich erzeugter Vektorräume)

Sei V ein endlich erzeugter Vektorraum, dann hat V eine Basis.

Beweis: Dies folgt direkt aus dem Basisauswahlsatz (Satz 17.2). q.e.d.

Satz 17.4 (Existenz einer Basis)

Jeder Vektorraum hat eine Basis.

Satz 17.5 (Austauschlemma)

Sind V ein Vektorraum, $\mathcal{B} = (v_1, \ldots, v_n)$ eine endliche Basis von V und $v = \sum_{i=1}^{n} \lambda_i v_i$ mit $\lambda_k \neq 0, 1 \leq k \leq n$, dann ist $\mathcal{B}' = (v_1, \ldots, v_{k-1}, v, v_{k+1}, \ldots, v_n)$ auch eine Basis von V.

Beweis: O. B. d. A. sei $k = 1$. Zunächst gilt $v_1 = \frac{1}{\lambda_1} v + \sum_{i=2}^{n} \frac{\lambda_i v_i}{\lambda_1}$.

Gilt $w = \sum_{i=1}^{n} \mu_i v_i$, so ist $w = \frac{\mu_1}{\lambda_1} v - \sum_{i=2}^{n} \left(\mu_i - \frac{\mu_1 \lambda_i}{\lambda_1} \right) v_i$, also ist $\mathcal{B}'$ Erzeugendensystem.

Gilt $0 = \mu v + \sum_{i=2}^{n} \mu_i v_i$, so folgt:

$$0 = \mu \lambda_1 v_1 + \sum_{i=2}^{n} (\mu \lambda_i + \mu_i) v_i$$

und damit wegen der linearen Unabhängigkeit der Vektoren von $\mathcal{B}$ sofort $0 = \mu \lambda_1 = \mu \lambda_i + \mu_i, i \in \{2, \ldots, n\}$. Aus $\lambda_1 \neq 0$ folgt also $\mu = \mu_i = 0$ mit $i \in \{2, \ldots, n\}$, und damit ist $\mathcal{B}$ linear unabhängig, also eine Basis. q.e.d.

Satz 17.6 (Austauschsatz)
Seien V ein Vektorraum, $\mathcal{B} = (v_1, \ldots, v_n)$ eine endliche Basis und $(w_1, \ldots, w_r)$ linear unabhängig, dann gilt:

1. $r \leq n$
2. Man kann r Vektoren aus $\mathcal{B}$ durch $w_1, \ldots, w_r$ austauschen, sodass man wieder eine Basis erhält.

Beweis:
1. Dies folgt direkt aus Satz 17.1.
2. Seien die Vektoren, die man austauschen kann (falls der Satz gilt!) o. B. d. A. die Vektoren $v_1, \ldots, v_r$.
   Wir führen eine Induktion über n. Für $n = 0$ ist nichts zu zeigen. Wir nehmen also an, der Satz sei für $n - 1$ bewiesen. Dann ist $(w_1, \ldots, w_{r-1}, v_r, \ldots, v_n)$ eine Basis von V. Der Rest folgt nun aus dem Austauschlemma (Satz 17.5).   q.e.d.

Satz 17.7 (Basisergänzungssatz)
Seien V ein endlich erzeugter Vektorraum und $v_1, \ldots, v_r \in V$ linear unabhängig, dann gibt es Vektoren $v_{r+1}, \ldots, v_n$, sodass $(v_1, \ldots, v_r, v_{r+1}, \ldots, v_n)$ eine Basis von V ist.

Beweis: Sei $(w_1, \ldots, w_m)$ ein beliebiges Erzeugendensystem von V. Dann können wir wegen des Basisauswahlsatzes (Satz 17.2) daraus eine Basis auswählen. Aus dieser Basis tauschen wir nun mit Hilfe des Austauschsatz (Satz 17.6) r Vektoren durch $v_1, \ldots, v_r$ aus und erhalten damit eine Basis, die $v_1, \ldots, v_r$ enthält.   q.e.d.

Satz 17.8 (Wohldefiniertheit der Dimension)
Ist V ein endlich erzeugter Vektorraum und sind $(v_1, \ldots, v_n)$ sowie $(w_1, \ldots, w_m)$ zwei Basen von V, so gilt $m = n$, das heißt, die Dimension ist wohldefiniert.

Beweis: Dies erhält man durch zweimalige Anwendung des Austauschsatzes (Satz 17.6).   q.e.d.

Satz 17.9 (Eigenschaften von Untervektorräumen)
Seien V ein Vektorraum, $U \subset V$ ein Untervektorraum, dann gilt:

1. V endlich erzeugt $\Rightarrow U$ endlich erzeugt.
2. $\dim(V) \geq \dim(U)$.
3. $\dim(V) = \dim(U) \Leftrightarrow V = U$.

Beweis:

1. Trivial.
2. Dies folgt aus der Definition eines Untervektorraums (siehe Satz 17.2).
3. „$\Rightarrow$": Sei $(u_1, \ldots, u_n)$ eine Basis von U, dann folgt aus dem Austauschsatz (Satz 17.6), dass $(u_1, \ldots, u_n)$ auch eine Basis von V ist. Für $v \in V$ gilt also $v = \sum_{i=1}^{n} \lambda_i u_i$, also $V \subset U \Rightarrow U = V$.

   „$\Leftarrow$": Seien $(u_1, \ldots, u_m)$ eine Basis von U und $(v_1, \ldots, v_n)$ eine Basis von V, dann gilt $m \leq n$. Aus dem Austauschsatz (Satz 17.6) folgt, dass nach geeigneter Nummerierung $(u_1, \ldots, u_m, v_{m+1}, \ldots, v_n)$ eine Basis von V ist. Da $U = V$ ist, gilt außerdem $v_n = \sum_{i=1}^{n} \lambda_i u_i$. Falls also $n > m$ gilt, so ist $(u_1, \ldots, u_m, v_{m+1}, \ldots, v_n)$ linear abhängig $\frac{\iota}{\iota}$. q.e.d.

17.3 Erklärungen zu den Definitionen

Erklärung

Zur Definition 17.1 von Vektorraum und Vektoren: Bevor wir uns mit den Vektorraumeigenschaften näher vertraut machen, wollen wir zuerst einmal über unser neues Verständnis von Vektoren nachdenken. Vektoren sind also Elemente in einem Vektorraum. Wie wir gleich noch sehen werden, gibt es sehr viele verschiedene Beispiele für Vektorräume, zum Beispiel den $\mathbb{R}^n$, den Raum der $(m \times n)$-Matrizen oder auch den Raum aller reellen Funktionen (siehe Beispiel 172). Wenn wir nun den $\mathbb{R}^2$ oder den $\mathbb{R}^3$ betrachten, so sind die Vektoren unsere altbekannten „Pfeile" aus der Schule. Wenn wir jetzt allerdings den Vektorraum aller reellen Funktionen betrachten, dann sind auf einmal Funktionen Vektoren. Das klingt doch zunächst einmal verwunderlich. Aber auch für Funktionen gelten die schönen Rechenregeln (V1)–(V7), was ihr euch auf jeden Fall einmal in einer ruhigen Minute überlegen solltet.

Und damit kommen wir auch schon zu Vektorräumen. Was bedeuten denn nun diese Eigenschaften? Vereinfacht ausgedrückt bedeutet das nur, dass man mit Elementen des Vektorraums (also Vektoren) besonders schön rechnen kann, dass also ähnliche Regeln gelten wie in Körpern. Insbesondere ist hier anzumerken, dass Vektorräume immer „abgeschlossen" sind. Was bedeutet denn das nun wieder? Das heißt: Wenn man zwei Vektoren aus einem Vektorraum hat und die zugehörige Verknüpfung (also $+$) auf diese Vektoren anwendet, so ist das Ergebnis wieder ein Vektor im selben Vektorraum. Dies galt für unsere „Pfeilchenvektoren" aus der Schule natürlich auch, denn wenn man zwei Pfeile addiert, so erhält man wieder einen Pfeil. Aber auch für Funktionen gilt diese Regel natürlich, sie bilden also einen Vektorraum.

Aber alles Gerede bringt wenig, wenn man nicht ein paar Beispiele betrachtet.

▶ **Beispiel 172**

- Für alle $n \in \mathbb{N}$ gilt: $\mathbb{R}^n$ ist ein Vektorraum. Allgemeiner: Ist K ein Körper, so ist für alle $n \in \mathbb{N}$ K^n ein Vektorraum. Diesen nennen wir den *Standardvektorraum* der Dimension n über K.
- Die Menge aller reellen Funktionen $f : \mathbb{R} \to \mathbb{R}$ bildet einen Vektorraum.
- Die $(n \times n)$-Matrizen bilden einen Vektorraum.
- Die Polynomfunktionen vom Grad $\leq n$ bilden einen Vektorraum, das heißt alle Funktionen der Form

$$f(x) := a_n x^n + \ldots + a_1 x + a_0 = \sum_{i=0}^{n} a_i x^i, a_i \in \mathbb{R}.$$

Diesen bezeichnen wir mit $\mathbb{R}[x]_{\leq n}$.
- Für alle $n \in \mathbb{N}$ gilt, dass $\mathbb{Z}^n$ kein $\mathbb{Z}$-Vektorraum ist, denn $\mathbb{Z}$ ist kein Körper. Da $\mathbb{Z}$ außerdem kein $\mathbb{R}$-Vektorraum ist, ist auch $\mathbb{Z}^n$ kein $\mathbb{R}$-Vektorraum (siehe auch das Beispiel 54 aus Kap. 6). ∎

Wir sehen also, dass es viele verschiedene Beispiele für Vektorräume und damit auch viele verschiedene Beispiele für Vektoren gibt.

Wie aber weist man nun exakt nach, dass etwas wirklich ein Vektorraum ist? Dies wollen wir am Beispiel der $(n \times n)$-Matrizen kurz vorführen. Wir müssen also die $(n \times n)$-Matrizen auf die sieben Vektorraumeigenschaften aus Definition 17.1 überprüfen. Dabei verwenden wir die bekannte Matrizenaddition und die skalare Multiplikation.

Die Assoziativität von $+$ und $\cdot$ und Kommutativität von $+$ folgen sofort aus den Rechenregeln, ebenso das Distributivgesetz. Das Nullelement ist die Nullmatrix. Das Inverse einer Matrix $A = (a_{ij})$ bzgl. der Addition ist die Matrix $-A = (-a_{ij})$. Also bilden die $(n \times n)$-Matrizen tatsächlich einen Vektorraum.

Erklärung

Zur Definition 17.2 des Untervektorraums: Ein Untervektorraum ist einfach eine nichtleere Teilmenge eines Vektorraums, die bezüglich Vektoraddition und Skalarmultiplikation abgeschlossen ist. Das heißt, wenn zwei Vektoren in einem Untervektorraum sind, dann auch deren Summe und das Vielfache jedes der Vektoren. Jeder Untervektorraum ist mit der Verknüpfung des Vektorraums, von dem er Untervektorraum ist, wieder ein Vektorraum. Betrachten wir hierzu ein Beispiel.

▶ **Beispiel 173** Wir betrachten den Vektorraum $\mathbb{R}[x]_{\leq n}$ (vergleiche Beispiel 172), und für ein festes $x_0 \in \mathbb{R}$ sei $U := \{f \in \mathbb{R}[x]_{<n} : f(x_0) = 0\}$. Wir behaupten: U ist ein Untervektorraum von $\mathbb{R}[x]_{\leq n}$. Zunächst einmal gilt natürlich $U \neq \emptyset$, denn das Nullpolynom $f(x) = 0$ ist in U enthalten, denn dort ist der Funktionswert ja an jeder Stelle Null, egal, was wir einsetzen. Seien jetzt $f, g \in U$. Dann gilt also $f(x_0) = g(x_0) = 0$ und damit auch $(f + g)(x_0) = f(x_0) + g(x_0) = 0 + 0 = 0$, also $f + g \in U$ und $\lambda f(x_0) = \lambda \cdot 0 = 0$ und damit $\lambda f \in U$. Also ist U ein Untervektorraum von $\mathbb{R}[x]_{\leq n}$. ∎

Wir geben noch ein paar mehr Beispiele:

(a) Sei V ein K-Vektorraum, $U \subset V$. Unter welchen Bedingungen ist U ein Untervektorraum von V?

Lösung: $U \subset V$ ist ein Untervektorraum, wenn die folgenden Bedingungen erfüllt sind:

   (i) $U \neq \emptyset$ (oder auch $0 \in U$, falls $0 \in V$ das (additiv) neutrale Element ist).

   (ii) Für alle $u_1, u_2 \in U$ gilt $u_1 + u_2 \in U$ (U ist abgeschlossen bezüglich der Addition).

   (iii) Für $u \in U$ und $\lambda \in K$ gilt $\lambda u \in U$ (U ist abgeschlossen bezüglich Skalarmultiplikation).

   Um zu zeigen, dass $U \subset V$ ein Untervektorraum ist, muss man zeigen, dass alle drei Axiome erfüllt sind. Zum Widerlegen dieser Aussage genügt es, eines dieser Axiome zu widerlegen, also konkrete Element aus U anzugeben, für welche eines dieser Axiome nicht erfüllt ist.

(b) Beweise oder widerlege, dass die angegebenen Mengen U_i jeweils Untervektorräume der Vektorräume V_i, $i \in \{1, 2, 3\}$ sind:

   • $V_1 := \mathbb{R}^3$, $U_1 := \{x \in V_1 : x \cdot (1, 1, 1)^T = 0\}$.

   • $V_2 := \text{Abb}(\mathbb{N}, \mathbb{R})$ (reelle Zahlenfolgen), $U_2 := \{(x_n)_{n \in \mathbb{N}} \in V_2, : x_n = x_{n-1} - 2x_{n-2}$ für $n > 2\}$

   • $V_3 := \text{Mat}(n, n; \mathbb{R})$ (($n \times n$)-Matrizen über $\mathbb{R}$), $U_3 := \{A \in V_3 : A^2 = A\}$.

   Lösung:

   • U_1 ist ein Untervektorraum von V_1. Nachrechnen der Axiome zeigt:

      (i)   Wegen $(0, 0, 0) \cdot (1, 1, 1)^T = 0$ gilt $(0, 0, 0) \in U_1$.

      (ii) Seien $u_1, u_2 \in U_1$. Dann gilt $(u_1 + u_2) \cdot (1, 1, 1)^T = u_1 \cdot (1, 1, 1)^T + u_2 \cdot (1, 1, 1)^T = 0 + 0 = 0$, also auch $u_1 + u_2 \in U_1$.

      (iii) Seien $u \in U_1$, $\lambda \in \mathbb{R}$. Dann gilt $(\lambda u) \cdot (1, 1, 1)^T = \lambda(u \cdot (1, 1, 1)^T) = \lambda \cdot 0 = 0$, also auch $\lambda u \in U$.

   • U_2 ist ein Untervektorraum von V_2. Nachrechnen der Axiome zeigt:

      (i)   Offenbar erfüllt die konstante Nullfolge $(0, 0, \ldots)$ die Rekursionsvorschrift für alle $n > 2$ ($0 + 0 = 0$), also gilt $(0, 0, \ldots) \in U_2$.

      (ii) Seien $(x_n)_{n \in \mathbb{N}} = (x_1, x_2, x_3, \ldots)$, $(y_n)_{n \in \mathbb{N}} = (y_1, y_2, y_3, \ldots) \in U$, also Folgen, die für alle $n > 2$ die gegebene Rekursionsvorschrift erfüllten. Wir zeigen, dass auch die Summe $((x + y)_n)_{n \in \mathbb{N}} = (x_1 + y_1,$

$x_2 + y_2, \ldots)$ die Rekursionsvorschrift erfüllt. Es gilt für $n > 2$:

$$-2(x+y)_{n-2} + (x+y)_{n-1} = -2x_{n-2} - 2y_{n-2} + x_{n-1} + y_{n-1}$$
$$= (-2x_{n-2} + x_{n-1}) + (-2y_{n-2} + y_{n-1})$$
$$= x_n + y_n = (x+y)_n,$$

also gilt auch $((x+y)_n)_{n\in\mathbb{N}} \in U_2$.

(iii) Seien $(x_n)_{n\in\mathbb{N}} = (x_1, x_2, x_3, \ldots) \in U_2$, $\lambda \in \mathbb{R}$. Analog zu (ii) zeigen wir, dass auch $((\lambda x)_n)_{n\in\mathbb{N}} = (\lambda x_1, \lambda x_2, \ldots)$ die Rekursionsvorschrift erfüllt. Es gilt für $n > 2$:

$$-2(\lambda x)_{n-2} + (\lambda x)_{n-1} = \lambda(-2x_{n-2} + x_{n-1}) = \lambda x_n,$$

also gilt auch $((\lambda x)_n)_{n\in\mathbb{N}} \in U_2$.

- U_3 ist kein Untervektorraum von V_3. Als Gegenbeispiel betrachten wir $A = \begin{pmatrix} 1 & 0 \\ 0 & 1 \end{pmatrix}$: Offenbar gilt $A^2 = A$, also $A \in U_3$, aber für $\lambda = 2$ gilt $(2A)^2 = 4A^2 = \begin{pmatrix} 4 & 0 \\ 0 & 4 \end{pmatrix} \neq \begin{pmatrix} 2 & 0 \\ 0 & 2 \end{pmatrix}$ und somit $2A \notin U_3$. Das dritte Axiom ist also nicht erfüllt, also kann U_3 kein Untervektorraum von V_3 sein.

Auch für das zweite Axiom findet man schnell ein Gegenbeispiel, wenn man sich für $A, B \in U_3$ die Rechnung

$$(A+B)^2 = A^2 + AB + BA + B^2 = A + AB + BA + B \neq A + B$$

für $AB + BA \neq 0$ anschaut (man wähle z. B. $A = B = \begin{pmatrix} 1 & 0 \\ 0 & 1 \end{pmatrix}$). Beachte aber, dass das erste Axiom auf jeden Fall erfüllt ist.

Erklärung

Zur Definition 17.3 der Linearkombination: Für diese Definition beschränken wir uns auf ein Beispiel:

▶ **Beispiel 174** Seien $v_1 = (1, 2, 3)^T$ und $v_2 = (1, 1, 1)^T$ gegeben. Jetzt lässt sich zum Beispiel der Vektor $v = (1, 1, 1)^T$ als Linearkombination von v_1 und v_2 schreiben, denn $v = v_2$, also $\lambda_1 = 0$, $\lambda_2 = 1$. Auch $w = (2, 3, 4)^T$ ist die Linearkombination von v_1 und v_2. Der Vektor $(1, 0, 1)^T$ jedoch nicht. Man rechnet dieses ganz leicht aus, indem man das entsprechende Gleichungssystem aufstellt und auf Lösbarkeit untersucht. In unserem Beispiel hatten wir also einerseits

$$(1, 1, 1)^T = \lambda_1(1, 2, 3)^T + \lambda_2(1, 1, 1)^T$$

und anderseits

$$(1, 0, 1)^T = \lambda_1(1, 2, 3)^T + \lambda_2(1, 1, 1)^T$$

zu lösen. Dies liefert einerseits

$$\begin{pmatrix} \lambda_1 + \lambda_2 \\ 2\lambda_1 + \lambda_2 \\ 3\lambda_1 + \lambda_2 \end{pmatrix} = \begin{pmatrix} 1 \\ 1 \\ 1 \end{pmatrix}$$

und anderseits

$$\begin{pmatrix} \lambda_1 + \lambda_2 \\ 2\lambda_1 + \lambda_2 \\ 3\lambda_1 + \lambda_2 \end{pmatrix} = \begin{pmatrix} 1 \\ 0 \\ 1 \end{pmatrix}.$$

Das Bestimmen der Lösungsmenge dieser Gleichungssysteme überlassen wir euch als einfache Übungsaufgabe. ∎

Erklärung

Zur Definition 17.4 des Spans/Erzeugnisses: Zu dieser Definition ist nicht viel zu sagen, denn der Span ist einfach die Menge aller möglichen Linearkombinationen. Man nennt den Span auch gerne *lineare Hülle*.

▶ **Beispiel 175** Wir betrachten die folgenden drei Teilmengen des $\mathbb{R}^4$ und fragen uns, welche dieselbe lineare Hülle, also denselben Span besitzen:

$$S_1 = \left\{ (1,1,2,-2)^T, (-2,-2,-5,6)^T, (2,2,4,-5)^T \right\},$$
$$S_2 = \left\{ (3,3,-1,-2)^T, (2,2,1,-2)^T, (2,2,-1,-1)^T \right\},$$
$$S_3 = \left\{ (1,2,2,-2)^T, (-2,-4,-5,6)^T, (2,4,4,-5)^T \right\}.$$

Die Matrix A_i enthalte die Vektoren aus S_i in den Zeilen (mit $i = 1, 2, 3$), etwa

$$A_1 = \begin{pmatrix} 1 & 1 & 2 & -2 \\ -2 & -2 & -5 & 6 \\ 2 & 2 & 4 & -5 \end{pmatrix}.$$

Für die invertierbare Matrix

$$X = \begin{pmatrix} -3 & 7 & 10 \\ 0 & 3 & 4 \\ -2 & 5 & 7 \end{pmatrix}$$

gilt $X \cdot A_1 = A_2$, wie man leicht nachrechnet. Daraus folgt aber $S_2 \subset \mathrm{span}(S_1)$, und somit $\mathrm{span}(S_2) \subset \mathrm{span}(S_1)$. Symmetrisch hierzu erhalten wir aus $A_1 = X^{-1} \cdot A_2$ die Beziehung $\mathrm{span}(S_1) \subset \mathrm{span}(S_2)$. Damit stimmen die linearen Hüllen von S_1 und S_2 überein.

Die Frage ist, wie wir auf die Matrix X kommen. Das ist gar nicht so leicht, denn man kann quasi hoffen, dass eine Matrix X existiert, so dass $X \cdot A_1 = A_2$ gilt. Man kann dies also erst einmal annehmen und diese Matrix versuchen, zu berechnen.

Wenn diese existiert, dann hat man so gut wie gekommen, denn dann kann etwas über den Span ausgesagt werden, wie oben getan.

Weiter geht es: Da es aber keine reellen Zahlen $\lambda_1, \lambda_2, \lambda_3 \in \mathbb{R}$ gibt mit

$$
\begin{pmatrix} \lambda_1 & \lambda_2 & \lambda_3 \end{pmatrix} \cdot \begin{pmatrix} 1 & 1 & 2 & -2 \\ -2 & -2 & -5 & 6 \\ 2 & 2 & 4 & -5 \end{pmatrix} = \begin{pmatrix} 1 & 2 & 2 & -2 \end{pmatrix},
$$

gilt $(1, 2, 2, -2)^T \notin \mathrm{span}(S_1)$ und die linearen Hüllen von S_1 und S_3 sind verschieden. ∎

Erklärung

Zur Definition 17.5 der linearen Unabhängigkeit: Will man durch eine Linearkombination (denn nichts anderes ist $\sum_{i=1}^{k} \lambda_i v_i$ ja) den Nullvektor erzeugen, so geht das, wenn $(v_1, \ldots, v_k)$ linear unabhängig ist, nur auf eine Weise, nämlich wenn alle Koeffizienten λ_i Null sind. Dass dieses auf die Weise immer geht, sollte man sich klar machen. Aber wenn $(v_1, \ldots, v_k)$ linear unabhängig ist, geht es eben *nur* auf diese Weise. Dies ist eine übliche Fehlerquelle. Eine solche Linearkombination für die 0, also mit $\lambda_i = 0 \ \forall \ i$ nennt man *trivial*.

Betrachten wir hierzu zwei Beispiele.

▶ **Beispiel 176**

- Für einen beliebigen Körper K betrachten wir den Standardvektorraum K^n und die n Einheitsvektoren

$$
v_1 = \begin{pmatrix} 1 \\ 0 \\ \vdots \\ 0 \end{pmatrix}, \quad v_2 = \begin{pmatrix} 0 \\ 1 \\ \vdots \\ 0 \end{pmatrix}, \quad \ldots, \quad v_n = \begin{pmatrix} 0 \\ 0 \\ \vdots \\ 1 \end{pmatrix},
$$

wobei die 1 jeweils an der i-ten Stelle von v_i steht. Wie man leicht sieht, sind $v_1, \ldots, v_n$ linear unabhängig.

- Wir betrachten den Vektorraum der Polynomfunktionen vom Grad $\leq n$, also $\mathbb{R}[x]_{\leq n}$. Wir behaupten, dass die Vektoren $p_0, \ldots, p_n$ mit $p_i(x) := x^i$ linear unabhängig sind. Wir müssen also zeigen, dass aus

$$
\sum \lambda_i p_i = 0 \in \mathbb{R}[x]_{\leq n}
$$

folgt, dass $\lambda_i = 0$. Die obige Gleichung bedeutet aber gerade $\sum \lambda_i p_i(x) = 0$ für alle x. Und genau dies nutzen wir jetzt aus, indem wir geschickt gewählte x einsetzen. Wählen wir $x = 0$, so erhalten wir sofort $\lambda_0 = 0$ und damit

$$
\lambda_1 x + \lambda_2 x^2 + \cdots + \lambda_n x^n = 0 \tag{17.1}
$$

was wiederum für alle x erfüllt sein muss, also auch fürr $x \neq 0$. Damit dürfen wir durch x teilen und erhalten

$$\lambda_1 + \lambda_2 x + \cdots + \lambda_n x^{n-1} = 0.$$

Dies muss nun aber auch wieder für $x = 0$ gelten und wir erhalten $\lambda_1 = 0$. Führen wir dies weiter, so erhalten wir nacheinander $\lambda_i = 0$ für alle i, also sind die Vektoren p_i linear unabhängig. ∎

Erklärung

Zur Definition 17.6 des Erzeugendensystems: Lässt sich jedes Element eines Vektorraums V als Linearkombination von Vektoren darstellen, so nennt man diese Vektoren nun ein Erzeugendensystem. Ganz wichtig ist hier, dass die Menge I unendlich sein kann, für die Darstellung eines bestimmten Vektors dafür aber nur eine endlche Teilmenge $J \subset I$ benutzt werden darf. Beispiele für Erzeugendensysteme werden wir gleich bei der Erklärung zum Basisbegriff sehen.

Erklärung

Zur Definition 17.7 der Basis: Die Basis eines Vektorraums ist eine angenehme Menge aus Vektoren, also aus Elementen des Vektorraums. Denn man kann zum Beispiel beweisen, dass sich jeder Vektor $v \in V$ auf genau eine Weise als Linearkombination von Vektoren aus der Basis darstellen lässt. Das Wichtigste ist aber, dass sich wirklich *jeder* Vektor mithilfe der Basiselemente *eindeutig* erzeugen und darstellen lässt. Es kann uns also nicht passieren, dass es einen Vektor aus dem Vektorraum gibt, den wir nicht mittels dieser Basisvektoren erzeugen können. Erzeugen heißt dabei als endliche Linearkombination darzustellen.

Eine Basis ist eine Menge von Vektoren (seien es nun Vektoren im herkömmlichen Sinne, Funktionen, Matrizen oder ähnliches – wir kommen in den Beispielen nochmals darauf zurück), mit denen ihr jeden Vektor aus dem Vektorraum erzeugen könnt. Das ist Eigenschaft (B2) aus Definition 17.7. Dies würde aber schon ein Erzeugendensystem eines Vektorraums leisten.

Eine Basis hat aber noch eine weitere Eigenschaft: Alle Vektoren aus der Basis sind linear unabhängig, das ist gerade (B1) der Definition 17.7. Wenn euch auf eurem Übungsblatt also einmal die Aufgabe begegnen sollte, und das wird es bestimmt, dass ihr untersuchen sollt, ob eine gegebene Menge an Vektoren eine Basis eines bestimmten Vektorraums bildet, dann müsst ihr immer zwei Dinge tun:

1. Zunächst zeigt ihr, dass die Vektoren linear unabhängig sind und
2. dass man jeden beliebigen Vektor mittels der Basiselemente als Linearkombination darstellen kann.

Wie das im Detail funktioniert, schauen wir uns gleich an. Es ist nun aber höchste Zeit für die ersten Beispiele einer Basis.

▶ **Beispiel 177**

- Der Standardvektorraum K^n besitzt die Basis $(e_1, e_2, \ldots, e_n)$, wobei e_i die Standardvektoren

$$e_i = (0, 0, \ldots, 0, 1, 0, \ldots, 0)^T$$

bezeichnen, bei denen an der i-ten Stelle eine 1 und sonst nur Nullen stehen und alle Vektoren genau n Einträge besitzen.

- Wem das obige Beispiel zu schwer ist, stelle sich einfach den Vektorraum $\mathbb{R}^3$ vor. Hier ist also $K = \mathbb{R}$ und $n = 3$. Der Vektorraum besteht also aus allen Vektoren, die drei Komponenteneinträge besitzen, also beispielsweise aus dem Vektor $v = (1, 1, 7)^T$. Eine Basis zu finden, ist hier sehr leicht. Die Basis besteht gerade aus den drei Standardvektoren $e_1 = (1, 0, 0)^T$, $e_2 = (0, 1, 0)^T$ und $e_3 = (0, 0, 1)^T$. Dies müssen wir nun aber noch nachweisen: Man sieht sofort, dass die Vektoren e_1, e_2, e_3 linear unabhängig sind. Es bleibt nur noch zu zeigen, dass sich ein beliebiger Vektor $(a, b, c)^T$ als Linearkombination der Basiselemente darstellen lässt. Hierbei seien $a, b, c \in \mathbb{R}$ beliebig. Dies sieht man so:

$$\begin{pmatrix} a \\ b \\ c \end{pmatrix} = a \cdot \begin{pmatrix} 1 \\ 0 \\ 0 \end{pmatrix} + b \cdot \begin{pmatrix} 0 \\ 1 \\ 0 \end{pmatrix} + c \cdot \begin{pmatrix} 0 \\ 0 \\ 1 \end{pmatrix}.$$

Also bilden die drei Standardvektoren tatsächlich eine Basis. Die Dimension eines Vektorraums ist gerade die Anzahl der Basiselemente, in diesem Fall gilt also $\dim \mathbb{R}^3 = 3$. Genau aus diesem Grund steht auch die 3 als Exponent an dem $\mathbb{R}$. An dieser Stelle möchten wir noch anmerken, dass ein Vektorraum im Allgemeinen unendlich viele Basen besitzt. Denn auch mit der Basis B' aus den Vektoren $v_1 = (2, 0, 0)^T$, $v_2 = (0, 3, 0)^T$ und $v_3 = (0, 0, 17)^T$ kann man jeden beliebigen Vektor $(a, b, c)^T$ durch

$$\begin{pmatrix} a \\ b \\ c \end{pmatrix} = \frac{a}{2} \cdot \begin{pmatrix} 2 \\ 0 \\ 0 \end{pmatrix} + \frac{b}{3} \cdot \begin{pmatrix} 0 \\ 3 \\ 0 \end{pmatrix} + \frac{c}{17} \cdot \begin{pmatrix} 0 \\ 0 \\ 17 \end{pmatrix}$$

erzeugen. Und die Menge der Vektoren (v_1, v_2, v_3) ist ebenfalls linear unabhängig. Wir können also keinesfalls von *der* Basis eines Vektorraums sprechen, es gibt hier unendlich viele, denn jeden Vektor können wir ja auch beliebig vervielfachen, das heißt mit einem Skalar multiplizieren.

- Als nächstes Beispiel betrachten wir den Vektorraum V aller Polynomfunktionen vom Grad $\leq n$, das heißt, die Elemente dieses Vektorraums sind nun Polynome und haben die Form $f(x) = a_n \cdot x^n + a_{n-1} \cdot x^{n-1} + \ldots + a_1 \cdot x + a_0$. Beispielsweise liegt das Polynom $f(x) = x^2 + 2x + 3$ in diesem Vektorraum für $n \geq 2$. Mit etwas Erfahrung springt einem eine Basis des Vektorraums V sofort ins Auge: Wir nehmen einfach alle Monome, das heißt die Menge

$$\mathcal{B}_V := \{1, x, x^2, \ldots, x^n\}.$$

Im Abschnitt über die lineare Unabhängigkeit von Vektoren hatten wir gezeigt (siehe Beispiel 176), dass diese Vektoren linear unabhängig sind. Wir müssen uns also nur noch überlegen, wieso man wirklich *jede* Polynomfunktion als Linearkombination der Basiselemente aus $\mathcal{B}_V$ erzeugen kann. Hier gehen wir genauso vor, wie wir dies im obigen Beispiel getan haben. Ein kleiner Unterschied, der etwas Abstraktionsvermögen erfordert, ist nun, dass wir keinen Vektor im „herkömmlichen" Sinne haben, sondern eine Polynomfunktion. Nehmen wir uns also eine beliebige Polynomfunktion $f(x) = a_n \cdot x^n + a_{n-1} \cdot x^{n-1} + \ldots + a_1 \cdot x + a_0$, dann steht es doch schon da! Denn die Polynomfunktionen sind doch gerade so gebaut, dass sie Linearkombinationen der Monome sind. Wir sind fertig und haben gezeigt, dass $\mathcal{B}_V$ eine Basis von V ist, wobei jetzt $\dim(V) = n + 1$ ist, denn $\mathcal{B}_V$ besitzt $n + 1$ Elemente. ∎

Zum Abschluss unserer Untersuchungen zur Basis möchten wir noch exemplarisch an verschiedenen Beispielen aufzeigen, wie man gegebene Vektoren eines Vektorraums auf Basiseigenschaft untersucht.

▶ **Beispiel 178**

- Bilden die Vektoren $v_1 := (0, 2, 1)^T$, $v_2 := (1, 2, 0)^T$ und $v_3 = (2, 0, 1)^T$ eine Basis des Vektorraums $V = \mathbb{R}^3$? Wir prüfen auf lineare Unabhängigkeit. Zeigen also, dass sich der Nullvektor mithilfe dieser Vektoren nur mithilfe der trivialen Lösung darstellen lässt. Dazu seien $\lambda_1, \lambda_2, \lambda_3 \in \mathbb{R}$ mit

$$\lambda_1 \cdot \begin{pmatrix} 0 \\ 2 \\ 1 \end{pmatrix} + \lambda_2 \cdot \begin{pmatrix} 1 \\ 2 \\ 0 \end{pmatrix} + \lambda_3 \cdot \begin{pmatrix} 2 \\ 0 \\ 1 \end{pmatrix} = 0.$$

Überführen in Matrixschreibweise und Lösen des homogenen linearen Gleichungssystems $Ax = 0$ mit $x = (\lambda_1, \lambda_2, \lambda_3)^T$ liefert:

$$\begin{pmatrix} 0 & 1 & 2 \\ 2 & 2 & 0 \\ 1 & 0 & 1 \end{pmatrix} \rightsquigarrow \begin{pmatrix} 0 & 1 & 2 \\ 2 & 2 & 0 \\ 0 & 2 & -2 \end{pmatrix} \rightsquigarrow \begin{pmatrix} 0 & 1 & 2 \\ 2 & 2 & 0 \\ 0 & 0 & -6 \end{pmatrix}$$

Dies ergibt $\lambda_1 = \lambda_2 = \lambda_3 = 0$. Aus Dimensionsgründen bilden die Vektoren v_1, v_2, v_3 also eine Basis.

- Im Beispiel 172 für Vektorräume hatten wir schon gesehen, dass es sehr viele unterschiedliche Vektorräume gibt. Es wäre doch jetzt langweilig, immer diesen Standardvektorraum $\mathbb{R}^3$ zu betrachten. Deshalb hier mal etwas anderes: Wir betrachten den Vektorraum aller (2×2)-Matrizen über $\mathbb{R}$, den wir mit $\mathcal{M}_{2,2}(\mathbb{R})$ bezeichnen. Bilden die Matrizen

$$A := \begin{pmatrix} 3 & 6 \\ 3 & -6 \end{pmatrix}, \; B := \begin{pmatrix} 0 & -1 \\ -1 & 0 \end{pmatrix}, \; C := \begin{pmatrix} 0 & -8 \\ -12 & -4 \end{pmatrix}, \; D := \begin{pmatrix} 1 & 0 \\ -1 & 2 \end{pmatrix}$$

eine Basis von $M_{2,2}(\mathbb{R})$? Dies sieht schon netter aus, oder? Wie überprüfen wir nun aber vier Matrizen auf lineare Unabhängigkeit? Das Schöne an der Mathematik ist, dass alle Definitionen sehr allgemein gehalten sind. Erinnern wir uns an die Definition der linearen Unabhängigkeit von Vektoren, so ist dort nur von Vektoren als Elemente eines Vektorraums die Rede. Daher müssen wir zeigen, dass die Nullmatrix nur mit Hilfe der trivialen Lösung erzeugt werden kann. Genauer bedeutet das: Aus

$$\lambda_1 \cdot A + \lambda_2 \cdot B + \lambda_3 \cdot C + \lambda_4 \cdot D = 0,$$

(wobei wir mit 0 natürlich die Nullmatrix meinen) muss $\lambda_i = 0$ folgen.

$$\lambda_1 \cdot \begin{pmatrix} 3 & 6 \\ 3 & -6 \end{pmatrix} + \lambda_2 \cdot \begin{pmatrix} 0 & -1 \\ -1 & 0 \end{pmatrix} + \lambda_3 \cdot \begin{pmatrix} 0 & -8 \\ -12 & -4 \end{pmatrix} + \lambda_4 \cdot \begin{pmatrix} 1 & 0 \\ -1 & 2 \end{pmatrix} = \begin{pmatrix} 0 & 0 \\ 0 & 0 \end{pmatrix}$$

Die linke Seite können wir mittels Matrizenrechnung zu

$$\begin{pmatrix} 3\lambda_1 + \lambda_4 & 6\lambda_1 - \lambda_2 - 8\lambda_3 \\ 3\lambda_1 - \lambda_2 - 12\lambda_3 - \lambda_4 & -6\lambda_1 - 4\lambda_3 + 2\lambda_4 \end{pmatrix}$$

ausrechnen. Jeder Eintrag dieser Matrix muss nun Null werden. Dies liefert ein lineares Gleichungssystem mit vier Unbekannten und vier Gleichungen. Wir überführen dies in Matrixschreibweise und lösen mit dem Gauß-Algorithmus:

$$\begin{pmatrix} 3 & 0 & 0 & 1 \\ 6 & -1 & -8 & 0 \\ 3 & -1 & -12 & -1 \\ -6 & 0 & -4 & 2 \end{pmatrix} \rightsquigarrow \begin{pmatrix} 3 & 0 & 0 & 1 \\ 0 & -1 & -8 & -2 \\ 0 & -1 & -12 & -2 \\ 0 & 0 & -4 & 4 \end{pmatrix}$$

$$\rightsquigarrow \begin{pmatrix} 3 & 0 & 0 & 1 \\ 0 & -1 & -8 & -2 \\ 0 & 0 & -4 & 0 \\ 0 & 0 & -4 & 4 \end{pmatrix} \rightsquigarrow \begin{pmatrix} 3 & 0 & 0 & 1 \\ 0 & -1 & -8 & -2 \\ 0 & 0 & -4 & 4 \\ 0 & 0 & 0 & 4 \end{pmatrix}.$$

Also ist $\lambda_1 = \lambda_2 = \lambda_3 = \lambda_4 = 0$. Damit folgt die lineare Unabhängigkeit.
Die obigen vier Matrizen bilden daher tatsächlich eine Basis des Vektorraums $\mathcal{M}_{2,2}(\mathbb{R})$.
Anmerkung: Allgemein gilt: $\dim \mathcal{M}_{m,n}(\mathbb{R}) = m \cdot n$.

- Und noch ein letztes Beispiel in unserem Lieblingsvektorraum, dem Vektorraum aller Polynomfunktionen, dieses Mal vom Grad ≤ 2. Der Vektorraum besitzt also Dimension drei, denn eine Basis besteht aus den Monomen $1, x, x^2$. Wir betrachten die drei Polynome $f_1 := 1 - 3x + 2x^2$, $f_2 := 1 + x + 4x^2$ und $f_3 := 1 - 7x$. Sind diese linear unabhängig? Wir bestimmen wieder $\lambda_1, \lambda_2, \lambda_3 \in \mathbb{R}$, sodass $\lambda_1 \cdot f_1 + \lambda_2 \cdot f_2 + \lambda_3 \cdot f_3 = 0$, wobei wir mit 0 das Nullpolynom meinen.

$$\lambda_1 \cdot (1 - 3x + 2x^2) + \lambda_2 \cdot (1 + x + 4x^2) + \lambda_3 \cdot (1 - 7x) = 0$$

$$\Leftrightarrow \lambda_1 - 3\lambda_1 x + 2\lambda_1 x^2 + \lambda_2 + \lambda_2 x + 4\lambda_2 x^2 + \lambda_3 - 7\lambda_3 x = 0$$

$$\Leftrightarrow (2\lambda_1 + 4\lambda_2)x^2 + (-3\lambda_1 + \lambda_2 - 7\lambda_3)x + (\lambda_1 + \lambda_2 + \lambda_3) = 0$$

Dies führt uns wieder auf ein Gleichungssystem mit $2\lambda_1 + 4\lambda_2 = 0$, $-3\lambda_1 + \lambda_2 - 7\lambda_3 = 0$ und $\lambda_1 + \lambda_2 + \lambda_3 = 0$. Wir überführen es wieder wie gewohnt in Matrixschreibweise und wenden den Gauß-Algorithmus an:

$$\begin{pmatrix} 2 & 4 & 0 \\ -3 & 1 & -7 \\ 1 & 1 & 1 \end{pmatrix} \rightsquigarrow \begin{pmatrix} 2 & 4 & 0 \\ 0 & 14 & -14 \\ 0 & 2 & -2 \end{pmatrix} \rightsquigarrow \begin{pmatrix} 2 & 4 & 0 \\ 0 & 1 & -1 \\ 0 & 0 & 0 \end{pmatrix}$$

Ups! Was ist jetzt passiert? Die Nullzeile verrät uns, dass die Vektoren, sprich die Polynomfunktionen, linear abhängig sind. Daher bildet (f_1, f_2, f_3) keine Basis des Vektorraums der Polynomfunktionen vom Grad kleiner gleich 2. ∎

Erklärung

Zur Definition 17.8 der Dimension: Haben wir nun eine Basis gegeben, so definieren wir die Dimension des Vektorraums einfach als die Anzahl der Basiselemente, falls diese endlich ist. Dass diese Größe überhaupt wohldefiniert ist, zeigt uns Satz 17.8. Andernfalls ist die Dimension als ∞ definiert.

17.4 Erklärungen zu den Sätzen und Beweisen

Erklärung

Zum Satz 17.1 über die Äquivalenzen zur Basiseigenschaft: Die Eigenschaft 4 von Satz 17.1 bedeutet, dass die Basis so mit sich zufrieden ist, wie sie ist. Das heißt, fügen wir einen weiteren Vektor hinzu, so wird das neue System mit $n + 1$ automatisch linear abhängig und ist nicht mehr linear unabhängig, wie wir dies aber von einer Basis fordern. Die Eigenschaft 2 sagt aus, dass jeder Vektor gebraucht wird! Lassen wir auch nur einen Vektor aus der Basis weg, so bildet dieses neue System an $n - 1$ Vektoren kein Erzeugendensystem mehr, das heißt, es gibt Vektoren aus dem Vektorraum V, die sich nicht mehr erzeugen lassen.

Kurz gesagt: Lasst die Basis erst einmal so, wie sie ist. Mischt euch da nicht ein, das könnte sich rächen :-).

Schauen wir uns dazu ein paar Beispiele an.

▶ **Beispiel 179**

• Sei $V = \mathbb{R}^2$. Die Vektoren

$$\begin{pmatrix} 1 \\ 7 \end{pmatrix}, \quad \begin{pmatrix} 3 \\ 1 \end{pmatrix}, \quad \begin{pmatrix} 7 \\ 9 \end{pmatrix}$$

bilden keine Basis von V. Wir brauchen uns gar nicht die Mühe machen und zum Beispiel zeigen, dass die Vektoren aus $\mathbb{R}^2$ nicht linear unabhängig sind. Jemand möchte uns hier drei Vektoren als Basis eines Vektorraums der Dimension 2 unterjubeln. Darauf fallen wir aber natürlich nicht rein, denn eine Basis ist, wie wir eben gesehen haben, maximal linear unabhängig. Ein zusätzlich dritter Vektor zerstört die lineare Unabhängigkeit.

• Die Vektoren

$$\begin{pmatrix} 1 \\ 7 \\ 1 \end{pmatrix}, \quad \begin{pmatrix} 4 \\ 1 \\ 4 \end{pmatrix}$$

bilden keine Basis des Vektorraums $V = \mathbb{R}^3$, denn wir wissen, dass eine Basis ein minimales Erzeugendensystem ist, und dass $\dim \mathbb{R}^3 = 3$. Uns fehlt also ein Vektor. ∎

Dennoch ist noch nicht alles verloren, wenn wir zu viele Vektoren oder zu wenige Vektoren haben. Dies sagen uns die Sätze 17.2 und 17.3, die wir jetzt erklären.

Erklärung

Zum Basisauswahlsatz (Satz 17.2): Der Beweis dieses Satzes ist einfach:

In dem Erzeugendensystem sind endlich viele Vektoren, also kann man einfach so lange Vektoren wegnehmen, bis das Erzeugendensystem unverkürzbar ist und nach Satz 17.1 haben wir dann eine Basis gefunden.

Diese Aussage vollziehen wir an einem Beispiel nach:

▶ **Beispiel 180** Im Beispiel 179, erster Unterpunkt, waren die Vektoren $v_1 := (1, 7)^T, v_2 := (3, 1)^T, v_3 := (7, 9)^T$ gegeben. Wir können versuchen, aus diesen drei Vektoren zwei Vektoren auszuwählen, die eine Basis von $V = \mathbb{R}^2$ bilden. Wir wenden also den Basisauswahlsatz an! Versuchen wir es gleich mit den beiden ersten v_1 und v_2. Wir müssen überprüfen, ob diese Vektoren linear unabhängig sind. Dies sieht man aber hier sofort auf einem Blick, denn der eine Vektor ist kein Vielfaches des anderen. Aus Dimensionsgründen müssen diese beiden Vektoren schon eine Basis von V bilden, denn es ist ja $\dim \mathbb{R}^2 = 2$. ∎

Daher *müssen* zwei linear unabhängige Vektoren schon eine Basis sein. Dies ist übrigens ein kleiner *Geheimtipp:* Überprüft ein System von Vektoren zunächst auf lineare Unabhängigkeit und überlegt euch dann die Dimension des Vektorraums. Wenn ein Vektorraum die Dimension n besitzt und ihr n linear unabhängige Vektoren gegeben habt, dann seid ihr fertig und müsst nicht noch zeigen, dass diese n

Vektoren auch ein Erzeugendensystem bilden, dass sich also jeder Vektor als Linearkombination daraus darstellen lässt.

Erklärung

Zum Satz 17.3 über Basen von endlich erzeugten Vektorräumen: Dieser Satz folgt jetzt direkt aus dem vorherigen:

Jeder endlich erzeugte Vektorraum hat ein endliches Erzeugendensystem, und aus diesem kann man laut Satz 17.2 eine Basis auswählen.

Erklärung

Zum Satz 17.4 über Basen von Vektorräumen: Dieser Satz ist noch wichtiger als der vorherige, da er auch den Fall von unendlich erzeugten Vektorräumen umfasst. Deswegen ist dieser Satz aber auch um einiges schwerer zu beweisen, weshalb wir hier auf einen Beweis verzichten. Man schlage in [Bos08] oder [Fis08] nach. Merkt euch einfach nur, dass jeder Vektorraum eine Basis hat ;-).

Erklärung

Zum Austauschlemma und Austauschsatz (Satz 17.5 bis 17.6): Diese Sätze dienen als Vorbereitung für den nächsten Satz. Das Austauschlemma besagt: Wenn man eine Basis eines Vektorraumes und einen Vektor gegeben hat, so kann man einen Vektor aus der Basis mit diesem einzelnen Vektor austauschen, solange die Vektoren nicht linear abhängig sind. Genauer: Der neue, eingesetzte, Vektor darf linear abhängig zum alten, ausgetauschten, Vektor sein (das einfachste Beispiel wäre, wenn beide Vektoren identisch sind oder Vielfache voneinander). Dagegen muss der neue Vektor zu den restlichen Vektoren linear unabhängig sein (sonst würde sich keine Basis ergeben). Das wird genau durch die Bedingung gesichert, die an das v im Satz gestellt wird. Das solltet ihr euch mal klar machen.

Dieselbe Aussage gilt auch, wenn man eine Basis und mehrere linear unabhängige Vektoren gegeben hat. Dann gilt natürlich auch, dass die Anzahl der linear unabhängigen Vektoren geringer ist, als die Anzahl der Basisvektoren, da eine Basis unverlängerbar linear unabhängig ist.

Erklärung

Zum Basisergänzungssatz (Satz 17.7): Jetzt können wir einen ähnlichen Satz wie den Basisauswahlsatz (Satz 17.2) beweisen. Und zwar haben wir nun zu wenige Vektoren und wollen hieraus eine Basis erhalten. Wir wählen aus dem Erzeugendensystem eine Basis und tauschen dann mit den linear unabhängigen Vektoren aus.

Auch hierzu ein Beispiel:

▶ **Beispiel 181** In unserem zweiten Unterpunkt von Beispiel 179 hatten wir die Vektoren $w_1 := (1, 7, 1)^T$ und $w_2 := (4, 1, 4)^T$. Diese beiden Vektoren konnten noch keine Basis des Vektorraums $W := \mathbb{R}^3$ bilden, denn wir brauchen drei Stück. Nach dem Basisergänzungssatz (Satz 17.7) wissen wir, dass es auf jeden Fall möglich ist, (linear unabhängige) Vektoren zu einer Basis zu ergänzen. Wir müssen in unserem Fall noch einen Vektor hinzufügen. Aber welchen nehmen wir denn da bloß? Wir können doch nicht willkürlich und auf gut Glück einfach mal einen Vektor ausprobieren. Das kann ja ewig dauern bis wir Erfolg haben.

Ein „Verfahren", das auf jeden Fall funktioniert, ist einen Standardvektor zu ergänzen. Entweder $e_1 := (1, 0, 0)^T$, $e_2 := (0, 1, 0)^T$ oder $e_3 := (0, 0, 1)^T$ wird das obige System an Vektoren w_1 und w_2 ganz sicher zu einer Basis ergänzen. Hier bleibt uns erstmal nichts anderes übrig als alle drei Vektoren e_1, e_2, e_3 durchzuprobieren. Versuchen wir unser Glück gleich mit dem ersten Standardvektor e_1. Da die Dimension des Vektorraums $\mathbb{R}^3$ drei beträgt, reicht es zu zeigen, dass (w_1, w_2, e_1) linear unabhängig sind. Dies sieht man relativ einfach ein. Wir bestimmen $\lambda_1, \lambda_2, \lambda_3 \in \mathbb{R}$ mit $\lambda_1 \cdot e_1 + \lambda_2 \cdot w_1 + \lambda_3 \cdot w_2 = 0$. Überführen in ein Gleichungssystem und die Matrixschreibweise liefern:

$$\begin{pmatrix} 1 & 1 & 4 \\ 0 & 7 & 1 \\ 0 & 1 & 4 \end{pmatrix} \rightsquigarrow \begin{pmatrix} 1 & 1 & 4 \\ 0 & 7 & 1 \\ 0 & 0 & -27 \end{pmatrix}$$

und das wiederum $\lambda_1 = \lambda_2 = \lambda_3 = 0$ und damit die gewünschte lineare Unabhängigkeit. Aus Dimensionsgründen ist $\mathcal{B} := (w_1, w_2, e_1)$ auch ein Erzeugendensystem, und damit haben wir die Vektoren w_1, w_2 zu einer Basis ergänzt. ∎

▶ **Beispiel 182** Gegeben seien die Vektoren $v_1 = (1, -1, 2)^T$ und $v_2 = (2, 2, -4)^T$ im $\mathbb{R}^3$. Wir wollen (v_1, v_2) zu einer Basis $\mathcal{B} = (v_1, v_2, v_3)$ des $\mathbb{R}^3$ ergänzen.

Für v_3 wählen wir nacheinander die Einheitsvektoren. Rechnungen zeigen, dass e_1 zum Beispiel nicht funktioniert. Wenn wir diesen ergänzen, so ist das System linear abhängig. Also versuchen wir einfach mal den dritten Einheitsvektor e_3 zu (v_1, v_2) zu ergänzen. Wir überprüfen das System $B = (v_1, v_2, e_3)$ auf lineare Unabhängigkeit. Dazu seien $\lambda_1, \lambda_2, \lambda_3 \in \mathbb{R}$ mit

$$\lambda_1 \cdot e_3 + \lambda_2 \cdot v_1 + \lambda_3 \cdot v_2 = 0 \Leftrightarrow \lambda_1 \cdot \begin{pmatrix} 0 \\ 0 \\ 1 \end{pmatrix} + \lambda_2 \cdot \begin{pmatrix} 1 \\ -1 \\ 2 \end{pmatrix} + \lambda_3 \cdot \begin{pmatrix} 2 \\ 2 \\ -4 \end{pmatrix} = 0.$$

In Matrixschreibweise überführen und mit Gauß lösen:

$$\begin{pmatrix} 0 & 1 & 2 \\ 0 & -1 & 2 \\ 1 & 2 & -4 \end{pmatrix} \rightsquigarrow \begin{pmatrix} 1 & 2 & -4 \\ 0 & -1 & 2 \\ 0 & 1 & 2 \end{pmatrix} \rightsquigarrow \begin{pmatrix} 1 & 2 & -4 \\ 0 & -1 & 2 \\ 0 & 0 & 4 \end{pmatrix}.$$

Es ergibt sich also $\lambda_1 = \lambda_2 = \lambda_3 = 0$ und damit die lineare Unabhängigkeit der Vektoren. Aus Dimensionsgründen bildet

$$\mathcal{B} = \left\{ \begin{pmatrix} 1 \\ -1 \\ 2 \end{pmatrix}, \begin{pmatrix} 2 \\ 2 \\ -4 \end{pmatrix}, \begin{pmatrix} 0 \\ 0 \\ 1 \end{pmatrix} \right\}$$

auch ein Erzeugendensystem und damit wie gewünscht eine Basis von V. ∎

Zum Satz 17.8 über die Wohldefiniertheit der Dimension: Dieser Satz erlaubt uns nun eigentlich erst, die Dimension zu definieren, denn erst jetzt sehen wir, dass, wenn wir zwei endliche Basen eines Vektorraumes haben, diese die gleiche Anzahl an Elementen haben muss.

Wir wenden den Austauschsatz (Satz 17.6), genauer gesagt, den ersten Teil davon zweimal an, da man eine Basis auch als System von linear unabhängigen Vektoren auffassen kann. Dadurch erhält man $n \leq m$ und $m \leq n$, also insgesamt $m = n$.

Zum Satz 17.9 über die Eigenschaften von Untervektorräumen: Die ersten beiden Aussagen hier sind klar: Ist V endlich erzeugt, so können wir das Erzeugendensystem von V nehmen, und dies erzeugt dann auch U (zwar noch mehr, aber das ist erstmal egal). Und da U eine Teilmenge von V ist, kann die Dimension ja auch nicht höher sein. Sehr wichtig ist allerdings Teil 3:

Will man zwischen zwei Vektorräumen V und W Gleichheit nachweisen, so ist ein netter Trick zuerst zu zeigen, dass der eine in dem anderen enthalten ist, also $V \subset W$ und dann, dass die Dimension der beiden übereinstimmt. Somit ist dann Gleichheit gezeigt.

Lineare Abbildungen

18

Lineare Abbildungen sind in der linearen Algebra von besonderer Bedeutung, daher auch der Name. Wir werden sehen, dass wir uns aussuchen können, ob wir lieber mit linearen Abbildungen arbeiten oder mit Matrizen. Denn jede lineare Abbildung zwischen endlich-dimensionalen Vektorräumen kann durch eine Matrix dargestellt werden und umgekehrt.

18.1 Definitionen

Definition 18.1 (Lineare Abbildung)
Seien V und W zwei K-Vektorräume. Eine Abbildung $f : V \to W$ heißt **lineare Abbildung**, falls gilt:

(L1) $f(v + w) = f(v) + f(w) \; \forall v, w \in V$.
(L2) $f(\lambda \cdot v) = \lambda \cdot f(v) \; \forall \lambda \in K, \forall v \in V$.

Kürzer heißt das gerade $f(\lambda \cdot v + w) = \lambda \cdot f(v) + f(w) \quad \forall \lambda \in K, \forall v, w \in V$.

Definition 18.2 (Kern einer linearen Abbildung)
Seien V und W zwei Vektorräume und $f : V \to W$ eine lineare Abbildung zwischen diesen Vektorräumen, dann nennt man die Menge

$$\ker(f) := \{v \in V : f(v) = 0\}$$

den **Kern** der linearen Abbildung.

© Springer-Verlag GmbH Deutschland, ein Teil von Springer Nature 2018
F. Modler, M. Kreh, *Tutorium Analysis 1 und Lineare Algebra 1*,
https://doi.org/10.1007/978-3-662-56752-4_18

Definition 18.3 (Kern einer Matrix)
Sei A eine Matrix, dann bezeichnet die Menge

$$\ker(A) := \{v \in V : A \cdot v = 0\}$$

den **Kern** der Matrix.

Definition 18.4 (Bild einer linearen Abbildung)
Sei $f : V \to W$ eine lineare Abbildung zwischen zwei Vektorräumen V und W. Das **Bild** der linearen Abbildung ist die Menge der Vektoren aus W, die f tatsächlich annimmt. Wir schreiben $\mathrm{im}(f) := \{w \in W : \exists v \in V : f(v) = w\}$.

Definition 18.5 (Bild einer Matrix)
Das Bild einer Matrix A ist gleich dem Raum, der von den Spaltenvektoren aufgespannt wird. Wir schreiben $\mathrm{im}(A)$.

Definition 18.6 (Darstellungsmatrix)
Sei $f : V \to W$ eine K-lineare Abbildung zwischen zwei endlich-dimensionalen Vektorräumen V und W. Weiterhin seien $\mathcal{A} = (v_1, v_2, \ldots, v_n)$ eine Basis von V und $\mathcal{B} = (w_1, w_2, \ldots, w_m)$ eine Basis von W. Für $j = 1, 2, \ldots, n$ ist dann $f(v_j)$ ein Element aus W, besitzt also eine eindeutige Darstellung als Linearkombination der Basis $\mathcal{B}$. Wir schreiben die Koeffizienten dieser Linearkombination in die j-te Spalte einer Matrix $A \in M_{m,n}(K)$. Mit anderen Worten: $A = (a_{ij})$ ist bestimmt durch:

$$f(v_j) = \sum_{i=1}^{m} a_{ij} w_i \text{ mit } j = 1, 2, \ldots, n.$$

Die hierdurch definierte Matrix bezeichnen wir als **Darstellungsmatrix** und schreiben $M_{\mathcal{B}}^{\mathcal{A}}(f)$.

Definition 18.7 (Transformationsmatrix)
Sei V ein endlich-dimensionaler K-Vektorraum. Seien $\mathcal{A}$ und $\mathcal{B}$ Basen von V. Dann heißt $T_{\mathcal{B}}^{\mathcal{A}} := M_{\mathcal{B}}^{\mathcal{A}}(\mathrm{Id}_V)$ die **Transformationsmatrix** des Basiswechsels von $\mathcal{A}$ nach $\mathcal{B}$.

Anmerkung: Die Notation der Transformationsmatrizen ist in der Literatur leider sehr uneinheitlich. Ihr müsst euch schweren Herzens aber in diesem Buch an diese gewöhnen, wenn in der Vorlesung vielleicht auch eine andere Bezeichnung gewählt wird.

Definition 18.8 (Dualraum)

Sei V ein Vektorraum über einem Körper K. Die Menge aller linearen Abbildungen von V nach K bezeichnen wir als **Dualraum**. Wir schreiben diesen als $V^* := \{f : V \to K \,|\, f \text{ ist linear}\}$. Die Elemente nennen wir **Linearformen**.

Definition 18.9 (Duale Basis)

Sei V ein endlich-dimensionaler Vektorraum mit Basis $(v_1, v_2, \ldots, v_n)$. Dann ist $(v_1^*, v_2^*, \ldots, v_n^*)$ eine Basis von V^* mit

$$v_i^*(v_j) = \delta_{ij} = \begin{cases} 1, & \text{für } i = j \\ 0, & \text{für } i \neq j \end{cases}$$

Wir nennen diese die **duale Basis**.

18.2   Sätze und Beweise

Satz 18.1

Sei $f : V \to W$ eine lineare Abbildung zwischen den K-Vektorräumen V und W. f ist injektiv genau dann, wenn der Kern von f nur aus dem Nullvektor besteht.

Beweis:

„$\Rightarrow$": Sei f injektiv. Es folgt für jedes $v \in \ker(f)$, dass $f(v) = 0 = f(0)$ (denn 0 ist immer im Kern einer linearen Abbildung). Wegen der Injektivität ist also $v = 0$.

„$\Leftarrow$": Sei $\ker(f) = \{0\}$ und $f(v_1) = f(v_2)$ und damit $f(v_1 - v_2) = 0$. Also ist $v_1 - v_2 \in \ker(f) = \{0\}$. Es folgt also $v_1 = v_2$ und damit die Injektivität von f.   q.e.d.

Satz 18.2
Sei $f : V \to W$ eine lineare Abbildung zwischen K-Vektorräumen V und W. Dann ist $\mathrm{Im}(f)$ ein Untervektorraum von W und $\ker(f)$ ein Untervektorraum von V.

Beweis: Dies folgt sofort aus der Definition des Untervektorraums, siehe Definition 17.2 und die Erklärung zu diesem Satz.   q.e.d.

Satz 18.3
Seien V ein endlich-dimensionaler K-Vektorraum und $\mathcal{B}$ und $\mathcal{B}'$ zwei Basen von V, dann gilt für die Transformationsmatrizen

$$\left(T^{\mathcal{B}}_{\mathcal{B}'}\right)^{-1} = T^{\mathcal{B}'}_{\mathcal{B}}.$$

Satz 18.4
Sei V ein endlich-dimensionaler K-Vektorraum und $\mathcal{B}$, $\mathcal{B}'$ und $\mathcal{B}''$ Basen von V. Dann gilt

$$\left(T^{\mathcal{B}'}_{\mathcal{B}}\right)^{-1} = T^{\mathcal{B}''}_{\mathcal{B}'} \cdot T^{\mathcal{B}}_{\mathcal{B}''}.$$

Satz 18.5 (Basiswechselsatz)
Sei $f : V \to W$ eine lineare Abbildung zwischen endlich-dimensionalen K-Vektorräumen. Seien $\mathcal{A}$, $\mathcal{A}'$ Basen von V und $\mathcal{B}$, $\mathcal{B}'$ Basen von W. Dann gilt

$$M^{\mathcal{A}'}_{\mathcal{B}'}(f) = T^{\mathcal{B}}_{\mathcal{B}'} \cdot M^{A}_{B}(f) \cdot T^{\mathcal{A}'}_{\mathcal{A}}.$$

Satz 18.6 (Dualraum ist Vektorraum)
Mit folgenden Verknüpfungen wird der Dualraum V^* zu einem Vektorraum:

$$+ : V^* \times V^* \to V^*, (f + g)(x) := f(x) + g(x) \ \forall x \in V, f, g \in V^*$$
$$\cdot : K \times V^* \to V^*, (\alpha f)(x) := \alpha f(x) \ \forall x \in V, \ f \in V^*, \ \alpha \in K.$$

Satz 18.7 (Dimensionssatz, Kern-Bild-Satz)
Seien V und W zwei endlich-dimensionale Vektorräume und $f : V \to W$ eine lineare Abbildung. Dann gilt

$$\dim(V) = \dim \ker(f) + \dim \operatorname{im}(f).$$

Satz 18.8
Sei $f : V \to W$ eine injektive lineare Abbildung zwischen endlich-dimensionalen K-Vektorräumen V und W mit $\dim V = \dim W$, dann ist f auch surjektiv.

Beweis: Der Beweis folgt sofort aus dem Kern-Bild-Satz (Satz 18.7) und den beiden Äquivalenzen:

$$f \text{ ist injektiv} \Leftrightarrow \ker(f) = \{0\} \quad \text{(das ist der Satz 18.1)}$$
$$f \text{ ist surjektiv} \Leftrightarrow \operatorname{im}(f) = W \qquad\qquad \text{q.e.d.}$$

Satz 18.9 (Dimensionsformel)
Seien V_1, V_2 zwei Unterräume eines endlich-dimensionalen Vektorraums V, dann gilt

$$\dim(V_1 + V_2) = \dim V_1 + \dim V_2 - \dim(V_1 \cap V_2).$$

Anmerkung: Hierbei ist $V_1 + V_2 = \{v_1 + v_2 : v_1 \in V_1, v_2 \in V_2\}$.

Beweis: Dies folgt sofort aus dem Dimensionssatz (siehe Satz 18.7).   q.e.d.

18.3 Erklärungen zu den Definitionen

Erklärung

Zur Definition 18.1 der linearen Abbildung: In der Definition 18.1 einer linearen Abbildung haben wir zwei beliebige Vektorräume V und W und eine Abbildung dazwischen gegeben, die Vektoren aus V auf Vektoren aus W abbildet. Das ist noch nichts besonderes, sondern die Eigenschaften (L1) und (L2) aus Definition 18.1 machen diese Abbildung so besonders, sie wird dann „linear". Aber was sagen diese Eigenschaften aus?

(L1): Dies bedeutet gerade, dass es egal ist, ob wir erst zwei Vektoren $v, w \in V$ addieren und dann unter f abbilden oder ob wir jeden Vektor v und w erstmal einzeln mittels f abbilden und dann die Summe bilden.

(L2): Es ist egal, ob wir den Vektor $v \in V$ zuerst mit einem Körperelement, also zum Beispiel einer Zahl $\lambda \in K$ multiplizieren und dann das Ergebnis unter f abbilden, oder ob wir den Vektor $v \in V$ erst mit f abbilden und dann das Ergebnis mit $\lambda \in K$ multiplizieren. Dies ist gerade die Definition einer linearen Abbildung. Mehr steht da nicht :-).

Das Prinzip versteht man aber erst richtig, wenn man sich ein paar Beispiele angeschaut hat. Dazu wollen wir uns ein kleines Beispiels aus dem Alltag raus suchen:

Wer kennt nicht das leidige Thema: Flaschenpfand... Die Flachen sammeln sich mal wieder in der Abstellkammer (oder wo auch immer) und man muss mal wieder in den Supermarkt und seine Flaschen weg bringen, um das Pfandgeld zu erhalten. Ihr werdet es jetzt nicht glauben, aber salopp gesagt (und so ist das ganze Beispiel zu sehen), ist ein Flaschenautomat eine lineare Abbildung!

Ja, klingt lustig, ist aber so! Wieso? Nun ja... Die Menge V stellen wir uns einfach als die Menge der Flaschen vor, die wir in den Supermarkt getragen haben. Stecken wir eine Flasche in den Automaten, erhalten wir Geld, also unsere Menge W soll die Menge des Geldes sein. Okay, eigentlich erhalten wir erst einen Bon, aber wir nehmen mal an, dass unser Automat sofort Geld ausspuckt. Nun ist es egal, ob ihr eure zwei Flaschen nach einander reinsteckt und dann auf den Knopf drückt oder, ob ihr erst eine Flasche reinsteckt, auf den Knopf drückt, die andere Flasche reinsteckt und dann nochmals auf den Knopf drückt. In beiden Fällen erhaltet ihr 50 Cent... Und das ist genau die Bedingung (L1) aus der Definition 18.1 der linearen Abbildung.

Ebenso kann man sich die Bedingung (L2) verdeutlichen: Es ist egal, ob ihr erst zehn Flaschen nacheinander reinsteckt und dann auf den Knopf drückt, der das Geld ausgibt, oder ob ihr nach jeder Flasche das Geld verlangt. Wir hoffen, dass euch dieses witzige Beispiel ein wenig hilft, die linearen Abbildungen besser zu verstehen.

Jetzt aber zu „richtigen" Beispielen:

▶ **Beispiel 183**

- Sei $f : \mathbb{R}^2 \to \mathbb{R}^2$ eine Abbildung, die jedem Vektor $\vec{x} := (x, y)^T \in \mathbb{R}^2$ sein Spiegelbild an der y-Achse zuordnet. Das Bild $f(\vec{x})$ ist dann wieder ein Vektor. Bezeichnen wir die Komponenten dieses Vektors mit $f_1(\vec{x})$ und $f_2(\vec{x})$, so erhalten wir:

$$\begin{pmatrix} f_1(\vec{x}) \\ f_2(\vec{x}) \end{pmatrix} = \begin{pmatrix} f_1(x, y) \\ f_2(x, y) \end{pmatrix} = \begin{pmatrix} -x \\ y \end{pmatrix}.$$

Mittels Matrix-Vektormultiplikation können wir dies auch so formulieren:

$$\begin{pmatrix} f_1(x, y) \\ f_2(x, y) \end{pmatrix} = \begin{pmatrix} -1 & 0 \\ 0 & 1 \end{pmatrix} \begin{pmatrix} x \\ y \end{pmatrix}.$$

- Wir betrachten die Abbildung $f : \mathbb{R}^2 \to \mathbb{R}^2$, die einen Vektor $\vec{x}$ um den Winkel α dreht. Wir wollen nun eine Beschreibung für $f_1(x, y)$ und $f_2(x, y)$ herleiten. Dazu betrachten wir eine Drehung um den positiven Winkel α. Weiterhin sei β der Winkel zwischen dem Vektor $\vec{x}$ und der positiven x-Achse, und r soll die Länge des Vektors $\vec{x}$ bezeichnen.
  Mit geometrischen Überlegen erhalten wir dann sofort, dass $x = r \cdot \cos(\beta)$ und $y = r \cdot \sin(\beta)$ und damit:

$$f_1(x, y) = r \cdot \cos(\beta + \alpha), \qquad f_2(x, y) = r \cdot \sin(\beta + \alpha).$$

Anwenden der Additionstheoreme liefert:

$$f_1(x, y) = r \cdot \cos(\alpha) \cdot \cos(\beta) - r \cdot \sin(\alpha) \cdot \sin(\beta),$$
$$f_2(x, y) = r \cdot \sin(\alpha) \cdot \cos(\beta) + r \cdot \cos(\alpha) \cdot \sin(\beta).$$

Also gilt:

$$f_1(x, y) = \cos(\alpha) \cdot x - \sin(\alpha) \cdot y,$$
$$f_2(x, y) = \sin(\alpha) \cdot x + \cos(\alpha) \cdot y.$$

In Matrixschreibweise bedeutet das gerade:

$$\begin{pmatrix} f_1(x, y) \\ f_2(x, y) \end{pmatrix} = \begin{pmatrix} \cos(\alpha) & -\sin(\alpha) \\ \sin(\alpha) & \cos(\alpha) \end{pmatrix} \cdot \begin{pmatrix} x \\ y \end{pmatrix}.$$

Die Matrix

$$\begin{pmatrix} \cos(\alpha) & -\sin(\alpha) \\ \sin(\alpha) & \cos(\alpha) \end{pmatrix}$$

wird auch als *Drehmatrix* bezeichnet. Es sollte klar sein, wie der Name zu Stande kommt, denn wir haben diese ja gerade als Drehung hergeleitet.
- Wie sieht eine Drehung im Dreidimensionalen aus? Dazu betrachten wir eine Abbildung $f : \mathbb{R}^3 \to \mathbb{R}^3$, die eine Drehung um die x-Achse um den Winkel α darstellen soll. So wie eben leitet man leicht her, dass die Abbildung durch die folgende Vorschrift gegeben ist:

$$\begin{pmatrix} f_1(x, y, z) \\ f_2(x, y, z) \\ f_3(x, y, z) \end{pmatrix} = \begin{pmatrix} 1 & 0 & 0 \\ 0 & \cos(\alpha) & -\sin(\alpha) \\ 0 & \sin(\alpha) & \cos(\alpha) \end{pmatrix} \cdot \begin{pmatrix} x \\ y \\ z \end{pmatrix}.$$

- Dass lineare Abbildungen zwischen endlich-dimensionalen Vektorräumen auch als Matrizen realisiert werden können, haben wir in den ersten Beispielen gesehen und werden wir an den folgenden Beispielen ebenfalls noch erkennen. Wieso dies so ist, wollen wir uns noch einmal überlegen:

  Gegeben sei eine $(m \times n)$-Matrix

  $$\begin{pmatrix} a_{11} & a_{12} & \cdots & a_{1n} \\ a_{21} & a_{22} & \cdots & a_{2n} \\ \vdots & \vdots & \ddots & \vdots \\ a_{m1} & a_{m2} & \cdots & a_{mn} \end{pmatrix}.$$

  Diese soll über einem Körper K leben, das heißt $a_{ij} \in K$. Dieser Matrix können wir wie folgt eine Abbildung $f : K^n \to K^m$ zuordnen. Wir definieren

  $$f\left(\begin{pmatrix} x_1 \\ \vdots \\ x_n \end{pmatrix}\right) = \begin{pmatrix} a_{11}x_1 + \cdots + a_{1n}x_n \\ \vdots \\ a_{m1}x_1 + \cdots + a_{mn}x_n \end{pmatrix}.$$

  Anders formuliert bedeutet das gerade $f(x) = Ax$. Nach den Rechenregeln für Matrizen gilt:

  $$A(x + y) = Ax + Ay, \quad \text{und} \quad A(\lambda x) = \lambda(Ax).$$

  Demnach hat die Abbildung die Eigenschaften

  $$f(x + y) = f(x) + f(y), \; f(\lambda x) = \lambda f(x),$$

  und dies entspricht der Definition 18.1 einer linearen Abbildung.

- Sei $f_1 : \mathbb{R}^4 \to \mathbb{R}^4$ mit $f_1\left((x_1, x_2, x_3, x_4)^T\right) := (x_1 x_2, x_2 - x_1, x_3, x_4)^T$. Was macht diese Abbildung? Das f_1 schnappt sich einen Vektor $(x_1, x_2, x_3, x_4)^T$ und bildet einen neuen Vektor, nämlich $(x_1 x_2, x_2 - x_1, x_3, x_4)^T$. f_1 ist also eine Art „Maschine", die neue Vektoren produziert. Wir stecken einen Vektor rein und bekommen einen anderen Vektor heraus. Dabei sollen für eine lineare Abbildung aber gewisse Regeln erfüllt sein.

  Ist f_1 nun eine lineare Abbildung? Wenn man keinen Plan hat, sollte man die obigen Eigenschaften in der Definition einer linearen Abbildung zunächst einmal an bestimmten Vektoren nachprüfen. Seien die Vektoren $v := (1, 2, 3, 4)^T$ und $w := (-7, 8, 9, 11)^T$ gegeben. Dann gelten:

  $$\begin{aligned} f_1(v + w) &= f_1\left((1, 2, 3, 4)^T + (-7, 8, 9, 11)^T\right) = f_1\left((-6, 10, 12, 15)^T\right) \\ &= (-6 \cdot 10, 10 - (-6), 12, 15)^T = (-60, 16, 12, 15)^T. \end{aligned}$$

  $$\begin{aligned} f_1(v) + f_1(w) &= f_1\left((1, 2, 3, 4)^T\right) + f_1\left((-7, 8, 9, 11)^T\right) \\ &= (1 \cdot 2, 2 - 1, 3, 4)^T + (-7 \cdot 8, 8 - (-7), 9, 11)^T \\ &= (-54, 16, 12, 15)^T. \end{aligned}$$

Es ist $(-54, 16, 12, 15)^T \neq (-60, 16, 12, 15)^T$. Die erste Komponente stimmt nicht überein. Damit ist f_1 keine lineare Abbildung, denn wir haben ein Gegenbeispiel angegeben, für das (L1) nicht gilt.

- Wir betrachten $f_2 : \mathbb{R}^4 \to \mathbb{R}^4$ mit

$$(x_1, x_2, x_3, x_4)^T \mapsto (x_1 + x_2 + x_4, 2x_4, 3x_4, 4x_1 + 5x_2 + x_3 + x_4)^T.$$

Die lineare Abbildung können wir mittels einer Matrix darstellen. Erinnern wir uns an die Matrix-Vektormultiplikation, so können wir die obige lineare Abbildung f_2 auch so schreiben:

$$\begin{pmatrix} x_1 \\ x_2 \\ x_3 \\ x_4 \end{pmatrix} \mapsto \begin{pmatrix} 1 & 1 & 0 & 1 \\ 0 & 0 & 0 & 2 \\ 0 & 0 & 0 & 3 \\ 4 & 5 & 1 & 1 \end{pmatrix} \cdot \begin{pmatrix} x_1 \\ x_2 \\ x_3 \\ x_4 \end{pmatrix}.$$

Wir wissen aber, dass in einem Körper die Abbildung

$$f : K^n \to K^n, \ x \mapsto A \cdot x,$$

wobei A eine Matrix ist, linear ist, denn es gilt: $A \cdot (x + y) = A \cdot x + A \cdot y$ und $A \cdot (\lambda x) = \lambda \cdot Ax$ für alle Matrizen $x, y \in K^n$ und $\lambda \in K$.
Merke also: Lineare Abbildungen können immer in der Form „Matrix mal Vektor" geschrieben werden.

- Sei V der Vektorraum aller unendlich oft differenzierbaren Funktionen. $f : \mathbb{R} \to \mathbb{R}$ mit $\phi : V \to \mathbb{R}, \phi(f) := f(1)^2$. Die Abbildung ϕ schnappt sich also eine unendlich oft differenzierbare Funktion f, berechnet den Funktionswert an der Stelle 1 und quadriert das Ergebnis. Kann so etwas eine lineare Abbildung sein?
Versuchen wir einmal mit einem Beispiel die obigen Eigenschaften (L1) und (L2) aus Definition 18.1 zu überprüfen. Dazu sei $f := x^2$ und $g := x^3$. Einerseits ist:

$$\phi(f + g) = \phi(x^2 + x^3) = (1^2 + 1^3)^2 = 4,$$

aber anderseits:

$$\phi(f) + \phi(g) = \phi(x^2) + \phi(x^3) = (1^2)^2 + (1^3)^2 = 2$$

und $2 \neq 4$. Also ist ϕ keine lineare Abbildung.

- Wir betrachten die Abbildung

$$f : \mathbb{R}^n \to \mathbb{R}^{2n}, (x_1, \ldots, x_n) \mapsto (x_1, \ldots, x_n, x_1, \ldots, x_n)$$

und fragen uns, ob dies eine lineare Abbildung definiert? Wir behaupten, dass dies eine lineare Abbildung definiert, denn es gilt

$$\begin{aligned} f(x) + f(y) &= (x_1, \ldots, x_n, x_1, \ldots, x_n) + (y_1, \ldots, y_n, y_1, \ldots, y_n) \\ &= (x_1 + y_1, \ldots, x_n + y_n, x_1 + y_1, \ldots, x_n + y_n) \\ &= f(x + y) \end{aligned}$$

und außerdem für $\lambda \in \mathbb{R}$

$$f(\lambda x) = (\lambda x_1, \ldots, \lambda x_n, \lambda x_1, \ldots, \lambda x_n)$$
$$= \lambda \cdot (x_1, \ldots, x_n, x_1, \ldots, x_n)$$
$$= \lambda \cdot f(x). \qquad\blacksquare$$

Wir wollen noch erwähnen, dass aus den Eigenschaften einer linearen Abbildung folgt, dass der Nullvektor 0_V des Vektorraums V auf den Nullvektor 0_W des Vektorraums W abgebildet wird, wie wir so zeigen:

Beweis:

$$f(0_V) = f(0_V + 0_V) = f(0_V) + f(0_V)$$

Nun addieren wir auf beiden Seiten das additive Inverse des Elements $f(0_V)$ und demnach erhalten wir die Behauptung

$$f(0_V) = 0_W. \qquad\text{q.e.d.}$$

<hr>

Erklärung

Zur Definition 18.2 des Kerns einer linearen Abbildung: Der Kern einer linearen Abbildung sind alle Vektoren aus V, die durch f auf den Nullvektor abgebildet werden. Wie schon angedeutet, kann man jede lineare Abbildung zwischen endlich-dimensionalen Vektorräumen durch eine Matrix realisieren. Daher können wir auch den Kern einer Matrix definieren, wie wir dies in Definition 18.3 getan haben. In der Praxis arbeiten wir eher damit.

▶ **Beispiel 184 (Kern einer linearen Abbildung)** Wir betrachten die lineare Abbildung:

$$f : \mathbb{R}^3 \to \mathbb{R}^3, \begin{pmatrix} x_1 \\ x_2 \\ x_3 \end{pmatrix} \mapsto \begin{pmatrix} x_1 + x_2 \\ x_2 \\ x_3 \end{pmatrix}.$$

Wir haben zur Bestimmung des Kerns folgende Gleichung zu lösen:

$$\begin{pmatrix} x_1 + x_2 \\ x_2 \\ x_3 \end{pmatrix} = \begin{pmatrix} 0 \\ 0 \\ 0 \end{pmatrix}.$$

Dies führt auf ein homogenes lineare Gleichungssystem:

$$x_1 + x_2 = 0 \qquad x_2 = 0 \qquad x_3 = 0,$$

das natürlich nur die triviale Lösung $x_1 = x_2 = x_3 = 0$ besitzt. Das heißt, der Kern besteht nur aus dem Nullvektor. $\qquad\blacksquare$

Zur Definition 18.3 des Kerns einer Matrix: Der Kern einer Matrix (siehe Definition 18.3) ist einfach die Lösungsmenge des homogenen linearen Gleichungssystems $Ax = 0$.

Wie erhalten wir nun aber ganz konkret den Kern einer Matrix? Schauen wir uns das an einem Beispiel an.

▶ **Beispiel 185**

- Wir betrachten wieder die „Telefonmatrix":

$$A_{\text{tel}} = \begin{pmatrix} 1 & 2 & 3 \\ 4 & 5 & 6 \\ 7 & 8 & 9 \end{pmatrix}.$$

Zum Beispiel könnte dies die „zugehörige Matrix" der Abbildung telefon: $\mathbb{R}^3 \to \mathbb{R}^3$ mit $(x_1, x_2, x_3)^T \mapsto (x_1 + 2x_2 + 3x_3, 4x_1 + 5x_2 + 6x_3, 7x_1 + 8x_2 + 9x_3)^T$ sein. Von dieser linearen Abbildung telefon möchten wir den Kern bestimmen. Dazu ist hier äquivalent den Kern der Matrix A_{tel} zu ermitteln. Dazu müssen wir nur das homogene lineare Gleichungssystem $A_{\text{tel}} \cdot x = 0$ lösen. Mittels Gauß ergibt sich:

$$\begin{pmatrix} 1 & 2 & 3 \\ 4 & 5 & 6 \\ 7 & 8 & 9 \end{pmatrix} \rightsquigarrow \begin{pmatrix} 1 & 2 & 3 \\ 0 & -3 & -6 \\ 0 & -6 & -12 \end{pmatrix} \rightsquigarrow \begin{pmatrix} 1 & 2 & 3 \\ 0 & 1 & 2 \\ 0 & 0 & 0 \end{pmatrix}$$

Wir haben einen Freiheitsgrad. Es gibt also unendlich viele Lösungen. Der Vektor $x := (1, -2, 1)^T$ löst beispielsweise das Gleichungssystem. Aber natürlich auch alle Vielfachen von x. Wir schreiben:

$$\ker(A) = \left\langle \begin{pmatrix} 1 \\ -2 \\ 1 \end{pmatrix} \right\rangle$$

- Sei $g := \mathbb{R}^3 \to \mathbb{R}^2$ eine lineare Abbildung mit

$$g\left((x_1, x_2, x_3)^T\right) := (x_1 + x_3, 2x_1 + 4x_2 + 2x_3)^T.$$

Die dazugehörige Matrix lautet:

$$M := \begin{pmatrix} 1 & 0 & 1 \\ 2 & 4 & 2 \end{pmatrix},$$

da

$$\begin{pmatrix} x_1 + x_3 \\ 2x_1 + 4x_2 + 2x_3 \end{pmatrix} = \begin{pmatrix} 1 & 0 & 1 \\ 2 & 4 & 2 \end{pmatrix} \begin{pmatrix} x_1 \\ x_2 \\ x_3 \end{pmatrix}.$$

Auch hier bestimmen wir den Kern, also die Lösungsmenge des homogenen linearen Gleichungssystems $M \cdot x = 0$.
Matrixschreibweise und Gauß liefern:

$$\begin{pmatrix} 1 & 0 & 1 \\ 2 & 4 & 2 \end{pmatrix} \rightsquigarrow \begin{pmatrix} 1 & 0 & 1 \\ 0 & 4 & 0 \end{pmatrix}.$$

Der Kern lautet demnach:

$$\ker(M) = \left\langle \begin{pmatrix} 1 \\ 0 \\ -1 \end{pmatrix} \right\rangle. \qquad \blacksquare$$

Erklärung

Zur Definition 18.4 des Bildes einer linearen Abbildung: Das Bild einer linearen Abbildung (siehe Definition 18.4) sind einfach die Vektoren, die von der Abbildung f „getroffen" werden. Vielleicht kann man sich das so verdeutlichen: Wenn wir eine ganz „normale" Funktion haben, dann geben wir ja auch Definitionsbereich und Wertebereich an. Zum Beispiel kommt in der Bildmenge der Funktion $f : \mathbb{R} \to \mathbb{R}$, $f(x) := x^2$ auch nicht die gesamte Menge der reellen Zahlen vor, denn f ist eine nach oben geöffnete Parabel und besitzt insbesondere nur nichtnegative Funktionswerte. Die Bildmenge wäre hier also nicht $\mathbb{R}$, sondern nur die positiven reellen Zahlen einschließlich der Null. Bild- und Wertebereich stimmen nicht überein.

▶ **Beispiel 186** Wir betrachten die lineare Abbildung aus Beispiel 184:

$$f : \mathbb{R}^3 \to \mathbb{R}^3, \begin{pmatrix} x_1 \\ x_2 \\ x_3 \end{pmatrix} \mapsto \begin{pmatrix} x_1 + x_2 \\ x_2 \\ x_3 \end{pmatrix}.$$

Wie erhalten wir nun das Bild von f? Dazu überlegen wir uns folgende Darstellung

$$f\left(\begin{pmatrix} x_1 \\ x_2 \\ x_3 \end{pmatrix}\right) = \begin{pmatrix} x_1 + x_2 \\ x_2 \\ x_3 \end{pmatrix} = x_1 \begin{pmatrix} 1 \\ 0 \\ 0 \end{pmatrix} + x_2 \begin{pmatrix} 1 \\ 1 \\ 0 \end{pmatrix} + x_3 \begin{pmatrix} 0 \\ 0 \\ 1 \end{pmatrix} = \begin{pmatrix} 1 & 1 & 0 \\ 0 & 1 & 0 \\ 0 & 0 & 1 \end{pmatrix} \begin{pmatrix} x_1 \\ x_2 \\ x_3 \end{pmatrix}.$$

Nun können wir das Bild von f direkt ablesen. Es ist das Erzeugnis der Spaltenvektoren der oben dargestellten Matrix:

$$\mathrm{im}(f) = \left\{ x_1 \begin{pmatrix} 1 \\ 0 \\ 0 \end{pmatrix} + x_2 \begin{pmatrix} 1 \\ 1 \\ 0 \end{pmatrix} + x_3 \begin{pmatrix} 0 \\ 0 \\ 1 \end{pmatrix} : x_1, x_2, x_3 \in \mathbb{R} \right\}.$$

Wir halten fest: Um zu einer Beschreibung von im(f) zu kommen, müssen wir die explizite Darstellung in eine Matrixdarstellung umformen, wobei die Spalten dieser Matrix ein Erzeugendensystem von im(f) bilden. Um nun eine Basis von im(f) zu finden, müssen wir eine maximale linear unabhängige Teilmenge der Spaltenvektoren finden. ∎

Erklärung

Zur Definition 18.5 des Bildes einer Matrix: Diese Definition klingt sehr einfach. Ist sie auch. Was muss man also machen, um das Bild einer Matrix zu ermitteln? Man muss einfach den Raum der Spaltenvektoren angeben. Dafür reicht es, die linear unabhängigen Spaltenvektoren zu betrachten. Das heißt konkret:

Wenn man die linear unabhängigen Spalten einer Matrix bestimmen möchte, so führt man elementare Spaltenoperationen durch. Wem Zeilenumformungen mehr liegen, muss die Matrix zuvor einmal transponieren.

Nun ja, vielleicht ist es noch zu abstrakt. Daher kommen wir schleunigst zu einem Beispiel.

► **Beispiel 187** Sei $h : \mathbb{R}^2 \to \mathbb{R}^2$ die durch $h(x_1, x_2) := (2x_1 - x_2, -8x_1 + 4x_2)$ definierte lineare Abbildung. Wir bestimmen das Bild von h. Die lineare Abbildung lässt sich durch die Matrix

$$\begin{pmatrix} 2 & -1 \\ -8 & 4 \end{pmatrix}$$

beschreiben. Mit einem Blick sieht man, dass die Spaltenvektoren linear abhängig sind, denn der eine Vektor ist ein Vielfaches des anderen, da $-2 \cdot (-1, 4)^T = (2, -8)^T$.

Das Bild von h ist daher gegeben durch:

$$\text{im}(h) = \left\langle \begin{pmatrix} 1 \\ -4 \end{pmatrix} \right\rangle.$$ ∎

Erklärung

Zur Definition 18.6 der Darstellungsmatrix: Wir wollen die Idee der sogenannten Darstellungsmatrix (siehe Definition 18.6) nochmals erläutern und eine Art „Kochrezept" angeben, wie wir diese für eine lineare Abbildung bestimmen. Im selben Atemzug möchten wir aber auf zwei wichtige Dinge hinweisen. Erstens werdet ihr die Theorie, die hinter der Darstellungsmatrix steckt, möglicherweise an dieser Stelle noch nicht verstehen, daher verweisen wir auf den entsprechenden Abschnitt zum Basiswechsel. Zweitens funktioniert Mathematik nicht nach Kochrezepten. Man muss die Idee und die Theorie dahinter verstanden haben. Dennoch ist es am Anfang ganz hilfreich, sich solche „Kochrezepte" anzueignen, aber im selben Schritt *muss* man verstehen, um was es eigentlich geht.

Wir hatten in Kap. 17 gesehen oder vielmehr einfach nur angeführt, dass jeder Vektorraum eine Basis besitzt. Betrachten wir nun eine lineare Abbildung zwischen zwei Vektorräumen, so ist es möglich eine Darstellungsmatrix anzugeben. Aber genauer:

Sei $f : V \to W$ eine lineare Abbildung zwischen den beiden Vektorräumen V und W. Die Basis von V bezeichnen wir mit $\mathcal{B}_1$ und die Basis des Vektorraums W mit $\mathcal{B}_2$. Die Einträge der darstellenden Matrix berechnen sich wie folgt:

1. Schritt: Bilde die Basisvektoren aus $\mathcal{B}_1$ mit der linearen Abbildung f ab.
2. Schritt: Stelle die entstandenen Bildvektoren bzgl. der Basiselemente aus $\mathcal{B}_2$ dar, das heißt bilde die Linearkombinationen.
3. Schritt: Trage die dabei errechneten Koeffizienten spaltenweise in einer Matrix ein. So erhält man die gesuchte Darstellungsmatrix.

Füllen wir das Abstrakte mit Leben, indem wir uns ein einfaches Beispiel anschauen.

▶ **Beispiel 188**

• Seien $\mathcal{B}_1 := \{(1,1)^T, (0,1)^T\}$ und $\mathcal{B}_2 = \{(-1,-1)^T, (1,0)^T\}$ und f die lineare Abbildung, die die Einträge in einem Vektor vertauscht und die neue erste Komponente noch mit -1 multipliziert, das heißt, $f(x_1, x_2) = (-x_2, x_1)$.
  1. Schritt: Bilder der Basisvektoren aus $\mathcal{B}_1$ ermitteln:

$$f\left(\begin{pmatrix} 1 \\ 1 \end{pmatrix}\right) = \begin{pmatrix} -1 \\ 1 \end{pmatrix}, \ f\left(\begin{pmatrix} 0 \\ 1 \end{pmatrix}\right) = \begin{pmatrix} -1 \\ 0 \end{pmatrix}.$$

  2. Schritt: Stelle die Bildvektoren als Linearkombination der Basiselemente aus $\mathcal{B}_2$ dar.

$$f\left(\begin{pmatrix} 1 \\ 1 \end{pmatrix}\right) = \begin{pmatrix} -1 \\ 1 \end{pmatrix} = -1 \cdot \begin{pmatrix} -1 \\ -1 \end{pmatrix} - 2 \cdot \begin{pmatrix} 1 \\ 0 \end{pmatrix},$$

$$f\left(\begin{pmatrix} 0 \\ 1 \end{pmatrix}\right) = \begin{pmatrix} -1 \\ 0 \end{pmatrix} = 0 \cdot \begin{pmatrix} -1 \\ -1 \end{pmatrix} - 1 \cdot \begin{pmatrix} 1 \\ 0 \end{pmatrix}.$$

  3. Schritt: Eintragen der Koeffizienten in eine Matrix

$$A := \begin{pmatrix} -1 & 0 \\ -2 & -1 \end{pmatrix}$$

Dies ist die gesuchte Darstellungsmatrix.
• Noch ein Beispiel. Seien $V := \{f : \mathbb{R} \to \mathbb{R} : f(x) = a_0 + a_1 x + a_2 x^2\}$ der Vektorraum aller Polynomfunktionen vom Grad kleiner gleich 2 mit der Standardbasis der Monome $\mathcal{A} = (1, x, x^2)$ und $W = \mathbb{R}^3$ der Standardvektorraum mit der Basis bestehend aus den Standardvektoren $\mathcal{B} := \{e_1, e_2, e_3\}$, Sei außerdem $\phi : V \to W$ mit $\phi(f) := (f(1), f(2), f(3))$. Die Abbildung ϕ nimmt sich

also eine Funktion $f \in V$ und macht daraus einen Vektor aus $\mathbb{R}^3$. Die Vektoreinträge sind die Funktionswerte von f ausgewertet an den Stellen 1, 2 bzw. 3. Wir wollen nun die Darstellungsmatrix dazu ermitteln und gehen genauso wie im ersten Beispiel vor bzw. verwenden unser Kochrezept.

Zunächst bilden wir wir die Basisvektoren aus A mit ϕ ab:

$$\phi(1) = \begin{pmatrix} 1 \\ 1 \\ 1 \end{pmatrix}, \ \phi(x) = \begin{pmatrix} 1 \\ 2 \\ 3 \end{pmatrix}, \ \phi(x^2) = \begin{pmatrix} 1 \\ 4 \\ 9 \end{pmatrix}.$$

Nun stellen wir die entstandenen Bildvektoren als Linearkombination der Basiselemente aus $\mathcal{B}$ dar.

$$\begin{pmatrix} 1 \\ 1 \\ 1 \end{pmatrix} = 1 \cdot e_1 + 1 \cdot e_2 + 1 \cdot e_3,$$

$$\begin{pmatrix} 1 \\ 2 \\ 3 \end{pmatrix} = 1 \cdot e_1 + 2 \cdot e_2 + 3 \cdot e_3,$$

$$\begin{pmatrix} 1 \\ 4 \\ 9 \end{pmatrix} = 1 \cdot e_1 + 4 \cdot e_2 + 9 \cdot e_3.$$

Also ist die Darstellungsmatrix gegeben durch:

$$M_{\mathcal{B}}^{\mathcal{A}}(\phi) = \begin{pmatrix} 1 & 1 & 1 \\ 1 & 2 & 4 \\ 1 & 3 & 9 \end{pmatrix}.$$

- Wir betrachten den reellen Vektorraum

$$V := \left\{ \begin{pmatrix} a & b \\ c & d \end{pmatrix} \in M_{2,2}(\mathbb{R}) : a + d = 0 \right\}.$$

a) Sei $S = \begin{pmatrix} 2 & 1 \\ -3 & -2 \end{pmatrix} \in V$. Die Behauptung ist, dass

$$\varphi : V \to V, A \mapsto SA - AS$$

linear ist. Da

$$\varphi(A + B) = S(A + B) - (A + B)S = SA + SB - AS - BS$$
$$= SA - AS + SB - BS = \varphi(A) + \varphi(B)$$

und

$$\varphi(\lambda A) = S(\lambda A) - (\lambda A)S = \lambda(SA) - \lambda(AS)$$
$$= \lambda(SA - AS) = \lambda\varphi(A)$$

folgt die Behauptung.

b) Gib eine Basis $\mathcal{B}$ von V an und bestimme die Darstellungsmatrix $M :=$ $M_{\mathcal{B}}^{\mathcal{B}}(\varphi)$ der linearen Abbildung φ bzgl. der gewählten Basis $\mathcal{B}$.

Wichtig ist zu erkennen, dass der Vektorraum dreidimensional ist. Eine Basis ist gegeben durch folgende Matrizen:

$$B_1 := \begin{pmatrix} 0 & 1 \\ 1 & 0 \end{pmatrix}, \; B_2 := \begin{pmatrix} 0 & 1 \\ -1 & 0 \end{pmatrix}, \; B_3 := \begin{pmatrix} 1 & 0 \\ 0 & -1 \end{pmatrix}$$

Man prüft leicht nach, dass dies eine Basis von V ist.

Wir bestimmen nun noch die Darstellungsmatrix $M := M_{\mathcal{B}}^{\mathcal{B}}(\varphi)$. Dazu bilden wir die Basiselemente unter φ ab:

$$\begin{pmatrix} 0 & 1 \\ 1 & 0 \end{pmatrix} \mapsto \begin{pmatrix} 2 & 1 \\ -3 & -2 \end{pmatrix} \cdot \begin{pmatrix} 0 & 1 \\ 1 & 0 \end{pmatrix} - \begin{pmatrix} 0 & 1 \\ 1 & 0 \end{pmatrix} \cdot \begin{pmatrix} 2 & 1 \\ -3 & -2 \end{pmatrix}$$
$$= \begin{pmatrix} 4 & 4 \\ -4 & -4 \end{pmatrix},$$

$$\begin{pmatrix} 0 & 1 \\ -1 & 0 \end{pmatrix} \mapsto \begin{pmatrix} 2 & 1 \\ -3 & -2 \end{pmatrix} \cdot \begin{pmatrix} 0 & 1 \\ -1 & 0 \end{pmatrix} - \begin{pmatrix} 0 & 1 \\ -1 & 0 \end{pmatrix} \cdot \begin{pmatrix} 2 & 1 \\ -3 & -2 \end{pmatrix}$$
$$= \begin{pmatrix} 2 & 4 \\ 4 & -2 \end{pmatrix},$$

$$\begin{pmatrix} 1 & 0 \\ 0 & -1 \end{pmatrix} \mapsto \begin{pmatrix} 2 & 1 \\ -3 & -2 \end{pmatrix} \cdot \begin{pmatrix} 1 & 0 \\ 0 & -1 \end{pmatrix} - \begin{pmatrix} 1 & 0 \\ 0 & -1 \end{pmatrix} \cdot \begin{pmatrix} 2 & 1 \\ -3 & -2 \end{pmatrix}$$
$$= \begin{pmatrix} 0 & -2 \\ -6 & 0 \end{pmatrix}.$$

Es gilt nun:

$$\begin{pmatrix} 4 & 4 \\ -4 & -4 \end{pmatrix} = 0 \cdot B_1 + 4 \cdot B_2 + 4 \cdot B_3,$$

$$\begin{pmatrix} 2 & 4 \\ 4 & -2 \end{pmatrix} = 4 \cdot B_1 + 2 \cdot B_3,$$

$$\begin{pmatrix} 0 & -2 \\ -6 & 0 \end{pmatrix} = -4 \cdot B_1 + 2 \cdot B_2.$$

Die Darstellungsmatrix lautet daher

$$M := M_{\mathcal{B}}^{\mathcal{B}}(\varphi) = \begin{pmatrix} 0 & 4 & -4 \\ 4 & 0 & 2 \\ 4 & 2 & 0 \end{pmatrix}.$$

Dies soll an Beispielen erst einmal genügen.   ∎

Erklärung

Zur Definition 18.7 einer Transformationsmatrix: Wir wissen, dass die Basis-wahl eines Vektorraums nicht eindeutig ist. Jeder Vektorraum besitzt unendlich viele Basen. Um zwischen diesen „hin und her zu wechseln", haben wir die so-genannten Transformationsmatrizen (siehe Definition 18.7) definiert. Schauen wir uns Beispiele an.

▶ **Beispiel 189**

• Gegeben sei der Standardvektorraum der Ebene $V = \mathbb{R}^2$ mit der Standardbasis $\mathcal{E} = (e_1, e_2)$ und den Standardvektoren

$$e_1 = \begin{pmatrix} 1 \\ 0 \end{pmatrix}, \; e_2 = \begin{pmatrix} 0 \\ 1 \end{pmatrix}$$

sowie die Basis $\mathcal{B} = (v_1, v_2)$ mit

$$v_1 = \begin{pmatrix} 1 \\ 1 \end{pmatrix}, \; v_2 = \begin{pmatrix} -1 \\ 1 \end{pmatrix}$$

Wir bestimmen zunächst den Basiswechsel von $\mathcal{B}$ nach $\mathcal{E}$, also $T_{\mathcal{E}}^{\mathcal{B}}$. Dazu stellen wir die Basisvektoren aus $\mathcal{B}$ als Linearkombination der Standardvektoren dar, also als Linearkombination der Basisvektoren aus $\mathcal{E}$. Es gilt:

$$v_1 = 1 \cdot e_1 + 1 \cdot e_2, \; v_2 = -1 \cdot e_1 + 1 \cdot e_2.$$

Also ist

$$T_{\mathcal{E}}^{\mathcal{B}} = \begin{pmatrix} 1 & -1 \\ 1 & 1 \end{pmatrix}.$$

Nun wissen wir nach Satz 18.3, dass $\left(T_{\mathcal{E}}^{\mathcal{B}}\right)^{-1} = T_{\mathcal{B}}^{\mathcal{E}}$ gelten muss. Wir invertieren daher $T_{\mathcal{E}}^{\mathcal{B}}$, um $T_{\mathcal{B}}^{\mathcal{E}}$ zu bestimmen. Eine einfache Rechnung zeigt dann, dass

$$T_{\mathcal{B}}^{\mathcal{E}} = \begin{pmatrix} 1/2 & 1/2 \\ -1/2 & 1/2 \end{pmatrix}.$$

- Sei $\mathcal{E} = (e_1, e_2, e_3)$ die Standardbasis des $\mathbb{R}^3$, wobei e_i mit $i = 1, 2, 3$ die Standardvektoren

$$e_1 = \begin{pmatrix} 1 \\ 0 \\ 0 \end{pmatrix}, \qquad e_2 = \begin{pmatrix} 0 \\ 1 \\ 0 \end{pmatrix}, \qquad e_3 = \begin{pmatrix} 0 \\ 0 \\ 1 \end{pmatrix}$$

bezeichne. Weiterhin sei $\mathcal{B} = (v_1, v_2, v_3)$ eine Basis mit

$$v_1 = \begin{pmatrix} 1 \\ 1 \\ 1 \end{pmatrix}, \qquad v_2 = \begin{pmatrix} 2 \\ 3 \\ 3 \end{pmatrix}, \qquad v_3 = \begin{pmatrix} 3 \\ 4 \\ 5 \end{pmatrix}.$$

Zunächst ermitteln wir die Transformationsmatrix $T_{\mathcal{B}}^{\mathcal{E}}$. Dazu stellen wir die Basiselemente der Basis $\mathcal{E}$ als Linearkombination der Basiselemente v_i aus $\mathcal{B}$ dar:

$$e_1 = 3 \cdot \begin{pmatrix} 1 \\ 1 \\ 1 \end{pmatrix} - \begin{pmatrix} 2 \\ 3 \\ 3 \end{pmatrix} = \begin{pmatrix} 1 \\ 0 \\ 0 \end{pmatrix} \qquad = 3 \cdot v_1 - v_2,$$

$$e_2 = - \begin{pmatrix} 1 \\ 1 \\ 1 \end{pmatrix} + 2 \begin{pmatrix} 2 \\ 3 \\ 3 \end{pmatrix} - \begin{pmatrix} 3 \\ 4 \\ 5 \end{pmatrix} = \begin{pmatrix} 0 \\ 1 \\ 0 \end{pmatrix} \qquad = -v_1 + 2v_2 - v_3,$$

$$e_3 = - \begin{pmatrix} 1 \\ 1 \\ 1 \end{pmatrix} - \begin{pmatrix} 2 \\ 3 \\ 3 \end{pmatrix} + \begin{pmatrix} 3 \\ 4 \\ 5 \end{pmatrix} = \begin{pmatrix} 0 \\ 0 \\ 1 \end{pmatrix} \qquad = -v_1 - v_2 + v_3.$$

Die Transformationsmatrix lautet also (da wir die Koeffizienten spaltenweise in die Matrix eintragen):

$$T_{\mathcal{B}}^{\mathcal{E}} = \begin{pmatrix} 3 & -1 & -1 \\ -1 & 2 & -1 \\ 0 & -1 & 1 \end{pmatrix}.$$

Wir ermitteln nun noch die Transformationsmatrix $T_{\mathcal{E}}^{\mathcal{B}}$. Dies ist einfacher. Wir müssen nun keine großen Rechnungen durchführen, sondern können die Transformationsmatrix eigentlich direkt ablesen. Denn was müssen wir tun? Wir müssen jetzt die Basiselemente aus $\mathcal{B}$ als Linearkombination der Basiselemente aus $\mathcal{E}$ darstellen. Die Basis $\mathcal{E}$ besteht aber gerade aus den Standardvektoren, also gilt:

$$v_1 = 1 \cdot e_1 + 1 \cdot e_2 + 1 \cdot e_3,$$
$$v_2 = 2 \cdot e_1 + 3 \cdot e_2 + 3 \cdot e_3,$$
$$v_3 = 3 \cdot e_1 + 4 \cdot e_2 + 5 \cdot e_3.$$

Demnach ist

$$T_{\mathcal{E}}^{\mathcal{B}} = \begin{pmatrix} 1 & 2 & 3 \\ 1 & 3 & 4 \\ 1 & 3 & 5 \end{pmatrix}.$$

Leichtes Nachrechnen bestätigt übrigens den Satz 18.3, dass also $\left(T_{\mathcal{E}}^{\mathcal{B}}\right)^{-1} = T_{\mathcal{B}}^{\mathcal{E}}$. Dies könnt ihr zur Überprüfung nutzen, ob ihr richtig gerechnet habt. ∎

Erklärung

Zur Definition 18.8 des Dualraums: Der Dualraum bereitet vielen Anfängern große Schwierigkeiten, da die Definition zunächst sehr abstrakt erscheint und gerade Erstsemestler immer eine Vorstellung haben wollen. Dies ist natürlich nie verkehrt, aber beim Dualraum wird das schwierig. Wir haben lange überlegt, wie wir diesen zunächst schwierigen Begriff verständlich erklären können, und haben uns dazu entschieden, dass wir weniger Beispiele angeben werden, sondern eher die Bedeutung des Dualraums für die lineare Algebra herausstellen.

Dazu betrachten wir den Spezialfall $V = K^n$. Wenn ihr ein noch konkreteres Beispiel haben möchtet, dann setzt ruhig noch $K = \mathbb{R}$. Ein Element des Dualraums von K^n ist eine lineare Abbildung $K^n \to K$. Dies ist aber genau dasselbe wie die linke Seite einer linearen Gleichung mit n Unbestimmten

$$(x_1, x_2, \ldots, x_n) \mapsto a_1 x_1 + a_2 x_2 + \ldots + a_n x_n$$

und gewissen Konstanten $a_1, a_2, \ldots, a_n \in K$. Die „linke Seite" ist nun die zugehörige homogene lineare Gleichung. Das bedeutet nichts anderes, als dass der Dualraum $(K^n)^*$ mit dem Raum aller $(1 \times n)$-Matrizen, also Zeilenvektoren der Länge n, identifiziert werden kann. Die zu $a := (a_1, \ldots, a_n)$ gehörige lineare Abbildung f_a ist damit:

$$f_a(x) = ax = \sum_{k=1}^{n} a_k x_k \ \forall x \in K.$$

Ein anderes Beispiel:

▶ **Beispiel 190** Wir betrachten den Vektorraum $V = \mathbb{R}^3$ und die lineare Abbildung

$$f : \mathbb{R}^3 \to \mathbb{R}, \ f(x, y, z) := x + y + z.$$

Man überlegt sich leicht, dass dies eine lineare Abbildung definiert.

Wir haben also *ein* Element des Dualraums $(\mathbb{R}^3)^*$. Und der Dualraum $(\mathbb{R}^3)^*$ besteht nun aus der Menge *aller* linearer Abbildungen $f : \mathbb{R}^3 \to \mathbb{R}$. ∎

Viele Studenten fragen sich, wo denn genau der Unterschied zwischen Vektorraum und Dualraum bzw. Basis und Dualbasis liegt. Dies wollen wir nochmals erklären, um Verwechslungen zu vermeiden. Ein Vektorraum ist etwas viel Allgemeineres (siehe auch das Kap. 16 über die Vektorräume). Zu dem allgemeinen Vektorraum $\mathbb{R}^n$ gibt es Abbildungen von $\mathbb{R}^n$ nach $\mathbb{R}^3$, von $\mathbb{R}^n$ nach $\mathbb{R}^2$, oder in sonstige Vektorräume. Eben aber auch Abbildungen von $\mathbb{R}^n$ nach $\mathbb{R}$, oder allgemeiner von K^n nach K (K ist wie gewohnt ein Körper). Diese letzten Abbildungen heißen *Linearformen* und sind die Elemente des entsprechenden Dualraums. Beispielsweise bilden sie einen dreidimensionalen Vektor auf eine Zahl ab, oder allgemeiner auf irgendein Körperelement. Wir ergänzen noch: Die Menge der linearen Abbildungen $\mathbb{R}^3 \to \mathbb{R}$, also der Dualraum, bildet wieder einen dreidimensionalen Vektorraum. Als Basis können wir die Vektoren $(1,0,0)^T$, $(0,1,0)^T$ und $(0,0,1)^T$ verwenden. Und da alle drei-dimensionalen Vektorräume zueinander isomorph sind, kann man die beiden Räume bijektiv aufeinander abbilden.

Aber wieso definiert man diesen Dualraum? Wenn ihr über die folgenden Aussagen gründlich nachdenkt, dann solltet ihr ein gutes Verständnis vom Dualraum bekommen:

Allgemein kann man natürlich von dem Vektorraum $\mathbb{R}^n$ ausgehend lineare Abbildungen in viele unterschiedliche Vektorräume betrachten. Die linearen Abbildungen nach $\mathbb{R}$ sind aber am interessantesten, denn:

- $(\mathbb{R}^n)^*$ besitzt dieselbe Dimension wie $\mathbb{R}^n$ und ist somit isomorph zum $\mathbb{R}^n$. (Dies gilt für alle endlich-dimensionalen Vektorräume. Jedoch im Allgemeinen nicht mehr für unendlich-dimensionale Vektorräume.)
- $((\mathbb{R}^n)^*)^* \cong \mathbb{R}^n$. Das ist übrigens der Grund, wieso man das Gebilde *Dual*raum nennt.
  Wir wollen noch kurz den kanonischen Isomorphismus angeben. Wir müssen also für jeden Vektor $v \in \mathbb{R}^n$ sagen, was er mit einer linearen Abbildung $f \in (\mathbb{R}^n)^*$ macht. Und so ziemlich das einzige, was der Vektor machen könnte, ist, die lineare Abbildung auf sich wirken zu lassen. Definieren wir also

$$v(f) := f(v)$$

  so fassen wir v als Vektor in $((\mathbb{R}^n)^*)^*$ auf, denn diese Vorschrift ist natürlich linear.
- Dualisiert man eine Basis von $\mathbb{R}^n$, so ergibt sich eine Basis von $(\mathbb{R}^n)^*$ und umgekehrt.

Erklärung

Zur Definition 18.9 der dualen Basis:

▶ **Beispiel 191**

- Im Vektorraum K^n zeichnen wir die kanonische Standardbasis $(e_1, \ldots, e_n)$ mit den bekannten Standardvektoren aus. Die duale Basis ist dann gegeben durch $(e_1^*, \ldots, e_n^*)$, wobei

$$e_i^* = (0, \ldots, 0, 1, 0, \ldots, 0)$$

  und die 1 an der i-ten Stelle steht.

- Sei nun $V = \mathbb{R}^2$ mit der Standardbasis und der Basis

$$B = \left(v_1 := \begin{pmatrix} 1 \\ 0 \end{pmatrix}, v_2 := \begin{pmatrix} 1 \\ 1 \end{pmatrix} \right).$$

Da $v_1 = e_1$ und $v_2 = e_2 + v_1$ folgt nun:

$$v_1^*(e_1) = 1, \; v_2^*(e_2) = 1, \; v_2^*(e_1) = 0 \quad \text{und} \quad v_1^*(e_2) = -1$$

Wir hoffen, dass ihr nun das Konzept des Dualraums und der dualen Basis verstanden habt.   ∎

18.4   Erklärungen zu den Sätzen und Beweisen

Erklärung

Zum Satz 18.1: In den Erklärungen zur Definition 18.4 der linearen Abbildung hatten wir schon gesehen, dass der Nullvektor von V auf den Nullvektor von W abgebildet wird. Seien nun $v, w \in V$. Aus $f(v) = f(w)$ folgt wegen der Linearität einer linearen Abbildung $f(v - w) = 0_W$. Das bedeutet nach Definition 18.2 des Kerns einer linearen Abbildung, dass $v - w$ ein Element des Kerns ist. Wenn dieser aber nur aus dem Nullvektor besteht, so folgt $v - w = 0_V$, also unsere Behauptung $v = w$. Wir hoffen, dass die andere Richtung keine Probleme gemacht hat.

Erklärung

Zum Satz 18.2: In dem Beweis zum Satz 18.2, dass das Bild von f ein Untervektorraum von W und der Kern von f ein Untervektorraum von W ist, haben wir nur geschrieben, dass dies aus der Definition folgt, und ihr solltet an dieser Stelle auch nicht weiterlesen, bevor ihr selbst darüber nachgedacht habt. Wir wollen uns den Beweis nochmals anschauen:

Da $f(0_V) = 0_W$ (für einen Beweis siehe Erklärung zur Definition 18.4 einer linearen Abbildung), ist $\ker(f) \neq \emptyset$. Weiterhin ist erstens:

$$v_1, v_2 \in \ker(f) \Rightarrow f(v_1) = f(v_2) = 0$$
$$\Rightarrow f(v_1 + v_2) = f(v_1) + f(v_2) = 0 + 0 = 0,$$

also $v_1 + v_2 \in \ker(f)$ und zweitens

$$v \in \ker(f), \; a \in K \Rightarrow f(v) = 0$$
$$\Rightarrow f(av) = a \cdot f(v) = a \cdot 0 = 0 \Rightarrow av \in \ker(f).$$

Zum Bild: Ist $\operatorname{im}(f)$ das Bild von f, dann ist $\operatorname{im}(f) \subset W$ schon einmal nichtleer, da $\operatorname{im}(0) = 0$, also $0 \in \operatorname{im}(f)$. Seien $w_1, w_2 \in \operatorname{im}(f)$, dann existieren $v_1, v_2 \in V$ mit $\operatorname{im}(v_1) = w_1$ und $\operatorname{im}(v_2) = w_2$. Es gilt:

$$w_1 + w_2 = f(v_1) + f(v_2) = f(v_1 + v_2) \quad f \text{ ist linear}.$$

Dies liefert, dass $w_1 + w_2 \in \text{im}(f)$. Analog zeigt man, dass dies auch für $a \in w_1$ mit $a \in K$ und $w_1 \in \text{im}(f)$ gilt.

Erklärung

Zum Satz 18.5 des Basiswechsels: Wie kann man sich diese wichtige Formel des Basiswechsels aus Satz 18.5 merken? Das ist ganz einfach, wenn man sie sich mal genau anschaut. Die Basis $\mathcal{B}$ und die Basis $\mathcal{A}$ stehen sozusagen über Kreuz. Wenn man die Formel mal vergessen haben sollte, kann man sie sich also sehr leicht herleiten.

Was ist aber überhaupt die Idee hinter dem Basiswechselsatz? Bei den Transformationsmatrizen (siehe Definition 18.7) lebten wir in einem Vektorraum und haben dort zwischen Basen hin und her gewechselt. Nun betrachten wir zwei (endlich-dimensionale) Vektorräume und eine lineare Abbildung dazwischen und wollen auch hier zwischen Basen hin und her wechseln. Dafür ist die Basiswechsel-Formel vom Satz 18.5 wichtig, wie die folgenden Beispiele zeigen.

▶ **Beispiel 192**

• Seien $V = \mathbb{Q}^3$ und $\mathcal{B}$ die Basis

$$\mathcal{B} = \left(\begin{pmatrix} 1 \\ 2 \\ 3 \end{pmatrix}, \begin{pmatrix} 0 \\ 1 \\ 2 \end{pmatrix}, \begin{pmatrix} 0 \\ 1 \\ 1 \end{pmatrix} \right).$$

Weiterhin sei $\mathcal{E} = (e_1, e_2, e_3)$ die Standardbasis von $V = \mathbb{Q}^3$.
Wir berechnen zunächst die Basiswechselmatrizen $T_{\mathcal{B}}^{\mathcal{E}}$ und $T_{\mathcal{E}}^{\mathcal{B}}$. Die Matrix $T_{\mathcal{E}}^{\mathcal{B}}$ kann man direkt ohne Nachdenken hinschreiben:

$$T_{\mathcal{E}}^{\mathcal{B}} = \begin{pmatrix} 1 & 0 & 0 \\ 2 & 1 & 1 \\ 3 & 2 & 1 \end{pmatrix}.$$

Die Matrix $T_{\mathcal{B}}^{\mathcal{E}}$ enthält man nach Satz 18.3 entweder durch Invertieren von $T_{\mathcal{E}}^{\mathcal{B}}$, oder indem wir die Vektoren der Basis $\mathcal{E}$ als Linearkombination der Basisvektoren aus $\mathcal{B}$ darstellen und die Koeffizienten spaltenweise in eine Matrix schreiben. In beiden Fällen ergibt sich

$$T_{\mathcal{B}}^{\mathcal{E}} = \begin{pmatrix} 1 & 0 & 0 \\ -1 & -1 & 1 \\ -1 & 2 & -1 \end{pmatrix}.$$

Sei nun $\phi : V \to V$ gegeben durch die Darstellungsmatrix

$$M_{\mathcal{B}}^{\mathcal{B}}(\phi) = \begin{pmatrix} -1 & 0 & 0 \\ 0 & 1 & 0 \\ 0 & 0 & 2 \end{pmatrix}.$$

Wir wollen nun die Matrix $M_{\mathcal{E}}^{\mathcal{E}}(\phi)$ berechnen. Wir verwenden Satz 18.5 zum Basiswechsel. Demnach ist

$$M_{\mathcal{E}}^{\mathcal{E}}(\phi) = T_{\mathcal{E}}^{\mathcal{B}} \cdot M_{\mathcal{B}}^{\mathcal{B}}(\phi) \cdot T_{\mathcal{B}}^{\mathcal{E}}$$

Also:

$$M_{\mathcal{E}}^{\mathcal{E}}(\phi) = \begin{pmatrix} 1 & 0 & 0 \\ 2 & 1 & 1 \\ 3 & 2 & 1 \end{pmatrix} \begin{pmatrix} -1 & 0 & 0 \\ 0 & 1 & 0 \\ 0 & 0 & 2 \end{pmatrix} \begin{pmatrix} 1 & 0 & 0 \\ -1 & -1 & 1 \\ -1 & 2 & -1 \end{pmatrix}$$

$$= \begin{pmatrix} 1 & 0 & 0 \\ 2 & 1 & 1 \\ 3 & 2 & 1 \end{pmatrix} \begin{pmatrix} -1 & 0 & 0 \\ -1 & -1 & 1 \\ -2 & 4 & -2 \end{pmatrix} = \begin{pmatrix} -1 & 0 & 0 \\ -5 & 3 & -1 \\ -7 & 2 & 0 \end{pmatrix}.$$

Fertig.   ∎

Erklärung

Zum Dimensionssatz 18.7: Der Dimensionssatz (ab und zu auch Kern-Bild-Satz genannt) gilt sogar für Vektorräume unendlicher Dimension. Interessant ist er aber vor allem für endlich-dimensionale Vektorräume. Beispielsweise kann man die Dimension des Bildes mit $\dim \operatorname{im}(f) = \dim V - \dim \ker(f)$ berechnen. Wir betrachten nun ein ausführliches Beispiel, das auch die anderen Konzepte dieses Kapitels noch einmal einüben soll:

▶ **Beispiel 193** Eine lineare Abbildung $\varphi : \mathbb{R}^3 \to \mathbb{R}^4$ sei gegeben durch die Matrix

$$A = \begin{pmatrix} 1 & 0 & 2 \\ 1 & 1 & 1 \\ 0 & 1 & -1 \\ 1 & 0 & 2 \end{pmatrix}.$$

a) Berechne den Rang von A. Ist φ injektiv oder surjektiv?
b) Gib eine Basis C' des Bildes von φ an. Zeige, dass der Vektor $b = (2, -1, -3, 2)^T$ im Bild von φ liegt und berechne $\varphi^{-1}(b)$.
c) Gib eine Basis $\mathcal{B}'$ des Kerns von φ an.
d) Bestimme invertierbare Matrizen $P \in GL_4(\mathbb{R})$ und $Q \in GL_3(\mathbb{R})$, sodass

$$PAQ = \begin{pmatrix} E_r & 0 \\ 0 & 0 \end{pmatrix} \in M_{4,3}(\mathbb{R}).$$

Dabei bezeichne r den Rang von A und E_r sei die $(r \times r)$-Einheitsmatrix.

Wir lösen die Aufgabe:

a) Zur Berechnung des Rangs bringen wir A auf Zeilenstufenform:

$$\begin{pmatrix} 1 & 0 & 2 \\ 1 & 1 & 1 \\ 0 & 1 & -1 \\ 1 & 0 & 2 \end{pmatrix} \rightsquigarrow \begin{pmatrix} 1 & 0 & 2 \\ 0 & 1 & -1 \\ 0 & 1 & -1 \\ 0 & 0 & 0 \end{pmatrix} \rightsquigarrow \begin{pmatrix} 1 & 0 & 2 \\ 0 & 1 & -1 \\ 0 & 0 & 0 \\ 0 & 0 & 0 \end{pmatrix}.$$

Die Zeilenstufenform von A hat zwei von 0 verschiedene Zeilen und folglich den Rang 2.

Wegen Rang $A = 2 < 4 = \dim \mathbb{R}^4$ kann φ nicht surjektiv sein. Mit dem Kern-Bild-Satz (Dimensionsformel) folgt dann:

$$\dim \ker \varphi = \dim \mathbb{R}^3 - \dim \operatorname{im} \varphi = 3 - 2 = 1 > 0,$$

also ist φ auch nicht injektiv.

b) Wir wählen pro Stufe der in a) ermittelten Zeilenstufenform eine zugehörige Spalte der Matrix A aus und erhalten so eine Basis des Bildes von φ, also zum Beispiel $C' = \{(1, 1, 0, 1)^T, (0, 1, 1, 0)^T\}$. Damit gilt $b = 2(1, 1, 0, 1)^T - 3(0, 1, 1, 0)^T$, also $b \in \operatorname{im}(\varphi)$.

Die Menge $\varphi^{-1}(b)$ ist gerade die Lösungsmenge des linearen Gleichungssystems $Ax = b$, dessen erweiterte Koeffizientenmatrix wir mit den gleichen Umformungen wie in a) auf Zeilenstufenform bringen:

$$\begin{pmatrix} 1 & 0 & 2 & 2 \\ 1 & 1 & 1 & -1 \\ 0 & 1 & -1 & -3 \\ 1 & 0 & 2 & 2 \end{pmatrix} \rightsquigarrow \begin{pmatrix} 1 & 0 & 2 & 2 \\ 0 & 1 & -1 & -3 \\ 0 & 1 & -1 & -3 \\ 0 & 0 & 0 & 0 \end{pmatrix} \rightsquigarrow \begin{pmatrix} 1 & 0 & 2 & 2 \\ 0 & 1 & -1 & -3 \\ 0 & 0 & 0 & 0 \\ 0 & 0 & 0 & 0 \end{pmatrix}.$$

Mit der Parametrisierung $t := x_3$ erhalten wir $x_2 = -3 + t$ und $x_1 = 2 - 2t$, also:

$$\varphi^{-1}(b) = \left\{ \begin{pmatrix} x_1 \\ x_2 \\ x_3 \end{pmatrix} = \begin{pmatrix} 2 \\ -3 \\ 0 \end{pmatrix} + t \begin{pmatrix} -2 \\ 1 \\ 1 \end{pmatrix} \mid t \in \mathbb{R} \right\}$$

c) Der Kern von φ ist die Lösungsmenge des homogenen linearen Gleichungssystems $Ax = 0$. Diesen können wir aus der in b) berechneten Lösungsmenge direkt ablesen. $\mathcal{B}' := \{(-2, 1, 1)^T\}$ ist also eine Basis von Kern φ.

d) Zunächst einmal gilt $r = \operatorname{Rang} A = 2$. Nach der Transformationsformel (Satz 18.4) gibt es Basen $\mathcal{B}$ vom $\mathbb{R}^3$ und C vom $\mathbb{R}^4$, sodass

$$M_C^{\mathcal{B}}(\varphi) := \begin{pmatrix} 1 & 0 & 0 \\ 0 & 1 & 0 \\ 0 & 0 & 0 \\ 0 & 0 & 0 \end{pmatrix} = T_C^{\mathcal{E}_4} A T_{\mathcal{E}_3}^{\mathcal{B}}$$

mit $\mathcal{E}_4$ und $\mathcal{E}_3$ Standardbasen des $\mathbb{R}^4$ und $\mathbb{R}^3$. Wir ergänzen zunächst die in c) bestimmte Basis des Kernes von φ vorne zu einer Basis $\mathcal{B}$ des $\mathbb{R}^3$. Das funktioniert mit den ersten beiden Einheitsvektoren $e_1 = (1, 0, 0)^T$ und $e_2 = (0, 1, 0)^T$. $(-2, 1, 1)^T$ wird als dritter Vektor aus $\mathcal{B}$ auf den Nullvektor abgebildet, was ja auch die vorgegebene Abbildungsmatrix $M_C^{\mathcal{B}}(\varphi)$ fordert.

Als nächstes bestimmen wir die Bilder von e_1 und e_2, welche gerade die ersten beiden Spalten von A sind. (Die vorgegebene Abbildungsmatrix $M_C^{\mathcal{B}}(\varphi)$ besagt, dass die ersten beiden Vektoren aus $\mathcal{B}$ gerade auf die ersten beiden Vektoren aus C abgebildet werden sollen.) Diese ergänzen wir hinten, zum Beispiel mit den Einheitsvektoren $e_3 = (0, 0, 1, 0)^T$ und $e_4 = (0, 0, 0, 1)^T$, zu einer Basis C des $\mathbb{R}^4$. Wir erhalten also die Basistransformationsmatrizen

$$T_{\mathcal{E}_3}^{\mathcal{B}} = \begin{pmatrix} 1 & 0 & -2 \\ 0 & 1 & 1 \\ 0 & 0 & 1 \end{pmatrix} \quad \text{und}$$

$$T_C^{\mathcal{E}_4} = \left(T_{\mathcal{E}_4}^C\right)^{-1} = \begin{pmatrix} 1 & 0 & 0 & 0 \\ 1 & 1 & 0 & 0 \\ 0 & 1 & 1 & 0 \\ 1 & 0 & 0 & 1 \end{pmatrix}^{-1} = \begin{pmatrix} 1 & 0 & 0 & 0 \\ -1 & 1 & 0 & 0 \\ 1 & -1 & 1 & 0 \\ -1 & 0 & 0 & 1 \end{pmatrix}.$$

Wegen der Transformationsformel liefern die Matrizen $P = T_C^{\mathcal{E}_4}$ und $Q = T_{\mathcal{E}_3}^{\mathcal{B}}$ das Gewünschte.   ∎

Wir geben noch ein abschließendes Beispiel.

▶ **Beispiel 194** Durch die Matrix

$$A = \begin{pmatrix} 2 & 1 & -3 & 2 \\ 6 & 3 & -9 & 6 \\ 0 & 1 & -2 & 2 \end{pmatrix}$$

sei eine lineare Abbildung $\varphi : \mathbb{R}^4 \to \mathbb{R}^3$ beschrieben durch $\varphi(x) = Ax$.

a) Bestimme den Rang der Matrix A und gib die Dimension des Kerns von φ an. Dies geht so: Wir bringen die Matrix A zunächst auf Zeilenstufenform und zwar mit Hilfe elementarer Zeilenumformungen:

$$\begin{pmatrix} 2 & 1 & -3 & 2 \\ 6 & 3 & -9 & 6 \\ 0 & 1 & -2 & 2 \end{pmatrix} \rightsquigarrow \begin{pmatrix} 2 & 1 & -3 & 2 \\ 0 & 0 & 0 & 0 \\ 0 & 1 & -2 & 2 \end{pmatrix} \rightsquigarrow \begin{pmatrix} 2 & 1 & -3 & 2 \\ 0 & 1 & -2 & 2 \\ 0 & 0 & 0 & 0 \end{pmatrix}. \quad (18.1)$$

In der Zeilenstufenform stehen zwei Zeilen, die nicht nur aus Nullen bestehen. Also ist $\text{rang}(A) = 2$. Die Dimension des Kerns von φ können wir mit $\dim(\text{im}(A)) = \text{rang}(A)$ und der Dimensionsformel zu

$$\dim(\ker(\varphi)) = \dim \mathbb{R}^4 - \dim(\text{im}(A)) = 4 - 2 = 2.$$

berechnen.

b) Gib eine Basis $C' \subset \mathbb{R}^3$ des Bildes und eine Basis $\mathcal{B}' \subset \mathbb{R}^4$ des Kerns von φ an. Dies geht so: DIe Pivotelemente in der in (18.1) ermittelten Zeilenstufenform stehen in der ersten und zweiten Spalte. Folglich bilden die ersten beiden Spalten von A eine Basis des Bildes von φ. Also gilt

$$C' = \left\{ (2, 6, 2)^T, (1, 3, 1)^T \right\}.$$

Der Kern von φ ist die Lösungsmenge des homogenen linearen Gleichungssystems $\varphi(x) = Ax = 0$. In der Zeilenstufenform in (18.1) erkennen wir, dass x_3 und x_4 freie Variablen sind. Mit der Wahl (Parametrisierung) $x_3 =: s$ und $x_4 =: t$ folgt sofort

$$x_2 = 2s - 2t \quad \text{und} \quad x_1 = -\frac{1}{2}x_2 + \frac{3}{2}x_3 - x_4 = \frac{1}{2}s.$$

Die Lösungsmenge von $Ax = 0$ ist also

$$L = \mathbb{R}(1, 4, 2, 0)^T + \mathbb{R}(0, -2, 0, 1)^T$$

und demnach bildet

$$\mathcal{B}' = \left\{ (1, 4, 2, 0)^T, (0, -2, 0, 1)^T \right\}$$

eine Basis des Kerns von φ.

c) Benutze nun die Basis des Kerns von φ, um eine (4×4)-Matrix B vom Rang 2 anzugeben, für die $A \cdot B = 0$ gilt. Dies sieht man so: Jeder der beiden Basisvektoren des Kerns von φ wird durch Multiplikation von links an A auf die 0 abgebildet. Zu diesen beiden Spaltenvektoren ergänzen wir zweimal den Nullvektor. Dann lautet die gesuchte (4×4)-Matrix

$$B = \begin{pmatrix} 1 & 0 & 0 & 0 \\ 4 & -2 & 0 & 0 \\ 2 & 0 & 0 & 0 \\ 0 & 1 & 0 & 0 \end{pmatrix}.$$

Dies ist eine Matrix vom Rang 2, die $A \cdot B = 0$ erfüllt.

d) Ergänze, die in b) berechnete Basis $\mathcal{B}'$ des Kerns von φ zu einer Basis $\mathcal{B}$ des $\mathbb{R}^4$. Dies macht man so: Wir testen die kanonischen Basisvektoren des $\mathbb{R}^4$ auf lineare Unabhängigkeit zu den Vektoren aus $\mathcal{B}'$. Wenn man dies tut, so stellt man fest, dass $e_1 = (1, 0, 0, 0)^T$ und $e_2 = (0, 1, 0, 0)^T$ dies leisten. Also lautet die gesuchte Basis

$$\mathcal{B} = \left\{ (1, 0, 0, 0)^T, (0, 1, 0, 0)^T, (1, 4, 2, 0)^T, (0, -2, 0, 1)^T \right\}.$$

e) Bestimme eine Basis C des $\mathbb{R}^3$, so dass

$$M_C^{\mathcal{B}}(\varphi) = \begin{pmatrix} 1 & 0 & 0 & 0 \\ 0 & 1 & 0 & 0 \\ 0 & 0 & 0 & 0 \end{pmatrix}.$$

Nach Definition der Darstellungsmatrix wissen wir, dass die Spalten von $M_C^{\mathcal{B}}(\varphi)$ die Koordinantenvektoren bzgl. C der Bilder der Basisvektoren aus $\mathcal{B}$ sind. Wir müssen also mit der Basis $\mathcal{B} := \{b_1, b_2, b_3, b_4\}$ aus d) eine Basis $C = \{c_1, c_2, c_3\}$ finden, so dass $Ab_1 = c_1$, $Ab_2 = c_2$, $Ab_3 = Ab_4 = 0$ gilt. Die letzten beiden Gleichungen sind erfüllt, da b_3 und b_4 gerade so gewählt waren, dass die im Kern von φ liegen. Da b_1 und b_2 gerade der erste bzw. zweite Einheitsvektor des $\mathbb{R}^4$ sind, können wir für c_1 und c_2 gerade die erste bzw. zweite Spalte von A wählen, also $c_1 = (2, 6, 0)^T$ und $c_2 = (1, 3, 1)^T$. Dies geht, da die beiden Vektoren linear unabhängig sind. Für c_3 sind durch die vorgegebene Darstellungsmatrix keine Vorgabe gemacht; wir müssen c_3 also so wählen, dass C eine Basis des $\mathbb{R}^3$ wird. Dies ist aber durch $e_3 = (1, 0, 0)^T$ gegeben. Demnach bildet

$$C = \{(2, 6, 0)^T, (1, 3, 1)^T, (1, 0, 0)^T\}$$

die gesuchte Basis.

f) Gib invertierbare Matrizen S und T an, so dass

$$S^{-1}AT = \begin{pmatrix} 1 & 0 & 0 & 0 \\ 0 & 1 & 0 & 0 \\ 0 & 0 & 0 & 0 \end{pmatrix}.$$

Dies kann mit Hilfe von e) lösen und zwar verwenden wir die Transformationsformel

$$M_C^{\mathcal{B}}(\varphi) = T_C^{\mathcal{E}_3} \cdot A \cdot T_{\mathcal{E}_4}^{\mathcal{B}} = \left(T_{\mathcal{E}_3}^C\right)^{-1} \cdot A \cdot T_{\mathcal{E}_4}^{\mathcal{B}}.$$

Hierbei bezeichnen $\mathcal{E}_3$ und $\mathcal{E}_4$ die kanonischen Basen des $\mathbb{R}^3$ bzw. des $\mathbb{R}^4$. Man sieht nun, dass $S = T_{\mathcal{E}_3}^C$ und $T_{\mathcal{E}_4}^{\mathcal{B}}$ die in der Aufgabe geforderte Gleichung erfüllen. Es gilt dann sofort

$$S = \begin{pmatrix} 2 & 1 & 1 \\ 6 & 3 & 0 \\ 0 & 1 & 0 \end{pmatrix} \quad \text{und} \quad T = \begin{pmatrix} 1 & 0 & 1 & 0 \\ 0 & 1 & 4 & -2 \\ 0 & 0 & 2 & 0 \\ 0 & 0 & 0 & 1 \end{pmatrix}.$$

Wir sind fertig!   ∎

Erklärung

Zur Dimensionsformel (Satz 18.9): Gegeben seien zwei Vektorräume V und W mit $\dim(V) = 2$ und $\dim(W) = 4$, weiter sei $\dim(V + W) = 4$. Was ist dann $\dim(V \cap W)$? Nach der Dimensionsformel folgt sofort $\dim(V \cap W) = 2$.

Homomorphismen

In diesem Kapitel werden wir Morphismen, also strukturerhaltende Abbildungen kennenlernen. Wenn ihr diese zum ersten Mal hört, klingen sie vielleicht zunächst kompliziert. Wir werden aber sehen, dass die Fälle, die für uns von Interesse sind, gar nicht so schwer sind. Also gehen wir es an.

19.1 Definitionen

Definition 19.1 (Homomorphismus)
Ein **Homomorphismus** f ist eine strukturerhaltende Abbildung zwischen zwei algebraischen Strukturen. Das heißt, sind A und B zwei algebraische Strukturen (zum Beispiel Gruppen, Ringe, Körper oder Ähnliches), so gilt für jede Verknüpfung $\circ_A$ auf A und jede Verknüpfung $\circ_B$ auf B und für alle $a, b \in A$:

$$f(a \circ_A b) = f(a) \circ_B f(b).$$

Definition 19.2 (Epimorphismus)
Ein **Epimorphismus** ist ein surjektiver Homomorphismus.

Definition 19.3 (Monomorphismus)
Ein **Monomorphismus** ist ein injektiver Homomorphismus.

© Springer-Verlag GmbH Deutschland, ein Teil von Springer Nature 2018
F. Modler, M. Kreh, *Tutorium Analysis 1 und Lineare Algebra 1*,
https://doi.org/10.1007/978-3-662-56752-4_19

Definition 19.4 (Isomorphismus)
Ein **Isomorphismus** ist ein bijektiver Homomorphismus. Gibt es einen Isomorphismus zwischen A und B, so heißen A und B **isomorph** und wir schreiben $A \cong B$.

Definition 19.5 (Endomorphismus)
Einen Homomorphismus nennt man im Fall $A = B$ einen **Endomorphismus**. Wir bezeichnen mit $\mathrm{End}_K(V)$ den Raum aller Endomorphismen des K-Vektorraumes V.

Definition 19.6 (Automorphismus)
Einen Isomorphismus nennt man im Fall $A = B$ einen **Automorphismus**. Wir bezeichnen mit $\mathrm{Aut}_K(V)$ den Raum aller Automorphismen des K-Vektorraumes V.

19.2   Sätze und Beweise

Satz 19.1 (Eigenschaften von Morphismen)
Seien A und B algebraische Strukturen und $f : A \to B$ ein Morphismus.

1. *Jeder Homomorphismus bildet das neutrale Element von A auf das neutrale Element von B ab.*
2. *Sind A und B multiplikativ invertierbar (das heißt, zu jedem $a \in A$ und $b \in B$ existiert ein multiplikatives Inverses), so gilt für das Inverse $f(a^{-1}) = (f(a))^{-1}$.*
3. *Jeder Körperhomomorphismus ist injektiv, also automatisch ein Monomorphismus.*

Beweis: Seien $a, b \in A$, e_A das neutrale Element von A und e_B das neutrale Element von B. Dann gilt

1.
$$f(a) = f(a \circ_A e_A) = f(a) \circ_B f(e_A.)$$

2.
$$f(a^{-1}) = f(a^{-1}) \circ_B f(a) \circ_B (f(a))^{-1}$$
$$= f(a^{-1} \circ_A a) \circ_B (f(a))^{-1}$$

$$= f(0_A) \circ_B (f(a))^{-1}$$
$$= 0_B \circ_B (f(a))^{-1}$$
$$= (f(a))^{-1}.$$

3.

$$f(a) = f(b)$$
$$\Rightarrow f(a) \circ_B (f(a))^{-1} = f(b) \circ_B (f(a))^{-1}$$
$$\Rightarrow 1 = f(b \circ_A a^{-1})$$
$$\Rightarrow b \circ_A a^{-1} = 1$$
$$\Rightarrow b = a. \hspace{4cm} \text{q.e.d.}$$

19.3   Erklärungen zu den Definitionen

Wir werden nun bei den Erklärungen den obigen abstrakten Begriffen Figur verleihen und vor allem Beispiele zeigen.

Erklärung

Zur Definition 19.1 des Homomorphismus: Wir wollen zunächst einmal zwei Fälle unterscheiden. Die folgenden Begriffe haben wir uns zwar schon in Kap. 6 in Definition 6.3 und 6.6 angeschaut, aber nun können wir eigentlich erst richtig verstehen, was dahinter steckt.

- Wir haben es mit zwei Gruppen zu tun, das heißt, wir haben eine algebraische Struktur mit einer Verknüpfung vorliegen. Diese Verknüpfung heiße $\oplus$. Dann muss gelten $f(a \oplus_A b) = f(a) \oplus_B f(b)$. Einen solchen Homomorphismus nennt man *Gruppenhomomorphismus*. Hierzu ein Beispiel.

▶ **Beispiel 195** Sei $A = (\mathbb{R}, +), B = (\mathbb{R}^*, \cdot)$, dann ist die Exponentialfunktion $f(x) = e^x$ ein Gruppenhomomorphismus, dies folgt direkt aus der Funktionalgleichung der Exponentialfunktion (siehe auch Definition 9.12 aus Kap. 9) $f(x + y) = e^{x+y} = e^x \cdot e^y = f(x) \cdot f(y)$. ∎

- Haben wir es mit zwei Ringen zu tun, also einer Struktur mit zwei Verknüpfungen, so nennt man den Homomorphismus *Ringhomomorphismus*. Auch hier wollen wir ein Beispiel betrachten.

▶ **Beispiel 196** Für beliebiges aber festes $\alpha \in \mathbb{Z}$ betrachten wir die Abbildung

$$\mathbb{R}[x] \to \mathbb{Z}, \qquad \sum_{i=0}^{n} a_i x^i \mapsto \sum_{i=0}^{n} a_i \alpha^i.$$

Wir wollen nun zeigen, dass dies tatsächlich ein Ringhomomorphismus ist. Dies folgt allerdings schon direkt aus der Definition, denn es gilt ja

$$(f + g) \mapsto (f + g)(\alpha) = f(\alpha) + g(\alpha), \qquad (19.1)$$

$$(f \cdot g) \mapsto (f \cdot g)(\alpha) = f(\alpha) \cdot g(\alpha). \qquad (19.2)$$

Diesen in der Algebra (werdet ihr im dritten Semester sehen) sehr wichtigen Homomorphismus nennt man passenderweise auch *Einsetzungshomomorphismus*. ∎

Erklärung

Zur Definition 19.2 des Epimorphismus: Ein Epimorphismus ist einfach ein Homomorphismus, der surjektiv ist. Ist f bereits ein Homomorphismus, so erhalten wir leicht einen Epimorphismus durch $f : A \to f(A)$, $a \mapsto f(a)$, denn jedes Element im Bild wird ja angenommen, also ist dies ein Epimorphismus. Zum Beispiel ist der Gruppenhomomorphismus aus Beispiel 195 kein Epimorphismus, da zum Beispiel die -1 nicht angenommen wird, aber $f : \mathbb{R} \to \mathbb{R}_{>0}$, $f(x) = e^x$ ist ein Gruppenepimorphismus. Will man also überprüfen, ob eine Abbildung ein Epimorphismus ist, so prüft man zunächst, wie oben, ob sie ein Homomorphismus ist und danach, ob dieser auch surjektiv ist.

Erklärung

Zur Definition 19.3 des Monomorphismus: Das „Gegenstück" zum Epimorphismus ist der Monomorphismus, also ein injektiver Homomorphismus. Betrachten wir hierzu zwei Beispiele.

▶ **Beispiel 197** Sei die Abbildung

$$f : (\mathbb{C}, +) \to (\mathbb{R}, +), \qquad f(z) := \operatorname{Im}(z) \quad \text{(Imaginärteil)}$$

gegeben. Diese Abbildung ist ein Gruppenhomomorphismus (das solltet ihr euch klar machen und am besten nachprüfen), der allerdings nicht injektiv ist, zum Beispiel gilt ja $f(1 + i) = f(2 + i) = 1)$, also ist f kein Monomorphismus. ∎

▶ **Beispiel 198** Die Abbildung

$$g : \mathbb{R}^2 \to \mathbb{R}^4, \qquad g(x, y) := (x, y, x + y, x - y)$$

ist ein Vektorraummonomorphismus (Und da jeder Vektorraum eine Gruppe ist, auch ein Gruppenmonomorphismus). Die Überprüfung, dass dies ein Homomorphismus ist überlassen wir wieder euch. (Hinweis: Die Vektorraumhomomorphismen sind gerade die linearen Abbildungen.) Die Injektivität überprüfen wir leicht mit dem Kriterium aus dem letzten Kap. 18: Wir untersuchen den Kern, also alle Elemente, die auf $(0, 0, 0, 0)^T$ abgebildet werden. Und da haben wir in den ersten beiden Einträgen schon stehen $x = y = 0$, also ist der Kern trivial, und wir haben tatsächlich einen Monomorphismus vorliegen. ∎

Euer Vorgehen bei der Überprüfung, ob eine Abbildung ein Monomorphismus ist, sollte also immer sein: Überprüft zuerst, ob diese Abbildung überhaupt ein Homomorphismus ist und danach, ob sie injektiv ist. Dies macht ihr meistens am besten, wenn ihr den Kern betrachtet.

Erklärung

Zur Definition 19.4 des Isomorphismus: Treffen Epimorphismus und Monomorphismus zusammen, so erhalten wir den Isomorphismus, den bijektiven Homomorphismus. Dieser Begriff ist sehr wichtig, denn im Verlauf eures Studiums werdet ihr merken, dass bestimmte Objekte (auf die wir hier nicht näher eingehen wollen) nur bis auf Isomorphie eindeutig sind, das heißt, es existieren mehrere, aber zwischen ihnen existieren Isomorphismen. Nun aber mal zwei Beispiele. Hierfür ist es naheliegend, sich die beiden Abbildungen genauer anzuschauen, die sich als Epimorphismus bzw. als Monomorphismus herausgestellt haben. Vielleicht ist ja eine von ihnen sogar ein Isomorphismus?

▶ **Beispiel 199**

● Zunächst einmal:

$$g : \mathbb{R}^2 \to \mathbb{R}^4, \qquad g(x, y) := (x, y, x + y, x - y).$$

Ist diese Funktion surjektiv? Nein, denn die Einträge $x + y$ und $x - y$ sind durch die beiden ersten schon festgelegt. Sind zum Beispiel $x = y = 0$, so ist damit auch $x + y = x - y = 0$, also wird der Punkt $(0, 0, 1, 1)$ nicht angenommen. g ist also kein Isomorphismus.

● Und f? Wir betrachten also wieder $f : \mathbb{R} \to \mathbb{R}_{>0}$, $f(x) = e^x$ und überprüfen auf Injektivität. Da dies keine lineare Abbildung ist können wir unser schönes Kriterium mit dem Kern leider nicht nutzen. Aber wir wissen aus der Analysis, dass die Exponentialfunktion streng monoton steigend ist, es gilt also $f(x) \neq f(y)$ falls $x \neq y$. Damit ist f also tatsächlich ein Isomorphismus, und die beiden Gruppen $(\mathbb{R}, +)$ und $(\mathbb{R}_{>0}, \cdot)$ sind isomorph. ∎

Anmerkungen zu den bisher behandelten Morphismen

Man kann Morphismen noch allgemeiner formulieren (beispielsweise in der Kategorientheorie), als wir es hier getan haben. Dann sind Monomorphismen nicht unbedingt injektiv, Epimorphismen nicht unbedingt surjektiv, und man muss bei Isomorphismen fordern, dass die Umkehrabbildung ebenfalls ein Homomorphismus ist. Dies ist allerdings bei den Strukturen, die wir behandeln, sowieso gegeben und auf diesen Srukturen sind die Monomorphismen (Epimorphismen), die man allgemeiner definiert, auch injektiv (surjektiv). Am Schluss wollen wir noch anmerken, dass nicht in allen Fachbüchern für einen Ringhomomorphismus die Tatsache $f(1_A) = 1_B$ gefordert wird.

Zur Definition 19.5 des Endomorphismus: Einen Endomorphismus kann man nun leicht erkennen: Zunächst müssen die beiden Strukturen identisch sein, und die Abbildung muss ein Homomorphismus sein. Wie man das überprüft, haben wir ja oben in den Erklärungen zur Definition 19.1 des Homomorphismus schon gesehen. Wir wollen uns hier nur noch einmal mit dem wichtigsten Fall, dem Endomorphismus zwischen endlich-dimensionalen Vektorräumen befassen. Diese Endomorphismen sind dann nach Definition einfach die linearen Abbildungen (schaut euch im Fall, dass A und B Vektorräume sind, einfach mal beide Definitionen genauer an (siehe Definition 17.1 aus Kap. 17) ;-)). Wir halten also fest: Die Endomorphismen zwischen Vektorräumen sind lineare Abbildungen, und im Falle von endlich-dimensionalen Vektorräumen lässt sich also jeder Endomorphismus als Matrix schreiben.

Zur Definition 19.6 des Automorphismus: Nun ist es sehr einfach, die Automorphismen zu klassifizieren, falls wir uns wieder auf die endlich-dimensionalen Vektorräume beschränken. Dies wollen wir an dieser Stelle auch tun. Dann sind die Automorphismen genau die linearen Abbildungen, die eine invertierbare Matrix als Darstellungsmatrix haben. Wir wollen allerdings auch ein bekanntes Beispiel ohne Matrixdarstellung geben.

▶ **Beispiel 200** Wir betrachten die komplexe Konjugation $c : \mathbb{C} \to \mathbb{C}, c(z) = \overline{z}$. Wir überlassen es euch zu überprüfen, dass dies tatsächlich ein Automorphismus ist und wollen hier nur die Matrixdarstellung dieses Automorphismus bestimmen. Dazu identifizieren wir $\mathbb{C}$ wieder wie im Kap. 4 über Zahlen mit $\mathbb{R}^2$. Dann betrachten wir, was mit der Basis $(1, i)$ geschieht, wobei wir wie eben gesagt die 1 mit $\begin{pmatrix} 1 \\ 0 \end{pmatrix}$ und i mit $\begin{pmatrix} 0 \\ 1 \end{pmatrix}$ identifizieren. Dann gilt $\begin{pmatrix} 1 \\ 0 \end{pmatrix} \mapsto \begin{pmatrix} 1 \\ 0 \end{pmatrix} (1 \mapsto 1)$ und $\begin{pmatrix} 0 \\ 1 \end{pmatrix} \mapsto \begin{pmatrix} 0 \\ -1 \end{pmatrix} (i \mapsto -i)$ Wir suchen also eine Matrix A für die gilt

$$A \cdot \begin{pmatrix} 1 \\ 0 \end{pmatrix} = \begin{pmatrix} 1 \\ 0 \end{pmatrix} \text{ und } A \cdot \begin{pmatrix} 0 \\ 1 \end{pmatrix} = \begin{pmatrix} 0 \\ -1 \end{pmatrix}$$

und dadurch erhält man

$$A = \begin{pmatrix} 1 & 0 \\ 0 & -1 \end{pmatrix}.$$

Diese Matrix nennt man auch *komplexe Struktur*.   ∎

Wir wollen nun noch die Verbindung zwischen den verschiedenen Morphismen illustrieren. Vielleicht kennen einige von euch aus der Schule noch das Haus der Vierecke, in dem alle Vierecke in Verbindung gebracht werden. Wir möchten dies nun auf die Morphismen übertragen und erhalten das *Haus der Morphismen* (Abb. 19.1).

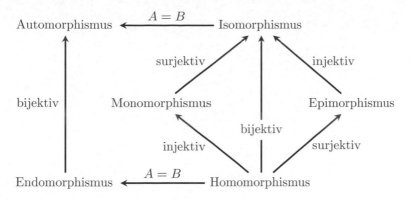

Abb. 19.1 Haus der Morphismen

19.4   Erklärungen zu den Sätzen und Beweisen

Erklärung

Zum Satz 19.1 über die Eigenschaften von Morphismen: Der erste Teil des Satzes besagt einfach, dass jeder Morphismus das neutrale Element bezüglich der Verknüpfung in A, auf das neutrale Element der Verknüpfung in B abbildet.

Teil zwei besagt, dass Inversenbildung und Morphismus verträglich sind, es ist also egal, welches von beiden man zuerst anwendet, falls man Inverse bilden kann.

Der letzte Teil schließlich ist der Wichtigste, wenn man einen Morphismus zwischen zwei Körpern betrachtet, so können nicht zwei Elemente auf dasselbe abgebildet werden. Dies liegt an der Tatsache, dass in einem Körper das Inverse zu jedem Element existiert und ein Morphismus einserhaltend und nullerhaltend ist.

Permutationen

20

Dieses Kapitel ist den Permutationen gewidmet. Diese haben vor allem später in der Algebra eine wichtige Bedeutung. Wir werden hier wirklich nur die Grundlagen angeben, aber nicht mit Beispielen sparen.

20.1 Definitionen

> **Definition 20.1 (Permutation)**
> Ist A eine endliche Menge, so nennen wir eine Abbildung $\sigma : A \to A$ **Permutation**, falls σ bijektiv ist. Die Menge aller Permutationen von A bezeichnet man mit S_A. Gilt $A = \{1, \ldots, n\}$, so schreiben wir für die Menge der Permutationen auch S_n und nennen dies die *symmetrische Gruppe*.

> **Definition 20.2 (Transposition)**
> Eine Permutation, die nur zwei Elemente vertauscht, heißt **Transposition**.

> **Definition 20.3 (Fehlstand)**
> Ein **Fehlstand** einer Permutation $\sigma \in S_n$ ist ein Paar (i, j), für das $i < j$ und $\sigma(i) > \sigma(j)$ gilt.

> **Definition 20.4 (Signum einer Permutation)**
> Wir definieren das **Signum** einer Permutation als $(-1)^r$, wobei r die Anzahl der Fehlstände bezeichnet. Eine Permutation mit $\text{sign}(\sigma) = 1$ nennt man

© Springer-Verlag GmbH Deutschland, ein Teil von Springer Nature 2018
F. Modler, M. Kreh, *Tutorium Analysis 1 und Lineare Algebra 1*,
https://doi.org/10.1007/978-3-662-56752-4_20

auch **gerade**. Eine Permutation mit $\text{sign}(\sigma) = -1$ **ungerade**. Die Menge aller geraden Permutationen wird mit A_n bezeichnet, also $A_n := \{\sigma \in S_n : \text{sign}(\sigma) = 1\}$. Diese Gruppe nennen wir die **alternierende Gruppe**.

20.2   Sätze und Beweise

Satz 20.1 (Anzahl der Permutationen)
Es gilt $|S_n| = n!$ und $|A_n| = \frac{n!}{2}$ für $n \geq 2$.

Beweis: Wir beweisen nur $|S_n| = n!$.

Wir überlegen uns für ein $\sigma \in S_n$, wie viele verschiedene Werte $\sigma(j)$, $j = 1, \ldots, n$ annehmen kann.

Für $\sigma(1)$ gibt es n Möglichkeiten, für $\sigma(2)$ nur noch $n - 1$, und induktiv erhält man immer eine Möglichkeit weniger, bis man schließlich für $\sigma(n)$ nur noch eine Möglichkeit hat. Das sind zusammen

$$n \cdot (n - 1) \cdot \ldots \cdot 1 = n!$$

mögliche Werte.   q.e.d.

Satz 20.2 (Darstellung durch Transpositionen)
Jede Permutation lässt sich als Komposition (Verknüpfung) von Transpositionen darstellen.

Beweis: Sei $\sigma \in S_n$, o. B. d. A. nicht die Identität. Dann gibt es ein $k_1 \in \{1, \ldots, n\}$ mit $\sigma(i) = i$, $\forall i < k_1$ und $\sigma(k_1) > k_1$. Wir setzen $\tau_1 := (k_1 \, \sigma(k_1))$ und $\sigma_1 := \tau_1 \circ \sigma$. Dann gilt $\sigma_1(i) = i$ für alle $i < k_1 + 1$ (und vielleicht auch mehr.) Es gibt also eventuell ein k_2 mit $\sigma_1(i) = i$ $\forall i < k_2$ und $\sigma(k_2) > k_2$. Dann setzen wir $\tau_2 = (k_2 \, \sigma(k_2))$ und $\sigma_2 := \tau_2 \circ \sigma_1$. Dies führt man solange fort, bis $\sigma_k = \text{Id}$ gilt (da jede Permutation nur n Einträge enthält, führt das Verfahren nach endlich vielen Schritten zum Ende) und erhält dann $\sigma_k = \tau_k \circ \ldots \circ \tau_1 \circ \sigma \Rightarrow \sigma = \tau_1 \circ \ldots \circ \tau_k$.
                                                                    q.e.d.

Satz 20.3 (Die Gruppe der Permutationen)
S_n bildet zusammen mit der Komposition eine Gruppe.

Satz 20.4 (Signum ist Gruppenhomomorphismus)
Die Funktion
$$\mathrm{sign} : S_n \to \{-1, 1\}, \quad \sigma \mapsto \mathrm{sign}(\sigma)$$
ist ein Gruppenhomomorphismus zwischen $(S_n, \circ)$ *und* $(\{-1, 1\}, \cdot)$.

Beweis:

$$\mathrm{sign}(\tau \circ \sigma) = \prod_{i<j} \frac{\tau(\sigma(j)) - \tau(\sigma(i))}{j - i}$$

$$= \prod_{i<j} \frac{\tau(\sigma(j)) - \tau(\sigma(i))}{\sigma(j) - \sigma(i)} \cdot \prod_{i<j} \frac{\sigma(j) - \sigma(i)}{j - i}$$

$$= \prod_{\substack{i<j \\ \sigma(i)<\sigma(j)}} \frac{\tau(\sigma(j)) - \tau(\sigma(i))}{\sigma(j) - \sigma(i)} \cdot \prod_{\substack{i<j \\ \sigma(i)>\sigma(j)}} \frac{\tau(\sigma(j)) - \tau(\sigma(i))}{\sigma(j) - \sigma(i)} \cdot \mathrm{sign}(\sigma)$$

$$= \prod_{\substack{i<j \\ \sigma(i)<\sigma(j)}} \frac{\tau(\sigma(j)) - \tau(\sigma(i))}{\sigma(j) - \sigma(i)} \cdot \prod_{\substack{i>j \\ \sigma(i)<\sigma(j)}} \frac{\tau(\sigma(j)) - \tau(\sigma(i))}{\sigma(j) - \sigma(i)} \cdot \mathrm{sign}(\sigma)$$

$$= \prod_{\sigma(i)<\sigma(j)} \frac{\tau(\sigma(j)) - \tau(\sigma(i))}{\sigma(j) - \sigma(i)} \cdot \mathrm{sign}(\sigma)$$

$$= \mathrm{sign}(\tau) \cdot \mathrm{sign}(\sigma) \qquad\qquad\qquad \text{q.e.d.}$$

Satz 20.5 (Äquivalenzen zum Signum)
Es gilt

1. $\mathrm{sign}(\sigma) = (-1)^t$, *wobei* t *eine Anzahl an Transpositionen ist, mit der man* σ *darstellen kann.*
2. $\mathrm{sign}(\sigma) = \prod_{i<j} \frac{\sigma(j)-\sigma(i)}{j-i}$

Beweis:
1. Sei $\sigma = (k\,l)$. Dann gilt $\sigma = (k\,l) = (1\,k\,2\,l)(1\,2)(1\,l\,2\,k)$ und $\mathrm{sign}(1\,2) = -1$. Der Rest folgt aus Satz 20.4.

2.

$$\prod_{i<j}(\sigma(j)-\sigma(i)) = \left(\prod_{\substack{i<j \\ \sigma(i)<\sigma(j)}} \sigma(j)-\sigma(i)\right) \cdot (-1)^r \prod_{\substack{i<j \\ \sigma(i)>\sigma(j)}} |\sigma(j)-\sigma(i)|$$

$$= (-1)^r \prod_{i<j} |\sigma(j)-\sigma(i)|$$

$$= (-1)^r \prod_{i<j} |j-i|$$

r bezeichnet in der Rechnung die Anzahl der Fehlstände, siehe Definition 20.3.

q.e.d.

20.3   Erklärungen zu den Definitionen

Erklärung

Zur Definition 20.1 der Permutation: Eine Permutation ist, wie der Name schon sagt, eine Abbildung, die Elemente einer Menge permutiert, also vertauscht. Hierbei sind die wichtigsten Permutationen diejenigen, die auf der Menge $\{1,\ldots,n\}$ ($n \in \mathbb{N}$) operieren, also in S_n liegen. Deshalb werden wir uns hier fast ausschließlich mit ihnen beschäftigen.

Wir wollen nun drei verschiedene Möglichkeiten kennenlernen, Permutationen darzustellen. Als erstes gibt es die *Listenschreibweise*. Man schreibt die Elemente der Menge, also die Zahlen 1 bis n, in die obere Zeile einer Tabelle und das Bild unter der Permutation σ direkt darunter:

1	2	$\cdots$	$n-1$	n
$\sigma(1)$	$\sigma(2)$	$\cdots$	$\sigma(n-1)$	$\sigma(n)$

Zum Beispiel vertauscht diese Permutation

1	2	3	4	5
1	3	2	5	4

jeweils die Elemente 2 und 3 sowie 4 und 5 und lässt die 1 fest.

Eine zweite Möglichkeit ist die *Zykelschreibweise*. Dabei schreibt man die Bilder eines Elements einfach hintereinander:

$$(1 \; \sigma(1) \; \cdots \; \sigma^k(1))$$

und zwar solange, bis man wieder beim ersten Element ankommt. Hierbei kann es aber nun vorkommen, dass gar nicht alle Elemente aus der 1 erzeugt werden können. Dann schreibt man direkt dahinter noch einmal dasselbe mit dem Element, das nicht erzeugt werden konnte, immer beginnend mit dem kleinsten. Dies wollen wir erst einmal an einigen Beispielen betrachten.

▶ **Beispiel 201** Als erstes nehmen wir die Permutation von oben. Sie lässt 1 fest, also ist die erste Klammer einfach nur (1). Nun haben wir die 2 noch nicht erzeugt, machen mit ihr also dasselbe. Die 2 wird auf die 3 abgebildet und diese wieder auf die 2, also ist die zweite Klammer: (2 3). Ebenso erhält man für die dritte Klammer (4 5), also ist die gesamte Permutation gegeben durch (1)(2 3)(4 5). Doch eigentlich ist es unnötig, Klammern zu schreiben, in denen nur ein Element ist, da mit diesen Elementen ja nichts passiert, das heißt, wir schreiben in Zukunft nur noch (2 3)(4 5) für die obige Permutation. Wichtig zu wissen ist, auf welcher Menge die Permutation wirkt. Zum Beispiel könnte die Permutation (1 2 3) in S_3 sein oder auch in S_4 (wenn die 4 festgelassen wird und sie deshalb nicht aufgezählt wird) oder in S_5 oder…

Also müsst ihr euch merken: In Zykelschreibweise muss immer mit angegeben sein, in welcher der Gruppen S_n man sich befindet. ∎

Als letztes wollen wir die Schreibweise durch *Permutationsmatrizen* kennenlernen.
Dabei fasst man

$$\begin{pmatrix} 1 \\ 2 \\ \vdots \\ n-1 \\ n \end{pmatrix} \quad \text{und} \quad \begin{pmatrix} \sigma(1) \\ \sigma(2) \\ \vdots \\ \sigma(n-1) \\ \sigma(n) \end{pmatrix}$$

als Vektoren auf und sucht eine Matrix A, für die gilt

$$A \cdot \begin{pmatrix} 1 \\ 2 \\ \vdots \\ n-1 \\ n \end{pmatrix} = \begin{pmatrix} \sigma(1) \\ \sigma(2) \\ \vdots \\ \sigma(n-1) \\ \sigma(n) \end{pmatrix}.$$

Da eine Permutation die Elemente nur vertauscht, stehen also in jeder Zeile und jeder Spalte der Matrix A genau eine 1 und sonst nur Nullen.

▶ **Beispiel 202** Wir betrachten wieder die Permutation (2 3)(4 5) und wollen diese als Matrix darstellen. Dabei nutzt man einfach die Regeln der Matrizenmultiplikation und erhält dann:

$$A = \begin{pmatrix} 1 & 0 & 0 & 0 & 0 \\ 0 & 0 & 1 & 0 & 0 \\ 0 & 1 & 0 & 0 & 0 \\ 0 & 0 & 0 & 0 & 1 \\ 0 & 0 & 0 & 1 & 0 \end{pmatrix}.$$

∎

▶ **Beispiel 203** Wir wollen nun noch einmal eine Permutationsmatrix von S_4 betrachten und diese Permutation in Zykelschreibweise und Listenschreibweise bringen. Sei

$$P = \begin{pmatrix} 0 & 1 & 0 & 0 \\ 0 & 0 & 1 & 0 \\ 0 & 0 & 0 & 1 \\ 1 & 0 & 0 & 0 \end{pmatrix}.$$

Dann betrachten wir einfach, was passiert, wenn wir $P \cdot (1,2,3,4)^T$ berechnen. Es gilt:

$$P \cdot \begin{pmatrix} 1 \\ 2 \\ 3 \\ 4 \end{pmatrix} = \begin{pmatrix} 0 & 1 & 0 & 0 \\ 0 & 0 & 1 & 0 \\ 0 & 0 & 0 & 1 \\ 1 & 0 & 0 & 0 \end{pmatrix} \cdot \begin{pmatrix} 1 \\ 2 \\ 3 \\ 4 \end{pmatrix} = \begin{pmatrix} 2 \\ 3 \\ 4 \\ 1 \end{pmatrix}.$$

und damit haben wir auch schon die Listenschreibweise:

1	2	3	4
2	3	4	1

und damit auch leicht die Zykelschreibweise: (1 2 3 4), denn die 1 wird auf die 2 abgebildet, die 2 auf die 3, die 3 auf die 4 und diese wieder auf die 1. ■

Wir wollen nun noch betrachten, was passiert, wenn wir zwei Permutationen verknüpfen, also hintereinander ausführen, so wie in Kap. 3 über Abbildungen definiert (siehe Definition 3.5). Dies wollen wir an einem Beispiel verdeutlichen.

▶ **Beispiel 204** Seien $\sigma, \tau \in S_6$ mit $\sigma = (1\ 2\ 4)(3\ 5\ 6)$ und $\tau = (1\ 4)(3\ 6)$.

Dann ist $\sigma \circ \tau = (1\ 2\ 4)(3\ 5\ 6) \circ (1\ 4)(3\ 6)$. Nun beginnen wir mit dem kleinsten Element, also der 1 und suchen die Klammern von rechts nach links ab, wo diese zum ersten Mal auftaucht. Das ist der Fall in der zweiten Klammer von rechts. Also geht zunächst die 1 auf die 4. Jetzt suchen wir von der Stelle, wo wir die 1 gefunden haben nach links weiter und suchen die 4. Die ist in der ersten Klammer und geht dort auf die 1, insgesamt wird also die 1 festgelassen. Dasselbe macht man nun mit der 2, diese ist nur einmal vorhanden und geht also insgesamt auf die 4. Jetzt betrachtet man die 4 und will wissen, auf welches Element diese abgebildet wird. Mit derselben Methode erkennt man, dass die 4 auf die 2 abgebildet wird. Jetzt ist die erste Klammer fertig (die 2 geht auf die 4 und diese wieder auf die 2). Es fehlt allerdings zum Beispiel noch die 3. Wir gehen also noch einmal von rechts nach links durch und sehen, dass auch die 3 fest bleibt. Bleiben noch die 5 und die 6 übrig, für die man erhält, dass diese beiden vertauscht werden. Wir erhalten also insgesamt:

$$\sigma \circ \tau = (2\ 4)(5\ 6).$$

Nun können wir nach derselben Methode auch $\tau \circ \sigma$ berechnen und erhalten:

$$\tau \circ \sigma = (1\ 4)(3\ 6) \circ (1\ 2\ 4)(3\ 5\ 6) = (1\ 2)(3\ 5).$$

Man sieht also, dass die Komposition von Permutationen nicht kommutativ ist, dass aber der Typ der Permutation der gleiche ist (Zwei Elemente werden festgelassen, jeweils zwei andere vertauscht).   ∎

Erklärung

Zur Definition 20.2 der Transposition: Eine Transposition ist nun einfach eine Permutation die nur zwei Elemente vertauscht, das heißt, dass die Zykeldarstellung einer Permutation immer wie folgt aussieht: $(i \ j)$, wobei i und j die beiden Elemente sind, die vertauscht werden. In Beispiel 206 zur den Erklärungen zum Satz 20.2 über die Darstellung einer Permutation durch Transpositionen werden wir einige Beispiele für Transpositionen geben.

Erklärung

Zur Definition 20.3 des Fehlstandes: Ein Fehlstand ist, wie der Name es auch schon sagt, ein Paar von Elementen, das nach Anwendung der Permutation „falsch steht". Das heißt, wenn wir die Listenschreibweise betrachten, so steht in der unteren Zeile ein größeres Element links neben einem kleineren, zum Beispiel:

▶ **Beispiel 205**

1	2	3	4	5	6	7
5	4	7	1	3	2	6

Diese Permutation hat 12 Fehlstände, denn links neben der 6 steht ein größeres Element, links neben der 2 stehen vier größere Elemente, links von der 3 und der 1 jeweils drei und links neben der 4 ein größeres Element, das ergibt zusammen 12.   ∎

Erklärung

Zur Definition 20.4 des Signums einer Permutation: Die Definition der Fehlstände nutzt man nun, um ein Vorzeichen für Permutationen einzuführen. Unsere Permutation in Beispiel 205 besitzt das Vorzeichen $1 = (-1)^{12}$.

20.4   Erklärungen zu den Sätzen und Beweisen

Erklärung

Zum Satz 20.1 über die Anzahl der Permutationen: Dieser Satz besagt einfach, dass es $n!$ Permutationen einer n-elementigen Menge gibt. Dies ist anschaulich klar, denn es gibt ja gerade $n!$ Möglichkeiten, die Zahlen von 1 bis n anzuordnen. Außerdem gibt es genauso viele gerade Permutationen wie ungerade, denn es gilt ja $|A_n| = \frac{1}{2}|S_n|$ (auch wenn wir das hier nicht bewiesen haben).

Erklärung

Zum Satz 20.2 über die Darstellung einer Permutation durch Transpositionen: *Das Wichtigste vorab: Die Darstellung einer Permutation durch Transpositionen ist* *nicht eindeutig! Es gibt mehrere Möglichkeiten, ein Element durch Transpositionen darzustellen.* Allerdings kann dies entweder nur durch eine gerade Anzahl oder nur durch eine ungerade Anzahl geschehen. Doch wie erhält man eine solche Darstellung?

▶ **Beispiel 206** Betrachten wir $\sigma = (1\,4\,3\,7\,5)(2\,6) \in S_7$. Die zweite Klammer ist bereits eine Transposition, hier ist nichts zu tun. In der ersten Klammer schreiben wir jeweils zwei Elemente als Transposition:

$$(1\,4\,3\,7\,5) = (1\,4)(4\,3)(3\,7)(7\,5),$$

also haben wir insgesamt:

$$\sigma = (1\,4\,3\,7\,5)(2\,6) = (1\,4)(4\,3)(3\,7)(7\,5)(2\,6).$$

Aber auch $(1\,4)(4\,3)(3\,7)(7\,5)(2\,6)(1\,6)(1\,6)$ wäre eine mögliche Darstellung, denn $(1\,6)(1\,6) = \mathrm{Id}$.   ■

Was ihr euch hier also merken solltet, ist die Methode die Darstellung zu erreichen, und dass diese nicht eindeutig ist.

Im Beweis gehen wir gleich davon aus, dass die Permutation nicht die Identität ist, denn die Identität lässt sich ja zum Beispiel als $\mathrm{Id} = (1\,2)(1\,2)$ schreiben. Dann suchen wir von links aus in der Listendarstellung das erste Element, das nicht festgelassen wird und wenden eine Transposition so an, dass es doch festgelassen wird. Dies führen wir bis zum Schluss durch und erhalten so die Identität. Nun müssen wir nur noch die verwendeten Transpositionen verknüpfen und sind fertig.

Erklärung

Zum Satz 20.4 des Signums als Homomorphismus: Dies ist ein weiterer wichtiger Satz zur expliziten Berechnung des Signums.

▶ **Beispiel 207** Wir wollen nun das Signum der Permutation η bestimmen, die durch Komposition der beiden Permutationen aus Beispiel 205 und 206 gegeben ist. Die Komposition zu berechnen, wäre hier viel zu umständlich. Wir nutzen den Satz, der besagt:

$$\mathrm{sign}(\eta) = (-1)^{12} \cdot (-1)^5 = -1.$$

So ist das doch um einiges entspannter.   ■

Für den Beweis des Satzes benutzen wir die Darstellung aus Satz 20.5 Teil 2. und erweitern zuerst mit $(\sigma(j) - \sigma(i))$. Dann ist einer der Faktoren bereits $\mathrm{sign}(\sigma)$. Den anderen Faktor formen wir so um, dass wir nicht mehr das Produkt über $i < j$, sondern $\sigma(i) < \sigma(j)$ betrachten. Dann haben wir wie beim Beweis von Satz 20.5 wieder nur die Faktoren getauscht aber nicht den Wert des Produkts verändert, dieser ist also einfach $\mathrm{sign}(\tau)$.

Erklärung

Zum Satz 20.5 über Äquivalenzen zum Signum: Die Methode, das Signum mittels Fehlständen zu berechnen, kann manchmal mühsam sein, zum Beispiel wenn die Permutation Komposition von vielen Transpositionen ist. Deswegen zeigen wir hier weitere Methoden auf. Die erste ist die zugleich Wichtigste: Statt die Anzahl der Fehlstände zu zählen, können wir die Anzahl der Transpositionen betrachten, mit der man die Permutation darstellt. Also hat unsere Permutation $(1\ 4\ 3\ 7\ 5)(2\ 6) = (1\ 4)(4\ 3)(3\ 7)(7\ 5)(2\ 6)$ das Signum $\text{sign}(\sigma) = (-1)^5 = -1$. Dieser Satz besagt mit der ersten Aussage außerdem, dass es festgelegt ist, ob eine Permutation immer durch eine gerade oder ungerade Anzahl von Transpositionen dargestellt werden kann.

Im Beweis betrachten wir die Transposition $(1\ 2)$. Diese hat einen Fehlstand, also das Signum -1. Dann nutzen wir aus, dass wir, wie angegeben, jede Transposition durch $(1\ 2)$ ausdrücken können, und das Signum ein Gruppenhomomorphismus ist (Satz 20.4), also gilt $\text{sign}(1\ k\ 2\ l) = \text{sign}(1\ l\ 2\ k)$ und damit $\text{sign}(k\ l) = \text{sign}(1\ 2) = -1$. Und wenn τ Komposition von t Transpositionen ist, gilt wieder mit Satz 20.4 $\text{sign}(\tau) = (-1)^t$.

Die zweite Aussage ist mehr technischer Natur und wird weniger zum expliziten Berechnen als vielmehr bei Beweisen genutzt.

Wir teilen das Produkt zunächst auf, sodass jeder Faktor (bis auf das $(-1)^r$) positiv ist und nutzen im letzten Schritt, dass σ eine Bijektion ist, die Elemente nur vertauscht, damit wird also im Produkt nur die Reihenfolge der Faktoren, nicht aber der Wert beeinflusst.

Es gibt noch eine weitere Möglichkeit, das Vorzeichen einer Permutation zu bestimmen, diese greift jedoch auf das nächste Kapitel vor und ist außerdem von weniger Belang, weil zu kompliziert. Deswegen wollen wir sie hier nur kurz erwähnen. Wenn σ eine Permutation ist und P_σ die Darstellung als Permutationsmatrix, so gilt $\text{sign}(\sigma) = \det(P_\sigma)$.

Determinante

21

In diesem Kapitel werden wir die Determinante ganz mathematisch einführen. Es wird höchste Zeit, denn wir hatten sie zuvor ja schon benutzt, ohne eigentlich zu wissen, was dahinter steckt. Außerdem werden wir einige Berechnungsmethoden für die Determinante quadratischer Matrizen kennenlernen und an einigen Beispielen einüben.

21.1 Definitionen

Definition 21.1 (Axiomatische Einführung der Determinante)
Eine **Determinantenfunktion** ist eine Funktion $\det : \mathcal{M}_{n,n}(K) \to K$ für die gilt

1. $\det$ ist **alternierend**, das heißt:

$$\det(v_1|\cdots|v_j|\cdots|v_j|\cdots|v_n) = 0.$$

2. $\det$ ist **multilinear**, das heißt linear in jeder Spalte, also gilt:

$$\det(v_1|\cdots|\lambda v_k + \mu w|\cdots|v_n)$$
$$= \lambda \det(v_1|\cdots|v_k|\cdots|v_n) + \mu \det(v_1|\cdots|w|\cdots|v_n)$$

   $\forall\, k = 1, \ldots n$ und $\lambda, \mu \in K$.
3. $\det$ ist **normiert**, das heißt, $\det(E_n) = 1$.

Anmerkung: Die Schreibweise $\det(v_1|\cdots|v_j|\cdots|v_j|\cdots|v_n)$ meint, dass die Vektoren $v_1, \ldots, v_n$ spaltenweise in eine Matrix geschrieben werden und wir von dieser Matrix die Determinante berechnen. In Fall 1 heißt das auch, dass die Spalte v_j doppelt vorkommt.

© Springer-Verlag GmbH Deutschland, ein Teil von Springer Nature 2018
F. Modler, M. Kreh, *Tutorium Analysis 1 und Lineare Algebra 1*,
https://doi.org/10.1007/978-3-662-56752-4_21

21.2 Sätze und Beweise

Satz 21.1 (Existenz und Eindeutigkeit der Determinante)
Für jedes $n \in \mathbb{N}$ existiert genau eine Determinantenfunktion.

Satz 21.2 (Rechenregeln und Eigenschaften der Determinante)
Seien $A, B \in \mathbb{R}^{n \times n}$ quadratische $(n \times n)$-Matrizen. Es gilt:

1. $\det(\lambda \cdot A) = \lambda^n \cdot \det(A)$.
2. *Verhalten unter elementaren Zeilen- oder Spaltenoperationen:*
   - *Geht B aus A durch Vertauschen von zwei Zeilen/Spalten hervor, so gilt $\det(B) = -\det(A)$.*
   - *Geht B aus A durch Addition des λ-fachen einer Zeile/Spalte aus einer anderen hervor, so gilt $\det(B) = \det(A)$.*
   - *Geht B aus A durch Multiplikation einer Zeile/Spalte mit einem Skalar λ hervor, so gilt $\det(B) = \lambda \det(A)$.*
3. *Ist A eine Dreiecksmatrix (obere oder untere Dreiecksmatrix, das heißt nur oberhalb oder unterhalb, und auf der Diagonalen, stehen Einträge, sonst nur Nullen) mit den Diagonaleinträgen $\lambda_1, \ldots, \lambda_n$, so gilt $\det(A) = \lambda_1 \cdot \ldots \cdot \lambda_n$.*
4. *Hat A zwei linear abhängige Zeilen/Spalten, so ist $\det(A) = 0$*
5. $\det(A) \neq 0 \Leftrightarrow A$ *ist invertierbar.*
6. $\det(A \cdot B) = \det(A) \cdot \det(B)$.
7. $\det(A^{-1}) = (\det(A))^{-1}$, *falls A invertierbar ist.*
8. $\det(A) = \det(A^T)$.

Beweis: Beim Beweis beweisen wir nicht erst 1., danach 2. usw., sondern folgen einer anderen Reihenfolge, da wir bei den Beweisen einiger Unterpunkte andere benötigen.

1. Dies folgt direkt aus der Multilinearität.
4. Dies gilt, da det alternierend ist.
3. Ist eine der $\lambda_i = 0$, so erzeugen wir durch wiederholte Addition von μ-fachen einer Zeile auf die andere eine Nullzeile und erhalten (wegen Teil 4) $\det(A) = 0$. Sind alle $\lambda_i \neq 0$, so formen wir A mit derselben Methode um und erhalten:

$$\det(A) = \det \begin{pmatrix} \lambda_1 & & 0 \\ & \ddots & \\ 0 & & \lambda_n \end{pmatrix} = \lambda_1 \cdot \ldots \cdot \lambda_n \cdot \det(E_n) = \lambda_1 \cdot \ldots \cdot \lambda_n.$$

6. O. B. d. A. $A \in GL_n(K)$, dann lässt sich A als Produkt von Elementarmatrizen schreiben. Wir müssen die Behauptung also nur noch für Elementarmatrizen A beweisen.
Es gilt $\det(P_i^j) = -1, \det(Q_i(\lambda)) = \lambda, \det(S_i^j(\lambda)) = 1$ (siehe Definition 16.1 aus Kap. 16) und damit folgt die Behauptung aus Teil 3.

7. Dies folgt direkt aus Teil 6 und der Normiertheit von det.

2. • Vertauschen wir die Spalten $i < j$, so gilt:

$$\det(v_1|\cdots|v_i|\cdots|v_j|\cdots|v_n) + \det(v_1|\cdots|v_j|\cdots|v_i|\cdots|v_n)$$
$$= \det(v_1|\cdots|v_i|\cdots|v_j|\cdots|v_n) + \det(v_1|\cdots|v_i|\cdots|v_i|\cdots|v_n)$$
$$+ \det(v_1|\cdots|v_j|\cdots|v_i|\cdots|v_n) + \det(v_1|\cdots|v_j|\cdots|v_j|\cdots|v_n)$$
$$= \det(v_1|\cdots|v_i + v_j|\cdots|v_i + v_j|\cdots|v_n) = 0.$$

•
$$\det(B) = \det(v_1|\cdots|v_i + \lambda v_j|\cdots|v_j|\cdots|v_n)$$
$$= \det(v_1|\cdots|v_i|\cdots|v_j|\cdots|v_n)$$
$$+ \lambda \det(v_1|\cdots|v_j|\cdots|v_j|\cdots|v_n)$$
$$= \det(A).$$

• Folgt direkt aus der Multilinearität.
In allen drei Fällen haben wir Teil 7 ausgenutzt.

5. Wir bringen durch elementare Zeilenumformungen A auf Zeilenstufenform $\tilde{A}$, was in diesem Fall eine obere Dreiecksmatrix ist. Dann gilt: $\det(A) = \pm \det(\tilde{A})$ und $\text{rang}(A) = \text{rang}(\tilde{A})$ und A invertierbar $\Leftrightarrow \text{rang}(A) = n \Leftrightarrow \text{rang}(\tilde{A}) = n \Leftrightarrow \lambda_i \cdot \ldots \cdot \lambda_n \neq 0 \Leftrightarrow \det(\tilde{A}) \neq 0 \Leftrightarrow \det(A) \neq 0$.

8. Wir benutzen die Leibniz-Formel (Satz 21.5). Dann gilt

$$\det(A^T) = \sum_{\sigma \in S_n} \left(\text{sign}(\sigma) \prod_{i=1}^{n} a_{i,\sigma(i)}^T \right)$$
$$= \sum_{\sigma \in S_n} \left(\text{sign}(\sigma) \prod_{i=1}^{n} a_{\sigma(i),i} \right)$$
$$= \sum_{\sigma \in S_n} \left(\text{sign}(\sigma^{-1}) \prod_{i=1}^{n} a_{i,\sigma^{-1}(i)} \right)$$
$$= \det(A). \qquad \text{q.e.d.}$$

Satz 21.3 (Determinante als Gruppenhomomorphismus)
Die Abbildung $\det : GL_n(K) \to K \backslash \{0\}$ *ist ein Gruppenhomomorphismus.*

Beweis: Dies folgt direkt aus der Definition 21.1 der Determinante und aus Satz 21.2, Teil 5 und 6. q.e.d.

Satz 21.4 (Laplace-Entwicklungsatz)
Es gilt:

$$\det(A) = \sum_{i=1}^{n}(-1)^{i+j} a_{ij}\det(A_{ij}) = \sum_{j=1}^{n}(-1)^{i+j} a_{ij}\det(A_{ij}),$$

wobei A_{ij} die $(n-1) \times (n-1)$-Untermatrix von A ist, die entsteht, wenn man die i-te Zeile und die j-te Spalte weglässt.

Satz 21.5 (Leibniz-Formel)
Es gilt

$$\det A = \sum_{\sigma \in S_n}\left(\text{sign}(\sigma)\prod_{i=1}^{n} a_{i,\sigma(i)}\right).$$

Satz 21.6
Ähnliche Matrizen haben dieselbe Determinante.

Beweis: Dies folgt durch Nachrechnen und die Multiplikativität der Determinante, probiert es einmal aus.   q.e.d.

Satz 21.7 (Determinante von Blockmatrizen, Kästchensatz)
Sei M die Blockmatrix

$$M = \begin{pmatrix} A & B \\ 0 & D \end{pmatrix}.$$

Dann gilt

$$\det M = \det A \cdot \det D.$$

Beweis: Wir betrachten zunächst die Blockmatrix mit Blöcken $E_r, B, 0$ und D. Um hier die Determinante zu bestimmen, entwickeln wir nach der ersten Spalte. Hier steht eine 1 und sonst nur Nullen, also ist

$$\det\begin{pmatrix} E_r & B \\ 0 & D \end{pmatrix} = \det\begin{pmatrix} E_{r-1} & B' \\ 0 & D \end{pmatrix},$$

wobei die Matrix B' aus der Matrix B durch Streichen der ersten Zeile entsteht. Wir entwickeln nun wieder nach der ersten Spalte und so weiter, so lange, bis wir das Ganze r-mal gemacht haben. Dann haben wir

$$\det \begin{pmatrix} E_r & B \\ 0 & D \end{pmatrix} = \det D.$$

Nun betrachten wir die Blockmatrix mit Blöcken $A, 0, 0, E_{n-r}$. Hier entwickeln wir nach den letzten $n - r$ Zeilen und erhalten analog, dass diese Blockmatrix Determinante $\det A$ hat. Zusammen erhalten wir nun

$$\det M = \det \begin{pmatrix} A & B \\ 0 & D \end{pmatrix} = \det \begin{pmatrix} E_r & B \\ 0 & D \end{pmatrix} \begin{pmatrix} A & 0 \\ 0 & E_{n-r} \end{pmatrix} = \det A \cdot \det D. \quad \text{q.e.d.}$$

21.3   Erklärungen zu den Definitionen

Erklärung

Zur Definition 21.1 der Determinante: Wir führen in dieser Definition die Determinante als eine Funktion mit bestimmten Eigenschaften ein. Wichtig ist, dass wir an dieser Stelle noch gar nicht wissen, ob es so eine Funktion überhaupt gibt, und wenn es eine gibt, ob diese eindeutig ist. Dies zeigt erst Satz 21.1.

Obwohl die Determinante durch diese Eigenschaften festgelegt ist, ist es weniger wichtig, sich diese zu merken, als sich vielmehr die Aussagen des Satzes 21.2 zu verinnerlichen, weshalb wir hier vorerst nicht weiter auf die Definition eingehen wollen. Aber natürlich sollte man diese Eigenschaften dennoch für den Notfall in einer Prüfung abgespeichert und abholbereit haben :-).

Das einzige, was hier bemerkt sei: Die Determinante ist nur für quadratische Matrizen erklärt! Für Matrizen, bei denen Zeilen- und Spaltenanzahl nicht übereinstimmen, kann man die Determinante nicht definieren.

21.4   Erklärungen zu den Sätzen und Beweisen

Erklärung

Zum Satz 21.1 über die Existenz und Eindeutigkeit der Determinante: Dieser Satz besagt nun, dass es tatsächlich eine Funktion gibt, die die Eigenschaften in Definition 21.1 erfüllt, und dass es sogar nur genau eine gibt. Da der Beweis sehr technisch ist, lassen wir ihn hier weg.

Erklärung

Zum Satz 21.2 über die Eigenschaften der Determinante: Dies ist der wichtigste Satz in diesem Kapitel, denn er erlaubt uns nun explizit, Determinanten auszurechnen. Bevor wir uns mit den Beweisen beschäftigen, wollen wir uns ein paar Beispiele ansehen und mit ihnen die Aussagen des Satzes illustrieren.

▶ **Beispiel 208** Sei

$$A := \begin{pmatrix} 1 & 2 \\ 3 & 2 \end{pmatrix}.$$

Wir wollen nun det(A) berechnen. Der Satz zeigt uns eine einfache Möglichkeit, die Determinante einer Dreiecksmatrix zu berechnen, und wir wissen außerdem, wie sich elementare Zeilen-/Spaltenoperationen auswirken. Dies nutzen wir nun aus und erhalten:

$$\det \begin{pmatrix} 1 & 2 \\ 3 & 2 \end{pmatrix} = \det \begin{pmatrix} 1 & 2 \\ 0 & -4 \end{pmatrix} = 1 \cdot (-4) = -4.$$

Hier haben wir einfach nur im ersten Schritt die erste Zeile mit -3 multipliziert und auf die zweite Zeile addiert Dadurch ändert sich die Determinante nicht. Im vorletzten Schritt haben wir ausgenutzt, dass die Determinante einer Dreiecksmatrix das Produkt der Diagonaleinträge ist.   ■

▶ **Beispiel 209** Wir wollen nun unser Beispiel von oben auf den allgemeinen Fall ausweiten und betrachten

$$A := \begin{pmatrix} a & b \\ c & d \end{pmatrix}.$$

Dann erhalten wir:

$$\det \begin{pmatrix} a & b \\ c & d \end{pmatrix} = \det \begin{pmatrix} a & b \\ 0 & d - \frac{cb}{a} \end{pmatrix} = a \left(d - \frac{bc}{a} \right) = ad - bc,$$

falls $a \neq 0$. Hier haben wir im zweiten Schritt die erste Zeile mit $-c$ und die zweite mit a multipliziert und beide Zeilen addiert. so bleibt die erste Zeile unverändert; die zweite ändert sich aber wie folgt: Im ersten Eintrag bleibt eine Null und im zweiten Eintrag erhalten wir $-bc + ad = ad - bc = a \left(d - \frac{bc}{a} \right)$. Nun müssen wir aber bedenken, dass wir die zweite Zeile mit a multipliziert haben. Daher müssen wir den Wert der Determinante durch a teilen.

Insgesamt haben wir so berechnet, weil wir die Determinante einer Diagonalmatrix durch Multiplizieren der Diagonaleinträge errechnen können.

Gilt $a = 0$ so erhalten wir:

$$\det \begin{pmatrix} 0 & b \\ c & d \end{pmatrix} = -\det \begin{pmatrix} c & d \\ 0 & b \end{pmatrix} = -bc.$$

Wir haben also eine allgemeine Formel für die Berechnung der Determinante einer (2×2)-Matrix hergeleitet, nämlich $\det \begin{pmatrix} a & b \\ c & d \end{pmatrix} = ad - bc.$ ■

▶ **Beispiel 210** Wir betrachten wieder einmal die Telefonmatrix und berechnen die Determinante zu

$$\det(A_{\text{tel}}) = \det \begin{pmatrix} 1 & 2 & 3 \\ 4 & 5 & 6 \\ 7 & 8 & 9 \end{pmatrix}$$

$$= \det \begin{pmatrix} 1 & 2 & 3 \\ 3 & 3 & 3 \\ 6 & 6 & 6 \end{pmatrix}$$

$$= 0,$$

da die letzten beiden Zeilen linear abhängig sind. Dies bestätigt außerdem die Eigenschaft, dass A nicht invertierbar ist, falls $\det(A) = 0$, denn in Beispiel 185 in Kap. 18 haben wir gezeigt, dass die Matrix nicht invertierbar ist. ■

▶ **Beispiel 211** Wir betrachten nochmal eine etwas ähnliche Matrix, nämlich für beliebiges n die $n \times n$-Matrix $A_n = (a_{i,j})$ mit $a_{i,j} = i + j$. Es gilt also zum Beispiel

$$A_1 = (2), \; A_2 = \begin{pmatrix} 2 & 3 \\ 3 & 4 \end{pmatrix}, \; A_3 = \begin{pmatrix} 2 & 3 & 4 \\ 3 & 4 & 5 \\ 4 & 5 & 6 \end{pmatrix}, \; A_4 = \begin{pmatrix} 2 & 3 & 4 & 5 \\ 3 & 4 & 5 & 6 \\ 4 & 5 & 6 & 7 \\ 5 & 6 & 7 & 8 \end{pmatrix}.$$

Wir wollen untersuchen, ob A_n invertierbar ist und bestimmen dafür die Determinante von A_n. Für kleine n macht das ja keine Probleme, das können wir inzwischen. Zum Beispiel gilt $\det(A_1) = 2$ und $\det(A_2) = 2 \cdot 4 - 3 \cdot 3 = -1$. Diese beiden Matrizen sind also invertierbar, weil die Determinante ungleich 0 ist. Wie sieht es aus für größere n? Betrachten wir mal die Matrix A_3 ganz genau, so könnte uns auffallen, dass die erste Zeile plus die dritte Zeile das gleiche ist, wie das Doppelte der zweiten Zeile. Mit anderen Worten: Die Zeilen dieser Matrix sind nicht linear unabhängig! Also ist die Determinante gleich 0 und die Matrix ist nicht invertierbar. Das gilt auch für alle anderen $n \geq 3$: Es ist immer die erste Zeile plus die dritte Zeile gleich dem Doppelten der zweiten Zeile (wer uns das nicht glaubt möge das bitte formal beweisen, das ist gar nicht so schwer ;)), also sind alle Matrizen A_n für $n \geq 3$ nicht invertierbar und die Determinante ist jeweils 0. ■

▶ **Beispiel 212** Für welche $x \in \mathbb{R}$ ist die Matrix

$$\begin{pmatrix} x & 1 & 1 \\ 1 & x & 1 \\ 1 & 1 & x \end{pmatrix}$$

nicht invertierbar? Dazu berechnen wir die Determinante.

$$\det \begin{pmatrix} x & 1 & 1 \\ 1 & x & 1 \\ 1 & 1 & x \end{pmatrix} = \det \begin{pmatrix} x-1 & 1-x & 0 \\ 1 & x & 1 \\ 0 & 1-x & x-1 \end{pmatrix}$$

$$= (x-1)^2 \det \begin{pmatrix} 1 & -1 & 0 \\ 1 & x & 1 \\ 0 & -1 & 1 \end{pmatrix}$$

$$= (x-1)^2 \det \begin{pmatrix} 1 & -1 & 0 \\ 0 & x+1 & 1 \\ 0 & -1 & 1 \end{pmatrix}$$

$$= (x-1)^2 \det \begin{pmatrix} 1 & -1 & 0 \\ 0 & x+2 & 0 \\ 0 & 0 & 1 \end{pmatrix}$$

$$= (x-1)^2(x+2).$$

Im ersten Schritt ziehen wir von der ersten und der letzten Zeile jeweils die zweite ab. Dann ziehen wir aus der ersten und letzten Zeile den Faktor $(x-1)$ und bringen anschließend auf Dreiecksform. Es folgt also, dass die Matrix für $x = 1$ oder $x = -2$ nicht invertierbar ist, da dann die Determinante gleich 0 ist. ■

▶ **Beispiel 213** Ähnlich wie in Beispiel 209 wollen wir nun eine allgemeine Formel für die Determinante einer (3×3)-Matrix berechnen. Die Rechnung überlassen wir euch als Übung, diese läuft genauso ab wie bisher, als Ergebnis erhält man die *Formel von Sarrus*:

$$\det \begin{pmatrix} a & b & c \\ d & e & f \\ g & h & i \end{pmatrix} = aei + bfg + cdh - ceg - bdi - afh.$$

Ein Merkschema findet ihr in Abb. 21.1.

Achtung: Dieses Schema gilt nur für (3×3)-Matrizen, man kann es nicht auf Matrizen höherer Dimension übertragen. ■

Abb. 21.1 Formel von Sarrus

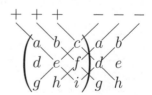

▶ **Beispiel 214** Wir wollen nun einmal die Determinante einer (4×4)-Matrix berechnen.

$$\det \begin{pmatrix} 1 & 2 & 4 & 0 \\ 2 & 3 & 5 & 3 \\ 1 & 0 & 2 & 1 \\ 2 & 1 & 0 & 4 \end{pmatrix} = \det \begin{pmatrix} 1 & 2 & 4 & 0 \\ 0 & -1 & -3 & 3 \\ 0 & -2 & -2 & 1 \\ 0 & -3 & -8 & 4 \end{pmatrix} = \det \begin{pmatrix} 1 & 2 & 4 & 0 \\ 0 & -1 & -3 & 3 \\ 0 & 0 & 4 & -5 \\ 0 & 0 & 1 & -5 \end{pmatrix}$$

$$= -\det \begin{pmatrix} 1 & 2 & 0 & 4 \\ 0 & -1 & 3 & -3 \\ 0 & 0 & -5 & 4 \\ 0 & 0 & -5 & 1 \end{pmatrix} = -\det \begin{pmatrix} 1 & 2 & 0 & 4 \\ 0 & -1 & 3 & -3 \\ 0 & 0 & -5 & 4 \\ 0 & 0 & 0 & -3 \end{pmatrix}$$

$$= -1 \cdot (-1) \cdot (-5) \cdot (-3) = 15$$

wobei wir einmal die dritte und vierte Spalte vertauschen (daher kommt auch das Minuszeichen vor der Determinante). ∎

Den Nutzen der Determinante verstehen wir an dem folgenden Beispiel.

▶ **Beispiel 215** Wir betrachten das Gleichungssystem

$$ax + by + bz = r,$$
$$bx + ay + bz = s,$$
$$bx + by + az = t,$$

mit $a, b, r, s, t \in \mathbb{R}$ und fragen uns, für welche a, b dieses Gleichungssystem immer eine eindeutige Lösung hat. Dafür schreiben wir das LGS in Matrixschreibweise und berechnen die Determinante der Matrix.

$$\det \begin{pmatrix} a & b & b \\ b & a & b \\ b & b & a \end{pmatrix} = \det \begin{pmatrix} a-b & b-a & 0 \\ b & a & b \\ 0 & b-a & a-b \end{pmatrix}$$

$$= (a-b)^2 \det \begin{pmatrix} 1 & -1 & 0 \\ b & a & b \\ 0 & -1 & 1 \end{pmatrix} = (a-b)^2 \det \begin{pmatrix} 1 & -1 & 0 \\ 0 & a+b & b \\ 0 & -1 & 1 \end{pmatrix}$$

$$= -(a-b)^2 \det \begin{pmatrix} 1 & -1 & 0 \\ 0 & -1 & 1 \\ 0 & a+b & b \end{pmatrix}$$

$$= -(a-b)^2 \det \begin{pmatrix} 1 & -1 & 0 \\ 0 & -1 & 1 \\ 0 & 0 & a+2b \end{pmatrix}$$

$$= (a-b)^2(a+2b).$$

Also hat das LGS genau dann für jedes Tripel (r, s, t) eine eindeutige Lösung, wenn $a \neq b$ und $a \neq -2b$ gilt. Übrigens ist die Matrix für genau diese a und b invertierbar. ■

Um kurz auf die Beweise einzugehen:

Wir nutzen immer die drei Eigenschaften der Determinante. Immer, wenn wir Aussagen über Spalten und Zeilen treffen, dann benutzen wir Teil 7, der ja besagt, dass man je eine Spalte und je eine Zeile vertauschen kann, ohne dass sich die Determinante verändert. Wenn man nur eine Spalte oder nur eine Zeile vertauscht, so ändert sich natürlich das Vorzeichen.

Aus Teil 6 folgt auch: Wenn A nicht invertierbar ist, dann ist auch $A \cdot B$ nicht invertierbar, also lautet die Gleichung in dem Fall $0 = 0$.

Erklärung

Zum Satz 21.3 über die Determinante als Gruppenhomomorphismus: Dieser Satz fasst einige der wichtigsten Aussagen über Determinanten noch einmal zusammen, und zwar: $\det(A) \neq 0 \Leftrightarrow A$ invertierbar ($\Rightarrow \det : \mathrm{GL}_n(K) \to K\backslash\{0\}$) und die Multiplikativität ($\Rightarrow$ Homomorphismus). Wir wollen hier in diesem Zusammenhang aber nicht weiter auf den Satz eingehen.

Erklärung

Zum Laplace-Entwicklungssatz (Satz 21.4): Diese Formel ist sehr nützlich, wenn die Matrix, von der man die Determinante berechnen will, eine relativ hohe Größe und dafür relativ viele Nulleinträge hat. Die Aussage wollen wir uns an einem Beispiel klar machen.

▶ **Beispiel 216** Wir wollen die Determinante der Matrix

$$A = \begin{pmatrix} 1 & 0 & 2 & 0 & 3 & 0 & 1 \\ 0 & 0 & 3 & 0 & 1 & 1 & 2 \\ 1 & 0 & 1 & 1 & 2 & 0 & 3 \\ 1 & 0 & 0 & 0 & 0 & 0 & 0 \\ 2 & 0 & 0 & 0 & 3 & 0 & 0 \\ 1 & 1 & 1 & 3 & 1 & 1 & 0 \\ 1 & 0 & 2 & 0 & 1 & 0 & 3 \end{pmatrix}$$

berechnen.

Wir sehen, dass in der zweiten Spalte nur ein Eintrag ungleich Null ist. In der vierten Zeile sind sehr viele Einträge ungleich Null. Müssten wir nicht üben, so würden wir nach der vierten Zeile entwickeln, weil der Rechenaufwand geringer ist. Da wir den Entwicklungssatz aber trainieren möchten, entwickeln wir deshalb nach der zweiten Spalte. Der Eintrag ungleich Null steht an der Stelle $(2, 6)$ und damit gilt:

$$\det \begin{pmatrix} 1 & 0 & 2 & 0 & 3 & 0 & 1 \\ 0 & 0 & 3 & 0 & 1 & 1 & 2 \\ 1 & 0 & 1 & 1 & 2 & 0 & 3 \\ 1 & 0 & 0 & 0 & 0 & 0 & 0 \\ 2 & 0 & 0 & 0 & 3 & 0 & 0 \\ 1 & 1 & 1 & 3 & 1 & 1 & 0 \\ 1 & 0 & 2 & 0 & 1 & 0 & 3 \end{pmatrix} = (-1)^{2+6} \det \begin{pmatrix} 1 & 2 & 0 & 3 & 0 & 1 \\ 0 & 3 & 0 & 1 & 1 & 2 \\ 1 & 1 & 1 & 2 & 0 & 3 \\ 1 & 0 & 0 & 0 & 0 & 0 \\ 2 & 0 & 0 & 3 & 0 & 0 \\ 1 & 2 & 0 & 1 & 0 & 3 \end{pmatrix},$$

das heißt, wir streichen einfach die betreffende Zeile und Spalte und berechnen die Restdeterminante, mit dem richtigen Vorzeichen versehen. Jetzt steht in der vierten Zeile nur ein Eintrag und wir erhalten:

$$\det \begin{pmatrix} 1 & 2 & 0 & 3 & 0 & 1 \\ 0 & 3 & 0 & 1 & 1 & 2 \\ 1 & 1 & 1 & 2 & 0 & 3 \\ 1 & 0 & 0 & 0 & 0 & 0 \\ 2 & 0 & 0 & 3 & 0 & 0 \\ 1 & 2 & 0 & 1 & 0 & 3 \end{pmatrix} = (-1)^5 \det \begin{pmatrix} 2 & 0 & 3 & 0 & 1 \\ 3 & 0 & 1 & 1 & 2 \\ 1 & 1 & 2 & 0 & 3 \\ 0 & 0 & 3 & 0 & 0 \\ 2 & 0 & 1 & 0 & 3 \end{pmatrix}.$$

Betrachten wir nun immer die Zeilen, in der die wenigsten Nicht-Null-Einträge stehen, so erhalten wir weiter nach Entwickeln der zweiten Spalte und dritten Zeile

$$\det \begin{pmatrix} 2 & 0 & 3 & 0 & 1 \\ 3 & 0 & 1 & 1 & 2 \\ 1 & 1 & 2 & 0 & 3 \\ 0 & 0 & 3 & 0 & 0 \\ 2 & 0 & 1 & 0 & 3 \end{pmatrix} = (-1)^5 \det \begin{pmatrix} 2 & 3 & 0 & 1 \\ 3 & 1 & 1 & 2 \\ 0 & 3 & 0 & 0 \\ 2 & 1 & 0 & 3 \end{pmatrix}$$

$$= 3 \cdot (-1)^5 \cdot (-1)^5 \det \begin{pmatrix} 2 & 0 & 1 \\ 3 & 1 & 2 \\ 2 & 0 & 3 \end{pmatrix} = 3 \cdot (-1)^5 \cdot (-1)^5 \cdot (-1)^4 \det \begin{pmatrix} 2 & 1 \\ 2 & 3 \end{pmatrix}$$

$$= 3 \cdot (-1)^5 \cdot (-1)^5 \cdot (-1)^4 \cdot (6 - 2)$$

und damit insgesamt:

$$\det \begin{pmatrix} 1 & 0 & 2 & 0 & 3 & 0 & 1 \\ 0 & 0 & 3 & 0 & 1 & 1 & 2 \\ 1 & 0 & 1 & 1 & 2 & 0 & 3 \\ 1 & 0 & 0 & 0 & 0 & 0 & 0 \\ 2 & 0 & 0 & 0 & 3 & 0 & 0 \\ 1 & 1 & 1 & 3 & 1 & 1 & 0 \\ 1 & 0 & 2 & 0 & 1 & 0 & 3 \end{pmatrix} = 3 \cdot (-1)^8 \cdot (-1)^5 \cdot (-1)^5 \cdot (-1)^5 \cdot (-1)^4 \cdot (6 - 2)$$

$$= -12. \qquad \blacksquare$$

In diesem Beispiel hatten wir Glück, dass immer nur ein Nicht-Null-Eintrag pro Zeile stand, das nächste Beispiel zeigt, was man macht, wenn mehrere solcher Einträge vorhanden sind.

▶ **Beispiel 217** Wir wollen die Determinante von

$$
\begin{pmatrix}
1 & 2 & 0 & 2 \\
2 & 0 & 2 & 1 \\
1 & 0 & 1 & 0 \\
2 & 2 & 1 & 2
\end{pmatrix}
$$

bestimmen. Wir entwickeln zunächst nach der dritten Zeile und erhalten:

$$
\det \begin{pmatrix}
1 & 2 & 0 & 2 \\
2 & 0 & 2 & 1 \\
1 & 0 & 1 & 0 \\
2 & 2 & 1 & 2
\end{pmatrix} = (-1)^4 \det \begin{pmatrix}
2 & 0 & 2 \\
0 & 2 & 1 \\
2 & 1 & 2
\end{pmatrix} + (-1)^6 \det \begin{pmatrix}
1 & 2 & 2 \\
2 & 0 & 1 \\
2 & 2 & 2
\end{pmatrix}
$$

$$
= 2 \cdot (-1)^4 \cdot \det \begin{pmatrix} 2 & 2 \\ 2 & 2 \end{pmatrix} + (-1)^5 \det \begin{pmatrix} 2 & 0 \\ 2 & 1 \end{pmatrix}
$$

$$
+ 2 \cdot (-1)^3 \det \begin{pmatrix} 2 & 2 \\ 2 & 2 \end{pmatrix} + (-1)^5 \det \begin{pmatrix} 1 & 2 \\ 2 & 2 \end{pmatrix}
$$

$$
= 0 + (-1)(2) + 0 + (-1)(2 - 4) = 0. \qquad ■
$$

Wichtig dabei ist, dass man jeweils das richtige Vorzeichen nehmen muss. Dies kann man sich allerdings leicht mit folgendem Schachbrettmuster merken. Man nimmt einfach das Vorzeichen, das an der Stelle steht, an der auch der Eintrag steht, mit dem man entwickelt:

$$
\begin{pmatrix}
+ & - & + & - & + & - & \cdots \\
- & + & - & + & - & + & \cdots \\
+ & - & + & - & + & - & \cdots \\
- & + & - & + & - & + & \cdots \\
+ & - & + & - & + & - & \cdots \\
- & + & - & + & - & + & \cdots \\
\vdots & \vdots & \vdots & \vdots & \vdots & \vdots & \ddots
\end{pmatrix}
$$

▶ **Beispiel 218** Zum Abschluss wollen wir noch mal ein etwas „interessanteres" Beispiel betrachten. Für ein $n \in \mathbb{N}$ betrachten wir die $n \times n$-Matrix A_n mit $a_{i,i} = i + 2$ und $a_{i,j} = 1$ falls $i \neq j$. Für $n = 4$ sieht die Matrix also zum Beispiel wie folgt aus:

$$A_4 = \begin{pmatrix} 3 & 1 & 1 & 1 \\ 1 & 4 & 1 & 1 \\ 1 & 1 & 5 & 1 \\ 1 & 1 & 1 & 6 \end{pmatrix}.$$

Wir wollen nun die Determinante D_n der allgemeinen $n \times n$-Matrix bestimmen. Sobald wir das getan haben, werden wir dann noch testen, ob ihr auch im Analysis-Teil gut aufgepasst habt... also los gehts!

Um die Determinante zu berechnen, benutzen wir einen Trick, der mit dem Laplace-Entwicklungssatz zusammenhängt. Und zwar gilt

$$D_n = \det\left(\begin{pmatrix} 3 & 1 & \cdots & 1 \\ 1 & 4 & \cdots & 1 \\ \vdots & \vdots & \ddots & \vdots \\ 1 & 1 & \cdots & n+2 \end{pmatrix}\right) = \det\left(\begin{pmatrix} 3 & 1 & \cdots & 1 & 1 \\ 1 & 4 & \cdots & 1 & 1 \\ \vdots & \vdots & \ddots & \vdots & \vdots \\ 1 & 1 & \cdots & n+2 & 1 \\ 0 & 0 & \cdots & 0 & 1 \end{pmatrix}\right).$$

Warum gilt das nun? Na ja, wir können ja einfach mal die Determinante der letzten Matrix durch Entwicklung nach der letzten Zeile berechnen. Und schon erhalten wir die Determinante von A_n. Wenn wir diesen Trick nun einmal herausgefunden haben, geht der Rest gar nicht mehr so schwer. Nach den Rechenregeln der Determinante aus Satz 21.2 dürfen wir Vielfache von einer Spalte von anderen Spalten abziehen ohne die Determinante zu verändern. Wir subtrahieren hier die letzte Spalte von jeder anderen Spalte und erhalten dann die Matrix

$$\begin{pmatrix} 2 & 0 & \cdots & 0 & 1 \\ 0 & 3 & \cdots & 0 & 1 \\ \vdots & \vdots & \ddots & \vdots & \vdots \\ 0 & 0 & \cdots & n+1 & 1 \\ -1 & -1 & \cdots & -1 & 1 \end{pmatrix}.$$

Nun Addieren wir das $\frac{1}{2}$-fache der ersten Zeile auf die letzte Zeile, das $\frac{1}{3}$-fache der zweiten Zeile auf die letzte Zeile, und so weiter. Damit erhalten wir dann

$$\begin{pmatrix} 2 & 0 & \cdots & 0 & 1 \\ 0 & 3 & \cdots & 0 & 1 \\ \vdots & \vdots & \ddots & \vdots & \vdots \\ 0 & 0 & \cdots & n+1 & 1 \\ 0 & 0 & \cdots & 0 & H_{n+1} \end{pmatrix},$$

wobei $H_n = 1 + \frac{1}{2} + \frac{1}{3} + \cdots + \frac{1}{n+1} = \sum_{k=1}^{n+1} \frac{1}{k}$. Unsere gesuchte Determinante erhalten wir jetzt, wenn wir nach der letzten Zeile entwickeln und beachten, dass die Determinante von einer Diagonalmatrix gleich dem Produkt der Diagonaleinträge ist:

$$D_n = \det \left(\begin{pmatrix} 2 & 0 & \cdots & 0 & 1 \\ 0 & 3 & \cdots & 0 & 1 \\ \vdots & \vdots & \ddots & \vdots & \vdots \\ 0 & 0 & \cdots & n+1 & 1 \\ 0 & 0 & \cdots & 0 & H_{n+1} \end{pmatrix} \right) = H_{n+1} \cdot 2 \cdot 3 \cdots (n+1)$$

$$= H_{n+1}(n+1)!.$$

Fertig! Und jetzt für die Leute, die in Analysis aufgepasst haben: Wir definieren nun eine Folge (a_n) durch $a_n = \frac{D_n}{(n+1)!}$. Konvergiert diese Folge? Wenn ihr das so spontan nicht wisst, dann seht euch am besten nochmal die Kapitel über Folgen und Reihen an, und dort speziell die harmonische Reihe ;). ∎

Erklärung

Zur Leibniz-Formel (Satz 21.5): Diese Formel ist wieder mehr technischer Natur, sie wird häufig in Beweisen, aber weniger zum Berechnen von Determinanten genutzt, da die Formel dafür viel zu aufwendig wäre. Die Formel erhält man direkt beim Beweis zur Existenz und Eindeutigkeit der Determinante (siehe Satz 21.1).

Erklärung

Zum Kästchensatz (Satz 21.7): Dieser Satz ist recht nützlich um Determinanten von Blockmatrizen zu bestimmen.

Wir wir schon im Kap. 16 gezeigt haben, kann man Blockmatrizen auch mit mehr als vier Blöcken betrachten. Auch auf solche Matrizen lässt sich der Kästchensatz anwenden.

▶ **Beispiel 219** Wir betrachten die Matrix

$$M = \begin{pmatrix} 1 & 2 & 3 & 4 & 5 \\ 5 & 4 & 3 & 2 & 1 \\ 0 & 0 & 10 & 20 & 30 \\ 0 & 0 & 30 & 20 & 10 \\ 0 & 0 & 0 & 0 & 100 \end{pmatrix}$$

Hier teilen wir die Matrix in neun Blöcke auf, so dass wir

$$\det M = \det \begin{pmatrix} 1 & 2 \\ 5 & 4 \end{pmatrix} \cdot \det \begin{pmatrix} 10 & 20 \\ 30 & 20 \end{pmatrix} \cdot \det (100) = (-6) \cdot (-400) \cdot 100 = 24.000$$

erhalten. ∎

Insgesamt kann man den Satz als eine Art Verallgemeinerung der Berechnung von Determinanten von oberen Dreiecksmatrizen ansehen.

Noch eine letzte Anmerkung
Für die Determinante einer Matrix

$$A := \begin{pmatrix} a_{11} & \cdots & a_{1n} \\ \vdots & \ddots & \vdots \\ a_{n1} & \cdots & a_{nn} \end{pmatrix}$$

gibt es auch noch eine andere Schreibweise in der Literatur. Statt $\det(A)$ wird oft auch

$$\begin{vmatrix} a_{11} & \cdots & a_{1n} \\ \vdots & \ddots & \vdots \\ a_{n1} & \cdots & a_{nn} \end{vmatrix}$$

geschrieben.

▶ **Beispiel 220** Beispielsweise ist also

$$\det \begin{pmatrix} 1 & 1 \\ 2 & 2 \end{pmatrix} = \begin{vmatrix} 1 & 1 \\ 2 & 2 \end{vmatrix}.$$ ∎

Diagonalisieren und Eigenwerttheorie ## 22

In Kap. 18 über lineare Abbildungen haben wir gesehen, dass wir Darstellungsmatrizen für lineare Abbildungen angeben können (falls es sich um Abbildungen zwischen endlich-dimensionalen Vektorräumen handelt). Diese Matrizen hängen von der Wahl der Basis ∘ ab. Wir fragen uns in diesem Kapitel nun, ob es eine Basis gibt, sodass die Darstellungsmatrix eine „schöne, einfache Form" hat. Wobei wir klären wollen, was mit „schön", und „einfach" gemeint ist. Dies führt uns zur Theorie der Eigenwerte und Eigenvektoren, die auch in der Praxis öfter benutzt wird. Was aber sind diese Eigenwerte und Eigenvektoren, und wofür sind sie gut? Diese und ähnliche Fragen werden wir beantworten. Und auch auf Anwendungen zum Beispiel beim PageRank der großen Suchmaschine Google® werden wir kurz eingehen.

22.1 Definitionen

Definition 22.1 (Eigenwert und Eigenvektor)

1. Sei ϕ ein Endomorphismus eines K-Vektorraumes V. $\lambda \in K$ heißt **Eigenwert** von ϕ, wenn ein $v \in V \setminus \{0\}$ existiert, mit $\phi(v) = \lambda \cdot v$.
2. Jedes $v \in V$, $v \neq 0$, das die Gleichung $\phi(v) = \lambda \cdot v$ erfüllt, heißt **Eigenvektor** von ϕ zum Eigenwert λ.

Definition 22.2 (Diagonalisierbarkeit)
Seien K ein Körper, V ein endlich-dimensionaler K-Vektorraum, $\phi \in \text{End}(V)$. ϕ heißt **diagonalisierbar**, wenn es eine Basis ∘ aus Eigenvektoren gibt.

© Springer-Verlag GmbH Deutschland, ein Teil von Springer Nature 2018
F. Modler, M. Kreh, *Tutorium Analysis 1 und Lineare Algebra 1*,
https://doi.org/10.1007/978-3-662-56752-4_22

Definition 22.3 (Charakteristisches Polynom)
Seien K ein Körper, $A \in \mathcal{M}_{n,n}(K)$ und $x \in K$, dann heißt

$$P_A := \det(x \cdot E_n - A)$$

das **charakteristische Polynom** von A.

Anmerkung: Das charakteristische Polynom kann man auch durch $P_A := (-1)^n$
$\det(A - x \cdot E_n)$ berechnen. Manchmal wird das charakteristische Polynom auch
als $P_A := \det(A - x \cdot E_n)$ definiert. Da wir nur an den Nullstellen interessiert
sind, ist dies aber unwesentlich. Wir verwenden in den Beispielen oft die Definition
$P_A := \det(A - x \cdot E_n)$.

Definition 22.4 (Eigenraum)
Für $A \in \mathcal{M}_{n,n}(K)$ nennen wir

$$\mathrm{Eig}(A, \lambda) := \{v \in K^n : Av = \lambda v\} = \ker(A - \lambda E)$$

den **Eigenraum** von A zum Eigenwert λ.

Definition 22.5 (Algebraische und geometrische Vielfachheit)
Seien A eine Matrix und P_A das dazugehörige charakteristische Polynom.
Die Vielfachheit eines Eigenwertes als Nullstelle des charakteristischen Po-
lynoms P_A bezeichnen wir als **algebraische Vielfachheit**. Die Dimension des
Eigenraums $\mathrm{Eig}(A, \lambda)$ wird als **geometrische Vielfachheit** von λ bezeichnet.
Sie ist dabei stets mindestens 1 und höchstens gleich der algebraischen Viel-
fachheit von λ.

22.2   Sätze und Beweise

Satz 22.1 (Lineare Unabhängigkeit von Eigenvektoren)
Seien $A \in \mathcal{M}_{n,n}(K)$ und v_i mit $i = 1, \ldots, k$ Eigenvektoren von A mit
paarweise verschiedenen Eigenwerten λ_i, so sind alle v_i linear unabhängig.
Insbesondere gilt $k \leq n$.

Beweis: Wir führen den Beweis mit Hilfe einer Induktion über k.

Induktionsanfang: Der Fall $k = 1$ ist klar, da $v_1 \neq 0$.
Induktionsschritt: Seien nun also $k > 1$ und der Satz für $k - 1$ bewiesen (Induktionsvoraussetzung). Sei

$$\sum_{i=1}^{k} \mu_i v_i = 0. \tag{22.1}$$

Wir wenden nun die Matrix A auf diese Gleichung an und es ergibt sich

$$\sum_{i=1}^{k} \mu_i \lambda_i v_i = 0. \tag{22.2}$$

Nun multiplizieren wir (22.1) mit λ_1 und erhalten wiederum

$$\lambda_1 \sum_{i=1}^{k} \mu_i v_i = 0. \tag{22.3}$$

Subtrahieren wir (22.3) von (22.2) ergibt, dass

$$\sum_{i=2}^{k} \mu_i (\lambda_i - \lambda_1) v_i = 0.$$

Da $v_2, \ldots, v_k$ linear unabhängig sind, folgt nun also

$$\mu_i (\lambda_i - \lambda_1) v_i = 0 \; \forall \, i = 2, \ldots, k$$

und da die Eigenwerte paarweise verschieden sind, damit insgesamt

$$\mu_i = 0 \; \forall \, i = 2, \ldots, k.$$

Einsetzen in (22.1) ergibt wegen $v_1 \neq 0$ sofort $\mu_1 = 0$.
Fertig!   q.e.d.

Satz 22.2 (Zusammenhang von Eigenwerten und charakteristischem Polynom)
Seien V ein K-Vektorraum, $\phi \in \mathrm{End}(V)$ und P_ϕ das zugehörige charakteristische Polynom, dann gilt für $\lambda \in K$:

$$\lambda \text{ ist Eigenwert von } \phi \Leftrightarrow P_\phi(\lambda) = 0.$$

Beweis:

λ ist Eigenvektor von ϕ

$\Leftrightarrow \exists v \in V \setminus \{0\}$ mit $\phi(v) = \lambda(v)$

$\Leftrightarrow \exists v \in V \setminus \{0\}$ mit $\lambda v - \phi(v) = 0$

$\Leftrightarrow \exists v \in V \setminus \{0\}$ mit $(\lambda \operatorname{Id}_V - \phi)(v) = 0$

$\Leftrightarrow \dim(\ker(\lambda \operatorname{Id}_V - \phi)) > 0$

$\Leftrightarrow \dim(\operatorname{im}(\lambda \operatorname{Id}_V - \phi)) < \dim(V)$

$\Leftrightarrow \operatorname{rang}(\lambda \operatorname{Id}_V - \phi) < \dim(V)$

$\Leftrightarrow \det(\lambda \operatorname{Id}_V - \phi) = 0$

$\Leftrightarrow P_\phi(\lambda) = 0.$ q.e.d.

Satz 22.3 (Diagonalisierbarkeitskriterium)

Hat $A \in \mathcal{M}_{n,n}(K)$ n paarweise verschiedene Eigenwerte, so ist A diagonalisierbar.

Beweis: Dies folgt sofort aus Satz 22.1   q.e.d.

Satz 22.4

Eine Matrix A ist genau dann diagonalisierbar, wenn eine Basistransformationsmatrix T existiert, sodass $D = T^{-1}AT$ gilt, wobei D eine Diagonalmatrix darstellt.

Satz 22.5 (Charakteristisches Polynom von ähnlichen Matrizen)

Sind A und B ähnliche Matrizen (siehe Definition 16.3), so gilt:

$$P_A = P_B.$$

Beweis: Sei also $B = S^{-1}AS$. Für $\lambda \in \mathbb{R}$ gilt:

$$S^{-1} \cdot \lambda \cdot E_n \cdot S = S^{-1} \cdot \lambda \cdot S = \lambda \cdot S^{-1} \cdot S = \lambda \cdot E_n$$

und damit:

$$\begin{aligned}
\det(B - \lambda \cdot E_n) &= \det(S^{-1}AS - S^{-1} \cdot \lambda \cdot E_n \cdot S) \\
&= \det(S^{-1}(A - \lambda \cdot E_n)S) \\
&= \det(S^{-1}) \cdot \det(A - \lambda \cdot E_n) \cdot \det(S) \\
&= \det(A - \lambda \cdot E_n).
\end{aligned}$$

q.e.d.

> **Satz 22.6 (Der Satz von Cayley-Hamilton)**
> *Sind $A \in \mathcal{M}_{n,n}(K)$ und P_A das zugehörige charakteristische Polynom, so gilt:*
> $$P_A(A) = 0.$$

22.3 Erklärungen zu den Definitionen

In Kap. 18 über lineare Abbildungen haben wir bereits gesehen, dass wir Darstellungsmatrizen für lineare Abbildungen angeben können (falls es sich um Abbildungen zwischen endlich-dimensionalen Vektorräumen handelt). Diese Matrizen hängen von der Wahl der Basis ∘ ab. Wir fragen uns nun, ob es eine Basis gibt, sodass die Darstellungsmatrix eine „schöne, einfache Form" hat. Wobei wir vorher klären sollten, was mit „schön" und „einfach" gemeint ist. Die einfachsten Matrizen sind Diagonalmatrizen, also Matrizen der Form

$$\begin{pmatrix} \lambda_1 & 0 & 0 & \cdots & 0 \\ 0 & \lambda_2 & 0 & \cdots & 0 \\ 0 & 0 & \lambda_3 & \cdots & 0 \\ \vdots & \vdots & \vdots & \ddots & \vdots \\ 0 & 0 & 0 & \cdots & \lambda_n \end{pmatrix}.$$

Doch lässt sich immer eine passende Basis finden?

Anmerkung: Wir werden in diesem ganzen Kapitel immer, wenn wir endlich-dimensionale Vektorräume behandeln, Endomorphismen mit Matrizen bezüglich der Standardbasis identifizieren, was wir nach dem Kapitel über lineare Abbildungen ohne Probleme machen dürfen.

Erklärung

Zur Definition 22.1 von Eigenwert und Eigenvektor: *Achtung: Laut Definition kann der Nullvektor kein Eigenvektor sein, aber 0 kann sehr wohl ein Eigenwert sein!*

Was bedeutet dies nun? Der Endomorphismus ϕ nimmt also den Vektor v, verändert ihn aber nicht großartig, sondern macht nur ein Vielfaches von ihm daraus. Da dies womöglich nicht ganz einfach zu verstehen ist, wollen wir einige Beispiele anführen.

▶ **Beispiel 221**

- Wenn man eine Matrix mit einem Vektor multipliziert, ergibt sich ein neuer Vektor. Eine Matrix ist also ein Operator, der Vektoren anschaulich dreht, streckt oder staucht. Die Eigenvektoren einer Matrix sind genau diejenigen, die unter der Matrix nur gestreckt oder gestaucht werden – ihre Richtung bleibt jedoch erhalten (bis auf eventuelle Vorzeichenumkehr). Der Streckungsfaktor ist der zugehörige Eigenwert.

- Wir betrachten den Vektorraum $\mathbb{R}^2$ und wählen

$$\phi = \begin{pmatrix} \cos(\alpha) & -\sin(\alpha) \\ \sin(\alpha) & \cos(\alpha) \end{pmatrix}$$

mit $\alpha \in [0,2\pi)$. Diese Matrix stellt eine Drehung um den Ursprung mit Winkel α dar. Betrachtet man diese Drehung, so wird schnell klar, dass es nur für $\alpha = 0$ oder $\alpha = \pi$ Eigenvektoren geben kann.

- Wir betrachten den Vektorraum aller reellen Folgen, $V = (a_1, a_2, a_3, \ldots)$ und die beiden „Verschiebe-Endomorphismen"

$$\phi(a_1, a_2, a_3, \ldots) = (a_2, a_3, a_4, \ldots) \qquad \psi(a_1, a_2, a_3, \ldots) = (0, a_1, a_2, \ldots).$$

Haben ϕ und ψ Eigenvektoren? Zunächst einmal zu ϕ:
Angenommen, es existieren $\lambda \in \mathbb{R}$ und $v \in V \setminus \{0\}$, für die $\phi(v) = \lambda \cdot v$ gilt. Dann gilt $\forall i \; a_{i+1} = \lambda a_i$. Wir erhalten also Folgen der Form $(1, \lambda, \lambda^2, \ldots)$. Jede Folge dieser Form ist ein Eigenvektor von ϕ zum Eigenwert λ, da $(1, \lambda, \lambda^2, \ldots) \neq (0,0,0,\ldots) \; \forall \lambda$. Insbesondere sind alle $\lambda \in \mathbb{R}$ Eigenwerte von ϕ.

Und was ist mit ψ?
Mit derselben Überlegung wie oben erhalten wir die Bedingung $\lambda a_1 = 0$, also $\lambda = 0$ oder $a_1 = 0$. Wir untersuchen zunächst $\lambda \neq 0 \Rightarrow a_1 = 0$. Dadurch ergibt sich analog $\lambda a_2 = 0$, also $a_2 = 0$, da ja $\lambda \neq 0$ war. Induktiv ergibt sich damit $a_i = 0 \; \forall i$, also erhalten wir die Nullfolge: $(0,0,0,\ldots)$. Für $\lambda \neq 0$ gibt es also keine Eigenvektoren. Was ist mit $\lambda = 0$? Dann würde gelten:

$$(0, a_1, a_2, \ldots) = \psi(a_1, a_2, a_3, \ldots) = 0 \cdot (a_1, a_2, a_3, \ldots) = (0,0,0,\ldots)$$

Und wieder erhalten wir $a_i = 0 \; \forall \; i$, also hat ψ überhaupt keine Eigenvektoren und Eigenwerte. ∎

Achtung! Selbst wenn A diagonalisierbar ist, muss nicht jeder Vektor Eigenvektor sein. Auch die Linearkombination von zwei Eigenvektoren zu verschiedenen Eigenwerten ist im Allgemeinen kein Eigenvektor, wie die Abb. 22.1 zeigt.

Erklärung

Zur Definition 22.2 von Diagonalisierbarkeit: Dies ist nun die Definition, die uns zu dem bringt, was wir wollten. Ist V nämlich endlich-dimensional, so bedeutet das

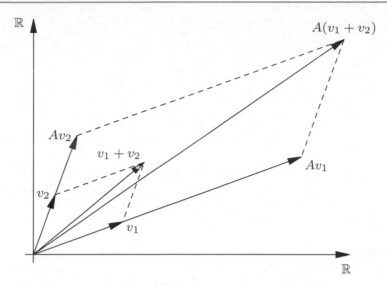

Abb. 22.1 Die Summe zweier Eigenvektoren muss selbst kein Eigenvektor sein

genau, dass

$$
M_{\mathcal{B}}(\phi) = \begin{pmatrix} \lambda_1 & 0 & 0 & \cdots & 0 \\ 0 & \lambda_2 & 0 & \cdots & 0 \\ 0 & 0 & \lambda_3 & \cdots & 0 \\ \vdots & \vdots & \vdots & \ddots & \vdots \\ 0 & 0 & 0 & \cdots & \lambda_n \end{pmatrix},
$$

wobei λ_i der Eigenwert des i-ten Basisvektors ist.

Wie wir erkennen, ob V nun eine solche Basis aus Eigenvektoren besitzt, werden wir gleich in den folgenden Beispielen feststellen.

Erklärung

Zur Definition 22.3 des charakteristischen Polynoms: Wir wollen uns nun mit dem systematischen Bestimmen von Eigenwerten und Eigenvektoren befassen und betrachten hierfür den Fall eines endlich-dimensionalen Vektorraumes. In den obigen Beispielen war noch relativ leicht zu erkennen, ob die Endomorphismen Eigenwerte haben oder nicht. Was ist jetzt, wenn man kompliziertere Endomorphismen und vor allem höher-dimensionale Vektorräume hat?

Was ist zum Beispiel mit $V = \mathbb{R}^6$ und

$$\phi = \begin{pmatrix} 1 & 5 & 9 & 1 & 0 & 2 \\ 2 & 3 & 0 & 10 & 4 & 0 \\ 1 & 4 & 0 & 0 & 3 & 3 \\ 4 & 1 & 1 & 1 & 1 & 7 \\ 1 & 4 & 8 & 8 & 0 & 0 \\ 0 & 0 & 6 & 2 & 2 & 4 \end{pmatrix}?$$

(Jeder der sich den $\mathbb{R}^6$ bildlich vorstellen und geometrisch interpretieren kann, was ϕ bewirkt, der möge sich bitte schleunigst bei uns melden :-).) Was macht man also mit solch monströsen Matrizen? Wie berechnet man die Eigenwerte? Hierfür benötigt man das charakteristische Polynom.

▶ **Beispiel 222** Wir wollen nun einmal das charakteristische Polynom von

$$\phi = \begin{pmatrix} \cos(\alpha) & -\sin(\alpha) \\ \sin(\alpha) & \cos(\alpha) \end{pmatrix}$$

bestimmen. Wir berechnen zunächst

$$x \cdot E_2 - A = \begin{pmatrix} x - \cos(\alpha) & \sin(\alpha) \\ -\sin(\alpha) & x - \cos(\alpha) \end{pmatrix}$$

und damit

$$P_A = \det\left(\begin{pmatrix} x - \cos(\alpha) & \sin(\alpha) \\ -\sin(\alpha) & x - \cos(\alpha) \end{pmatrix}\right) = (x - \cos(\alpha))^2 + \sin^2(\alpha)$$

$$= x^2 - 2\cos(\alpha)x + \cos^2(\alpha) + \sin^2(\alpha) = x^2 - 2\cos(\alpha)x + 1. \qquad ■$$

Erklärung

Zur Definition 22.4 des Eigenraums: Der Eigenraum zu einem Eigenwert λ ist der Untervektorraum, der von allen zugehörigen Eigenvektoren aufgespannt wird. Wir meinen die lineare Hülle, denn der Nullvektor ist ja kein Eigenvektor, aber im Eigenraum enthalten. Wie wir nun Eigenwerte und damit dann auch die zugehörigen Eigenräume bestimmen, werden wir im Verlauf dieses Kapitels noch lernen und üben.

Erklärung

Zur Definition 22.5 der algebraischen und geometrischen Vielfachheit: Wir hoffen, dass sich die Definition 22.5 von selbst erklärt und bei den folgenden Beispielen noch deutlich wird. Wir halten nur fest (dahinter steckt eigentlich ein Satz), dass eine Matrix auf jeden Fall diagonalisierbar ist, wenn algebraische und geometrische Vielfachheit übereinstimmen.

22.4   Erklärungen zu den Sätzen und Beweisen

Erklärung
Zum Satz 22.1 über die lineare Unabhängigkeit von Eigenvektoren: Dieser Satz
ist sehr nützlich, denn wenn Eigenvektoren zu verschiedenen Eigenwerten linear
unabhängig sind, so kommen diese ja als Basisvektoren infrage. Insbesondere kann
man aus ihm leicht den Satz 22.3 folgern, womit wir schon ein starkes Werkzeug
zur Hand haben, um Matrizen auf Diagonalisierbarkeit zu überprüfen.

Den Satz haben wir per Induktion bewiesen, wobei wichtig war, dass keiner der
Eigenvektoren der Nullvektor ist, denn dieser ist ja immer linear abhängig.

Erklärung
**Zum Satz 22.2 über den Zusammenhang von Eigenwerten und dem charakte-
ristischen Polynom:** Jetzt können wir endlich ganz einfach die Eigenwerte bestimmen. Wir brauchen nur das charakteristische Polynom berechnen, und die Eigenwerte sind die Nullstellen dieses Polynoms.

▶ **Beispiel 223** Wir nehmen die Matrix aus Beispiel 222:

$$\phi = \begin{pmatrix} \cos(\alpha) & -\sin(\alpha) \\ \sin(\alpha) & \cos(\alpha) \end{pmatrix}.$$

Wir haben bereits das charakteristische Polynom zu $P_\phi = x^2 - 2\cos(\alpha) + 1$ berechnet. Was sind nun die Nullstellen dieses Polynoms? Mit der p, q-Formel ergibt
sich:
$$\lambda_{1,2} = \cos(\alpha) \pm \sqrt{\cos^2(\alpha) - 1}$$
mit einer Diskriminante $D = \cos^2(\alpha) - 1$. P_ϕ hat also reelle Nullstellen, falls

$$\cos^2(\alpha) = 1 \Leftrightarrow (\cos(\alpha) = 1 \text{ oder } \cos(\alpha) = -1) \Leftrightarrow (\alpha = 0 \text{ oder } \alpha = \pi),$$

also haben wir hier genau das berechnet, was wir uns in Beispiel 221 schon überlegt
haben.   ∎

Im Beweis von Satz 22.2 haben wir in den drei Umformungen nur die Definitionen
eingesetzt und ein wenig umgeformt, und erkannt, dass eben dieses v im Kern von
ϕ liegen muss, also deswegen das Bild nicht ganz V sein kann. Deshalb hat der
Endomorphismus $\lambda \operatorname{Id}_v - \phi$ (bzw. die zugehörige Matrix) nicht vollen Rang, die
Determinante muss also 0 sein.

Erklärung
Zum Satz 22.4: Der Satz 22.4 sagt gerade aus, dass eine Matrix A genau dann
diagonalisierbar ist, wenn eine Transformationsmatrix T existiert, sodass $D = T^{-1}AT$ gilt. Die Frage ist nun, wie sich die Diagonalmatrix D und die Transformationsmatrix T zusammensetzen. Dies ist ganz einfach: Die Diagonalmatrix D

besteht gerade aus den Eigenwerten auf der Diagonalen und die Matrix T führt in den Spalten die Eigenvektoren. Solltet ihr solch eine Aufgabe also irgendwo einmal sehen, wisst ihr jetzt, was zu tun ist :-). Siehe dazu auch das Beispiel 224. Dort führen wir es vor.

Erklärung

Zum Satz 22.5 über das charakteristische Polynom von ähnlichen Matrizen: Dieser Satz wird in Verbindung mit dem Kriterium aus Satz 22.3 wichtig sein, um die Diagonalmatrix, die wir berechnen wollen, zu bestimmen. Wenn wir n paarweise verschiedene Eigenwerte λ_i haben, so hat unsere Matrix das charakteristische Polynom

$$P_A = \prod_{i=1}^{n}(x - \lambda_i).$$

Da die Diagonalmatrix zu der Matrix A ähnlich ist, muss die Diagonalmatrix dasselbe charakteristische Polynom haben. Das geht nur, wenn die Diagonaleinträge gerade diese λ_i sind. Folglich haben ähnliche Matrizen auch dieselben Eigenwerte.

Die Umkehrung hiervon gilt allerdings nicht, zwei Matrizen mit denselben Eigenwerten sind nicht zwingend ähnlich, wie das Beispiel der Matrizen

$$\begin{pmatrix} 1 & & \\ & 1 & \\ & & 2 \end{pmatrix} \text{ und } \begin{pmatrix} 1 & & \\ & 2 & \\ & & 2 \end{pmatrix} \text{ zeigt.}$$

Drei abschließende Beispiele

▶ **Beispiel 224**

- Gegeben sei die Abbildung $\varphi : \mathbb{R}^2 \to \mathbb{R}^2$ durch die darstellende Matrix

$$A = \begin{pmatrix} 1 & 2 \\ 2 & 1 \end{pmatrix}.$$

Wir wollen nun eine Basis vom $\mathbb{R}^2$ aus Eigenvektoren von φ bestimmen. Sprich: Wir diagonalisieren die Matrix A. Dazu bestimmen wir das charakteristische Polynom. Die Nullstellen dieses Polynoms sind dann die Eigenwerte:

$$P_A = (-1)^2 \det\left(\begin{pmatrix} 1 - \lambda & 2 \\ 2 & 1 - \lambda \end{pmatrix}\right)$$
$$= (1 - \lambda)^2 - 4 = 0 \Leftrightarrow (1 - \lambda)^2 = 4 \Rightarrow \lambda \in \{-1, 3\}.$$

Die beiden Eigenwerte von φ sind daher $\lambda_1 = -1$ und $\lambda_2 = 3$. Wir können also schon einmal nach Satz 22.3 festhalten, dass die Matrix diagonalisierbar ist. Wir berechnen nun die Eigenräume zu den Eigenwerten, also auch die Eigenvektoren:

$$\mathrm{Eig}(A, -1) = \ker(A - (-1) \cdot E_2) = \ker\left(\begin{pmatrix} 1 & 2 \\ 2 & 1 \end{pmatrix} + \begin{pmatrix} 1 & 0 \\ 0 & 1 \end{pmatrix}\right)$$

$$= \ker\begin{pmatrix} 2 & 2 \\ 2 & 2 \end{pmatrix} = \ker\begin{pmatrix} 2 & 2 \\ 0 & 0 \end{pmatrix}$$

$$= \left\langle \begin{pmatrix} -1 \\ 1 \end{pmatrix} \right\rangle.$$

Alle Vielfachen ungleich Null des Vektors $\begin{pmatrix} -1 \\ 1 \end{pmatrix}$ sind demnach Eigenvektoren zum Eigenwert $\lambda_1 = -1$.

Analog berechnet man den Eigenraum zum Eigenwert 3:

$$\mathrm{Eig}(A, 3) = \ker(A - 3 \cdot E_2) = \ker\left(\begin{pmatrix} 1 & 2 \\ 2 & 1 \end{pmatrix} - 3\begin{pmatrix} 1 & 0 \\ 0 & 1 \end{pmatrix}\right)$$

$$= \ker\left(\begin{pmatrix} -2 & 2 \\ 2 & -2 \end{pmatrix}\right) = \ker\left(\begin{pmatrix} -2 & 2 \\ 0 & 0 \end{pmatrix}\right)$$

$$= \left\langle \begin{pmatrix} 1 \\ 1 \end{pmatrix} \right\rangle.$$

Eine Basis aus Eigenvektoren von φ des $\mathbb{R}^2$ ist also zum Beispiel gegeben durch

$$\mathcal{B} = \left(\begin{pmatrix} -1 \\ 1 \end{pmatrix}, \begin{pmatrix} 1 \\ 1 \end{pmatrix} \right).$$

Nach Satz 22.4 gilt nun $D = T^{-1}AT$, wobei

$$D = \begin{pmatrix} -1 & 0 \\ 0 & 3 \end{pmatrix} \quad \text{und} \quad T = \begin{pmatrix} -1 & 1 \\ 1 & 1 \end{pmatrix}.$$

In der Diagonalmatrix stehen gerade die Eigenwerte auf der Diagonalen und in T die Eigenvektoren zu den entsprechenden Eigenwerten. Reihenfolge beachten! Das heißt, wenn ihr in D zuerst den Eigenwert -1 schreibt, dann muss auch in der ersten Spalte von T der Eigenvektor zum Eigenwert -1 stehen. Um T^{-1} zu erhalten, müsst ihr T einfach nur invertieren.

- Wir wollen jetzt die Matrix

$$A = \begin{pmatrix} -3 & -2 & -2 \\ 2 & 3 & 2 \\ -2 & -2 & -1 \end{pmatrix}$$

diagonalisieren. Zunächst berechnen wir das charakteristische Polynom von A:

$$P_A = \det\left(\begin{pmatrix} x+3 & 2 & 2 \\ -2 & x-3 & -2 \\ 2 & 2 & x+1 \end{pmatrix}\right) = \det\left(\begin{pmatrix} x+3 & 2 & 2 \\ -2 & x-3 & -2 \\ 0 & x-1 & x-1 \end{pmatrix}\right)$$

$$= (x-1)\det\left(\begin{pmatrix} x+3 & 2 & 2 \\ -2 & x-3 & -2 \\ 0 & 1 & 1 \end{pmatrix}\right)$$

$$= (x-1)\det\left(\begin{pmatrix} x+3 & 0 & 0 \\ -2 & x-1 & 0 \\ 0 & 1 & 1 \end{pmatrix}\right) = (x-1)^2(x+3).$$

Also sind die Eigenwerte 1 (Vielfachheit 2) und -3. Wir berechnen nun die Eigenvektoren bzw. die Eigenräume. Zunächst zum Eigenwert 1:

$$\mathrm{Eig}(A,1) = \ker\begin{pmatrix} 4 & 2 & 2 \\ -2 & -2 & -2 \\ 2 & 2 & 2 \end{pmatrix} = \ker\begin{pmatrix} 2 & 0 & 0 \\ 1 & 1 & 1 \\ 0 & 0 & 0 \end{pmatrix} = \left\langle \begin{pmatrix} 0 \\ 1 \\ -1 \end{pmatrix} \right\rangle.$$

Und zum Eigenwert -3:

$$\mathrm{Eig}(A,-3) = \ker\begin{pmatrix} 0 & 2 & 2 \\ -2 & -6 & -2 \\ 2 & 2 & -2 \end{pmatrix} = \ker\begin{pmatrix} 1 & 1 & -1 \\ 0 & 1 & 1 \\ 0 & 0 & 0 \end{pmatrix} = \left\langle \begin{pmatrix} -2 \\ 1 \\ -1 \end{pmatrix} \right\rangle.$$

Wir haben also nur zwei linear unabhängige Eigenvektoren finden können. Die Matrix ist also nicht diagonalisierbar! *Achtung: Wenn eine $(n \times n)$-Matrix nicht n verschiedene Eigenwerte besitzt, dann heißt das aber noch lange nicht, dass sie nicht diagonalisierbar ist. Denkt zum Beispiel an die Einheitsmatrix. Diese hat nur die Eigenwerte 1, ist aber durchaus diagonalisierbar.*
- Wir geben nun noch ein Beispiel für das Diagonalisieren einer Matrix mit komplexen Zahlen: Dazu betrachten wir die Matrix

$$A := \begin{pmatrix} -1 & 0 & 0 \\ 0 & 3 & -4 \\ 0 & 4 & 3 \end{pmatrix}.$$

Wir berechnen zunächst das charakteristische Polynom:

$$P_A = (-1)^3 \det(A - x \cdot E_3) = -\det\left(\begin{pmatrix} -1 & 0 & 0 \\ 0 & 3 & -4 \\ 0 & 4 & 3 \end{pmatrix} - x \begin{pmatrix} 1 & 0 & 0 \\ 0 & 1 & 0 \\ 0 & 0 & 1 \end{pmatrix}\right)$$

$$= -\det\begin{pmatrix} -1-x & 0 & 0 \\ 0 & 3-x & -4 \\ 0 & 4 & 3-x \end{pmatrix}.$$

Die Determinante könnten wir nun mittels Laplace-Entwicklung oder der Regel von Sarrus berechnen (siehe dazu auch gegebenenfalls Kap. 21). Es ergibt sich $-P_A = (-1-x)((3-x)^2 + 16)$. Es ergeben sich die Eigenwerte $x_1 = -1$, $x_2 = 3 + 4i$ und $x_3 = 3 - 4i$. Wir haben also insgesamt drei verschiedene Nullstellen und damit drei paarweise verschiedene Eigenwerte bestimmt. Das bedeutet gerade, dass die Matrix A diagonalisierbar ist. Um jetzt die Eigenvektoren zu berechnen bzw. die Eigenräume zu bestimmen, behelfen wir uns mit einem kleinen „Trick", um möglichst wenig zu rechnen, denn Rechnen liegt einem Mathematiker bekanntlich ja nicht :-). Dazu setzen wir $\lambda := x_2$. Dann ist $\overline{\lambda} = x_3$ und $(-1-x)((3-x)^2 + 16) = (x+1)(x-\lambda)(x-\overline{\lambda})$, wobei wir mit $\overline{\lambda}$ das konjugiert Komplexe von λ meinen. Weiterhin bedenken wir, dass

$$\lambda^2 - 6\lambda + 25 = 0 \text{ und } \overline{\lambda}^2 - 6\overline{\lambda} + 25 = 0. \tag{22.4}$$

Nun bestimmen wir die Eigenräume:

$$\text{Eig}(A, -1) = \ker\begin{pmatrix} 0 & 0 & 0 \\ 0 & 4 & -4 \\ 0 & 4 & 4 \end{pmatrix} = \ker\begin{pmatrix} 0 & 0 & 0 \\ 0 & 4 & -4 \\ 0 & 0 & 8 \end{pmatrix} = \left\langle \begin{pmatrix} 1 \\ 0 \\ 0 \end{pmatrix} \right\rangle.$$

Die anderen Eigenräume ergeben sich zu:

$$\text{Eig}(A, \lambda) = \ker\begin{pmatrix} -1-\lambda & 0 & 0 \\ 0 & 3-\lambda & -4 \\ 0 & 4 & 3-\lambda \end{pmatrix}$$

$$= \ker\begin{pmatrix} -1-\lambda & 0 & 0 \\ 0 & 3-\lambda & -4 \\ 0 & 4(3-\lambda) & (3-\lambda)^2 \end{pmatrix}$$

$$= \ker\begin{pmatrix} -1-\lambda & 0 & 0 \\ 0 & 3-\lambda & -4 \\ 0 & 0 & (3-\lambda)^2 + 4 \end{pmatrix}$$

$$\overset{(22.4)}{=} \ker \begin{pmatrix} -1-\lambda & 0 & 0 \\ 0 & 3-\lambda & -4 \\ 0 & 0 & 0 \end{pmatrix}$$

$$= \left\langle \begin{pmatrix} 0 \\ 4 \\ 3-\lambda \end{pmatrix} \right\rangle = \left\langle \begin{pmatrix} 0 \\ 1 \\ -i \end{pmatrix} \right\rangle$$

Den Eigenraum bzw. der Eigenvektor zum komplex konjugierten Eigenwert $\overline{\lambda} = 3 - 4i$ ergibt sich durch genau dieselbe Rechnung wie eben durch Vertauschen von λ und $\overline{\lambda}$. Wir erhalten demnach den „komplex konjugierten Eigenvektor"

$$\mathrm{Eig}(A, \overline{\lambda}) = \left\langle \begin{pmatrix} 0 \\ 4 \\ 4i \end{pmatrix} \right\rangle = \left\langle \begin{pmatrix} 0 \\ 1 \\ i \end{pmatrix} \right\rangle.$$

Dies soll uns an Beispielen genügen.   ■

Wir fassen nun nochmals die Eigenwertbestimmung in vier Schritten zusammen und schauen uns danach ein paar Anwendungen an.

1. Schritt: Stelle das charakteristische Polynom auf.
2. Schritt: Bestimme die Nullstellen dieses Polynoms. Dies sind die Eigenwerte der Matrix.
3. Schritt: Bestimme die dazugehörigen Eigenräume und damit auch ihre Dimensionen.
4. Schritt: Prüfe, ob die Summe der geometrischen Vielfachheiten gleich der Dimension des entsprechenden Vektorraums ist.

Bemerkung

Für unsere (6×6)-Matrix von oben ergibt sich übrigens

$$P_A = x^6 - 9x^5 - 86x^4 - 94x^3 - 3014x^2 + 1348x + 13.584.$$

Dadurch ergeben sich die 4 reellen Eigenwerte (gerundet)

$$x_1 = -7{,}561942112828505, \qquad x_2 = -1{,}8952310834641137,$$
$$x_3 = 2{,}118086332879199, \qquad x_4 = 15{,}635973697306177$$

mit zugehörigen Eigenvektoren (Werte gerundet)

$$\left\langle \begin{pmatrix} 0{,}429 \\ -0{,}0304 \\ -0{,}382 \\ -0{,}345 \\ 0{,}729 \\ 0{,}132 \end{pmatrix} \right\rangle, \quad \left\langle \begin{pmatrix} -0{,}557 \\ 0{,}434 \\ -0{,}145 \\ 0{,}142 \\ -0{,}606 \\ 0{,}305 \end{pmatrix} \right\rangle, \quad \left\langle \begin{pmatrix} -0{,}733 \\ -0{,}123 \\ -0{,}171 \\ 0{,}258 \\ -0{,}251 \\ 0{,}538 \end{pmatrix} \right\rangle, \quad \left\langle \begin{pmatrix} 0{,}429 \\ 0{,}505 \\ 0{,}310 \\ 0{,}353 \\ 0{,}496 \\ 0{,}306 \end{pmatrix} \right\rangle.$$

Natürlich lassen sich solche Werte nicht mehr von Hand berechnen, sondern man ist auf numerische Computeralgebrasysteme, wie zum Beispiel MAPLE® oder MATLAB® angewiesen.

Zwei Anwendungen der Eigenwerttheorie

Die Theorie der Eigenwerte hat viele Anwendungen. Wir geben hier nur zwei an, geben aber jedem Leser den Rat, im Studium besonders gut aufzupassen (das sollt ihr ja sowieso :-)), dann wird euch auffallen, wie oft euch der Begriff des Eigenwertes oder Eigenvektors begegnet und ihr werdet (hoffentlich) die starke Theorie dahinter lieben lernen.

- Gegeben sei eine diagonalisierbare Matrix A. Wir wollen A^{2011} berechnen. Wie macht man denn so was? Denn 2011-mal Matrizenmultiplikation durchzuführen, ist ja wohl nicht möglich. Also erst einmal nachdenken, und dann rechnen. Denkt vor allem an Satz 22.4: Da A nun einmal nach Voraussetzung diagonalisierbar ist, existiert eine Transformationsmatrix T (siehe Definition 18.7 aus Kap. 18), sodass $D = T^{-1}AT$. Dies ist zu $A = TDT^{-1}$ äquivalent, denn wir wissen ja bereits seit Kap. 18, dass Transformationsmatrizen invertierbar sind. Nun setzen wir an:

$$A^{2011} = \left(TDT^{-1}\right)^{2011} = \underbrace{\left(TDT^{-1}\right)\left(TDT^{-1}\right)\cdot\ldots\cdot\left(TDT^{-1}\right)}_{2011\text{-mal}}.$$

Wegen der Assoziativität der Matrix-Multiplikation können die Klammern weggelassen werden:

$$A^{2011} = TDT^{-1}\cdot TDT^{-1}\cdot\ldots\cdot TDT^{-1},$$

wobei nun die Matrizen $T^{-1}T$ jeweils zur Einheitsmatrix werden, und es bleibt

$$A^{2011} = TD^{2011}T^{-1}$$

übrig. Die 2011-fache Potenz der Diagonalmatrix lässt sich offensichtlich leicht berechnen, indem man jeden Diagonaleintrag mit 2011 potenziert und so haben wir auf elegante Art und Weise die 2011te Potenz der Matrix A berechnet. Wir müssen A eben nur diagonalisieren, um an die Eigenwerte und Eigenvektoren zu gelangen.

- Eine weitere berühmte Anwendung der Eigenwerte findet sich beim PageRank von Google®. Die Gewichtung der Seiten wird dort ebenfalls auf ein Eigenwertproblem zurückgeführt. Es würde den Rahmen des Buches sprengen, wenn wir dies ausführlicher darstellen würden. Daher nur so viel: Google® bastelt sich eine sogenannte Bewertungsmatrix (dort ist entscheidend, wie „wichtig" eine Seite ist, das heißt, wie viele Links auf welche Seiten verweisen) und diagonalisiert diese. Ein ganz bestimmter Vektor gibt dann das Ranking an. Wer mehr erfahren möchte, sei auf den sehr interessanten Artikel in [LB] verwiesen.

Erklärung

Zum Satz von Cayley-Hamilton (Satz 22.6): Der Satz von Cayley-Hamilton ist
ein sehr wichtiger Satz. Er besagt, dass jede quadratische Matrixeine Nullstelle des
entsprechenden charakteristischen Polynoms ist, dass also $P(A) = 0$ gilt. Daraus
ergibt sich beispielsweise, dass das Minimalpolynom einer Matrix das charakteristische Polynom teilen muss. Was das Minimalpolynom genau ist, werdet ihr (wenn
ihr es noch nicht wisst) in der Linearen Algebra 2 lernen, also schnappt euch schon
einmal ein Buch dazu (zum Beispiel [MK11]) und lest ein wenig nach!

Weiterhin ergibt sich aus dem Satz von Cayley-Hamilton, dass Potenzen einer
quadratischen Matrix einen Unterraum des Vektorraums aller quadratischen $(n \times n)$-
Matrizen bildet. Dieser kann höchstens die Dimension n besitzen.

Probeklausur Lineare Algebra

23

Im Folgenden haben wir für euch eine Probeklausur für Lineare Algebra vorbereitet, damit ihr einmal selbst testen könnt, ob ihr den Stoff auch verinnerlicht habt. Die Klausur und die anschließende Musterlösung schreiben wir im üblichen Unistil, wundert euch also nicht, wenn die Texte dort von unserem Stil etwas abweichen. Insbesondere werden wir euch dort zum ersten Mal siezen, denn das werdet ihr in echten Klausuren schließlich auch ;-). Bevor ihr euch mit der Klausur beschäftigt, solltet ihr unbedingt alles Störende (Handy usw.) beiseite legen und auch keine Anrufe annehmen. Am besten hilft eine Probeklausur immer dann, wenn man wirklich prüfungsähnliche Bedingungen schafft, gebt euch also auch nur so viel Zeit wie von uns unten beschrieben. Bevor ihr mit der Klausur beginnt, beachtet bitte die allgemeinen Hinweise zu Probeklausuren, die wir euch vor der Probeklausur Analysis (Kap. 14) gegeben haben (diese gelten hier natürlich ebenso) sowieso die speziellen Hinweise unten für unsere Probeklausur.

23.1 Hinweise

Soo... bevor es dann auf der nächsten Seite losgeht, hier noch die spezifischen Hinweise für die folgende Klausur:

- Es sind keine Hilfsmittel erlaubt (kein Taschenrechner, kein Formelzettel).
- Ihr habt 120 Minuten Zeit.
- Es gibt 62 Punkte zu erreichen, ab 31 Punkten ist die Klausur bestanden.

Viel Erfolg!

© Springer-Verlag GmbH Deutschland, ein Teil von Springer Nature 2018
F. Modler, M. Kreh, *Tutorium Analysis 1 und Lineare Algebra 1*,
https://doi.org/10.1007/978-3-662-56752-4_23

23.2 Klausur

Aufgabe 1 (6 + 5 + 2 Punkte)
Wir betrachten die lineare Abbildung $f : \mathbb{R}^3 \to \mathbb{R}^3$ gegeben durch

$$\begin{pmatrix} x \\ y \\ z \end{pmatrix} \mapsto \begin{pmatrix} x + z \\ x - y + z \\ y + z \end{pmatrix}.$$

1. Bestimmen Sie die Darstellungsmatrix $A := M_{\mathcal{B}}^{\mathcal{A}}(f)$ für die Basen

$$\mathcal{A} = \left\{ \begin{pmatrix} 1 \\ 0 \\ 2 \end{pmatrix}, \begin{pmatrix} 0 \\ 1 \\ 0 \end{pmatrix}, \begin{pmatrix} 1 \\ 1 \\ 1 \end{pmatrix} \right\} \quad \text{und} \quad \mathcal{B} = \left\{ \begin{pmatrix} 1 \\ 1 \\ 2 \end{pmatrix}, \begin{pmatrix} 1 \\ 1 \\ 0 \end{pmatrix}, \begin{pmatrix} 1 \\ 0 \\ 1 \end{pmatrix} \right\}.$$

2. Bestimmen Sie A^{-1}.
3. Zu welcher linearen Abbildung und bezüglich welcher Basen ist A^{-1} die Darstellungsmatrix?

Aufgabe 2 (2 + 2 Punkte)
Überprüfen Sie, ob die folgenden Mengen mit den üblichen Verknüpfungen einen Vektorraum bilden:

1. Die Menge $\mathbb{R}[x]_2$ der reellen Polynome vom Grad 2, also

$$\mathbb{R}[x]_2 := \{ ax^2 + bx + c : a, b, c \in \mathbb{R}^2, a \neq 0 \}.$$

2. Reelle obere 2×2 Dreiecksmatrizen, also Matrizen der Form $\begin{pmatrix} a & b \\ 0 & c \end{pmatrix}$ mit $a, b, c \in \mathbb{R}$.

Aufgabe 3 (6 Punkte)
Sei $(G, \circ)$ eine Gruppe mit neutralem Element e und so dass $a \circ a = e$ für alle $a \in G$. Zeigen Sie, dass $(G, \circ)$ dann eine abelsche Gruppe ist. Gilt auch die Umkehrung, d. h. gilt $a \circ a = e$ für alle $a \in G$ für eine beliebige abelsche Gruppe $(G, \circ)$?

Aufgabe 4 (4 Punkte)
Sei V ein Vektorraum und seien $v_1, \ldots, v_n$ linear unabhängig. Zeigen Sie oder widerlegen Sie: Die Vektoren $v_1 - v_2, v_2 - v_3, \ldots, v_n - v_1$ sind ebenfalls linear unabhängig.

Aufgabe 5 (4 + 2 Punkte)
Gegeben seien $A = \begin{pmatrix} 1 & 2 & -4 \\ -2 & 4 & 0 \\ 2 & 4 & -2a \end{pmatrix}$ mit $a \in \mathbb{R}$ und $b = \begin{pmatrix} -2 \\ 8 \\ -6 \end{pmatrix}$.

1. Bestimmen Sie $\det(A)$.
2. Für welche $a \in \mathbb{R}$ ist das Gleichungssystem $Ax = b$ eindeutig lösbar?

Aufgabe 6 (6 + 12 + 2 Punkte)

$$\text{Sei } A := \begin{pmatrix} -2 & -6 & -4 \\ 1 & 3 & 2 \\ 2 & 4 & 2 \end{pmatrix}.$$

1. Bestimmen Sie das charakteristische Polynom von A.
2. Finden Sie eine invertierbare Matrix T, so dass $T^{-1}AT$ in Diagonalform ist.
3. Wie kann man mit dem Wissen aus Teil 2 einfach Potenzen A^k bestimmen?

Aufgabe 7 (4 + 5 Punkte)

1. Seien V, W Vektorräume und $\phi : V \to W$ eine invertierbare lineare Abbildung. Zeigen Sie: Ist $\lambda \in \mathbb{R}$ ein Eigenwert von ϕ, so ist $\lambda \neq 0$ und λ^{-1} ist Eigenwert von ϕ^{-1}.
2. Sei V ein reeller Vektorraum und $\phi : V \to V$ eine lineare Abbildung. Angenommen, es gibt ein $n \in \mathbb{N}_{\geq 2}$ mit $\phi^n = \phi$. Zeigen Sie, dass dann für jeden Eigenwert λ von ϕ entweder $\lambda = 0$ oder $\lambda^{n-1} = 1$ gilt. Wie viele Werte sind demnach für λ möglich?

23.3 Musterlösung

Aufgabe 1

1. Wir berechnen das Bild der Basisvektoren aus $\mathcal{A}$ unter der Abbildung f und stellen diese Vektoren als Linearkombination der Basisvektoren aus $\mathcal{B}$ dar. Es gilt

$$f\left(\begin{pmatrix} 1 \\ 0 \\ 2 \end{pmatrix}\right) = \begin{pmatrix} 3 \\ 3 \\ 2 \end{pmatrix}, \quad f\left(\begin{pmatrix} 0 \\ 1 \\ 0 \end{pmatrix}\right) = \begin{pmatrix} 0 \\ -1 \\ 1 \end{pmatrix}, \quad f\left(\begin{pmatrix} 1 \\ 1 \\ 1 \end{pmatrix}\right) = \begin{pmatrix} 2 \\ 1 \\ 2 \end{pmatrix}.$$

Die Darstellung für die ersten beiden Vektoren kann man leicht sehen und man erhält

$$\begin{pmatrix} 3 \\ 3 \\ 2 \end{pmatrix} = 1 \cdot \begin{pmatrix} 1 \\ 1 \\ 2 \end{pmatrix} + 2 \cdot \begin{pmatrix} 1 \\ 1 \\ 0 \end{pmatrix} + 0 \cdot \begin{pmatrix} 1 \\ 0 \\ 1 \end{pmatrix}, \quad \begin{pmatrix} 0 \\ -1 \\ 1 \end{pmatrix} = 0 \cdot \begin{pmatrix} 1 \\ 1 \\ 2 \end{pmatrix} - 1 \cdot \begin{pmatrix} 1 \\ 1 \\ 0 \end{pmatrix} + 1 \cdot \begin{pmatrix} 1 \\ 0 \\ 1 \end{pmatrix}$$

(wenn man das nicht sieht, kann man das natürlich auch über ein lineares Gleichungssystem lösen wie für den dritten Vektor). Für den dritten Vektor erhalten wir aus

$$\begin{pmatrix} 2 \\ 1 \\ 1 \end{pmatrix} = \lambda_1 \cdot \begin{pmatrix} 1 \\ 1 \\ 2 \end{pmatrix} + \lambda_2 \cdot \begin{pmatrix} 1 \\ 1 \\ 0 \end{pmatrix} + \lambda_3 \cdot \begin{pmatrix} 1 \\ 0 \\ 1 \end{pmatrix}$$

das Gleichungssystem

$$\lambda_1 + \lambda_2 + \lambda_3 = 2$$
$$\lambda_1 + \lambda_2 = 1$$
$$2\lambda_1 + \lambda_3 = 2.$$

Aus den ersten beiden Gleichungen erhält man sofort $\lambda_3 = 1$ und dann $\lambda_1 = \frac{1}{2}$ und $\lambda_2 = \frac{1}{2}$. Die Darstellungsmatrix ist damit

$$\begin{pmatrix} 1 & 0 & \frac{1}{2} \\ 2 & -1 & \frac{1}{2} \\ 0 & 1 & 1 \end{pmatrix}.$$

2. Wir bestimmen die Inverse durch elementare Zeilenumformungen:

$$\left(\begin{array}{ccc|ccc} 1 & 0 & \frac{1}{2} & 1 & 0 & 0 \\ 2 & -1 & \frac{1}{2} & 0 & 1 & 0 \\ 0 & 1 & 1 & 0 & 0 & 1 \end{array}\right) \rightsquigarrow \left(\begin{array}{ccc|ccc} 1 & 0 & \frac{1}{2} & 1 & 0 & 0 \\ 2 & 0 & \frac{3}{2} & 0 & 1 & 1 \\ 0 & 1 & 1 & 0 & 0 & 1 \end{array}\right)$$

$$\rightsquigarrow \begin{pmatrix} 1 & 0 & \frac{1}{2} & | & 1 & 0 & 0 \\ 0 & 0 & \frac{1}{2} & | & -2 & 1 & 1 \\ 0 & 1 & 1 & | & 0 & 0 & 1 \end{pmatrix}$$

$$\rightsquigarrow \begin{pmatrix} 1 & 0 & \frac{1}{2} & | & 1 & 0 & 0 \\ 0 & 1 & 1 & | & 0 & 0 & 1 \\ 0 & 0 & \frac{1}{2} & | & -2 & 1 & 1 \end{pmatrix}$$

$$\rightsquigarrow \begin{pmatrix} 1 & 0 & \frac{1}{2} & | & 1 & 0 & 0 \\ 0 & 1 & 0 & | & 4 & -2 & -1 \\ 0 & 0 & \frac{1}{2} & | & -2 & 1 & 1 \end{pmatrix}$$

$$\rightsquigarrow \begin{pmatrix} 1 & 0 & 0 & | & 3 & -1 & -1 \\ 0 & 1 & 0 & | & 4 & -2 & -1 \\ 0 & 0 & \frac{1}{2} & | & -2 & 1 & 1 \end{pmatrix}$$

$$\rightsquigarrow \begin{pmatrix} 1 & 0 & 0 & | & 3 & -1 & -1 \\ 0 & 1 & 0 & | & 4 & -2 & -1 \\ 0 & 0 & 1 & | & -4 & 2 & 2 \end{pmatrix},$$

also ist

$$A^{-1} = \begin{pmatrix} 3 & -1 & -1 \\ 4 & -2 & -1 \\ -4 & 2 & 2 \end{pmatrix}.$$

3. A^{-1} ist die Darstellungsmatrix von f^{-1} bezüglich der Basen $\mathcal{B}$ und $\mathcal{A}$, also $A^{-1} = M_{\mathcal{A}}^{\mathcal{B}}(f^{-1})$.

Aufgabe 2

1. Diese Menge bildet keinen Vektorraum, denn sie ist nicht abgeschlossen unter Addition: Es gilt $x^2, -x^2 \in \mathbb{R}[x]_2$, aber $x^2 + (-x^2) = 0 \notin \mathbb{R}[x]_2$.
2. Diese Menge bildet einen Vektorraum. Die Gültigkeit der Vektorraumaxiome folgt aus der Gültigkeit der Axiome im Vektorraum der 2×2 Matrizen. Es ist also nur noch die Abgeschlossenheit zu überprüfen, die wegen

$$\lambda \begin{pmatrix} a & b \\ 0 & c \end{pmatrix} = \begin{pmatrix} \lambda a & \lambda b \\ 0 & \lambda c \end{pmatrix} \quad \text{und} \quad \begin{pmatrix} a & b \\ 0 & c \end{pmatrix} + \begin{pmatrix} d & e \\ 0 & f \end{pmatrix} = \begin{pmatrix} a+d & b+e \\ 0 & c+f \end{pmatrix}$$

auch gilt.

Aufgabe 3

Gelte also $a \circ a = e$ für alle $a \in G$. Wir müssen zeigen, dass für alle $g, h \in G$ gilt, dass $g \circ h = h \circ g$. Mit $a := g \circ h$ folgt nach Voraussetzung und wegen der Assoziativität $g \circ h \circ g \circ h = (g \circ h) \circ (g \circ h) = e$. Erweitern der Gleichung von links mit g und von rechts mit h ergibt wegen $g \circ g = e = h \circ h$

$$g \circ g \circ h \circ g \circ h \circ h = g \circ h \Rightarrow h \circ g = g \circ h,$$

also ist $(G, \circ)$ abelsch. Die Umkehrung gilt nicht, denn in der abelschen Gruppe $(\mathbb{Z}, +)$ gilt nicht $a + a = 0$ für jedes $a \in \mathbb{Z}$.

Aufgabe 4

Dies gilt nicht: Setzt man $\mu_1 = \mu_2 = \ldots = \mu_n = \mu \neq 0$ (also zum Beispiel alle gleich 1), so erhält man

$$\mu_1(v_1-v_2)+\mu_2(v_2-v_3)+\cdots+\mu_n(v_n-v_1) = \mu(v_1-v_2+v_2-v_3+\cdots+v_n-v_1) = 0,$$

und wegen $\mu \neq 0$ sind die Vektoren $v_1 - v_2, v_2 - v_3, \ldots, v_n - v_1$ also nicht linear unabhängig.

Aufgabe 5

1. Wir berechnen die Determinante durch Entwickeln nach der 2. Zeile und erhalten

$$\det(A) = 2 \det\left(\begin{pmatrix} 2 & -4 \\ 4 & -2a \end{pmatrix}\right) + 4 \det\left(\begin{pmatrix} 1 & -4 \\ 2 & -2a \end{pmatrix}\right)$$
$$= 2(-4a + 16) + 4(-2a + 8)$$
$$= -16a + 64.$$

2. Das Gleichungssystem ist genau dann eindeutig lösbar, wenn $\det(A) \neq 0$, also wenn $a \neq 4$.

Aufgabe 6

1. Es gilt

$$P_A(x) = \det\left(\begin{pmatrix} x+2 & 6 & 4 \\ -1 & x-3 & -2 \\ -2 & -4 & x-2 \end{pmatrix}\right)$$
$$= (x+2) \det\left(\begin{pmatrix} x-3 & -2 \\ -4 & x-2 \end{pmatrix}\right)$$
$$+ \det\left(\begin{pmatrix} 6 & 4 \\ -4 & x-2 \end{pmatrix}\right) - 2\det\left(\begin{pmatrix} 6 & 4 \\ x-3 & -2 \end{pmatrix}\right)$$
$$= (x+2)((x-3)(x-2) - 8) + 6(x-2) + 16 - 2(-12 - 4x + 12)$$
$$= x^3 - 3x^2 + 2x = x(x^2 - 3x + 2).$$

2. Die Nullstellen des charakteristischen Polynoms sind $x_1 = 0$ und $x_{2/3} = \frac{3}{2} \pm \sqrt{\frac{9}{4} - \frac{8}{4}} = \frac{3}{2} \pm \frac{1}{2}$, also $x_2 = 2$ und $x_3 = 1$. Wir bestimmen jeweils den Kern der Matrizen $A - x_i E_3$:

Eigenwert 0:

$$\begin{pmatrix} -2 & -6 & -4 \\ 1 & 3 & 2 \\ 2 & 4 & 2 \end{pmatrix} \rightsquigarrow \begin{pmatrix} 0 & 0 & 0 \\ 1 & 3 & 2 \\ 2 & 4 & 2 \end{pmatrix} \rightsquigarrow \begin{pmatrix} 0 & 0 & 0 \\ 1 & 3 & 2 \\ 1 & 1 & 0 \end{pmatrix}.$$

Der Kern dieser Matrix wird erzeugt von dem Vektor $(1 \ -1 \ 1)^T$.

Eigenwert 1:

$$\begin{pmatrix} -3 & -6 & -4 \\ 1 & 2 & 2 \\ 2 & 4 & 1 \end{pmatrix} \rightsquigarrow \begin{pmatrix} -1 & -2 & 0 \\ -3 & -6 & 0 \\ 2 & 4 & 1 \end{pmatrix} \rightsquigarrow \begin{pmatrix} 0 & 0 & 0 \\ 1 & 2 & 0 \\ 2 & 4 & 1 \end{pmatrix}.$$

Der Kern dieser Matrix wird erzeugt von dem Vektor $(2 \ -1 \ 0)^T$.

Eigenwert 2:

$$\begin{pmatrix} -4 & -6 & -4 \\ 1 & 1 & 2 \\ 2 & 4 & 0 \end{pmatrix} \rightsquigarrow \begin{pmatrix} -2 & -2 & -4 \\ 1 & 1 & 2 \\ 2 & 4 & 0 \end{pmatrix} \rightsquigarrow \begin{pmatrix} 0 & 0 & 0 \\ 1 & 1 & 2 \\ 2 & 4 & 0 \end{pmatrix}.$$

Der Kern dieser Matrix wird erzeugt von dem Vektor $(4 \ -2 \ -1)^T$.

Für die Matrix

$$T = \begin{pmatrix} 1 & 2 & 4 \\ -1 & -1 & -2 \\ 1 & 0 & -1 \end{pmatrix}$$

gilt daher

$$T^{-1} \cdot A \cdot T = \begin{pmatrix} 0 & 0 & 0 \\ 0 & 1 & 0 \\ 0 & 0 & 2 \end{pmatrix}.$$

3. Dies kann man berechnen, indem man benutzt, dass

$$A^k = (T^{-1}DT)^k = T^{-1}DTT^{-1}DT \cdots T^{-1}DT = T^{-1}D^kT,$$

und Potenzen von Diagonalmatrizen sind leicht zu berechnen, indem man jeden Diagonaleintrag einzeln potenziert.

Aufgabe 7

1. Sei λ ein Eigenwert von ϕ zum Eigenvektor $v \neq 0$, es gilt also $\phi(v) = \lambda v$. Angenommen, es gilt $\lambda = 0$. Dann gilt also auch $\phi(v) = 0$. Da $v \neq 0$ ist

und $\phi(0) = 0$ gilt, wäre ϕ nicht injektiv, im Widerspruch zur Voraussetzung (denn dann wäre ϕ nicht invertierbar). Damit gilt also $\lambda \neq 0$. Nun gilt weiter $\phi^{-1}(\phi(v)) = v$ nach Definition der Umkehrabbildung und da ϕ invertierbar ist. Wegen $\phi(v) = \lambda v$ und der Linearität von ϕ^{-1} gilt aber auch $\phi^{-1}(\phi(v)) = \phi^{-1}(\lambda v) = \lambda \phi^{-1} v$. Zusammen folgt also $\lambda \phi^{-1}(v) = v$ und damit wegen $\lambda \neq 0$ auch $\phi^{-1}(v) = \lambda^{-1} v$.

2. Sei λ ein Eigenwert von ϕ mit Eigenvektor v. Wegen $\phi^n = \phi$ gilt dann $\lambda v = \phi(v) = \phi^n(v) = \lambda^n v$. Für $\lambda = 0$ ist diese Gleichung erfüllt. Für $\lambda \neq 0$ muss dann wegen $v \neq 0$ schon $\lambda^{n-1} = 1$ gelten. Für $n \geq 2$ hat diese Gleichung in den komplexen Zahlen $n - 1$ Lösungen, zusammen mit $\lambda = 0$ gibt es also n Möglichkeiten für λ.

Symbolverzeichnis

$\mathbb{N}$	Menge der natürlichen Zahlen ohne die Null
$\mathbb{N}_0$	Menge der natürlichen Zahlen mit der Null
$\mathbb{Z}$	Menge der ganzen Zahlen
$\mathbb{Q}$	Menge der rationalen Zahlen
$\mathbb{R}$	Menge der reellen Zahlen
$\mathbb{C}$	Menge der komplexen Zahlen
$\vee$	Das logische „Oder"
$\wedge$	Das logische „Und"
$\subset$	Teilmenge von
$\cup$	Vereinigung
$\cap$	Durchschnitt
$\dot{\cup}$	Disjunkte Vereinigung
$:=$	ist definiert als
$\forall$	Für alle
$\exists$	Es existiert
$\exists!$	Es existiert genau ein
$|x|$	Betrag der Zahl x
$\binom{n}{k}$	Binomialkoeffizient
$n!$	Fakultät
$\int_a^b f(x)\,\mathrm{d}x$	Integral der Funktion f über das Intervall $[a,b]$
$\overline{z}$	Konjugiert komplexe Zahl zu z
$\mathrm{Im}(z)$	Imaginärteil von z
$\mathrm{Re}(z)$	Realteil von z
f'	Ableitung von f
$\inf(A)$	Infimum von A
$\sup(A)$	Supremum von A
$\limsup$	Limes superior
$\liminf$	Limes inferior
δ_{ij}	Kronecker-Delta
sign	Vorzeichenfunktion
$\sum$	Summenzeichen

© Springer-Verlag GmbH Deutschland, ein Teil von Springer Nature 2018
F. Modler, M. Kreh, *Tutorium Analysis 1 und Lineare Algebra 1*,
https://doi.org/10.1007/978-3-662-56752-4

$\prod$	Produktzeichen
$\mathrm{im}(f)$	Bild von f
$\ker(f)$	Kern von f
O. B. d. A.	Dies bedeutet „Ohne Beschränkung der Allgemeinheit“.
Korollar	ist eine Folgerung aus einem Satz.
Lemma	ist ein Hilfssatz, den man zum Beweis eines anderen Satzes benötigt.

Literatur

[AE08]   H. Amann und J. Escher. *Analysis I (Grundstudium Mathematik)*. 4. Aufl. Birkhäuser, Jan. 2008.

[AZ03]   M. Aigner und G. M. Ziegler. *Das Buch der Beweise: Buch über die Beweise für mathematische Sätze, z. B. Bertrandsches Postulat, Zwei-Quadrate-Satz von Fermat, Starrheitssatz von Cauchy, Borsuk-Vermutung, Satz von Turan*. 2. Aufl. Berlin: Springer, Sep. 2003.

[Beh08] E. Behrends. *Analysis Band 1: Ein Lernbuch für den sanften Wechsel von der Schule zur Uni*. 4. Aufl. Vieweg und Teubner, Nov. 2008.

[Beu03] A. Beutelspacher. *Lineare Algebra: Eine Einführung in die Wissenchaft der Vektoren, Abbildungen und Matrizen. Mit liebevollen Erklärungen, einleuchtenden Beispielen. . . Nutzen der Studierenden der ersten Semester*. 6. Aufl. Vieweg und Teubner, Sep. 2003.

[Beu06] A. Beutelspacher. *„Das ist o. B. d. A. trivial!": Eine Gebrauchsanleitung zur Formulierung mathematischer Gedanken mit vielen praktischen Tipps für Studierende der Mathematik und Informatik*. 8. überarb. Aufl. Vieweg und Teubner, Okt. 2006.

[Bos08] A. Bosch. *Lineare Algebra*. 4. überar. Aufl. Berlin: Springer, März 2008.

[Fis08] G. Fischer. *Lineare Algebra: Eine Einführung für Studienanfänger*. 16. überarb. u. erw. Aufl. Vieweg+Teubner, Aug. 2008.

[For08] O. Forster. *Analysis 1: Differential- und Integralrechnung einer Veränderlichen*. 9. überarbeitete Aufl. Vieweg und Teubner, Jan. 2008.

[Fri08] K. Fritzsche. *Grundkurs Analysis 1: Differentiation und Integration in einer Veränderlichen*. 2. Aufl. Spektrum Akademischer Verlag, Juli 2008.

[Fur95a] P. Furlan. *Das Gelbe Rechenbuch 1: für Ingenieure, Naturwissenschaftler und Mathematiker: Bd 1*. Verlag Martina Furlan, Sep. 1995.

[Fur95b] P. Furlan. *Das Gelbe Rechenbuch 2: für Ingenieure, Naturwissenschaftler und Mathematiker: Bd 2*. Verlag Martina Furlan, Sep. 1995.

[Fur95c] P. Furlan. *Das Gelbe Rechenbuch 3: für Ingenieure, Naturwissenschaftler und Mathematiker: Bd 3*. Verlag Martina Furlan, Sep. 1995.

[Her07] N. Herrmann. *Mathematik ist überall*. 3. korr. Aufl. Oldenbourg, Jan. 2007.

[Heu09] H. Heuser. *Lehrbuch der Analysis. Teil 1*. 17. durchges. Aufl. Vieweg und Teubner, Feb. 2009.

[Koea]   A. Koehler. *Ein paar Integrale*. url: http://matheplanet.com/matheplanet/nuke/html/article.php?sid=455.

[Koeb]   A. Koehler. *Reihen*. url: http://www.matheplanet.com/matheplanet/nuke/html/article.php?sid=732 (besucht am 28. 07. 2009).

[LB]   T. Leise und K. Bryan. *The $ 25,000,000,000 EIGENVECTOR THE LINEAR ALGEBRA BEHIND GOOGLE*. url: http://www.rose-hulman.edu/~bryan/googleFinalVersionFixed.pdf (besucht am 28. 07. 2009).

[MK11]   F. Modler und M. Kreh. *Tutorium Analysis 2 und Lineare Algebra 2*. 2. Aufl. Spektrum Akademischer Verlag, Okt. 2011.

[MK13]   F. Modler und M. Kreh. *Tutorium Algebra*. 1. Aufl. Springer Spektrum, 2013.

[ML]   F. Modler und G Lauenstein. *Analysis I – Teil 1: Einführung und Grundlagen*. http://www.matheplanet.com/matheplanet/nuke/html/article.php?sid=1165 (besucht am 28. 07. 2009).

[Spe05] Spezial. *Unendlich (plus eins)*. Spektrum der Wissenschaft, 2005.

[Tim96] S. Timmann. *Repetitorium der Analysis Teil 1*. 2. Aufl. Binomi Verlag, Mai 1996.

[Wil97] D. Wille. *Repetitorium der Linearen Algebra Teil 1*. 2. Aufl. Binomi Verlag, Jan. 1997.

[Woh]   M. Wohlgemuth. *Lineare Algebra für Dummies*. url: http://www.mathe-online.at/materialien/matroid/files/lafd1.pdf (besucht am 28. 07. 2009).

[Woh09] M. Wohlgemuth, Hrsg. *Mathematisch für Anfänger*. Spektrum Akademischer Verlag, Okt. 2009.

Index

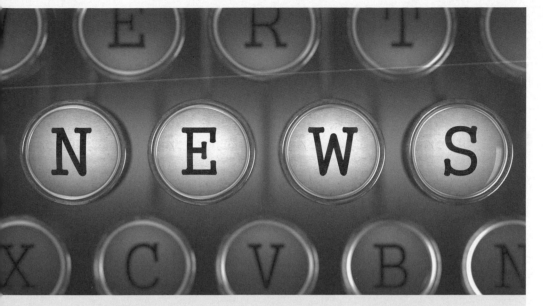

Printed by Wilco bv, the Netherlands